Personal Knowledge

Towards a Post-Critical Philosophy

个人知识

朝向后批判哲学

[英] 迈克尔 · 波兰尼◎著

徐陶 许泽民◎译 陈维政◎校

Michael Polanyi

上海人民出版社

译者前言*

迈克尔·波兰尼(Michael Polanyi, 1891—1976)是匈牙利人，来自一个犹太家庭，后来成为一位英籍物理化学家和哲学家。他与爱因斯坦有私人接触，曾在第一次世界大战前后与爱因斯坦就热力学第三定律和其他话题进行了通信。1916 年，波兰尼在爱因斯坦科学研究的启发下，写作了关于气体吸附作用的博士论文并且后来在布达佩斯大学获得博士学位。波兰尼于 1920 年开始在柏林的德国威廉研究所从事化学研究。1933 年纳粹党在德国解雇了一些犹太籍科学家，波兰尼邀请包括普朗克和薛定谔在内的十位顶尖科学家联合抗议，但是没有效果，最终波兰尼辞去威廉研究所的职务，转到英国曼彻斯特大学从事物理化学研究。由于他对经济学、政治学和哲学的兴趣越来越浓厚，曼彻斯特大学为他设立了一门新的社会科学教授席位(1948—1958 年)。在此十年内，波兰尼可以专心地从事研究而无须承担教学任务，在此期间，波兰尼用了九年的时间来专门写作《个人知识》这本书。1958 年，波兰尼调到牛津默顿学院担任高级研究员。在随后的 15 年里，他在欧洲和美国进行了广泛的旅行和讲学，每年都发表有关科学、政治和美学等主题的论文。

《个人知识》以波兰尼于 1951 年至 1952 年在阿伯丁大学开设的吉福德讲座之讲义为基础，然后进行了大量的扩展，并在 1958 年得以完成，由芝加哥大学出版社最先出版。在书中，波兰尼不是进行纯粹的哲学思辨，而是结合他曾经研究过的热力学、纤维化学、晶体学以及他感兴趣的生物学、控制论、天文学、心理学和认知科学等来探讨与科学发现和科学研究相关的哲学问题。本书的写作不是出于纯粹的理论思

* 本翻译和研究为国家社会科学基金项目“20 世纪中国哲学对西方哲学的影响研究”(18BZX077)的阶段性成果。

辨，而是蕴含着波兰尼强烈的社会关注，即对于科学和所有知识的非个人化理想和苏联计划式科学研究纲领的反对，这在当时欧洲的极权国家表现得尤为明显。在波兰尼看来，大多数自由主义者对极权主义的抵制是肤浅的，而他试图在《个人知识》中提出一种新的世界观和知识观，来应付所有进步社会面临的危机。为此，波兰尼还参与创立了当时欧洲的科学自由协会（Society for Freedom in Science）并发挥了巨大作用，该协会捍卫科学研究的自由与自治，以及学者自由教授、交流思想的权利。一些科学家认为他的阐述深刻且鼓舞人心，而另一些科学家认为波兰尼从科学研究转向哲学研究是科学界的损失，也是理性的黑暗。但是波兰尼本人非常重视他的工作，他把 1946 年称为“我找到了我真正的使命，即哲学家”的一年。

波兰尼的思想影响到库恩和保罗·费耶阿本德。1961 年，波兰尼在牛津大学的“世界科学史大会”上听到了库恩关于范式、常规科学和科学革命的演讲，他在评论中指出，他自己的观点和库恩的观点有一定的相似性，都在试图将逻辑实证主义和证伪主义的偏见抛开，科学家致力于在科学共同体中确立信念和理论，是科学共同体而非某一合理的科学方法构成了科学知识的先决条件。另外，哈耶克也曾将波兰尼的“隐默知识及其共享”吸纳入自己的思想。波兰尼的个人知识纲领提供了主流知识论之外的另外一条路径，在哲学、教育学、管理学等领域今天仍然极具启发性。

1. 个人知识的基本纲领

波兰尼哲学的基本目标是对客观主义的知识观进行全面批判，从而构建“个人知识”的知识论纲领。按照波兰尼的理解，所谓客观主义的知识，是指知识的形成过程和最终表现形式都是非个人化的，或者说与个人无关的。客观主义的认知纲领，要求在经验材料的观察和获取阶段，认知者采取一种中立的、客观的、白板式的认知主体地位，去获得确定可靠的经验材料，然后遵循某些严格的、精确的程序或者原则，最终获得普遍性的具有精确表述形式的经验定律。

这种客观主义的认知纲领，是西方近代认识论的基本倾向。洛克等经验主义者认为认知主体只是白板式的心灵，接受来自实在的被动影响，从而形成感觉材料。实在事物像盖图章一样在心灵的白纸上留下一个个印迹(印象或观念)，由此我们的经验材料可以说是客观的，因为就认知主体来说，既然都是白板，那么主体的差异性和天赋性被全部去除。而笛卡尔、莱布尼茨等人则试图发现严格的推理规则，不管是笛卡尔的几何运算式的哲学推理，还是莱布尼茨的作为人类思维普遍推理形式的“普遍语言”和“思维演算”，其目标是要寻找与个人无关的，普遍性的推理原则，其预设是人类思维是可以最大程度的形式化。

实证主义继承了近代经验主义的传统，倡导获取可靠的经验材料，然后运用某些经验归纳原则，建立起经验之间的“恒常关联”，并且拒斥一切超越经验的形而上学和价值理论。逻辑实证主义者则用一套新的术语来表述近代英国经验主义：我们的命题和语言系统最终是和“感觉与料”相对应的词语的符合句法逻辑的综合。逻辑经验主义是近代以来的客观主义知识观的最高发展阶段。

由上我们可以看到，近代以来的知识论倾向都是试图确立“客观知识”的纲领。近代哲学家认为知识之客观性的根源来自以下两点：第一，知识是实在世界的如实反映，这是近代经验主义者的符合论策略，用客观性定义普遍性；第二，知识是普遍的认知过程和认知能力之产物，因此是与个人无涉的，即康德的策略，用普遍有效性来定义客观有效性。不管哪种策略，知识的客观性和普遍性都是密不可分的。知识的普遍性要求认知主体、认知过程、认知结果(即知识)都是非个人化的；知识的个人性是指知识中由于渗入了个人所具有的情感、倾向、信念、直觉、天赋、文化背景等因素，从而使得知识变得不可靠。由此，知识的“普遍性—客观性—必然性—可靠性”与“个人性—主观性—随意性—虚假性”之间产生了明确的对立。

波兰尼的哲学考察首先从拒绝关于知识的这种超然性或者中立性理想开始，从而建立起个人知识的纲领。但是，知识是客观的、普遍的和可靠的，这似乎是自明的道理，因此波兰尼必须说明知识的个人性如何同客观性、普遍性和可靠性相融贯，这也同时筑造了波兰尼的知识论大厦的基本框架。波兰尼的个人知识纲领认为：任何认知都涉及特定的、具体的认知个体，而不仅仅是涉及某种抽象的、具有相同认知能力的认知主体——例如康德意义上的人类认知者。认知过程不是预设了某种非个人化的纯然中立的认知机器，而是具有情感、冲动、倾向、信念、既有知识框架、特定认知环境等个人因素的认知体——人。这些个人因素通常在传统认识论中是需要被排除的，因为这会导致知识的不稳定性和不可靠性，从而失去了“客观知识”的荣耀地位，然而波兰尼却试图辩护知识的这种个人因素。

个人知识如何能够同客观知识建立起联系呢？波兰尼认为，个人知识虽然是个人的科学探究，但是个人知识是与实在世界相接触的，知识由于与实在世界的真实接触，从而具有了客观知识的地位。按照波兰尼的话来说，是“由于认知活动与隐藏着的实在世界建立了联系，在这种意义上认知活动实际上是客观的”。在形而上学上，波兰尼承认存在着一个实在世界，在这点上，他同现代哲学对于形而上学命题的拒斥不同，也和彻底的概念分析的形而上学方法不同。现代哲学已经令人惊奇地发展到对“存在一个实在世界”这种最基本的形而上学命题都不敢轻易言说的地步了。但是波兰尼作为一名科学家，他显然具有一种“健全的实在感”（罗素的术语），感受到实在对于科学发现的奠基作用，以及对于科学探索的引领作用。

在认识论上，波兰尼也是一名温和的科学实在论者，他承认知识由于与实在发生关涉，从而具有客观性。但是这种关涉并不是符合论意义上的主体对于客体的“镜面反映”（罗蒂的术语），而是知识预示着未来发现的无限可能性，未来将有无限可能的发现将证实该知识的有效性和真理性，这种预期能力或者预示能力是知识客观性的基本特征。或者说，知识是朝向实在，而非当下符合实在的，这种知识的渐近主义类似于波普尔的“逼真性”理论和皮尔士的“作为探究终点的真实之物”理论。

因此，个人知识与实在世界发生真实接触，在这个意义上个人知识是客观的。由于我们要接受实在世界的约束，同时又要服从特定的科学标准，这意味着“人类可以通过满怀激情地去努力在普遍标准之下完成他的个人义务，从而超越自身的主观性”。这种个人性同普遍性相融合的观点，类似于康德在实践哲学中的方法，即人在为自身立法的同时，也是在进行普遍的立法。波兰尼将康德的伦理学上的义务论转化为一种认识论上的义务论，即我们在面对实在的过程中，我们有义务也有责任去提出那些我们认为是真实的知识，这种做法也决定了我们在宣布个人化的知识时，也是在带着普遍性去宣布客观的知识。

每一位科学家在自己宣布科学发现时，也是在宣布个人对这个发现的信念、承诺和寄托，是他对实在的更深奥秘的发现和探索。他满怀信心地做出这样的承诺，同时也希望说服别人接受他自己的这个宣告。在这个意义上，知识是可靠的，因为它是普遍有效的。由此，波兰尼最终在知识的个人性与“客观性、普遍性和可靠性”之间建立起联系，并由此构筑了他的知识论大厦。必须指出的是，波兰尼不是反对精确科学、形式化科学、严格的推理规则和操作原则、系统制定的科学体系、确定的科学发现步骤，这些主流知识论和科学哲学所讨论的东西，波兰尼统统都不反对，他并不是一位反科学主义者和玄学家。波兰尼的工作是，从哲学上论证，在精确科学的产生、运用、创新过程的背后还有更基本的个人因素存在，仅此而已。总的说来，波兰尼试图把对于科学方法的客观研究延伸到对真正的科学发现过程中主体复杂认知状态的研究。

2. 个人知识的维度

波兰尼在提出了一个宏观纲领后，在若干相互贯通的维度上对“个人知识”的性质作了阐述。

（1）精确科学体系的理解和运用离不开个人参与。波兰尼指出，科学的主流倾向认为，各种精确科学能够以严格的、精确的规则为基础，对经验建立起全面的理性控制，这些规则能够从形式上得到制定并且能经受经验的检验。牛顿的经典力学似乎接近了这一理想，而其最高表现形式是“拉普拉斯之妖”。这一科学理想试图彻底摆脱个人因素，而保持绝对的超然与中立。在理论与观察数据的关系方面，波兰尼认为，科学家对于实验数据的获取、筛选、理解、使用都不是绝对中立的，不可避免地要涉及科学家本人的背景预设和技能操作，仅仅依靠实验数据本身来严格地证实或者否证一个理论都是不可能的，波兰尼指出，“我们越来越借助于理论指导来对我们的经验进行解释”，这同卡尔·波普尔的“观察渗透着理论”的观点相似。

在任何精确科学中，总有某些残留的不确定性因素不受规则制约，这就需要科学家的必不可少的个人参与，或者说，一切形式化的论述或者陈述，都必须以个人判断为潜在基础。概率论以精确科学的形式对不确定性加以研究，但是概率论仍然不是客观的，因为一个事件的概率同我们的信心程度或者信念强度有关，它不是与人无涉的事件本身的可能性，波兰尼认为，“概率陈述是不可能被任何事件所严格证伪的”。另外，波兰尼在论述偶然性时指出，我们要真正理解偶然性的概念，必须以我们预先对某种秩序的理解为前提。在晶体学中，对秩序的评价，包括对晶体结构的秩序性的评价，是一项个人的认知行为。在化学研究中，化学家用简单的整数比率来表示化合物成分的比例关系，这也是一种个人化的操作。

在语言哲学层面，波兰尼引用了弗雷格关于“语句”和“对于语句的断言”的区分，例如“花是红色的”这只是一个语句，而其完整形式是说出或者写下这个句子的主体在断言“花是红色的”，更具体地说，是某个人在某个时刻相信“花是红色的”，所以，我们表面上接触的是一个句子或者命题，其实这个句子附带着某个人的断言或者信托，这是一种个人行为。

（2）技能知识的学习和运用是某种个人化的技能或技艺。波兰尼认为，科学要靠科学家的技能来运作，科学家正是通过行使自己的技能而形成了他的科学知识。技能行为虽然是通过遵循一套规则而实现的，但遵循这套规则的人却不能完全阐明这套规则。以游泳和骑自行车为例，我们可以通过长期练习掌握复杂的技巧，从而学会游泳和骑车，但是我们对于如何漂浮起来和使自行车保持平衡的原理却说不清楚。

把知识看作行家所掌握的技能，把知识的传授看作通过学徒式学习来获得一门技能，这就改变了通常的观点：知识是一套严格制定的话语体系，我们可以通过理解这套话语体系，从而掌握这些知识。波兰尼强调知识的掌握和学习都需要个人对于传统规则的某种难以言传地遵从、信任、模仿和领会。顺便指出，我们可以在学术史中看到明显的师承关系，或者一个学术团体中学术大师层出不穷的情况，以及各种失传的传统技艺，都从侧面证实了波兰尼的这种观点。

（3）语言层面和理性层面的知识需要以非语言、非理性的隐默知识作为基础。波兰尼把理性思维和语言看作同一层面的，他认为我们在语言和理性思维的层面之下还附带有大量的非语言、非理性思维的知识（或者某种不能被称作知识的认知能力）。波兰尼的口号是：你知道的永远比你说出的多得多！“我们的一切知识在根本上都具有隐默性而我们永远不能说出所有我们知道的东西，由于意义的隐默性，我们也永远不能完全知道我们所说的话中暗示着什么。”波兰尼对“隐默性”（tacit）的定义是：“在进化过程中，我们身体中发展出来的非言语式心灵能力，就成了言语式思想的隐默因素”。

波兰尼主要从两个角度来论证这一立场。首先是从格式塔心理学的角度来进行分析，格式塔心理学区分了附属意识和焦点意识，某件事情或者某个物体处于我们的焦点意识之中，我们能够清楚地意识到这件事情或者这个物体，但是在我们还有不能清楚意识到的、关于这个事情或者这个物体的大量附属细节，我们只能附属地意识到(觉知到)这些细节。举个例子来说，我在骑自行车时，我能明确意识到的是“我在马路上骑车”这件事情，但是同时我还附属地觉知到我正在做的其他大量活动：神经系统和肌肉的控制和运作(身体动作)、大脑对于视觉信息的处理(发现各种路障)、手部肌肉的轻微调节(保持自行车的平衡)等等，我们并不能在意识层面清晰地知道这些细节，当然也不能在语言上明确地阐明这些细节。

其次是从生物进化的角度来分析，人类生物是从最低等的生物进化而来，最低等的生物已经具有感受性和内驱力，它们已经具有各种感知能力和信息处理能力。当生物进化到具有高级意识的人类阶段时，作为人类祖先的生物的各种认知功能全部作为意识之下的潜在的认知模式而存在。它们是意识层面的认知能力的基础和前提，我们只是“日用而不知”罢了。作为一名化学家和生物学家，波兰尼并没有从弗洛伊德的意识与潜意识理论来进行分析，而是从格式塔心理学和进化生物学来入手进行分析。当今认知科学和脑科学对于大脑各种信息处理功能的探索，正是揭示了作为我们认知能力之基础的底层的大脑功能和认知模块，这些大脑认知功能至今仍处于探索之中。

波兰尼分析了人类在使用语言过程中必不可少的个人因素，“指称事物就是一种技艺，无论我们对事物说了些什么，这种言说都假定我们在实践这一技艺时认可了我们自已的技能。”另外，我们发明和使用语言的过程，实际上是在设计经验的特定表征方式，这需要一种创造性。我们对于语言的理解，也需要一种前语言的理解能力作为基础。

(4) 认知活动涉及个人的情感、直觉等因素。波兰尼指出，知识涉及的个人因素之一是情感性因素，波兰尼试图改变人们对于科学探究的一种偏见：从事科学的研究者都是处于极度冷静、平和的心理状态中，没有任何激情的波动。波兰尼认为，“科学的激情不仅仅是心理上的副产品，而是具有逻辑功能的，它对科学起着不可或缺的作用”。具体说来，人作为一种能动中心（最原始的动物就是作为这样一种能动中心而存在），具有在问题情境下解决问题、获得对于外界之控制的求知激情，以及接触实在世界并且受实在世界之奥秘所引领的探索式激情，以及获得发现后，试图让其他人接受个人知识的说服式激情。波兰尼不是一位杜威式的工具主义者或者穆勒式的功利主义者，他不是从知识的实际功用来理解知识的性质，而是把知识理解为理智激情或求知热情的满足，是对于人类存在的一种更深层次的“大用”。

除了情感因素，波兰尼也强调科学发现过程中的直觉因素。波兰尼通过伽利略、哥白尼、牛顿和爱因斯坦的科学发现来表明，对科学命题或者科学猜想的检验，并不是简单地根据理论与观察材料的是否对应，而是在理论的提出和验证过程背后，预先需要研究者具有认识自然的卓越认知能力，或者说认识自然奥秘的理智能力，甚至是一些无法阐明的充满激情的直觉能力。他说，“对于一个科学命题的任何批判性验证，都需要具有认识自然之合理性的能力”以及“人类心灵有能力甚至在接近经验领域前就可以发现并展示支配自然的合理性。”波兰尼对科学发现和科学创新过程中的不可明确阐明的因素进行了阐述，这其中包含科学家的创造力、直觉能力、天赋能力和想象能力。这种对于科学发现的分析，不同于纯粹的心理学的分析，因为科学家的直觉不是纯粹主观的心理活动，而是对于隐藏的解决办法的一种模糊意识，随着科学家的探索行为，这种模糊意识逐渐产生了清晰的解决方案。

（5）个人化的知识可以通过隐默共享成为社会共识。波兰尼指出，每个认知个体在认知活动中的隐默知识，并不限于他自身，大量的隐默知识是他和其他认知者所共享或者共同具有的。这种隐默知识的共享是我们能够进行语言交流的基础，也使得我们能够通过传递个人信念，构建起知识共同体。波兰尼进一步把隐默共享看作社会文化生活的基础。隐默知识的共享性决定了个人知识虽然源自个体自身，但是却通过隐默共享的途径，相互传递成为一个信念之网，这个网络构成了人类文化的根基。这种隐默共享还体现在情感的互动方面，例如异性间的拥抱无言地交流了一种深度的对于彼此的满足感，养育幼崽的动物在父母与幼崽之间建立了相互的满足感。

知识主体之间之所以能产生隐默共享，是因为他们作为一个社群的成员，彼此具有亲密的伙伴关系以及伙伴情感，波兰尼把动物和人类都具有的这种亲密愉悦的伙伴关系视为人类社会的一个重要特征，也是社会组织、社会价值得以存在的前提条件。波兰尼一半以上的物理和化学论文是与合作者联合发表的，总共有将近60位合作者，波兰尼和他的合作者形成了一个紧密联系的研究团体，这使得他非常强调科学研究的社会性和共享性。

(6) 知识中总有某些不可怀疑、不可批判的个人预设。波兰尼认为，尽管怀疑的批判力量可以去除一些虚幻的观念，但是彻底的怀疑论总是站不住脚的。笛卡尔式的彻底怀疑论试图通过普遍怀疑而寻求知识的绝对确定性，而波兰尼认为，任何精确知识都有大量的不确定性的因素隐含其中，需要个人因素的参与，知识不可能获得完全的确定性。通过对于哲学怀疑论、科学怀疑论、宗教怀疑论、法律怀疑论等的分析，波兰尼认为，怀疑论虽然在一定程度上让我们保持开放态度并且具有启发性，但是普遍而彻底的怀疑只能通向虚无主义，而我们的知识中有某些不可怀疑和不可批判的预设或者信念。他说，"当我们接受某一套预设并把它们用作我们的解释框架时，我们就可以被认为是寄居在它们之中，如同我们寄居在自己的躯壳中一样"。甚至怀疑主义本身经过分析，其实也是用一种隐含的信念来批判另一种显性的信念而已。

(7) 知识是一种个人的信托或者寄托行为。这是波兰尼的知识论得以通向广泛的社会人文领域的桥梁。波兰尼对寄托的定义是："通过这个(寄托的)原则，我们得以在自己心中坚守某些信念"，寄托的基本意思是依靠和倾注。知识不仅仅是对事实作出描述，而在更基本意义上，是个人作出的一项负责任的承诺，传达的是自己的深层信念，个人愿意为这一知识的正确与否作出担保，并为之承担后果。如果某个人提出的知识后来被证明是错误的，那么他将背负失败者的罪名，在这种意义上，知识的宣布也是个人学术生命的一个寄托。而对于知识的获取者来说，接受特定的知识，也意味着接受特定的思维方式，意味着个体的一种自主决断。从更深层来说，宣告或者接受特定的知识，意味着投身于这种思维框架之中生存和发展，这是将自己的生命投入其中，在这个意义上，个人知识是一种寄托行为。

3. 科学与人文

波兰尼不仅试图打通个人性与普遍性、客观性之间的鸿沟，还进一步试图打通科学与人性、事实与价值之间的鸿沟。在前面关于个人知识的若干维度的阐述中，我们已经可以管窥一斑，现在从更宽泛的层面来进行评述。

(1) 认知、信念与寄托。“我相信，尽管有危险，但我还是受到召唤去探寻真理并陈述我的发现。”——这是波兰尼的基本信托纲领。真理不是客观的、超然的真理，而是认知个体的“认为其为真”，这代表着认知个体的信念和承诺，知识本质上是一种信念。从这种视角出发，任何知识都不是绝对客观的、永恒的真理，因为个体不是上帝那样的全知者。人类作为有限的个体，接触到的只是实在世界的微小部分，尽管认知者在实在之指引下，获得了揭示自然之奥秘的各种发现，但是这些发现毕竟只是朝向更未知世界的一个阶段或者路标，绝对可靠的真理是我们无法获得的。

更为严重的是，历史上不乏被发明者满怀信心地提出的科学发现后来被证实为只是虚假的知识，我们的知识不仅是有限的，而且是可错的。正是其可错性，才是知识的本性，也是认知活动本质上是一种寄托活动的原因。所谓寄托，就是对我们信念的持续依赖，通过信念来指导我们的理解和行动，并且不惜一切地捍卫自身的信念。在低等动物阶段，动物就将自身寄托在其认知之上，其代价是生存或者灭绝。而到了作为高等智能生物的人类阶段，人类主动构建一套知识框架来理解和把握实在世界，处理自身与外部环境的关系，这关涉人类整体的生存与发展。认知个体所获得的每一项科学发现，都是在对人类知识大厦进行补充和修改，都潜在地关涉自身，也关涉整个人类的存在，人类寄居于自己构建的理智框架之中，寄托具有潜在的风险。

（2）个人与社会。通过一个理想化的建构，波兰尼设想了他的理想社会："我们对于真理的忠诚可以被看作隐含着我们对于社会的忠诚，而这个社会是一个尊重真理并且我们相信它尊重真理的社会"。或者说，理想的社会是一个由尊重真理的人的联合体，这个社会捍卫着真理的价值。类似于卢梭式的"公意"理论，波兰尼认为，服从这样一个社会的价值，就是真正的自由，因为求知者想要发现真理的渴望与热情，同这样一个社会所倡导的价值是完全统一的。

除了在求知价值上的共享，人们还因为在其他价值上的共享而结成伙伴关系或者社群关系。特定的人群由于共同信念而进行仪式和团体生活，反对者批评人们进行某种仪式是在自作自受或者虚情假意，但是波兰尼充分肯定了这种团体生活之价值。在此意义上，波兰尼虽然以个人信托和个人知识为基本出发点，看起来具有个人主义的倾向，但是波兰尼却通过"隐默共享"和"伙伴关系"的概念通向了社群主义，实现了一种融合与圆融。波兰尼指出，与个人知识的独创性和自主性相对应的，个人具有一种自由的潜能，而人与人之间联结而形成的社会规范和制度则具有权力性，自由思想和强制性权力之间的张力构成了现代政治的内部决定因素。

（3）传统与变革。波兰尼认为认知者并不是一个白板式的心灵，他除了具有个人因素，还预先接受了一套知识和文化的框架，这是他从孩童时代通过受教育而获得的。波兰尼是一个传统主义者，这种传统主义的视角极大地调和了个人知识纲领的激进性和极端性。知识的个人因素哪怕是独特性，它总归是在既有的知识传统下进行探索和创新，知识的个人因素提供了科学的创新性，而知识的预先习得则提供了科学的传承性。当然，这种传承性并非简单的灌输，而是个体心灵对于知识传统的一种认可、内化与重新理解。

科学、社会人文领域的大师们满怀热情地通过自身的杰作不仅为自身也为人类整体设定了普遍性的卓越性标准，这些理智产物构成了人类所珍视的价值，建构了人类文化的大厦。而这些大厦又为后来的探索者提供了创造和发现的空间，它永存的结构将继续培育和满足这些激情。在这一文化中长大的年轻人接受了这一大厦，把自己的心灵倾注于它的结构之中，又满怀热情地通过新的发现和杰作来修补这座大厦，然后把其传递给下一代。正是基于这种立场，国际迈克尔·波兰尼学会把他们的会刊定名为《传统与发现》。

（4）科学与社会。波兰尼是科学社会学的先驱，波兰尼论述了科学群体和科学传统对于科学研究的重要性，分析了科学框架之间的不可通约性与历史更替，分析了科学框架的相对稳定性，反对实证主义的证实原则，批评基于简单证伪原则而构建的科学发现逻辑，这些都让我们想到了库恩后来提出的科学社会学和范式理论。波兰尼也表示过遗憾，因为人们忽视了他作为科学社会学先驱者的功绩。另外，波兰尼也提出了理智框架不限于科学框架，艺术、宗教也为人类提供了其他类型的思维框架，人们寄居于不同的思维框架中而生活；并强调科学发现中非理性因素（例如直觉、想象力等），这些又通向了费耶阿本德等人后来提出的后现代主义科学观。

（5）科学与信仰。通过知识与信念（心理态度），知识与理智激情（情感），知识与隐默理解（认知科学）等方面的阐释，波兰尼试图打通理性与非理性之间的隔阂。类似于认知活动中的格式塔心理学分析，波兰尼认为，在宗教体验中，人们通过对具体事物所具有的附属意识，而聚焦于超越具体事物的作为意义焦点的上帝。类似于认知活动中的激情因素、伙伴关系、寄托行为，在宗教体验中我们也有同样的膜拜情感和敬畏情感、宗教团体内部的伙伴关系，以及把自身寄托在宗教教义与仪式，并且沉浸其中的状态（波兰尼称之为宗教“内居”），同时有还不断超越当下而朝向神圣的一种超越冲动（波兰尼称之为宗教“突破”）。波兰尼把宗教与数学、小说和高雅艺术等相关联，它们都是通过成为人类心灵之愉悦寓所而获得合法性的伟大知识体系。宗教是以一种方式，赋予了世界以意义。

波兰尼早在1915年就对宗教产生了浓厚的兴趣，特别是受到托尔斯泰的“信仰之忏悔”的影响。托尔斯泰在其《忏悔录》中对“生命的意义、短暂生命与永恒价值”等终极问题进行论述，这种终极关怀似乎对波兰尼后来的哲学思想产生了潜在的影响，波兰尼也认同宗教哲学家蒂利希所提出的“终极关怀”思想。波兰尼曾受洗成为天主教徒，后来转向新教。他的宗教体验和宗教经历最终融入他对于个人知识的整体论述中。正如波兰尼所言，“人立足于自身的使命，这种使命来自真理与伟大性之苍穹。……它把他束缚在永恒的目标上，赋予他捍卫这些目标的权力和自由。”

(6) 认知与价值。正如认知主体具有求知激情一样，道德主体也具有道德激情，道德主体颁布了康德式的具有普遍性的道德律令。主体之间的隐含的价值共享赋予了道德律令以正当性与合法性，当人们生活在他们共同信奉的价值体系之中时，他们会感到幸福而融洽。但是当人们抛开这种隐含的价值共享，而仅仅从道德规则来进行反思，或者仅仅依靠道德规则的强制性进行反思时，那么这些道德规则就变得可疑了，它们的合法性和正当性也就不复存在了。

与求知激情类似的不仅是道德激情，还包括审美激情。毕达哥拉斯传统坚持对支配着天体秩序的数学法则进行音乐式的欣赏，秩序与美之间存在着一种亲密关系。人们对于支配自然运行的某些物理定律和数学公式，都有着一种审美式的情感。而音乐和抽象艺术所体现的结构与秩序之美，也同数学之美有着一定的相似性。同样，艺术作品的卓越性标准中也体现了个体性和普遍性的融合。

4. 基本的哲学立场

波兰尼的《个人知识》这本书中隐含着一些基本的哲学立场，这些观点对于更深入地理解波兰尼的哲学思想是必不可少的。

（1）认知与实在。本书处处显露出“认知—实在”、“思维—存在”的张力，一方面波兰尼反复宣称，知识由于与实在世界发生真实接触，从而具有客观性，客观知识预示着未来的科学发现，它们隐含着目前不为人所知的深刻意义。而另一方面，波兰尼又反复宣称，我们超越于动物的能力在于我们的语言能力，我们的语言框架就是我们的思维框架，决定了我们认识世界的方式。语言框架虽然使我们超越低等动物，但是也有风险，我们有可能用一套虚假而且错误的语言框架来影响我们自身。

尽管波兰尼试图用理智激情和寄托行为来把思维与实在相连接，也就是说我们在接触实在世界时，理智激情（或者说，求知热情）在很大程度上会引导我们获得关于实在世界的真实知识，并且我们会通过承诺和信托行为，对这一知识作出担保。但是，归根结底，认知主体所提出的真实知识，只是他相信为真而已。那么，进一步的问题是：求知激情为什么必然通向真实的知识？波兰尼的回答是：我在遵循求知激情而进行科学发现和科学宣告时，“我只能这样做，别无其他选择!”

一方面是康德式的普遍主义知识观，用普遍有效性完全取代客观有效性，另一方面是实在论者的知识观，客观有效性是普遍有效性的前提，波兰尼似乎用一种辩证式的言说方式游走于两者之间。实际上，相比康德主义和客观主义，这种调和的做法是更为合理的。康德只讨论了科学知识中先验的部分，但是没有考察经验的部分，例如，康德指出了“如果太阳晒，那么石头热”中的因果关系是人类先天的认知框架，但是康德并没有分析“如果太阳晒，那么石头热”和“如果我笑，那么石头热”（假设太阳出来的同时我在笑）之间哪个才是真实知识？换个说法，康德只分析了知识中属于人类自身认知框架的一极，而没有分析知识中与实在发生接触的另外一极（当然，康德会认为这不是哲学家的任务，而是科学家的任务）。而客观主义的做法则是另外一种偏激，知识是白板心灵对实在的反映，这就忽视了人类自身作为特殊认知者的有限性和视角性。

身为一名科学家和哲学家，波兰尼显然希望做得更多。就波兰尼认为个人信念、激情、寄托、隐默理解是知识的构成要素而言，他是一名认识论的主观主义者和个人主义者；就波兰尼认为知识要接触和朝向实在而言，他是一名认识论的客观主义者；就波兰尼认为个人有义务作出普遍断言时，他是一名认识论的普遍主义者；就波兰尼认为个人知识必须基于传统和科学共同体而言，他又是一名认识论的传统主义者和社群主义者。通过一种奇妙的综合，波兰尼打破了人们以前的许多偏见。

现在回到前面那个问题：“理智激情或求知热情为什么在很大程度上会引导我们通向真实的知识？”或者，人为什么具有认识实在的能力？波兰尼在很多地方暗示了对这一认识论终极问题的解答。首先，波兰尼认为我们的认知能力来自从最原始的动物那里继承下来的原动力或者内驱力。认知能力来自动物在问题情境中求解并且获得愉悦感的冲动，这种冲动一方面是生存的压力，而另一方面也是纯粹的理智愉悦。进化的力量使得人类具有认识世界的本能冲动和认知能力。另外，波兰尼暗示了实在世界是塑造知识的决定性因素，例如他说，如果我们生活在一个完全气态的世界中，那么也许我们就不会有自然数的观念了，因为那里只有混沌和随机运动。

(2) 知识之分层与进化之突生。波兰尼认为，我们关于世界的知识总体而言是分层的，我们对于世界的理解可以分为两大类，一类是物理和化学等无机物的知识，一类是有关生物(包括人类)的知识，它们都有各自的概念体系，但是它们之间是不能贯通的。也就是说，有关生物、人类、人类产物的存在样态不能用物理和化学的术语加以说明，反之亦然。波兰尼反对的是逻辑实证主义的物理主义和奥本海默的还原论纲领。但是，在这两大类别的内部，各种知识是可以相互贯通的。例如物理、化学之间可以在某种程度上建立联系。而在动物、人类之间，也具有一种连续性，人类最高的理智能力是逐渐从最原始的生物那里发展和继承而来，并且原始动物的各种认知功能依然作为隐默能力而对我们言语层面的理性认知起到奠基作用。

波兰尼指出，机器的运作不能用物理和化学的术语来进行解释。他说，“由一个普通操作原理确定的事物种类甚至无法用物理学和化学的术语来作近似的说明”。机器所服务的目标、机器运作所遵循的技术原理，正确运作与故障之区分，都不能还原为物理化学的术语：机器的本质只有在“正确性”的规范性框架、“成功—失败”的目的论框架中才能得到说明，这是和人类的智能密不可分的。机器具有两个不同的层次，第一个层次是可以用物理和化学术语来描述的机器的构造，是无机物的层次；而另一个层次是机器的工作原理和功能，是和人类智能相关的，属于人类的理解和操作层次。

把这种区分用来分析人的思维功能，那么也有两个不同层次，第一个层次是人的身体或大脑的机械构造，第二个层次是人的身体器官所完成的功能，思维和心灵属于后一个层次。波兰尼还用格式塔心理学来分析人的心灵存在，我们是附属地知觉到人的行为，而同时焦点性地意识到人的心灵存在。这两者虽然是同时发生，却不是一个层面的。而当我们把关注焦点集中在人的行为上，那么人就会变成没有心灵的自动运行的机器式存在。

在论述了知识的分层与非还原论之后，波兰尼试图讨论自然进化之中的可能存在的突生现象。波兰尼借用了劳埃德·摩根和塞缪尔·亚历山大首次提出的突生(emergence)概念，来解释生命进化过程，即从无机物的世界中突生出了生物有机体。突生论是指在事实层面，较高级的层次是从较低级的层次中演生出来，但是在知识层面，却不能直接用较低级层次的术语来解释较高级层次的运作。或者说，在我们对于生命进化的理解中，进化过程事实上是连续的，但是我们对于进化过程的知识却是断层的或者分层的。波兰尼指出，并非实在世界是断层的，而是我们关于世界的知识是断层的。

对于原始生物到人类的演化过程，波兰尼更强调其连续性而非突生性；突生的主要表现是从无机物突生出有机物，我们不能用无机物的术语来解释一切生命现象。但是生命的确是从无机物中产生的，波兰尼构想了生命起源这样一幅图景：生命的起源是纯粹的物质世界的随机运动而产生的某种有序性，在特定的偶然条件之下，这些有序性引发了生命的产生，并且由于幸运的外在环境条件而得以持续并且演化。正如波兰尼指出，“只有通过有序原则的运作，分子的随机冲击才能产生出生物成就”。不过令人不解的是，波兰尼并没有提到沃森和克里克在1953年发表的DNA双螺旋结构理论，这本来是可以用来说明物质的随机组合如何在特定的偶然条件下产生特定的分子结构即DNA，从而从纯粹的物质世界中产生出生命形态。

(3) 机器与智能。人类智能是原始生命经过漫长进化而演化出的产物，其运作机制还是晦暗不明的。波兰尼指出，智能不能通过机器的方式来完全实现。“一切动物的内部都有一个能动的中心在不可言传地运作着”，这种能动性或者主动性不能用自动机器的运作来加以解释。波兰尼指出当时有一种倾向，即认为所有的智能行为都是以某种机器为基础，这种机器（计算机）是以神经网络的方式来运作的，因此人类的一切智能行为都可以表示为：计算机对输入信息进行神经网络计算后的输出。波兰尼特别提到了当时由沃伦·麦卡洛克（McCulloch，W.S.）和皮茨（Pitts）提出的第一代人工神经网络理论，而他进行了批判。顺便一提的是，波兰尼当时的同事图灵正在进行计算机领域的开拓性工作，他们之间也出现了分歧并进行了争论。按照现在的说法，波兰尼反对“认知的本质就是计算”的计算主义纲领，这一纲领与波兰尼的个人知识纲领是相对立的，而试图重返笛卡尔、莱布尼茨的路线。波兰尼的观点也影响到休伯特·德莱弗斯对于最早的人工智能的批评。在今天人工神经网络的研究取得了重大的突破，但是这只是阶段性的，计算主义的认知纲领能否实现还很难说，我们目前还很难断定用计算机来完全实现人的智能行为在多大程度上是可行的。

由此，波兰尼认为计算机在严格意义上并不具有智能，机器毕竟是机器，它只是为人所借助，用来达到人相信它能实现的某种目的，而这一目的被人认为是该机器的恰当功能：它是依赖它的人的工具，这就是机器与心灵的区别。或者说，只有借助使用者的心灵提供的个人因素，机器才能被说成是以智能的方式运作的。波兰尼反对图灵从行为主义立场来认为机器可以具有智能，按照波兰尼的思想，计算机并不具有智能，它只是具有智能的人的工具而已，因为计算机的程序编写、设计、运用以及我们对计算机的理解，都承载着我们的隐默能力，这使得计算机“显得”具有智能。

（4）人类中心主义。自从哥白尼的日心说成为人类的共识之后，人类的地位似乎从宇宙中心被贬低为浩渺宇宙中一个微小行星上的一个微小种群。但是所谓的客观主义视角是不可能实现的，我们总归是站在人类视角中来审视这个宇宙，客观视角是一种自相矛盾的话语。正如波兰尼所言：“作为人类的我们不可避免地要从处于我们自身内部之中心来看待宇宙，并且用在人类交往的迫切需要中定形的人类语言来讨论宇宙。任何试图严格地从我们关于世界的图景中去掉人类视角的做法都必定导致荒谬”。人类用自己的思想来度量这个宇宙，在思想的意义上而非在空间的意义上，人可以看作是宇宙的中心，波兰尼认为这是一种反哥白尼式的新的人类中心主义。

由于无机物所内在的一些有序原则，在偶然条件的作用下，突生出了一些具有能动性和自主性的存在物——生命，波兰尼把生命的本质定义为自主决定中心。原始生命的突生被波兰尼视为“第一因”，无数生命个体产生又消亡，在这一过程中自我决定中心逐渐增强，最终产生了最高等级的自主中心，即人类。波兰尼说道，“从亚微观生命粒子的种子——以及在此之外的无机物的起源——我们可以看到一个有感知力、有责任感和有创造力的生命种族的出现。这种无可比拟的高级存在形式的自发出现，直接证明了有序的创生原则的运作。”

波兰尼给这一结果安上了一个恢弘的标签：“人的崛起”。人的崛起意味着，人类存在体具有不同于无机物的特性，他具有自主性、义务性、自由性，他能反过来对产生自身的这个宇宙进行反思和认知，他能声称受到普遍性规则之指导，“凭借这一行为，在时间上突生的第一因把自身引向了永恒之目标”。波兰尼认为，人类心灵的出现是迄今为止世界之觉醒的最终阶段，人类的存在是所有其他生物竞相实现的目标，人类的存在意味着一种不可思议的完满、最终的解放，人是造物中最宝贵的成果。因此，生命之突生是第一因，第一因作为自主中心逐渐增强，朝向其终极目的而前进，而人类之出现即是这一终极目的。人类获得了超越短暂生命而拥抱自由与永恒的能力，波兰尼的人类中心主义蕴含的是深层的人文主义，是对人自身的深情礼赞。

(5) 神秘主义。波兰尼所论述的个人知识之“不可言传的”隐默成分，也许最终可以通过脑科学、心理学、认知科学的未来发展来得到解释，从而避免玄学的指责；但是，本书的最后一章“人的崛起”的最后几节，却的确带有一定的神秘主义倾向或玄学倾向。波兰尼认为进化论的“基因突变”和“自然选择”概念并不能完全解释生物的演化，他说，“关于基因变化如何改变个体发生，我们缺乏任何可接受的观念。”波兰尼区分了两个层次，一个层次是用物理—化学来描述的生物体的物理构造，而另一个是(作为个体中心的)生命的层次，生物被看作从属于个体中心的形态类型和运作原则的实例，它不能用物理学和化学来定义。基因突变和自然选择只能解释生物进化的条件，而生物进化的内在真正原因在于隐藏的进化机制。波兰尼采用生物学中的“潜能”和“场”的概念，并且加以普遍化，来进行解释。潜能是指一个系统具有的某种趋势，这种趋势会形成某种有序的构型。波兰尼用潜能来解释生命的突生：无机物系统的潜能在随机运动的作用下，形成了有序结构，这种有序结构就是生命的起源。潜能还用来解释个体的胚胎发育和器官再生，一些胚胎组织被分离后，能够独立生成完整的个体，这就说明了它们具有同样的潜能(即“同等潜能”)。

波兰尼试图用更基本的“场”的概念来解释“潜能”的作用，他采纳了格威奇(Alexander Gurwisch)和谢尔德雷克(Rupert Sheldrake)等人的“场”概念，他们认为，器官生长的真正原因和决定因素是“形态发生场”(即个体生物生长和发育的场域)，场决定了胚胎发育和器官再生。理论生物学家B.古德温(Brian Goodwin)提出，分子、细胞和有机体仅仅是结构的单元，生物场才是有机形态和组织的基本单位。关于形态发生场的实在性，生物学家产生了分歧，一部分人认为它仅仅是一个启发性的概念工具，而谢尔德雷克和古德温认为，它具有一定的实在性。对于“场”这个富有争议性的概念，波兰尼持拥护态度，他不仅用“形态发生场”的概念来解释个体发育，还用“种系发生场”的概念来解释不同物种的形成和演化。

波兰尼还进行了极大的推广，例如他认为探索活动也发生在“探索场”之中，其中包括“机遇场”和“努力场”，他说道，“我们承认场是生物行为的原动力”。但是，“场”的概念在生物学中是一个非常神秘的概念，是通过谐振或感应的方式来起作用，甚至被一些伪科学用来构建一些神秘的理论。波兰尼赋予“场”以某种神学目的论的意义，生物场促成了生命的产生，而生物场又延伸到宇宙场，宇宙场召唤出了作为个体中心的生命形式，正如波兰尼在《个人知识》的结尾处写道：“我们可以设想出一种宇宙场，这种宇宙场召唤出所有这些中心，并让它们都拥有短暂的、有限而充满风险的机遇去朝着一种不可思议的完满而发展。我相信，这也是基督教徒在礼拜上帝时的处境”。不过客观而论，这种神秘主义在波兰尼的整体哲学中只占据非常小的成分，且并不是其哲学体系的必要因素。

5. 何为后批判哲学

在解释“后批判哲学”之前，必须解释一下何为“批判哲学”。批判哲学是相对于中世纪的神学框架而言的，后者代表着教条主义和理智的僵化。波兰尼认为一场批判哲学的运动从14、15世纪就开始兴起，而波兰尼写作这本书的时候(20世纪中期)，正是这场运动的尾声。批判哲学的运动的两个来源是古希腊的理性主义以及中世纪哲学的特定遗产(即信仰主义)。之所以说中世纪的特定遗产对于批判哲学运动是重要的，是因为它提供了信仰的因素。我们可以扩展和辩护波兰尼的这种立场，例如，启蒙运动的“人人生而平等”观念来自基督教“人人皆为上帝之子”观念；自由观念来自新教运动认为信徒可以直接同上帝沟通而无须借助教会的中介，因此教权被打破；民主观念从基督教社团内部民主自治和兄弟关系而得来；真理之追求也是在追寻上帝的荣光之指引下进行，例如牛顿最后的神学归宿。在波兰尼的批判哲学概念中，古希腊的理性主义和中世纪的信仰主义是融为一体的。

这里需要指出的是，波兰尼对于批判哲学的定义不同于康德的批判哲学概念，尽管康德的定义已经成为批判哲学的标准定义。康德认为，批判哲学是破除一切教条主义和独断论，再对人类先天理性结构进行全面的重新审查的哲学方法。康德在“什么是启蒙”一文中的振聋发聩之言：“敢于运用你自己的理智”，标示着启蒙运动的核心思想，而批判哲学则是启蒙运动的哲学表达，其目标是运用理性本身对人类知识和思维进行全盘的审查。康德的批判哲学概念并不直接包含中世纪的信仰主义，尽管康德还是提出了理性主义的宗教观，及作为超验理念的上帝概念。

波兰尼的批判哲学同时包容中世纪的遗产即信仰主义，以及启蒙运动的理性精神。但是波兰尼认为，批判哲学运动已经接近于尾声，因为其能量已经被耗尽。随着批判哲学运动的进行，最终发展到纯粹的客观主义，批判性的、生机勃勃的理性自身走向了僵化，即纯理智主义，理性追求真理的冲动被缩减为客观的知识。理性的片面发展摧毁了它的同盟，即信仰和信念；理性摧毁了一切的价值、意义与信仰，剩下的只有由理性知识所表述的自然定律与物质运动。信仰和信念不仅被罢黜而且被视为科学与知识的敌人，因为它们使得知识不再具有普遍性而只有个人性。

由此，批判哲学运动陷入了客观主义的泥淖，这意味批判哲学运动行将结束，而我们将会进入新的哲学运动："后批判哲学"。"我们必定再一次认识到信念是一切知识的源泉"。波兰尼号召人们重新回到后批判哲学的源头——奥古斯丁那里，学会重新审视信仰的意义，"我们必须在先行的信念的指导下进行奋斗"，这正回应着奥古斯丁的名言："汝若不信则不明"（信仰寻求理解）。由此可见，前批判时期—批判时期—后批判时期的发展更像是一场螺旋上升的进程，前批判时期是盲目的权威主义与教条主义，特别是中世纪的神学教条；而批判时期则是汲取了中世纪信仰主义的积极因素，并且融入了批判理性的光芒，但是批判运动自身的末路则是丧失信仰而独尊理性；后批判时期主张重新回到批判运动的源头，更加自觉地把个人的信仰、信念、激情、寄托、直觉作为理性的基础，把理性置于一个更广阔的主体交互性的动态网络中。

波兰尼认为，"隐默同意与理智激情、群体语言与文化遗产的共享、融入志同道合的共同体，这些都是塑造我们赖以掌握事物的、对事物性质的看法的推动力。没有任何智力，无论它多么具有批判性或创造性，能够在这样的信托框架之外运作"。批判哲学试图在怀疑一切、批判一切的基础上，在确定无疑的基础上，用客观主义的视角来重建人类知识的大厦或者描绘人类知识的蓝图，这种做法按照波兰尼的个人知识纲领，是不可能实现的。

后批判哲学意味着我们要从客观主义中解放出来，意味着我们要肯定信念对于知识的必要前提性，去发现我们真正相信的东西并使之形式化，去克服自我怀疑，坚定地进行自我认同，让心灵勇于去遵循它自身的自定标准，从而再次实现信念与理性的融合。正如波兰尼所言，“我们曾经天真地相信我们可以通过客观有效性的标准而避免承担我们自身信念的所有个人责任——我们自己的批判力也已经把这一希望粉碎了。我们突然间变得赤身裸体，我们可以试图厚着脸皮，打起虚无主义的幌子招摇过市”。人们沉浸在对知识和道德的琐碎而无休无止的语言分析之中，而忘记了如何使用自然所赋予我们的探索、信念、责任与热情之能力，而新的时代则要求我们重新找回我们作为人（造物之最高产物）的高贵地位，带着属于每个人的一切尊严与荣耀而发出来自内心的声音，从而超越批判哲学而迈向后批判哲学。

6. 波兰尼哲学与中国传统哲学的互释

波兰尼哲学为在当代语境中创造性地诠释中国传统哲学提供了一个有益视角。在中西哲学的会通方面，港台新儒家曾做过有益的探索，当代也有若干代表性进路：倪梁康为代表的中国心性哲学与现象学的互释；张祥龙为代表的中国天道思想与海德格尔哲学的互释；安乐哲为代表的美国实用主义与儒家社群主义的互释；郁振华为代表的中国传统形而上学与波兰尼哲学的互释。其中，中国传统形而上学与波兰尼哲学的互释仍然具有广阔的探索空间。

第一，“说”与“不可说”之间。很多中西哲学家都认为有某些东西是不可言说的，对于老子来说，作为世界本原的道是不可能用语言来直接言传的，“道可道，非常道”，庄子也认为“道不可言，言而非也”；对于早期维特根斯坦来说，由于语言对应于事实，所以超越事实之外的意义和价值是不可言说的，对于这些神秘的“不可说的”东西，必须保持沉默。金岳霖先生认为，哲学中有某些不可说的东西，是普通所谓名言所不能表达的东西。不过，不同于早期维特根斯坦的缄默，老庄虽然也认为作为存在本原的道是神秘的，但我们并不需要保持绝对缄默，而是可以试图去说不可说之物，例如庄子曰：“不言，谁知其志?”。老子通过比喻、象征、描述等方式，庄子通过“寓言”、“重言”、“卮言”等方式来试图说不可说之物。冯友兰先生主张用“负的方法”说不可说的形而上世界。

要真正沟通“说”和“不可说”之间的鸿沟，需要加入一个中介环节，即隐默的前理解或者领会。如果我们对不可说之物缺乏前理解，处于一种彻底无知的状态，那么我们就只能保持绝对的缄默。但如果我们有某种隐默的前理解，那么我们就可以尝试通过语言来尽量阐明我们的前理解，一方面语言有可能歪曲或者不能完全表达我们对于不可说之物的前理解，正所谓“道可道，非常道”，但是另一方面，我们的确可以通过特殊语言来间接传达我们对于不可说之物的领会。通过“前理解”这一范畴，实际上可以解决“说不可说之物”的认知悖论。海德格尔将我们对于存在本身的隐默理解称之为前理解，因为我们已经栖身于存在之中，所以我们已经对于存在本身有了某些隐默而模糊的理解，而哲学阐释是将这种前理解进行阐明和澄清。根据这种方式，老庄哲学可以被认为是对于“道”有一种隐默的理解，哲学的工作是通过特殊的言语方式将这种隐默的理解得以阐明，从而揭示道。

波兰尼则从认知科学将这种纯粹哲学思辨视域中的“前理解”解读为一种人类在言述性思维或理性思维之下的隐默认知能力，这种能力是人类从原始生物那里继承得来的、隐藏在理性认知层面之下的各种认知模式。这些认知模式虽然可以通过心理学、脑科学等科学研究逐步揭示，但是其中绝大部分仍然是晦暗不明的。它们虽然暂未被阐明，却被我们“日用而不知”。由于理性主义的泛滥，我们对于那些无法阐明的认知能力，总是持一种怀疑和不信任态度，并斥之为玄学和神秘主义，而波兰尼则要求我们珍视这些隐默的认知能力，因为它们实际上是理性思维的前提或基础。在这些隐默的认知能力之中，波兰尼着重分析了情感、冲动、直觉、想象等认知因素，这为老庄式的比喻、象征、想象、寓言等提供了科学的解释。波兰尼对于这种非理性的认知因素的分析，也为老庄和禅宗所主张的非理性言说方式，即非逻辑性、非推理性、非日常性语言提供了科学辩护，因为直觉、想象等认知因素是不能通过理性语言来表达的，而只能通过诗意的、场境的、散漫的、比喻的特殊语言来传达。不过我们也要清醒地认识到，波兰尼主张非理性的认知因素是科学认知的基础，而老庄哲学的“绝圣弃智”始终主张停留在非理性的领悟阶段，而忽视了从隐默的非理性认知到理性认知或科学认知的转化。

第二，顿悟与境界。那么，为什么某些终极的东西是不能用语言来直接言说的？例如，对于老庄来说，作为世界本原的道为什么是不可能用语言来直接言传的？老庄的回答是因为日常语言会遮蔽或者歪曲道，海德格尔也认为理性或者逻辑的语言会遮蔽存在，但是随境而生的言语则可以敞开存在。波兰尼从认知科学视角来解释了逻辑性或者日常语言之所以会遮蔽存在(客观实在)，是因为人类总归是在人类视角中来认识世界；并且人类之所以超越动物，是因为人类发展出了高级语言能力，语言能力为人类的理性思维提供了基础，并且形成了各种言述性框架，人类依托于它们来生存和发展。这些言述性框架一方面促成了人类文明的崛起，另一方面又存在风险，例如在人类历史上诸多被人们信奉的真理体系(言述性框架)后来被修正或推翻，更遑论人类的常识世界观经历了一次又一次的更新。因此，我们的日常语言、理性语言、科学语言都是特定的言述性框架，它最多只能是实在世界的一种指引，而非对于实在世界的直接言说或者揭示。

更为重要的，我们的日常语言、科学语言或者科学理论作为某种言述性框架，是基于我们的一些更为基本的认知能力而产生的。波兰尼指出，在我们清晰地构建某一科学理论时，我们就已经模糊地领会到可能的解决办法了。波兰尼认为人天生就具有领悟自然之合理性的直觉能力，这是自然演化所赋予我们的珍贵天赋。由于科学成果最终体现为用精确语言表述的科学理论，所以非语言式的顿悟和领会通常被忽视了。波兰尼引用了心理学家科勒(Köhler)的黑猩猩实验，来论证动物具有顿悟式的领会，是对于特定问题情境的豁然领悟。因此禅宗所主张的顿悟或渐悟理论并非彻底的玄学，而是有其科学依据的。不过，顿悟所指向的对象却可以有区别，例如禅宗主张顿悟的对象是“世界之无常”，顿悟之后是成佛之路，并且可以用语言来引导他人获得同样的顿悟；波兰尼主张顿悟的对象是“自然的奥秘”，顿悟之后是通过科学理论来进行阐明。

中国哲学还有一个重要的范畴即境界，例如老子的“致虚极，守静笃。万物并作，吾以观复”；庄子的“心斋、坐忘”；张载的“儒者则因明至诚，因诚至明，故天人合一”；僧肇的“灰身灭智，捐形绝虑”。总而言之，都主张排除理性思维、进而排除情感、进而排除身体感知，从而进入一种绝对虚宁的主体状态。大多数解释者都把这种主体境界视为高于日常语言或者理性思维的超越境界，而根据波兰尼的认知科学视角，这种主体境界并非向上超越，而是向下退减。无生命的自然世界乃统一整体，生命的出现意味着能动中心的产生，最原始的生物同自然仍然处于直接的交互作用，是最原初的“天人合一”或者“民胞物与”状态，随着生命的演化，作为能动中心的生命逐步产生了感知、情感、意识、理性思维、逻辑思维等各种认知能力，特别是人发展出高级语言能力以及概念性思维能力之后，人们是通过“语言—概念—符号”之网来同外界环境打交道，由此天人相分越来越明显。所以，中国传统哲学中所谓的“离形去智”，实际上回归最原始的生命形态，甚至回归到更原初的非生命存在的“物化”状态。因此，我们不妨把波兰尼的立场称之为正向进路，即珍视从最原始生命那里继承而来的各种底层认知能力，并且逐步上升到人类特有的言述性思维；而把特定中国传统哲学称之为反向进路，即从人类已有的言述性思维开始，并且逐步排除掉人的各种认知、情感和感知能力，从而回归最原初的物我不分的境界。

第三，言意之辨。在中国传统哲学中，“言意之辨”有三种代表性观点，即“言不尽意”、“得意忘言”和“言尽意”。首先，荀粲认为

“言不尽意”，语言表达意义的功能是很有限的，波兰尼则从认知科学阐释了“你知道的永远比你说出的多得多”，因为认知的隐默因素是全局背景，而语言概念性的认知是其中的焦点内容，所以认知主体自己尚且不能讲清楚自己所知道的一切，这种隐默认知又如何能传递给他人呢？波兰尼所理解的“言不尽意”既表示自己的言不能表达自己的意(默会认知)，也指我们不能通过语言来相互理解对方的意图或默会知识。波兰尼主张通过学徒式的技能模仿来进行“身教”和“耳濡目染式传授”，这类似于中国哲学中的“体证”。其次，欧阳建的“言尽意”则认为语言能表达思想，根据波兰尼的立场，如果我们把“意”狭义地理解为概念性思维，那么语言自然能表达意，因为概念性思维和言述性思维是同一的，概念性思维是无声的语言，而语言是有声的概念性思维，并且语言本身就是人际协作的产物，所以在这个视角中言可以尽意。再次，王弼的“得意忘象”认为符号是理解意义的工具，但是我们不能停留于符号。波兰尼从两个方面阐释了“得意忘象”：首先，例如某人在读完一封信后，他焦点觉知到的是这封信的意义，有时却记不得这封信以什么语言来写的；其次，儿童习得一种语言，本质上是掌握了对事物进行控制的观念能力，它使得我们能够根据自身经验来制定、运用、丰富和更新我们的意义体系，这是一种隐默的技能。因此“得意忘象”可以被解释为在学习过程中首要的是掌握语言技能而非机械地记忆的语言符号。

中国哲学中的意会、境界、体证、隐喻、具象思维、顿悟、修炼等理论通常被蒙上一层神秘主义色彩，由此同现代科学渐行渐远。通过波兰尼思想，我们可以很好地将中国哲学中的这些神秘因素同现代心理学、认知科学、生物学等前沿科学研究进行互释。这些隐默认知因素不是通过自我觉知性的概念分析进行阐明(并非照搬分析哲学的方法)，而是通过科学研究进行外在的揭示(并非延续神秘的体证式言说)，由此可以让我们在当代科学语境中诠释中国传统哲学，这对于较为缺乏科学精神的中国传统哲学来说，或许是有一定助益的。

目录

译者前言 / 1

前言 / 1

致谢 / 1

第一编　认知的技艺 / 1

第一章　客观性 / 3

第一节　哥白尼革命的教训 / 3

第二节　机械论的发展 / 7

第三节　相对论 / 11

第四节　客观性与现代物理学 / 17

第二章　概率 / 21

第一节　研究计划 / 21

第二节　精确陈述 / 22

第三节　概率陈述 / 24

第四节　命题的概率 / 28

第五节　断言的性质 / 31

第六节　指导原则 / 35

第七节　信心的分级 / 36

第三章　秩序 / 40

第一节　偶然性与秩序 / 40

第二节　随机性和有意义的模式 / 45

第三节　确定化学比例的规则 / 48

第四节　晶体学 / 51

第四章　技能 / 59

第一节　技能的实践 / 59

第二节　破坏性的分析 / 60
第三节　传统 / 63
第四节　行家技能 / 65
第五节　两种意识 / 66
第六节　整体和意义 / 69
第七节　工具和框架 / 70
第八节　寄托 / 71
第九节　不可明确说明性 / 75
第十节　总结 / 77

第二编　隐默的成分 / 81
第五章　言语 / 83
第一节　引言 / 83
第二节　非言语式的智力 / 85
第三节　语言的操作原理 / 92
第四节　言语式思维的效力 / 97
第五节　思维和言语(一)：文本与意义 / 102
第六节　隐默同意的诸种形式 / 111
第七节　思维与言语(二)：概念的决定 / 116
第八节　受教育的心灵 / 119
第九节　语言的再阐释 / 122
第十节　理解逻辑运算 / 136
第十一节　问题解决之引论 / 139
第十二节　数学的探索 / 144
第六章　理智的激情 / 157
第一节　提示 / 157
第二节　科学的价值 / 160
第三节　探索的激情 / 169

第四节　优雅与美 / 172
第五节　科学争论 / 178
第六节　科学前提 / 188
第七节　私人的与公众的激情 / 202
第八节　科学和技术 / 205
第九节　数学 / 215
第十节　数学的肯定 / 218
第十一节　数学的公理化 / 222
第十二节　抽象艺术 / 224
第十三节　内居与突破 / 227
第七章　交谊共融 / 242
第一节　引言 / 242
第二节　交流 / 244
第三节　社会知识的传递 / 247
第四节　纯粹的交谊共融 / 250
第五节　社会组织 / 253
第六节　两种文化 / 256
第七节　个人文化的管理 / 258
第八节　公民文化的管理 / 265
第九节　赤裸裸的权力 / 267
第十节　强权政治 / 270
第十一节　苏联马克思主义的魔力 / 271
第十二节　道德倒置的虚假形式 / 278
第十三节　对知识分子的诱惑 / 280
第十四节　马克思列宁主义的认识论 / 284
第十五节　关于事实的问题 / 286
第十六节　后马克思主义的自由主义 / 290

第三编 个人知识的正当性 / 297

第八章 肯定之逻辑 / 299

第一节 引言 / 299

第二节 语言的自信运用 / 299

第三节 对描述词的质疑 / 300

第四节 精确性 / 302

第五节 意义的个人模式 / 303

第六节 关于事实的断言 / 305

第七节 朝向个人知识的认识论 / 307

第八节 推理 / 309

第九节 自动化的一般理论 / 314

第十节 神经学与心理学 / 315

第十一节 关于批判性 / 317

第十二节 信托的纲领 / 318

第九章 对怀疑的批判 / 325

第一节 怀疑论 / 325

第二节 信念和怀疑的对等性 / 329

第三节 合理怀疑与不合理怀疑 / 331

第四节 自然科学中的怀疑论 / 333

第五节 怀疑是探索性的原则吗？/ 334

第六节 法庭上的不可知论式怀疑 / 335

第七节 宗教的怀疑 / 338

第八节 隐含的信念 / 346

第九节 稳定性的三个方面 / 349

第十节 科学信念的稳定性 / 353

第十一节 普遍的怀疑 / 355

第十章 寄托 / 362

第一节 基本的信念 / 362

第二节　主观性、个人性与普遍性 / 363
第三节　寄托的融贯性 / 367
第四节　逃避寄托 / 371
第五节　寄托的结构(一) / 373
第六节　寄托的结构(二) / 378
第七节　不确定性与自我依赖 / 383
第八节　寄托的生存面向 / 384
第九节　寄托的多样性 / 387
第十节　接受召唤 / 389

第四编　认知与存在 / 395

第十一章　成就的逻辑 / 397
第一节　引言 / 397
第二节　正确性的规则 / 398
第三节　原因与理由 / 402
第四节　逻辑学与心理学 / 404
第五节　动物的创造力 / 406
第六节　对于同等潜能原理的解释 / 411
第七节　逻辑层次 / 414

第十二章　认知的生命 / 421
第一节　引言 / 421
第二节　物种分类的真实性 / 422
第三节　形态发生 / 429
第四节　生命的机制 / 434
第五节　行动与感知 / 436
第六节　学习 / 440
第七节　学习与归纳 / 444
第八节　人类的知识 / 449

第九节　高级的知识 / 451

第十节　融汇点 / 456

第十三章　人的崛起 / 462

第一节　引言 / 462

第二节　进化是一种成就吗？/ 464

第三节　随机性——突生的一个例子 / 472

第四节　突生的逻辑 / 475

第五节　普遍化的“场”概念 / 480

第六节　机器式操作之突生 / 484

第七节　第一因与终极目的 / 485

索引 / 491

献给

托马斯爵士和泰勒夫人

前　言

本书主要是对于科学知识的性质及其正当性进行考察，但是我对科学知识所进行的重新思考会引发科学领域之外的广泛问题。我的考察首先从拒绝科学的超然性(detachment)* 理想开始。这种错误的理想也许在精确科学中并无害处，因为在那些领域科学家实际上对其视而不见。但是我们将看到，它在生物学、心理学和社会学中产生了毁灭性的影响，并且远远超出科学领域的范围，使我们的整个观点误入歧途。而我想要建立另外一种相当普泛的知识理想。

因此，本书涉及的范围极广，并且我还发明了用作本书标题的这个新术语："个人知识"。"个人"和"知识"这两个词看起来是自相矛盾的，因为真正的知识被认为是非个人化的、普遍接受的和客观的。但是这个表面上的矛盾可以通过修改认知(knowing)这一概念来被消除。

我把格式塔(Gestalt)心理学的研究成果作为对于这个概念进行修改的主要线索。科学家对于格式塔心理学所蕴含的哲学意义避而远之，而我却坚定地拥护它。我把认知看作是对于被认知事物的主动理解，是一项需要技能的活动。技能性的认知和行为的实施，是以作为线索或者工具的一组细节为附属条件，来促成一项技能性成就，不管该成就是实践方面还是理论方面的。因此，我们可以被说成是"附属地"(subsidiarily)意识到处于我们对于相关整体的"焦点意识"(focal awareness)之内的这些细节。线索和工具就是这样来被使用的东西，它们不是按照其本身的样式来被观察。它们被当成我们身体器官的延伸，这就涉及我们自身存在的某种变化。因此，理解行为是不可逆的，也是不可批判的，因为我们不能拥有任何确定的框架来对已确定框架之重构进行批判性的检验。

* "超然性"这里指"与人无涉、客观中立"的意思。——译者注

这就是在所有理解行为中都会出现的认知者的**个人参与**，但这并非使我们的理解变为**主观性的**。理解不是任意的行为，也不是被动的经验，而是一项声称具有普遍有效性的负责任的行为。由于认知活动与隐藏着的实在世界发生接触，在这种意义上认知活动实际上是客观的；这种接触作为某种条件，使得我们能够预见某一无限范围的、尚未被认识到的(也许还未被设想到的)真实的隐含之物。因此我们似乎有理由把这种个人性与客观性的融合描述成个人知识。

个人知识是一种理智的“承诺或寄托”(commitment)，因此也具有内在的风险性。只有那些有可能是错误的断言才可以被说成是传达了这种客观知识。本书所载的一切断言都是我的个人寄托。它们为自己代言，并且仅限于此。

在整本书中，我都试图表明这个立场。我已经指出，每一项认知行为，都被那个认知主体的激情所驱使；这个因素不是些许的美中不足，而是知识的必不可少的组成部分。围绕着这个核心事实，我试图把那些我真诚持有，并且不得不真诚持有的相互关联的信念构建为一个体系。但是在最根本上，对于这些信念的坚守也只是我的个人忠诚，并且只有确保了这点，它们才可以要求获得读者的关注。

迈克尔·波兰尼

曼彻斯特　1957 年 8 月

致　谢

本书以我于 1951 年至 1952 年在阿伯丁大学开设的吉福德讲座之讲义为基础。我要感谢阿伯丁大学给我这样的机会，使得我可以扩展自己的思想。因为后来的研究工作并没有使我的观点发生实质性的改变，那些讲义的大部分都可以不加变动，只有少部分经过重新思考后被删除或者补充。

曼彻斯特大学让我能够接受阿伯丁大学的邀请，并在那里用了九年的时间来专门写作这本书。该大学的评议会和理事会允许我从物理化学的席位转到一个没有教学任务的教授职务，他们的宽宏大量让我觉得内心歉疚。我还特别要感谢当时的副校长约翰·斯托普福德爵士和当时的校理事会主席西蒙·维森肖勋爵。

我在研究过程中得到了阿拉丁大学很多同事的帮助，他们的耐心让我一直很钦佩，请允许我再次感谢他们。关于本书主题，我两次在芝加哥的社会思想研究委员会进行演讲，回想起和那里的同仁共度的时光，我也心怀感激之情。

本书还要感谢玛卓莉·格林博士的大力协助。当我于 1950 年在芝加哥第一次和她讨论本研究的时候，她就好像已经猜到了我的全部目标，从那时起，她一直帮助我实现这项研究目标。她把自己的哲学研究放在一边，多年来全身心地参与到这项研究中。我们的讨论对于每一阶段的进展都起到促进作用，本书的几乎每一页都受惠于她的评论。我在本书中获得的所有成就都有她的一份功劳。J.H.奥尔德罕博士、欧文·克里斯托儿先生、伊丽莎白·苏魏尔小姐和爱德华·什尔斯教授曾通读了本书的手稿；W.哈斯先生、W.梅斯博士、M.S.巴特利特教授和 C.勒犹斯基博士曾阅读了手稿的部分。他们都提出了改进的建议，我深表感谢。奥莉薇·戴维斯小姐十年来承担了本书的文秘工作，她的技能和辛劳给了我无比的帮助。在本项研究中，书籍、差旅和补助的费用是由洛克菲勒基金会、伏尔加基金会和文化自由大会提供的。

最后，我还要向一个人表达我的爱慕之情，她毫不犹豫地与我一起分担了这项非同寻常的事业之风险，并年复一年地承受着我作为这一不寻常的活动之中心人物所带给她的压力。她就是我的妻子。

在1952年至1958年间，我就本书的主题发表过以下论文。括号中的页码是本书相应的页码。

'The Hypothesis of Cybernetics', *The British Journal for the Philosophy of Science*, **2**, (1951—2). (Chapter 8, pp.261—3.)

'Stability of Beliefs', *The British Journal for the Philosophy of Science*, November, 1952. (Chapter 9, pp.286—94.)

'Skills and Connoisseurship', *Atti del Congresso di Metodologia*, Torino, December 17—20th, 1952. (Chapter 4, pp.49—57.)

'On the Introduction of Science into Moral Subjects', *The Cambridge Journal*, No.4, January, 1954. (Survey of one aspect of the argument.)

'Words, Conceptions and Science', *The Twentieth Century*, September, 1955. (Chapter 5, passim.)

'From Copernicus to Einstein', *Encounter*, September, 1955. (Chapter 1, pp.3—18.) 'Pure and Applied Science and their appropriate forms of Organization', *Dialectica*, **10**, No.3, 1956. (Chapter 6, pp.174—84.)

'Passion and Controversy in Science', *The Lancet*, June 16th, 1956. (Chapter 6, pp.134—60.)

'The Magic of Marxism', *Encounter*, December, 1956. (Chapter 7, pp.226—48.) 'Scientific Outlook: its Sickness and Cure', *Science*, **125**, March 15th, 1957. (A brief survey of the main argument.)

'Beauty, Elegance and Reality in Science', *Symposium on Observation and Interpretation*, Bristol, April 1st, 1957. (Survey of Chapters 5 and 6.)

'Problem Solving', *The British Journal for the Philosophy of Science*, August, 1957. (Chapter 5, pp.120—31.)

'On Biassed Coins and Related Problems', *Zs. f. Phys. Chem.*, 1958. (Chapter 3, pp.37—40; Chapter 13, pp.390—402.)

第一编　认知的技艺

第一章

客 观 性 3

第一节 哥白尼革命的教训

正如《圣经》的宇宙起源论一样，在托勒密的天文学体系中，人在宇宙中被指派了一个中心位置，但是又被哥白尼驱逐出这一位置。从那个时候起，迫切想要从中获取教训的著述者们，就坚决而反复地要求我们抛弃所有感情用事的自我中心主义，而从时间与空间的真实视角来客观地审视我们自身。这到底意味着什么呢？在一部忠实地概览宇宙整个历史的“全景”电影中，人类从最初起源到20世纪所取得的成就这一兴起过程，仅仅会闪现一秒钟的时间。或者说，如果我们决定根据对同等质量的部分给予同等关注的方式来客观地考察宇宙，那么我们会用毕生的时间去研究星际尘埃，而只有在考察炽热的氢气团时才能间或放松一下——不花费十亿次以上的个人生命，轮不到给予人类哪怕是一秒钟的关注。毫无疑问，没有人——包括科学家在内——会用这种方式审视宇宙，不管“客观性”说起来多么的好听。这也不会使我们感到惊讶。因为，作为人类的我们不可避免地要从我们自身内部之中心来审视宇宙，并且用在人类交往之迫切需要中成型的人类语言来谈论宇宙。任何试图严格地从我们关于世界的图景中去掉人类视角的做法都必定会导致荒谬。

哥白尼革命的真实教训是什么？为什么哥白尼把真实性的地球视点替换为想象性的太阳视点。这样做的唯一合理性在于，当他从太阳视点而不是从地球视点来审视时，所获得的宇宙全景图能带给他更大的理智(intellectual)满足感。哥白尼偏爱人类从抽象理论中得到的愉悦，但是也付出了否认我们的感官证据的代价，这些感官证据呈现给我们的
4 是太阳、月亮和星体每天从东方升起，划过天际而落向西方的这一不可反驳的事实。因此，从表面上看起来，哥白尼的新体系如同托勒密的观点一样是人类中心论的，不同之处仅仅在于它能更好地满足人类的一种特别情感。

只有当我们把这种理智满足感的性质之改变看作更伟大的客观性标准时，我们才有理由认为哥白尼体系比托勒密体系更具有客观性。这意味着，在这两种知识中，我们应该把那种更依赖于理论而非更依赖于直接感观经验的知识，看作更加客观的。因此，理论就像放置在我们的感官和事物之间的屏障，要是没有这个屏障，我们的感官本可以获得关于这些事物的更加直接的印象，这让我们越来越借助理论指导来对我们的经验进行解释，相应地，就把我们的原初印象贬低为是可怀疑的或是可能会误导人的表象。

因此，我觉得我们有充分的理由认为理论知识比直接经验更加客观。

(a) 理论不是我个人的东西，它能够作为规则体系而被记录下来。一个理论越是能完全用这种方式展现出来，那么它越是真实的。在这方面，数学理论已经发展得最为完善。但是，即使是一个地图也在其自身中充分地包含一套严格的规则，人们能够根据该规则找到路线来穿越某个从未涉足过的区域。实际上，所有理论都可以被看作某种在时间和空间上展开的地图。很显然，地图可以是正确的，也可以是错误的，因此，既然我要依靠我的地图，那么，如果我遵循地图而出了错，

就应该把错误怪罪于地图。我所依赖的理论是客观知识，因为当我使用这些知识时，是这个理论而非我自身被证明为正确的或者错误的。

(b) 而且，理论不可能被我的个人幻觉所误导。要通过一个地图找到出路，我必须有意识地去查看地图，也许在此过程中我会受到误导，但是这个**地图**不可能受到误导，它本身依然是正确的或错误的，与个人无关。因此，作为我知识之组成部分的理论是不受我内心出现的任何情绪波动所影响的。它具有严格的形式结构，不管我受什么情绪或者欲望的影响，它的稳定性都是我可以依赖的。

(c) 既然理论的正式断言并不受接受它的人的主观状态的影响，那么，理论的构造也和人获得经验的日常途径无关。这就是哥白尼体系比托勒密体系更具有理论性同时也是更具有客观性的第三个原因。因为哥白尼体系描绘的太阳系图景无需考虑我们的地球视点，因此它也会得到来自地球、火星、金星和海王星的居民的相同认可，只要这些外星居民具有和我们一样的理性价值观。

因此，当我们宣称哥白尼理论更具有客观性时，我们实际上是在暗示：它的卓越之处并不在于我们的个人喜好，而在于要求获得理性生物之普遍接受的这种内在性质。我们抛弃了来自我们感官的较为原初的
人类中心主义——而只偏爱来自我们理性的更加雄心勃勃的人类中心主 5
义。在这样做时，我们需要获得一种构建观念的能力，这些观念由于其自身的恰当性与合理性而被我们所重视，并由此具有客观性之名。

行星围绕着太阳旋转这一理论，实际上以超越了断言自身内在合理性的方式，证明了自身的合理性。这个理论后来(哥白尼死后的六十六年)传到了开普勒那里，并激励他发现了行星的椭圆轨道及其恒常的表面角速度；十年之后，又激励他发现了行星运动的第三定律，确立了轨道长度和轨道周期之间的关系。又过了六十八年，牛顿向全世界宣布：这些定律仅仅是万有引力的更基本事实的一种表现。日心说最初提供的，并使它得到公认的理智满足感被证明为是其创立者尚不知道的更深层含义的一个标示。它是未知的，但并不是完全不可预期的，因

为那些很早就完全信奉哥白尼体系的人，他们会由此期望在无限的未来可能性中让这个理论得到证实，这种期望对于他们相信哥白尼体系的卓越合理性和客观有效性来说是必不可少的。

的确，很普遍的情况是，人们可以说，我们称颂其具有内在合理性的理论因此也具有预见能力。我们接受它，是希望能通过这些理论来接触实在世界；如果该理论是真实的话，它可以在未来的数百年中以其创立者不曾设想的方式来显示其真理性。我们这个时代一些最伟大的科学发现一直被正确地描述为是对已经接受的科学理论的令人惊讶的确认。理论的真实含义的完全不确定性，蕴含着将客观性附加到科学理论之上的最深刻意义。

因此，这就是哥白尼理论所彰示的客观性之真实特征。客观性并不是要求我们通过人类生命的微小身体，通过人类简短的历史或者未来可能发展，来评估人在宇宙中的意义。它也不要求我们把自己看作百万个撒哈拉沙漠中的一粒尘埃。相反，它激励着我们，去期望克服我们肉体的这些可怕缺陷，而去构建一个关于宇宙的权威性的、不言而喻的合理观念。它不是劝告人类自我贬低，而正好相反，去召唤人类心中的“皮格马利翁”*。

但是，今天我们所接受的教育却不是这样。科学中客观真理的发现在于人们对某种合理性的领悟，这种合理性能使我们肃然起敬，并使我们为之而沉思与叹服。这样的发现，虽然利用我们感官经验作为线索，但是我们却拥有超越感官印象的关于实在世界之图景，从而可以超
6 越感官经验；并且，这个图景由于可以引导我们对实在世界进行更深层

* 皮格马利翁是希腊神话中的塞浦路斯国王，善雕刻。他不喜欢塞浦路斯的凡间女子，决定永不结婚。他用神奇的技艺雕刻了一座美丽的象牙少女像，在夜以继日的工作中，皮格马利翁把全部的精力、全部的热情、全部的爱恋都赋予了这座雕像。他像对待自己的妻子那样抚爱她，装扮她，为她起名加拉泰亚，并向神乞求让她成为自己的妻子。爱神阿芙洛狄忒被他打动，赐予雕像生命，并让他们结为夫妻。“皮格马利翁效应”成为一个人只要对艺术对象有着执著的追求精神，便会发生艺术感应的代名词。波兰尼用这个比喻来说明人类努力构建关于宇宙的具有客观性的合理信念，并且这种孜孜以求的追求最终使得我们获得认知上的成功。——译者注

次的理解而捍卫其真理性——以上对于科学程序的说明也许往往会被人不屑一顾，被认为是过时的柏拉图主义，是玄学，不符合开明的时代。而在作为导论的本章之中，我所坚持的正是这种对客观性的理解。我想回顾一下，在现代人的心灵中，科学如何被贬低到为了便利而设计的方便物之列，是记录事件和计算事件之未来进程的一种手段。并且我想指出，作为普遍被看作这种实证主义科学观的成果与范例的20世纪物理学，特别是爱因斯坦相对论的发现，却反过来证明了科学通过认识自然中合理的东西，而具备与自然之实在发生接触的能力。

第二节　机械论的发展

故事可以分为三个部分，第一部分在哥白尼之前很久就开始了，尽管这部分故事的发展直接通向了哥白尼。故事的开端是生活在苏格拉底之前一个世纪的毕达哥拉斯。即使如此，毕达哥拉斯在科学发展中也是后来者，因为几乎早在一代以前，泰勒斯的爱奥尼亚学派就以不同的方式掀起了科学思潮。毕达哥拉斯及其追随者不像爱奥尼亚学派那样试图根据某些物质性的元素(火、气、水，等等)，而是只根据数来解释世界。他们把数看作是事物以及过程的终极本质和形式。当发出一个八度音时，他们相信可以在长度比率为1∶2的两个弦所发出的和谐奏鸣中听到1∶2的简单数学比率。乐音可以使简单数学关系的完美状态能被耳朵所听见。他们看到天宇中的周日自转，当研究行星时，看到行星受到稳定圆周运动之复杂体系的支配。他们对于这些天体之完美运动的领悟，如同人们倾听纯粹的音程一样。他们以神秘主义的交融状态来倾听天体运动的旋律。

两千年后，哥白尼掀起了一场天文学理论的复兴，这是对毕达哥拉斯传统的一次主动回归。在波伦亚学习法律的时候，哥白尼曾和天文学教授诺瓦拉(de Novara)一起工作过。诺瓦拉是一位杰出的柏拉图主义者，他教导人们要用简单的数学关系来理解宇宙。后来，哥白尼带着日心说的想法回到克拉考，他进一步研究了一些哲学家，并且把他的全新宇宙观追溯到古代坚持毕达哥拉斯传统的著述者们那里。

在哥白尼之后，开普勒一心一意地坚持以毕达哥拉斯的方式来探索
和谐的数字与几何学的卓越性。在他最先阐述他的第三定律的那卷书
中，我们可以看到他深入考察了作为宇宙中心因而在某种程度上也就是
7 *nous*（理性）本身的太阳如何领悟众多行星所演奏的太空乐章："太阳上
会有一种什么类型的视觉或眼睛，或者还通过什么本能来实现……除了
视觉之外……来估测（天体）运动的和谐"，"这对于地球上的居民来
说"，是"相当困难的"——但是，"如果有人由于行星合唱的甜美和谐
而进入梦乡"，那么他至少能梦见"太阳上却居住着单纯的理智、理智
火焰或者心灵，无论它是什么，它都是所有和谐的源泉。"[1]他甚至走得
更远，去用音乐符号记录每个行星的曲调。

对于开普勒来说，天文发现是一种狂喜的交融状态，他在同一本书中的一个有名段落中谈到了这点：

> 关于这个发现，我22年前发现天球之间存在着五种正立体形时就曾预言过；在我见到托勒密的《和声学》（*Harmonica*）之前就已经坚信不疑了；远在我对此确信无疑以前，我曾以本书第五卷的标题向我的朋友允诺过；16年前，我曾在一本出版的著作中坚持要对它进行研究。为了这个发现，我已把我一生中最好的岁月献给了天文学事业，为此，我曾拜访过第谷·布拉赫，并选择在布拉格定居。……我终于拨云见日，发现它甚至比我曾经预期的还要真实……从18个月前透进来的第一缕曙光，到3个月前的一天的豁然开朗，再到几天前思想中那颗明澈的太阳开始尽放光芒，我始终勇往直前，百折不回。我要纵情享受那神圣的狂喜，以坦诚的告白尽情嘲弄人类：我窃取了埃及人的金瓶，却用它们在远离埃及疆界的地方给我的上帝筑就了一座圣所。如果你们宽恕我，我将感到欣慰；如果你们申斥我，

> 我将默默忍受。总之书是写成了，骰子已经掷下去了，人们是现在读它，还是将来子孙后代读它，这都无关紧要。既然上帝为了他的研究者已经等了 6 000 年，那就让它为读者等上 100 年吧。[2]

开普勒对于柏拉图式天体的这种说法是没有意义的，并且他所发出的上帝已等待他数千年的感慨也仅仅是一种文学幻想；但是他的情感迸发却传递了关于科学方法和科学本质的一种真实观念；但是这种观念却从那时起就遭到破坏，人们打着错误的客观性理想之幌子不断地想要对它进行篡改。

从开普勒到伽利略，我们可以看到作为测量值的数字首次进入数学公式之中，这是向动力学的一种过渡。不过，伽利略仅仅把这种方法应用于地球上的事件；而对于其他天体运动来说，伽利略仍然坚守毕达哥拉斯主义的立场，即自然之书是用几何学符号来写成的。[3]在《世界两大体系》（1632）一书中，他采用了毕达哥拉斯主义传统，即根据世界的各个部分是被完美地组织在一起的原则来进行论证。[4]他仍然相信天 8
体运动——实际上也包含一切相似的自然运动——必定是圆形的。直线运动意味着位置的变化，而这种变化只能是从无序朝向有序的转化，也就是说，或者是从原初的混沌转化为世界各个部分的妥善布置，或者是处于剧烈的运动中，即物体被人为地移动而回到它的“自然”位置。一旦世界的秩序被确立，所有的物体“自然地”处于静止状态或者圆形运动状态。伽利略观察到的沿地平面的惯性运动被他解释为环绕地球中心的圆形运动。

因此，在哥白尼死后的第一个世纪中，弥散着毕达哥拉斯的影响。这些影响的最后一次重大体现也许是笛卡尔的普遍数学：他希望通过领会清晰而明确的观念——这些观念必定是真实的——来建立科学理论。

但是，在当时一条不同的研究路线已经在逐步发展了，它起源于古希腊思想中摆脱了毕达哥拉斯神秘主义的另一条路线，记录了对于各种事物的观察，不管这些事物多么不完美。衍生于爱奥尼亚哲学家的这个学派，在德谟克利特时期到达其顶峰，德谟克利特和苏格拉底生活在同一时代，他最先教导人们以唯物主义的方式来思考。他确立了如下原则："颜色乃习惯，甜乃习惯，苦乃习惯；实在只包含原子和虚无。"[5]伽利略本人也认同这种观点。只有事物的机械属性是第一性的（借用洛克的说法），事物的其他属性则是第二性的或者附属的。通过把牛顿力学应用于物体的运动，宇宙的基本性质似乎最终可以被纳入理智的控制之中，而宇宙的其他附属性质可以从这个更基本的、首要的实在中推演出来。由此，关于世界的机械论观念出现了，并且一直流行，直到十九世纪末期。这也是一种理论化的、客观的立场，因为它用一种形式化的、能够预测到隐藏在外部经验背后的物质粒子之运动的时空图式，来取代了我们通过感官所获得的证据。在这种意义上，机械论的世界观是完全客观的。但是，这是从毕达哥拉斯式的理论知识观转向爱奥尼亚式的理论知识观的一个明显变化。数字和几何图形不再被假定为是这样内在于大自然的。理论不再揭示完美，也不再对造物之和谐进行沉思。在牛顿力学中，支配宇宙运行的力学基础的公式是微分方程，它们
9 不包含数学定律，也不展示几何的对称。从那个时候开始，之前作为揭示大自然奥秘之钥匙的"纯粹"数学，就严格地从制定经验规律的数学**应用**中脱离了出来。几何学变成了关于抽象空间的科学，而自从笛卡尔把解析的概念引入几何学之后，解析概念和几何学一起退缩到了一个超越经验的领域之中。数学代表着一切似乎必然真实的理性思维，而现实则被看作是偶然性的世界之事件的总和——就是说，只是恰好如此。

理性与经验的分离被非欧几何的发现进一步推动。从此以后，数学仅仅被看作用来陈述在遵从惯例而形成的符号框架内用公式表达的一系列恒真命题或重言命题（tautologies）。各种物理学理论的地位也随之受到进一步的贬低。在19世纪末期，一种新的实证主义哲学出现了，它否认物理学的科学理论具有任何的内在合理性，并谴责认为科学理论具有合理性的主张是形而上学的和神秘主义的。这种观点的最积极且最有影响的推动者是恩斯特·马赫（Ernst Mach），在1883年出版的《力

学》（*Die Mechanik*）一书中，他创立了实证主义的维也纳学派。* 按照马赫的观点，科学理论只是对经验进行的简便概括，其目的是为了在记录观察的过程中减少时间和麻烦。这是思维对于事实的最简化的适应。科学理论与事实的关系是外在的，如同地图、时间表和电话号码本一样。事实上，关于科学理论的这种观点会认为时间表或者电话号码本也属于科学理论。

这就否定了科学理论作为理论而内在拥有的全部说服力。它不能通过断定任何不能被经验所检验的东西而超越于经验。最重要的是，科学家必须随时准备在理论和观察结果发生冲突时放弃该理论。只要理论不能接受经验的检验——或者不具有可检验性——那么它就应该被修改，以使得它的预测仅限于可观测的范围之内。

这种观点可以回溯到英国哲学家洛克和休谟那里，并且成为一种非常严重的现代谬误，几乎完全主宰了 20 世纪人们关于科学的思考。它似乎是从原则上把数学知识和经验知识相分离所导致的必然结果。我接下来将讲一讲相对论的故事，相对论被设想为极好地确证了关于科学的这种观点，然而我将表明，为什么在我看来，相对论却反而提供了一些极好证据来反驳这种观点。

第三节　相　对　论

由于人们虚构了一些历史事实并且加以流传，所以让相对论的故事变得复杂。历史虚构的主要内容能在任何一本物理学教科书中找到。教科书中说，相对论是爱因斯坦在 1905 年构想出来的，用来解释 18 年

* “实证主义的维也纳学派”通常是指发源于 20 世纪 20 年代维也纳的一个学术团体，是逻辑实证主义的一个学派，其成员主要包括领袖人物石里克、鲁道夫 · 卡尔纳普、纽拉特、费格尔、汉恩、伯格曼、弗兰克、韦斯曼、哥德尔，等等。马赫是维也纳实证主义学派的思想渊源，但是在严格意义上并没有创立“实证主义的维也纳学派”。——译者注

前即 1887 年在克利夫兰进行的迈克尔逊—莫雷实验的否定性结果。据
10 说，迈克尔逊和莫雷发现，不管光信号朝什么方向被发出，地球上的观察者观测到的速度总是相同的。这让人们感到惊讶，因为人们本来是预期：如果光信号朝向地球转动的方向被发出，那么观察者能够赶上光信号一段距离，使得朝这个方向发出的光信号的速度会显得慢一些；而如果观察者的运动方向和光信号被发出的方向相反，那么光信号的速度会显得快一些。如果我们想象一下极端的情形，即如果我们以光相同的方向并以相同的速度运动，那么光似乎会处于静止状态，其速度为零。当然，如果一个光信号以相反的方向被发出，那么它会以两倍光速远离我们。

这个实验被认为完全没有表现出地球运动的这种影响。所以，教科书进一步说，爱因斯坦开始用一种新的时空概念来解释这个实验，根据这个新的时空观，不管我们处于静止状态还是运动状态，我们都预期能观察到相同的光速。由此，“不参照任何外部事物而必然静止的”牛顿空间，以及处于绝对运动的物体和处于绝对静止的物体之间的明确区分被取消了，而一个只能表达物体的相对运动的时空框架得以确立。

但是，历史事实却并非如此。爱因斯坦在 16 岁作为学生的时候，就已经在思考当一个观察者追逐自己发出的光并且与光保持同步时所出现的怪异结果了。爱因斯坦的自传中写道，他发现相对论——

> 我在 16 岁时就发现了一个悖论……并且进行了十年的反思：如果我以速度 C（光在真空中的速度）追赶一束光，我会观察到这束光是一个在空间中振荡的静止电磁场。但是，不管以经验为基础还是以麦克斯韦方程组为依据，似乎都没有这样的东西。从一开始我似乎在直觉上就知道，从这样运动的观察者的立场来判断，和相对于地球来说处于静止状态的观察者的立场来判断，一切运动都必须遵从相同的定律。[6]

爱因斯坦在这里并没有提及迈克尔逊—莫雷实验。相对论的发现是以纯粹的推测为基础的，是爱因斯坦在听说到迈克尔逊—莫雷实验之前的理性直觉。为了证明这点，我曾向已故的爱因斯坦教授进行咨询。他证实“迈克尔逊—莫雷实验对于相对论的发现所起到的作用是可以忽略不计的”。[7]

事实上，爱因斯坦最初宣布狭义相对论的论文(1905)并不能使人们 11
当前对相对论发现之起源的误解成立。他的论文一开始是一个很长的段落，讨论的是电动力学中运动媒介的反常现象，特别是提到在实验中的不对称性：一方面，带电导体相对于静止磁铁的运动，而另一方面磁铁相对于静止的同一根带电导体的运动。论文接着说，“类似的例子，以及观察地球相对于光媒介的相对运动这种失败尝试，使得我得出如下猜想：在电动力学中和在力学中是一样的，绝对的静止是不可能被观察到的……”[8]通常教科书认为相对论是对于迈克尔逊—莫雷实验的理论回应，这种说法是虚构的，是哲学偏见的产物。当爱因斯坦发现大自然的合理性时，由于之前至少 50 年都没有相关的观察材料可以利用，因此我们的具有实证主义倾向的教科书很快就通过巧妙地对爱因斯坦的发现经历进行添油加醋，从而掩盖了这一丑闻。

甚至，这个故事还有更加奇怪的一面。因为爱因斯坦所开展的研究计划在很大程度上正是被实证主义科学观所预示，但是他自己的科学成果却断然否定了实证主义科学观。恩斯特·马赫明确阐述了实证主义的科学观，我们已经知道，马赫首先提出了科学是时间表或者电话号码本的观点。他全面地批判了牛顿对于空间和绝对静止的定义，原因是牛顿的定义并没有给出任何可以被经验所检验的东西。他批评牛顿的定义是教条主义的，因为它超越了经验，并且是**毫无意义**的，因为它并不具有可检验性。[9]马赫主张对牛顿力学进行重构，使得除了物体间的相互运动外，不再涉及任何其他物体运动。爱因斯坦承认马赫的著作在他的儿童时代并且也对于后来相对论的发现有着“深远的影 12
响”。[10]但是，如果马赫的观点是正确的，即牛顿把空间看作绝对静止的观念是毫无意义的，因为它没有给出任何能够被证实或者证伪的东西，那么爱因斯坦对于牛顿空间的否定就不会影响我们认为什么是正确、什么是错误了。它也不可能引导我们去发现任何新事实。实际上，马赫是非常错误的：他忘记了光的传播，没有意识到牛顿的空间观念在这个方面根本不是所谓的不可检验。爱因斯坦认识到这点，他指出牛顿的空间观念不是**无意义的而是错误的**。

马赫的巨大功绩在于他预示了一种机械论的宇宙，在其中，牛顿关于单点绝对静止的猜想被抛弃了。马赫的观点是一个超级哥白尼式的图景，与我们的习惯经验截然不同，因为在习惯经验中我们所感知的每一个物体，都是我们本能地参照一个被认为绝对静止的背景而获得的，牛顿在他所谓的"不可思议和不可移动的""绝对空间"之原理中展示出这种本能的感官冲动。通过去除我们的这种感官冲动，从而大步迈进一个以理性为依据、超越感官的理论领域。它的力量正是在于对于合理性的诉求，而马赫却想要把这种诉求从科学基础中去除掉。因此，难怪马赫从这种错误的立场出发，攻击牛顿作出了空洞的陈述，而忽视了以下事实：牛顿的陈述是错误的，而根本不是空洞的。因此马赫预示了爱因斯坦的伟大理论图景，觉察到它的内在合理性，尽管他试图去掉他赖以获得这个洞见的人类心灵能力。

不过，这个故事还有一些荒唐的地方需要被讲述。爱因斯坦曾提到过 1887 年的迈克尔逊—莫雷实验，用来支持自己的理论，因此我们的教科书也错误地把这个实验看作关键证据，用来表明：正是这个实验促使爱因斯坦创立相对论，但是，实际上那个实验并没有给出相对论所要求的实验结果！它确实是证实了实验者们的观点，即地球和"以太"的相对运动速度不超过地球轨道速度的四分之一。但是，观察的误差实际上是不可忽视的，或者说，无论如何，这些误差到目前为止都不能被证明是可以被忽视的。希克斯（W. M. Hicks）于 1902 年最先指出迈克尔逊和莫雷的观察报告中所出现的明确误差[11]，后来米勒（D. C. Miller）测量了这个误差，其数值相当于每秒钟 8—9 公里的"以太漂移"。另外，1902 年至 1926 年这段时间内漫长的一系列实验中，米勒和他的同事们用新的、更精确的仪器数万次地重复了迈克尔逊—莫雷的实验，得到了同样大小的误差。

作为外行，普通人受到的教导是要尊敬科学家，因为科学家们对观察事实是绝对尊重的，并且对科学理论持有一种审慎的中立态度和纯粹的保留态度(一旦发现任何相反的证据，那么立刻准备抛弃一种理论)。 13
当米勒在 1925 年 12 月 29 日的美国物理学会上所发表的主席演讲中，宣布了关于“明确误差”的压倒性证据时，普通人满以为当时的听众将立即放弃相对论。或者，那些习惯于认为自己相对于其他教条主义的人来说具有至高理智谦逊性的科学家们，至少也会在这件事情上暂不作判断，直到米勒的实验结果可以很好地得到解释而不会破坏相对论。可是事情却不是这样：在那个时候，威胁到爱因斯坦的世界图景所取得的新合理性的任何意见，科学家们都置之不理，以至于他们几乎不可能再以不同于爱因斯坦相对论的方式来思考了。那些实验没有受到什么关注，证据被放在一边，并希望这些证据会在未来某天被证明是错误的。[12]

米勒的实验显然证明以下断言是空洞的：科学只是简单地基于任何人都可以任意重复的实验。它表明，对于一个科学命题的任何批判性验证，都需要具有认识自然之合理性的能力，这也是科学发现过程同样需要的那种能力，尽管验证只是在较低层次上使用这种能力。当哲学家们分析对于科学定律的验证时，他们总是选择那些没有问题的定律作为范例，因而不可避免地忽视了这种能力的介入。他们描述的是科学定律的实际证明，而不是它的批判性验证。由此，我们得到了关于科学方法的一个说明，这个说明把发现的过程给去掉了，其理由是科学发现过程并无规则可循，[13]通过只谈论那些并不包含真正的验证活动的范 14
例，从而也把验证的过程略掉了。

当米勒宣布他的实验结果时，相对论依然没有提出任何能被实验所证实的预见。相对论的经验证据主要是一些已知的观察。这一新理论对这些已知现象的解释被认为是合理的，因为它可以从一个单独的、具有说服力的理性原则推导出这些已知现象。这和牛顿一样，牛顿根据万有引力的普遍原理对开普勒三大定律、月球运行周期以及地心引力进行了系统解释，当这种解释还没有推导出任何预见时，便立刻被赋予了至高无上的权威地位。正是相对论的这种内在的、卓越的合理性打动了马克斯·玻恩（Max Born），尽管他在解释科学时非常重视经验的价值，但是，玻恩早在 1920 年就向相对论的“思维之恢弘、勇气和直率”致敬，因为它使得科学的世界图景变得“更加美丽而壮观”。[14]

从那时起，随着时间的流逝，至少相对论的一个公式得到了普遍而准确的证实，也许还是唯一曾经覆盖过《时代周刊》整个封面的公式。伴随着核转化，能量（e）的损失导致了质量（m）的减少，这种情形反复被用来证实关系式 $e=mc^2$，在这里 c 代表光速。但是对相对论的这些证实只不过是对爱因斯坦及其后继者的创见的确证而已，他们在这些证实出现之前，就早已相信了相对论。这些证实甚至更明确地肯定了恩斯特·马赫在更早之前的努力，马赫试图为力学找到一个更合理的基础，当通向这个目标的途径尚无踪迹时，马赫就为相对论制定了一个纲领。

正如我已经说过的那样，内在于当代物理学的合理性之中的优美与说服力是一种全新的类型。当经典物理学取代了毕达哥拉斯传统时，数学理论就沦为计算那些被认为是隐含在一切自然现象中的机械运动的纯粹工具。几何学也是处于自然之外，声称是对欧几里得空间所进行的先验分析，而欧几里得空间又被看作所有自然现象所处的场所，但是又与自然现象无关。相对论、后来的量子力学以及通常意义上的现代
15 物理学，已经向着数学实在论发生了倒退。在发展非欧几何的同时，黎曼（Riemann）预期相对论的基本特征是数学问题，对它的进一步阐释依赖于当时还是纯思辨的张量分析之能力，而爱因斯坦却幸运地偶然在苏黎世的一位数学家那里学到这种分析方法。同样，马克斯·玻恩恰好发现了矩阵运算，这为海森堡发展量子力学提供了基础，否则后者永

远也无法得到具体的结论。类似的例子数不胜数。通过这些例子，现代物理学表明：人类心灵有能力甚至在接近经验领域前就可以发现并展示支配自然的合理性，而先前被发现的数学和谐被揭示为是经验事实。

由此，相对论在一定程度上恢复了几何学与物理学的联姻，这种联姻曾被毕达哥拉斯式思维素朴地认为是自然而然的。现在我们意识到，在广义相对论出现之前，用来正确地表征经验的欧几里得几何学，也仅仅涉及物理实在的表层。它把刚性物体的度量关系理想化，并且加以详尽的阐释，而完全忽视了这些物体的质量以及作用于其上的力。把几何学扩展到包含动力学定律的机遇，是在把几何学普遍化为多维的非欧几里得空间时出现的。它首先是在纯粹数学中完成的，在那时人们甚至还未曾设想如何对这些结果进行经验研究。1908 年，闵科夫斯基(Minkowski)迈出了第一步，提出了一种能表达狭义相对论的、把经典动力学作为有条件的特例包含在内的几何学。于是，物理的动力学定律就变成了四维的非欧几里得空间的几何定理。在此之后，爱因斯坦的研究通过对这种几何学进行进一步的普遍化，提出了广义相对论，通过这样来设定广义相对论的基本共设，就能推演出适用于一切在物理学上被假定为相等参照系的恒等式。按照这些共设，质量的运动轨迹遵循测地学，光则沿着零位线(zero lines)传播。当物理定律由此以几何定理的形式出现时，我们可以推论出：人们对于物理学理论的信心，很大程度上来自它所具有的与纯粹几何学以及纯粹数学相同的卓越性，一般来说，正是这种卓越性使得它们获得关注，并且值得我们学习。

第四节　客观性与现代物理学

如果不是认同其中具有的令人激动的美和令人着迷的深刻性，我们无法真正地说明我们为什么接受这些理论。但是，以主客分离为基础的流行科学观，却追求——并且必定不惜一切代价地追求——把这些对

于理论的激情的、个人的、人性的评价从科学中清除出去，或者至少要
16 最大限度地把它们的作用减小到可以忽略的次要地位。因为，在现代人们的知识理想是：把自然科学看作一系列陈述，这些陈述是“客观的”，因为它们的实质内容完全由观察所决定，即使它们的表述要符合习惯。这一观念来自源于我们文化深处的渴望，但是，如果对于自然之合理性的直觉必须被看作科学理论的正当而确实必不可少的部分，那么这一观念就会破灭。这就是为什么科学理论仅仅被看作对事实所作的简便描述，或者被看作为了进行经验推导而形成的约定俗成的策略，或者被看作为了人类实践的便利而提出的有用假设——所有这些解释都故意忽略了科学的理性内核。

这就可以解释，如果这种理性内核还是表现了出来，那么它所具有的某些令人不悦的性质会被人用一套委婉的说辞来掩盖，这种委婉说辞就像生活维多利亚时代的人们把“腿”说成是“肢体”那样的文雅词汇——我们可以观察到这样的修改，例如用“简单”来替代“理性”。当然，把简单看作理性的一个标志，并把任何理论都颂扬为简单性的胜利，这倒是合理的。但是，伟大科学理论却很少具有通常意义上的那种简单性，量子力学和相对论都非常难以理解。人们只用几分钟就可以记住用相对论来解释的事实，但是花费数年的学习也未必能掌握这一理论，并用相对论来理解这些事实。赫尔曼·魏尔(Hermann Weyl)道出了其中的原因：“所要求的简单性不一定是显而易见的那种，而是我们必须在自然之教导之下所认识的真正的内在简单性。”[15]换个说法，仅仅对于科学家才能理解的那种“简单性”而言，科学中的简单性才能和理性具有相同意义。我们只有通过回忆“合理的”或者“理性的”或“因此我们应该同意它”这些表述的意义，才能理解“简单性”一词的意义，因为这些表述被认为是可以用“简单性”来取代的。因此，“简单性”一词只是一个幌子，它还包含了自身意义之外的其他意义。它被用来把某种本质特征偷偷放入我们对于科学理论的评价中，而错误的客观性观念毫不隐瞒地禁止我们承认这种本质特征。

刚才对于“简单性”所说的话也同样适用于“对称”和“简便”，它们都是对一种理论的卓越性有所贡献的要素，但是它们要能够做出这样的贡献，那么这些表述的意义必须超越它们通常的意义，去包含更深刻得多的特征，如同科学家们为相对论那样的图景而欢呼的那种特征。这些特征必定代表着独特的理智和谐，因为理智和谐比感官经验更深刻且更恒久地揭示了客观真理的存在。

我把这种做法称作伪替代。它被用来贬低人类真实的、必不可少的理智能力，从而维护某种实际上无法对这种能力进行解释的“客观主义的”框架，它是这样做的：用相对不重要的特征来定义科学的价值， 17
并且让这些相对不重要的特征发挥着它们所取代的真正特征所起到的那种作用。

其他的科学领域将会更有效地阐明这些必不可少的求知能力，以及它们在认知活动中的热情参与。我在本书“个人知识”的书名中所指的就是这些能力和它们的参与。我们将会发现，个人知识在对各种严格科学中的概率和秩序进行评价时会得到展示，就像描述科学必须依赖于技能和行家本领那样，个人知识甚至会更广泛地发挥作用。在所有这些方面，认知活动都包含了某种评价，这种形成一切事实知识的个人因素，在其评估过程中弥合了主观性和客观性之间的分离。它意味着人类可以在普遍标准之下，通过满怀激情地去努力完成他的个人义务，从而超越自身的主观性。

注　释：

1. 开普勒：《和谐的世界》，第 5 卷，第十章。
2. 出处同上，第 5 卷，前言。本处译文采用开普勒：《和谐的世界》第 5 卷，张卜天译，北京大学出版社，2011 年，第 3—4 页。
3. 《试金者》（第 6 卷，第 232 页），引自 H.韦尔：《数学哲学与自然科学》，普林斯顿大学(1949)，第 112 页。
4. 第 1 卷，佛罗伦萨(1842)，第 24 页。
5. H.第尔斯：《前苏格拉底哲学家残篇》（第 6 版），柏林(1954)，第 2 卷，第 97 页，德谟克利特，第 49 页。
6. 《阿尔伯特 · 爱因斯坦：哲学科学家》，伊万斯顿，1949，第 53 页。
7. 这个陈述于 1954 年初经爱因斯坦的批准而被发表。1953 年夏，在普林斯顿与爱因斯坦共事的巴拉兹博士曾把我的问题转达爱因斯坦并且告诉我爱因斯坦的回复。巴拉兹先生与爱因斯坦的第一次会面在他1953年7月8日的信中进行了如下描述：

> 今天我和爱因斯坦讨论了促成狭义相对论之创立的基本想法。
>
> 结果大致如下：
>
> 在根本上，爱因斯坦对于如下两个问题的思考是十分重要的：(1)他在自传中谈到的问题，即观察者以光速运动并观察光波时看到的现象；(2)电流元素与磁场相互作用的不对称(在相对论之前，关于运动介质的电动力学中，是使带电导线作相对于磁铁的运动，还是使磁铁作相对于带电导体的运动，其结果是大不相同的)。
>
> (1)对于他来说，意味着光速必定起到特殊的作用；(2)看起来很怪，因为除了其他原因之外，他觉得在那种情况下应该由相同的相对速度来决定。我希望自己没有误解他的意思。
>
> 迈克尔逊—莫雷实验没有对于该理论的建立起到作用。他是在阅读洛伦兹关于这一实验之理论的论文时得知这个实验的(他当然无法准确地记得什么时候读过，虽然那是在他的论文发表之前)，但这一实验对爱因斯坦的思考没有产生更大的影响，相对论的建立也完全不是为了用来解释这一实验结果。

8. 阿尔伯特·爱因斯坦，“论运动物体的电动力学”，《物理年鉴》(4)，第17卷(1950)，第891页。

9. 马赫：《力学发展述评》，第2版，莱比锡(1889)，第213—214页。

10. 《阿尔伯特·爱因斯坦：哲学科学家》，第21页。

11. W.M.希克斯：《哲学杂志》，第6集，第3期(1902)，第9—42页。

12. 1938年，在剑桥的英国协会的A组所作的主席演讲中，C.G.达尔文谈到了米勒的实验：“我们看不出有任何理由认为这项工作比不上迈克尔逊的工作，因为他不仅拥有迈克尔逊的所有工作经验，而且还拥有那个时期的最大技术发展，但实际上，他未能准确核实以太漂移的消失。怎么了？没有人怀疑相对论。因此，一定有某种未知的错误来源干扰了米勒的工作。”——我可以从自己的亲身经历来证明，这就是当时物理学家们的态度。只有出于意识形态的原因而反对相对论的苏联科学家，才认为米勒的实验对相对论进行了质疑。我的这些信息来自埃伦费斯特夫人，她当时是苏维埃俄国的物理学教授。

J.L.泌孤在《皇家都柏林学会科学活动汇编》[第26期，新斯科舍(1952)，第45—54页]中明确表明这一真正立场。狭义相对论是基于迈克尔逊—莫雷实验之外的其他证据而被承认的。除了这些证据之外，还有下列观察报告：G.裘斯：《物理学年鉴》，第7期(1930)，第385页；R.J.肯尼迪：《国家科学院活动汇编》，第12期(1926)，第621页；K.K.伊灵沃斯：《物理学评论》，第30期(1927)，第692页；迈克尔逊、皮斯与皮尔逊：《美国光学学会会刊》，第18期(1929)，第181页。这些报告都用和迈克尔逊的干涉仪不同的方式来证明了以太漂移并不存在。所以泌孤否定了米勒对自己的实验所作的解释，而接受了理论家对于迈克尔逊—莫雷实验的描述，并认为这些描述“在关于相对论的任何书籍中都可以找到”。

泌孤认为米勒的实验结果应该按照以下事实来进行解释，即干涉仪不是被自转着的地球带着进行匀速直线运动，而是进行圆形运动。更晚些时候，R.S.尚克兰德、S.W.麦克卡斯基、F.C.利恩和G.库尔提在《现代物理学评论》[第27期(1955)，第167页]中对米勒的一些原始数据资料进行了分析，他们得出结论：表面上看似明显的以太漂移是因为统计数据的波动和温室效应而产生的。

13. 例如下面两个陈述：“科学哲学家并不对导致发现的思维过程非常有兴趣……”[H.莱森巴赫，载于《哲学科学家爱因斯坦》，伊曼斯顿(1949)，第289页]或“科学方法的要旨是……验证和证明，而不是发现”。[M.迈尔伯格，载于《科学与自由》，伦敦(1955)，第127页]事实上，哲学家们普遍认为归纳法是科学发现的一种方法，但当他们时常意识到科学发现并不是这样获得时，他们就把那些无法适用于他们的理论的事实贬低为心理学而加以抛弃。

14. 马克斯·玻恩：《爱因斯坦的相对论》，H.L.布罗斯译，伦敦(1924)，第289页。

15. H.魏尔，同前引，第155页。

第二章

概　率 18

第一节　研究计划

本书旨在表明，人们通常认为精确科学所具有的完全客观性是一种错觉，并且实际上是一个错误的理想。但是，我在拒斥这种严格客观性之理想的同时，会提供一种新的观点，我相信后者更值得获得我们理智的拥护。这就是我所说的“个人知识”。在名为“认知的技艺”的第一编中，我希望能够充分地预示“个人知识”这一观念将要开启的视角，来证明我为什么要坚持暴露当前科学观的“家丑”，否则会显得我只是在强词夺理。这个辩护是必须的，因为每一个思想体系都有不为人所见的不严密之处，并且我围绕“个人知识”这一观念而试图构建的体系也会留下很多有待解决的问题。不过，事实上人们也曾反复地困扰于当前思想中的不严密之处，并且转到别的体系，而没有看到那个新的体系也有相似的缺陷。在哲学上除了这样途径的别无其他选择，这就是我现在要继续对科学进行重新评价的原因。

第二节　精 确 陈 述

精密科学公开承认的目标是要以精确规则为基础，对经验建立起全面的理性控制，这些规则能够得到形式化的表达并且能经受经验的检验。如果这一理想完全实现，那么所有的真理和所有的错误都会因此被归因于一个精确的宇宙理论，我们一旦接受了这一理论，就不再有机会行使自己的个人判断：我们只能忠实地遵循这些规则。经典力学是
19 如此地接近这个理想，以致它常常被认为是已经实现了这一理想。但是，这个立场却没有把个人判断这一因素包含在内，而个人判断的因素是把力学公式应用于经验事实时所必需的。以一颗单独的行星围绕太阳旋转为例，牛顿力学为我们提供了一个精确的公式，使得我们只要获得描述这个“双体”系统的某一瞬间的单独一组数据，就能够计算出这个系统在最遥远的将来和远古的过去的结构模型。假设我们从地球视角来观察这颗行星的运动，只要知道任一时刻(t)的任一对数据即经度(1)和纬度(e)，我们就能计算出它在某一时刻(t)的经度(1_0)和纬度(e_0)。这种运算相当地非个人化，并且的确可以由机器自动完成，使得这一过程看起来的确像是以非个人化的方式用某些已有的经验事实预测出另外一些经验事实。但是，这个观点却忽视了以下事实：在天体力学的公式中，用来指示经度、纬度和时刻的数字并不是经验事实。这些事实只是某个天文台的仪器的读数。我们从这些读数得到数据，并且根据这些数据进行我们的计算，而我们的计算也需要通过这些数据来进行检验。跨越我们的仪表盘读数和我们公式中的数据之间的鸿沟的桥梁是数据获得和数据检验，而后者永远也不能是完全自动实现的。因为，在精确理论中的观测数据和相应的仪表盘读数之间的任何关系，都依赖于对于观察误差的评估，而这种评估是无法用规则来明确规定的。这种不确定性首先是由于观察误差造成的统计学波动，我后面还

会谈到这点。由于这样的随机误差，我们只能根据原始数据的大概取值推导出预期数据的大概取值，但是，由于这两组数字之间不存在精确关系，因此在这个意义上这个过程也是不确定的。除了这些波动之外，我们也总会有系统误差的可能性。甚至最严格的机械化过程也会需要有个人技能的运作，在这里就会出现个体偏差。

我们应该一直记住皇家天文学会会员尼古拉斯 · 马斯基林(nicholas maskeleyne)的著名例子。因为他的助手基尼布鲁克(Kinnebrook)在连续记录恒星运行时比他，也就是基尼布鲁克的上司，所记录的晚了半秒多，因此他把基尼布鲁克给开除了。[1]马斯基林没有意识到，即使是一个同样敏锐的观察者，采用他自己的方法，所记录的时间也经常会发生变化。在20年后，贝塞尔(Bessel)才认识到这种可能性，并解决了这 20
种变动，也为基尼布鲁克作了迟来的辩解。由此，贝塞尔奠定了实验心理学的基础，实验心理学在普遍意义上教导我们要预见到感知的个体差异。因此，我们必须假定，隐藏着的微小个体偏差会系统地影响到一系列读数之结果。[2]

这些残余的不确定因素不受明确规则所制约，通常可以根据惯例来加以处理。但即便如此，在处理过程中，在应用任何一套确定规则时总要把一些可设想的疑点放到一边，如果不这样做，科学工作就不可能完成，科学陈述就无法得到断定。在这里，即使在最精确的科学操作中，也有科学家们必不可少的个人参与。

在对一个科学理论的每一次验证中，甚至还有一个更为宽泛的领域需要个人判断。与流行观点相反的是：理论预测和观察数据之间被证明有差异，这并不足以推翻该理论，因为这些差异常常可能被归为异常现象。在发现海王星之前的六十年中，人们可以观察到无法用行星间的相互作用来解释的天体运行紊乱现象，在当时这些现象被大多数天文学家正确地当作反常现象而放在一边，期望最终会有什么东西会出现，可以在不损害或至少不在根本上损害牛顿万有引力的前提下对这些现象作出解释。更一般地，我们可以说，在验证一个精确理论的过程中，总会有某些可能的疑虑被科学家们习惯性地放在一边。这样的个人判断行为构成了科学的一个必不可少的部分。

第三节 概率陈述

但是，经典物理学理论不同于科学领域的其他部分，因为严格证
21 伪经典物理学理论的事例是可以设想的。例如我们可以设想，被一颗行星所围绕运行着的一颗恒星可能会如此地远离其他天体，以至于由其他天体引起的任何干扰都可以被忽略，而我们也应该知道这是事实。为了论证的目的，我们可以进一步设想，假设我们能够在连续时刻精确地观察到那颗行星的位置，那么力学公式就能作出与个人无关的预测，但如果行星未能在预期时刻出现在预期位置上，那么该事实就会证明该预测是错误的。一个有限度的偏差无论多么微小，都会完全反驳该理论。

通过以上这些假设，我们至少可以在想象中成功地恢复经典力学所持有的客观知识观。但是，如果进一步转到概率陈述上来，这种主张的伪装性就变得十分明显了。概率陈述永远不可能在严格意义上被经验所证伪，即使我们假定一切外部干扰和一切观察误差都完全被消除。要证实这个事实的唯一困难在于，它太显而易见了，以至于没人愿意相信事情竟是如此得简单，同时，很多著作都围绕它进行过论述，但却没有清楚地说明这点。

让我以量子力学如何描述氢原子为例来说明这点。量子力学给我们展现出一幅图谱，该图谱赋予无限空间的每一个点以一个数值，这个数值是这一点与原子核的距离 r 的函数 $f(r)$。这个数值表示在这个特定点上或与原子核的距离也是 r 的任何其他类似点上发现氢原子的电子之概率。这个陈述不可能被任何可设想的事例所证伪的简单原因在于，因为它承认电子在特定时刻在特定地点有可能被发现，也有可能不被发

现。有一个故事是这样的：一只狗的主人对自己训练有素的宠物非常骄傲，无论什么时候他叫“这里！你来还是不来！”狗总是或者来，或者不来。这正是在概率支配下电子的精确行为。

这种陈述本质上是模糊的，因此也许看起来是空洞的。但是，如果给在特定时刻在特定地点发现某个电子的概率赋予一个数值这个行为具有某种意义的话——我相信是有的——那么，这种赋值必定蕴含着对这种模糊性的一些限定；并且如果我们在给这个概率赋值的过程中无法制定严格的客观限制，那么我们就可以反过来期望从中找到某种指引，来引导我们个人性地参与概率陈述所涉及的事例。

如果我们暂时放松一下我们的这种客观主义的诡辩而回到日常运用上来，就很容易在原则上承认我们参与到这些偶然性的事件。我们通常把某些事件描述成非同寻常的巧合；我们有关于自己的好运和厄运的难忘故事。它们都是对偶然性所支配的事件的评价。我们在该事件发生之前和之后都作出这种评价，而如果其概率用数值表示的话，该数值就指导着并在很大程度上表达出我们对它们的评价。如果我接受以下 22
概率陈述：掷骰子时连续三次掷出双六点的机会是 46 656 分之一，那么我对这种情况发生的期望相应就会很小。但如果这种情况还是发生了，我将会感到惊讶，惊讶的程度相当于这一概率数值的倒数。这就是我所理解的与概率陈述相关的个人参与，以及该事件之概率的真正含义。

这并不是给一个事件之概率赋予一个主观意义——不管是对于量子力学的定律来说，还是对于掷出一次双六点的机会是 1/36 这样的陈述来说都不是。我把普遍有效性赋予我自己对概率的评价，即使这些评价并没有作出可能被否证的预测。在下一章，我将会论述精密科学中广泛存在的具有普遍有效性的评价，而这些评价本质上都不可能被任何可设想的事件所证伪。

当然，还有一个重要的意义，即概率陈述可以和事件相冲突（尽管并不是相矛盾）。如果根据某一概率陈述作出的预期反复地落空，并且，根据先前对它们的概率作出的陈述，这些本来确定会发生的事件看起来也相应地变得不可能出现了，我们就会开始怀疑这一陈述的正确性。实际上，罗纳尔德·菲希尔爵士(Sir Ronald Fisher)曾在其著名论著《实验的设计》中对判定某一统计陈述不可靠的程序进行过系统研究。

我将简要介绍一下菲希尔运用这一程序的标准范例，即处理查尔斯·达尔文所完成的关于异花授粉相对于自花授粉对植物高度之影响的实验。[3]他对每种植物中的 15 株进行测量，然后把它们随机配对为 15 组，得出 15 个高度差(测量单位为 1/8 英寸)。这些高度差用 X_1、X_2、X_3……来表示，它们的平均值是 $\bar{X}$。$\bar{X}$ 的值显示出：异花授粉的植物比起自花授粉的植物来说，平均高出 20.93 英寸。因此，问题的关键在于这种差别是有意义的还是纯粹偶然的？要回答这个问题，我们就得把这个差别量与似乎出现在样本中的偶然变化量进行对比。$\bar{X}$ 只有在完全超出偶然变化量时才会被认为是有意义的。用专业术语的说法，我们用称为标准偏差的量(σ)来描述这一变化量，它的计算方法是：计算高度差与平均值的差，然后求取平方和，然后用得出的数(在 15 个观察样本的情况下)去除以 14 再除以 15，再计算结果的平方根，由此：

$$\sigma = \sqrt{\frac{\sum (X - \bar{X})^2}{14 \times 15}}$$

23 在我们的例子中，σ 的值是 9.746 英寸。因此，很明显 $\bar{X}$ 大于个体高度的标准偏差量。但问题仍然存在：它比 σ 大出的量是否足够大，以至于无法用植物高度的偶然差异来解释？

要回答这个问题就要让概率陈述接受经验的检验。让我们来看看菲希尔是如何做到这一点的。他列出比率 $\bar{X}/\sigma = t$，其计算结果为 2.148，然后他查看表格，看看在 14 个独立差异的情况下，t 具有任一特定值的概率是多少？他发现 $t = 2.148$ 在概率上达到或超过的数值正好是这种随机测试的 5%。

这就说明，根据“自花授粉和异花授粉植物的高度差是纯粹偶然的”这一假设(菲希尔称其为零假设*)，我们实际观察到的样本出现的概率不超过5%。这样的一个陈述会让我们对观察到的结果感到惊讶，其惊讶程度就如同以下情形：假定有一个装有100个球的袋子，其中5个球是黑色，其他球都是别的相同颜色，而我们恰好从袋子中取出黑色的球。现在假设这些球是我们自己放进袋子里去的，95%是白色，5%是黑色，搅动它们之后，我们却取出了一个黑球。我们将会非常惊讶，但仍然相信袋子里装着我们放进去的球。然而，对于我们的零假设，情况并非如此。在这个例子中，罗纳尔德·菲希尔爵士认为(我也准备同意他的观点)，我们应该抛弃“异花授粉相对于自花授粉对植物高度没有影响”这一零假设，因为达尔文的实验结果出现的概率小于5%，从而使得这个零假设不能成立。

确实，我们可以接受菲希尔关于标准程序的建议而否定这个零假设，因为小于5%的概率需要被排除掉。但是，很显然的是：这一程序只能应用于某些有待证明的假设，这些假设的可能性相似于异花授粉和自花授粉对比无效的那种可能性，但是不能应用于我们认为具有高度可能性的假设，就像我们对自己放在袋子中的黑白球总是存在于袋子里这一假设所持有可能性。

当然，如果一系列本身概率足够低的结果实际出现了，就会削弱我们最初的假设，即使这些假设被我们牢固地持有。因此，美国的莱因(Rhine)和英国的索尔(Soal)所进行的猜牌实验让实验的观察者和后继者们都认为，“在实验中将要被猜的牌对猜测该牌的行为没有影响”这一零假设不能成立。但是在这些例子中，根据零假设得出的观察结果

* 零假设(null hypothesis)，统计学术语，指进行统计检验时预先建立的假设，是费希尔所提出的概念。如果我们假定某个零假设是正确的，却发现在零假设下观察到这种数据的概率不到5%，那我们就可以很安全地“拒绝”零假设。零假设的内容一般是希望证明其错误的假设，比如我们希望证明“异花授粉相对于自花授粉对植物高度有影响”，那么我们先设定“异花授粉相对于自花授粉对植物高度没有影响”的零假设，然后再看在这个零假设的条件下，观察到特定样本数据的概率是否足够小(小于5%)，如果足够小，那么我们就可以拒绝这一零假设。在正文中，波兰尼也对此进行了说明。——译者注

24 之概率必须远远低于5%才能削弱一个人对该假设的信念。当然，我们可以合理地对零假设抱有多大的信念，这并没有明确的界限，因此，对于我们根据某一零假设而假定已经出现事件之概率，也没有任何明确的下限。因此很显然，概率陈述是不可能被任何事件所严格证伪的，不管从这一概率陈述看来这个事件是多么的不可能发生。这种否定必须由个人的评价行为来确定，评价行为可以舍弃那些因为太不可能而被认为是不真实的概率。

第四节　命题的概率

如果我们转而考察当前的一些趋势——人们试图逃避我们具有这种个人知识这一事实，那么涉及概率的个人知识之概念就会变得更加清楚。由此，我们可以否认概率陈述是相关于事物的，而认为它们只与命题相关。对概率所作的这种解释，自从凯恩斯(J.M. Keynes)在他1921年发表的《概率论》中首次提出以来，实际上就在现代概率论中广泛流行。

以达尔文调查异花授粉与自花授粉相比对植物高度的影响为例，在这种情形中，我们会认为其调查结果是命题H，即“异花授粉有助于生长”，而使得这一命题成为可能的证据被归纳为命题E，即“15个观察到的差别之平均值比根据这15个观察到的差别所计算出来的标准偏差大2.148倍”。由此，我们可以在这两个命题之间建立一个概率关系式P(H/E)，它不是关于事件之间关系的信念，而是关于两个命题之间关系的信念。有些研究者把这种结果描述为：表达了以证据E为基础的对H的信念等级，并相应地用符号形式表示为P_B(H/E)。[4]

但这个分析并不符合实际操作，或者说的确不符合任何可接受的实际操作。达尔文的实验目标是确定异花授粉对植物生长的影响，而不是在断言这种影响的命题与记录植物高度的命题之间建立关系。当莱因在研究猜牌的概率时，他想要做的是考察是否存在超感官的感知，而不是考察这种超感官感知的肯定断言与记录猜测的命题之间有什么关系。这两位研究者所建立的（就如菲希尔所解释的那样）是**一个概率陈述 H**，即对于零假设的否定，在这两个例子中，这两位研究者在他们的结论中都认为这种概率陈述是自然定律。但这种结果完全不同于**陈述 H 的概率**，也不同于根据观察证据 E 而对 H 的特定信念等级。

一方面是**概率陈述**，另一方面是**陈述的概率**或对陈述的信念强度， 25
这种区别也许看起来让人难以理解，但实际上是很明显的。就以掷骰子为例。我说掷出一次 6 点的概率是 1/6，这就是一个“概率陈述 H”。关于那次掷骰子，有 6 个这样的概率陈述，例如“掷一次 1 点的概率是 1/6”，“掷一次 2 点的概率是 1/6，……”，等等，所有这六个陈述我都同时认为是真实的。另一方面，如果我们要对掷骰子作出陈述 H——**并非**概率陈述，其表达形式必定是“六点将被掷出”“五点将被掷出”“四点将被掷出”等。这六个互相冲突的陈述被假定为是可以兼容的，分别都是可接受的，我并不是确定地持有这些陈述，而是在数字 1/6 所指示的那种可能性或信念等级上持有这些陈述。但是，很显然没有人会相信骰子的六个面每个都能同时朝上，即使这个信念的程度降低，人们也不会接受。从心理上来说，下述说法也是不真实的：我们相信骰子落下时总是 6 点朝上，但又不能确定；同时我们又相信它落下时总是 5 点朝上，但也不能确定，等等。用这种方法来描述我们的心理状态是荒谬的；如果有人要这么说，只能是因为他强烈地想要避免以下说法：掷出一次 6 点的机会是 1/6，而这样的说法对于一个外部事件作出了一个有歧义但却是有意义的陈述。因此，我得出结论：我们根据达尔文或莱因的研究所展示的那种统计方法所得出的陈述，或者根据我们每天都对掷硬币所得出的概率陈述，这些陈述是**对可能性事件作出的陈述，而不是对事件作出的可能性陈述**。

如果我们把这个合乎逻辑的论证与心理学观察联系起来，它的适用范围就更大了，这种心理学观察是：通过让动物和人类处于一系列可变事件中，从而推导出对它们的行为预期。汉弗莱斯(Humphreys)的实验表明：在有光亮照射时，无论照射时总是立即向眼睛吹气，还是在照射时经常随机地向眼睛吹气，人都会养成眨眼的习惯。但是，当吹气最终停止以后，这两种习惯所带来的预期行为被证明是有差异的。第一种实验方法的测试者很快就失去了眨眼的习惯，而第二种实验方法的测试者却在随后更多测试中保持这种习惯。有一个统计学的猜测实验可以生动地显示这种效果，在实验中，第一只信号灯亮起后，第二只信号灯或者总是亮起，或者只在50%的概率随机地亮起。在接受训练以后，前一种实验的测试者100%地正确猜到了第二只灯的亮起，而后一种实验的测试者则胡乱猜测，大约只有50%的猜中率。猜测结果的曲线图表明，在第二只信号灯明确地不再亮起后，第(1)实验组的测试者很快停止预测它会再次亮起，而第(2)实验组的测试者先是更多地预测
26 它会亮起，然后相对缓慢地停止预测它会再次亮起。[5]

在第(1)实验组中得出的预测行为似乎与经典物理学所断言的预测相似。这些预测行为是基于测试者所看到的信号和事件之间的明确关联，所以，一旦这种关联不再存在，这些预测就完全落空，并最终很快地被放弃。相反，在第(2)实验组中得出的预测行为似乎与量子力学中的情形相似，或者说与抛币猜正面之类事件相关的概率陈述相似。这些预测并不轻易受到不同事件的证伪，尽管它们会逐渐被削弱并最终完全消失。只有当认为这些事件实际上是极不可能出现时，这些预测才能被保持。

我们可以通过把他们描述的以上实验过程当作测试者的合理行为模式，从而把这些心理学观察同我们对经验推论所作的逻辑分析相联系。被观察的测试者形成合理预测并随后在理性基础上放弃这些预测，根据这一认识，我们可以通过对他们的行为进行更详细的分析，以扩大这种认识。

那么，我们首先会注意到，测试者在实验的不同阶段对这两种预测持有不同程度的信心，并且他们的信心最终会因为一系列连续的预测错

误而完全消失。我们注意到，包含在明确断言(affirmation)和对于概率的断言中的信托因素都是从坚定确信降为犹豫不决。我承认作出任何一种断言都是合理的；并且，对相应的预测越有信心，我们就可以根据经验而越持续地作出这些预测，这也是合理的。我还要承认，如果经验持续地与这些断言相冲突，或只有假定出现的事件是极为不可能的，才能使经验和这些断言变得融洽时，那么，在这些情况下我们的信心逐渐减弱并最终完全消失也是合理的。当我们对用数值化的概率定律进行检验时，我们可以评估那一系列的观察是多么得不可能与该定律相符。然后，我们可以根据菲希尔的做法，尝试在我们放弃该定律前给我们准备认可的不可能性设定一个具体限度。但是，由于没有人能坚定地维持这样的规则，因此这个概率定律表达的仅仅是一种个人判断，这种个人判断就像最初的概率陈述一样，我们对它的信心也会发生变化，而概率定律本来是要去检验概率陈述的有效性。

这就提出了一个重要的问题，即既然我们的信心强度等同于偶然性
证据的不可能性，而不是相关于它似乎所主张的断言之正确性，那么， 27
这些不同程度的信心本身是否可以被表达成概率陈述？自从凯恩斯1921年发表相关论文以来，这个问题一直以各种形式广泛流行于现代概率论中。为了解答这个问题，我必须偏离主题去从一般意义上探讨断言的本质。

第五节　断言的性质

真诚的断言是在说出或写下某些符号时发生的行为。它的主体是说话或书写的那个人。就像所有理智行动一样，这种断言伴随着激情的性质。断言向它们的听众传递确信。我们可以从记载中看到，开普勒在看到发现即将到来时，以及其他人误以为发现即将到来之际，他们是如何尽情地宣泄他们的狂喜并为之呐喊。我们知道像巴斯德(Pasteur)

那样的伟大科学先驱们曾激烈地在其批评者面前捍卫自己的立场，如今也可以听到像李森科(Lysenko)这样的科学狂热分子表达出同样的愤怒与暴躁。医生要为一个疑难病症进行严肃的诊断，陪审员在可疑情况下要作出一项关涉生死的判决，他们都会感受到个人责任所具有的沉重分量。在日常观察中，由于没有反对意见的阻拦，也没有怀疑的干扰，这些激情处于潜伏状态，但并非不存在。对于事实的真诚断言，本质上都伴随着理智的满足感，或者具有说服别人的冲动和个人责任感。因此，在严格用法上，同一个符号不会同时表示真诚地断言某物之行为和它所断言的内容。

为了在符号上区别这两者，德国逻辑学家弗雷格(Frege, 1893)引入了“标示”符号⊢。把这个符号放在陈述p的前面，即⊢.p，用来表示对陈述p所作的实际断言，而单独的符号p只用来表示被断言或未被断言的句子成分。标示符号⊢本身被单独写下来，是没什么意义的，就像单独的问号和感叹号一样，在现有的符号中这两个符号最相似于标示符号。标示符号的这种不完整性具有一种重要的然而却不那么容易被人接受的含义。它意味着一个陈述句本身也是一个不完整的符号。如果语言要表示言语活动，那么它就必须反映以下事实：我们从来不说不带有明确感情色彩的话语。句子的情态可以反映出这个句子是疑问、命令、责骂、抱怨还是对事实的断言。一个没有被断言的陈述句不能表示对事实的断言，它的情态是不确定的，因此它没有明确表示任何已被说出的语句。像“但是”、“总共”或“进入”这样的词语以及像“如果我是国王”这样的分句尽管不是没有意义，但也只有作为句子
28 的成分时才具有明确意义。同样，我认为，除非给一个句子加上一个规定其语气的符号，否则这个句子本身仅仅具有模糊的意义。如果句子要用来表达现实发生的交流，其方式就是在这个句子前面加一个断言符号。一个未得到断言的句子只不过是一张没有签名的空头支票，只有纸和墨迹，没有任何效力或意义。

但是，这依然还没有完全定义标示符号。很显然，我可以利用标

示符号⊢来把我自己的断言写在纸上，但是这一符号在不同的人之间和在同一个人生活中的连续时期之间是如何起作用的，这还是没有得到说明。如果这个符号要表示“真诚地宣布那个被断言的句子”这一带有热情的行为，但是这个世界上存在着很多人，并且一个人的生活中又包含着无数个时刻，因此符号⊢.p必须得到补充，使得它可以表明它代表着谁的断言，以及这个人在什么时候断言了p。我们可以这样理解，在纸上写下一个断言，这一事例可以表现为：某个人在某个时刻写下了符号⊢。这就是怀特海和罗素在其《数学原理》的导言中给这个符号的用法所作的定义。他们说，如果一个被断言的句子被印在书上而这一断言又被证明为错误的，那么作者将会受到谴责。怀特海和罗素指出，可惜的是，把这个符号转化为语词，容易干扰对于该符号的正确解释。例如，他们把“⊢.p蕴含q”转化为语词“‘p蕴含q’被断言”。但是短语“……被断言”意味着一个非个人化的断言：“……被断言”，如同“正在下雨”或“恰好发生”这样的客观描述。如果我们在进行语言转换时把断言符号变成一个乱七八糟的陈述句，这个陈述句或者是自我断言或者不被任何人所断言，那么断言符号的价值就丧失了。

为了避免这种情况，我可以把怀特海和罗素在书中写的符号⊢读成“怀特海和罗素断言……”，然后在接受他们的结论后进一步发展为“我断言……”。但是，在经过更严密的研究后，我要拒绝任何提及断言的语词。因为我所写下的“⊢.p”的意义不是我作了一个断言，而是我对它作出了寄托。我用“⊢.p”所表达的不是“我**说出**句子p”这一行为，而是“**我相信**句子p所说的内容”这一事实。所以，我真诚地写下来的“⊢.p”的正确读法应该是“我相信p”，或者是能表达相同的信托行为的其他一些词语。

另外，同样我们也不能把标示符号或断言符号用作“我相信p”的前缀，因为“⊢.p”和具有相同意义的语句“我相信p”，它们都代表我自己现在的一个信托行为，而行为是不能被断言的。只有陈述句才可以被断言，因为它是一个不完整的语言符号，具有不确定的情态；而一个疑问、一个命令、一次谴责或其他任何具有确定意向的句子是不能被断言的，就像我砍柴或饮茶的行为不能被断言一样。把“我相信”这样的语词或表示这些语词的断言符号加在完全具有确定情态的句子之前，就像把它们加在非语言形式的行为之前一样，是毫无意义的。[6]由
29 此，在“我相信 p”这一断言里的语词“我相信”绝不能单独被用来构成陈述句，实际上它们构不成任何句子。这些语词的本质更像“啊!”这样的感叹或者猛敲桌子的行为。它们标示着一个寄托、保证或声明。就像被转化为词语的标示符号⊢一样，“我相信”这个短语只有和后面分句组合在一起时才具有意义。这个符号和短语以它们各自的方式表达出对后面那个句子的个人认可。

在对断言行为作了如上阐明之后，我们肯定不能再以概率陈述的形式来表达断言中的信托因素了。概率陈述本身是与个人无关的。这同样适用于例如“掷出双六点的概率是 1/36”这样的句子和“以证据 E 为基础的假设 H 具有概率值是 P”这样的公式。由于与个人无关，它们都是不完整的符号，要成为一个断言的内容，还需要有个人的信托被表达出来。但是，用来表达我对任何陈述——无论是精确陈述还是概率陈述——的确认之行为，是我自己的个人行为。所以，它不能通过别人所发出的具有相同意义的语言符号来表达：也就是说，它不能由与个人无关的从句来表达，例如未被断言的概率陈述。[7]

但是，我们必须考虑到以下事实：个人行为可以**被部分形式化**。通过反思我们的行为方式，我们就可以去确立自己的行为指导规则。但是，这样的形式化有可能会走得太远，除非预先承认它**必须保持在个人判断之框架内**。把归纳推理过程进行形式化的所有尝试就是这样误入歧途的。我们对一个经验命题的信心随着有利证据的累积而不断增
30 长，这种阐释来自凯恩斯和他的追随者所提倡的那种概率计算，这误入了同样的歧途。这种理论指出：任何假设 H 有一个确定的初始概率，如果这个假设恰好为真，那么它可以被后来的证据所证实，直到它的概率程度达到完全的确定性。假设我们身处这样的宇宙，在其中具有确

定的初始概率的假设 H 确实向我们的心灵呈现出它们自身，那么结论就是：通过检验这些向我们呈现的假设，我们将最终相信所有能在概率程度达到确定性的假设。

我们必须否定这种观点。首先，这一条件在实践中是不充分的。为了使这种方法在实践中有效，H 为真的次数必定不只是一个有限的数量，而且是一个相当可观的数量。生命太短暂，我们不能数百万次地检验检验那些错误的假设 H，以期碰上一个真实的假设。选择那些具有**极大**可能性为真的假设来验证，这是科学方法的本质。选择好的问题进行研究是科学才能的标志，而任何关于归纳推理的理论如果没有使用这样的科学才能，那是没有王子的《哈姆雷特》。验证的过程也是这样。自然中的事物并没有贴着“证据”的标签，它们之所以成为证据，只不过是我们这些观察者接受其为证据而已。甚至在最精确的科学之中，也是这样的情形。剑桥的天文学家查利斯(Challis)曾试图验证勒威耶(Leverrier)和亚当斯(Adams)的假设：存在着一颗新的行星。1846 年夏，他先后四次观测到这颗未被发现的行星，甚至有一次还注意到它似乎有一个行星圆盘，但这些事实都没有让他产生任何印象，因为他根本不相信他正在验证的假设。[8]查利斯的做法错了，但米勒的例子却说明，坚持研究那些与某个理论——该理论可以根据不同的基础而完全成立——相冲突的事实也是同样错误的。的确，科学家必须根据试探性的预期来挑选证据。除此之外，我们将看到，他很可能无法说出他对于假设 H 的信念是以什么证据 E 为基础的。把科学方法想象为一个过程，该过程依赖于证据累计的速度，而这些与随机选择的假设相关的证据又自行出现，这是对科学方法的歪曲。[9]

第六节　指 导 原 则

但是，前面的那些考察不应让我们否定概率计算的作用，即认为它和阐明科学发现过程毫无关系。如果我们把概率计算看作对个人行为的部分形式化，并且把这种形式化放在个人行为的背景中加以解释，那么概率计算在科学发现过程中是有意义的。科学假设的选择与检验都是个人行为，但就和其他类似的行为一样，它们也受到规则的限制，而
31 概率公式可以被认为是这样的一组规则。在本书讨论技能那一章（第一编第四章）里，对于**技艺的规则**所具有的奇妙性质，我已经进行了很多论述，我把这些称为指导原则（maxims）。指导原则就是规则，对于规则的正确应用体现了这些规则指导下的技艺。高尔夫球或诗歌的指导原则可以促进我们对高尔夫球和诗歌的领会，甚至可以给高尔夫球员和诗人以有效的指导。不过，如果这些指导原则想要代替高尔夫球员的技能和诗人的技艺，那它们就立即变得荒谬了。除非一个人能够很好掌握该技艺之实践知识，否则相关的指导原则是不可理解的，更是难以运用的。规则的价值在于帮助我们把握一门技艺，但它们本身却不能代替也不能产生这种把握。别人可以运用我的科学指导原则来指导他的归纳推理，但他却可能得出与我非常不同的结论。正是由于这种明显的模糊性，正如我已经说过的那样，指导原则只能在个人判断之框架内发挥作用。一旦我们承认自己对个人知识的寄托，我们就能看到如下的事实：有效的指导原则只存在于个人的认知行为中，同时，我们也能认识到，作为认知行为的一部分它们发挥什么作用。凯恩斯及其后继者们用来表示科学过程的概率公式，可以被赋予某种程度的这种价值。

第七节　信心的分级

我已经说过，我充满信心地把假设 H 说出来的行为，不能用非个人化的符号 P(H/E)来表达。同样，我以证据 E 为基础对一个经验推论 H 的承诺或寄托必须以 ⊢.H/E 这样的形式来加以断言，其中的断言

符号表示我根据 E 而对 H 所具有的信心等级。

但是我们一定不能忽视以下的事实：对推论 H 所具有的信心等级是可以被数值化的。 通过观察一定数量的样本，我们可以测出“正态总体”（normal population），即一个假定能显示某一被测量的纯粹随机变量的总数。 比如，我们可以评价样本，以确定总体中被测量的分布情况或标准差(Standard Deviation)即(σ)。 这样我们就可以获得 σ 的一系列上限值，每个值都由不同等级的概率来表示。 $\sigma < \infty$ 可以确定无疑地被断言，通过这个自明的道理，我们可以看到，随着被断言的上限值的降低，我们的断言也逐渐失去其信心。 通过断言一个具有合理高度的信心等级之上限值，例如 95%的概率，我们就可以找到一个有效的折衷点。[10]

在这个例子中，符号 P(H/E) 中的所有三个要素都可以得到落实。我们有具体的证据 E，以这些证据为基础我们得到推论 H，并为 σ 断言一个上限值，同时我们还断言推论 H 成立的概率是 0.95。 那么，用 P(H/E) 来表示这一概率就是合法的，P(H/E) 作为一个不完全的符号而起作用。 为了表达我们在说出 P(H/E) 时的信心，我们必须在它前面加上一个断言符号，把它写成 ⊢.P(H/E)。

这个符号表达式 ⊢.P(H/E) 可以被进一步推广，把它应用到以被认为不充分，甚至错误的证据为基础而进行的推导过程。 这样，我们就 32
可以用 ⊢.H/E 和 ⊢.P(H/E) 来表示断言了两种不同的陈述。 第一种陈述是以证据 E 为基础而断言了推论 H；第二种陈述则承认某人以证据 E 为基础而带着信心去进行了一次推导过程。 这个区别只能在后文才能得到说明，在后文我们会用一个框架来调和我们自己的断言的普遍意图与不同的人或相同的人在不同的时刻所具有的同样强烈的确信感之间的分歧。

本章的结论与卡尔纳普(Carnap)等人所提倡的双重概率论有相同之处。[11] 但本章结论与卡尔纳普的理论之间的关系是相当复杂的，因为它承认的要素更多样化，也承认它们之间有一定数量的组合。 不管一个陈述是明确的(p_u)还是统计学的(p_s)，它都能以不同等级的信心说出来。这些情态通过在前面加上断言符号来表达，比如写成$\vdash.p_u$或者$\vdash.p_s$。这个符号引入了第二种概率，即可以进一步用数值来确定的概率，就像根据样本来判断总体那样。这种情况可以用符号P(H/E)来表示，但必须加以补充而把它读成$\vdash$.P(H/E)。或者，我们可以用相同的符号来指示一个信念H——不管这个信念是明确的还是统计学的，该信念是别人或我们自己在别的时刻以具体证据E为基础所持有的信念。这样一个信念就能以不同的认可等级再次被考虑，并因此而在信念的整体范围内确定了符号P(H/E)的意义，这个信念范围包括从合理信念到心理强迫状态所产生的信念。[12]

注　释：

1. 在1795年7月31日，马斯基林在《格林尼治天文观测》中写道："我认为必须提一下我的助手，大卫·基尼布鲁克先生。相对于我的观测，他从前一年的8月初就把它们的运行记晚了半秒钟。第二年，也就是1976年1月，基尼布鲁克先生的记录的误差增加到8/10秒。不幸的是，在我发现之前，他的这个记录误差已经持续了很长时间，并且在我看来，他似乎也不可能克服错误，而回到正确的观测方法上来，所以尽管我很不愿意……我还是辞退了他。"［R.L.邓肯贝引，"天文学中的个人方程"，《大众天文学》，第53期(1945)，2—13、63—76、110—121，第3页］。

2. 我可以引用伟大的普林斯顿天文学家H.N.罗素的话来证明这点，他说"非常令人讨厌的观测误差"随着观察者的不同而变化，这会影响现代经纬仪测微器的使用。［H.N.罗素、R.S.杜甘与J.Q.斯图亚特：《C.A.杨的〈天文学手册Ⅰ·太阳系〉修订本》，波士顿1945)，第63页］。但是，我们还可以举一个更为常见的例子，尽管这个例子可能有点偏离主题。以前，在英格兰的赛马比赛中赛马获胜的判定是一项需要高度技巧的工作，并交给赛马会管理人员来处理。后来出现了通过照相来判定胜负的照相机，这似乎使得判决变得非常明确了。然而，几年前已故的A.M.图灵给我看了一张照相，照片中一匹马的鼻子比另一匹马的鼻子超前数分之一英寸，但第二匹马的鼻子却由于喷出的一线浓涎而向前延伸了6英寸左右。由于规则没有预见到这种情况，因此必须将案件提交管理人员处理，并根据他们的个人判断作出裁决。图灵给我列举的这个例子表明，即使是最客观的观测方法，最终也是模糊不清的，从而证实了我在这个问题上的观点。

3. R.A.菲希尔：《实验的设计》，伦敦，1935年，第3编(第30页及其后)。

4. 参见杰弗里斯：《概率论》，牛津，1939年。古德：《概率和证据之权重》，伦敦，1950年。杰弗里斯用P(H/E)，而古德用P_B(H/E)。凯恩斯在《论概率》中用表达式a/h，h表示证据而a表示根据这个证据得出的命题。

5. L.G.汉弗莱斯："强化随机交替对条件眼睑反应获得和消失的影响"，载《实验心理学刊》，第25期。"在类似于条件作用的情况下言语期望的获得和消失"，载《实验心理学刊》，第25期(1939)，第294—301页。转载于E.R.希尔加德：《学习理论》，纽约，1948年，第373—375页。

6. 在这里，我假定砍柴是有意图地、而非偶然地或催眠状态中进行的，同样，我喝茶也是因为我想要喝茶。在砍柴和喝茶的机械行为前，同样可以加上断言符号或意义相同的感叹词，以表示促成这些行为的激情与欲望。

7. 当然，“可能的”(probable)一词可以有两种不同用法：一种用法是包含在概率陈述中的用法，一种用法是代替“我相信……”而用作断言符号。所以，我们必须避免使用“……是可能的”这种非个人化的话语，因为，如果要表达一个断言的话，这个话语仍然缺乏个人性的前缀；我们需要改为“我认为……是可能的”这样的话语。这样的短语如果被理解等同于“我有恰当的把握相信……”，那么就可以有效地表达对它后面的句子或者公式的肯定。它的前面不需要前缀词，也不允许带有断言符号作为前缀。

8. 见 W.M.斯马特：《约翰·考奇·亚当斯和海王星的发现》，《自然》，第 158 期(1946)，第 648—652 页。

9. 凯恩斯的有限可变性原则并不能有效地限制这一选择。因为任何明确的假设都已经用指示词预设了这一原则，所以这一原则不能被用来在两个明确假设之间作出选择。

10. 这个例子原则上来自 R.A.菲希尔的“反概率”《剑桥哲学学会会议记录》，26(1926—1930)，第 528 页，由曼彻斯特大学的 M.S.巴特利特教授提供。

11. R.卡尔纳普，《概率的逻辑基础》，芝加哥和伦敦，1950 年。

12. 参见后文第 373 页(边码)。

第三章

33 秩　序

第一节　偶然性与秩序

在上一章，我讨论了科学是如何教会我们去判定：一组特定的事件是偶然出现的，而不是因为这些事件所确证的某些自然规律是真实有效的。现在我要主张，任何这样的判定都以两种不同而又互相联系的评价为基础。当我说一个事件受到偶然性所支配时，我就否认它是被秩序所支配的。对某一偶然出现的事件之概率用数值的方式来进行评估，只有在考虑到另一种可能性后才能进行，即它可能正由某一特定的秩序模式支配着。

我将介绍一个我现在记得的有关统计学判断的新例子，这可以帮助我阐明自己的观点，并有助于扩展观点的普遍性。有一个位于英格兰与威尔士交界处的小镇名叫阿伯吉尔。这个小镇的火车站里有一个维护得很漂亮的花园，你可以看到在花园的草地上，镶嵌着的白色小鹅卵石拼出了一个标语："欢迎乘坐英国铁路来到威尔士。"没有人看不出这是一个有秩序的图案，那是一个富有想法的站长精心设计的。如果有人怀疑这一点，我们可以用以下方法计算出小鹅卵石的这种分布依靠纯粹偶然性而出现的概率，来反驳怀疑者。假设这些小鹅卵石原来都属于这个花园，并且，如果是随机分布的话，它们有同样的可能性出现在这个花园的任何地方。我们可以把表示这些小鹅卵石随机分布于花园的可能排列方式的极大数目，与表示它们排出“欢迎乘坐英国铁路来到威尔士”这些字样的可能排列方式的极小数目进行比较。后者的极小数目与前者的巨大数目相比得出的比率表明：这些小鹅卵石要纯偶然地自行排列成上述字样，几乎是不可能的。这就让认为这种情形是偶然发生的假设变得不能成立。

但是我们再假设，若干年后那个富有想法的站长死了，那些小鹅卵 34
石又散布于阿伯吉尔车站的整个花园里。我们回到那个花园，想要找出以前那些曾清晰呈现出来的石头，并在纸上准确地标记它们现在的位置。如果有人向我们再次提出以下问题：这些小鹅卵石纯偶然地以现在这种特定方式自行排列出来的可能性有多大？难道我们不会因此陷入严重的困境之中吗？根据我们前面的计算，用我们的图纸显示的、表示这些小鹅卵石现在排列方式的极为有限的数目，除以表示它们在花园内所有可能的排列方式之巨大数目，得出的用来表示这一特定排列之概率的值是非常小的。但是，显然我们还是会说这一排列是偶然出现的。

那么，为什么我们的推理方法会突然发生这样的转变？实际上并没有什么变化：我们只不过偶然遇到了我们论证中的一个不言而喻的隐默假设，现在应该把它阐释清楚。我们一开始就假设：那些小鹅卵石的排列方式形成了适合该场合的一个有意义的语句，因此这种排列方式具有特定的模式。只有相关于这种意义上的有序性，我们才能追问该有序性是不是偶然出现的。当这些小鹅卵石不规则地散布于整个花园中时，它们并不具有什么模式，因此就不会产生有序模式是否偶然出现的问题。

另外的一个例子可以更简单地说明这点。一个人参观完一场展览，回来后讲述了他刚好是第 500 000 位参观者这一巧事，这么说是合理的。

他甚至可能会因此而得到主办方提供的一份赠品，就像 1951 年不列颠音乐节时所发生的情况一样。但是，没有人会因自己成为第 573 522 位参观者而认为这是一个偶然巧合，尽管其可能性比成为第 500 000 位参观者的可能性还要小。这两者的区别是很明显的，即 500 000 是一个整数*而 573 522 却不是。整数的意义可以从百年庆典、两百年庆典等例子来看到。1945 年夏，苏联人召开一次国际会议来庆祝其科学院成立 225 周年，人们都知道这是一个居心叵测的事件，因为 225 不是一个大整数。

现在我的讨论要从几个方面来进行了，但在现阶段我只能简单概述一下。我们的一个关注点是，现在我们可以明白为什么以下说法是错误的：一般而言(正如已经表明的)，一个过去事件刚好以它现实发生的那种方式偶然发生的概率几乎为零。如果你在多个特定的过去事件中看出一个特定模式，比如占星术预言的实现，但**如果与此同时**你又否认这模式的实在性，**并且**反而断言这些事件是在范围广泛的种种可能性中
35 随机出现的，而这些事件本来有更大的可能性采取其他的发展进程，你就可以正当地谈论这些过去事件的不可能性了。因此，所谓的占星术模式的出现，就必须被视为一种极不可能的偶然巧合之模糊产物了。[1]

这对“不同物种通过偶然的基因突变而产生”这一理论产生了影响。要使这一理论得到证实需要具备以下两个条件：首先，你要承认生物的独特模式表现为你自认为有能力评估的特定秩序；其次，你得同时相信：进化是通过极为不可能的随机事件之巧合而发生的，而这些随机事件又组成一个非常独特的有序形态。但是，正如我将要建议的，如果我们要识别出有意义的秩序之存在以及有序原则的运作，那么，没什么具有重要意义的秩序可以被说成是仅仅由于原子的偶然组合而形成的。所以，我们必然得出如下结论：认为生物物种是偶然形成的，这一假设在逻辑上是混乱的。它似乎是一种模棱两可，是无意识地想要

* 这里的整数是指可以用整十、整百、整千等来表示的数目。——译者注

避免让我们面对以下事实所带来的难题：宇宙孕育了这些稀奇古怪的生命，包括我们这样的人类。说这一结果是通过自然选择而产生的，那就完全偏离主题了。自然选择只告诉我们为什么不适者没有生存下来，但是却并没有告诉我们：为什么生物——无论适者还是不适者——会出现。对于这个问题的解答：从逻辑上说，它与捉狮子的时候捉两只放一只的方法相同。我将在第四编第十三章充分阐明这一观点。

但是，让我先暂时指出，在前面的概述中我已经实现我的许诺，即我想要把概率与秩序之间的相互关系进行普遍化。我引入了一种新的 36
秩序作为例子，正如我在本书前两章所提到的那样，这些例子不是以自然规律为基础，而是人类的一种设计，正如阿伯吉尔火车站中的标语“欢迎乘坐英国铁路来到威尔士”。把有序模式的概念进行这样的扩展有助于实现我的目标，而我现在就要对这一目标进行更详细的说明。

我想指出，事件被偶然性所支配这一观念和有序模式是有关联的，而事件借助巧合性可以模拟出这些有序模式。检验这些巧合发生的概率并检验在多大程度上可以设想它们能发生，这是罗纳尔德·菲希尔爵士根据相反的方法（*a contrario*）来确立有序模式之真实性的方法。根据这些考察，一般来说，我认为对秩序的评估是一项个人的认知行为，正如对与它相关的概率的评估一样。当有序模式是我们自己构想出来的时候，这当然是很明显的。因此，这样的例子有助于我们弄清楚在这里提出的原则，并有助于我们看到它是具有很大普遍性的。

这种思路似乎有自我否定的危险。如果**一切**知识都可以被证明为是个人的，这似乎只是在我们的通常观念上贴上新的标签。但是，这是可以避免的，因为事实上，在我们的不同认知行为中，个人的参与程度有很大的差异。在我们知道的所有事物中，我们通常能识别出某些相对客观的事实，这些客观事实能够为伴随发生的个人性事实提供支持。例如，我们可以把连续三次掷出双六点看作客观事实，而我们把这一事件评价为一个明显的巧合，这种评价可以被看作表达了一个伴随发生的个人性事实。类似的，阿伯吉尔火车站花园里的鹅卵石的位置是一个客观事实，相比之下，那些鹅卵石组成一个英语句子，这就是个人性事实。我在前一章就已经采用这一策略，在那里我把经典力学的相对客观性与量子力学以及一般的概率陈述的更具个人性的知识进行比较。

现代通信理论使整个问题更加明显了。假设我们得到在一条通信线路上传递的 20 个连续信号：20 个点或短线，我们把它们写为 20 个零(0)或叉(×)：

×0× × ×00×0× ×000×0×0× ×

我们可以认为这个由零和叉所组成的序列是一个客观事实。但它也可以是一项个人性事实，并且有两种选择：它或者是一种编码**信息**，或者作为纯粹**噪音**的随机干扰。通信理论告诉我们，如果这个序列是一则信息，那么这个序列所包含的最大通信量是 9 485 761*，用专业术
37 语来说就是 20 个二进制单位。在某种程度上，数字 20 测出了以下数量：由 20 个二选一的选择所组成的序列所包含的区别性之总量。当然，如果这个序列可以有 0 到 9 这样的普通数字可用，那么这个序列会包含多得多的区别性。20 个这样的数位所携带的信息量是 10^{20}，约等于 66 个二进制单位。

或者，如果我们得到的这个二进制信号序列是随机干扰产生的噪音，那么这一噪音也要按照这种标准来测量，其数值应为 2^{20} 或 20 个二进制单位。这个数值被叫作在同一信息通道所传递的信息中这种噪音产生的疑义度(equivocation)**之总量。

一个奇怪的事实是，现代通信理论——控制论专家们以此为基础建立完全机械化的心理过程模型，却以明显地承认个人的理智评价活动为基础，并首次为这种个人的理智评价行为的差别性提供了量化的标准。

* 2^{20} 应该是 1 048 576，可能是作者的笔误。——译者注

** 信道疑义度(channel equivocation)也称为损失熵，是信息传输理论的基本概念之一，表示当信道输出端 Y 接收到全部的输出符号后，对输入端 X 尚存的平均不确定性。这个对 X 尚存的不确定性是由于传达过程中信道的干扰机制造成的。——译者注

我将在后文对这个问题进行更全面的论述。

同时，我将继续坚持我的结论，即一个有序模式的独特性，不管是人主动构想出来的还是从自然中发现的，都是通过它的不可能性而被揭示出来的，因此，严格说来，它不可能被经验所证伪。然而，这并不是说有序模式是主观的。我对一个模式的认识**可以**是主观的，但只有在这种认识是错误的意义上才是这样。占星术是主观的模式，因为它们是偶然性的组合。对占星师记录的预言进行的所谓证实同样也是主观的。但是，正如我们在“客观性”那一章里所看到的那样，人有能力确立自然中的真实模式，这些模式的实在性可以体现为以下事实：这些模式的未来含义将会无限地超越以前已经认识到的、它们所控制的经验。对这种秩序的评价是带有普遍性意图的，并且实际上宣告了无限范围的、当时尚无法说明的真实前兆或预示(intimations)。

第二节　随机性和有意义的模式

但是，到目前为止我们介绍的这些观念并非牢不可破。现在我们必须把我们的注意力转到随机性和有意义的模式之本质上，以改善这种情况。我们可以对上一章进行如下总结：只要有意义的有序系统与随机系统发生相互作用，从而受到影响，我们就可以对随机系统和有意义的有序系统作出概率陈述。虽然有意义的秩序之含义可能由于随机干扰而变得不确定，但这种试探性猜想在本质上仍然和猜测一个随机事件的结果之行为有区别。由此，我们还可以根据这个立场，来重新论述本章关于偶然性和秩序的讨论时所获得的教训。随机性本身永远不能产生一个有意义的模式，因为它并不包含任何这样的模式。我们也永远不能把一个随机事件的人为构想模式当成有意义的模式来加以处理，
既不能像散布的鹅卵石的例子那样给它虚构出它并不具有的独特性，也 38
不能像占星术预言的实现那样错误地赋予它一些貌似有理的意义。[2]

因此，我们要作出概率陈述，总是要先拥有关于随机性的知识。但是我们如何说明某些集合是随机分布的，或者某些事件是随机出现的？我在本书的很后面部分才能回答这个问题。但在这里我预先说明一下：我相信随机系统是存在的，并且能被识别出来，尽管在逻辑上我们不可能给随机性下任何精确的定义。

实际上，我将指出，被识别的物体与它们的偶然环境之间的反差(这种反差是所有视觉感知行为的基础)可以通过以下方式来表达：眼睛把视野划分成“人物”和“背景”，当人物在背景中向前、向后、向左、向右移动时，眼睛都会把人物看作是同一个；相反的，背景本质上是静止的，尽管它也同时经历了各种不同变化，它还是保持着作为背景的特征。背景的特征不能以有序的方式与人物发生联系。因此，背景的特征与人物之间的任何关系都必定是随机的，并且，如果背景本身就是随机的，这就得到了最好的保证。同样，一个被有序原则所精确决定的过程，例如行星环绕太阳的运动，只有在这一过程与其他物体及事件的关系被发现是完全随机的情况下，才能被认为是构成了一个自成一体的事件体系。任何实体，无论是一个物体还是一个确定过程，如果它的内部细节越充分地展现出稳定性和规律性，并且越是能充分证明这些内部细节和背景细节之间缺乏协变性(co-variance)[3]，那么就能越清晰地和它的背景相区分开。

在这个范围内，我们甚至可以划分融贯存在(coherent existence)的强度等级。因为其内部结构更有意义，所以人体是比鹅卵石更有实质内容的实体。把解剖学和生理学这两门学科与特定类型的鹅卵石之结构的相关问题进行比较，我们就可以评价这两者之间的区别。人类的每一种认知活动，从知觉到科学观察，既包含对与随机性相对的秩序之评价，也包含对这个秩序的等级之评价。我们已经看到，信息理论实际上已经用数值来表示一则信息的有序系统之秩序等级。

39 一个固体受到作为其背景的介质之随机元素之轰击，它本身也会进行随机运动。由周围分子的热运动而引起的微粒的布朗运动就体现出这一原理。概率计算能很好地运用于对称固体的布朗运动。一只完全无偏差的骰子会停在六面中的其中一面上，但是，如果受到非常猛烈的布朗冲击，它将不时地翻滚。**因此，我们可以说骰子停留在任何特定一面上的机会相等。**骰子所受冲击的随机性把它立体对称的有序性转变为它的六个可选择的稳定位置的相同出现率。[4]秩序与随机性的这种动态相互作用是把概率陈述应用于机械系统的必要和充分条件。我们后面会看到它还是最终条件，不能被还原为任何更基本的条件。[5]

有序原则可以是**外在的**，例如一条信息或任何一个其他的人造品；或者是**内在的**，例如一个固体的有序连贯性以及静态或动态的稳定结构。现在，我将会描述三个我所想象的实验，用来揭示这两种有序系统在随机碰撞下的典型表现。

1. 把很多完好的骰子放在一个平面上，让所有骰子的同一面朝上，例如一点朝上。这些骰子的有序性纯粹是外在的。长时间的布朗运动将会破坏这一有序性，并最终形成最大的无序状态，即它们所有面朝上的出现率差不多是相同的。

2. 让一组相似的骰子全部显示为一点朝上，但是让这些骰子倾向于会六点朝上。为此，我们可以在骰子的上半部加些重量，使得当它们翻成六点朝上时其势能将减少 ΔE。低温下发生长时间的布朗运动，此时 $\Delta E \gg kT$（k＝波尔茨曼常数，T＝绝对温度），会使骰子重新被布置，从而**绝大多数**骰子将会显示六点朝上。这就是由于内在的（动态的）有序原则而形成的稳定模式。

3. 在产生了这种动态稳定模式后，我们把温度增加，使得 $Kt \gg \Delta E$。长时间的布朗运动将再次破坏这一模式而产生与实验 1 中相同类型的随机分类，即骰子的所有面朝上的出现率几乎都是一样的。

实验 2 表明，随机冲击会引发力的作用，这些力趋向于造成一个稳 40
定的模式。当没有这种动态有序原则时，例如在实验 1 中，现有的秩序最终会被哪怕是最微弱的随机冲击所破坏。不过，类似于实验 3 那样具有足够力度的随机冲击也同样会破坏任何动态稳定秩序，尽管这一秩序的最先产生是因为受到强度较小的随机冲击。[6]

通信理论已经计算出一则信息被背景中的干扰信号所掩盖的情形。这也解释了实验 1，即随机冲击对一个有意义的人造品所具有的纯粹破坏性作用。实验 2 可以用一片冷加工过的金属的退火处理来进行说明。原子的模式在经过捶打或碾压而被破坏后，在适度加热的情况下会自动重新结晶。但加热到更高的温度时就会再次打乱这一结晶模式。如果温度提高到其熔点以上，该金属就熔化并最终蒸发掉。因此实验 3 是在实验 2 之后发生的。

这一模型原则上代表着统计热力学和动力学的所有领域，并同时把热运动定律普遍应用于任何随机碰撞。[7]它也扩大了有序原则的应用范围，并因而包括了信息理论。通过进一步的普遍化，后面我们还会把支配着生物成长、机能、繁殖和进化的有序原则包括进来，这会证实对自然选择理论的批判，这一点我已经在前面暗示过了。

现在我们只需要认识到：在断定这些基本的自然规律时，我们认为我们有能力从自然秩序中认识到随机性；而且，这种独特性不能以数学概率的考虑为基础，因为与此相反，概率计算预先就假定我们有能力理解和认识自然中的随机性。

第三节　确定化学比例的规则

通过对鹅卵石与生物进行比较，表明我们对秩序的评估包含着对秩
41 序之等级的评估。现在，我将用我们关于化合物之化学成分的知识，并且更为突出的是，我还将用我们关于晶体之对称性的评估，在精密科学的范围内中阐明这一点。

任何人都懂得简单化学比例的规则并且能够理解简单的化学式。如果用 $CHCl_3$ 来表示三氯甲烷的成分，这就意味着它包含 1 份碳，以 12 克为单位而进行量度；1 份氢，以大约 1 克为单位而进行量度；以及

3 份氯，以 35.5 克为单位而进行量度。这些重量单位随元素的不同而变化，被称为元素的原子量。只要采用这些单位，碳、氢和氯的每一种化合物都可以根据相似的简单形式被记录，例如用 CH_3Cl 表示一氯甲烷，CH_2Cl_2 表示二氯甲烷，等等。

这看起来很简单，但这一观点却以独特的方式依赖于个人的评价行为——比经典力学的依赖程度大得多，而经典力学可以在观察者最低限度参与的情况下得到验证。我所引用的这些化学式表明：这些化合物的成分（以恰当的单位量度时）用 1∶1∶3 或 1∶3∶1 或 1∶2∶2 的数学比率来表示。要从重量测量中确定一个简单的整数比率，需要我们超越从一组组仪器读数中确定被测量（measured quantities）的方法——就像我们运用经典动力学对于预测所进行的检验那样。我们必须更进一步，用整分数（integer fraction）来确认被测量的数学比例。通过假定存在一些随机误差来解释仪器读数的差异，可以使一组组仪器读数转化为测得的数目，并且达到一定程度的形式化。但并不存在什么正式的规则能确定与被测数目之特定比例相对应的整分数。

把测得的数据变成整数关系这一步骤是不确定的，因为其中不可避免地隐含着一个要求：整数应该是小的。我们认为这是很显然的：如果我们在三氯甲烷和二氯甲烷的样本中测出碳与氢的比例的比率值为 0.504，可能误差是 ±0.04，那么我们就认为这一比率值应该用整分数 1/2 来表示，但我们之所以能这样做，是因为我们预先假定了这个比率值必须是简单的，即该比率值是由一些**小的**整数所组成。当然，更接近得多的近似值可以由更大整数组成的比率值来表达，并且我们从中进行选择，总是能找到一个完美的合适值，就像我们用 1 008∶2 000 来表示测得的比率值 0.504 那样。

除非具备以下条件：整数应该小、它们所组成的分数应该简单，否则谈论在测得的量和整数之间建立对应关系确实是毫无意义的。在承认像简单的化学比例这样的一个自然规律是有意义的时候，我们宣称我们能根据简单的整分数来评估被观察到的量。

42 请注意“简单”一词！由于简单性的特征是模糊的，因此简单比例的规则对于经验的要求是不确定的。如果化学比例的未来观察结果只能由更大的——比那些适用于以前被分析的化合物的整数更大——整数来体现，我们就会对该理论越来越失望，并最终完全不会再依赖它。但这一过程更像是逐步放弃一个总是无法被证实的、被假设的统计学规则，而不像是拒绝一个与一系列观察相冲突的精确理论。

确实，对一种高分子量的物质所进行的化学分析可能会产生用大整数来描述的比例。碳原子长链中的最后一组也许由某个元素 X 来构成，使得 X 相对于碳和氢的比例（以原子量的单位来进行衡量）为 1∶1 000，甚至可能更高。当我们用这种方法来阐释化学分析时，我们不再依靠于简单比例的规律，而是用原子理论取而代之，并用作化学的概念框架。原子可以被计算，并且原子的计算必定会得出化合物的整数比。我们通过计算可以得到某些比例，它们就是**观察到的整分数**，这些整分数可以不是简单的。的确，如果我们可以计算结晶岩盐中钠粒子和氯粒子的数量，就会发现这两种粒子中会有一种粒子稍多一些，其比率会类似于 1 000 000 000∶1 000 000 001。在很普泛的意义上，我们可以说：不能用小整数表示的化学比例却可以被解释为整数比率，只要这种解释可以被与被分析物质之原子结构相关的更直接证据所支持。

但我们必须记住的是，简单化学比例的规则是在采用原子理论来对它们进行解释之前就已经确立，或者至少是被强烈地提倡。在约翰·道尔顿（John Dalton）的原子理论成型之际，德国的李希特（Richter）就已经提出了这一规则，用来表示酸和碱的化合；法国的普鲁斯特（Proust）也试图把这些规则推广到某些金属化合物，以便克服其同胞贝托莱（Berthollet）对他的批驳。在 1808 年，那时道尔顿的观念还尚未传入法国，普鲁斯特似乎就已经令人信服地将这一方法应用于碳酸铜、锡的两种氧化物和铁的硫化物。道尔顿的原子理论的发现本身是以简单化学比率的证据为基础的，并且由此证实了包含在这种有序模式之评价中的实在性之预示。引用他的说法，“除非我们接受原子论的假设，否则，定量比例学说似乎是神秘的。”他说，定量比例学说看来就像是牛顿所欣然阐释的神秘的开普勒比率一样。[8]

随着时间的流逝，这种有序模式的含义得到了更充分的揭示。道 43
尔顿的原子被证实是其理论后继——卢瑟福(Rutherford)和玻尔(Bohr)的原子——的仅仅是模糊的雏形。这再一次证明，而且是更大程度地证明，当一个科学理论与实在世界相符时，它就把握了一个比它的创立者对它的理解更深刻得多的真理。[9]

通过对一个量进行测定，以此来确立这个量的整数特性是困难的，这可以通过以下例子来说明，尽管在这个例子中这一过程还是颇有争议的。爱丁顿(Eddington)推算出“精细结构常数”(用通行的符号表示为公式 $hc/2\pi e^2$)的倒数等于整数 137。当爱丁顿最先提出他的主张时，根据观察而计算出来的值是 137.307，误差为 ±0.048，这似乎与他的主张相冲突。但是，在过去二十年里，这一数值的公认实验值变了，现在是 137.009。[10]但是，绝大多数的物理学家却认为理论与观察的高度相符是偶然发生的，这让他们为之而烦恼。

第四节　晶　体　学

现在，我将转向我的最后一个例子，但在许多方面，这个例子最能说明精确科学中对秩序的理论评价。这就是结晶学中的情况及其在实践中的应用。

从最早的年代起，人们就对形状独特的宝石着迷。宝石的规整性是使人赏心悦目、激发想象力的独特性质之一。宝石由多个光滑的平面构成，并且边缘平直，当带有美丽的颜色时特别引人注意，如红宝石。这种最初的吸引力暗示着宝石含有某种隐藏着的更重大的意义，原始人的心灵通过赋予宝石神奇的力量来表达这种意义。后来，它激发了对晶体的科学研究，并以专门术语来确立和阐明晶体评价的体系，这些评价内在于任何对于晶体的理性鉴别。

这个系统首先建立了物体形状的一个理想范式，并由此把固体分为倾向于实现这个理想范式的物体和其他不具有这种形状的物体。第一类是晶体，第二类是无形状（或无定形）的非晶体，如玻璃。其次，每一个单独的晶体被用来代表一个理想的规则性，与这种理想规则性发生的实际偏差都被视为缺陷。这种理想形状的确立，需要我们假定：晶体的近似平面的各个表面是几何平面，这些几何平面延伸到它们相交的
44 平直边缘上，因而构成了一个多面的晶体。这种形式化表述定义出被当作晶体范本之理论形状的一个多面体。该形式化表述只体现了晶体样品中被认为是具有规则性的那些方面，并在这些方面它需要与经验事实相符；但是，如果不相符，无论晶体样品与理论的偏差有多大，这将被视为晶体的瑕疵，而不是理论的缺陷。

因此，每个晶体样品都被指派一个不同的理想多面体，接下来，晶体学理论去探索能够描述这些多面体之规则性的原理，这一原理存在于晶体的对称性中。“对称性”这个词的内涵几乎和“秩序”一样宽泛。当我们把这个词应用于物体时，我们可以用它来区分不对称的表面和完全对称的表面。不等边三角形是不对称的，等腰三角形是对称的，但是等边三角形比等腰三角形更对称。在这里，对称性被当作被观察物体可以接近的标准，并且，在对称性自身的完美性上，对称性本身也具有不同的等级。

这种对称性意味着，我们有可能通过一个具体操作（如照镜子）将一个图形或身体的一部分转化为另一部分。通过右手的镜像映射，我可以把它转换成左手，因此具有双手的身体是对称的。等边三角形比等腰三角形更对称这一事实，可以通过指出它有三个对称平面而不是一个对称平面来表示。或者，我们可以引入一个新的对称性操作：观察等边三角形围绕穿过其中心的垂直轴旋转 120°时与自身重合。我们可以很容易地想到对其他规则图形的对称性操作，同样原理也可以扩展到正

多面体(规则立方体)。 等边三角形的例子表明，存在着三个对称平面，两两相交于一条边并形成 120°角，这使它们相交的边变成三重对称轴。关于正多面体的几何学探索了共存的基本对称性之间的这种关系，并确定了在同一个多面体中组合这种对称的可能性。 晶体对称原理的发现是通过假设晶体只包含六种基本的对称性(镜像、倒置、二重、三重、四重和六重旋转)而完成的，并由此得出结论，由这六种基本对称所得到的 32 种可能组合代表了所有不同类型的晶体对称。

这个理论所设定的唯一明确区别就是 32 类对称性之间的区别。 它们是某种秩序的独特形式。 如同晶体样品的理想多面体详尽地体现了晶体样品的规律性，因此多面体所属的对称性类型也详尽地体现了多面
体的规则性。 并且，正如同一多面体可以适用于无数个被不同瑕疵所 45
破坏的样品，同一类型的对称性也可以体现无数个由具有不确定的相对广延的若干表面组成的多面体中。

每一类对称性都是观察样品所接近的完美秩序的独特标准，但这些标准具有不同程度的自身完善形式。 这 32 类对称性可以大致按降序排列，从最高等的立方到最低等的三斜晶系。 这一序列的差别是巨大的，只有较高等级的类别才拥有足够的美丽，使它们的样品具有宝石的价值。

总而言之，在这里我们对晶体中规则性的评价，包括对存在不同类型规则性的评价，以及对每种规则所代表的不同等级规则性的评价，都进行了详尽的形式化描述。 我将推迟对这一形式化描述与经验的关系作进一步分析，而是先对它进行一下补充说明，即阐述一个今天被认为已经得到揭示的隐藏结构模式。

定义这种隐藏结构的晶体原子理论，在 19 世纪被作为预言提出，并在 20 世纪初被成功地证实，它统一并极大地扩展了包含在 32 类对称性中的秩序体系。 在这个理论中，晶体展现出来的平面和边缘的意义被进一步还原为更基本的性质。 现在，它们被认为只是揭示了潜在的原子有序性，我们可以根据原子有序性严格推导出 32 类对称性。

原子有序性原理是对称性观念的延伸。如果将一个图形的一部分与另一部分相重合的操作定义为构成了对称，那么类似于墙纸的重复图案可被视为是对称的，因为把图案平移就可以使它和自身重合——除了墙纸的边缘地带，而如果与图案的间隔相比墙纸面积很大的话，那么就可以忽略墙纸的边缘地带。这种有规律的重复很容易按一维、二维、三维或更多维的方式构想出来。晶体的结构理论假定晶体是由有规律地重复的三维原子矩阵所构成的。

当把三维原子矩阵向各个方向无穷扩展时，很容易看出它们具有晶体中观察到的那种对称性，并且可以证明它们只能具有晶体中发现的那六种基本对称性。由于某些有规则的原子结构的其他可能性不会影响宏观观察到的晶体对称性，所以，潜在的三维原子模式可以有 230 种不同的重复形式；尽管这些重复形式只体现在 32 种不同的晶体规则性原理中。

我们现在可以转到这个问题：我们接受结晶学理论的依据是什么。

46 关于 32 类对称的理论和被称为“空间群”（space groups）的 230 种重复模式的理论，它们都是几何命题。因此，它们所说的术语必须满足该理论之公理。我们理解它们的意义的空间图形仅仅是体现这个意义的一个可能模型。然而，即使是这种形式的几何学也不能说出关于经验的任何确定东西。它们之所以能够被接受，主要是因为我们证实了它的融贯性、独创性和深刻性。它确实和经验有潜在的联系，因为总是有这样的可能性：经验会给我们提供一个几何学理论的模型。这种经验可以被设计为一种人工模型。其中一个例子是科恩（M.R. Cohen）和内格尔（E. Nagel）描述的银行公司，这个银行有七个合伙人组成七个管理委员会，因此每个合伙人都是一个委员会的主席，每个合伙人只在三个委员会中任职。这些委员会的构成体现了一个几何学的七个公理，因此这些几何学的所有定理都适用于银行公司、其合伙人和各委员会之间的关系。[11]

或者，可以按照事物的自然秩序来解释几何学。我们的概念想象力就像我们的艺术想象力一样，从我们与经验的接触中获得灵感。并且，与想象性艺术作品一样，数学的构造也将倾向于揭示经验世界的那些隐藏原则，这些原则的一些零散的蛛丝马迹首先激发了领会这些数学构造之想象过程。

当被经验到的有序性被认为是几何学的一种体现时，我们就有可能检验它在经验中的对应物。对于相对论现象的观察，可以作为一个实验测试，以确定当我们假设轨迹线就是测地线的时候，物质宇宙是不是由爱因斯坦的规律以时空形式所表述的黎曼几何学的一个实例。

再看看我们的32类对称和230个空间群。32类对称定义了多面体的类别，而230个空间群定义了空间点无限延伸的模式。这些几何结构最初是由对晶体的思考和对其原子结构的推测所引发的；因此，它们可以指涉这些经验物，并且，正是通过观察来追寻这种指涉，我们才能找到我们接受晶体学理论的任何经验根据。

为了简明起见，我将主要讨论空间群理论。假设230个空间群的推论在其自身前提下是正确的，那么，经验只能告诉我们世界上是否存在体现这些前提的原子结构之实例。世界上可能存在无限范围的并不 47
体现这些前提的物体，其中甚至有一些(像无序的固溶体)形成了从外表看有着良好塑形的晶体；但这并不会揭示出什么内在的不一致性，因此也不会给这一理论带来什么困境。因此，任何可以想象的事件都不能推翻这一理论。我已经暗示过，晶体学理论与经验的关系，在这方面类似于可选择的几何结构与实际经验到的宇宙之间的关系。但是，理论与经验的这两种关系之间的一个明显区别在于以下事实：只有一个单一的物质宇宙，这个宇宙是许多可能的几何结构中的一种结构的实例；而存在着大量的晶体，每个晶体都是230个可能的空间群中的一个实例，这些空间群组成一个统一理论。理论与经验的关系在这方面更类似于分类系统(如动物学家或植物学家使用的分类系统)与用这些分类系统所划分的标本之间的关系。但是，考虑到这个分类是预先以关于秩序的几何学理论为基础的，所以理论和经验之间的关系可能更类似于艺术品所建立的那种关系，即艺术品使我们按照它自己的方式来看待经验。

一个物体一旦被识别为属于一种分类系统中的一个类别，并且如果这个分类系统可以告诉我们很多关于这个物体的事情，这个分类系统就是有意义的。这个系统可以说是根据物体的独特性质对其进行了分类。230个空间群的独特性，如32类晶体对称性的独特性一样，完全取决于我们对秩序的评价；它们以特定对称性的方式体现了我们关于秩序的个人概念所必然具有的那种普遍性。然而，这个分类系统像一般的晶体几何理论一样，已经被它的分类功能完全证实了。它一直支配着大量的结晶样品的收集、描述和结构分析，并通过发现区分这些样品的物理和化学特性而得到了充分的证实。它证明了自身是一个自然的分类原则。

这里揭示的知识体系对于理解经验来说具有重大的价值，对于这一知识体系，可证伪性的概念似乎完全不适用。没有被理论所描述的事实对理论不会造成任何困难，因为它认为这些事实与它自身无关。这种理论的作用是作为一种整合性的群体语言，它加强了它可以应用的经验，而忽略了不能被它所理解的东西。

将晶体学理论应用到经验中，就会有受到经验反驳的危险，这个说法的意义也只是和行进队伍前面的乐队演奏的进行曲相似：如果它被认为是不合适的，它将不受欢迎。在这个意义上，晶体学理论可以说是超越了它所应用的经验。但是，使得一个经验理论不可能被经验驳倒
48 的这种超越性当然也存在于各种形式的理想化中。关于理想气体的理论不能被观测到的偏差所否定，只要我们认为这些偏差是可以被忽略的就行。事实上，这种理想化确实表达了一种相同的沉思性评价之因素，它的一个极好例子就是我们可以先验地构建并承认一个完备的对称体系。我们可以合法地被理想气体的概念所吸引，仅仅是因为我们相信我们有能力评价自然中某一种基本的有序性，而这种有序性又隐藏在它的某些不那么有序的外表之下。但在晶体对称性的理论中，理想化

却超越了这一点。因为这个系统所发展出的卓越性标准所具有的内在意义要比公式 pv = RT 本身具有的意义重要得多。它不仅是一种科学的理想化，而且是一种审美理想的形式化，它与支配着艺术和艺术批评领域的那种更深的、永远无法严格定义的感受力密切相关。这就是为什么这个理论教导我们去欣赏某些事物，不管我们是否能在自然界中找到它们种类的任何一种，并且允许我们在找到它们的时候，只要它们不符合这一理论给自然所设定的标准，那么我们就可以对这些事物提出批评。

我们可以看到，对于客观命题与主观命题、分析命题与综合命题之间的通常区分，这里出现了一个重要的替代方案。通过相信我们有能力在精确自然科学中作出具有普遍意义的有效评价，我们才可以避免这些传统范畴所造成的贫乏和混乱。

注　释：

1. 所有恰好以它们实际发生的方式偶然发生的事件具有很小的概率，这种论点之所以产生，是因为想给事件发生的那种方式虚假性地赋予一定的意义。这种谬论的一个重要例子在罗纳德·菲希尔爵士的影响下流行起来的[参见他的《对自然选择之批判的回顾》，载赫胥黎、哈尔迪和福特：《作为过程的进化》，伦敦(1954 年，第 9—99 页。他用来为自然选择理论进行辩护，并反对了以下反对观点：通过随机突变而出现的进化过程所发生的概率极小。他认为，根据同样的道理，任何人在经过一千代祖先而把血脉延续下去的概率更加不可能，从而我们可以否认这种概率，因为一个祖先在一千代后有一个后代的概率可以被证明是极其微小的。但是，我们并不能知道关于一个人的一千代祖先的任何明确信息，因此，关于他从任何一个特定的祖先延续下来的概率问题就是没有根据的。在生育链中产生任何特定个体的可能性，就是这一千代祖先中任何一个成员产生我们当前一个后代的概率。根据罗纳德·菲希尔爵士自己的计算方式，这一概率是足够大的。我以阿伯吉尔车站花园里的鹅卵石的例子，来说明了相关的原理。人们可能会合理地问：那些鹅卵石自行偶然排列成英文句子的概率有多大？但是，如果问它们以特定方式散布于花园的可能性有多大，这就不合理了，因为随机散乱时，它们并不形成什么模式。自然选择理论宣称解释了某些有意义模式的形成、而不是原子的某一随机组合。

2. 本章中使用的有意义的模式这个概念不包括平均值的有序分布。而将这些随机特性赋予一个本质上不同的类别，其原因将在第 13 章中解释。

3. 在设计一个实验时，我们必须设法辨别不相关的特征，确保它们随机变化。在农业试验中，地点可以通过投掷硬币来确定。（R.A.菲希尔：《实验的设计》，伦敦，1935 年，第 48 页。）

4. 因此，我们首先得到了替代概率的界定，然后又认为替代概率与相对发生频率是相同的。相反，所有企图从相对发生频率推算出可选概率的尝试在逻辑上都是不合理的，因为发生频率的陈述本身就是概率陈述。如果发生频率可以用明确术语来界定，那么这个反对意见可以被消除，但这是自相矛盾的。（见第四编，第十三章）有关这些论证的详细论述，请参阅我的论文“论偏压硬币及相关主题”，载《物理学与化学领域》(1958)。

5. 见本书第 4 编，第 13 章，边码第 15 页。

6. 实验 3 表明，在较高温度之下，偏向性的影响会逐渐消失，并且也会相应地在更猛烈的碰撞作用下完全消失。 请大家注意：引起骰子翻滚所需的能量 E_t 比 ΔE 更大，所以，即使在较高温度下 kT 也会远小于 E_t，应该是 $E_t \gg kT \gg \Delta E$；并且这也能相应地适用于“更剧烈的碰撞”这样的条件。否则骰子会一直滚动。

7. 热力学理论研究的是有序原则的运作(根据实验 2)和热运动的随机反作用(实验 3 所显示的那样)之间的可变组合。 但是为了我们当前的目的，这些组合可以被忽略。

8. 《不列颠百科全书》，第 11 版。 F.H.内维尔所作的“原子”词条。

9. 孟德尔对具有可选的遗传性格的个体数量之间的简单整数关系的观察结果(1866)大约在半个世纪后也同样被染色体的基因结构所证实。

10. 惠特克爵士:《爱丁顿的科学哲学原理》，剑桥，1951 年，第 23 页。

11. M.R.科恩和 E.内格尔，《逻辑和科学方法引论》，伦敦和纽约：1936 年，第 133—139 页。

第四章

技　能 49

第一节　技能的实践

精确科学是与经验有联系的一套公式。我们已经看到，在承认这种联系的时候，我们必须在不同程度上依靠我们个人的认知能力。现在我将试图进一步阐明这种个人行为的结构，分析参与这些行为的力量。科学要靠科学家的技能来运作。科学家正是通过行使自己的技能而塑造他的科学知识。因此，我们可以通过考察技能的结构来理解科学家的个人参与的性质。

我把一个众所周知的事实作为我进行这个研究的线索：**技能行为的目标是通过遵循一套规则来实现的，而遵循这套规则的人却并不知道这套规则。**例如，游泳者保持漂浮的决定因素是他调节自己呼吸的方式。他呼气时不排空肺，并且吸气时让肺里充满比平时更多的空气，从而使自己的浮力更大。但是，游泳者通常并不知道这点。一位年轻时不得不靠教游泳课来谋生的著名科学家告诉我，当他试图发现是什么原因让他能游泳时，他是多么的困惑；无论他在水中做什么，他总能漂浮在水面上。

又比如，从我对物理学家、工程师和自行车制造商的询问中，我得出结论：骑自行车的人保持平衡的原理并不广为人知。骑自行车的人所遵循的规则是这样的：当他开始向右摔倒时，他把车把转到右边，这样自行车的行进路线就沿着一条曲线向右偏转。这样产生的离心力将骑车人推向左侧，并抵消将他拖向右侧的重力。这一动作很快使骑车
50 人失去平衡而偏向左侧，他将车把转向左侧以抵消这种牵引力；因此，他继续通过一系列适当的曲线前进来保持自己的平衡。这个简单的分析可以表明，对于特定的失衡曲率来说，每次转弯的弯度与骑车人行驶速度的平方成反比。

但是，这能准确地告诉我们如何骑自行车吗？不，你显然不能根据你的失衡率与速度平方比的比例来调整你的自行车行进路线的曲率；即使你能，你也会从自行车上掉下来，因为在实践中还有许多其他因素需要考虑，而这些因素在我们阐述上述规则时被忽略了。技艺的规则可以是有用的，但这些规则并不决定这个技艺的实践。它们是行为的指导原则，只有跟这个技艺的实践知识相结合时才能成为这个技艺的指导。它们不能取代实践知识。

第二节　破坏性的分析*

技能不能根据它的细节而被完全解释，这一事实在判定一项技能行为是否真实存在时，可能导致严重的困难。引起广泛争议的钢琴家的“触键”可以作为一个例子。钢琴上的音符的发音可以通过不同的方

* 波兰尼使用“破坏性分析”(destructive analysis)这一概念是用来说明，如果我们强制用一些已知的、精确的科学知识去分析一些我们尚未完全领会的技能，那么就会对这种技能的真实性产生破坏性作用或者质疑效果。这种分析具有否定性的作用，例如，用现有科学知识粗浅而片面地分析一些技能(例如钢琴演奏中的“触键”手法)，我们就否定了这种技能的真实性；这种分析也可以具有积极的正面作用，例如我们用现有科学知识去分析迷信或者玄学的技能，我们就可以摧毁伪科学。——译者注

式来完成，这取决于钢琴家的“触键”，音乐家认为这是一个显而易见的事实。掌握正确的触键技能是每个钢琴学习者的奋斗目标，而成熟的艺术家则把掌握这一技能视为其主要成就之一。钢琴家的触键技能同样受到公众和他的学生的珍视：它具有重大的价值。然而，分析钢琴上的音符的发音过程，却似乎很难解释“触键”的存在。当一个琴键被按下时，就驱动音锤去敲击琴弦。音锤只在短距离内被压下的琴键所驱动，并由此被抛入自由运动，这一自由运动最终被琴弦所阻止。因此有人认为，音锤敲击琴弦的效果完全取决于它敲击在琴弦上时那一瞬间的自由运动速度。依据这一速度的不同，琴弦的音符会发出或大或小的声音。这一过程还伴随着音色等等的变化，因为泛音成分也在同时发生变化。但是，音锤以什么方式获得任何一个特定速度，这没有什么区别。因此，一位新手和一位钢琴家在特定一架钢琴的琴键上弹出来的乐音也不可能有什么区别，钢琴家的演奏中最有价值的品质之一是完全不可信的。你确实可以在琼斯(Jeans)的《科学与音乐》(1937)和伍德(A.Wood)的《音乐物理学》(1944)这些标准教科书中发现这样的结论。但是，这个结论却错误地依赖于对钢琴家的技能所作的不完整分析。这已被巴伦(J.Baron)和霍罗(J.Hollo)(令我满意地)论证了，他们呼吁人们注意当所有琴弦从钢琴上拆下时按下琴键所产生的杂音。[1]当音锤的速度保持不变时，这种杂音也可以发生变化。杂音与 51
音锤敲在琴弦上时发出的乐音混合在一起，改变了乐音的音质，这似乎就从原理上解释了钢琴家通过触键技艺来控制钢琴之乐音的能力。

这个例子应该代表着给我们同样经验教训的其他很多例子。也就是说，仅仅因为我们不能用目前公认的框架来理解某件事是如何被完成的或如何发生的，就否定这件据说已经被完成的事情的可行性，或否定一个被认为是已观察事件的可能性，这常常导致我们掩盖了真实的实践或经验。但是，这种批评方法是必不可少的，不坚持使用这种方法，科学家和技术人员就不能在他们每天都置之不理的很多虚假的观察结果中保持坚定。

破坏性分析仍然是对付迷信和似是而非的实践的必要武器。以至今仍广泛采用的顺势疗法*为例，我认为，只要对其主张进行简单分析，那么这种所谓的技艺的疗效是可以被完全驳倒的。根据顺势疗法的处方，顺势疗法中使用的药物可以被稀释到与普通食品和饮用水中的药物浓度一样低或更低的浓度。因此一大勺这些物质以这样的稀释度来服用是不可能取得疗效的。

当一种新技能的效力是值得怀疑的，并被其发现者作出错误的解释时，那将是一种令人绝望的情形。从梅斯默(Mesmer)到布雷德(Braid)这一个世纪的时间内，催眠术的先驱者们的悲剧性失败就是一个例证。梅斯默以及后来的埃里奥森(Elliotson)的批评者发现，很容易证明梅斯默和埃里奥森所谓的操作原理是无效的。埃里奥森曾经详细论述了一整套他所谓的支配着动物磁场传播的法则体系。他声称，喝一杯磁化水就会使人精神错乱，而把一根手指、两根手指或整只手浸在水中就可以分辨出水的磁性等级。另一条“法则”宣称，受试者的黏液表面，例如舌头、眼球等的黏液表面，比皮肤表面更能接受催眠刺激。后来埃里奥森宣布，金和镍比铅这样的贱金属对催眠影响的敏感度更高。这一切都是胡说八道，很容易被证明是胡说八道。既然人们还不明白
52 以下假设：催眠暗示是梅斯默催眠术的有效手段，所以不可避免的结论是：埃里奥森的测试对象都是骗子，他们要么是在欺骗他，要么是与他合伙骗人。[2]埃里奥森苦苦呼吁道：“我已经以常识和人道的名义，提供了76例无痛手术的细节，还需要什么？”[3]直到催眠的概念被确立为事实的框架以后，这些事实才最终被承认是真的。事实上，当真理与谬误被拼凑在一个融贯的概念体系中时，只有在新发现的补充下，对这一体系的破坏性分析才能得出正确的结论。但是，至于如何得到新的发

* 顺势疗法是替代医学的一种。顺势疗法的理论基础是“同样的制剂治疗同类疾病”，意思是为了治疗某种疾病，需要使用一种能够在健康人中产生相同症状的药剂。例如，毒性植物颠茄(也被称为莨菪)能够导致一种搏动性的头痛、高热和面部潮红。因此，顺势疗法药剂颠茄就用来治疗那些发热和存在突发性搏动性头痛的病人。目前医学界一般认为，没有任何足够强的证据证明顺势疗法效果强于安慰剂。——译者注

现或发明更真实的概念，却没有规则可循，因此也没有规则可以避免破坏性分析的不确定性。

与对梅斯默催眠术之批判相似但是又没有明显误判的情形，在过去几十年里，在很多技术研究实验室中不断出现。在这些日子里，一些大的工业如制革业、陶瓷业、钢铁业、酿酒业和整个纺织制造业，以及农业的无数分支行业，都已经意识到：它们是以某种技艺的方式从事它们的活动，但是对具体的操作细节却没有任何明确的了解。当把现代科学研究应用于这些传统产业时，首要任务是弄清那里实际上发生的事情，以及它们是如何生产货物的。早在 1920 年鲍尔斯(W.L. Balls)对棉纺业进行科学研究时，从一开始他就清楚意识到这种情况。[4]鲍尔斯把当时公认的棉纺实践描述为“孤立的事物，与物理知识几乎没有任何联系”，所以“科学家在最初十年的大部分工作仅仅是精确地解释棉纺工人已经知道的事情”。当时，世界一流的棉花实验室“雪莉研究所”的主任托伊博士(Dr. F.C. Toy，)向我证实了这一预言。[5]对现有的工业技艺进行科学的分析，在任何地方都可以得出类似的结果。的确，即使在现代工业中，难以精确表达的知识仍然是技术的一个基本组成部分。我本人就曾在匈牙利见到过一台崭新的、吹制电灯泡的进口机器。这种机器当时已经在德国运行成功，而在匈牙利却运行了一年也无法生产出一只没有瑕疵的灯泡。

第三节　传　　统 53

不能被详细说明的技艺不能通过指导原则而传承，因为并不存在这样的规则。它只能通过示范方式从师傅传给学徒。由此，技艺的传播范围只限于个人接触，因此我们发现，工艺往往在封闭的地方传统中存活。事实上，手工艺从一个国家传到另一个国家，往往可以追溯到工匠团体的迁徙，如同路易十四废除南特敕令*而把胡格诺派的工匠团体赶出法国一样。此外，当**科学中可以明确说明的(articulate)内容**在全世界数百所新的大学里被成功地传授时，**科学研究中的不可明确说明的(unspecifiable)技艺**却并未流传到很多这些大学中。科学方法最初起源于400年前的欧洲地区，虽然这些地区是贫困的，但如今它们的科学成果依然比一些海外地区在科学研究上更为多产，尽管这些海外地区在科学研究上投入了更多的金钱。如果没有机会让年轻的科学家们在欧洲当学徒，也没有欧洲科学家移居到那些新兴国家，海外的研究中心几乎不可能取得任何进展。

由此可见，一种技艺如果被一代人所废弃，就会全部失传。有成百上千个这样的例子，而且机械化的工业进程正在不断地增加新的例子。这些技艺的失传通常是无法挽救的。看着人们付出不懈努力，去用显微镜学和化学、用数学和电子学来仿制二百多年前那位半文盲的斯特拉迪瓦里(Stradivarius)作为日常工作而制作出来的那种小提琴，这真让人唏嘘。

通过范例来学习就是服从权威。你服从于师傅是因为你信任师傅的行为方式，尽管你无法详细分析和解释该行为的有效性。在师傅的示范下，学徒可以通过观察和模仿，而不知不觉地学会了那种技艺的规则，包括那些连师傅自己也不是很清楚的规则。一个人如果要吸收这些隐藏的规则，那么他必须不加批判地去模仿他人。一个社会想要把个人知识的储备保存下去就必须服从传统。

实际上，在某种程度上，由于我们的智力达不到精确形式化的理想，我们的行动和观察都是基于不可明确说明的知识，我们必须承认：我们接受我们的个人评价行为之裁决，不管这种裁决是凭自己的判断而直接作出，还是通过服从(作为传统之载体的)个人示范之权威而间接作出。

---

* 南特敕令(Édit de Nantes)，又称南特诏令、南特诏书、南特诏谕，法国国王亨利四世在1598年签署颁布的一条敕令。这条敕令承认法国国内胡格诺教徒的信仰自由，但是，亨利四世之孙路易十四在1685年颁布《枫丹白露敕令》，宣布基督新教为非法，由此废除了南特敕令。——译者注

在这里，不可能对传统主义这一主题进行详细论述，但传统程序的一些特殊性对理解个人知识具有直接的意义。这些特殊性可以从普通 54
法(Common Law)*的运用中找到，而普通法是最重要的、严格推理的传统活动之体系。普通法是以判例或先例为基础的。今天，在判决一个案件时，法庭将以过去其他法庭处理类似案件的范例为基础而作出判决，因为在这些诉讼中，能够看到法律规则的具体体现。这一程序承认所有传统主义的原则，即实践智慧更真实地体现在行动中，而不是体现在行动规则中。相应地，普通法也考虑到了法官错误地解释自己行为的可能性。有时以“附带意见之声明”(doctrine of the dictum)**为名的司法准则规定：判例由法庭的判决构成，与作出这一判决的法官在任何**附带意见**(*obiter dicta*)中所暗示的对此案的解释无关。法官的行为被认为比他说他正在做什么更为真实。[6]

在17世纪和18世纪，英国的公共生活发展出一种政治技艺和政治学说。这种体现了公共自由之行使的技艺自然是不能被明确说明的，政治自由的学说是这门技艺之准则，只有精通这门技艺的人才能正确理解。但是，政治自由的学说在18世纪时却由英国传到了法国，然后传遍全世界，由于技艺只能通过传统而传播，因此行使公共自由的不可明确说明的技艺没有随之传播。如果不明白该学说在实践中的应用，那么该学说是无意义的，因此当法国革命者按照这种学说行动时，伯克(Burke)以一种传统主义的自由社会观来反对他们。

第四节　行家技能

上面关于技能所作的论述也同样适用于行家技能(connoisseurship)。

---

* 普通法系里的普通法，指发源于英格兰，由拥有高级裁判权的王室法院依据古老的地方习惯或是理性、自然公正、常理、公共政策等原则，通过“遵循先例”的司法原则，在不同时期判例的基础上发展起来、具备司法连贯性特征并在一定的司法共同体内普遍适用的各种原则、规则的总称。——译者注

** 指在判例后面附上法官的个人意见。——译者注

医疗诊治师的技能既是实践的技艺，又是认知的技艺。测试和品尝的技能与更积极的肌肉技能是连续的，如游泳或骑自行车。

像技能一样，行家技能也只能通过示范而不能通过准则来传达。要成为一名专业品酒师，要获得无数种茶叶调制之知识，或者要把自己培养成医疗诊治师，就必须在师傅的指导下经过漫长的实践。除非医生能识别某些症状，如肺动脉的第二心音，否则他阅读关于这一症状的描述就没有任何用处。他必须亲身知道这一症状。他只有通过反复地
55 对被权威断定有此症状和被权威断定无此症状的病例同时进行听诊，直到他能够完全区分出这两者之间的不同，并能在实践中令专家满意地展示他的知识，他才能掌握这种知识。

无论在什么地方，只要发现行家技能在科学或技术中起作用，我们都可以假设它存在的原因只是因为它不可能被一个可测量的分级系统所取代。测量的优点是具有更大的客观性，这可以通过以下事实来说明：世界各地不同的观察者所掌握的测量结果是一致的，但在面相学之鉴别中却很难实现这种客观性。[7]化学、生物学和医学学生在实践课程中花费的大量时间表明，这些学科是多么依赖于师傅把行家技能传授给学徒。这也令人印象深刻地证明了：在科学的核心处，认知的技艺在什么程度上依然是不能被明确说明的。

第五节　两 种 意 识

我关于技能的不可明确说明性所讲的内容与格式塔心理学的发现密切相关。然而，我对这些主题的评价却与格式塔理论对它的评价有很大不同，所以我宁愿在这里不提及格式塔理论，尽管我将继续利用该理论的资源，继续按照与该学说相似的方式提出某些观点。当我们分析下述经常被谈到的例子，即使用某个工具(例如锤子)敲击钉子时，我们要记住这一点。

当我们用锤子敲击钉子时，我们会同时注意钉子和锤子，但**方式不同**。我们**看着**敲打钉子所产生的效果，并尝试用锤子最有效地敲打钉子。当我们往下挥锤子时，我们并不觉得锤柄击打着我们的手掌，而是觉得锤头击中了钉子。然而，在某种意义上，我们对握锤子的手掌和手指的感觉是非常警觉的。这些感觉引导我们有效地操控锤子，但是，虽然我们对钉子的关注程度与对这些感觉的关注程度相同，而关注的方式却不一样。其不同之处在于：感觉不像钉子那样是我们关注的目标，而是关注的工具。感觉本身不是被“看着”的，我们看着别的东西，而对感觉保持着密切的觉察（aware）。我对手掌的感觉有一种附属意识（subsidiary awareness），这种意识融入我对敲击钉子的焦点意识（focal awareness）之中。

我们可能会想到用探测器代替锤子，用来探索隐藏洞穴的内部空间。想想盲人如何用拐杖探路吧，盲人探路时把传递到他拿着拐杖的 56
手和肌肉上的冲击，转换为他对拐杖尖端所接触到的东西的意识。在这里，我们就有了从“知道**如何**（knowing how）”到“知道**什么**（knowing what）”的转变，并且可以看到两者的结构有多相似。

附属意识和焦点意识是互相排斥的。如果一位钢琴家把自己的注意力从他正在弹奏的曲子转移到观察当弹奏时他的手指在做什么，他会感到困惑，可能不得不停止弹奏。[8]如果我们把焦点注意力转移到原先只是附属觉察到的细节上，这种情况通常就会发生。

由于焦点注意力被引向动作的附属要素而导致笨拙状态，通常被称为自我意识。自我意识的一个严重且有时是难以矫治的形式是“怯场”，其原因似乎是一个人急于把注意力集中在他要找到或想起的下一个单词、音符或手势上。这会破坏一个人的现场感或临场感，而现场感才能顺利地唤起正确的单词、音符或手势之序列。如果我们能成功地让自己的心灵向前推进，使它清晰地掌控我们主要关注的整个活动，那么就消除了怯场，恢复了流畅性。

在这里，技能的细节似乎又是不可明确说明的，但这一次并不是指我们对这些细节一无所知。因为在这种情况下，我们可以很好地确定我们行为的细节，它的不可明确说明性在于：如果我们把注意力集中于这些细节之上，我们的行为就会崩溃。我们可以把这种表现描述为**逻辑上不可明确说明**，因为我们可以表明，在某种意义上，对这些细节所作的详细说明会在逻辑上和该行为或场合所暗含的东西相冲突。

举个例子，把一个事物识别为工具。这意味着通过把这个事物看作实现目标之工具，从而实现这个目标。如果我不知道它是用来做什么的，或者如果我知道它设定的目标，但我却相信它对于那一目标是无用的，那么我就不能把它当作一种工具。让我用 p 来表示在把一个东西定义为工具这一过程中所隐含的肯定。如果我知道或者至少假设性地承认 p，那么这件事物对于我来说就是一个工具，否则，它就是其他东西。它可能是一个动物，就像爱丽斯*的行走的槌球锤，因为它是只火烈鸟。但是在大多数情况下，如果我遇到一个我不知道其用途的工具，它只会让我觉得它是一个形状奇特的物体。我这样看待它暗示着我不相信甚至在假设上都不承认 p，这当然也就否定了我相信或至少在假设上承认了 p。并且，由于 p 断言了某种很不寻常的东西，因此我不相信 p 实际上就等同于我断言了非 p。

把这一思路进行延伸，我们可以把它应用到格式塔心理学的经典主
57 题上，即一个图案或一首曲子的细节必须被整体理解，因为如果你单独观察这些细节，它们就不会形成图案或曲子。有人可能会说，我对图案或曲子的整体关注，就暗示着它被评价为图案或曲子，而如果我把焦点注意力转移到曲子的单个音符或图案的单个片段上，就会产生冲突。但是，也许从更一般的意义上来阐述此例中的矛盾会更为恰当，即我们的注意力一次只能保持在一个焦点上，因此对相同细节同时具有附属意识和焦点意识，这会导致冲突。

---

* 爱丽丝(Alice)，是 19 世纪英国作家兼牛津大学数学教师刘易斯·卡罗尔(Lewis Carroll)所著的著名儿童文学作品《爱丽丝梦游仙境》和《爱丽丝镜中奇遇记》中的主角。——译者注

从**意义**上来阐述，我们很容易对这一方案进行重新阐述和扩展。如果我们怀疑工具的有用性，那么它作为工具的意义就不复存在了。如果我们看不到由细节共同构成的图案，它的所有细节就变得毫无意义。

最丰富的意义载体当然是语言的词汇了。有趣的是，当我们在讲话或写作中使用词汇时，我们只是以附属的方式意识到它们。这一事实通常被描述为语言的**透明性**，可以用我自己经历的一段家常插曲来说明。以各种语言写给我的信都是在早餐时送到我的餐桌，但我的儿子只懂英语。刚读完一封信后，我可能想把它递给我儿子，但需要反省一下，再看看信是用什么语言写的。我清楚地知道这封信传达的意义，但关于信的词汇却一无所知。我刚密切关注过这些词汇，但只是为了弄清它们的意义，而不是为了知道它们是什么词语。如果我对信的理解受到阻碍，或者信的措辞或拼写有问题，这些词汇才会引起我的注意。它们就会变得不那么透明，并使我的思维不能顺畅地从这些词汇转到它们所表达的意义上。

第六节　整体和意义

格式塔心理学描述了将一个物体转化为工具的过程以及伴随的感觉转移，例如从手掌上转到拐杖的尖端，作为部分融入整体的例子。我曾以稍微修改过的方式来讨论了相同的基本观点，以便揭示出这种逻辑框架，在此框架之中，一个人通过有意识地把自己对某些细节的意识融入对整体的焦点意识中去，从而让自己寄托于某些信念和理解。这种逻辑结构在视觉和听觉整体的自动感知中并不明显，格式塔心理学正是基于这种整体而得出普遍流行的一般结论。

但是，现在从部分和整体的角度来重构我们的分析是很有启发性的。在关注一个整体时，我们也附属地意识到它的各个部分，而这两种意识的强度是没有区别的。例如，我们越是仔细地观察一个人的外

58 貌，我们就越能敏锐地注意到它的细节。同样，当某个事物被看作一个整体的附属部分时，这就意味着它起到了维持整体的作用。现在，我们可以把它的这一功能看作它在整体中的**意义**。

事实上，我们现在看到了两种整体和两种意义。意义的最为明显的例子是一个事物（如一个词）表示另一个事物（如一个物体）。在这种情况下，相应的整体可能并不明显，但我们可以合法地按照托尔曼(Tolman)的方法把符号和物体合并为一个整体。[9]其他类型的事物，如外貌、曲子或图案，都是明显的整体，但它们的意义却有些问题，因为尽管它们显然不是毫无意义的，但它们的意义只在于它们本身。两种意识之间的区别使我们很容易认识到这两种整体和两种意义。记住棍子的各种用途，可以被用来指向、探路或打人，我们可以很容易看到，在特定场合发挥有效作用的任何事物，都在那一场合中具有意义，而这种场合本身也被评价为是有意义的。我们可以把某一场境本身所具有的意义描述为**存在性**(existential)意义，以此来区别于**指称性**(denotative)意义或更一般的**表征性**(representative)意义。于是，纯粹数学具有存在性意义，而物理学中的数学理论却具有指称性意义。音乐的意义主要是存在性的，肖像的意义或多或少是表征性的，等等。各种秩序，无论是人为的或是自然的，都具有存在性意义，但人为的秩序通常还传递出某种信息。

第七节　工具和框架*

接下来，我将努力扩大附属意识与焦点意识之间的区别，并把这种区别与另一种众所周知且普遍接受的区别同等对待，即我们感觉到自己身体的各个部分与身体外部的事物之间的区别。我们通常想当然地假定，我们自己的手和脚都是身体的一部分而不是外部事物，并且只有当

* 本节的标题虽然是“工具和框架”，但实际上波兰尼在本节中只论述了工具，而在下一节才论述框架。——译者注

它们碰巧受到疾病困扰时，我们才对这种假设有更深刻的认识。有些精神病患者却感觉不到他自己身体的一部分属于自己。他们拥有身体两侧肢体所传递给他们的所有正常感觉，但是却不把产生这些感觉信息的肢体等同于他们自身；他们觉得某些肢体如右臂或右腿是外部物体。当他们走出浴缸时，可能会忘记擦干这些不被接受的肢体。[10]

与我们自己身体的某些部分相比，我们对身体外部物体之外在性的 59
评判，是基于对我们身体内部过程的附属意识。只有当我们能有意识地观察到一个外部物体，并能在外部空间中把它清晰定位时，才能确切地定义其外在性。但是，当我看某物时，我对其空间位置的确定依赖于投射在双眼视网膜上的两个图像之间的细微差别，依赖于眼睛的调节，依赖于这两个图像的轴心会聚以及控制眼球运动的肌肉收缩之努力，辅以从迷路中接收到的脉冲，这一切都随着我的头部空间位置的变化而变化。对于所有这一切，我只能从我所观察的物体的定位来意识到；在这个意义上，我可以说是附属地意识到了它们。

现在，我们对工具和拐杖的附属意识等同于使它们成为我们身体之构成部分。事实上，我们使用锤子和盲人使用拐杖的方式都表明，在这两种情况下，都是把我们与(被我们视为是)外部物体之间的接触点向外延伸。当我们依赖于一个工具或拐杖时，它们不会被当作外部对象来处理。例如，在探明洞穴中的隐藏细节时，我们可以测试工具的有效性或检查拐杖的适用性，但工具和拐杖绝不是处于这些操作的范围中；它们必然留我们这一边，构成我们自己即操作主体的一部分。我们把自己倾注到它们之中，把它们吸收为我们自己存在的一部分。我们寄居于它们，从而在存在上接受了它们。

第八节　寄　托

在这里，我们面对的是一个普遍的原则，通过这个原则，我们得以在自己心中坚守某些信念。锤子和拐杖可以被理智工具(intellectual tools)所取代。我们来考察一下任何解释框架，特别是精确科学的形式主义的解释框架。我说的不是教科书上的具体断言，而是隐藏在获得这些断言之方法背后的种种假设。我们通过学会使用某种语言来谈论事物，从而采纳了这些预设中的大多数，在该语言中各种物体都有其名称，物体凭借这些名称而分门别类，区分出过去的与现在的、有生命的与死亡的、健康的与生病的以及成千上万的其他区别。我们的语言包含着数字和几何元素，并以这样的方式指涉自然规律，由此，我们可以在科学观察和实验中追寻自然规律的根源。

奇怪的是，我们并不清楚我们的预设是什么，当我们试图阐明它们时，它们看起来很不可信。在关于概率的那一章中，我已经说明了有
60 关科学方法的所有陈述是多么的含糊不清和想当然。现在我要指出，那些假定的科学预设是完全无效的，因为我们的科学信念的真正基础根本不能被断言。当我们接受一组预设并把它们用作我们的解释框架时，我们可以被认为是寄居在它们之中，如同我们寄居在自己的身体中一样。我们暂时把它们毫无批判地加以接受，是因为我们吸纳并且内化了它们。它们不是被断言的，也不可能被断言，因为断言只能在一个框架**内部**作出，并且我们认为自身与该框架暂时是同一的。因为那些预设本身就是我们的终极框架，所以它们本质上是不可明确说明的。[11]

正是由于对科学框架的吸纳，科学家才使经验变得有意义。这种把经验变得有意义的方式是一项技能行为，给所获得的知识打上了科学家个人参与的印记。它包括科学家正确检验科学预测的观测技能，或正确进行科学分类的观察技能。它还包括鉴赏力，科学家通过这种鉴赏力来理解抽象的数学理论——比如 1912 年以前的空间群理论，并同样理解数学理论如何运用于观察样本的评价，正如 1912 年发现晶体对 X 射线的衍射以来，空间群理论就一直被运用于样本的评价。

对个人知识进行追根溯源，看到它来源于我们身体的附属意识，并且分析它如何融入我们对外部物体的焦点意识之中，这不仅揭示了个人

知识的逻辑结构，而且揭示了它的动态来源。我以前分析过把物体当作工具的行为中所隐含的信念。通过把一个外部事物变为自己身体的延伸，从而赋予这个外部事物以意义，我已经对这个过程形成了一个新方案，在这一方案中，这些信念被转化成我们更能动的意图。在这个意义上，我应该说，物体是被一种目的性努力转化为工具的，这种目的性努力设想了一个“操作场”*，我们的努力所引导的物体通过“操作场”而成为我们身体之延伸并发挥作用。我为了某个目的而依靠它，从而使它成为工具，尽管它可能无法实现这个目的。为了对一个人实施魔法而把他的指甲成对烧掉，这是把假定手段与假定目的错误结合起来所产生的工具性行动。同样，说出一个魔法公式、念出一个咒语或给予一个祝福，都是说话者相信其效力并倾注意义的言语行动。相反，目的虽然实现了，但所用的手段并不是想要实现这个目的，那么这些手段就没有工具性。一只老鼠不小心踩下一根杠杆而得到少量食物，它就不会把杠杆当作工具。只有当老鼠学会了用杠杆来实现这一目标时，杠杆才成为它的工具。拜滕迪克(Buytendijk)曾描述了(在他之前也有一些人比较简单地描述过)一只老鼠学会穿越迷宫后它在行为上的根本变化。[12]老鼠在行进中不再探索迷宫中墙壁和角落的细节，而 61
仅仅把它们当作路标。老鼠似乎对这些细节失去了焦点意识而形成了附属意识，作为它实现其目标的手段。

我说过，一个事物可以融入一个整体(或一个格式塔)中，并被赋予一个附属功能和一个意义——与我们集中注意力所关注的事物相关，而工具只是这样的一个例子。我把这种结构分析加以普遍化，使它包含了以下内容：把符号当作后续事件的指示，并确定符号来表示它们所指涉的事物。我们也可以把刚才关于工具的论述应用于这些情况。像工具一样，符号或代号可以被设想为：仅仅存在于那些**依靠它们**实现或者

* 波兰尼在本书最后一章借用生物学中的“生物场”概念，来提出“探索场”“努力场”等概念。这里所提到的“操作场”也类似，指操作发生于其中的场域。——译者注

指代某个事物的人的眼中。**这种依靠是一种个人寄托，它被包含在所有我们把某些事物附属地整合到我们的关注焦点中的理智活动中。**通过附属地意识到一个事物，我们让它成为我们自己的延伸，从而吸纳了它；每一项这样的个人活动都是我们自己的一种寄托；一种处理我们自身的方式。

目的和寄托的情境内在于认知者对其知识的个人贡献之中，但是，正如我们所发现的那样，它们缺乏动态性。我们把自身倾注到经验提供的细节之中，以便为了某种目的或在其他相同语境中理解它们，这并不是轻易就能实现的。看看我们是如何学会使用工具或拐杖的。作为视力正常的人，如果我们被蒙上眼睛，我们不会像盲人那样熟练地用拐杖探路，盲人已经为此练习很长时间。我们可以感觉到拐杖不时地碰到一些东西，但是我们却不能将这些事件联系起来。只有通过理性层面的努力，对拐杖碰到的东西形成一种融贯的感觉，我们才能学会这种本领。然后，我们逐渐不再感觉到手指的这一系列颤动——就像我们在第一次的笨拙尝试中依然感觉到的那样——而是把这些颤动经验为出现在我们的拐杖末端的具有特定硬度、形状和处于一定距离之外的障碍物。我们可以更一般地说，通过努力地关注于自己选定的操作层面，我可以成功地吸纳这个情境中的所有要素——如果不能这样的话，我只能意识到这些要素本身；这使得我现在能够从使用这些要素而得到的操作结果中附属意识到这些要素。

当我们根据拐杖触碰到的物体来重新解释手指的颤动时，我们是在无意识地解释这些颤动。另外，在实践中，当我们学习如何处理锤子、网球拍或汽车时，在我们努力掌握该技能的过程中，我们意识不到
62 我们用以获得这种结果的动作。这种处于无意识状态的过程，会让我们在操作层面上获得对该经验的新的意识。因此，如果把这种情况描述成仅仅是重复所导致的结果，那就是误导性的；这是一种结构上的改变，是心灵的不断努力所造就的，即努力去让某些事物和动作工具化以便实现某个目标。

第九节　不可明确说明性

现在，我们可以回答关于不可明确说明性（unspecifiability）的问题，并以此来开始关于技能的考察。一组处于我们的附属意识中的细节如果完全从我们的意识中消失，我们可能最终会完全忘记它们，并无法回忆。在这种意义上，它们是不可明确说明的。但这似乎只是不可明确说明性的一个次要原因，而其根本原因却可以用一个有些不同但却紧密联系的过程来解释。

心灵的努力具有探索式的效果：它倾向于把情境中任何可用的、有助于实现其目标的要素整合起来。科勒（Köhler）用猿猴努力把一个物体用作工具的事例来描述了这一点。他说，那只猿的洞察力重新组织了它的视野，使有用的物体在它的眼前作为工具而出现。我们可以补充：这种情况不仅适用于被用作工具的物体，而且适用于行为者的服务于这一目标的肌肉动作。根据这些动所促成的成就，如果它们只是附属地被经验到的，那么，实现目标的过程就会从这些动作中挑选出行为者认为是有用的动作，而忽略那些只有当单独考虑它们时才会显现的动作。这就是通常的无意识的尝试与出错之过程，由此我们**摸索着**通向成功之路，也许还不断地促进我们的成功，但又不能确切地知道我们是如何做到的，因为我们从未遇到可以分门别类加以描述的、可以鉴定为“成功之因”的东西。正如你发现了游泳的方法，但又不知它靠的是以特定方式调节你的呼吸；这也是你发现骑车的原理，而不知道它靠的是调节瞬间的方向和速度从而不断抵消你的瞬间偶然失衡。因此，在实践中，人们发现了大量的无意识掌握的技艺和行家技能之规则，这些规则包括一些很难被完全阐明的重要技术过程，甚至只有经过广泛的科学研究才能得到阐明。

我们这样摸索前进的过程的不可明确说明性，说明人类拥有一个巨大的精神领域，不仅是知识之领域，而且是礼仪、法律和许多不同技艺之领域，人类知道如何使用、遵守、享受它们，或依靠它们来生存，但
63 又不能明确知道它们的内容。在这个领域迈出的每一步都来自一种努力，这种努力超越了作出这种努力的某个人当时所确定具有的能力，直到他后来实现并维持了他的成功。它所依赖的是一种探索行为，这种行为最初未被探索者所理解，并且从那时起他也一直只是附属地意识到它是复杂成就的一部分。

个人知识的所有这些奇怪的性质和含义，都可以追溯到我之前所描述的逻辑上的不可区分性；也就是说，由于我们把注意力转移到整体的各个部分而导致的混乱效果。我们现在也可以从动态的角度来理解这种效果。

根据特定部分对合理结果作出的贡献，我们一开始就对这些部分进行了控制，而它们从未被我们所认识，它们本身也更不是我们想要追寻的目标。因此，要把一个有意义的整体转化为其构成要素之术语，就是把它转化为无目的或无意义的术语。这种拆分留给我们的就是纯净的、相对客观的事实，这些事实曾经构成伴随发生的个人事实之线索。这是用隐含的、相对客观的知识对个人知识所作的破坏性分析。

我已经把我们为了获得认知技艺而做的努力，描述为吸收某些细节以作为我们身体的延伸，以便它们通过融入我们的附属意识，而形成一个融贯的焦点实体。这是一种行动，但它始终具有被动性。如果我们相信一个物体对我们的目的实际上是有用的，我们就可以把它吸收成为工具，这同样适用于意义与它所指的东西的关系，以及部分与整体的关系。个人的认知行为之所以能维持这些关系，仅仅是因为行为者相信它们是恰当的：**他不是创造了它们，而是发现了它们。**就这样，认知的努力就由追求真理的义务感所引导：由服从实在世界的努力所引导。

另外，由于个人认知的每一个行为都要评价某些细节的融贯性，这也意味着服从某种连贯性标准。当运动员或舞者展示出他们最好的一面时，他们也是自己表演的评论家，而鉴赏家或行家也被认为是范例之

杰出性的评论家。所有的个人认知行为都以自定的标准来评价它所认知的东西。

第十节　总　　结

我来总结一下我目前的观点。我从精确科学开始，把它们定义为一种与经验有关的数学形式主义。在科学家建立与经验的这种联系时，似乎出现了科学家的个人参与。这在经典力学中是最不明显的，所以，我承认物理学这一部分是最接近于完全中立的自然科学。事实上，物理命题确实能得到如此系统的阐述以致可以被经验所严格证伪。 64
我接下来举了两组例子，表明精确科学中更广泛的、不可能被忽视的个人参与。第一组例子包括关于科学中的概率知识，特别是关于我们在认为事实之明显的意义模式由于偶然性而发生时，所涉及的巧合程度的知识。第二组例子说明了精确科学中对有序模式的评价，并表明尽管有序性之标准虽然与经验有联系，但不可能在可设想的范围内被经验所证伪。相反，正如在概率陈述中那样，这些标准可以评价任何相关的经验样本。

经验当然可以提供线索，来证实或证伪概率陈述或秩序标准，并且，这种效用很重要，但是其重要性也就和一部小说的主题是否属实对于其可接受性来说所具有的重要性差不多。然而，科学中的个人知识不是被创造出来的，而是被发现的，因此，它声称超越了它所依赖的线索而建立起与实在世界的联系。它使我们充满激情，又远远超越我们的理解力，而使我们寄托于实在世界之图景。我们不能通过建立可验证性、可证伪性、可测试性或其他什么客观标准，来推卸这一责任，因为我们生活于其中，就像生活于我们自己的“皮肤”中一样。就像爱一样，这种寄托就像一件“火焰外衣”，燃烧着激情之火；也像爱一样，它充满着对于普遍性要求的奉献。这就是我在第一章所阐述的科学客观性的真正含义。我称之为“自然之合理性的发现”，这个词语的意思是说，发现者宣称在自然中发现的那种秩序远远超越了他的理解范围；因此，他的胜利恰恰在于他预见了一系列依然隐藏着的含义，这些含义只有在以后才能向其他人揭示出来。

我的论证显然已经超出了那一阶段，而进入了远远超越精确科学范畴的领域。在本章中，我追寻了个人知识的根源，找到了隐藏在科学的形式主义操作背后的最原始的形式。我撕下了遮盖在图表、方程式和计算上面的伪装，努力揭示理智的不可明确说明性——我们以纯粹的个人方式来认知事物。我分析了技能活动和技巧性的认知技艺。这些技艺的实践应用指导并认可科学公式的应用，而且，这些技艺并不需要借助形式主义，就塑造了我们对构成世界的大多数事物的基本观点，并流传深远。

在这里，在技能的运用和行家技能的实践中，认知的技艺被视为涉及对于存在物的目的性改变：把我们自己倾注到对细节的附属意识之中。在技能的实践中，这些细节是实现目标的工具；在运用行家技能的过程中，这些细节是观察到的综合整体的构成要素。技艺高超的实施者被认为是在给自己设定标准，并用这些标准评判自己；行家则被认
65 为是在按照自己设定的卓越性标准来评价综合实体。一个情境中的各种要素，例如锤子、拐杖和说出来的词语等，全都指向其自身以外，并在这一情境中被赋予意义。另一方面，一个综合性的情境本身，例如舞蹈、数学、音乐，都具有内在的或存在性的意义。

由此，行动和认知的技艺、意义的评价和理解，都只被视为某种行为的不同方面，这种行为把我们的个人延伸到对构成整体之细节的附属意识之中。个人认知这一基本行为的内在结构，使我们既必然参与其本身的形成，又以普遍的意图承认它的结果。这就是理智寄托的原型。

正是这种全身心投入的行为，使个人知识不再仅仅是主观的。理智上的寄托是一种负责任的决定，它服从于我问心无愧地认为是真实的

东西的迫切要求；它是一种希望的行为，它努力在个人情境中履行其职责，在我不能承担责任时决定了我的使命。这种希望和这种职责在个人知识的普遍性意图里得到了表达。至于这种说法为什么是真实的，其答案将随着进一步的研究而变得更明确，并将在本书第三编结束时加以总结。

注 释：

1. 巴伦和霍罗，《感官心理学的影响》，66(1935)，第23页。巴伦博士对这个观点的重新论述将会发表在《美国声学学会会刊》上。我已看过该初稿，其中提到O.R.奥特曼(《钢琴触键及发声的物理基础》，1925)已经预先提出了巴伦和霍罗的结论。

2. 哈利·威廉斯：《医生们的分歧》，伦敦，1946年，第51—60页。《柳叶刀》杂志的创建人托马斯·威克利进行了一系列测试，来反驳埃里奥森的理论，试图使埃里奥森变得可笑且令人怀疑。但是，这些测试实际上却令人印象深刻地证实了催眠暗示。

3. 出处同上，第76页。

4. “棉纺工业研究的性质、范围与困难”，W.劳伦斯·鲍尔斯，提交给苏黎世第十届国际棉花大会，1920年6月9—11日。

5. 托伊博士在1951年3月13日给我的一封信中写道：“毫无疑问，在我们的早期，我们最重要的工作是发现工业中使用的技术过程的科学基础，而不是在那个时候试图通过特别的方法改进它们。”

6. 阿瑟·古德哈特在《法理学与习惯法论文集》(剑桥，1931年，第25页)中写道，“判例的原则不能在观点所给出的理由中找到，并且原则也不能在观点所规定的法规中找到。”T.B.史密斯在《苏格兰法律中司法判决的原理》(爱丁堡，1952年)中指出，这一学说同样不适用于苏格兰。

7. 关于棉花分类过程中的行家技能和按测量来分类这两种做法之间的竞争关系之说明，参见M.波兰尼：《技艺与行家技能》，载《方法论会议记录》，都灵，1952年，第381—395页。

8. 比较一下，例如亨利·沃伦的论述，《行为的思想》，巴黎，1942年，第223页。

9. 我指的是托尔曼在他的《动物与人的意图行为》(纽约，1932年)中论述的符号格式塔理论。

10. W.拉塞尔·布莱恩：《心智、感知与科学》，牛津，1951年，第35页。关于“非人格化”的其他观点，参见亨德森与吉列斯匹：《精神病学教科书》，牛津医学出版社，第7版，1951年，第127页。

11. 关于科学前提的话题，我将在本书第2编第6章第6节(第160—171页)进行详细论述。

12. F.J.J.拜滕迪克：《老鼠在野外的目标导向行为》，《荷兰生理学年鉴》，15(1930年)，第405页。

第二编　隐默的成分*

* Tacit，旧版翻译为“默会的”，有的学者翻译为“意会的”、“缄默的”和“隐性的”，根据波兰尼的意思，tacit 这个词对以上意思兼而有之。“默会”强调个人知识中某些因素的缄默性和领会性；“意会”强调这些因素的难以言说而只能暗中领会；“缄默”强调这些因素的难以言说，而只能保持沉默；“隐性”强调这些因素的隐藏性，并和显性的、可以用公开的语言符号表示的知识相对应。

本版把“tacit”译为“隐默的”，从而把缄默和隐性两个意思统一起来，这个词来自古代汉语。并且，本版把书中出现的“mute”主要译为“缄默的”或“静默的”，把“latent”主要译为“隐性的”，把“implicit”主要译为“隐含的”，把“ineffable”主要译为“不可言说的”或“不可言传的”，把“unspecified”主要译为“不能明确说明的”，把“inarticulate”译为“不可言语表达的”。为了翻译的流畅性，个别情况下会随语境而采取相似的其他翻译。

以上这些概念都是相互贯通的，都是表示某些认知不能被我们利用语言或符号来明确表达，故而是缄默和隐性的；如果稍加引申，这些认知由于不能被言传，所以只能被意会；但需要指出的，波兰尼所认为的知识的 tacit 成分，不仅包括难以言传的心灵层面的理解（即意会），还包括动物层面的一些原始认知能力，而“意会”这个概念并不能准确地表达这个意思。——译者注

第五章

言　　语 69

第一节　引　　言

一只名叫瓜(GUA)的黑猩猩于 1930 年 11 月 15 日出生在古巴的一个笼子里。当她七个半月大的时候，被印第安纳州布鲁明顿的凯洛格(Kellog)夫妇收养，成了他们刚满五个月的婴儿唐纳德的伙伴。[1] 在接下来的九个月内，这两个婴儿都以完全相同的方式来抚养长大，他们的发育情况也通过相同的测试被记录下来。通过一个图表对他们成功通过的智力测试的数量进行比较，表明他们在发育过程中有着惊人的相似性。虽然孩子年纪稍小一些，但很快就超过了黑猩猩并始终保持了这一优势。但与孩子的后来才更为明显的未来智力优势相比，这一优势是微不足道的。在 15 个月到 18 个月大的时候，黑猩猩的智力发育已接近尾声，而孩子的智力发育才刚刚开始。通过对与之交谈的人作出回应，孩子很快就开始理解言谈(speech)并自己说话。就凭超过黑猩猩的这唯一的一点开窍，孩子获得了持续思维的能力并继承其祖辈们的整个文化遗产。

把动物和婴儿智力上的小成就与科学思维的成就区分开来的鸿沟是

巨大的。然而，有些矛盾的是，与动物相比，人类的巨大优势是由于人类原始的、非言语性(inarticulate)的功能中的一个几乎难以觉察的优
70 势。[2]这种情况可以被概括为三点：(1)人类的智力优势几乎完全来自语言(language)的运用，但是(2)人类的言语天赋本身却不可能归因于语言的应用，而必须归因于前语言的优势。然而(3)如果把语言线索排除在外，人在解决动物所面对的问题时也只比动物稍好一点而已。由此可见，这些非言语性的功能或潜能本身几乎是不可觉察的，但就是凭着这点，人类超越了动物，并且通过言语而成了人类整个智力优势的原因。相应地，我们在解释人类习得语言的原因时，应该承认人类具有与我们已经在动物身上观察到的那种非言语能力。

通过获得思维的形式工具，从而获得心灵力量的巨大增加，这也与本书第一部分收集到的事实形成参照，这些事实表明，认知主体通过一种本质上是非言语性的技艺而深入参与了认知行为。语言形式的智力的两个互相冲突的方面可以通过以下两种假定而得到调和：言语表达总是不完全的；我们的言语(articulate)行为永远不能完全取代，而是必须继续依赖我们曾经与我们同样年龄的黑猩猩共同享有的那种缄默(mute)的智力行为。

诚然，我之前考察过的科学家的认知技艺，比小孩或动物的认知水平更高，只能与作为正规学科的科学知识一起习得。儿童在继续接受正规教育的过程中，也同样获得了其他高阶的智力技能；事实上，我们的这种静默的能力在我们行使言语表达能力的过程中不断增长。我们的正规教育在一个言语性的文化框架内运作，并在我们内心中唤起一套复杂的情感反应。通过这些情感的力量，我们吸收了并维护着这一框架，把它视为我们的文化。但是，要通过婴儿与黑猩猩之间的比较，去解释人类巨大的智力优势，还要走很长的路。

在我们转向我们的主要任务，即探索言语式智力与非言语式智力之间的关系之前，我们可以利用目前的有利条件，向着当下已经初现端倪的最终探索目标前进。[3]正如它看起来的那样，如果我们的所有言语的

意义在很大程度上是由我们的技能活动——即认知活动——所决定的话，那么，承认我们自己的任何言语是真实的，就包含着我们对自身技能的认可。因此，在这个意义上，对任何事情的肯定就意味着对我们 71
自身认知技艺的评价，并且真理的确立，在本质上依赖于我们自身的一套个人评价标准，但这套标准却不能被形式化地界定。如果在任何地方都是非言语性的东西有最终决定权，未说出的东西是决定性的，那么不可避免的是，我们必须相应地降低言语性真理自身的地位。非个人化的客观真理之理想必须被重新阐释，以便解释宣布真理的行为中所内在的个人性。在这一方面，我们希望获得心灵可接受的平衡，这将引导着本书第二编和第三编的后续探究。

第二节　非言语式的智力

要系统地开始这一任务，我们先回到对动物和儿童智力的非言语性表现的分析。现在我暂时接受以下假定：有机体的自动机能，包括其本能行为，与并不专属于动物自然习性的高级行为之间通常存在着明显区别。这种行为被称为学习，这一术语包括解决问题的行为。学习被视为智力的标志，与之形成对比的是内部器官的机能或本能行为，后者将被归类为亚智能(sub-intelligent)。[4]

各种学习方式很容易分为三类，其中两类更原始，它们分别植根于动物的**运动性**(motility)和**感知性**(sentience)，第三类则以**智力的隐含**(implicit)**运作**方式处理动物生活中的前两种机能。这种分类以希尔加德(E.R. Hilgard)(《学习的理论》，1948年，第2版，1956年)为依据，在某种程度上也以莫勒(O.H. Mowrer)(《学习理论与人格动力学》，1950年)的方法为依据，而两者又在很大程度上受到托尔曼(E.C. Tolman)(《动物与人的目的行为》，1932年)的指导。但是，我的描述与这些作者的描述有着如此大的差别，以至于要说我从他们那里有什么获益的话，那也只是在这里对他们的观点进行了某种概括。

A类，技巧学习(Trick Learning)。运动技能的学习(motoric learning)的最好示范是斯金纳(B.F. Skinner)所作的。[5]他把一只饥饿的老鼠放在一个装有杠杆的盒子里，按下杠杆就会释放出一粒食物。老鼠会先在盒子里四处走动，对任何与众不同的物体都嗅一嗅和抓一抓。一
72 次它偶然按下了杠杆，吃掉释放出来的食物颗粒。一段时间后，老鼠可能会碰巧再次按下杠杆，于是学习过程就开始了，其表现是老鼠按下杠杆的次数迅速增加。最后，老鼠不断地按下杠杆和吃食物，学习过程完成了。

在这里，通过提供一个可作为工具使用的物体，老鼠觅食行为得到了强化，因为老鼠发现并实现了这一工具的恰当用途。我们可以说老鼠学会了**设计**一种对它有用的效果，或者说它发现了一种有用的**手段—目的**之联系。包含在这个例子——以及后面关于学习的同样探讨——中的这种拟人化可能带来的挑战，我是经过深思熟虑的，并且在第四编对于行为主义者的批评进行反驳时，它将得到辩护。

B类，符号学习。训练一条狗，让它看到屏幕上红灯亮起后就能预见到它马上会受到电击，它就认识了预示一个事件的符号。这类学习可以通过巴甫洛夫的实验而得到充分阐述，但也受到某种程度的歪曲。在实验中，他给狗展示预示食物将会出现的明确符号(例如铃声)，来让狗分泌唾液。用巴甫洛夫的术语来说，宣告食物的铃声这一条件刺激在效果上取代了食物出现这种非条件反射性的刺激。同样，根据巴甫洛夫的观点，对于受过训练的动物，预示着电击将要来临的红灯，会起到电击本身所起的那种效果。但这些都是不正确的：狗并不像对待食物那样扑向铃铛，红灯也没有引起电击导致的那种肌肉收缩。事实上，“条件反射”与原来的“非条件反射”大不相同，就像事件之预期与事件之效果不同一样。[6]这使我们可以说，与巴甫洛夫对这一过程的描述不同，在符号学习中，动物是通过认识预示事件的符号来学会对于事件的预期。

通过使用不同类型的识别箱，可以对符号学习进行更深入的分析。例如，动物在箱内遇到两扇门，通向两个带有不同标记的隔间，这些标记可以从一扇门移到另一扇门。这只动物(通常是一只老鼠)被训练来识别门上的标记：一种标记表示门背后有食物，另一种标记则表示门背后没有食物。在这样的实验中，动物被给予更大的行动自由，所以动物的行为能揭示成功学习必须经历的初期阶段的一些特征。

第一个阶段是认识到问题的存在。为了诱发这种认识，动物被置于一种简化的情境之中，使动物看一眼就能明白。先公开地把食物放在这两个隔间的任一个里面，然后关闭两个隔间的门，让动物推开门， 73
它会发现里面有食物或是空的。这些经验使动物建立了一种意识，即食物就放在这两个隔间中的一个隔间中，只要推开正确的门就可以获取食物。对于这一问题的理解，激发动物推门进入任一个隔间中寻找食物。动物尝试着猜测正确的隔间，它最终会发现：门上的某些标记表示门后有食物。

有证据表明，在这些尝试过程中，动物的选择并不是随机的，而是从一开始就遵循一些规律，例如“始终向右”或“始终向左”或“交替向右和向左”，直至它最终明白标记的意义，然后非常迅速地识别出正确的那一个。[7]整个过程清楚地展现了动物被一个情境所吸引，去不断地追寻某种隐藏的可能性之暗示，并加以控制的能力。在追求这一目标的过程，它能够发现隐藏在令人迷惑的表象背后的规律性。因此，即使在这一原始水平上，解决问题的基本特征也得以显示出来。

像技巧学习那样，符号学习导致新的行动习惯，但是这相对来说是微不足道的，只是次要的。只要稍微改变实验的装置，动物的最终行为就很容易被改变，从而使符号—事件关系的学习导致完全不同的行为动作。因此，B类学习主要不在于引发技能行动，而在于对于**符号—事件**联系的**观察**，技能行动是基于这种观察而进行的。这种学习主要源于**感知**，而非运动性。像老鼠和狗这样的动物具有很多天赋，能融贯地理解它们感知到的事物，而符号学习似乎就是智力对这种感知能力的扩展。[8]

只有在欲望或恐惧的驱使下，动物才学习，从这个意义上说，所有的学习都是目的性的。但是，在形成一个有用的技巧时，目的直接指导着行动，但对有用符号的观察却只受到感官的一般警觉性的引导，这种警觉性是被激发的，而非由任何特定的目的所决定。因此，就像人类技能行为一样，技巧学习比符号学习更完全地受到目的之控制，而符号学习则像行家技能一样，主要是集中注意力的结果。

C类。当动物获得一个新的技巧时，它通过特定的手段—目的关系重新组织自己的行为，以便实现某一目的。同样地，学习一种新符号的动物通过在感觉场中在符号和符号所表示的事件之间建立起一种有效且有用的连贯性，从而重新组织自己的感觉场。这两类学习都建立了一
74 个时间序列，不管它是学习者设计出来的还是观察到的(**A 类或 B 类**)。当重新组织的过程不是通过特定的设计行为或观察行为来实现，而是**通过对情境——该情境从一开始就接受考察——的真实理解而实现时**，C 类学习就发生了。C 类学习也被描述为**隐性学习**(latent learning)*，表明在这种情况下，与技巧学习和符号学习相比，动物能学到具有更多的和更不可预测的智力表现形式的东西。例如，一只学会了穿越迷宫的老鼠，当其中的一条路径已经关闭时，选择了最短的替代路径，这就显示出它的高度创造性。[9]老鼠的这种行为可以被解释为它获得了一幅在心灵中的迷宫地图，当它在迷宫中遇到不同的情境时，它可以用这幅地图来指导自己。[10]

对于一个情境的潜在认识，可以衍生出多种恰当路线或可选行为模式，这种能力相当于一种基本的逻辑操作。它预示着我们赖以描述复杂情境的言语式解释框架之运用，并从中得出关于该情境的进一步的新推论。当处于情境中的受试对象从一开始就立刻被该情境所吸引，并且一目了然地掌握了该情境，潜在学习就转化为纯粹的问题解决过程。

* latent learning，心理学中也可以翻译为“潜在学习”“潜伏学习”。——译者注

这就把探索减小至最低限度，并把这一任务完全转化为后续的推理过程。这样，学习就变成了一段时间静思之后的“顿悟”(insight)行为，如同我们看到的科勒的黑猩猩的行为所表明的那样。

相比之下，当理解还不全面时，作为解决问题的行为之指引，隐性理解的作用最为明显。一只黑猩猩以极不稳定的方式(例如边角相对)来堆放包装箱，这表明它掌握了通过建造一座塔来获得高度的原理，但是却不知道使建造物结构稳定的条件。正如科勒所说的那样，这种错误是一种“好的错误”，[11]因为它证明了一个富有创造力的推理过程，尽管这一推理过程因部分地依赖错误假设而过犹不及。由此可见，推理能力的提高带来了伴随而来的错误推理之可能性。在把实践问题转化成言语问题的过程中，我们将看到这种情况的进一步展现(p.93)*。

非言语行为发展到接近并最终达到言语的形式，这个过程可以从正在发育成熟的儿童身上观察到。皮亚杰(Piaget)对这类情况进行了大量的观察，并对在儿童发育过程的各个连续阶段的行为中所发现的操作原 75
则进行了分析。[12]在最早阶段，通常在动物智力测试中研究的更原始的阶段，就已经能观察到婴儿建立了空间的框架。起初，他并不认为物体是持久存在的，一旦物体被遮盖，他马上放弃了寻找它们的任何尝试。例如，在手表被手帕遮盖起来后，婴儿不是揭开手帕，而是缩回他的手。但是，随着逐渐成熟，他明白了物体即使没有被看见或感觉到，它们也能继续存在。他还明白了，尽管物体以不同距离和角度呈现，它们还是具有恒定的大小和形状。[13]我们还可以对婴儿的空间定向能力的进一步提高进行实验测试。例如，把三个不同颜色的洋娃娃串在一根绳子上，并放在屏幕后面移动，要求儿童预测(1)洋娃娃在屏幕对面顺向出现的顺序和(2)洋娃娃回去时的逆向顺序。逆向顺序只有在儿童大约四至五岁时才被预测出来，也就是在皮亚杰称之为“前概念阶段”的末期。[14]

---

* 在本书正文部分的英文形式的页码，都是表示本书英文原版的页码。——译者注

皮亚杰把儿童以这种方式取得的进步描述为智力的发展，但更准确地说，将其称为增强了的心理学习，是儿童通过建立起日益复杂的固定解释框架而实现的。由固定解释框架指导的推理总是可以被追溯至它的前提，皮亚杰指出，这种“可逆性”可以被视为受过训练的思维的典型特征。[15]

可逆性可以与支配所有智力行为之重要部分的不可逆性进行对比。在这三种情况下，(a)技巧学习，(b)符号学习，(c)隐性学习，我们都可以把不可逆的学习过程和通过学习而取得的相对可逆的操作区分开来。在前两类例子中，这种区别已经足够清楚了。在A类学习中，我们有形成技巧这样的不可逆行为，它不同于后续的操作，后者涉及技巧的变化，因此在这种意义上可以说是可逆的。在B类学习中，我们有建立符号—事件关系的不可逆行为，它不同于后续的对已经被承认的符号作出反应的可逆行为。在C类学习中，这种区别可能并不总是那么明显。第一个不可逆的阶段可以是系统地进行探索，其结果是逐步建立起一个解释框架，但这一阶段也可能仅仅是对一个情境的充满困惑的
76 思考，其结果是突然顿悟而找到解决方案。同样，给第二阶段的概念操作提供了不可逆因素的创造性之数量可能有很大不同。尽管如此，在C类学习中，我们还是可以清楚地区分不可逆的顿悟行为和作为其结果的相对可逆操作。

在每一种情况下，学习的实际过程都包含第一个阶段，而第二个阶段则展示了通过学习获得的知识。我们可以把第一个阶段称为**探索式**(heuristic)行为，与之形成对照的第二个阶段则或多或少具有**惯例性**。A类学习的探索式行为是设计，B类学习的探索式行为是观察，C类学习的探索式行为是理解。而A类学习的惯例行为是重复一个技巧，B类学习的惯例行为是对一个符号的持续反应，C类学习的惯例行为是解决一个常规问题。第一次设计、观察或理解某种东西的能力，在智能上并不低于以已有知识为基础的操作能力。因此，我们已经在这一原始层次上承认了两种智能的存在：一种是实现创新的，是不可逆的；另

一种是在一个固定的知识框架中操作，是可逆的。虽然在智力生活的非言语层面上，这种区分可能显得不太可靠，但在相应的言语性的智力领域中，其更充分的表现在这里已经足够清楚地被预示出来了。

我们的这三种类型的动物学习是人类高度发展的三种能力的原初形式。技巧学习可以被看作**发明**行为，符号学习可以被看作**观察**行为，隐性学习可以被看作**解释**行为。语言的运用使每一种能力都发展成为一门独特的科学，而其他两者则对它作出附属的贡献。

因此，最高级的发明包含着专利描述的一整套具有原创性的有用操作，以此形成了工程与技术的主题。即使仅限于动物学习的实验中所涉及的那种事物，在最高的言语层次上，观察也可以被认为是包括整个自然科学。从动物的角度来看，实验条件相当于归纳推理的过程。因此，正在辨认符号—事件关系的动物是在建立一种原始形式的观察科学。

皮亚杰关于儿童受训思维之发生的研究，追溯了从C类的非言语学习到其对应形式即言语学习（我称之为解释）的过渡。在儿童到青春期的这个时期中，隐含地支配其智力行为的操作规则最终将构成一套逻辑体系，同时还包含数学和经典力学的要素。智能的这种最高言语表达形式是数学、逻辑和物理数学，或更一般地说，是演绎科学。应用数学是以对象为指向的，而纯粹数学没有外在对象；纯粹数学研究的是它自己创造的对象，所以它可以被描述为“对象创造”（object creating）。

在智能的言语表达层次上，探索式行为明显不同于对已建立知识的 77
常规应用。它们是发明者和发现者的行为，需要创造性，也为天才提供了发挥的空间，它不同于应用已知工具的工程师，也不同于展示既定科学成果的教师。探索式的智能活动使知识**增加**，在这个意义上是不可逆的；而随之而来的常规操作只在**现有的**知识框架中进行，在这个程度上是可逆的。可逆与不可逆的心灵过程之间的区别的更广泛意义，以及这种区别与可说明的知识与不可说明的知识之间的区分之关联，将在后面变得更清楚。

第三节　语言的操作原理

现在，我将试图阐明语言是如何作为工具，来促成巨大的言语成就。言语表达有三种主要的类型，即(1)情感表达；(2)对于别人的祈使；(3)事实陈述。每一种类型都对应着不同的语言功能。我在这里设想的从隐默到言语表达的过渡仅仅限于言语的陈述形式，即用于对事实的陈述。[16]

诚然，语言主要是并且总是具有人际交往性，在某种程度上也是带着情感的，这在情感表达性言语(情感交流)和祈使性言语(按照言语来
78 行动)中特别明显。即使在关于事实的陈述句中，它也含有某种(交流的)目的和(表达信念的)热情。事实上，这正是我的论证想要展现的东西：即使在最不个人化的言语形式中也必然存在的、不可或缺的个人情感。但是，如果我们暂时不考虑这种可能性，而主要关注语言的纯粹的、专门的陈述性运用，那么，言语表达具有的独特理智能力就可以更清楚地被认识到。[17]即使如此，语言应该从一开始被看作是包括写作、数学、图形、地图、图表和图画，简而言之，应包括被用作语言(通过后面对语言过程的描述所界定的那种语言)的所有符号表现形式。[18]

能说明人对动物具有全面的智力优势的语言操作原理似乎是双重的：第一个控制着语言**表达**的过程；第二个控制着符号的**操作**以帮助思维。这两个原则中的每一个都可以通过以下方式加以论证：把其优点扩展到极端的、明显荒谬的完善程度，从而彰显对其进行限制的必要性，而这种必要性在之前一直被忽略。

(1) 假设您希望通过无限地增加语言的丰富性来改进一种语言。只要想一想，用 23 个字母可以构造出 23^8 即约一千亿个八字母的代码字(code word)，我们就能明白用这些音素或字母的不同组合构成的印刷词语或书写词语的数量有多么庞大。这可以让我们用一个不同的印

刷词语来代替英语中曾经印刷过的每一个不同句子，使得一个这样的代码字(将作为动词起作用)包含那个句子的意思。这种丰富了百万倍的英语语言将会彻底毁灭自身，不仅是因为没有人能记住这么多单词，更重要的原因是因为这样的单词是毫无意义的。因为一个词语的意义的形成和表达要依靠于它的重复使用，而我们的八字母的代码字中的绝大多数只能使用一次，或者使用很少的频率，以至于不能获得并且表达明确的含义。因此，一种语言必须足够贫乏，以便使相同单词有足够多的次数被使用。我们把这称为贫乏律(Law of Poverty)。[19]

当然，如果说一万个单词必须承担构成十亿个陈述的任务，那么只 79
有我们能把这些单词组合起来，使它们共同表达我们想要表达的含义，才能达到这个目的。因此，一种固定的、充分贫乏的词汇就必须被应用于一些固定的、具有相同意义的组合方式之中。只有按语法排列起来的单词群组才能用有限的词汇来表达种类繁多的、适应于已知经验范围的事物。[20]

贫乏律和语法规则并没有穷尽语言的第一个操作原理。它们与单词相关，但是，除非单词被确定无疑的重复且融贯地使用，否则单词不成其为单词。所以，在贫乏律和语法规则的背后，我们还有两个进一步的要求：重复律(Law of Iteration)和融贯律(Law of Consistency)。

为了使单词在不同的口语或书面语中可以得到可识别的重复，音素和字母就必须是可重复的。必须通过某些特征来对它们进行选择与界定，就是格式塔心理学(gestalt psychology)描述为蕴涵律(prägnanz)的独特性质。这种独特性质我已经在本书的第一编中，通过把它与随机构型进行对比，而与其他的秩序类型一起加以确认。当然，重复或识别单词(无论在口语还是写作中)并不是完全没有风险的，在这种过程中，可能会出现语言错误，从而篡改历史记录[21]或导致语言用法的永久性变化[22]。发音错误和相似词的混淆是(或者至少直到最近还是)杂要剧场中取笑受俗人的惯用手法。如果音素、书写和单词能通过它们独特的格式塔(gestalt)来减少这样的出错风险，那么它们就是**好的**。[23]

如果词语的可识别形态把词语与无形态的言语如呻吟和尖叫声区分开来，那么，词语的融贯使用将使它们与另一些明显可重复的言语——如语调——区分开来，因为后者在传达某种感情、诉求或陈述的时候没有融贯的使用。只有可重复的言语被融贯地使用时，它们才具有明确的意义，而没有明确意义的言语则不是语言。只有当言语既能重复又具有融贯性时，贫乏的语言才能实现它的指称功能。

“融贯性”是一个有意为之的不精确术语，表示某种不可明确说明
80 的性质。因为世界，就像万花筒一样，从来没有完全重复过任何以前的情境（实际上，即使真的重复出现了，我们也不会知道，因为我们没有办法说出这两种情境之间的时间间隔），所以，我们只能根据某种独特性来识别明显不同的情境，以便实现融贯性，这需要一系列的个人判断。首先，我们必须决定什么样的经验变化与识别这种反复出现的特征无关，因为这些变化不是它的组成部分，也就是说，我们必须区分出它的随机背景。第二，我们还必须决定哪些变化应该被认为是在这个可识别特征出现时的正常变化，或者相反，哪些变化应该当作可以证伪这个特征的经验要素。因此，贫乏律和融贯律意味着，每当我们使用一个词语表示某物时，我们就实施并认可了我们的概括行为，相应地，使用这一词语就是命名了一个类并赋予了这个类一个本质属性。

此外，通过准备好在未来场合中用我们的语言来说话，我们预计它对未来经验的适用性，并且期望可以按我们的语言所认可的自然类别来识别这些经验。这些期望形成了一种宇宙论，当我们在继续谈论事物的时候，我们就是在不断地检验这种宇宙论。只要我们觉得我们的语言能很好地对事物进行分类，我们就对它的正确性感到满意，我们就继续承认隐含在我们的语言中的宇宙论是真实的。

我们通过使用一种语言而接受一种宇宙论，其本质可以按照以下方式来得到更清楚的理解。今天常用的 2 000—3 000 个英语单词，在英国和美国，每个单词在人们的日常交往中每天平均出现一亿次。一个拥有一百万册藏书的图书馆中，所用的词汇量为三万个，同一个单词平

均重复出现超过一百万次。因此，含有名词、形容词、动词和副词的某一特定词汇，似乎构成了可以谈及的所有主题，因为我们可以假定：这些主题全部都由那些名词、形容词、动词和副词所指涉的相对不太重复出现的特征来组成。[24]这样的原理或多或少像化学中的化合物理论。化学宣布数百万种不同的化合物是由少数——大约一百种——稳定且同一的化学元素组成的。因为每一种元素都有一个名称，并被指派一个反映其特征的符号，所以我们可以根据任何一种化合物所包含的元素来写出它的化学结构。这相当于用某种语言的词汇写出一个句子。这种相似性还可以作进一步的类推。我们用符号体系来说明具有特定成分之化合物的内部结构，类似于用语法结构来说明构成句子之词语所表示的诸事物之间的内部联系。

我们已经看到，谈论事物就是将我们语言所蕴含的宇宙论应用于我 81
们所谈论的细节。因此，这种谈论与我们在本书第一编所描述的过程是连续的，正是通过这一过程，精确科学的理论与经验建立起联系。但是，对于本书将在第四编讨论的描述性科学来说，这种联系就更为密切。就像我们在谈论事物时所做的那样，根据我们所命名的特征来对事物进行分类，就需要具有博物学家在鉴别动植物标本时所需要的那种鉴别能力。因此，通过精确地运用丰富的词汇来准确地说话的技艺，类似于分类专家所运用的精妙鉴别力。

在第一编里，我们反思了精确科学在经验中的应用，从中所得到教训可以进行如下扩展。我们已经看到，在把一种形式体系应用于经验时，都涉及某种不确定性，这种不确定性必须由观察者根据不可说明的评价标准来解决。现在我们可以进一步说，将语言应用于事物的过程也必然是非形式化的：它是非言语式的。所以，指称事物就是一种技艺，无论我们对事物说了些什么，这种言说都假定我们在实践这一技艺时认可了我们自己的技能。所有断言中的这种个人因素是语言应用所固有的，本书将在不可言传(ineffable)的知识和不可言传的思维这样更广泛的语境内对此再进行思考。

(2) 语言的第二个操作原理可以从以下的荒谬做法来发现：把另一种使语言完善的方法推到极限。我可以用绘制地图的过程来进行最好的示范。地图的比例与实物越接近，它的准确度就越高。但是，如果地图的比例与实物一致，即用自然尺寸来表示地形特征，那么这样的地图就变得毫无用处了，因为要从地图上寻找道路，几乎就和在地图指示的实际区域中寻找道路一样困难。我们可以得出结论：语言符号应该数量适当，或更一般地说，语言符号必须由易于管理之物来构成。由于印刷语言具有易于管理的数量，所以它能使装有《大不列颠百科全书》的一个书架包含从最宏大到最细微的存在物的信息。只有语言所包含的符号能够被复制、存储、传播、重组，并因而更容易被思考，语言才能为思维提供帮助。教堂和金字塔都是符号，但它们都是不容易被复制或处理的，因此它们不是语言。我们可以把这一要求称为可管理律(Law of Manageability)。

这种要求在某种程度上已经被预示了，因为我们假定过：我们可以在重复场合中说出相同名称，并且可以按照某些规则用相同单词组合成大量不同的句子。但是，在扩展人类的智能方面，可管理律的用途远远不止于此。

82 在最一般的意义上，可管理性的原则在于设计出经验的一种表征方式，借此来揭示经验的新方面。可以通过以下方式来实施这一原则：仅仅是把一个经验的名称写下来或说出来，我们就可以从中直接读取出该经验的新特征。或者，符号的可管理性原则可以包含以下能力：符号可以按照公认的符号操作原理而被使用，或者仅仅是被非形式化的处理，如同我们翻一翻书页以便重新思考其主题。

可管理律对于思维的这些作用可以被描述为发生在三个阶段：

1. 基本指称。
2. 它的重组。
3. 解读结果。

当通过对基本指称进行新的解读，并且在心灵中完成重组时，第二个和第三个阶段就合为一体。

这三个阶段中的每一个阶段都可能是相对琐碎平庸的，或者可能需要各种等级乃至天才般(我将在后面讨论)的独创性。此外，重组过程可以被视为包括把基本指称转化为另一套符号的过程，例如用图表代表数据观察或用方程式代表口头陈述，这种过程也需要相当程度的独创性。

我们已经看到，在C类的隐性学习过程中，动物在心灵中重组了它们对经验的记忆。现在，人类的智力优势似乎主要是归功于对这一能力的扩展，因为人类可以用在形式上或在心灵中能够被重组的可管理符号来表征经验，从而产生新的信息。当然，这种极大提升的重新阐释能力最终是因为作为人类言语天赋的隐默能力相对动物而言具有微弱的优势。说话就是**设计**符号、**观察**它们的适用性并**阐释**它们的替代关系；虽然动物也具有这三种官能，但是却不能组合它们。[25]

第四节　言语式思维的效力

下面的这些例子将表明由简单的指称、重组和解读机制所产生的巨大的心灵力量，同时也将表明，尽管我们的思维能力由于符号使用而大大增强了，但它们最终还是在我们与动物共有的同一种非形式化智力框架内运作。

举一个使用地图寻找道路这样特别简单的例子。使用地图可以为 83
我们的推理能力提供一个粗略的数量评估，而这种推理能力来自我们关于经验的经过恰当安排的表征。一幅粗略的英国地图可以这样来绘制：用点在一张纸上标出英国200个最大的城镇的地理位置，每一点的笛卡尔坐标按照一个城镇的经纬度的统一比例标出，并在每一点下面标出相应城镇的名称。从这样的地图上，我们可以一眼看出从任何城镇到达任何其他城镇的路线，由此，我们最开始输入的400个位置数据（200个经度、200个纬度）就产生出 $200 \times 200/2 = 20\ 000$ 条路线。与之相比，实际上从地图绘制中得到的信息要丰富得多。一条路线平均包含大约50个地方，足有大约一百万个位置数据，那可是原输入的2 500倍。

标出经度和纬度的那200个城镇的目录将变得相对无用，因为它并没有以我们的眼睛易于接受的方式来展现各城镇的相对位置。我们把城镇目录转化成地图形式，并把这种转化视为以城镇目录的数据为基础而进行的形式化操作，以及从地图中读取出各种路线的非形式化操作。同样，在英格兰空战（1940年）中不断送来的报告被描绘在空军司令部的大桌子上，从而向最高指挥官呈现出最新的形势变化，这种再现比报告本身能更好地被最高司令官所理解。所以我们能明白：为什么仅仅以图表形式把一系列的数据绘制在纸上，就能从我们已知的原始数字中揭示出完全未知的关联性。指导火车交通的时刻表的图画式再现就是一个这样的例子，它可以直接显示了火车超车或相遇的地点和时间，这样的信息从普通的时刻表中不容易被推导出来。

这些例子说明恰当的符号化可以提高我们的智力，显然，单纯的符号操作本身并不能提供任何新的信息，它的有效性仅仅来自它有助于非言语式心灵能力去解读它们的结果。就通过数学运算而得到新信息的过程而言，这或许并不明显，但却同样完全属实。假定我们知道保罗的年龄是彼得的年龄的两倍小一岁，并且他们的年龄相差四岁，我们想算出他们各自的年龄。我们首先用符号来表示该情境：设保罗的年龄为 x，彼得的年龄为 y，那么 $x=2y-1$；$x-y=4$。然后我们进行符号运算，并得出 $x=9$，$y=5$，最后被读作：保罗9岁，彼得5岁。不管这
84 一程序在大体上是如何的机械化，但它的运算的确需要一定程度的智力控制。关于彼得和保罗的最初情境必须被理解，包含在其中的问题也必须得到清楚的认识；该情境的符号再现以及随后的运算，都必须正确地完成，其结果也必须得到正确的解释。这一切都需要智力；在智力

的这些隐默技艺之过程中，行使这些隐默技艺的人认可了其中的形式操作，也接受其结果。

事实上，本文所阐述的几个简单原理的操作可以解释(按照第 70 页定义的第一个近似性)人类智力如何从在动物中观察到的那种非言语式学习的基本类型，发展到工程学、自然科学和纯粹数学这样的言语领域。

首先是自然科学，包括精确科学也包括描述科学。经验的数字表现形式经过运算后产生新的信息，我们可以通过在运算中使用代表自然规律的公式，从而把这种数字表现形式延伸至精确科学的逻辑机制中。在第一编里，我已经详细谈论过精确的经验学科是一种形式化体系，我还将在下一章回到这个主题。

对于像动物学和植物学这样的描述科学，如同已经暗示过那样，我们可以从言语表达的更原始层面开始，仅仅依靠初步的或者相当非形式化的逻辑操作。这些科学是日常言语的扩展，即增加了科学的系统命名，但它们主要依靠的符号操作是已被记载的知识之系统积累，是用新的观点对这些知识进行重组和再思考。

然而，甚至在这里，言语过程也为我们天生的记忆力提供了巨大的有效帮助。人在迷宫中找到路径，并不比老鼠高明多少；在重新组织被记忆的经验方面，也不能表明人类以其他方式拥有比动物更为强大的天赋能力。但是，动物空洞无助的记忆只能收集零散的信息；如果不具有以言语为基础的系统化能力，人类在这方面也不可能好很多。即使如此，直到印刷术的发明极大地加速了文字记录的复制，并使它们更加简明，描述性的动物学和植物学才能从包含数百个种类的亚里士多德的和中世纪的自然史(natural history)发展成为具有数百万物种的系统科学。

我还要提到的是，在历史、文学和法律等人文学科的巨大范围内，通过收集可管理的记载，对记忆提供了决定性的帮助，尽管我的研究计划把这些分支学科所属的那种人际言语表达暂时排除在外。这些学科

的进步完全依靠于印刷记载的扩展，这些印刷记载来自原始资料的重新
85 考察，而这些原始资料本身也主要是印刷记载或印刷作品。简明地列出这类信息的书本，以及易于获取这些书籍的图书馆，对扩大这种学术的机会具有决定性作用。

与言语对记忆提供帮助相关的是，它们具有帮助发明家进行推测性想象的能力。发明家的记录本是他的实验室。有一个标准的实验来测试创造性，在这个实验中，一个人面对着两条从天花板上垂下来的绳子，几乎要到地板上，悬挂绳索的两点距离比较远，当两条绳索垂下时，一只手握住两条绳子的其中一条，另一只手就无法抓到另一条。[26] 受试者的任务是要把绳索的两端系在一起。那些没有发现如何做到这一点的人，只要把他们面前的装置画在纸上，他们就可以容易地找到解决办法。言语以微缩比例描绘出特定情境的基本特征，使得这个情境比其原来的晦涩形态更容易被想象性地操纵；这使得工程科学成为可能。

因此我们可以认为，语言的这两条操作原理的联合应用把言语扩展成为科学和技术的途径。但是，发明适当的符号并按照确定原则来进行操作，却可以完全超越处理经验材料这一任务。通过符号操作而进行的推理过程，可以不涉及现实计算或计量单位，这种推理可能很有意义。纯粹数学由此成为可能。

像棋子一样，纯数学的符号并不代表或者不一定代表它们所指示的任何事物，而主要是代表按照已知规则对它们作出的运用。数学符号体现了它的可操作性概念，正如国际象棋中的主教或骑士体现着它的下棋走法之概念一样。几个世纪以来，人们一直在发明着新的数学符号，目的是使它们能够更有意义地或在实践上更有效地被使用。数字的概念在动物那里就已出现了，但随着符号的不断发明，人类已经把它发展得远远超过原来 6 到 8 个整数的范围。位置的标记法、阿拉伯数字、零符号和小数点的出现，促进了算术运算的发明，极大地丰富了我们的数字概念，使数字在计算和测量的实践应用中更有效力。

一位数学家发明的符号可以让另一位数学家作出一些有意义的改进。拉普拉斯曾经评论道，笛卡尔的幂指数符号是多么幸运地激发他对正整数幂以外的幂的可能性进行猜测。[27]数论中的某些问题由于所需的可怕计算量而一直难以实现，直到电子计算机的建造才使这些运算的 86
速度快了数千倍。因此，数学的发展在很大程度上依赖于发明出具有表达性、易于控制的符号来代表数学概念。

形式逻辑的兴起类似于恰当的符号创新所带来的纯粹数学的进展。逻辑符号使我们能清楚地陈述复杂的句子，这些句子用日常语言来表达是很难理解的。可操作的语法结构之范围得到如此巨大的扩展，使得我们能够根据这些逻辑符号来行使演绎论证之技艺，否则是不可想象的。这一切开拓出一个如此具有如此创造性和深刻性的推理新领域，以至于该领域本身就值得我们重视。

代数或几何学体系可以用令人惊讶的不同术语来加以解释，证明了它们的指示功能的精妙。它们并不指示特定事物，可能是完全空洞的范畴，虽然定义明确，但并不应用于任何事物。因此，无限集$\aleph$包含了所有的数字，接下来的更大的无限集$\aleph_1$和$\aleph_2$则分别包含了所有的几何点和所有可设想的曲线，但是无限集$\aleph_3$和$\aleph_4$……却无限地比迄今设想的任何物体之集都大，因此它们绝不应用于任何明确的事物——但它们没有因此而剥夺成为数学实体的资格。纯粹数学中这些自洽体系可以告诉我们某种重要的东西，而主要不是去指涉外在于它们的任何事物。因此，言语的第二个操作原理在这里完全凌驾于第一原则之上。事实上，数学发挥了这个原则的最高权力，证实了我们在行使这些权力时所获得的乐趣。这种理智激情对于数学是必不可少的，我将在下一章中进一步阐述。

现在，按照对语言的第一操作原理的依赖逐渐减少，而对语言的第二操作原理的依赖逐渐增加的顺序，我们所面对的各学科的顺序如下：(1)描述科学；(2)精确科学；(3)演绎科学。这种顺序意味着：形式化和符号操作在逐渐增加，而与经验的接触在逐渐减少。形式化的程度越高，科学的陈述就越精确，推理越是非个人化，相应地也就更“可逆”。但是，朝着这个理想所迈出的每一步都是通过不断牺牲经验内容来实现的。描述科学所支配的生命形态之巨大财富被缩减为简单的指针读数，以服务于精确科学之所需；当我们进入纯数学之领域时，经验从我们的直接视野中完全消失了。

在言语的隐默因素中有一个相应的变化。为了更全面地描述经验，语言必须不那么精确。但是，更高程度的非精确性能使非言语性
87 判断更有效地发挥其效力，这种效力是解决随之而来的言语的不确定性所需要的。所以，我们的言语之所以能指涉丰富的经验，正是由于我们的个人参与。只有在这一隐默因素的帮助下，我们才能对经验有所谈论——我在表明指称过程本身是不可形式化时已经得出这一结论。

第五节　思维和言语（一）：文本与意义

在我们阐明隐默与显明、个人化与形式化相协作的过程之前，关于隐默成分如何参与到言语过程中，我的这些观点必定还是不明确的。但我们还没有准备好对这一问题进行正面论述。我们必须首先考察三个典型领域。在这些领域里，言语与思维的关系从一个极端类型，经过一个居中的调和类型，再过渡一个相反的极端类型。这三个领域是：

1. 隐默成分占据支配地位，使得言语表达实际上不可能的领域。我们可以称之为**不可言说的领域**(ineffable domain)。

2. 隐默成分是由容易理解的言语所传达的信息，从而使**隐默成分与承载其意义的文本具有相同外延**的领域。

3. 由于说话者不明白或者不太明白他说的话，而使隐默成分与形式成分相互分离的领域。关于这一领域，有两种极端的不同情况，即(a)语言的无效性，因而使言语妨碍了思维的隐默运作；(b)超越我们的理解力并因此预示新的思维方式的符号操作。(a)和(b)都可以说是深

邃领域(the domain of sophistication)的一部分。*

(1) 当我谈到不可言传的知识时，这应该从字面上去理解，而不是指一种神秘的经验，我并不想在现阶段讨论神秘经验的问题。不过，我试图谈论不可言说的知识，这种做法可能被认为在逻辑上毫无意义，[28]或者违背了笛卡尔“清楚且明晰的观念”的学说。早期维特根施坦曾把笛卡尔这一学说转化为语义学术语并提出他的格言“关于那些不可说的东西，人们必须保持沉默”[29]，以作为自然科学中的一个宣判。对于这两种反对意见，在本书第一编和第二编前面几个章节中的那些大量评论早就进行了回答，我在那里论证了形式化的局限性。那些评论表明，严格地说，我们所知道的一切都不能被准确地说出来；[30] 88
因此，我所说的“不可言说”仅仅意味着我知道并能描述的某种东西，尽管这种描述比通常的描述更不准确，甚至可能非常含糊。要回忆这种不可言说的经验并不难，要从哲学上反对这样的做法，将让我们对有效意义采取不切实际的标准，而如果严格实施这样的标准，就会使我们变成心甘情愿的低能儿。当我们进一步采取被反对观点谴责为毫无意义或不可能的做法时，这将变得更加清楚。

事实上，关于不可言说性我将要进行的论述，在很大程度上涵盖了我前面论证个人知识之不可明确说明性时涉及的相同领域，其区别在于，现在我将知识中的不可明确说明部分视为有缺陷的言语表达未加以说明的剩余部分。这种缺陷是常见的而且通常是很明显的。我会骑自行车，而没有说出会骑车的原因，或在20件雨衣中挑出我自己的那一件而没有说出这么选择的原因。尽管我无法清楚说出我是怎么骑自行车，也不能清楚说出我是怎么认出自己的雨衣(因为我并不清楚地知道)，但是这并不妨碍我说我知道如何骑自行车，知道如何认出自己的雨衣。因为我知道我完全明白如何做这些事情，虽然我只以工具的方式知道那些细节，并且在焦点意识上完全忽视了它们；因此我可以说，

* Sophistication在此并不是指诡辩，而是指由于隐默成分的存在，语言和思维的关系非常复杂和精巧。对此问题的另外阐述，见本书英文版第92页。——译者注

我知道这些东西，尽管我无法讲明或完全无法说出我知道的是什么。

正如我已阐明的，附属性知识或工具性知识本身是不可知的，但是可以根据它对某些被焦点意识到的东西所作的贡献而被认识。在这种意义上，它是不可明确说明的。通过进行一些分析，可以把附属性知识带入焦点之中，并把它阐述为指导原则(maxim)，或者如同外貌特征之类的东西。尽管诊断学家、分类学家和棉花分类专家可以指出他们的线索，并系统阐述他们的指导原则，但他们知道的东西比他们所说的多得多。他们只在实践中知道那些知识，把它们作为工具性的细节，而不是像知道物体那样明确地知道它们。因此，这些细节的知识是不可言说的，而根据这些细节来琢磨和评判就是一个不可言说的思维过程。这同样适用于作为认知技艺的鉴别力以及作为行为技艺的技能。因此，它们只能通过实践上的示范而绝不能只通过规则来传授。

但是，共同构成一个整体的细节之关系可能是不可言说的，尽管所有这些细节都是可以明确说明的。局部解剖学的题材就是这样一种不可言说的关系，它为我们提供了一个范例，来解释这种不可言说性之原则。

89 医科学生首先学习构成系统解剖学的有关骨骼、动脉、神经及内脏的知识。这些都难以记忆，但大多数情况下理解起来并不困难，因为人体的特征部位通常可以通过示意图清楚地识别出来。理解上以及在解剖学教学上的主要难点，是严密封闭在人体内部的各器官的复杂三维结构，没有什么示意图能充分再现这种结构。尽管解剖能切除覆盖其上的肌肉组织而显示这一身体区域和器官，但这也仅仅是显现了这一区域的一个方面罢了，还要靠人的想象力从这种经验中重构出这片显露出来的区域在密封人体内的三维图像，并且需要人们用心去探索这片区域与未显露的周围区域及下层区域之间的联系。

因此，一位有经验的外科医生所掌握的、关于他所实施手术的身体区域的解剖学知识就是不可言传的。在说这些话语的时候，我完全不考虑个人认知行为，即从大量的、细节不同的解剖实例中形成的常规解剖学观念中所包含的个人认知行为。假设所有的人体都被视为完全相同，并假设我们有无限的时间和耐心来绘制人体内部器官的结构图。为了这个目的，人体被分为一千块切片，每块切片的剖面都被详细描绘出来，甚至让我们完全假定，我们能通过超常的灌输技巧，让学生记住这一千块切片的剖面所组成的图像。学生就认识了完全决定人体内部各器官之空间结构的数据，但他还是无法认识这一空间结构本身。事实上，除非他能根据这一目前未知的结构来理解这些剖面，否则他所认识的剖面对于他来说是不可理解和无用的。另一方面，如果他理解了这样的解剖学知识，他就能推导出无限量的更加新颖和重要的信息，就像一个人从地图上看出路线一样。这种推理过程可能涉及持续的智力努力，并且该过程是不可言说的思维活动。

地图绘制的效力具有一些缺点，关于这点我们在这里有一个极端的例子，当我们从位于平面物体的地图绘制转到曲面物体的地图绘制时，地图绘制的缺点就会出现。我们只能以变形投影的方式把地球的整个表面绘制在一张平面纸上，而用球体来表现地球表面则很麻烦，一次只能显示一个半球。当我们要把密封且不透明的物体的复杂三维结构表现出来时，这种缺点就变为了不可能实现。关于一个整体的具有启示性的各个方面的示意图和演示，只能给人们提供理解它的线索，但理解本身却必须通过艰难的个人领悟行为才能获得，而个人领悟行为的结果则必定是不可言语表达的。[31]

现在，我们看到了言语表达的两个缺点，这两个缺点相互区别但又 90
密切相关。当我骑自行车或认出自己的雨衣时，我不知道这些知识的细节，因此也不能说明它们是什么。另一方面，当我知道一个复杂的三维聚合体的局部分解结构时，我知道并能描述它的细节，但无法描述这些细节相互之间的空间关系。在这两种情况中，言语表达的局限性也相应地有所不同。在用指导原则来解释认知技艺时，这些指导原则永远不能充分揭示这个技艺的附属细节，所以，言语表达能力在这个阶段就已经受到了限制。对于空间局部分解结构的言语表达却没有受到这样的限制，其附属细节是完全可知的。这里的困难完全在于随后对于这些细节的整合，而言语表达的不充分完全在于这种整合过程缺乏形式化的指导。医科学生要完成领悟行为，从而最终获得关于局部解剖学结构的知识，在这里，所需要的智力等级在一定程度上限制了他对于这种局部解剖学的言语表达。

这种不可言传的技能知识领域，在不可言语表达方面与动物及婴儿所具有的知识是连续的，正如我们已经看到的，他们都有能力重组他们的不可言语表达的知识，并将其用作自己的解释框架。通过解剖去探索一个复杂局部解剖结构的解剖学家，事实上像是在迷宫里奔跑的老鼠那样在使用自己的智力；而且，由于他对自己以这种方式而知道的东西不能比老鼠知道得更多，所以在这方面，他对局部解剖学的理解跟老鼠对迷宫的理解也是相似的。一般来说，我们可以说，通过获得一种技能，无论这种技能是肌肉的或是智力的，我们就获得了一种无法用语言来表达的理解，这种理解与动物的不可言语表达的功能是一致的。

我以这种方式**理解**的东西对我自己来说是有意义的，它本身就有这种意义，而不是像符号那样因为指示某物而具有意义。我之前把这种意义称为存在性意义。[32]由于动物并不拥有能指示任何事物的语言，我们可以把动物所能理解的那种意义全部视为存在意义。符号的学习，
91 作为迈向指称功能的第一步，只是存在意义的一个特例，但是，当我们要研究构成一种语言的、经过精心选择的符号体系时，我们就必须承认，这些符号具有指称意义，这种指称意义并不是事物或行动的确定语境本身所具有的。[33]

既然我已经对不可言传性作了比较详尽的论述，我们就更容易理解：为什么“不可言传性”这一观念既不是不可能的也不是自相矛盾的。断言我拥有不可言传的知识，这并不是要否认我可以谈论这种知识，而只是否认我能充分地谈论它。这一断言本身就是对这种不充分性的评价。我刚才所作的那种反思，并回顾一下我们不能充分说明的知识的细节内容，就证实了我们对相关事例的言语表达的不充分性。

当然，这些反思必须最终诉诸对于不充分性的理解。通过坚持获得更大的确定性并对这种尝试的最终失败进行反思，它们并不是试图消除而是更生动地唤起我们对于言语表达之不充分性的理解。

我相信，我们应该承认自己有能力评价自己的言语表达。事实上，我们对于精确性的一切努力都暗示着我们对这种能力的依赖。否认或甚至怀疑我们拥有这种能力，将会使我们没有信心去试图正确地表达自己。如果我们不承认这一能力，词语就不能作为言语表达而被连贯地使用。这并不暗示着这一能力是完美无缺的，而仅仅意味着我们能够行使它，并最终必须依靠于我们对它的使用。如果我们要说话，我们就必须承认这一点，我相信这是我们义不容辞的责任。

（2）我们有能力把我们知道的东西与我们对它所作的言论区分开，在承认这点后，我们很容易把听到一则信息与知道它向我们传递的内容相区分。[34]关于这点，我们可以再回忆一下，在刚读完一封信时，我并不知道信是用哪种语言写的，尽管我准确地知道信的内容。[35]我所获得的知识是那封信的意义。这种知识或者意义在其隐默性方面类似于我描述为不可言传的那种知识，但由于这种知识是来自言语的，所以与后者有深刻的不同。在我阅读信件的时候，我有意识地觉察到了它的文本以及文本的意义，但我对文本之觉察仅仅是我对意义之觉察的工具，所以相对于意义来说，文本是透明的。在放下信件之后，我对信的文 92
本失去了有意识的觉察，但由于我对于信件的内容具有不可言语表达的知识，所以我仍然保持着对文本的附属意识。[36]因此，隐默知识不仅在超出言语表达能力的时候明显存在，而且甚至在它与言语表达刚好同时发生时也明显存在，就像我们刚才通过倾听或阅读一个文本而获得隐默知识时它明显存在着的那样。[37]

甚至在听演讲或阅读文本时，我们的注意力焦点是被引向词语的意义，而不是被引向作为声音或纸上符号的词语。实际上，说我们阅读或者聆听一个文本，而不是仅仅看见或听见它，这正是暗示着我们的注意力焦点是看或听的词语所表示的东西，而不是这些词语本身。

但是，词语仅仅传达先前习得的意义，这一意义可能会因其目前的用法而有所修改，但通常不会在这种场合下被首先发现。无论如何，我们关于词语所表示的事物的知识主要是通过经验而获得的，与动物认识事物的方式相同。而词语获得其意义是通过先前对这些经验的指称，或者我们亲身听别人说出，或者我们自己这么使用。因此，当我通过阅读信件而获得信息并思考这封信的信息时，我不仅附属地意识了它的文本，而且还意识到了文本中的词语过去出现过的所有场合，而我正是通过这些场合来理解这些词语的。这一附属意识的全部内容就以信息的方式作为焦点而呈现出来。作为关注焦点的这一信息或意义并不是某种实在的东西，而是由文本所唤起的观念。**这种观念是我们注意力的焦点，同时我们附属地关注文本和文本所指示的对象。**因此，文本的意义在于对所有相关的、工具性的已知细节的焦点领会，正如行动的目的在于对其工具性使用的细节进行协调支配。这就是为什么说我们**阅读**文本，而不说我们**观察**文本的原因。

焦点意识必定是有意识的，而附属意识则可以有不同等级的意识。在阅读文本或聆听演讲时，我们对文本或演讲有一种完全**有意识的**附属
93 知觉，即使我们仍然有意识地觉知到了文本的信息，这种信息一直是我们关注焦点。因此，不管我们是否有意识地记住这些词语，词语与思维之间的关系都不变。这使得我们同意雷维兹（Révész）的观点[38]：“非言语的”思维能够并且常常是建立在语言之上的，不过我不同意把一切不可言说的心理过程看成是缺乏思维的特征。随后我还会进一步讨论这一点。

（3）我已经展示了一个领域，在其中知识和思维从根本上必定是隐默的，以及另一个领域，在其中我们的注意力所关注的隐默成分是我们正在倾听或已经听到的言语的意义。[39]我们现在要进入的深邃领域是由**不能被充分理解**的符号操作形成的，这些操作可以是：

（a）摸索，随后将被我们的隐默理解所纠正；

（b）开拓，随后将被我们的隐默理解所**延续**。

更准确地说，在这两种情况中，我们所指的都是心灵的某种不安状态，这种不安是由于我们感觉到自己的隐默思维与符号操作并不一致，这使得我们必须决定应该依靠这两个方面的哪一方，以及我们应该根据哪一方面来纠正另一方。

这两种不一致的第一种情况出现在儿童学习说话的时期。儿童常常受到新的言语表达技能的阻碍，而不是得到它们的帮助，因为他们没有完全掌握如何运用。皮亚杰曾指出，儿童经常发现一些难以处理的言语问题，尽管他们知道，并很长时间以来就知道如何解决与这些言语问题相关的实践问题。他得出结论：在思维的言语层面，所有的逻辑操作都必须完全重新学习。[40]

把我们的思维用言语形式来表达，由此所获得的益处最终远远超过这些最初的缺点，但是，我们在采纳一个言语式解释框架时，仍然有一定的错误甚至严重错误的可能性。因此，这种风险内在于所有更高形式的人类推理运作中。动物会犯错，兔子掉进陷阱，鱼儿上渔夫的钩，这样的错误可能是致命的。但是，动物的错误不是来自复杂的错误解释体系，因为这样的体系只能用语言来建构。万物有灵论、巫术信仰、神谕及禁忌在原始人中普遍流行，在儿童时期也能发现类似的迷信倾向。当迷信被哲学和神学或数学和自然科学所取代时，我们又一次陷入种种新的谬误体系之中，这是我们的数学、科学、哲学或神学的 94
实践永远不能完全避免的。让自己委身于符号操作的心灵获得了具有无穷力量的智力工具，但它的运用却使心灵可能受到危险，这些危险的范围似乎也是无限的。隐默能力与言语表达之间的鸿沟，会在任何地方都产生健全常识与可疑复杂体系之间的分裂，而动物却没有这样的情况。

语言哲学流派想通过对词语运用的更严格控制来消除这种不确定性。但是，你不可能从思维的形式化中受益，除非你允许你所采用的形式体系按照其自身的操作原理而运作，但这样的话，你必须使自己服从这种运作，并承担起被引向错误的风险。想一想各种新的数是如何产生的：无理数、负数、虚数、超限数，它们都是把通常的数学运算扩展到未探索过的领域之产物。这些数最开始都受到批判，被认为是毫无意义的，但最终都得到承认，并用来表示新的重要数学观念。这种惊人的收获来自对数学符号的推理运用，并且最开始并没有带着什么目标，这些收获提醒我们，形式体系的主要成果可能在其完全未规定的功能中，在最有可能滑向谬误时显露出来。哥德尔(Gödel)已经证明了，数学公式的范围是不确定的，也就是说在像算术这样的演绎体系里，我们无法确定组成该体系的任一组公理是一致的还是相互矛盾的。[41]如果我们要在任何这样的体系中说出什么，就必须让自己承担起可能是完全胡说八道的风险。

这一点也适用于应用于经验的普通语言。普通语言包含描述性词语，每个这样的词语意味着某种概括，这种概括断言了它所指涉的某种特征的稳定性或重复出现性；并且，正如我们已经看到的(p.80)，一组重复出现的特征之实在性的证据构成了一种宇宙论，这种宇宙论被语法规则所增强，而词语则根据这些语法规则组合起来并形成有意义的句子。只要这一宇宙论是真实的，我们会发现，它和其他真实理论一样，预示着比其创立者人所拥有的甚至能想象的更多得多的知识。作为这种情况的一个粗略模型，我们可以回忆一下，甚至一张很小的地图是如何把原始输入的信息增大上千倍。此外，事实上，一个人可以用这样的一张地图来研究的有意义和有趣的问题的数量还要比这多得多，
95 而且是完全不可预见的。我们更不能预先控制名词、形容词、动词和副词的各种排列组合方式：它们有意义地组合在一起形成新的肯定句或疑问句，因而，像我们将会看到的那样，使这些词语本身在这些新的语境中进一步发展它们的意义。因此，语言思辨可以源源不断地揭示真实知识和新的重大问题，正如语言思辨也可以产生一些纯粹的诡辩一样。

我们如何区分这两者？在现阶段，这个问题还不能完全回答。但根据前面已经作过的论述，我们至少可以大概看出必须用什么方法来作出决定。有三件事情必须牢记在心：**文本**、文本暗示的**观念**，以及与

此相关的**经验**。我们的判断是通过试图调整这三者而作出的。不能从以前的语言使用中预测结果，因为结果中可能会涉及某种决定，从而反过来矫正或修改语言的使用。其次，我们可以决定继续我们以前的用法，并根据我们的文本所暗示的某些新观念来重新解释经验，或者至少设想出新的问题来使经验得到重新解释。第三，我们也许认为这个文本完全没有意义而决定放弃它。

这样，说一种语言就是让自己陷入一种双重的不确定性之中，这种不确定性来自我们对语言形式体系的依赖，以及我们自己对与经验相关的形式体系的持续反思的依赖。因为，正如由于我们的所有知识在根本上都具有隐默性，所以我们永远不能说出所有我们知道的一切那样，由于意义的隐默性，我们也永远不能完全知道我们所说的话隐含着什么。[42]

第六节　隐默同意的诸种形式

在进一步论述之前，我必须暂时回到我为本书第二编和第三编所设定的研究计划。在那里，我建议让真理的概念符合于以下三个从一开始就变得很明显的事实：

（1）人类赖以超越动物的几乎所有知识都是通过语言的使用而获得的。

（2）语言的操作最终依赖于我们的隐默智力，它与动物的那种能力是连续的。

（3）这些不可言语表达的(inarticulate)智力行为，通过认可它们自身的成功，而力图满足自定的标准并得出自己的结论。

我已经把这些决定性的言语表达之隐默因素追溯到动物学习的三种 96
基本类型，但这并不能解释我们在追寻知识和获得知识的过程中深入的个人参与。这种求知努力(有点自相矛盾地)既塑造了我们的理解，又承认这种理解是正确的，其根源必定在于某种能动的原则。事实上，它源于我们天生的感知力和警觉性，这已经在最低等动物的摸索动作和欲求内驱力(appetitive drive)以及更高级的感知能力中表现出来了。在这里我们发现了目的和注意力的自我运动式和自我满足式的冲动，这些冲动先于动物的学习，并且它们本身促成了动物的学习。这些功能都是更高级的智力追求的最初原型，它们在寻求言语表达性的知识之过程中寻求满足，并通过自己的同意来认可它。在开始讨论这些原型的过程中，我们必须从智力努力的高级形式到低级形式，相应地，我们将先讨论感知然后处理内驱力的问题。

显然，感知是这样的一种活动：它寻求满足它为自己设定的标准。当观察者的注意力指向一个物体时，眼部肌肉调节着晶状体的厚度，以便产生关于这个物体最清晰的视网膜成像，眼睛把以这种方式看到的物体之成像当作是正确的，并把它呈现给观察者。这种努力预示了我们如何通过尽可能地寻求具有最大清晰性的框架概念，来寻求获得理解并满足我们对它的渴求。

但是，在形成我们所看到的东西时，轮廓的清晰度并不总是处于支配性地位。埃姆斯(Ames)及其学派已经证明，当一个处于无特征的背景中的网球膨胀时，网球看起来像是大小不变，而距离却越来越近。[43] 这种错觉似乎是由于这样事实：在这个例子中，我们将眼睛的视野调近，即使这样物体就失去了焦点。更糟糕的是，我们同时增加了眼睛的会聚度，使得两个视网膜成像从相应的位置上偏移，这通常会使我们把物体看成两个。在这时，为了满足把物体看作是以合理方式来运动这一更迫切的要求，我们的视网膜成像的质量与位置的这种缺陷就被眼睛所接受。由于网球被普遍认为不能被膨胀到足球那样大，所以，一个能变这么大的网球就必定被视为正在靠近我们，尽管在形成这种感知的过程中，眼睛必须推翻它平常看作具有约束力的正确性标准。

在形成膨胀球体的影像的过程中，我们所遵循的规则是我们在婴儿时期就教会自己的规则，当我们最开始经历摇铃靠近我们的眼睛又被移开的情形时，这个规则就被学会了。我们必须作出以下选择：是看到摇铃交替地变大和变小，还是看到它大小不变而距离发生改变？我们 97
接受了后一种假设。这种观看方式使我们最终形成了一个普遍的解释框架，即假定物体是普遍存在的，从不同距离和不同角度观看时，它们的大小和形状保持不变；在不同的照明度下观看时，它们的颜色和亮度保持不变(见前文 p.80)。

为我们理解宇宙奠定基础的这种巨大普遍化，是我们与高等动物的共同之处。它们天生的感觉器官和我们的一样，都设定了相似的正确观察标准。正是这个原初标准使我们在前面提到的膨胀球体的例子中，抛弃了我们视网膜图像的相反证据。事实上，它通过视觉调节的错位作用，诱导我们主动地介入“球体靠近眼睛”这一虚假证据的产生过程，而丝毫不顾这样做会破坏我们视网膜成像的清晰度及双目对应性。这个过程清楚地说明了感知的能动原则，它试图在视觉感知的所有线索之间建立一种融贯性，使得我们能根据所见之物而附属地知觉到这些线索，这将会让我们为真正领会了所见之物而感到满足。[44]

从更大的角度来看，看到膨胀球体靠近我们眼睛的当下经验，似乎仅仅是我们一生所经历和塑造的经验链条中的最近一个，我们对每一个经验都作出了反应，尽可能地去理解它，而现在这些经验在塑造和领会当下经验时都在附属地发挥其效用。因此，膨胀球体所提供的感知线索就与过去的大量线索一起被评估，尽管过去的线索已经被遗忘，但仍然有迹可循。

根据我们的知觉而确立感知线索之意义这一过程，非常相似于以下过程：我们在生命历程中把指示词(denotative word)应用于一系列可识别的实例，从而塑造了这些词语的意义。事实上，这种语言上的识别，主要是以我们对不同距离、不同角度和不同照明度下的物体的感官识别为基础，并且它仅仅是把蕴含在我们的感官解释中的宇宙论扩展到一个更广泛的理论，这一广泛理论又蕴含在我们用以谈论事物的词汇之中。

格式塔心理学给我们提供了很多有用的证据，表明知觉是从整体上

对线索的领会。但是知觉通常是自动运行的，格式塔心理学家却有倾
98 向性地收集特定类型的例子，以证明进行知觉时知觉者不作任何有意的努力，甚至在知觉者后来对结果进行反思时，知觉也是不可更改的。由此，视错觉被归类为真正的感知，两者都被描述为对一个综合整体同时进行刺激而产生的平衡。这种解释没有给意图性努力留下任何空间，而正是这种努力促使我们的知觉在追求知识的过程中探索和评估提供给我们的感官的线索。我相信这是一个错误，并将在第四编详细说明为什么把那些使用感官的人看作理智判断的核心。在本阶段，回顾一下这种能动的个人参与的某些特征就足够了。[45]我们可以从警觉性的表现中认识到这一点，我们可以通过警觉性来区分警觉的动物与因疲劳或神经紊乱而变得无精打采的动物。只有当我们能够激发动物对其处境的兴趣，使其意识到通过努力使用观察力就可以解决问题时，符号学习实验才能成功。当然，这可以通过提供奖励来实现。但是动物一旦学会了一个技巧，它就不为奖励而只为乐趣去重复这一技巧，这表明它在解决问题时的愉悦具有纯智力的成分。实验也证明，甚至在没有奖赏的情况下，迷宫的学习仍然持续进行。动物在理解其周围环境而遇到困惑时，智力会自发地进行运作。[46]

现在，我将回到动物的求知激情的这些原初迹象。对于我们自己，我们应该清楚地知道观看物体的乐趣、新奇事物引起的好奇心；我们为了弄清我们看到的是什么时的紧张感，以及某些人具有敏捷目光和敏锐观察力时所获得的巨大优越感。我相信我们应该承认这些感官活动是我们共有并且依靠的正当努力。我们根据自己的合理性标准来理解自己的经验，这种天赋能力也应该使我们认识到感性知觉对言语知识之隐默成分所作的普遍贡献。最后，这种天赋能力应该恰当地调节我们以言语表达形式来承认真理的方式。

上述对感知的分析涉及一个传统的问题：物体是否等同于它对我们的感官所产生的印象之聚合体？赖尔(G. Ryle)的语言学分析认为这个问题是荒谬的，因为感观印象本身是不可观察的，我们观察的只是物

体。[47]这是正确的，但问题依然存在。因为我们可以“看到”物体而不必观察它们。婴儿可能总是以这种方式来看物体的。新生婴儿经验到外部世界时，并没有在理智上进行控制，因为婴儿对指引他考察和识别 99
外部物体的器官缺乏整体的控制。他的视线不能有效地聚焦，他的眼睛茫然地望着周围的事物。所以，他只能看到没有确定形状和大小的色块，这些色块呈现于不确定的距离上，其色彩和明暗都在不断变化。在遇到足以使人产生错觉或完全新奇的对象时，成人也只看到一团团的色块。从小失明的人后来通过手术获得视力后，他们必须艰难地学习如何去识别物体。相似地，在黑暗中长大的黑猩猩需要几个星期的练习，才能看清即使是如此具有吸引力的东西，例如喂养它们的奶瓶。[48]另外，刻意的凝视也可以把物体分解为很多色块。[49]因此，当我们从对一个物体进行注目凝视过渡到对其进行观察，我们是在肯定某些我们未曾见过的东西。这是一个包含寄托的行为，它可能被证明是被误导的。它根据对色块的附属知觉——这些色块以前曾在凝视行为中被经验到的，而确立了被经验到的现实之概念。

如果说感知预示着我们对事物的所有认识的话，那么，内驱力的满足就预示着所有实践技能，而这两者总是交织在一起的。为了满足我们的欲望和避免痛苦所做的努力是由感知引导的；由于这些努力使我们的欲求(appetites)得到满足，这就反过来是一种确定事实的方式，即某些事物满足了我们的欲求。内驱力的追求是一种静默的探索，其成功将导致一种静默的肯定；如同感性知觉那样，获得信息的过程本身也从自己的角度选择与它所指涉的事物并使它们互相联系，并按照它们与自己的动机的关系来对它们进行判断。虽然我们由此获得的信息——如通过吃饭、吸烟和做爱——必然以作为主体的我们自己为中心，但是，这些信息实际上必定进入我们关于世界的言语表达性图景之中。对于一个完全没有欲求、痛苦或舒适的没有肉体的求知者来说，我们的大多数词汇都会是不可理解的。因为大多数名词和动词要么涉及生物，其行为只能根据驱动它们的内驱力之经验来进行评价，要么涉及人为了自身的使用而制造的事物，这些事物也只能通过它们所满足的人类需求之理解才能得到评价。

内驱力的满足和感知是两类智力行为的基础，这两类智力行为在更高的尽管依然还是非言语表达的层次——即实践学习和认知学习这两类学习中——表现自身。第一类学习（**A 类**）通过掌握新的手段—目的关系
100 而扩大内在的感觉—运动机能，而第二类学习（**B 类**）则在学习新的符号—事件的过程中利用了动物的天生感觉能力。

第三类学习（**C 类**），动物因此来理解和控制复杂情境，这种学习使用了它的运动能力和感觉能力——后两者是原始的概念操作的一部分。我们可以在动物的探索行为和持续的平衡调节（如被头脚颠倒时恢复其正常体位的策略）中认识这种联合操作的最早雏形。这些内驱力使动物保持着其自身内部以及它与环境之间关系的合理融贯性，并预示着动物在更发达的智力水平上对其他的“部分—整体”关系的学习。

所有这些非言语表达的成就都受自我满足感的引导。我们的感官的适应，我们的欲求与恐惧感的驱动，我们的运动、平衡和矫正的能力，以及非言语表达的智力从这些努力中发展出来的学习过程，只有在我们认为它们有资格按照它们给自己设定的标准来行动，并且对这些行动进行隐含地同意时，它们才能成为其所是，才可以被说成是实现了它们想要实现的目的。因此，在我们的言语表达能力所起源的亚智力（sub-intellectual）努力的任一环节中，或在我们的智力的任何非言语表达的技艺中，我们都依赖于我们自身的隐默行为，并且我们都默许了这些行为的正确性。

第七节　思维与言语（二）：概念的决定

现在，我们可以开始去认识隐默能力的本质，这种能力最终阐明了我们如何通过言语表达而获得的所有知识增长，以及使用这种能力的冲

动的本质。我们已经在思维与言语之间的三种不同关系中看到这一能力的不同表现方式。在不可言传的领域，它理解了言语所传达的少量线索；在倾听容易理解的文本并记住它的信息时，它所掌握的概念构成了我们的关注焦点；最后，它被认为是重新调整思维的隐默成分和形式成分的操作中心，如果没有这种调整，那么思维会由于复杂进程而陷入分离。在所有这些情形中，我们所依赖的能力是我们理解一个文本及其所指事物的能力，而这种理解是发生在作为文本之意义的概念范围内。

我们已经看到，在我们的眼睛和耳朵中，在我们的恐惧和欲求里，寻找线索并理解线索的冲动是如何总处于警觉状态之中。理解经验的冲动，以及指示经验的语言，这两者显然都是实现理智控制这一原初努力的延伸。我们的概念之形成是被理智的不适感所驱使，从模糊到清
晰，从不连贯到理解，如同我们的眼睛受到不适感的驱动而努力看清所 101
看到的事物，从而使它们具有连贯性一样。在这两种情况下，我们都会找出某些似乎暗示着某个语境的线索，在这个语境中这些线索可以作为其附属细节而被理解。

这也许可以解决以下悖论：我们在智力上极大地受惠于言语表达，尽管一切言语表达(articulation)的焦点都是概念性的，也受惠于语言(language)，语言在这一焦点中仅仅起着附属作用。因为，在言语(speech)*被正确理解以后，言语所传达的概念使我们同时知觉到言语指涉某物的方式以及这些事物自身的构成方式，所以，除了学会认识言语所意指的东西以外，我们永远无法学会说话。因此，尽管我们的思维是关于事物的而不是关于语言的，我们还是在一切思维中都知觉到语言(只要我们的思维超过动物的思维)，既不可能在没有语言的条件下拥有这些思维，也不可能在没有理解我们在思维中关注的事物的情况下理解语言。

---

* 在本书中，“言语”和“言语表达”两个概念的意思较为接近，在一定程度上可以相互替换，在本书的翻译中，有时也是相互替换的，而没有严格区分。语言是指形式化的、确定的语言系统，而言语或言语表达则是指非形式化的、不确定的、不可言传的意义和形式化语言系统的综合。——译者注

举个例子，类似于我们在阐述不可言传的东西时所举的局部解剖图的例子，来说明在语言学习过程中理解行为的这种双重运作。想象一个医学生参加了肺疾病的 X 光诊断课程。他在暗房中观察放置在病人胸前的荧光屏上的阴影，并听到放射科医生用技术语言向他的助手们评论这些阴影的重要特征。起初，这个学生完全困惑了，因为他只能在这幅胸部 X 光片上看到心脏和肋骨的阴影，以及它们之间的少量蜘蛛状斑点。专家们似乎是在胡编乱造。他看不到专家们所说的任何东西。然后，当他继续听了几个星期的课程，仔细观察了不同病例的新 X 光片，他开始有了一点理解。他会逐渐忘记那些肋骨，开始看到了肺部。最后，如果他能用心坚持下去，一幅具有重要细节的全景图将会呈现在他眼前：生理变化、病理变化、疤痕、慢性感染和急性疾病的症状。他进入了一个全新的世界。他仍然只看到专家们所看到的一小部分，但现在这些 X 光片对他来说肯定是有意义的，专家们的大多数评论也是如此。他即将领会所教的东西；他的认识豁然开朗。因此，当学生学习了肺放射学的语言时，他也会学会理解肺放射学。这两者只能同时发生。一方面是难以理解的物体，另一方面是指示该物体的难以理解的文本，我们所面对的问题的这两个方面，同时引导着我们努力去解决它们，通过发现一种包含着对词语和事物进行综合理解的概念，可以使这些问题最终得到解决。

但是，言语和知识的这种双重性是**不对称的**，在非言语表达的层
102 面、在知识和以知识为基础的行为之间的区别（在动物的学习中已经很明显）中，这种双重性可以被预见到。我们在那里已经看到，根据动物在训练后所面临的情境，那种被称为隐性学习的知识之获取可以通过若干行为而表现出来。事实上，一旦动物学会了一些新的东西，它随后的每一个反应都可能会在某种程度上受到它先前获得的知识的影响：这一事实被称作学习转移。很容易看到，即使通过言语获得的知识也具有“隐性”的特性。用词语表达知识，就是以我们对这种隐性知识的拥有为基础而作出的行为。

以医学知识为例，虽然医学术语的正确运用不可能完全脱离于医学知识，但是，即使一个人忘记了医学术语的使用方法，他也能记得很多医学知识。我改变了我的职业，从匈牙利移居到英国，我已经忘记了在匈牙利学到的大部分医学术语，也没有学过其他任何相应的术语；但是，我再不会像我在学习放射学之前那样完全不懂地观看一幅例如胸部透视这样的肺部X光片。我的医学知识被保留了下来，就像我还记着信中的信息一样，即使传达这两种知识的文本已被我完全遗忘。因此，谈论这一信息或医学问题，是以知识为基础的一种行为，而且它确实只是能表现这种知识的若干可设想的行为中的一种。我们摸索着用词语来表达我们所知道的东西，我们的词语在这些基础上相互贯通。沃斯勒(Vossler)写道：[50]“真正的言语艺术家始终意识到语言的隐喻性，他们不断地用一个隐喻来纠正和补充另一个隐喻，允许自己的词语互相矛盾，而只关注自己思维的统一性和确定性。”汉弗莱(Humphrey)[51]则正确地把用无限多种的口语词汇来表达知识的能力，与老鼠在无数次不同行动中表现出的对迷宫的认知能力相提并论。

第八节　受教育的心灵

在本书即将付梓之时，唐纳德·凯洛格也许已经完成他的大学学习，他也许将成为一位能干的医生、律师或牧师，也许他注定要成为医学、法律或神学方面的权威，或者成为一位先驱者，其伟大业绩将启迪之后的数代人——但他一岁半时的小伙伴及智力对手，名为“瓜”的黑猩猩，却永远无法超越他们在婴儿时期就已达到的智力水平。通过运
用非言语表达的能力，唐纳德获得了他所有的高级知识；他们两者都具 103
有实践、观察、解释这三种天赋，唐纳德之所以超越瓜，主要原因在于他能把这三种天赋结合起来。他运用了言语、印刷和其他语言符号的操作原则，甚至可能会以自己的发现来扩大这一知识遗产。

通过教育而获得的知识是多种多样的，可能是医学知识、法律知识等，或者仅仅一个受过教育的人所具有的一般知识。我们清楚地觉察到我们知识的广度和专业性，尽管在焦点上我们几乎觉察不到知识的无数细节中的任何一个。对于这些细节，我们只是在把握它们所构成的主题的基础上，才对它们有所觉察。这种意义上的把握类似于一个人认识一幅复杂的局部解剖图的非言语表达性的知识，但其范围因言语及其他语言标识的帮助而被扩充。语言标识所特有的可管理性使我们能与大量的经验保持联系，在需要时能确保我们获得经验的无数细节。所以，对教育的意识最终在于我们的概念能力，不管这些能力是直接应用于经验还是以某种语言指示体系为中介。教育是**隐性的**知识，当我们理解基于这种知识的理智能力时，它才被附属地知觉到。

我们的概念能力在于我们能够识别出自己认识的事物的新实例。我们的概念框架的功能类似于我们的感知框架的功能：感知框架让我们看到如此这般的新事物；它也与我们的欲求功能相似：欲求让我们能认识满足我们欲求的新事物。它看起来也类似于实践技能的功能：随时准备迎接新的情境。我们可以把全部这些官能——我们的概念和技能、我们的感知框架和内驱力——组合形成一种综合的预期能力。

因为整个世界的事物之状态每时每刻都在明显地更新，所以，我们的预期总是必定会遇到某种程度上崭新的和未曾经历的事物。因此，我们发现自己同时依赖于自己的预期和调节预期的能力，以适应崭新的和未曾经历的情境。这同样适用于技能的运用、感知的形成甚至欲求的满足。当我们现有的框架处理它预期的事件时，它就必须在某种程度上相应地修改自身。对于受过教育的人来说，情况更是这样。通过吸收新的经验来不断丰富和更新自身的观念框架之能力，是理智人格的标志。所以，我们对一系列事物进行理智控制的意识，一方面需要有对于某些这种事物的预期，这种事物在某些不可详细说明的方面是新颖的，另一方面还需要我们通过恰当地修改我们的预期框架，从而能够依靠自身来成功地解释这些事物，并且把这两者结合起来。

这绝不是自明之理，而是我们的主题的关键所在。我们的思想比 104
我们所知道的要深刻得多，并且出人意料地向后人展示出它们的重要意义，思维这种奇特之处已在本书的第一章被认为是客观性的标志。哥白尼部分地预见了开普勒和牛顿的发现，因为他的体系的合理性是不完全地展示在他面前的实在世界的一种暗示。同样，约翰·道尔顿(以及在他之前很久的原子论的众多先驱们)看到并描述了实在世界的一个模糊轮廓，现代原子物理学已经在精确可辨别的细节中对其进行了揭示。我们也知道，通过揭示一些未曾预见的含义或经过令人惊讶的普遍化后，数学概念往往才能给后代显示其更深层的意义。此外，数学的形式体系可以以全新的、不受约束的方式运作，并迫使我们犹豫不决的头脑去表达一个全新的概念。这些重要的理智技艺在很大程度上证明了我认为概念所具有的能力，即在未曾经历过的情境中超越任何明确的预期而进行理解。

我们为什么把生命与思维指引托付给我们的概念？因为我们相信它们明显的合理性来自它们与实在领域的接触，它们把握了实在领域的一个方面。这就是为什么当我们形成一种概念时，我们心中的“皮格马利翁”总是准备从他自己的创造中寻求指引；然而，即使是在接受这种指引的时候，他也还是要根据他与实在的接触，随时准备重新塑造他的创作。我们授予已接受的概念以凌驾于我们自身的权威，因为我们认为它们暗示着——这种暗示是从我们通过它们而与现实进行接触中所获得的——一系列不确定的未来新情境；我们希望通过依靠我们自己在与实在的不断接触中所作的判断，从而进一步发展这些概念，并由此把握这些未来情境。在这里，自我设定标准的悖论被重构为以下悖论：我们的主观自信心声称认识了客观实在。这使我们向真理的最终概念迈进了一大步，在其中我将寻求建立我的心灵平衡。不过，现在让我再谈一下手头的问题吧。

第九节　语言的再阐释

我已经表明，受过教育的心灵的大部分知识以词语线索为基础。因此，它的概念框架主要将通过听和说来得到发展，其概念的决定通常也需要以一种新的方式来理解和运用词语的决定。无论如何，每次使用语言来描述变化着的世界中的经验，都是把语言运用于某种程度上未
105 曾经历过的题材之实例，因此也在某种程度上既改变了语言的意义，也改变了我们的概念框架的结构。[52]当我谈到作为一种技艺的符号指示(p.81)，并认为词语的意义赖以确立的生命过程类似于我们对感官线索的解释和再解释过程(pp.98—100)时，我对此已有过暗示。关于可识别为相同场合的话语被重复说出，不管每次我们是听到这些话语还是自己说出，它的意义发生了一些变化，如果我们对这种变化的方式进行更全面的分析，那么我在前面就提出的暗示就会得到巩固和发展。

语言的重新阐释可以发生在许多不同的层次上：(1)学习说话的儿童进行的语言再解释是**接收性**的；(2)诗人、科学家和学者可以提出语言**创新**，并**教会他人**使用；(3)语言的再解释还发生在日常语言使用这一**中间**层次，在其中不知不觉中对其进行了修改，没有产生自觉的创新努力。

我将依次处理这三种情况。但我必须先提一下另外一个线索，它在这里可以给我们提供指引。皮亚杰把将一个新实例归属在已接受概念中的过程描述为**同化**(assimilation)，把为了处理新经验而形成的新的或修改过的概念的过程称为**适应**(adaptation)。[53]我将用这两个术语来描述两个相关的运动，通过这两种运动，我们同时运用和重新塑造我们的观念；因为我认为，这两者的结合对一切概念决定来说是必要的，尽管在任何特定情况下这两种特性中的一种可能占据主导地位。

用固定的解释框架来同化经验和调整这样的框架以便包含新的经验

材料，当这种框架可以用言语来表达的时候，这两者的区分就获得了新的更准确的意义。前者代表着按照严格规则客观地使用语言的理想；后者则依靠说话者的个人参与，来改变语言规则以适应新的场合。前者是一种常规行为，而后者是一种探索式行为。前者的范例是计数，它的解释框架——用于计数的数字——始终不变；后者的典范可以从诗句或包含新概念的新数学符号的独创性中发现。理想情况下，前者是严格可逆的，而后者基本上是不可逆的。因为要改变我们的习语，就是要改变我们以后用来解释经验的指称框架，是在改变我们自己。不同于我们可以随意重述并追溯其前提的形式程序，它必须转向新的前提，而这些新前提却不能通过任何严格的论证从已有前提推导出来。 106
它是一个源自我们个人判断的决定。它改变了我们判断的前提，从而改变我们的理性存在，以便使我们自己更满意。

但是，这种满足自己的冲动并不是纯粹的自我中心主义。在言语中和讲述的经验中，我们渴望获得更大的清晰性和连贯性，从而寻求我们今后可以依赖的问题之解决办法。我们渴望发现某些东西并把它牢固地确立下来。我们在这里所寻求的自我满足，只是应该普遍地令人满足的东西的一个标记。我们对自己的知识身份进行修改，期望获得与实在世界的更密切接触。我们冒险这样做，只是为了获得更稳固的立足点。这种预期接触的种种暗示是推测性的，它们可能被证明是虚假的，但它们并非像掷骰子打赌那样仅仅是猜测。因为取得发现的能力与赌徒的运气不同。它依靠于天赋的能力，这种能力通过培养而形成，并受理智努力的引导。它类似于艺术成就，就像艺术成就那样是不可明确说明的，但绝不是偶然或任意的。

这就是为什么我把指称行为称为一种技艺的原因。学习一门语言或修改它的意义是一种隐默的、不可逆的和探索式的技艺。它是我们的理性生活的一种转变，源自我们自己对更大的清晰性和连贯性的欲求，其出发点是，我们希望通过它来与实在世界建立更密切的接触。事实上，无论是概念框架、感知框架还是欲望框架，任何对预期框架的修改，都是一种不可逆的探索式行为，它改变了我们的思维方式、观察方式和评价方式，以便使我们的理解、感知或感觉更接近于真实和正确的东西。虽然这些非语言的适应中的每一种都会影响我们的语言，但我在这里将只讨论修改概念框架和修改语言框架两者之间的相互作用，这是我在本节开始时提到过的。

1. 在我提议用来说明“语言的再阐释”的三个层次中，第一个层次是儿童学习说话。对于成年人来说，儿童早期的语言猜测可能笨拙而愚蠢，但是，它所揭示出来的语言用法的猜测性却是所有言语必然具有的，并且一直存在于我们的语言中。一个孩子会指着在风中飘动的晾晒衣服而称之为“天气”，把固定衣服的钉子称为“小天气”，把风车称为“大天气”。在猜测词语的意义时，这种幼稚的错误概括被称为“幼稚的言语”，[54]但存在于成年人生活中的错误也和这种错误很相似。例如，似乎很少有人知道常用形容词“arch”具有“狡猾的”或“调皮的”的意思。即使受过非常良好教育的人也可能告诉你，它的意义是“油腻的”“讨好的”“讽刺的”或“假装贵族的”。在过去的几年中，
107 《读者文摘》每周都刊登十个不同的、大多数人都知道的单词，要求读者根据这些词所表示的意义来指出它们属于所列出的三种词类中的哪一类，但很少有人能正确地全部识别出来。对于那些最常用的单词，我们都有相对可靠的知识，但这些可靠的词汇却被大量一知半解的表达所包围，对这些表达我们不敢贸然使用。这种犹疑反映了一种理智的不安感，它促使我们探寻更大的清晰性和连贯性。

我已经表达了我的信念，即我们必须相信自己有能力评估自己言语表达的不足(边码 91)。现在我宣称自己具有这样的能力去认为：语言错误与对我们感到困惑的主题的误解紧密相连。一个孩子如果用“天气”这个词来表示雨、衣架和风车，他对天气的概念不能令人满意，因此也是不稳定的，所有这些不同的东西都混淆在这个概念中。我仍然记得我小时候有一个含混的概念，在这个概念中，面包和行李是混淆在一起的，因为我无法区分 Gebäck(面包)和 Gepäck(行李)这两个相

应的德语单词。戴伦·托马斯(Dylan Thomas)讲述他儿童时期对 front 一词两种意义的混淆，一个意思是指房子的门口，另一个意思是指法国的战场。[55]他对这种混淆所产生的奇怪后果感到好奇。“epicene”或“cynosure”等比较少见的词语在我们大多数人的心里会引起与毫不相干的线索相结合的混乱的、不确定的概念，这些概念大多是从发音相似的词语的含义中借来的。学者们正是这样不断地猜测像“arete”和“sophrosyne”这样的希腊词语所涵盖的意义*；他们的猜测遵循贴切性之标准，这些准则与儿童用来摸索着理解言语的准则相似。

2. 在自然科学的某个分支中，这种混淆可能会长期盛行，最后由于术语的澄清而得到解决。化学的原子理论是由约翰·道尔顿于 1808 年建立的，几乎立刻被广泛接受。然而，在这个理论被普遍应用的大约 50 年里，它的意义还是模糊不清的。1858 年，坎尼札罗(Cannizaro)精确地区分了三个密切相关的原子量概念：原子量、分子量和当量(化合价的重量)。这对科学家们是一种启示，因为在此之前，这三个概念的意义还是不确定的和可以互换的。坎尼札罗的解释框架的合宜性为我们对化学的理解带来了新的清晰性和连贯性。这种澄清是不可逆的；现在要重建化学家们在那半个世纪内使用的那些混乱概念(例如，它导致道尔顿拒绝阿伏伽德罗定律，因为它违背了原子化学理论)，就像在
谜底被揭穿后还被谜语迷惑一样困难。我们要记住，在梅斯默**最开 108
始出现后的近一个世纪内，科学界人士一直觉得要么接受“动物磁场”的错误说法，要么把支持这种理论的所有证据看作是虚幻或欺诈的，直到最后，布雷德提出“催眠术”这一概念才解决了这个虚假的困境。[56]埃里奥森这些催眠术的伟大先驱不幸成了先前流行的混乱的受害者，因为他们缺乏一个概念框架来把他们的发现跟似是而非和无法成立的杂乱观点区分开来。

---

* 类似于国学“小学”中音训，即根据读音来猜测古语的意义。——译者注。

** 梅斯默(Anton Mesmer，1734—1815)，奥地利人，于 1775 年左右他首先于维也纳示教催眠术。——译者注。

坎尼札罗和布雷德做出了概念性的发现，他们通过语言的改进巩固了这些发现；他们对自己的题材有更好的理解，使得他们能更恰当地谈论这些题材。这种语言创新与新概念之形密切相关，正同学会一种既定语言与获得关于这些题材的通行概念密切相关一样。如同幼稚的儿童言语一样，我们在自然科学中看到的混淆都是由于理智控制的不足，这种不足会引起不安，可以通过概念和语言的改革而得到弥补。

在这里我必须暂时偏离主题，去深入探讨一下在这些不同的情形下消除混淆的过程以及其他相关事项。无论是在儿童那里还是在科学家那里，文本与意义的分离都标志着心灵对某些问题有着疑惑。这种混淆的根源在于概念上。动物研究中有独立的证据表明，混淆可以出现在纯粹的无法言语表达的层次上。[57]而人类的混淆可能是语言上的，即它的发生不可能不涉及语言的运用：一个人在对自己行为之可能性进行推测时，会感到困惑，这种情况不可能发生在黑猩猩身上。然而，他的困惑与他在思考用自己的鞋带把自己提起来之可能性时所产生的困惑是一样的；尽管这种困惑**可能**被一个试图用自己的鞋带把自己提起的儿童或黑猩猩非言语表达性地体验到。

109 当一个儿童混淆了同音异义词或混淆了相似读音的词语的意义，或者虽然他早就知道如何在实践中找到某个问题的解决办法，但是对于这个问题的语言表述却使他感到困惑时，他对语言的运用就会使他以前已经隐默领会得很清楚的东西重新变得模糊。要纠正这种儿童式的故作高深，可以按照儿童先前对相关题材的非言语表达性的理解而教会他们理解和使用语言。现代分析哲学也证明这种方法可以适用于哲学。根据我们对相关主题的素朴理解来对哲学术语下定义，有时可以解决一些哲学问题。

但纯粹的推测性问题并不总是如此徒劳无功。例如，一个人推测用自己的鞋带把自己提起来，这个问题本质上与对永动机的推测是一致的。这种推测最终只有通过力学的发现才能获得解决，而这些推测也对力学作出了有用的贡献。爱因斯坦在小时候曾提出一个悖论：当一个观测者在实验室中以光速运动时，他所看到的光会怎么样？ 这个问题最终只有通过他自己改进的同时性概念以及同时建立的狭义相对论才得到解决。 同样众所周知的是，各种逻辑悖论和语义悖论对于推动逻辑概念的最新发展起到了关键作用。 我相信，各种哲学难题——正如我们能否预测自己的行动这个问题给我们提出的难题——的解决也可能导致重要的概念发现。[58] 事实上，我这本书正是以这样的根据为基础的。 我试图通过概念的革新来解决在我相信那些我可能会怀疑的东西时必然会出现的明显自相矛盾。

前面(边码 59)我已经指出，当文本与意义相分离时，我们必须选择是否要——

(1)(a) 改正文本的意义。

(b) 重新解释文本。

(2) 重新解释经验。

(3) 把文本看作无意义的而加以抛弃。

现在，(1a)的情形被看作既包含我们用以提高我们的语言知识的接收过程，又包含了如现代哲学所作的那样通过更严格的语言限制而消除言语迷惑的过程。 (1b)和(2)相结合的典型例子就是科学上的概念发现。 在数学中，不涉及经验的类似发现是可能的，稍后我还会探讨这个问题。 把一个文本视为无意义而加以抛弃，以及把它提出的问题视为伪问题而加以抛弃[第(3)种情形]，这是对文本的词语进行哲学澄清[(1a)的情形]的结果。

每一个这样的选择都涉及根据我们的明晰性和合理性标准来塑造意 110
义。 这样的选择构成了一项探索式的行为，它可能表现出最高程度的独创性。 我刚刚用坎尼札罗和布雷德的例子说明了这点。 但我还要再提一下恩斯特 · 马赫的例子，因为他的错误使人想起其他类似的例子。马赫谴责牛顿的“绝对空间”是毫无意义的：相对论的发现证明这一概念不是毫无意义，而是错误的。[59] 当庞加莱说**所有**固体的线性尺寸发生成比例的变化时，这种变化是观察不到的，因此没有无意义的，[60] 但是他忽视了由于物体的体积和尺寸的关系的相应变化而产生的一系列后果。在一段时间内，人们认为“洛仑兹-菲茨杰拉德收缩”基本上是不可观测的，[61]但这是错误的。说谎者悖论长期以来被认为只是一种诡辩，没有逻辑上的价值，[62]但后来却被认为是一个基本的逻辑问题。把一个问题当作伪问题而加以抛弃的解释行为，不可避免地充满着探索式决定具有的所有风险。

3.在日常应用中，语言不必受到任何尖锐问题的强烈刺激，就可以不断地被重新阐释。在科学上，一些相似的术语问题通常以相似的方式得到顺利解决。支配这些情形的一般原则我已经阐明，现在我复述如下。在这个不断变化着的世界里，我们的预期力总是要处理一些或多或少未曾经历过的情况，一般只有通过某种程度的适应，我们的预期力才能做到这点。更具体地说，由于一个词语被使用的每一个场合在某种程度上都不同于以前的每一个场合，所以我们可以预料到，在每一个这样的场合，词语的意义都会在某种程度上被修改。例如，由于没有任何一只猫头鹰和其他猫头鹰完全一样，所以，当我们说“这是一只猫头鹰”的时候，这个陈述表面上说出了我们面前的这只鸟的情形，但也说出了“猫头鹰”这个词的某些新东西，也就是说，说出了关于猫头鹰的一般性质。

这提出了一个尴尬的问题。我们改变词义以便使我们说出的都是真的，这一做法是否正当的？如果我们能够对着一只从未见过的，也许属于一个新物种的猫头鹰说：“这是一只猫头鹰”，并且在进行这个指称时我们对其意义进行了适当的修改，我们为什么不能同样地对着这只猫头鹰说：“这是一只麻雀”，来表示这是麻雀的一个新物种，即麻雀名下的一个从未被认识的新物种呢？事实上，我们为什么总是说这个东西而不是说那个东西，并且，我们为什么不随机选取一些描述词语呢？
111 或者，如果我们的词语要根据它们当前使用方法来被定义的话，那么，有任何陈述能说出超越“这是这”之外的意义吗？——虽然这句话明显是无用的。

我试图用精确科学中的一个例证来回答这个问题。当重氢(氘)于1932年被尤里(Urey)发现时，他把重氢描述为氢的一种新的同位素。在1934年英国皇家学会举行的一次讨论会上，同位素的发现者弗雷德里克·索迪(Frederic Soddy)反对这一观点，理由是他最初将一种元素的同位素定义为化学上彼此不可分离，而重氢在化学上可与轻氢分离。[63]没有人关注这一抗议，相反，“同位素”一词的新含义被默认。这一新意义把重氢包括在氢的同位素中，尽管它具有前所未有的属性，即在化学上它可以与其他同位素相分离。因此，“存在氢的同位素、元素氘”这一命题就得到承认，并重新定义了同位素一词，因此这一说法(否则将是错误的)成为事实。新的概念抛弃了先前公认的同位素标准，认为这是肤浅的，而仅仅依赖于同位素中的核电荷的同一性。

因此，我们认为氘是氢的一种同位素，这就确认了两件事：(1)在氢和氘的情况下，存在一种新的化学可分离性，它们分属两种具有相同核电荷的元素；(2)这些元素应被视为同位素，尽管它们是可分离的，但仅仅是基于它们同等的核电荷。(1)中提到的新的观察结果需要(2)中规定的概念和语言革新。这些观察结果使“所有‘同位素’都是化学上不可分离的”这一语言规则不能成立，并迫使它被一个新的用法所取代，新用法反映了从这些观察中获得的更真实的同位素概念。为了保留同位素原来的旧概念，将轻氢与重氢之间化学差异归结为在元素周期表上不同位置的两种元素之间的化学差异，这种错误就非常荒谬了。这说明了我们修改词语意义时所遵循的原则，以便我们所说的东西是真实的：相应的概念决定必须是正确的：它们隐含的主张是真实的。

所以，我们把猫头鹰的一个新物种叫作猫头鹰而不是麻雀，是因为通过对猫头鹰的概念进行修改，来把这只鸟当作“猫头鹰”的一个实例而包括进去，这是可以理解的；而对麻雀的概念进行修改，把那只鸟当作“麻雀”的一个实例包括进去，这却是荒谬的。前一种概念决定是
正确的，其含义是真实的，就像把同位素的意义改变了以后承认氘和氢 112
是同位素的决定是正确的那样，其含义也是真实的。同样，对于猫头

鹰和同位素这两个例子来说，相反的决定是错误的，其含义是不真实的。这两个例子只有一个不同之处：通过修改同位素的定义，使同位素的概念变化适应于对氘和氢的观察结果，这是可以言语表达的；然而，改变像“猫头鹰”这样一个形态学概念而使其包含新的物种，这往往是无法用言语表达的。我将在第四编中更广泛地阐述这些观察结果。

改变我们的概念及其在语言上的相应使用，去适应我们辨认出是已知物种的新变种的新事物，这是附属地实现的，而我们的注意力则集中在对我们面临的情境进行理解上。因此，我们这样做的方式类似于以下方式：我们附属性地不断修改我们对感官线索的解释，努力获得清晰而连贯的感知，或者通过在不断出现的新情境中进行实践以提高我们的技能，即使我们在焦点上并不知道如何去做。在探索词语的行为中，言语的意义总是在不断变化，而我们在焦点上并不能知觉到这种变化。我们的探索就以这种方式赋予了词语丰富的不可言语表达的含义。语言是人类在进行新的、通过词语传达的概念决定的过程中进行词语探索的产物。[64]

不同的语言是不同人群在不同历史时期经过长久探索而形成的不同结论。它们保留了各种可替换的概念框架，用来解释一切有些不同但又被认为是重复出现的事物。名词、动词、形容词和副词是由某些世世代代的人经过探索而创立并赋予意义的，人们充满信心地对这些词的使用，表达了他们对事物本质的独特理论。[65]在学习说话的过程中，每个儿童都会接受一种文化，这种文化以对经验领域的传统解释之前提为基础，它植根于儿童出生之群体所用的地区语言之中。受过教育的心灵所作的每一点理智努力都在这种参照框架中完成。如果这一解释框架是完全虚假的，那么人类的整个理智生活就会被抛弃；只有当人类所寄托的概念是真的，人类才是理性的。上一个句子中对“真的”这个词的使用，是重新定义真理之意义的过程的一部分，以便使它在修改后更加真实。

用以解释事物的不同词汇将人分为不同的群体，它们之间不能理解彼此看待事物和对事物采取行动的方式。不同的群体语言决定了不同模式的可能感情和行动。当且仅当我们相信女巫的时候，我们才可能 113
把人当作女巫烧死；当且仅当我们信仰上帝时，我们才会建造教堂；如果我们相信种族优越论，我们可能会消灭犹太人和波兰人；如果我们相信阶级斗争，我们可能会加入共产党；如果我们相信罪恶，我们可能会感到悔恨和惩罚罪犯；如果我们相信负罪情结，我们可能会进行精神分析，等等。

现代著述者们反对语言对我们思想的支配权，他们反对语言，并将语言贬低为仅仅为了方便(convenient)交流而建立的惯例。这种说法具有误导性，就好比说选择相对论是为了方便一样。我们可以合理地把便利仅仅看作我们在追求更大目标时所得到的微小收益。例如，把用巫术术语解释突然死亡的方便性与使用医学术语解释死亡的方便性相比较，或把政治对手描述成政治对手的方便性与把政治对手称为间谍、怪物、敌人等的方便性相比较，都是无稽之谈。我们对语言的选择是真理与谬误的问题，是对与错、生与死的问题。

语言是一套按照“语言游戏”的约定俗成规则使用的便利符号，这种轻描淡写的说法起源于唯名论传统。按照唯名论的观点：普通词语仅仅是指称特定物体集合的名字。尽管唯名论本身还被认为是身处困境，但它还是为当今英美的大多数写作者所接受，因为他们都讨厌关于词语的其他种种形而上学立场。同一个词语如何适用于一系列不确定的可变细节？这个问题通过承认词语具有“开放的结构”[66]来加以回避。但是，“开放的”一词缺乏任何明确的含义；它们可以意指任何东西，除非承认某种足以控制其意义范围的干预。我自己承认这种控制原则，相信说话者具有一种恰当感，来判定他的词语表达了他想要表达的现实。没有这一点，具有开放结构的词语完全没有意义，任何以这种词语写出来的文本也完全没有意义。唯名论者拒绝承认这一点，他们要么避免去研究这些词语是如何被应用于经验的，除非是任意的应用，要么就援引一套模糊的调节原则——不问这些原则是基于什么权威而被接受，也不问这些含糊的规则如何能被运用，除非任意使用。[67]所有这些不足之处都因为不顾一切地想要避免涉及形而上学的观念而被忽视了，或者至少在唯名论的可敬伪装下被掩盖过去了。

或者，对语言规则的研究被当作对词语所指事物之研究的伪替代
114 物。例如，维特根斯坦说："'我不知道自己是否感到疼痛'不是一个有意义的命题。"[68]而儿科医生的经验表明，儿童经常不确定他们是否感到疼痛或由于其他原因而感到不舒服。因此，这个替代说法的伪特性在这里就变得很明显，因为它所隐含的陈述是错误的。如果维特根斯坦说"'我总是能分清我是否感觉到痛苦'这种说法是符合痛苦的性质的"，他事实上就是错误的。如果采取如下的伪替代："无论我是否感觉到疼痛，谈论疼痛都是违背公认的语言惯例的"，那么他就说了一些与疼痛本质无关的事实，因为他实际上对痛苦进行了错误的理解。

相应地，关于事物性质的分歧不能表达为现有词语使用惯例的分歧。所谓的永动机到底是不是这样一种机器，这个问题并不能通过研究这个术语来决定。法律只不过是"强者的意志"，抑或是"君主的命令"，或是其他等等，不能通过语言的探讨来决定，语言探讨与这一问题无关。这些有争议的问题的解决，只能依靠于我们让现有语言将我们的注意力引向它的主题，而不是反过来，选择相关案例的实例来把我们的注意力引向语言的应用。"语法"是语言规则的集合，这些规则可以通过使用一种语言来遵守，而**不必**关注所指的事物。只关心语法的这种哲学托词的目的是要对实在世界进行沉思与分析，而同时又否认在这样做。[69]

当然还有"伪问题"（Scheinprobleme），如果不使用语言，这些问题就不会出现。不谈论绝对静止，牛顿就不可能阐述他的时空原理。但是，绝对静止的概念并没有被语言的误用所暗示，也不是可以通过参照日常经验和日常使用就可以消除的，因为这一概念实际上是根植它们之中的。马赫的推测尽管受到牛顿的错误概念的误导，却也不是无效

的，因为这些推测提出的问题激发了伟大的发现。

我建议，我们应该更坦诚地面对我们的处境，承认我们自己有能力去认识真实的实体。给这些实体指派名称，从而形成合理的词汇。我相信，按照合理性的标准而作出的分类将形成事物的种种类别，并且我们可以预期到相同类别的事物都具有若干的共同属性，因此，指称这些类别的词语都相应地具有一个含义，指的是不确定范围的、非约定性的、一个类别的所有成员都具有的共同属性。一个关键特征的内涵越丰富，就越能合理地用该词语来识别事物，这种分类就越能真实地揭示被分类对象的性质；用没有内涵的词语来进行分类纯粹是人为的、不真 115
实和荒谬的，应加以拒绝；除非这种分类确实是纯粹为了方便而**被**设计出来的，正如词语按照字母顺序来排序。

我们具有进行客观分类的能力，这一信念可以在这里得到承认，因为它与我前面对个人知识的认可，以及在很多方面对于言语表达中的个人因素的认可是一致的，尽管在目前阶段，这种以个人为基础的客观性仍然是不明确的。因此，我将继续进一步阐述这一信念。

内涵具有深度逐渐增加的三个层次，**第一个**层次包含那些容易明确说明的属性，这些属性是同一类事物除了共同的关键特性之外所共有的。这种明显的内涵是分类之真实性的证据。**第二个**层次包含那些已知的，但不容易明确说明的、这些事物共有的属性。归属于一个词语下属性之范围可以用作一种尺度，对它的分析可能导致对它所指示的事物有更深的理解。几个世纪以来，具有重大人类价值的词语积累了很多难以理解的、被附属认识的内涵，我们可以反思一下这些词语的使用方式，从而把一部分内涵带入焦点意识之中，正如我们可以认识面相术的特征因素或某一技能的技巧一样。因此，对“正义”“真理”或“勇气”等词语的意义进行苏格拉底式的探究是有结果的。

按照这种理解，定义就是意义的形式化，它减少了意义的非形式化元素，并部分地通过形式化操作（借助于定义）来替换这些非形式化元素。这种形式化还是不完整的，即定义只能被那些熟悉被定义的词语的人理解。即便如此，这一定义仍可能使被定义的词语得到新的理解，就如一个指导原则启发了一项技能的实践一样，尽管其应用必须依赖于该技能的实践知识。这样的定义（如“因果是必然的前后相续”“生活是持续的适应”）如果是真实而新颖的，那么它们就是通过分析而获得的发现。这样的发现是哲学最重要的任务之一。

把理解的一个附属因素当作焦点因素来认识是一种新的经验，而且常常是一种充满风险的行为。由此得出的结论具有解释的性质。在此我们看到了经验观察之特性与分析命题之特性的结合。这归根结底是因为，必然的分析命题与偶然的综合命题之间的两分法不再成立，因为我们可以用两种不同的方法认识相同的事物，但这两种方法却不能通过逻辑操作而互相转换，只有通过苏格拉底式探究才能被识别。

这种探究必须以以下事实作为引导：谈论“正义”“真理”“勇气”
116 等，只是一种以我们对这些词语的题材之理解为基础的行为。只有当我们相信自己能识别什么是正义的、真实的或有勇气的时候，我们才能合理地分析自己使用“正义”、“真理”或“勇气”这些词语的实践，并希望这样分析会向我们更清楚地揭示出什么是正义的、真实的或有勇气的。

这就好像我们为了改进锤击，而研究有效使用锤子的动作。为此，我们必须尽可能地有效挥动锤子，同时还要观察我们的动作以发现最佳的锤击方法。同样，如果我们想要分析“正义”这个词的恰当使用的条件，我们**必须**使用这个词，并且尽可能地正确而深思熟虑地使用它，同时观察我们是如何使用的。我们必须专心地、鉴别性地**通过**“正义”这个词来观察正义本身，即“正义”一词的恰当用法，我们想要对它进行定义。而如果观察“正义”这个词本身，只会破坏它的意义。此外，当“正义”这个词在恰当的情境中重复出现时，仅仅把它当作反复出现的声音而进行研究是**不可能的**，因为只有有意义地使用这个词，才能向我们指出我们要观察什么情境。

更一般地说，为了分析描述性词语的使用，我们必须为了思考它的题材而去使用它，而对这种思考进行分析将不可避免地延伸到被思考的事物。因此，这就相当于：在对这一观念进行分析的时候，我们既知觉了这一词语，又知觉了它的题材，或者更准确地说，是对这个概念所涵盖的细节进行分析：从中我们既掌握了这一词语更合理的用法，也更好地理解了这一词语所指称的事物。

内涵的第三个也是最深的层次，是由指称某物时所表达的不确定范围的预期而构成的。当我们相信我们确实指称了某个真实的事物时，我们期望它可能会以不确定的，也许是完全出人意料的方式来表现出它的有效性。这一内涵包含的一系列属性，这些属性只能通过未来的发现才能被揭示出来，从而证实了我们这个概念所传达的概念的正确性。[70]

我已经确认，一个恰当词汇的这种不确定的预期能力是由于它与现实的接触。我们可以扩展这里所隐含的现实概念，以便也说明形式化的思维提出新问题和取得新发现的能力。一个新的数学概念，如果它的假设能引出一系列有趣的新想法，那么，这个数学概念就可以被说成具有实在性。对欧几里得的平行线公设进行替换，并以此为基础建立 117
新的几何学，其可能性在罗巴切夫斯基(Lobatschevski)之前一个世纪就被萨切里(Saccheri)所探讨，但他没有认识到它们可能是真实的。只有罗巴切夫斯基和鲍耶从非欧几里得的公设中发展出一系列有趣的想法，才最终说服了不情愿的公众。然后人们才不得不承认，这些概念所具有的实在性程度与欧几里得的几何体系目前公认的具有的实在性程度相同。我们可以把这种实在性概念扩展到人文学科领域，例如，让我们回顾一下福尔斯特(E.M. Forster)关于小说中的“扁平”人物和“圆形”人物的区分。我们说，如果小说中的一个人物的行为几乎完全可以预测，就被称为扁平的；而如果一个人物能“令人信服地使读者感到惊讶”，就被称为圆形的。一个新的数学概念所产生的丰硕成果预示着它具有更高的实在性；而在小说中，人物内在的自发性也是如此，由于这种自发性，一个“圆形”人物可以出人意料地展示出新的特征——尽管这些新特征来自它的原始特征，因而是令人信服的。

在这里，我们再一次遇到以下悖论：在寻求与实在世界的接触时我们要依靠自身，但我们又相信世界会以出人意料的方式展现自身。我们必须毫不松懈地继续探讨这个悖论，直到我们在寄托的框架中找到它的平衡点。

第十节　理解逻辑运算

当我们借助地图找到方向时，我们就可以了解地图所代表的那一区域。通过这种概念，我们可以获得若干行程路线。我们不必从焦点上关注地图或我们周围的地形标志，就能意识到我们对该区域的掌握；因为我们对这些细节的认识已经附属地融入这一概念，这种概念既包含地图，又包含地图所代表的区域。我们重新组织这一概念，在这个地区中认出道路，以发现我们感兴趣的特定行程。这样一个概念决定不是由新经验引起的，而是由我们对已经知道的事物的一种新兴趣引起的，是老鼠走迷宫时最初所预示的那种思考活动。它是对可选择的部分—整体关系的一种认识，是通过c类学习而获得的。

虽然这种概念重组是以言语表达为基础的，但它本身却是非形式化的。然而，它可能需要心灵的努力，并可以被说成是解决了一个问题。如果是这样的话，这就是一个演绎推理的过程，因为它推导出一个新的概念。这个概念完全隐含在我们原来的概念中，但又不同于它。这种推理是非形式化的，所以基本上是不可逆的；但它也可以被认为是可逆的，因为在某种程度上，它遵循固定的程序规则，无论这些规则在焦点上是已知的还是未知的。

重新组织概念以便从中得出新的推论的过程，可以通过接受某些规
118 则作为推理操作来形式化，这些规则用于对某些代表事态的符号进行操作。尽管这些操作是符号性的，但它们并不表示某种事态，而是表示从一种事态之概念到隐含其中的另一事态之概念的转化。这些操作引

发了它们所代表的概念之转化，就像“猫”这样的描述性词语引发了它所代表的概念一样。形式化推理过程中的隐默成分与指称活动的隐默成分大致相似。它既传达了我们对这些形式化操作的理解，又传达了我们对这些操作之正确性的认可。

我们可能会认为，要理解像数学证明这样的形式化推理过程的困难之处，在于陌生的符号体系。然而，由词语组成的句子也可能与任何数学公式一样难懂。我们来看看芬德雷[71]教授用词语来表述哥德尔(第一)定理的句子：

> 我们不能证明用该陈述式本身的名称来替换陈述式“我们不能证明用该陈述式本身的名称来替换陈述式 Y 中的变量而得出的陈述式”中的变量而得出的陈述式。

当你用该陈述式本身的名称即引号中的文本来替换变量 Y 时，你就看到芬德雷的命题本身就是说它是不能被证明的，因此这个命题是真实的，就像哥德尔的命题如果不能被证明就是真实的一样。

尽管这种解释可以提供帮助，但是大多数人把芬德雷的命题反复读上二十次，依然可能一头雾水。事实上，这个命题可能没有向他们传达任何意义，因为他们总是无法理解，不懂这个句子的意义。在这方面，具有天赋和受过训练的人就大不相同了。在 1949 年夏天，我向罗素勋爵出示了芬德雷的句子，他一眼就理解了它的意义。

一个无法理解的证明不能让人信服；学习一个没有说服我们的数学证明对我们的数学知识毫无助益。事实上，没有一个老师会满足于传授一系列由形式运算符连结的公式所构成的数学证明，学数学的学生也不应满足于记住这一系列公式。庞加莱说，如果只是通过验证每个相续的步骤来观察一个数学证明，那就等于观看下棋时仅仅验证每一步是否遵守国际象棋的规则。数学证明的最低要求是把数学证明的逻辑序列当作一个有目的的程序来加以掌握，那就是庞加莱所说的“构成证明

之统一性的某种东西”。[72]如果学生被一系列对他毫无意义的运算所迷
119 惑，他要探求的正是那“某种东西”，它也许以轮廓的形式出现，体现出证明中的主要步骤。当证明的细节被遗忘后，也正是体现数学证明之一般原则或一般结构的这一轮廓被记忆了下来。我仍然记得我十年前讲授过的氢原子波动方程的一般程序，尽管我再也写不出实际演算中的任一部分；这种理解性的记忆使我觉得满足，因为我还能理解波动力学，我对它的说服力仍然深信不疑。另一方面，虽然我反复记忆过前面提到的哥德尔定理的形式化证明的所有步骤，但它们并没有给我传达什么信息，因为我无法从整体上把握这些步骤。

即使在数学家中，一个对一个人来说似乎完全有说服力的论点，对另一个人来说也可能是不可理解的。[73]因此，试图通过对演绎科学进行严格的形式化，消除任何进行个人判断的机会；这种努力现在看来是想要否定自身。因为形式体系的意义在于我们对于它的附属意识，而这种附属意识发生在这一形式体系所维持的概念的焦点意识之内，因此，如果用于运算的符号被看作是与个人完全无关的，那么在运算中它的意义也必然不再存在。当数学证明想要获得完全的形式化时，这种局限性就出现了：更严格地消除了歧义性以后，虽然提高了精确性，但也同时损失了清晰性和可理解性。[74]

我已经指出，符号的形式运算传达的是逻辑蕴含的概念，正如“猫”这个词传达的是猫的概念。但是，当用数学证明来表示的题材不如猫那么具体时，这一证明就不只是表示题材：它还形成题材。当我们运用语言的第二操作原理时，就从制作符号转到设计一个形式化过程，并首先构造出这一形式过程随后要传达的意义。这种构造受到具体目标的引导，即要确定某一特定隐含意义并迫使它接受。它认可这一目标是值得付出巨大努力的，并为实现目标的方式设定了经济性和审美性之标准。比起给反复出现的经验特征命名的活动，在这里，我们有一系列复杂得多的、带有目标性的活动；这是一种语言操作，是更严格意义上的天才创造。

第十一节　问题解决之引论 120

带有目的之紧张感是任何完全清醒的动物不能避免的。它包含动物对感知与行为的警觉，或者更一般地说，是动物在理智上和实践上对其自身所处的情境的理解。从动物为了保持对自己和对周围环境的控制而进行的这些日常努力中，我们可以看到一个解决问题的过程。这种努力分成两个阶段：第一个是困惑阶段；第二个是消除这一困惑的行为与感知阶段。我们可以说，如果动物的困惑持续一定的时间，并且动物很明显地试图为困惑着它的情境寻找答案，动物就看到了一个问题。在这样做的时候，动物是在寻找情境的一个隐藏的方面，它猜测着这一面的存在，为了发现或获得这一面，该情境的明显特征被动物当成了探试性的线索或工具。

看到一个问题就是知识的明确补充，就像看见一棵树，或者看到一个数学证明或一个笑话一样。这是一种或真或假的猜测，取决于动物假定存在的潜在可能性是否真实存在。认识一个可以解决的，并值得解决的问题，本身实际上就是一种发现。很多著名的数学问题曾经一代一代地流传下来，解决这些问题的尝试激发并且留下了一系列的成就。即使在动物实验的层次上，我们也能看到心理学家向动物展示问题的存在以诱使它寻找问题的答案。老鼠被放在有两个隔间的识别箱里，它可以进入任何一个，实验者使它意识到其中一个隔间放有食物。只有在老鼠掌握了辨认的方法以后，它才会开始寻找把背后藏有食物的门或屏障与其后没有食物的门或屏障相区别开来的标记。同样，动物也不会一开始就在迷宫中寻找出路，除非在出口处给它们某种奖励，使它们认识到迷宫是有出路的。在科勒的理解能力实验中，他的黑猩猩从一开始就掌握了它们面临的问题，它们使自己安静下来并且集中注意力，这表明它们正在评估自己所要完成的任务。

偶然性在发现中起着一定作用，它可能占据主导地位。学习实验可以这样安排，使得在没有任何被明确理解的问题的情况下，发现只能
121 是偶然的。[75]设计这种实验且具有机械论思维的心理学家将所有的学习解释为随机行为的幸运结果。这种学习的概念也是机器的控制论模型的基础：机器通过选择在一系列随机试验中被证明为成功的“习惯”来进行“学习”。现在，我将忽略这种探索式模型，继续探讨作为智力努力之结果的发现过程，而不考虑可能为此提出的神经模型。

科勒对黑猩猩所作的实验非常有效地表明了动物的理智性的问题—解决过程。按照庞加莱的说法，黑猩猩的行为已经呈现问题—解决过程的各个典型阶段，数学中的发现就是通过这些阶段而取得的。我已经提到过第一个阶段：对问题的评估。关在笼子里的一只黑猩猩看见一串够不着的香蕉，那么它既不会做出任何徒劳的努力，通过纯粹的力量去抓香蕉，也不会放弃获取它的愿望，而是异乎寻常地安静下来，它的眼睛观察目标周围的情况。它看出了这种情境的问题之所在，并寻求解决的办法。[76]我们可以认为这是(用瓦勒斯引用庞加莱的术语来说)准备阶段。[77]

在科勒观察到的关于领悟能力的最引人注目的案例中，紧随着准备阶段而突然到来的是智力行动。黑猩猩突然打破平静，开始执行实现目标的策略，或者至少表明它已经掌握了能够做到这样的原则。它毫不迟疑的样子表明它想要进行的整个行动都受到一个清晰概念的指引。这个概念就是它的发现，或至少是它暂时的发现，因为这一发现也许并不被证实是可行的。我们可以将其看作启迪阶段。因为把领悟所发现的原则付诸实践结果常常可能遇到甚至是无法克服的困难，所以，黑猩猩用以把它的理解付诸实践检验的操作可以被看作验证阶段。

实际上，庞加莱观察到四个发现阶段：准备阶段、酝酿阶段、启迪阶段和验证阶段。[78]但是第二个阶段即酝酿阶段在黑猩猩的例子中只具有初级形式。然而，在科勒详细描述的观察报告中，他的一只动物即

使在进行了一段时间的其他活动后仍然保持着解决问题的努力状态[79]，
这显然预示着酝酿的过程：在很长的时间里，这种探索之紧张感非常奇 122
怪地仍在持续，而同时要解决的问题却没有被有意关注。

对一个问题的全面关注会造成情绪上的紧张，而从中释放出来的发现则是一种极大的快乐。阿基米德从浴室冲到叙拉古的街上大叫“我发现了”的故事就是一个见证。我引用的科勒描述他的黑猩猩在解决问题前后的行为，也暗示它们经历了同样的情绪。我稍后还会更明确地阐述这点。我现在谈到它只是为了表明：没有什么东西本身就是一个问题或发现；它之所以成为问题只是因为它迷惑和困扰着某个人；而它之所以成为发现只是因为它把某个人从问题的重负中解脱出来。一个棋局对于黑猩猩或弱智来说是毫无意义的，因此也不会使他们困惑。另一方面，一个伟大的象棋大师对这样的棋局也不感到困惑，因为他不费吹灰之力就能找到它的应对之法；只有能力与此棋局的难度大致相当的棋手才会对这个棋局非常关注。只有这样的棋手才会把对它的解决看作一个发现。[80]

评估一个问题的相对难度，并通过观察受试者解决具有一定难度的问题来测试他们的智力，这似乎是可能的。科勒曾成功地评估了一些黑猩猩的智力和某些问题的难度，他设计了一系列问题让他的黑猩猩解决，有些黑猩猩在通过努力后解决了一些问题，另一些问题则完全无法解决。耶基斯(Yerkes)成功地给蠕虫设计问题(大约100次的尝试后，蠕虫才解决了这些问题)，这表明他甚至可以评估诸如蠕虫所具有的那种极为低等的智力。[81]纵横字谜专栏的编辑们就是用类似的方法向读者提供了一系列同等难度的问题。我们可以得出这样的结论：虽然一个问题必定总是被某种类型的人看作是问题，但是也有可能的是，一个观察者也能可靠地识别出这种对同类人都成立的问题。

如果已经解决了某个问题的一只动物被放回原来的情境中，它会立
刻使用它曾付出巨大努力或经过多次失败尝试后所发现的解决办法。 123
这表明通过解决那个问题，这只动物获得了新的智能，这一智能使它不

再被那个问题所困扰。现在，它能够用不包含探索之紧张感、不再获得发现的常规方式来处理这一情境。对它来说，问题不再存在。探索过程是不可逆的。

发现过程的不可逆性表明，一个问题的任何解决办法如果是通过遵循一定的规则程序而获得，那么它就不能被认为是发现，因为这样的程序是可逆的；或者说，这样的程序可以通过相反的步骤而回溯到最初起点，并可以进行无限次数的重复，正如数学运算一样。同样，任何严格形式化的程序都不能作为获得发现的手段。

由此可见，真正的发现并不是一种严格符合逻辑的行为，因此，我们可以把解决一个问题所要克服的障碍描述为“逻辑鸿沟”，把这一逻辑鸿沟的宽度称为衡量解决该问题所需的创造性之尺度。因此“启迪”就是跨越逻辑鸿沟的跳跃。通过这一跳跃，我们在现实的另一岸获得一个立足点。就是为了实现这样的跳跃，科学家不得不把自己的整个职业生涯一点一点地投进去作为赌注。

发明者所跨越的逻辑鸿沟的宽度应该接受法律的判定。法庭有义务判决一项提交上来的技术改进所显示的独创性是否足够高，以保证它能作为一项发明得到法律承认，或者仅仅是通过应用已知的技术规则而实现的常规改进。发明必须被承认是不可预测的，这种不可预测性由这个发明所合理引发的惊讶程度来评估。这种不可预测性正好相当于发明者最初的知识和后来的发现之间存在的逻辑鸿沟。

已确立的推理规则为从已有知识中推导出理智结论提供了公共途径。但是，先驱者的心灵在跨越逻辑鸿沟后得到自己独特的结论，与人们普遍接受的推理过程背道而驰，取得了令人惊讶的成果。这样的行为是原创性的，因为它开辟了一个新的起点。这种开创能力是原创力之天赋，是只有极少数人才拥有的天赋。

自从浪漫主义运动以来，原创性越来越被认为是一种天赋，是一种能使一个人发起根本性创新的天赋。今天，通过聘请具有原创思维的人，大学和工业研究实验室建立起来。那些具有原创力的年轻科学家得到了终身聘用，以便他们在其余生中继续产生令人惊讶的想法。

不可否认，在普通的智力范围内，有一些次要的探索行为确实与生 124
命的适应力相连续，并延伸至它们的最低层次。我们已经看到，无论何时当我们与现实接触（或相信我们已经与现实接触）时，我们都预期着：我们从这种接触中获得的那些知识，将来会以某种意料不到的方式来得到确认。受过教育的心灵的解释框架总是准备着迎接一些新奇的经验，并以某种新奇的方式处理这些经验。在这个意义上，所有的生命都被赋予了原创力，更高层次的原创力只不过是普遍的生物适应性的增强形式。但是，天才与现实的接触范围非常广泛：他们发现问题，并寻求解决该问题的潜在可能性，他们的这种能力远远超出当前观念的预期能力。此外，通过在超凡程度上运用这些能力——远远超过我们这些旁观者的能力，这种天才般工作给我们大规模展示了创造性，这种创造性既不能以别的术语来解释，也不能毫无疑问地被认为是理所当然的。通过尊重他人的判断高于我们自己的判断，我们必须承认原创性的含义是指其过程不可明确说明的行为。因此，面对天才，我们不得不承认生命的原创力。由于这种原创力无处不在却又不那么明显，我们可能会并且也确实常常会忽略它们。

在选择一个课题时，研究者会作出充满风险的决定。他所选的课题可能根本无法解决，也可能过于困难。在这种情况下，他与其合作者付出的努力将白费，投资在整个项目上的金钱也一样。但是，没有风险的选择可能同样是白费力气。雇用极有天赋的人才，如果只能得到平庸的结果，那么就不能得到足够的回报，甚至可能连投资都无法收回。因此，选择一个课题不仅要能预见某种隐藏的，但又并非不可触及的东西，而且还要根据课题的预期难度来评估研究者（及其合作者）的能力，并对预期的解决方案是否值得付出足够的人力、劳动和金钱进行合理评估。对导致未知预期结果的未知预期程序的大致可行性进行评估，是任何一个独立从事科学或技术研究的人的日常职责。在这样的基础上，他甚至必须比较一些不同的可能建议，并从中选择最有希望解决的问题。然而我相信，经验表明这样的方式是合理的，我们对它的依赖是非常可靠的。

第十二节　数学的探索

发现活动可以出现知识的三个主要领域中：自然科学、技术和数
125 学。我引用了这些领域的例子来说明引导发现的预见能力。很显然，这三个领域的预见能力是非常相似的。然而，哲学家几乎都只关注作为自然科学之基础的经验发现过程，即试图对归纳推理进行定义和证明。相比之下，似乎没有人试图定义并证明技术创新过程，例如当一台新机器被发明时的技术创新。数学中的发现过程曾受到一定程度的关注，现在却同时受到来自逻辑学和心理学的攻击，但是后两者都没有提出认识论问题，即类似于人们几个世纪以来一直探讨的关于经验归纳法的那种认识论问题。在我看来，对发现过程的任何严肃分析都应该具有充分的普遍性，都应该适用于这三个领域的所有系统知识。在这里，我正是要识别和承认我们在解决数学问题时所依赖的那种能力，从而对本研究作出贡献。目前，我不考虑那些涉及改变数学基础的重大发现的历史，而只关注学生在学习数学时所面对的那种问题。由于学生不知道那些问题的答案，所以，他们寻求答案的过程就具有发现的特征，尽管它并不涉及根本性的观点转变。

数学教学在很大程度上依靠实践，这一事实说明，甚至这种高度形式化的知识分支，也只能通过发展一门技艺来获得。这不仅适用于数学与形式逻辑，也同样适用于所有与数学相关的学科，如力学、电动力学、热力学以及工程学中的数学分支；如果不解决这些学科中的具体问题，就无法掌握这些学科。在所有这些情况下，你所追求的技能是把你当时仅仅被动地吸收的一种语言转化为处理问题的有效工具，尤其是在数学中，转化为解决问题的有效工具。

由于解决数学问题是一种跨越逻辑鸿沟的探索行为，所以任何制定出来用作指引的规则都只是模糊的指导原则，对这些指导原则的解释还必须依靠它们所适用的技艺。我们将会看到情况确实如此。[82]

最简单的探索式努力是去寻找一个你记不起来放在哪里的物体。当我在寻找我的自来水笔时，我知道我希望找到什么；我可以说出它的名称并描述它的形状。虽然我对这支自来水笔的了解以往任何时候都多，我却无法准确地知道把它放在哪里了；然而我清楚地知道自己的笔，也知道它在某一区域内的某个地方，尽管我不知道它在哪里。当我在寻找一个适合纵横字谜的单词时，我对我要找的东西知之甚少。 126
这时我只知道所缺的单词有几个字母，并且知道它指称(例如)撒哈拉沙漠中急需的一个东西，或是某种从中央烟囱里冒出来的东西。这些特征仅仅是我完全不知道的一个词的线索，我必须努力从这些线索中得到暗示，并最终知道那个**未知**的词。另外，一个我很熟悉但是暂时记不起来的名字，这种情形似乎介于上述两种情形之间。它比纵横字谜的未知答案更容易被我发现，但可能没有那支忘记放在哪里的自来水笔及其放置地点那么容易被我发现。数学问题属于纵横字谜那一类，因为要解答数学问题，我们必须以已知数字为线索，找到(或构造)一些我们以前从未见过的东西。

一个问题可能有系统的解答。通过搜遍我的公寓，我可以确保最终找到我的自来水笔，因为我知道它在这里面的某个地方。对于一个棋局来说，我可以机械地尝试所有可能的下法及其应对之组合，从而解开棋局问题。系统方法也适用于很多数学问题，尽管它们通常过于繁琐而无法在实践中实施。[83]很明显，任何这样的系统操作所获得的答案都没有跨越逻辑鸿沟，所以并不构成探索行为。[84]

系统性方法和探索式方法这两种解决问题之方法的区别，再次在以下事实中显现出来：系统性操作是完全带有主动意识的行为，而探索式过程则是主动与被动阶段的结合。带有主动意识的探索性活动只发生在准备阶段。如果这之后是一段酝酿期，那么这段时间内，在意识层次上不做任何事情，也没有任何事情发生。一个绝妙的想法突然降临了(无论它是准备阶段后立即出现，还是在一段时间的酝酿阶段后再出现)，这是研究者先前努力的结果，但这并不是他自己的行动；而只是发生在他身上的东西。同样，用先前的验证过程对这个“巧妙的想法”进行检验是研究者的另一种带有主动意识的行动。即使如此，发现过程中的关键行为必定是在此之前发生的，那一刻这个巧妙的想法出现了。

虽然问题的解决是我们以前从未见过的，但是在探索式过程中，它的作用类似于我们非常熟悉的忘记放哪里的自来水笔或暂时被忘记的名字。我们正在寻找它，就好像它预先存在于那里一样。当然，学生所面临的问题是有解决办法的；但是，在面对并且处理一个尚未解决的问
127 题时，也要相信存在一个隐藏着、我们可以找到的解决办法，这个信念是解决问题的关键。这一信念也决定了那个“绝妙想法”最终会表现为某种本身就令人满意的东西。它不是人们悠闲时思考的众多想法中的一个，而是从一开始就具有可信性的想法。稍后，在我们对这一过程的更深入分析中可以看到，这是探索式努力完成自己目标的方式的必然结果。

一个问题就是一个理性的欲求(用 K.勒温的术语说就是“准需求”)。就像每一种欲求一样，存在某种可以满足它的东西；对于问题来说，它的满足就是它的解决方案。因为所有的欲求都会激起想象力去思考满足欲求的手段，而这些想象力的运作又反过来激发了欲求，因此，通过对一个问题发生兴趣，我们开始思考可能的解决办法，并在思考的过程中变得对这个问题更加全神贯注。

沉迷于自己的问题实际上是所有创造力的源泉。学生开玩笑式地问老师，应该如何才能成为“巴甫洛夫”，师傅严肃地回答：“早上起床时想着自己的问题，吃早餐时想着那个问题，在实验室时想着那个问题，吃午饭时想着那个问题，晚饭后想着那个问题，上床睡觉时想着那个问题，睡梦中也想着那个问题”[85]，正是这种对问题坚持不懈的关

注，才使天才具有众所周知的坚忍不拔的能力。我们对一个问题的强烈关注，激发了我们在寻求答案的过程中和在休息的时候，能成功地重组我们的思维。[86]

但是，这种高度关注的目标是什么？我们怎么能把注意力集中在我们不知道的某种东西上？然而，这正是我们被要求做到的："盯着那未知的东西！"——波利亚(Polya)说——"盯着结果。记住你的目标。不要把视线从你想要获得的东西上移开。记住你的工作目标。**盯着那未知的东西。盯着结论。**"没有什么建议能比这更重要了。

这个表面上的悖论可以通过以下事实来解决：尽管我们从来没有看到解决办法，我们对它却有一个观念，就像我们心中有着一个被遗忘的名字的观念一样。我们把注意力集中在一个焦点上，在这一焦点中，我们附属地知觉到使我们想起那个被遗忘的名字的所有细节，由此形成了一个关于它的观念；同样，通过把注意力集中在一个焦点上，在这个焦点上，我们附属地知觉到解决问题的材料，从而形成了关于这个解决
办法的观念。告诫别人盯着那未知的东西，其实是要我们**盯着已知的** 128
资料，但不是盯着它们本身，而是把它们当作未知事物的线索，当作未知事物的提示和未知事物的组成部分。我们应该坚持不懈地地摸索着去理解，弄清这些已知细节是如何互相联系在一起的，是如何与未知的东西联系在一起的。通过这些预示，我们确保未知的事物存在，其存在是由已知的事物决定的，并且能够满足问题对未知事物提出的所有要求。

我们的所有观念都具有探索的力量，它们随时准备着通过修改自己来识别出新的经验实例，从而包容这些经验实例。技能的实践是创造性的；通过把我们的目标集中在成功之实现，我们就能不断地激发自己新的能力。问题的解决需要两方面的努力。它是一个我们为之努力追求的东西的概念。它是一种跨越逻辑鸿沟的理智欲望，鸿沟的另一端是那未知的事物，其标志正是我们关于那未知事物的观念，虽然我们尚未看见它本身。寻找解决方案的过程就是在想着这个目标的情况下进行的。要实现这一点，我们必须同时做两件事：我们必须(1)用适当的

符号来阐述这个问题，并不断地重新组织问题的表述，以引出它的一些新的提示内容；同时，(2)彻底搜寻我们的记忆，寻找已经获得解决的类似问题。[87]这个操作的范围通常会受到学生以不同方式转换已知数据的技术能力以及他所熟悉的相关定理之数量的限制。但他的成功将最终取决于他是否有能力理解问题之条件、他所知道的定理和他正在寻求的未知解决方案之间尚未被揭示的逻辑关系。除非在寻找解决方案时，有一种不断接近答案的可靠感觉的引导，否则他将无法取得进展。即使遵循最佳的探索规则，随机的猜测也是愚蠢的、毫无希望的和不会有结果的。

因此，解决一个数学问题的过程在每个阶段都依赖于预见到某种隐含的潜在可能性的相同能力，这使学生首先看到一个问题，然后着手解决它。波利亚曾经把一个包含一系列连续步骤的数学发现和一个拱门进行比较，拱门的每一块石头的稳定性都取决于其他石头的存在。波利亚指出了一个悖论：在搭建拱门的时候，那些石头实际上一次只能放一块。这一悖论可以通过以下事实来解决：未完成的解决方案中的每一个后续步骤都得到探索式预期的支持，正是这种预期最初引出了这一步骤的发现：因为我们感觉到这一步骤的突然出现进一步缩小了该问题的逻辑鸿沟。

正如我前面所说的，当我们搜寻一个被遗忘的名字时，逐渐接近问题之解答的这种不断增强的感觉是我们能经验到的。我们都知道不断
129 接近这个被遗忘的词时的这种兴奋感。我们也许会自信地说："我过会儿将会记起它，"或"它就在我的嘴边。"这种话所表达的期望常常被事情本身所证实。我相信，我们应该同样承认我们既有能力揣摩从已知前提推导出隐含结论的可行性，也有能力发明转换这些前提的方法从而更容易得到隐含结论。我们应该认识到，这种预先存在的知识会使我们的猜测朝向正确的方向，使我们猜中的概率变得非常高(否则为零)，使得我们可以通过学生智力的运作而依靠它，而它的更高级的运作，是通过专业数学家所拥有的特殊天赋而进行的。

把我们与问题之解决分开的逻辑鸿沟已经被缩小的感觉，意味着解决问题需要做的工作就更少了。这也可能意味着，解决方案的其余部分将会相对地容易一些，或者意味着，在一段时间的休息后，问题之解决可能在我们没有进一步努力的情况下出现。事实上，在酝酿期间，不需要付出任何努力我们的理智就会取得有效进展这一事实是与一切知识的潜伏特征一致的。正如我们不用老是想着什么东西而又能不断地认识它们一样，我们也很自然地继续渴望或害怕各种各样的东西而不必总是想着它们。我们知道，如同我们上床睡觉时就决定好在几点钟起床一样，一个预定的目的可以在随后自动导致相应的行动。催眠后的暗示可以激发一个潜伏的过程，迫使被催眠者在几个小时以后按照要求来行动。[88]蔡加尼克(Zeigarnik)夫人已经表明，未完成的任务同样会在无意识中困扰我们；任务完成并被忘记以后，这种记忆还在延续。[89]未完成的任务所造成的紧张感会使任务继续朝着它的完成方向发展，这一事实被众所周知的运动员的经验证实了：经过一段时间的强化训练后的休息，可以提高技能。在搜寻一个被遗忘的名字或一个问题之解答时，经过一段时间的平静后解答却会自动出现，这正与上述经验相吻合。

这些先例也解释了问题解决的最终成功将以何种方式突然出现。把我们逐步引向问题之解答的每一个步骤——无论这些步骤是自发的还是人为的——都增强了我们接近答案的预感，使我们集中更多的精力来缩小逻辑鸿沟。所以，问题之解答的最后一个阶段通常可能会以自行加速的方式来实现，最终的发现可能会在一瞬间降临到我们身上。

我说过，我们的探索式渴望就像我们的身体欲望一样，暗示着一些
东西的存在，这些东西能够满足我们的需要；并且，引导我们付出努力 130
的暗示就表达了这一信念。但在这种情况下，我们的渴望之满足并不是身体性的。它不是某种隐藏的物体，而是一种从未被想象过的观念。我们希望，在我们解决问题的时候这一观念将出现在我们身上，不管是突然出现还是一点点出现；只有我们相信这一解答是存在的，我

们才能充满激情地寻找它，并从我们身上引发去探索它的步骤。因此，由于我们追寻某种我们相信其存在的东西，才导致了解答的突然出现；同样，发现或者假定的发现出现时，我们也总是相信它是正确的。解答的发现预先就被引发该发现的探索式渴望所认可。

最大胆的独创技艺仍然要服从以下法则：它们的运作必须被假定为并没有发明任何东西，而只是揭示出已经存在于那里的东西。这些技艺所取得的成功证实了这一假设，因为被发现的东西带有现实的标记，即孕育着一些尚未预料到的含义。虽然数学探索的目的是在不涉及新经验的情况下进行概念重组，但是它再一次以自己的方式证明了：理智努力必须让自身确信它能预示实在。它还说明了这种确信如何被最终的解答所证实，而这种解答之所以能"解决"问题正是因为它成功地宣称揭示了实在的一个方面。我们也可以再一次看到，发现与确认的整个过程是如何最终依赖于我们对自己的实在观的信赖。

为了开始研究一个数学问题，我们用铅笔和纸，在整个准备阶段我们不断地尝试在纸上用符号运算检验自己的想法。如果这样做不能直接取得成功，我们可能不得不重新考虑整个问题，并且可能在过了很久后突然受到启发而出人意料地把答案揭示出来。然而，事实上这种突然成功通常无法提供最终的解答，而只是一个有待检验的解答之设想。在验证或解决方案的制定中，我们必须再次依赖外显的符号运算。因此，最初解决问题的运算步骤和解决方案的最终完成都依赖计算和其他的符号运算，而跨越逻辑鸿沟的不那么形式化的行为却介于这两个形式化程序之间。然而，研究者的直觉能力总是支配性和决定性的。优秀的数学家通常能够快速而可靠地进行计算，因为除非他们掌握这种技巧，否则他们可能无法发挥他们的独创性，但他们的独创性本身却在于产生种种想法。哈达玛(Hadamard)说：他过去在计算上犯的错误比他自己的学生多，但他更快地发现了错误，因为计算的结果**看起来**不太正确；他几乎就像是通过计算来单纯地描绘出他在概念中已经预先构想出
131 来的结论。[90]人们广泛地引用高斯的话："我已经有了自己的解答很长

时间了，但我还不知道该如何得出这些解答。”尽管这个引言可能是令人怀疑的，但它仍然很有说服力。[91]每当我们发现我们相信是一个问题的解答时，肯定会出现这种情况。在那一刻，我们看到了一个看起来正确的解答，因此我们有信心**证明它是正确的**。[92]

数学家在朝着他的发现而摸索前进时，把自己的信心从直觉转换到计算，又从计算转换到直觉，从来不放松对这两者的任何一个的把握，这从细节上展示了言语表达对人类推理能力进行控制和扩展的整个运作范围。这种交替转换是不对称的，因为形式步骤只有通过我们对它的隐默确认才有效。此外，符号的形式体系本身只是我们预先拥有的非形式化能力的一种体现，是我们的非言语表达性的自我通过技能而所设计的工具，目的是依靠它作为我们的外部向导。所以，对初始术语和公理所进行的解释主要是非言语式的，同样，作为数学进步之基础的、对这些术语和公理进行扩展和再解释的过程也是非言语式的。在每一系列的形式推理过程的开始和结束阶段，直觉与形式之间的交替转换都依赖于隐默的确认。

注　释：

1. W.N.与L.A.凯罗格：《猿猴与孩童》，纽约，1933年。

2. 考虑到黑猩猩成熟的时间较短，孩子的优势比凯洛格夫妇作的比较所表明的要大。但其他观察结果限制了这种优势的范围。例如，现在看来，许多动物，尤其是鸟类，都可以学会识别数字。它们可以辨认出呈现给它们的物体之数量，也可以重复发出确定数量的连续行为，它们辨认的数字最大可以到8。奥托·科勒最有效地证实了这一事实，他还发现，如果不让被测试者有计数的时间，人能辨认出的物体的组数不会比鸟更多。参见W.H.托普，《朱鹭》，第93期(1951)，第48页。托普引用了科勒从1935—1950年间发表的七篇论文。

3. 在本章中，我对“言语的”“言语”等词的使用范围比一般的语言用法更广，因为在语言学中，这些术语只指语言的实际发音。然而，上下文可以使我的意思更为清楚，我的这种用法并非没有先例。例如，A.D.谢菲尔德在《语法与思维》(纽约与伦敦，1912年，第22页)中就谈道：“从心理学上讲，简单断言句把概念整体的言语形式表达为它的要素，以适应于引导思维链的关注点。”

4. 在这个阶段，我将撇开一个问题：无论作为实验性条件作用还是刺激性的成熟过程，学习是否可以在一个扩展的生理学框架内被表示？因为这并不影响低级和高级行为之间的实际区别。据说低级行为低于智力层次以下，而高级行为高于智力层次。

5. 斯金纳：《有机体的行为》，纽约，1938年。

6. 对条件反射理论的这种批评，已经是人所周知，如可参见D.CK赫布：《行为的组织》，纽约，1949年，第175页。

7. 见希尔加德：《学习理论种种》(第2版)，纽约，1956年，第106—107页；引自I.克列切夫斯基(1932和1933年)关于老鼠具有“猜想”的阐述。拉什利曾说过，普通动物的行动从来就不是随机的。（《脑机制与智力》，芝加哥，1929年，第138页)。

8. 希尔加德，同前引(第1版，1948年)，第333页，区分了行动学习与感知学习(参见第2版，第466页)。

9. 例如，希尔加德[同上，第2版，第194页(图26)]对E.C.托尔曼和C.H.洪锡克的实验的描述[《加州大学公共心理学》，第4期(1940)，第215—232页]就是对这个观点的精彩论证。希尔加德在文中还提到了最近对这一实验的批评，但是他依然坚持自己的观点。

10. E.C.托尔曼“老鼠与人的认知地图”，见《心理学论文集》，伯克利和洛杉矶，1951年，第261—264页；引自《心理学评论》，第55期(1948年)，第189—208页。

11. W.科勒：《猿的智力》，第2版，伦敦，1927年，第123、194页。

12. 皮亚杰：《智力心理学》，伦敦，1950年。

13. 皮亚杰描述了婴儿通过交替地接近眼睛或手臂的距离移动物体，探索物体在不同距离上的不同外观形式。出处同上，第130页起。

14. 出处同上，第161—162页。

15. 出处同上，第62页，《儿童的判断和推理》，伦敦，1928年，第173、176页。

16. 语言的这三种形式或功能是语言理论家普遍认同的问题，例如“表达、祈使、陈述”的功能由K.比勒(《语言学》，耶拿，1934年)区分，D.V.麦格拉南在“语言心理学”(《心理学简报》，1936年，第33期，第178—216页)中采用；布鲁诺·斯内尔在《语言的结构》(汉堡，1952年，第11页)中采用。另见乔治·汉弗莱，《思维》(伦敦，1951年，第217页)。另一方面，这三种功能中的某一种在语言起源上是否以及如何凸显出来，无论是在个体还是在人类中凸显，都是一个广泛而产生激烈分歧的问题(见麦格拉南的调查报告，同前引，第179页起，或L.H.格雷提出的表达理论类型，参见《语言的基础》(纽约，1939年，第40页)，另见G.雷维兹，《语言的起源和史前史》，伦敦，1955年)。本书的论证不在这场争论的范围内，本书只关注于语言的“陈述性功能”，但这并不意味着“陈述性功能”是和“表达性功能”或“祈使性功能”相对立的。我在这里所从事的并不是建构另一种关于语言起源的理论，而是对语言及其非语言的根源之间关系的认识论反思。语言学家的一些理论当然与我的理论有一定的相似之处：例如萨皮尔在《语言》(纽约，1921年)中对言语的概念作用的分析；或者A.H.伽德纳在《言语和语言理论》(伦敦，1932年)中坚持“意义之物”在言语情境中的重要性；或是W.J.恩特维尔对行为主义语言学家的反叛：“机械观的主要错误是把人从自己的言语中排除，把后者当作一台独立于人的机器对待(《语言的若干方面》，伦敦，1953年，第39页)。但是，语言学家们合理地关注的是言语技巧本身，而不是像我一样，主要关注的是言语式真理的性质，即关注它的不可表达和不可形式化说明的基础。

17. 另外，我在这里不是预先，在假定言语的初期，你(tu)比自我(ego)更重要，(参见恩特威斯特尔，同前引，第15—24页)也不是想要陷入以下争论：儿童的言语是不是自我中心的。(见D.麦卡锡：《语言发展》，载墨奇逊：《儿童心理学手册》，沃瑟斯特，马萨诸塞，1933年，第278—315页)在这里，我仅仅探讨确实存在的一些语言现象。

18. 在这里，我的这个划分与通常心理学家们的划分有很大不同。回溯到沃茨堡学派，通常心理学家们关注于在言语式思维与“非言语式”思维之间的区别。我更赞同塞缪尔·巴特勒的论文中的例示说明，认为本特莱夫人的鼻烟盒是语言。

19. 参阅洛克：《人类理解研究》，1981年，第3卷，第3章，2—4节，用相似论证来推导出普遍性词项(universal term)的存在。另见E.萨丕尔，同前引，第11页。

20. 参阅E.萨丕尔，同前引，第39页。

21. 例如，当迈克尔·布鲁斯被认为救了拉斐特(Lafayette)一命时就是这样，因为历史学家们用拉斐特来替换了不那么有名的拉伐列特(Lavalette)侯爵。

22. 见斯奈尔，同前引，第171页，引自纽曼：《荷马词典》，巴塞尔，1950年，等等。另见S.乌尔曼：《语义学原理》，格拉斯哥，1951年，第234页起。

23. I.A.理查兹的“英语教学中的责任”，《哈佛教育评论》，第20期(1950)，第37页。他说一个符号的独特性在于它难以被误用为别的符号。在拉丁字母表中，o、c、e三个字母是最缺乏独特性的，因为它们相互之间是彼此的不完全形式。容易被混用的还有那些具有对称性的字母pb、qb、un、pq、db，以及数字6和9。该论文还提出了一些“看字母的技巧”，以学习那些可能容易被互相混用的字母。

24. 关于副词是“真”词或是假词(见 S.乌尔曼，同前引，第 58—59 页)，在这里不作判断。

25. 当婴儿开始说话时他开始发展的就是这种智力。 见 J.皮亚杰，“遗传阶段中的语言和思想”，载 G.雷维兹：《思维与说话》，阿姆斯特丹，1954 年，第 51 页；W.F.利奥波德：《婴儿言语中的语义学习》，《词语》，第 4 期(1948)，第 173—180 页。

26. N.R.F.梅耶，《人类的推理 II》，《比较心理学学刊》，第 12 期(1931)，第 181—194 页。

27. F.拉普拉斯，《概率研究》，科学院编辑，1886 年，第 7 卷，第 2 页。

28. 试比较：恩斯特 · 托比奇，“存在主义的社会学”，《党派评论》(1954)，第 296 页。

29. L.维特根斯坦，《逻辑哲学论》，伦敦，1922 年，第 1889 页。在后文中，我将引用一些更非形式的语言对此进行评论，以纠正人们对于精确性的要求。 P.L.希思曾在“呼唤普通语言”[《哲学季刊》，第 2 期(1952)，第 1—12 页]中描述过这个方案所遇到的一些困难。

30. 参阅 A.N.怀特海：《科学与哲学论文集》，伦敦，1948 年，第 73 页：“没有一个句子能充分陈述自己的意义。 它总是有一个预设背景，该背景由于其不确定性而无法被分析。”然后，怀特海用“1 加 1 等于 2”为例，来论证这个原理。 见本书第 3 编，第 8 章。

31. 对于不透明的其他聚合体进行有效表示，也有同样的困难，例如，对晶格中原子排列结构的表示，或对复杂机器中的部件结构的表示。 晶体学或工程学的学生必须根据这些元素来思考，而这些元素的图形表示，却总是零散的。 关于机器的论述，参见 F.凯恩兹：《思维的预成型》，引自雷维兹，同前引，第 66—110 页，第 85 页，“机械思维”。 要绘制地质地层图也有相似的困难，地质学家为此最近一直在设计新的富有想象力的技术。 参见 L.达德利 · 斯汤普：《地球的外壳》，伦敦，1951 年。 关于新开发出来的“带形技术”(ribbon technique)，参阅 W.E.内维尔：“莱因斯特煤田的磨石砂砾和下部煤系”，《爱尔兰皇家科学院简报》58 号，B1(1956)，插图 IU、IV、V；或《英国地区测量、奔奈山脉及其邻近高地》，科学与工业研究局：地质勘探博物馆，1954 年。

32. 参见本书边码第 58 页。

33. 我们对“理解”一词的广泛使用使得它包含了“概念”和“图式”两个领域，克拉帕雷德和皮亚杰用这个术语来表示复杂的运动能力。我将交替使用这些词，代表一种隐性知识，或这种知识的某些方面，有别于任何基于这种知识的外在行为。 稍后我将用“直觉”或“洞察力”来描述理解的行为，特别是在数学中的理解行为。

34. 这使人想起了索绪尔对“nom”(名字)和“sens”(意义)所作的区分(见乌尔曼，同前引，第 70—71 页)。 但是他坚持认为他所讨论的这一关系不同于指称或事物—意义的关系，所以他的这一分析对我的论证没有什么助益。

35. 参见本书边码第 57 页。

36. 实验证明了一个相当明显的事实：如果文本被理解的话，文本的语境比单词学习得快。 见 J.A.麦卓奇：《人类学习心理学》，纽约及伦敦，1942 年，第 166 页。 在牛津大学最近的一项实验中，当一组受试者在听到一段 300 字的短文后通过记忆立即写出其概要，另一组则在阅读同一篇短文的同时写出其摘要，发现这两种摘要是很难区分的。 实验者古穆利基博士得出结论：这表明了“一种无意的抽象过程的运作，这种过程似乎是与理解正在阅读的文章的过程同时进行的”。 见哈里 · 凯伊，载于《实验心理学》，B.A.法里尔编，1955 年，第 14 页。

37. 关于这一区别的经典文本是圣 · 奥古斯丁的《论教师》。

38. 同前引，《思维和言语》，第 3 页以后。

39. 我们的注意力集中于词语或其他符号本身，以致我们说出或操作这些词语或符号时却完全忽视了其意义——这样的第三个领域并不存在。 这种不受理智目标之指导而对符号所作的纯机械操作，是毫无用处的。即用机器进行运算时，我们在转动机器的手柄时也会对其结果充满信心，这样做是依靠于机器的操作原理。 任何无意义的东西都不能被认为是符号，任何无意义的操作都不能被认为是符号操作。 从这个意义上说，形式化必须始终是不完整的。 这一点在前面已经被反复说明，稍后还将进一步阐述。

40. J.皮亚杰，《儿童的判断和推理》，第 92、93、213、215 页。

41. K.哥德尔，《数学和物理学月刊》，第 38 期(1931)，第 173—198 页。

42. 我在《科学、信仰与社会》(牛津，1946 年，第 8—9 页)中，肯定并且阐述了所有描述的意义所固有的不可还原的不确定性，这种不确定性在将意义与现实联系起来方面的起源和作用。魏斯曼的“开放性结构”[“可核实性”，《PAS增刊》，第19期(1945)]，在调节性原则的语境中陈述了部分的相同反思，但我认为他的观点无法接受。（见后文边码第113页）。

43. A.H.哈斯托夫：“暗示对刺激源的大小及感知距离之间的关系的影响”，《心理学学刊》，第29期(1950)，第195—217页。参阅W.H.伊特尔森和A.埃姆斯：“适应、会聚及其与确定距离的关系”，《心理学学刊》，第30期(1950)，第43—62页；W.H.伊特尔森：《感知中的埃姆斯论证》，普林斯顿，1952年。

44. 我们把物体看成“向上直立”的正常方式，满足了我们设定的视觉、触觉以及本体感受线索之间的融贯性标准。颠倒视网膜图像的眼镜使我们看到“倒立”的物体。但是，习惯这样的眼镜几天以后，眼睛又恢复连贯性，可以**通过这样的眼镜**把物体看成**向上直立的**。一旦拿开眼镜，物体**在没有眼镜的情况下**看起来又是**倒立的**，但最终通过重建**正常视觉**而恢复了融贯性。I.科勒，《金字塔》，第5期(1953)，第92—95页；第6期(1953)，第109—113页。

45. 关于对格式塔理论的类似评论参见D.卡茨：《格式塔心理学》，巴塞尔，1944年；以及M.舍勒，《格式塔理论》，柏林和莱比锡，1931年，第142页。

46. 通过参照儿童智力的前语言时期的发展，也可以显示出敏锐的感知能力。参见本书边码第142页。

47. G.赖尔，《心的概念》，伦敦，1949年，第234—240页。

48. A.H.黎森：《人类与黑猩猩的视觉发展》，《科学》，第106期(1947)，第107—108页；M.V.简登：《盲婴手术前后的视觉感知》，莱比锡，1932年。

49. 参见本书第2编，第6章，边码第197—200页。

50. K.沃斯勒，《实证主义和唯心主义语言学》，海德堡(1904)，第25—26页。另参阅I.墨多克：《论思维与语言》，《太平洋天文学会增刊》，第25卷(1951)，第25页。

51. G.汉弗莱：《思考》，伦敦，1951年，第262页。

52. 见W.哈斯[“关于说一种语言”，PAS，第51期(1951)，第129—166页]有关活的语言的论述。

53. J.皮亚杰：《智力心理学》；另参见《儿童时期的游戏、梦与模仿》，伦敦，1951年，第273页。皮亚杰的术语是“同化”(assimilation)和“适应”(accmmmodation)。我用“适应”(adaptation)作为后一词的英语同义词。皮亚杰自己则在更广泛的意义上使用“适应”(adaptation)一词，涵盖了这两种类型的过程。

54. 皮亚杰：《判断与推理》，第115页。

55. D.托马斯：《儿童时期的回忆》，《遭遇》，第3期(1954)，第3页。

56. 本书第1编，第4章，边码第51页。

57. 下面是科勒在黑猩猩身上观察到的一个例子。黑猩猩处于自由状态，手中拿着一根棍子。一只香蕉放在笼子里的地板上，笼子是用木板三面围起来的。目标最近一侧的水平板上有一个间隙，对面一侧有竖直铁条。因此，这样安排的目的是：让黑猩猩只能用棍子从笼子的有水平放置的木板的一侧，把香蕉推向对面，然后再绕过笼子走到有竖直铁条的一侧，就能拿到香蕉。动物已经发现了这种解决办法，而且以前也练习过。现在她准备重复这一方法，她开始在笼内地板上把香蕉推离自己。突然，动物被一声噪音打断，她显然忘记了自己的意图，而屈服于较本能的冲动，想要把香蕉拉向自己(这是没有用的，因为木板阻碍她得到那一奖品)，然后，完成了这一次无用的拉动后，她**绕过笼子走到笼子的另一面**，显然是想像往常那样拿到那只香蕉，尽管现在当然得不到它。科勒写道：“当芝嘉凝视着笼子，看着香蕉离笼子有铁条的一面无比遥远时，没有人比她更困惑了。”(同前引，第267页)在此，“用棍子推开香蕉，然后绕过笼子从竖直铁条之间取出香蕉”与“把香蕉拉向你自己”的计划搞混了。黑猩猩继续实施第一个计划，尽管她后来又实施第二个计划，并由此取消了第一个计划。动物对一个问题感到困惑所表现出的不安，将在稍后进行更为详尽的描述。

58. M.克兰斯顿：《自由：新的分析》，伦敦，1953年，第163页。

59. 参见本书第1编，第1章。

60. H.庞加莱：《科学与方法》，伦敦，1914年，第94页起。

61. 参见匹兹堡大学物理学会，《原子物理学纲要》，第2版，伦敦，1937年，第313页。庞加莱也在他的《科学与方法》中宣扬这一错误。它的错误是通过观察晶体的双折射率和冷凝器的容量而揭示出来的。在这两种情况下，本应受到洛仑兹-菲茨杰拉德收缩的可测量的影响，却被证明没有受影响。

62. H.韦尔：《数学与自然科学哲学》，普林斯顿，1949 年，第 220 页。

63.《皇家科学学会会议记录》(A)，第 144 期(1934)，第 11—14 页。

64. 语言学家对词的意义变化进行了广泛的研究。我从科学中得到的例子可以证明，概念决定是伴随着其他科学发现而来的。这表明，意义的变化通常可能具有正确性或错误性。

65. 这是著名的魏斯格伯和特利尔的“语境”学派所强调的意义方面。参见 S.乌尔曼(同前引，第 75 页和从第 155 页起)的综述。

66. 参见 F.魏斯曼“可证实性”，载《逻辑与语言》第 1 卷，牛津，1952 年，第 117 页起。

67. 出处同上，参阅 I.墨多奇，同前引有关“调节性原则”的进一步分析及其应用，请参阅本书第 3 编，第 10 章，边码第 307 页。

68. L.维特根斯坦：《哲学研究》，牛津，1953 年，第 408 页。

69. 同样的批评也适用于维特根斯坦使用的术语“语言游戏”。

70. 这样一个分类过程意味着一种经验的概括，这种概括在归纳的形式化尝试中通常被忽视。这是由杰弗里斯(H. Jeffreys)所指出的[“概率论的现状”，载于《英国哲学协会期刊》(1954—1955 年)，第 275 页及其后，第 282 页]：“在我看来，这个过程的认识论被过度忽视了。它的应用比拉普拉斯归纳法更为广泛，对我而言，构建和安排问题所涉及的原则似乎是哲学家们可能有话要说的。”

71. 芬德雷“哥德尔式命题，一种非数学的方法”，《心灵》，第 51 期(1942)，第 259—265 页。

72. H.庞加莱，“直觉与数理逻辑”(1900)，转载于《科学的价值》，第 1 章，被达札尔和吉尔博德引用于《数学的推理》，巴黎，1945 年，第 433 页。关于理解一个数学证明后引起的转变，参见 K.柯夫卡：《格式塔心理学原理》，伦敦，1935 年，第 555—556 页。一位数学家对此表示意见，参见范 · 德 · 瓦尔登：“非语言思维”，引自雷维兹，同前引，第 165 页。

73. A.塔斯基：《逻辑导论》，纽约，1946 年，第 132 页。

74. A.塔斯基，出处同上，第 134 页。我们还记得，法律文件和政府条例措辞谨慎，以达到最大的精确性，但是众所周知的难以理解。

75. 葛绥利和霍顿把一只猫放在笼子里，笼子里放了一根小柱子，放在地板中间，充当释放机制。那些偶然触动柱子的猫，发现自己从笼中被释放出来。这些猫很快意识到这种联系，并以一种完全固定的方式重复这个释放操作。放置猫的情况对猫来说没有可理解的问题，而猫偶然发现的解决问题的方法，也没有表明猫对释放机制有清楚的理解，智力在整个过程中所起的作用可以忽略不计。比较希尔加德(同前引，第 65—68 页)的实验。

76. “给来访者留下最深刻印象的是：萨尔丹停顿了一下，他悠闲地搔着头，除了稍稍转动下眼睛和头颅以外一动也不动，仔细地观察着周围的情况(科勒写道)。”《猿的智力》，伦敦，1927 年，第 200 页。

77. G.瓦勒斯：《思维的艺术》，伦敦，1946 年，第 40 页起。

78. 当然，在这里“验证”(verification)指的是数学中的“论证”(demonstration)，所以它的含义更接近于我在稍后(第 2 编，第 6 章，第 202 页)所说的“有效性”(validation)而不是实验科学中的“验证”(veriftcation)。

79. 一只猩猩一直寻找工具来把笼子外的一串香蕉扒过来。它为此做了各种徒劳的尝试，例如试图从木箱盖上拆下一块木板，或用一束稻草来朝目标敲打。然后它显然完全放弃了这个任务。它继续和它的一个同伴玩了大约 10 分钟，没有再转向笼子外的香蕉。突然，它的注意力被附近的一声叫喊转移了，它的眼睛正好落在了笼子顶上的一根棍子上，它立刻向棍子跑去，跳了几下，把棍子拿到手，并借助棍子把香蕉扒了过来。我们可以用这个来证明，即使在其他情况下，这只动物仍然“在它的脑海中”保留着它的问题，自己也时刻准备着获取能解决问题的工具。见科勒，同前引，第 184 页。

80. 库尔特 · 勒温观察到，我们不会把情感投入过分简单或过分困难的任务中去，而只会投入我们能掌握的最好的任务中。根据勒温的观点，霍普把这种情况称为自我投入的衡量标准。见希尔加德，同前引，第 277 页。

81. R.M.耶基斯：《蠕虫的智力》，《动物行为》杂志第 2 期(1912)，第 332—352 页。参阅 N.R.F.迈尔和 T.舒耐尔拉：《动物心理学原理》，纽约和伦敦，1935 年，第 98—101 页。

82. 在我们的时代，数学家波利亚(《如何解决问题》，普林斯顿，1945 年，以及《数学与似然推理》，第 2 卷，伦敦，1954 年)为建立探索准则作出了显著的努力，主要是为了指导数学教学。心理学家也对问题解决作了深入研究，主要有邓克和韦特海默。

83. A.M.图灵，[《科学新闻》，第 31 期(1954)]计算出，系统地解决一种最常见的拼图游戏(包括以特定方式重新排列的滑动方块)的不同排列方法有 20 922 789 888 000 种。日夜不停地工作，且每个位置思考一分钟，整个过程需要 400 万年。

84. 形式推理过程中涉及的最小化的逻辑鸿沟被忽略不计，参见本书第 2 编，第 8 章，边码第 260 页。

85. 贝克尔：《科学与计划的状况》，伦敦，1945 年，第 55 页。

86. “我们热切地希望能得到解决，并为此付出了巨大努力的问题，只有在休息之后才能取得进展。”波利亚写道，《如何解决问题》，普林斯顿，1945 年，第 172 页。

87. 波利亚，同前引，书中处处可见。

88. N.艾奇广：《决定趋势与知觉》，载 D.拉帕波特：《思维的组织与病理学》，纽约，1951 年，第 17 页起。

89. W.D.埃利斯：《格式塔心理学资料集》，伦敦与纽约，1938 年，第 300—314 页。

90. J.哈达玛：《论数学领域中的创造心理学》，普林斯顿，1945 年，第 49 页。

91. G.波利亚写道：“当你确信这个定理是真的，你就开始证明它。”(《数学与似然推理》，第 2 卷，第 76 页)

92. 阿基米德在他的《方法》中描述了几何证明的一种机械过程，这给他带来了信心，尽管他认为其结果仍然需要证明，然后他进行了验证。B.L.范 · 德 · 维尔登：《科学的觉醒》，格罗宁根，1954 年，第 215 页。

第六章

理智的激情* 132

第一节 提 示

前一章偏离了主题。在第一编里，我承认科学家在坚持科学断言时普遍存在的个人参与；我把这种个人因素追溯到发出言语的行为上，试图考察其起源。为了找到这个关键点，我的探讨不得不超越这一范围，一直深入动物与婴儿之智力的非言语表达层次，即口头知识中个人因素最初开始运作的层面。我们进一步追寻这种隐默智力的根源，认识到控制与维持着这一智力的能动原则。就蠕虫甚至变形虫这样的低等生物而言，我们发现了动物普遍具有的警觉性，这种警觉性不是指向任何特定的满足感，而仅仅是探索已经存在的东西；这是动物要对所处情境获得智力控制的一种冲动。最后，在这种探索——以及视觉感知——的逻辑结构中，我们发现知识的能动塑造与接受其为实在之标示这两者之间的结合是预先被设定的。我们把这种结合看成一切个人认知的显著特征。这是指导所有技能与行家技艺的原则，并通过普遍存

* Intellectual 的意义是“求知的”“理智的”“智力的”“智能的”。波兰尼的“Intellectual”概念主要涉及认知方面，但是有时候也涉及广泛的文化，所以本版把“Intellectual”译为“求知的”或“理智的”。——译者注

在的隐默因素（口头语言必需根据这种隐默因素才能得到指引和确认）而融汇在一切言语表达性的认知之中。

从所有口头言语一直到动物生命的能动原则，按照这种脉络追溯个人知识，表明了我们与动物和婴儿分享的隐默智力足以从基本的相似性上解释了语言习得使人类知识范围得到巨大扩展。无论如何，这种相似性具有以下优点：它能单独表示言语性思想的方方面面，后者不需要显著地扩展动物共同拥有的隐默能力。但是，思维以及科学本身还有
133 别的成分，它们由远远超越动物智力范围的隐默能力所引导。现在，我必须转到这些方面。

在此以前，如果不是我一直把自己的研究限制在语言的肯定性应用上——而在这种应用中，这些隐默能力是最不明显的——那么这种隐默能力就会不可避免地引起我们的注意。语言的表达性和交互性使用显然给我们带来了超越动物或婴儿的那种隐默能力。艺术作品或社会戒律所具有明显的情感力量产生于言语表达性的文化中，而一个不拥有言语表达能力的人则不能进入这种文化。但是，即使在语言的肯定性使用中，我们也已经遇到过这样的能力。对一个伟大科学理论的肯定，在某种程度上就是愉悦的一种表达。这个理论具有一种颂扬自身之美的非言语成分，这对于相信这个理论是真的必要的。没有动物能欣赏科学的智慧之美。

事实上，我发现动物生命的能动原则预示了人类的所有求知努力，并且这个原则听起来像是一个充满激情的音符。科勒清楚地表明，黑猩猩从发现一种新的巧妙的操作中获得乐趣，这与它们从中获得的实际利益完全不同；他描述了黑猩猩如何仅仅为了操作而重复这些操作，以作为一种游戏。凯洛格夫妇发现，一只幼小的黑猩猩和一个同龄的孩子一样倾向于在游戏中重复一个涉及使用工具的操作，这个工具最初是为一些实际目的而发明的。这只黑猩猩和小孩一样喜欢爬到通常需要它解决问题的地方。毫无疑问，动物的这些求知乐趣预示着我们的言语表达能力给人类带来的发现之愉悦，但在动物身上，它们在范围和高

度上还远远不能触及人类发现之愉悦。随着语言对我们的思维范围的扩展，黑猩猩玩棍子的乐趣也扩展成一个复杂的情感反应系统，我们在自然科学、技术和数学中通过这一系统来鉴别各种科学价值和独创性。这种情感就是本章题目中所说的“理智的激情”。在深入研究它之前，我们先谈一下通过关注这种理智激情而获得的关于科学的新语境。一个科学理论要求人们关注它自身的美，并且部分地依靠它所具有的美来宣称它代表着经验实在，这类似于一件艺术作品要求人们关注它自身的美，并以此来作为艺术现实的标志。这也类似于对自然的神秘主义沉思：在历史上，这种相似性早就在毕达哥拉斯式的理论科学之起源中表现出来了。更一般地说，科学凭借其充满激情的音符，在试图唤起和采取正确的情感模式的伟大话语体系中找到其位置。在传授它自身的那种合乎规范的卓越性方面，科学所起的作用就像艺术、宗教、道德、法律和其他文化成分所起的作用一样。

这种一致性极大地扩展了我们的研究视角。尽管我们以前注意到
科学宣称要去评价秩序和概率，并认可科学技能和行家技艺，但与科学 134
用以欣赏自身的美的理智激情相比，科学的这些评价性成分没有那么多感情色彩。如果对科学真理的坚持要求我们证明这种带着激情的评价是合理的，那么我们的任务也就不可避免地扩大到证明文化各个领域用来作出断言的那些同样带着激情的评价是合理的。那样，科学就不再可能指望只关涉确定的事实，而人类的其他智力传统则被贬低为主观的诉诸情感的地位。它必须宣称某些感情是正确的；并且，如果它能证明这样的宣称是正确的，它就不仅挽救了自己，而且还以自己为榜样维护了它成为其一部分的整个文化生活体系。

不过，在承认科学与其他文化领域不可避免的统一性的同时，在本书中我限于篇幅不能对这种联系进行更多的阐述。尽管也许最终会证明在更广泛的基础上更容易维护更充分的真理，但我在这里不能试图完成整个任务。所以，我打算继续探讨维护事实性真理的条件，但同时要时常偏离话题，以表明本研究具有更广泛的含义。

第二节　科学的价值

从本书的开头部分，我就在各种语境中提到科学家在获得发现的那一刻所感觉到的极度兴奋。那种欢乐只有科学家才能感受到，也只有科学才能在科学家的心中唤起。在第一章，我引用了一个著名的段落，当开普勒发现他的第三定律时，他宣布："……我始终勇往直前，百折不回。我要纵情享受那神圣的狂喜……"[1]在发现过程时，这样的感情爆发是众所周知的，但这些感情并不被认为对发现之结果有什么影响。科学被视为客观建立的，尽管科学的起源充满激情。到目前为止，我应该清楚地表明我不同意这一观点；我甚至要明确地阐明科学中的激情。我要表明科学的激情不仅仅是心理上的副产品，而是具有逻辑功能的，它对科学起着不可或缺的作用。它们相当于科学命题中的一种基本性质，由于承认或否定科学中存在这种性质，我们会相应地认为这种激情是正确的或者错误的。

这种性质是什么？激情使事物充满了情感，使它们令人厌恶或有吸引力；积极的激情肯定了事物是珍贵的。科学家作出一项发现时的兴奋是一种**求知激情**，它表明某种东西在**求知**方面是宝贵的，更具体地
135 说，对**科学来说是宝贵的**。这种肯定是科学的一部分。我引用的开普勒的话不是一个事实陈述，但这些话也不只是开普勒个人感情的报告。作为一个有效的科学断言，这些话肯定了某些事实之外的东西，即某些事实的科学价值，开普勒刚刚发现的那些事实。事实上，开普勒的这些话肯定了这些事实具有重大的科学价值，而且，只要知识存在，这种价值就会存在。开普勒也没有被这种神圣的感情所欺骗。过去的几个世纪里，人们不断地向他的远见卓识致敬，而且我相信，未来几个世纪也会如此。

在这里，我认为科学激情的功能是区分具有科学价值的可验证事实

与那些没有科学价值的事实。在所有可知的事实中，科学家只对其中很少的一部分感兴趣，而科学激情也在评估哪些具有较高价值而哪些具有较低价值，以及在科学上哪些是伟大的而哪些是相对渺小的时候被用作向导。我想表明：这种评价最终依赖于一种理智上的美感。它是一种感情反应，是绝不能脱离感情而被定义的，就像我们不能脱离感情而定义艺术品的美或高尚行为的卓越性一样。

科学发现揭示了新的知识，但伴随而来的新视野还不是知识。它**比不上**知识，因为它是一个猜测；但它又**高于**知识，因为它是关于未知的、目前可能还不可想象的事物的先知先觉。我们对事物的一般性质的看法是我们解释所有未来经验的指南，这种指导性是必不可少的。试图用纯客观的形式化程序来解释科学真理之确立的科学方法论注定要失败。任何不受求知激情指导的探究过程都不可避免地陷入琐碎之中。我们对于实在的洞见，会唤起我们的科学美感，这种洞见必定向我们提出合理的、有意义的研究问题。它将向我们推荐概念和经验联系的类型，这些概念和经验联系具有内在合理性并因此应该是站得住脚的，即使有些证据似乎与之矛盾；另一方面，它也将告诉我们，哪些经验联系被视为可疑的而加以拒绝，尽管有支持它们的证据——也许我们还不能通过任何别的假设来解释这些证据。事实上，如果没有实在之洞见基础上的价值与合理性之尺度，就无法发现任何对科学有价值的东西；只有在我们掌握了科学的美，并对感官的证据作出反应，这一洞见才能被唤起。

如果我们把科学价值的概念表述为三种因素联合作用的结果，我们就会对它把握得更加牢固。如果一个断言拥有以下特性越多，它就越被认为是科学的一部分，对科学也越有价值：

(1) 确定性(准确性)；

(2) 系统相关性(深刻性)； 136

(3) 内在价值。

前两个标准是科学内部的，第三个标准却是科学之外的。

这三个标准同时适用，其中一个标准的欠缺，可以通过另外两个标准的杰出而进行补偿。以物种进化为例，尽管新达尔文主义并没有直接的证据来证明自身，但它还是受到科学界的坚定认可和高度重视，因为它完美地融入了机械论的宇宙体系并承担起探讨人类起源的主题，这一主题具有重大的内在价值。在其他情况下，我们看到了事实的高度准确性弥补了系统相关性或内在价值的相对不足。曼内·西格班(Manne Siegbahn)由于在测量某些X射线光谱的波长方面大大提高了准确度而被授予诺贝尔物理奖，尽管他的研究结果几乎没有揭示出什么有价值的东西。然而，对准确事实的欣赏是有限度的。理查兹(T.W. Richards)教授由于精确测定原子量而于1914年获得诺贝尔奖，他的研究结果从未受到质疑。但是在1932年，弗雷德里克·索迪(Frederick Soddy)却能对这种测量方法写道，它现在看起来"没有什么价值和重要意义，就像测定一组瓶子(有的装满了，有的或多或少是空的)平均重量一样"。[2]这时人们意识到，原子量的值是由于偶然的比例关系产生的，即同位素成分恰好在自然界中发现的元素中所占的偶然比例。一个看上去描述了宇宙的深层特征的量，现在变得毫无意义了。虽然事实上它是正确的，但它却被证明具有欺骗性，因为与期望相反，它并不符合自然界中任何实质性的东西。当一种元素的精确原子量对科学不再有价值时，原来看起来很重要的东西现在变得微不足道了。

137 虽然不能精确地定义科学价值，但科学价值通常是可以被可靠地评估的。在推进和传播科学的过程中，我们每天都需要并且依赖于科学评估。出版刊物的评审专家必须判断一份稿件的科学价值是否能抵得上其出版费用。另外一些评审专家必须决定是否值得批准一项研究基金。科学家必须能够识别出明显微不足道的研究，就像识别出那些是明显错误的东西一样。著名的德国物理学家弗里德里希·科尔劳施(Friedrich Kohlrausch)在一次关于自然科学之目标的讨论会上宣称，他很乐意精确测定排水沟的水流速度，[3]这个时候他是在胡说八道。他完全错误地判断了科学价值的本质；因为观察的准确性本身并不能使它对科学有价值。

科尔劳施所许下的愚蠢诺言当然并非他的真实意图。他只是在比平时更加连贯地阐述了一个错误的科学理论；毫无疑问，他所依靠的立场如同休谟所说的那样：哲学的错误只是可笑的，哲学的言语放纵并不会影响我们的生活。[4]但他在这样说时，却不自觉地证明了：只有放弃严格的客观科学之理想，才能避免这样的荒谬的结论而又不会产生自相矛盾。

人们常说科学（与历史不同）只关注规律，而不关注特定的事件。这种说法只对于我前面提到的前两个标准来说才是正确的。如果事件是可重复的或可预测的重复发生，那么该事件就是有规律的。事实的可再现性使我们对它的观察格外可靠，而它的重复出现表明它是自然系统的一部分。事实上，系统的价值甚至可以超越完全没有规律性。1572 年，第谷·布拉赫观察到一颗异常明亮的新恒星，那对科学具有重大的价值，因为这个发现似乎要摧毁亚里士多德的坚不可摧的宇宙体系。[5]同样，韦勒（Wöhler）在 1828 年合成尿素也削弱了人们关于生命物质的唯一性的传统信念。发现活的腔棘鱼的科学价值也不取决于可能再次发现这样的动物，而取决于该物种是所有陆地脊椎动物共同祖先这一重大系统价值。尽管与此类似的这些发现并没有建立新的一般规律，但是其价值在于它们隐含着的深远意义。它们反映了某种更隐蔽却更深刻的东西，也就是对更广阔经验范围的更真实理解。实际上，普遍性只是科学的深刻性的一个方面，正如我们将要看到的，深刻性本身也只是一种暗示，它暗示着我们正在与现实进行着新的、更广泛的接触。

另外，科学价值与历史价值之间的差异，并不是因为历史事件的独特性，而是因为历史事件的人际关系方面的吸引力。我将在后文论述这点。就像事实的科学价值一样，已经发生的事件的历史价值取决于它们与学术语境的关系，在这里是指历史语境。不可否认，这种语境对历史学家的吸引力又是涉及人际关系的，因此不同于科学家对数学理论的那种关注。[6]

许多事实都被科学家一致认为与科学无关，而对于某些事实他们却产生了分歧。巴斯德(Pasteur)在1860年提交给法国科学院有关自然发生说*的研究报告中，讲述了比奥(Biot)和杜马(Dumas)如何阻止他从
138 事这方面的研究。[7]今天，只有极少数科学家认为测试超感官知觉或念力的事实是值得一试的，因为大多数科学家认为那是浪费时间和滥用专业设备。科学家通常会忽略那些与公认的科学知识体系不相容的证据，他们希望这样的证据最终会被证明是虚假的或是不相关的。对这些证据的明智忽视，能防止科学实验室由于徒劳无益地验证这些虚假的断言而一直陷入混乱。但不幸的是，如何在拒绝这些证据的同时又避免错过与当前科学理论相冲突(或看起来相冲突)的真实证据，这却没有规则可循。在18世纪时，法国科学院顽固地否认陨石坠落的证据，这对其他人来说似乎是显而易见的事实。科学家反对民间流传的关于这种天体异象的迷信观念，这使他们对相关问题的事实视而不见。[8]

正如正确感知的两个标准，即轮廓的清晰度和图像的合理性，决定着眼睛看到什么一样，把我称为“确定性”和“系统相关性”的这两个确定科学价值的首要标准相结合，就可以决定一个事实的科学价值。眼睛能看到那些不存在的细节，是因为这些细节与图片的意义相吻合；如果这些细节毫无意义，眼睛就会忽视它们。同样，尽管一个被公布的事实所具有的内在确定性是很微弱的，只要它与某一个重大的科学概括相吻合，就足以确保这个事实具有最高的科学价值；而那些最稳固的事实，如果它们在已确立的科学框架中没有位置，那么它们也会被搁置。

一个主题的内在价值是确定科学价值的第三个变量，它与前两个变量即准确性和系统相关性之间也有竞争和互补关系。如同日常感知一

---

* 自然发生学说：是认为现代生命体可以在适当条件(自然发生)下直接由无机物自然形成的观点。——译者注

样，在科学中，我们的注意力被对我们有用或有危险的东西所吸引，即使这些东西看起来不那么清晰和连贯。这就在实践价值与理论机制之间建立起了一种竞争关系，关于这一点，我将在界定科学与技术的关系时更充分地论述。但事物本身也是具有吸引力的，它们的内在机制也大不相同。有生命的动物比它们的尸体更有吸引力的，狗比苍蝇更有吸引力的，人比狗更有吸引力的。对于人类自身来说，他的道德生活比他的消化系统更有吸引力的；而且，在人类社会中，最有吸引力的主题是政治和历史，这两者是重大道德决策的舞台，同时，这些主题也具 139
有内在的价值——这种内在的价值与人类所关切的问题紧密交织在一起，因为它们影响人对宇宙的思考，影响人对自身、人的起源及命运的看法。

本身最为有吸引力的主题并不是最适合进行准确观察和系统研究的主题。但是，在广泛的学科范围内，这两种分级是可以互补的，它们能以各种比例组合起来从而在整体上维系着科学价值的稳定水平。物理学的最高精确度和科学融贯性，弥补了其研究主题由于与生命无关涉而具有的相对乏味性；生物学所研究的生物具有较大的内在价值，使得它的科学价值与物理学处于相同的水平上，尽管其研究方法在精确性与连贯性方面要差很多。弗洛伊德的心理学体系也许并没有完全被科学所接受，但它以科学的主张为基础，其巨大的影响清楚地表明，如果涉及人的道德和幸福，那么即使一个基本上是推测、相当模糊的学说也可以具有巨大的科学价值。马克思主义只有较为脆弱的科学特征，但是它以科学的方式处理政治，从而成为命运的力量。

科学自身的价值依靠于它的主题预先具有的价值，所以科学必须在很大程度上接受这些主题的前科学观念。动物的存在不是由动物学家发现的，植物的存在也不是由植物学家发现的，动物学和植物学的科学价值只是人类对动物和植物的前科学兴趣的延伸。心理学家必须从日常经验中知道人类的智力是什么，然后才能设计出科学地测量它的检测方法；如果他们测量的是普通经验不能识别为智力的东西，那么他们将构建一个新的主题，这种新主题也就不可能再具有他们原先选择的那种研究主题所具有的内在价值了。诚然，对生物学、医学、心理学和社会学科的探讨，可能会改变我们对植物和动物，甚至对人类和社会的日常观念，但是，我们必须让这种改变不会对其主题的价值产生影响，因为正是由于这种价值，原来的研究主题才得到促进和捍卫。在处理一个主题的时候，如果精确观察与数据的严格相关性这样的科学优点被赋予绝对的优先权，但以这样的方式进行表述时这个主题却解体了，那么，其结果将与这一主题无关，可能是一点价值也没有了。[9]

拉普拉斯系统阐述了一种科学观的范式，即通过被精确地确定的细
140 节来表述世界，从而追求绝对中立的理想。他写道：有一个智慧存在者，它知道在某一个时刻“所有自然运动的力，以及组成自然的所有实体的各自位置……它会把宇宙中最宏大的物体运动和最细微的原子运动都包含在同一个公式中：对于这个公式来说，没有任何事情是不确定的，而未来也会像过去一样出现在它面前”。[10]这样的心灵将会拥有关于宇宙的完备科学知识。[11]

这种宇宙知识的理想是错误的，因为它用一组并未告诉我们任何我们想知道的东西的数据代替了我们感兴趣的主题。拉普拉斯的宇宙知识以数学的形式写出来就是：已知起点时间 $t=0$ 和坐标 p_0 和动量 q_0 $(p_0^{(1)}\cdots p_0^{(n)},\ q_0^{(1)}\cdots q_0^{(n)})$，那么我们可以预测在 t 时刻，世界上所有 n 原子的坐标 p 和动量 q。

这个预测是由一系列的函数来辅助的：

$$f(p_0^{(1)}\cdots p_0^{(n)},\ q_0^{(1)}\cdots q_0^{(n)})=p^{(1)}$$

$$f(p_0^{(1)}\cdots p_0^{(n)},\ q_0^{(1)}\cdots q_0^{(n)})=q^{(1)}$$

$$\vdots$$

etc.

这些函数确定了在 t 时刻 p 值和 q 值所组成的 2n 个值的全集。现在假设我们在时间 t 时实际上观察到这些原子的量值。尽管检验这个

预测可能很有趣，但这只会回答这一理论本身提出的一个问题。因此，除了对那些计算出并随后在时间 t 上观察到这些 p 值和 q 值的假定存在的科学家以外，它对其他人没有任何价值的。

这种几乎毫无意义的信息被拉普拉斯当作关于过去与未来一切事物的知识，而且，自从他提出这一观点以来，这种说法的极端荒谬性并没有让后来几代人有所觉察。这只能通过一种隐藏的假设来解释，借助这个假设这一信息才得到隐默的补充。人们认为理所当然的是，拉普拉斯式的心灵不会于 t 时刻而在 p 值和 q 值的序列中突然停止，而是凭借其无限的计算能力，根据这个列表来评价我们可能感兴趣的事情，甚至所有的事情。

但是，这种假设实际上比拉普拉斯明确提出的假设要大得多，而且在性质上也大不相同。它既不要求我们具有对机械系统进行复杂运算的无限能力，也不满足于这种能力，而是要求我们用原子的**数据解释所有**种类的经验。当然，这是一个机械论世界观的纲领，在近代伽利略 141
首先提出了这个计划，即使在原则上，这一纲领也从未被实行过，并且我们将在第四编看到，这一纲领是根本无法实行的。拉普拉斯的想象力所臆想出来的巨大的求知技艺通过转移人们的注意力（就像魔术师通常所做的那样），使人们没有关注到一些关键性的手法，从而用一切经验的知识来替换所有原子数据的知识。只要你拒绝了这种欺骗性的替换，你马上就会发现拉普拉斯式的心灵完全不理解任何东西，而它所知道的一切也完全没有意义。

但是，拉普拉斯式妄想的符咒至今还没有被打破。被拉普拉斯当作典范来系统阐述的严格的客观知识的理想，继续维持着一种普遍倾向，即要提高科学观察和科学系统的精确性，不惜牺牲科学与其主题的联系。关于这一问题，我们将在第四编反思我们对生物的认识时来进行系统的阐述。我在这里提到它，仅仅是把它当作更广泛的理智生活混乱的一个中间阶段：即人们从拉普拉斯的知识理想中得出关于人的观念，并根据这样一个观念来处理人类事务，从而对一切文化价值包括科学价值所带来的威胁。

怀特海写道，18 世纪和 19 世纪的思想冲突是由这样一个事实所支配的："世界获得了一个普遍的理念，但它既不能与这一理念共存，又不能脱离这一理念而单独存在。"[12]科学的严格性，不屈不挠地想要让有关我们存在的重要事实发生性质改变，以维持上述这种冲突，而这一冲突可能还要彻底推翻科学以颠倒真理。这种情况曾发生在公元 4 世纪，但其正当性要小得多。当时圣奥古斯丁否认自然科学的价值，认为它对寻求拯救毫无贡献。他的禁令破坏了全欧洲一千年来对科学的兴趣。

然而，就目前而言，对科学的真正价值的威胁不是来自任何公开的反科学态度，而是来自人们接受以拉普拉斯的谬误为基础的科学观，并用来指导人类事务。它的还原论纲领用到政治上就推导出以下观念：政治行动必然是由暴力塑造的，由贪婪和恐惧驱动，道德被用作欺骗受害者的帷幕。这种唯物主义的政治观，像与之相联系的人的机械论概念一样，可以从拉普拉斯开始一直追溯遥远的古代。但从那以后，一场复杂的历史运动沿着许多相互关联的路线，确立了我们这个时代作为
142 人类事务最高解释者的科学方法。这场运动在我们的文化中造成了一种普遍的紧张气氛，类似于更早时期理性对宗教的反叛时所产生的紧张，但其范围更为广泛。在这里，我将只探讨这个运动的一种表现形式，即它对科学价值之评价的影响。

通过应用到人类事务上，拉普拉斯的普遍力学推导出一个学说：物质福利和确立一种无限的权力来规定物质福利的条件，是最高的善。但是我们的时代却充斥着无节制的道德渴求。通过吸收这种热情，权力和财富的目标获得了一种道义上的神圣性。加上这些目标假定的科学必然性，这种神圣性就更加被认为是人类最高的、全部的命运。这一运动的全面主张没有给公共自由留下任何理由，要求所有文化活动都应在改造社会以实现福利方面为国家的权力提供支持。这样，一项发现就不再以它给科学家的求知激情带来的满足感来进行评价，而是根据它在增强公共权力和提高生活水平方面的可能效用来进行评估。科学

价值的名声被败坏，科学评价也受到了压制。

这就展现了，人们渴望获得科学严格性，并且在这种观点指导下的哲学运动如何威胁着科学本身的地位。这种自相矛盾源于一种误入歧途的求知激情——一种追求绝对非个人化知识的激情，这种知识无法识别任何人，从而为我们呈现了一幅我们自身不在其中的宇宙图景。在这样一个宇宙中，没有任何人能够创造和维护科学价值；科学也就不存在了。

拉普拉斯谬误的故事提出了关于融贯性的评价标准。它表明，我们关于人与人类社会的概念必须考虑到人在形成这些概念时的能力，并授权在社会中培养这种能力。在对人类进行观察时，只有认可我们的求知激情的运用，我们才能形成人与社会的观念，而这种观念又反过来支持这种认可，并且维护社会的文化自由。这种自我认可或自我确认的进程，将被证明是生物具有的一切知识的有效引导。

第三节　探索的激情

到目前为止，我只是一直在描述着求知激情的选择功能。在开普勒的同一段话中，很明显还有另一种功能与此功能是连续的。我们在这里可以重温一下他的话：

> 关于这个发现，我 22 年前发现天球之间存在着五种正立体形时就曾预言过；在我见到托勒密的《和声学》(Harmonica)之前就已经坚信不疑了；远在我对此确信无疑以前，我曾以本书第五卷的标题向
> 我的朋友允诺过；16 年前，我曾在一本出版的著作中坚持要对它进 143
> 行研究。为了这个发现，我已把我一生中最好的岁月献给了天文学事业，为此，我曾拜访过第谷·布拉赫，并选择在布拉格定居。……我终于拨云见日，发现它甚至比我曾经预期的还要真实……从 18 个月前

> 透进来的第一缕曙光，到3个月前一天的豁然开朗，再到几天前思想中那颗明澈的太阳开始尽放光芒，我始终勇往直前，百折不回。[13]

求知的激情不仅确认和谐的存在——这种和谐预示着不确定范围的未来发现，而且还可以唤起特定的科学发现的暗示，并使人年复一年地对它们进行不懈追求。在这里，科学价值的评价与科学发现的能力融合在了一起；甚至如同艺术家的鉴赏力与他的创造力的融合。这就是科学激情的探索功能。

科学家——指的是有创造力的科学家——一生都在试图猜对。他们被他们的探索激情所支撑和引导。我们称他们的工作是具有创造性的，因为它通过加深我们对世界的理解，从而改变了我们所看到的世界。这种改变是不可撤销的。一个我曾经解决过的问题不再困扰我；我不能猜测一件我已经知道了的东西。有了一个发现后，我对再也不能像以前那样看待世界。我的眼光跟以前不同了；我使自己变为一个具有不同看法和想法的人。我跨越了问题和发现之间的探索式鸿沟。

重大的发现能改变我们的解释框架，因此，从逻辑上而言，不可能通过继续应用我们以前的解释框架来获得这些发现。因此我们再次看到，发现是创造性的，即不是通过任何以前已知的、可明确说明的程序而进行辛勤劳作所获得的。这就加深了我们对原创性的理解。运用已有规则可以产生有价值的研究，但不能推进科学原理。我们必须依靠我们的探索激情之不可言语表达的冲动来跨越问题与解答之间的逻辑鸿沟，并且在这样做时经历一次认知人格的改变。这像所有的冒险一样，在其中我们完全地处理自身，认知人格的这种有意改变需要一个充满激情的动机来完成它。独创性必须充满激情。

但是，开普勒的话也向我们表明，这种发现真理的激情远非万无一失[14]。开普勒对他在天体轨道中发现的五种天体感到高兴；他认为他所知道的六个行星和太阳的距离与那些柏拉图天体的大小相当，如同内接圆和外接圆的半径之比一样。这是无稽之谈，我们今天会把它当作无稽之谈，不管它多么精确地符合事实。这仅仅因为我们不再相信宇宙的基本和谐能够通过这样的简单几何关系被揭示出来。[15]但是，尽管 144
在这种情况下，开普勒对实在世界的看法使他误入歧途，但是它离真理足够近，引导他正确地发现了他的行星运动三定律。因此，开普勒仍然是我们的伟大科学家，尽管他曾错误地引用过柏拉图的天体理论。只有当他把这样的事物说成居住在太阳中的心灵，倾听着行星的声音，并用音乐符号记录行星的曲调时，我们才不再把他当作科学家，而是当作一位神秘主义者。在这里，我们区分了两种错误，即最终被证明是错误的**科学猜测**，以及不仅是错误的而且是完全无用的**非科学猜测**。

这样，求知的激情可能完全被误导了，就像拉普拉斯在制定他的客观主义理想时的那种激情一样；甚至也像开普勒那样，那些把他引向正确的激情也可能和其他内在错误的激情交织在一起。另一个例子也会证实这一结论，这个例子将再一次展示，甚至在最伟大的科学家们的求知激情中，真实成分和谬误成分是如何紧密地混合在一起，以及我们又在什么意义上能够区分它们。

在导致相对论发现的推测中，爱因斯坦受到马赫的启发；爱因斯坦希望将自己从到那时为止依然流行的传统时空观之错误假设中解脱出来，并用一个直接的人工框架来取代这些假设。绝对静止的假设被光速恒定的假设所取代。他摒弃了常识的抗议，认为这仅仅是习惯性的抱怨，而通过采用了这种观点，把运动物体的电动力学从传统的绝对时空观给运动物体带来的所有反常现象中美妙地解放出来。爱因斯坦把这种智慧之美看作是实在世界的象征，他继续进一步概括他的观点，并从中得出一系列新的令人惊讶的成果。这是科学中一种陌生的美，因为它接受了新的实在观念。自从伽利略和牛顿以来，关于物体的力学观念就一直在物理学中流行，没有任何振荡媒介的电磁振荡对这种观念是一种冲击。这种新的美开创了一种现代视野，即以数学的方式来定义实在。

然而，爱因斯坦的敏锐感觉还是发现了其他线索，使他不能把这一

观点作为自己唯一的向导。在他发表论述相对论的著作的同一年(1905
145 年)，他采用分子扰动的特定力学观念来解决布朗运动之谜。这一理论很快就被佩兰(perrin)的实验所证实，并重新确立了原子作为物质粒子的现实，而这种现实曾被马赫的操作主义所断然否认。但是，在这种情况下，被成功证明的分子相互作用的力学特性却成了阻碍，因为爱因斯坦以此为根据而拒绝接受量子力学的概率这一基本现实。他坚持认为个别分子事件必须由特定原因来决定，他的这种观点似乎是错误的。[16]

所以，我们看到开普勒和爱因斯坦都怀着求知的激情和内在于这些激情的信念去接近自然，这些激情和信念曾导致了他们的成功，也曾把他们引向错误。这些激情和信念是他们个人的，尽管他们坚信它们是普遍有效的。我相信他们能够顺从这些冲动，即使他们也有被误导的风险。[17]再说一次，我现在承认他们的那些工作是正确的，我个人所接受的那些成果，是因为我也受到类似的激情与信念之指引，同样，我也认为我的冲动是普遍有效的，尽管我必须承认它们也可能是错误的。

第四节　优 雅 与 美

但是，我还必须应对一个严重的反对意见，它将被证明是一块德摩斯梯尼的鹅卵石*，因为征服它就会使我的论证最终产生巨大的说服力。物理学的数学理论都是形式化体系，它们通过符号运算而应用于经验。伟大的发现可以通过这种方式来实现，就像亚当斯(Adams)和勒沃里埃(Leverrier)根据牛顿力学计算出海王星的位置，或者范特霍夫(van't Hoff)根据热力学第二定律推导出化学平衡定律一样。然而，通过将一个形式系统改造为更易于处理的术语，可以大大促进这种操作。

* 德摩斯梯尼天生口吃，嗓音微弱，为了成为卓越的政治演说家，德摩斯梯尼把小石子含在嘴里朗读，从而改进发音，最终成了雅典最具雄辩的演说家。这里比喻通过征服一个小的细节可以获得巨大成功。——译者注

在不扩大理论范围的情况下，这增加了系统的美感和力量；它能更流利地说出它对于自然要说的话，而且并不比以前所说的更多。由此，我们不必说出任何实质上新的东西，就可以在我们自己的解释框架内实现更大的经济性和简单性，并能尽情享受这种理智的优雅。

这种承认似乎危及我们的以下主张：理论的智识之美（intellectual beauty）* 是它与现实接触的象征。毕竟，正如马赫所教导的那样，任何理论的优势仅仅是对观察到的事实作一个经济的解释，这难道不是真的吗？

实际上，哥白尼同时代的人已经向哥白尼体系提出了这个问题，并
进行了激烈的争论，我在本书的开头部分中以哥白尼体系为例，来说明 146
智识之美是实在世界的标志。在哥白尼理论发表的前几年，在伦伯格有一位叫安德烈亚斯·奥西安德（Andreas Osiander）的路德教派牧师怂恿哥白尼去宣称他的体系仅仅是托勒密体系的形式改进；奥西安德实际上成功地——我们不太清楚通过什么方式——让哥白尼著作开篇的“致读者”表述了这一观点。而且，由于哥白尼的著作出版时（1543 年），哥白尼已生命垂危，我们也不知道如何看待这一段。奥西安德的干预是受到以下观点的启发，这种观点在中世纪后期经常得到辩护，也就是我们现在所熟知的实证主义，即“猜想不是信念的表达”，而仅仅是“计算的依据”，因此猜想是真实的还是虚假的这并不重要，只要它们能准确地再现运动现象就行。这些引文摘自奥西安德在 1541 年写的一封信，信中他要求哥白尼采用传统主义的方式来解释自己的理论，以避免与当时流行的亚里士多德学说和神学正统相冲突。[18]

这种解释受到哥白尼后继者们的强烈反对。乔尔丹诺·布鲁诺称之为无知和傲慢的举动。伽利略同意这一说法。开普勒宣称：“用错误的原因来解释自然现象的确是最荒谬的幻想。”[19]这一问题使参与讨论者激动至极。乔奥达诺·布鲁诺相信哥白尼学说是真的，并把它扩

* intellectual beauty，又可以译为“理性美”“理智美感”或“智性美”，指一个理论由于形式上所具有的简洁性、对称性、融贯性、奇妙性而具有的美感。——译者注

大成无数个太阳系的视野，从而预示着现代的星空观。哥白尼死后五十七年，布鲁诺因这一信念而被活活烧死。伽利略也因追随这一见解（他从未真正放弃），即认为哥白尼体系是真实的而不仅仅是一个便捷性的猜想，很多年都遭受较轻的迫害。

147 吸引这么多心灵并激起如此致命激情的这一争论，难道仅仅是语言表达的问题：是恰当地使用“真实”一词的语言问题？事实上，争论的双方都认同他们所用的“真实”一词的意义，即真实性在于获得与实在的接触，这种接触未来注定会通过现在还未知的一系列结果来进一步揭示自身。考虑到天文学后来的发展历史，我相信，哥白尼的后继者们在肯定那个新体系的真实性时是对的，而亚里士多德的后继者们和神学家们在勉强承认它只有形式上的优点时是错误的。[20]

但是，这两种观点之间的长期争论也表明，要对它们进行区别是很难的，也是至关重要的。[21]这种困难仅仅是被以下设想所掩盖：真正的发现必然是卓有成果的，而纯形式的进步则不会产生这些成果。你不能用卓有成果来定义真理的不确定的真实力量，除非“卓有成果的”一词本身由被定义项所限定。托勒密体系是一千年来**错误**的卓有成果的来源；占星术是两千五百年来占星家的**收入**的卓有成果的来源；马克思主义是今天三分之一人类*的统治者的**权力的**卓有成果的来源。当我们说哥白尼主义是卓有成果时，我们的意思是它是一个卓有成果的**真理的**来源，而我们不能把这种卓有成果与托勒密体系、占星术或马克思主义的那种卓有成果加以区分，除非加上这样的限定。在未得到认可的情况下在这种意义上使用“卓有成果”一语是一种欺骗性替换，是伪替换，一种拉普拉斯式的诡计。

但是，甚至将“卓有成果”视为产生新真理的能力时，它也不足以描述真理。即使哥白尼学说是虚假的，它也很可能是真理的来源，就像埃斯德拉斯的伪经文书启发了哥伦布发现（新大陆）一样。然而，哥

* 指前苏联。——译者注

白尼体系并非偶然地预示着开普勒和牛顿的发现：它之所以导致这些发现，是因为它是真实的。在这样说的时候，我们是用“真实”这个词来承认哥白尼学说的不确定的真实性，这是哥白尼的追随者认为哥白尼学说所具有的特性，并因此反对奥西安德对哥白尼学说的解释。他们相信这一体系是在这种意义而非其他意义上是卓有成果的。

因此，用“卓有成果”代替“真实”虽然看上去合理，但却是荒谬的，因为这一替换隐含着某种明显错误的暗示，即卓有成果是一个更具体的特性，人们能够很好地把握它，而不需要费力地去确立真理的性 148
质。但是，当我们必须确定一个发现有什么优点时，它在未来的后果仍然是未知的。当牛顿发表他的《原理》时，任何人都知道哥白尼是对的，但哥白尼及其追随者们，其中包括牛顿自己，却在很久以前就相信这一点了。在以前就相信哥白尼体系之真实性的那些人，不可能是因为它**后来**才被观察到的卓有成果。试图通过信念的被观察到的预期成果来替换他们所相信的真理之性质，就像敲钟人所说的可以根据蛇鲨(Snark)[*]的就餐习惯而在第二天找到它一样。真实的发现之标志不是其卓有成果，而是暗示着该发现未来将会卓有成果。

诚然，对一个理论进行简化式的重构，可以大大提高从这一理论获得成果的速度，形式上的改进也可以产生成果，尽管其意义与以下情况不同：人们承认一个新发现的真实性，从而预期这个新发现将被证明是卓有成果的。但是，当形式上的改进如此之大以至于它所提出的发明确实相当于一项发现时，对作为真正发现标准的预期结果的反对就完全消失了。达朗贝尔(d’Alembert)、莫佩特乌斯(Maupertuis)、拉格朗日(Lagrange)和汉密尔顿(Hamilton)对牛顿力学的重述，体现了这种伟大的发现。这种发现通常是伴随着数学上的进步，或是以数学进步为基础的，对它们的评价是以它们的数学发现的特性为基础的，而不是以它

[*] 蛇鲨(Snark)是一种虚构的动物，由刘易斯·卡罗尔(Lewis Carroll)在诗歌《捕捉蛇鲨》(*The Hunting of the Snark*，1874)中创造，根据比阿特丽斯·哈奇(Beatrice Hatch)的说法，卡罗尔是由蜗牛(snail)和鲨鱼(shark)创造出这个词的。——译者注

们自然科学发现的特性为基础的。因此，在物理学的某些理论中承认它们的出现，并不消除一个理论形式上的优雅与该理论在智识上的美——这种美与外部实在建立了新的联系——之间的区别，尽管这使这种区别复杂化了。

不过，到现在为止我的分析太宽泛了，非常偏离我本来要讨论的哥白尼学说与相对论历史。我必须先对这些例子进行补充说明，并用其他例子来更好地阐述物理学理论发现之本质，以及物理学发现与纯粹的形式发展之间的区别。

德布罗意（Louis de Broglie）纯粹是因为理智美感，而建议（1932 年）赋予有质量的粒子以波的性质，这就是一个恰当的例子。德布罗意把博士论文交给教授们（其中包括保罗·郎之万），但教授们对是否应该接受这篇博士论文犹豫不决，所以写信给爱因斯坦请教。爱因斯坦承认这
149 篇博士论文的科学优点，也合理地授予作者以博士学位。[22]但当时并没有人意识到，德布罗意的公式暗示着电子束的衍射模式与 X 射线的衍射模式相似，那可是埃尔萨瑟（W. Elsasser）在 1925 年首次设想的结果。[23]

此外，1928 年狄拉克（Dirac）用来把量子力学与相对论成功统一起来的数学框架也表现出某些不可理解的特性，当安德森（Anderson）后来在 1932 年独立发现了一种新的粒子时，才最终表明这些不可理解的特性描述的原来是正电子。在早期的例子中，维拉德·吉布斯（Willard Gibbs）的工作被看作是纯形式的，直到巴魁斯·卢兹布姆（Bakhuis Rozeboom）发现了相律（Phase Rule）的广泛而富有启发性的适用性。更近的例子是，在 20 世纪 20 年代唐德尔（Donder）发表了大量关于热力学推测的论文，没有得到任何关注，却在最近关于不可逆系统的热力学理论中流行起来，人们发现这些流行理论已经部分地被唐德尔的论文预见到了。但是，科学史只记下了令人欣慰的结局，而更为常见的是毫无结果的形式上的推测。在许多这样的不幸例子中，人们可能还记得范莱尔（van Laar）与唐德尔大致同时地发表了关于热力势的无数论文。就这样，有价值的东西被淹没在大量无意义的东西之中，使得人们很难

认识到真正的科学价值。

让我在这里停一下。我相信，到目前为止有三个东西是确定无疑的：智识上的美揭示自然真理的能力、这种美区别于纯形式吸引力的至关重要性，以及考察这两者的区别的微妙性，要对两者进行区别是如此之难，以至于它可能迷惑最敏锐的科学头脑。

我本可以用以上结论来结束本节并在后面的思考中再对它们作进一步的阐述。但是如果这样的话，我的证据的说服力也许只会让读者感到越来越多的不安。我曾看到过很多大学的听众默默地、紧绷着脸并反感地聆听我关于“直觉式发现”这一主题所进行的讲演，然后充满讽刺地问：是否认为做实验是毫无用处的，或者照此看来用占星术来解释不也是同样合理的吗？这些都是重要的问题。

对第一个问题的回答是，经验是理解自然不可缺少的线索，尽管经 150
验并不决定着对自然的理解。我把爱因斯坦所说的“对事实的直觉”称为对事实的意义之探索。纯粹形式的改进与对事物本质的新洞见之间的区别——难以理解的却是完全决定性的区别——正是在于我们在探索时受到这种经验上的引导。这种难以捉摸的感觉是从哪里来的？它是以下事实在最高科学成就之图景上的一种反映：我们永远无法准确地说出我们想表达什么，甚至无法准确地说出我们是否表达过什么。当我们最终决定接受一个理论是关于自然界某一新事物的真实陈述时，意义的不确定性并没有被消除，而只是受到了限制。因为，虽然我们自己对关于某些事物的信念进行了庄重的承诺，但这样的信念可能与实在没有任何关系，除非这一信念的范围尚待确定。

对于第二个问题，我们为什么更相信科学而不是相信占星术，我没有办法进行简单的回答。在下一节中，我将对这个问题进行深入的探讨，而结论性的答案将在第三编的结尾中给出。不过，本书的所有论述都是探讨相似的问题，并试图给出可靠的答案。最后，我应该能作出一个既不武断也不琐碎的声明：“我并不准备考虑占星术的解释，因为我不相信它们是真实的。”

第五节　科学争论

探索式的激情寻求的不是个人拥有。它不是为了征服，而是为了丰富世界。然而，这样的举动也是一种攻击。它提出了一个要求，也对其他人提出巨大的要求，因为它要求所有都接受它对人类作出的贡献。为了得到满足，我们的求知激情必须得到回应。这种普遍性意图造成了一种紧张：当我们自己所承诺的关于实在世界的洞见受到别人的蔑视时，我们就无法忍受，因为普遍性的不信任会在我们的心中产生反应，从而使我们自己的信念陷入危机。我们的洞见必须征服他人，否则就灭亡。

像**说服性的激情**(persuasive passion)所起源的探索式激情一样，说服性的激情也发现自身面临着一个逻辑鸿沟。发现者自己已经寄托于一种新的实在观，在这个意义上，他已经把自己与那些仍然遵循旧思维方式的人中分开了。现在，他的说服性的激情激励着他超越这种分歧，去改变每个人，使他们也像他那样看待事物，正如他的探索式激情曾激励着他跨越他与发现之间的探索式鸿沟一样。

所以，我们可以看到，为什么科学争论从来就不是完全局限于科学范围之内，当基于一整套已经宣布的事实而构建出新的思想体系，并由此引发争论时，争论的焦点是应该在原则上接受它还是拒绝它，那些全面拒绝接受该体系的人将必定认为它是完全无用和毫无根据的。以当
151 代的四个争论为例：弗洛伊德的精神分析学说、爱丁顿的先验论物理学体系、莱因的“心灵的延伸”(Reach of the Mind)或李森科的环境遗传学。这里提到的四位作者中的每一位都有自己的概念框架，他们都用自己的概念框架来确定自己的事实，并在其中进行论证，每位作者都用自己的独特术语来表达自己的概念。任何这样的概念框架都是相对稳定的，因为它能解释大部分它所接收的、已确立的证据，并且它们本身

都具有足够的融贯性，可以使它们的追随者有理由暂时忽略那些它们无法解释的事实或所谓的事实。因此，它们与任何基于其他经验概念的知识或所谓的知识区分开来。两种互相冲突的思想体系被一个逻辑鸿沟分开，正如一个问题与解决该问题的发现之间的鸿沟一样。基于一个解释框架而进行形式操作的人不能向基于另一个解释框架的人去论证一个命题，前者甚至无法成功地得到后者的聆听，因为前者必须首先教会后者一种新的语言，但是除非后者首先相信这种语言对他来说是有某种意义的，否则他不能学会这种语言。事实上，一些带有抵触情绪的听众可能有意地不去考虑例如弗洛伊德、爱丁顿、莱因或李森科等人的新观念，因为他们担心一旦接受了该框架，他们就会被引向——正确地或错误地——他们本来不愿接受的结论。新体系的倡导者只有首先让听众对其尚未掌握的学说产生理智同情，才能让听众信服。那些对一种学说带有同情心的听众将会发现一些东西，否则永远也不能发现。他们对于一种学说的接受是一个探索式的过程，是一种自我修正的行为，在这种意义上它也是一种皈依。它产生了一个学派的信徒，使得这一学派的内部成员与在其之外的人被一个逻辑鸿沟所分离。他们采用了不同的思维方式，说着不同的语言，生活在不同的世界中，在这种意义上，这两个派别中的至少一个暂时还被(正确地或错误地)排除在科学共同体之外。

现在，我们也可以看到在科学中想要说服其他人接受一种新观念的巨大困难性。我们已经看到，由于新观念代表着一种新的推理方法，我们不能通过形式论证来说服别人相信它，因为只要我们在他们的框架内进行论证，我们就永远不能引导他们抛弃他们自身的框架。因此，论证的时候必须补充一些能够使观念发生改变的劝导活动，必须证明不再使用对方的论证方法是合理的，而对方所使用的论证方式则是完全不合理的。

这种全然拒绝必然使得对手颜面扫地。对方被说得好像是完全被蒙蔽，在激烈的争论中，人们很容易暗示对方是一个傻子、怪人或者骗子。一旦我们准备好提出这样的指控，我们就很容易视情况而继续揭露我们的对手是一个“形而上学者”“耶稣会士”“犹太人”或“布尔什
152 维克”，也有可能——或者，从铁幕[24]的另一边说——对方是一个“客观主义者”、“唯心主义者”和“世界主义者”。在求知激情之冲突中，每一方都必然会向对方发起攻击。

甚至在回忆时，我们也能经常采用这些话语来评价争论。这些争论似乎不是科学上的争议，而是两种对立科学观之间的冲突，或是科学价值与非法干涉正当科学研究的外部利益之间的冲突。在这里，我将回顾一下四个争论来说明这一点。第一个是哥白尼学说所引起的争论，我在前面已经提到过。其他三个争论发生在 19 世纪，像更早时期的哥白尼争论一样，这些争论的结果对促进我们现在对于科学价值的理解是很有用的。

托勒密理论和哥白尼理论长期对立，形成由逻辑鸿沟分隔开来的两个几乎完整的系统。从哥白尼的《天体运行论》的发表到牛顿的《原理》的出现这 148 年内的任何时候，我们所知道的事实都可以用这两种理论来进行解释。到了 1619 年，开普勒第三定律的发现本来可以打破这一平衡而使胜利的天平倾向哥白尼一边，[25]但是，恒星出现的角度没有任何周期性的变化，这给哥白尼体系带来巨大的困难。伽利略驳斥了一个错误的论点，即如果地球处于运动之中，那么下落的物体不会垂直地掉到地面上；但是他对潮汐的解释，他认为这是地球自转的重要证据，却陷入了类似的错误。他发现的木星的卫星也许具有探索性，但这一发现的重要性却很难证明他有理由去蔑视和嘲讽那些拒绝通过望远镜来观察这些卫星的人。[26]伽利略的信念的真正依据在于他满怀激情地体会到日心说所具有的更大科学价值：这种情感因他反抗亚里士多德的科学权威而加强了。伽利略的反对者有一种常识性的观点，认为地球是静止的，更重要的是，他们对于人的独特性有着一种生动的意识，即认为人是宇宙中唯一觉得应该向上帝负责的成员。他们渴望为人类保留一个与他在宇宙中的重要性相对应的位置，这是与哥白尼学说的理智

吸引力相对立的情感力量。[27]

哥白尼学说的胜利否定并抑制这种情感要求，认为这是对科学追求 153
的非法干涉。这一胜利还确立了一个原则，即科学真理不应该考虑它在宗教和道德上的影响。但这一原则并不是不容置疑的。今天，苏联的理论否定了这一原则，认为一切科学都是阶级科学，必须以“党性”为指导。它也受到天主教的反对，例如在1950年罗马教皇发布名为《人类》的通喻；它还受到世界各地的圣经原教旨主义者的反对。我自己也不同意用普遍的机械论来解释事物，因为这会危及人类的道德意识，这也暗示着，我对科学在道德上的绝对中立性多少有些不满。尽管这种争论还没有完全结束，但是道德和宗教上的漠不关心原则在现代科学中普遍存在，迄今为止还没有遇到任何有效的竞争对手，哥白尼论战的结果仍然在给这一原则提供显著的支持。[28]

现代科学的另一个信条出现在科学早期与亚里士多德传统及经院主义传统的冲突之中，这就是它的经验主义理想。尽管我认为把个人知识从科学中排除出去会把科学毁掉，因此反对极端化的经验主义理想，我还是承认经验主义在打开现代科学之门时起到了决定性作用。当然，我并不否认科学一直在经受空洞推测的侵袭，我们必须警惕地限制并抛弃这些无用的思考。但是我认为，鉴于个人知识在科学中所起的作用，我们不能确立任何明确的规则来把这种空洞推测与正当的经验研究相区分。经验主义只有在作为准则时才是有效的，而对这种准则的运用本身就是认知技艺的一部分。在过去一些科学争论中，科学的经验主义准则已经得到了承认，但这些例子也表明了，在某些重要情况下，经验主义的立场被证明是多么地具有争议性和误导性。

青年黑格尔对科学上的经验主义方法进行堂吉诃德式攻击，并且迅速败于科学家，这件事情是促成现代科学形成的几个重大事件之一。1800年，由波德(Bode)领导的由6位德国天文学家组成的研究团队开始探索一颗新的行星，去填补表示行星的相对距离的数列中火星与木星之间的那个空位。这个数列是提丢斯(Titius)发现的，也称波德定律。

154 这个数列通过以下方式获得：写下数字 4，接着是数列 3+4，2×3+4，22×3+4，23×3+4，与此类推。数列的前八位就是：4、7、10、16、28、52、100、196。如果把数列的第五个数字去掉的话，这个数列与 1800 年已知的七颗行星的相对距离非常吻合。如果带有武断性地把地球的相对距离放在 10 的位置上就有了下表：

1800 年的波德定律

	预测	观察到
水星	4	3.9
金星	7	7.2
地球	(10)	(10)
火星	16	15.2
?	28	?
木星	52	52
土星	100	95
天王星	196	192

青年黑格尔对于这种根据数字规则而进行探究的方法进行嘲笑，因为数字规则是无意义的，可能只具有偶然性。他认为自然是由内在理性所塑造，必定被符合理性的数列所支配。他假设行星的相对间距必定符合毕达哥拉斯数列 1，2，3，4(2^2)，9(3^2)，8(2^3)，27(3^3)，但是，他用 16 替换了数列中的 8，从而把行星的数量限制在 7 个，并让第四与第五颗行星即火星与木星之间有很大的空隙。因此，寻找第八颗行星来填补这个空隙变成了一种妄想。[29]

然而，在 1801 年 1 月 1 日，波德领导的天文学家团队在上文提到的那个区域发现了小行星谷神星。从那时起，在这一地区已经发现了 500 多颗小行星，[30]它们可能是曾经占据这一区域的一颗完整行星的碎片。

这让黑格尔很难堪，而天文学家们则欢呼胜利。这一切都是有益的，因为它确认了一种更公正的科学价值观。但是我们应该意识到，除此之外它并没有获得什么别的支持。波德定律是否有任何合理的根据，或者(正如黑格尔所想的那样)纯粹是因为碰巧而实现的，这至今还是一个没有答案的问题。在过去二十年里，关于这个问题的观点一再改变。[31]照这样来看，黑格尔拒绝接受天文学家提出的探索新行星的根 155
据也有可能是正确的。

但是，我赞同天文学家是对的而黑格尔是错的。为什么？因为天文学家们的猜测处于一个可设想的科学体系之内，因而是天文学家作为科学家而有权作出的那一种猜测。它是一个有效猜测，如果波德定律包含任何真理，那么这个猜测甚至是一个真实的猜测。但是，黑格尔的推论是完全不科学的、无效的。幸运的是，黑格尔的猜测是错的，而天文学家们的猜测尽管可能是不合理的，但他们确实猜对了。但是，即使黑格尔的猜测被证明是正确的，而天文学家们的猜测被证明是错误的，我们还是会拒绝黑格尔对实在的看法，而坚持天文学家们的看法。

科学家们对黑格尔的《自然哲学》一书的反感强烈而持久。到了本世纪中叶，经验主义占据了绝对的统治地位。[32]但不幸的是，经验主义的研究方法，以及相关的科学价值观和关于实在之本质的观念，却远不是毫无歧义的。因此，处于逻辑鸿沟两边的关于经验方法的对立解释就一直在相互对抗。

J.H.范特霍夫(J.H.van’t Hoff)在1875年提交给乌得勒支大学的博士论文中，提出了一个理论，即含有不对称碳原子结构的化合物具有光学活性。1877年出版了这个研究的德文译本，杰出的德国科学家、光学领域的权威人物维斯利策努斯(Wislicenus)为这本书写了一个推荐性的导言。这引起了另一位杰出的德国化学家科尔贝(Kolbe)的猛烈批判。[33]他最近发表了一篇名为《时代的迹象》的文章，其中他谴责了德国化学家严格的科学训练的下降；他说，这一下降导致了：

> 看起来博学而又辉煌实际上却浅薄而贫乏的自然哲学之杂草在重新滋长。这种哲学在五十多年前被精确科学取代后，现在又一次

被伪化学家们从人类谬误的杂物间中给发掘了出来。它就像妓女一样披上典雅的新装，涂上脂粉，被偷偷地带进她并不配属的尊贵人群之列。

在科尔贝发表的第二篇论文[34]中，他以范特霍夫的作品为例进一步说明了这种反常现象，他认为范特霍夫的研究工作如果不是得到了像维斯利策努斯这样的杰出化学家的热情推荐，那么它将是个“不可理解的
156 事实”，他本来会像对待许多其他类似努力一样忽视它。所以，科尔贝写道：

乌得勒支的兽医学会的J.H.范特霍夫博士，似乎对精确的化学研究没有兴趣。他发现更加方便的是骑上（毫无疑问是从兽医学会借来的）帕珈索斯天马，并在他的《空间化学》中宣布：他在飞向化学的帕那萨斯神山的勇敢飞行中，看到原子分布在世界空间之中。

科尔贝还对维斯利策努斯写的序言进行评论，进一步地阐述了他的批评原则。维斯利策努斯曾写道，“这是推进碳化合物理论发展的真正重要的一步，这是有机的和内在必要的步骤”。科尔贝问道：“碳化合物理论是什么？”“这是有机的和内在必要的步骤”又是什么意思？他接着写道，“在这里维斯利策努斯把自己驱逐出精确科学家的队伍，而加入了具有不祥记忆的自然哲学家的行列，他们只被一层薄薄的‘媒介’与巫师们分开。”

科学的观点最终否定了科尔贝对范特霍夫和维斯利策努斯的攻击，但他对思辨化学（“纸上谈兵式的化学”）的怀疑依然在大多数顶尖化学期刊上流行，这些期刊至今还拒绝发表没有新实验结果的论文。尽管化学在很大程度是建立在道尔顿、凯库勒和范特霍夫等人的推测基础之上，而且这些推测最初没有任何实验观察结果的支持，[35]但是，化学家们仍然对这种工作持怀疑态度。由于他们没有足够的信心区分真实的

理论发现和空洞的推测，因此他们不得不按照一个假设来行动，而这种假设可能有一天会导致一篇极为重要的理论论文被拒绝，而相对浅薄的实验研究被接受。即使是各个领域的专家，也很难用经验主义的标准来区分科学价值与无用的空谈。

这也不仅仅适用于纯理论的发现。从1839年开始，关于酒精发酵本质的巨大争论持续了近四十年，这表明，要证实一项实验观察可能会遇到同样的困难。从1835年至1837年，至少有四位独立观察者(卡纳德·德拉图尔、施万、库特辛和蒂尔潘)都报告说，发酵过程中产生的酵母并不是一种化学沉淀物，而是通过发酵而成倍繁殖的活性细胞生物体。他们的结论是：发酵是酵母细胞的一种生命机能。[36]但这违背了当时科学家的占主导地位的求知激情。1828年，韦勒(Wöhler)从无机物中合成了尿素，由此成功地证明那些机能并不只属于生物。利比希(Liebig)在这个基础上，为用化学方法研究一切生物奠定了基础；而贝 157
采里乌斯(Berzelius)则认识到，铂能够加速有它存在时发生的反应，就像酵母引起的发酵一样。这三位大师都认为这是他们曾经永远禁止的、被他们称为“活力论”(Vitalism)*的观点的荒谬复兴，并对这种活力论进行了嘲笑。

1857年，巴斯德(Pasteur)加入了“活力论者”的队伍。他对酵母和腐烂作用的研究使他同时卷入了另一场关于“自然发生说”(spontaneous generation)**的长期存在的激烈论战之中。在这一点上，他当时被认为是反动的(在写作本书时，他在苏联仍然被认为是反动的)，他否认生物可以通过实验从无机物中产生出来。[37]

---

* 活力论(Vitalism，又译为生命主义、生气论、活力论、生机说、生命力)，现代版本是19世纪初由瑞典化学家贝采里乌斯(Jakob Berzelius)提出。活力论的基本立场是：有生命的活组织，它依循的是生命的原理(vital principle)，而不是生物化学反应或物理定理。生命的运作，不只是依循物理及化学定律。生命有自我决定的能力。活力论认为生命拥有一种自我的力量(elan vital)，或是称为生命力(life-force)、生机脉冲(vital impulse)、生命活力(vital spark)、生命能量(energy)。这种力量是非物质的，因此生命无法完全以物理或化学方式来解释。——译者注

** “spontaneous generation”，可以译为自然发生说、自然发生、自生说、自然发生学说、自然发生论，其基本立场是：生物是从非生命物质中自发产生的。——译者注

这两场论战之所以如此持久的原因，在于巴斯德为把发酵看作酵母活细胞的机能，他对自己的论证作了如下评论：“如果有人说我的结论超出了已知事实的话(他写道)，我会同意的，因为我的立场完全是一种观念体系，这种体系严格说来，不能被不容置疑地证明。”[38]因此，这种观念体系就与利比希、韦勒以及跟他同时代的其他伟大科学家所拥护的体系之间存在逻辑鸿沟。这个鸿沟最终被毕希纳(Buchner)的发现带来的观念革新所弥合。1897年，毕希纳从酵母细胞中压制出来的酒里发现了酶。发酵的催生物被证明是利比希和贝采里乌斯所设想的那种无机催化剂，但它同时也被证明是酵母细胞的一种生命器官，就像巴斯德以及卡纳德·德拉图尔(Caignard de la Tour)等先驱者所断言的那样。细胞内酶这一新概念把这两个方面结合了起来。[39]

158 我刚才讲述过的重要科学论战伴随着激情，就像争论的双方由于不具备一个共享的概念框架(在概念框架之内，才有客观的程序可遵循)而进行论辩时必然出现的情形一样。科尔贝不可能批驳范特霍夫，他幸灾乐祸且嘲笑式地引用范特霍夫对螺旋形排列的原子的描述，对于他来说，这种描述正是证明这种新理论是胡思乱想的充分证据。并且，根据他自己的观点，他拒绝按照这些思路进行详细论证是对的，因为他否定一个人能够按照这样疯狂的观点而进行理性辩论。韦勒和利比希发表论文来讽刺卡纳德·德拉图尔、施万和其他声称发酵是活性酵母细胞之机能的人所写的论文，他们采用了类似的立场，即被认为这些貌似合理的论证是不可能被严肃地详加讨论。[40]一个因受到挑战而对李森科的生物学理论进行回应的西方科学家，同样不会根据马克思列宁主义去讨论李森科式生物学立场提出来的这些理论。另一方面，李森科也不会考虑孟德尔主义的统计式证据，因为“在科学中不存在运气成分”。[41]

我们可以得出如下结论：就像科学的道德中立性一样，人们在过去关于特定观念体系的科学价值进行争论，产生的后果为我们设定并且阐释了一个原则，而这个原则就是经验主义。我们对科学价值的评价就是从历史上这些争论之结果中发展出来的，就好像我们的正义感是通过很多世纪以来的司法判决所塑造的一样。实际上，我们所有的文化价值都是一系列类似的具有历史意义的智识变动之积淀。然而，现在我们在根本上还是要依靠我们自己来判定这一历史的真实结果和经验教训是什么，并以此对过去的思想论争进行解释。我们必须在当代争论的语境内作出这种判定，而这些争论也许对那些教训提出挑战，又对它们提出全新的原则性问题。历史的教训就是这样被我们接受下来的。

关于事物的本质，现在仍然还有严肃问题需要回答。至少我相信它们还有待解答，尽管大多数科学家相信他们所持的观点是正确的，并嘲笑向他们的观点提出的任何挑战。超感官感知就是一个声名狼藉的的例子，它的证据现在被科学家们忽略，因为他们期待它将来只能获得某种肤浅的解释。在这一点上，科学家可能是对的，但我也尊重那些认为科学家可能是错了的人。在现阶段，争论的双方不可能进行任何有益的讨论。

再举一个例子。现在的神经学家几乎都承认以下假设：所有的意 159
识过程都可被解释为出现在神经系统中一系列物质性事件的附属现象。有些作者，如梅斯博士(Dr. Mays)[42]、我[43]和卡普教授(R.O. Kapp)[44]等，都试图证明这种观点在逻辑上是不成立的。但就我所知，只有一位神经学家即埃克尔斯教授(J.C. Eccles)[45]进一步修正了大脑的神经模型，把一种控制力引入这一模型里，意志可以通过这种控制力而在两种可能的可选决定之间进行选择。这一建议被所有其他神经学家轻蔑地忽略了，的确，从他们的观点来看，很难对此进行有益的争论。

今天，在遗传学中占统治地位的流派与英国的格雷厄姆·坎农(Graham Cannon)、比利时的达尔克(Dalcq)、法国的范德尔(Vandel)等作者所持的立场也存在类似的隔阂。前者把进化论解释为一系列随机变异导致的结果，而后者则认为这种解释并不充分，而设想在较高级的生命形式之起源中，有某种和谐的、具有适应性的力量在控制着那些最重要的变革。

有些人可能会不耐烦地听这些说明，因为他们认为科学提供了一个程序，通过系统和冷静的实证调查来决定任何此类问题。但是，如果情况是这样的话，那些人就没有理由对我感到不耐烦了。我的论证将会没有说服力，可以被心平气和地不予理睬。

不管怎样，我还是再说明一下我所主张的观点。我说过，求知的激情具有肯定性的内容；在科学上，这些激情肯定了科学的利益与某些事实的价值，以区别于那些缺乏这种利益和价值的其他东西。求知激情的这种**选择性**的功能——如果没有这样的功能，科学就根本无法被定义——与求知激情的另一种功能密切相关。在这另一种功能中，这些激情的认知内容被补充了意欲的(conative)成分。这就是它们的**探索性**的功能。探索性的冲动把我们对科学价值的评价与对现实的洞见联系起来了，这种洞见就成了科学研究的引导。探索性的激情也是创造力的主要源泉，正是创造力使我们放弃公认的解释框架，使我们通过跨越逻辑鸿沟，让我们自己寄托一种新的解释框架并且对之进行运用。最后，探索性的激情往往(并且必须)会转化为**说服性**的激情，这是一切根本分歧的主要原因。

160 我不是为这些激情的爆发而鼓掌欢呼。我不想看到一位科学家试图让对手遭受理智上的蔑视，或为了使自己受到关注而压制对手的声音。但我承认，不幸的是，这种争论方式是不可避免的。

第六节 科 学 前 提

现在，我们可以考察一下那些有争议的原则在多大程度上可以被视为科学的前提。无论科学是建立在正确的程序规则之上，还是建立对事物本质的坚实信念之上，它都可以被说成是依赖于可以被明确说明的前提吗？我将首先根据上述考察所作出的反思，并根据我自己的立场对此进行论述。我们已经看到，研究主题的内在要求与追求精确性、融贯性之激情(例如在对于有感觉的生物的科学研究中)之间的平衡是多么危险地被维系着；关于事物的普遍的机械论倾向是如何威胁着要改变我们的人性形象。在开普勒和爱因斯坦的工作中，我们看到其他的例子，它们证明了关于科学真理的最强有力的洞见是如何可能在后来被发现也具有重大的错误。我曾提到过一系列重大的推测性发现，这些发现无可置疑地证明了智性美的真正力量，并表明这些发现可能会被最有专业的评审专家所忽略，任何人——甚至是它们的发现者——最开始都无法看出它们的哪怕是最细微的隐含意义。衡量科学价值之标准的微妙性在过去的重大科学论战中得到了进一步的认识。现在，我们已经看到那些论战的结果——以及其他科学争论的结果——已经为我们制定了这些标准，尽管我们最终还是要决定在多大程度上接受或修改这些解释，因为就像人类其他所有活动的历史一样，在科学史上，对以前关于科学成果所作出的评价表示认可还是进行修改，并同时对当代的未曾思考过的问题作出反应，这样的任务最终还是落在讲述科学史的人身上。尽管传统是过去留传给我们的，但是这些传统却是我们自己对过去的解释，是我们在自身的切身问题之语境中得出的解释。

从我讨论过的历史案例中得出的科学价值的一般标准，可以暂时被看做科学前提的公正范例。哥白尼及其反对者、开普勒和爱因斯坦、拉普拉斯和约翰·道尔顿、黑格尔和波德、德布罗意和狄拉克、范特霍夫和科尔贝、利比希和巴斯德、埃里奥森(Elliotson)和布雷德(Braid)、弗洛伊德和爱丁顿、莱因(Rhine)和李森科，所有这些科学家以及其他无数科学家或自称为科学家的人，都对事物性质以及科学研究的正确方法和目的持有某些所谓的“科学”信念。这些信念和评价已经向他们的追随者们指出了那些似乎合理且值得探索的问题。它们也推荐了那些应 161
该被我们看作是合理的观念和关系，尽管还有某些证据似乎与它们相冲突；或者与此相反，它们推荐了那些应该被我们视为不可能的观念和关系，尽管似乎有证据支持，并且很难按照其他根据来解释这些证据。

我们采用的科学程序之规则，是与我们所持有的科学信念和评价互相决定的，因为我们按我们所预期的方式进行科学研究，反过来，我们又是根据自己的程序方法已经取得的成功而形成自己的预期。因此，信念和评价在科学探索中起着共同的前提作用。但是，它们如何在这种关系中被精确地定义？我们可能倾向于认为，它的前提就是对未来科学研究有影响的普遍观点和目标。但“前提”是一个逻辑范畴：它指的是一个断言，这个断言在逻辑上先于另一个以它为前提的断言。因此，隐含在一个科学发现的成就和实现中的普遍观点和目标就是它的前提，尽管这些观点和目标可能不同于这项研究最初被严肃考虑**之前**人们所持的那些观点和目标。这种悖论感似乎是我们可以设想任何科学前提的唯一方式。但是，让我首先从日常知识的角度简要阐述一下相同的原则。

自然科学处理的是大量从日常经验中借来的事实，因此，我们在日常生活确定事实的方法在逻辑上优先于科学的特定前提，并且应该被包含在对这些科学前提的完整陈述之中。促使并引导我们的眼睛捕获我们所看见的东西，以及引导我们的思维形成关于事物的概念——我们日常的描述语言传达给我们的关于事物性质的信念——的求知满足感之标准，所有这些标准构成了科学的前提的一部分，尽管在科学上我们可以对这些标准和信念进行修改。另一方面，我们对自然界的持存性的假设肯定不能成为确立自然科学的充分前提。它使得我们可以谈论事实，并且把宇宙看作事实之总和而对之进行思考，但事实性却不是科学。只有相对较少的特定事实才是科学的事实，而其他的大量事实是没有科学价值的。因此，像自然的统一性(J.S.穆勒)或有限多样性(J.M.凯恩斯)等原则用来可以解释事实性，但是它们**本身**却不能解释自然科学。即使科学拒绝接受占星术士和巫医所声称的事实，然而占星术、巫术与自然科学一样依赖于自然的统一性和有限多样性原则。

我已经说过，科学的前提是在科学追求的实践中，以及在承认科学
162 追求的结果是真实的过程中隐默遵循的。对自然的统一性或有限多样性原则来说也是这样。事实上，只有通过我们对事实的共同熟知，即这些事实或是在某个单独场合中出现一段时间，或者在不同地点和不同

时间反复出现，我们才能理解自然的统一性或有限多样性的含义。如果我们居住在一个气态宇宙中，在其中，无法辨别任何限定的或反复出现的事实，这些概念对我们来说将是非常难以理解的。在我们开始确定事实**之前**，关于事实性的逻辑前提对我们来说是未知或不可信的，而是通过**反思我们确定事实的方式**而认识到的。我们必须预先假定：我们对于事实的接受能够使经验提供给我们的眼睛和耳朵所提供的线索变得有意义，然后，才可以推导出隐含在其中的前提。既然我们可以通过分析逻辑后项来发现逻辑前提，这一过程不能不引入一定程度的不确定性，那么关于逻辑前提的知识就比关于逻辑后项的知识更不确定。我们相信事实的存在，并不是因为我们对这一信念的明确逻辑前提有在先的和更牢固的信念；相反，我们之所以相信关于事实性的某些明确前提，仅仅因为我们发现它们隐含在我们相信事实存在这一信念之中。

我们可以看到，同样的特殊逻辑结构也适用于更具体的科学前提，甚至远远超出这些前提，适用于所有非形式化心理过程的逻辑前提，这些逻辑前提的一部分还进入了人类的每一个理性活动。对这种结构的最简单说明可以诉诸游泳、骑自行车或弹钢琴这样的技能实践。回顾一下我对这些活动所作的分析，可以消除前面讨论中的那种自相矛盾性的。游泳可以视为预设了以下原则：游泳者必须让肺里保留更多的空气，从而使自己浮起来。骑自行车和弹钢琴也有某些操作原则，它们同样可以被视为隐含在这些活动中的前提。但我们已经看到，我们学会并且使用这些技能时，并没有预先拥有关于这些前提的焦点知识。实际上，技能的前提不可能先于技能实践而在焦点上被认识；甚至也不能在我们亲身体验实践之前——或是观察别人实践或是亲自参与实践，通过别人的明确陈述来获得认识。因此，在实践一项技能的时候，我们是按照某些前提来进行。我们并没有在焦点上认识这些前提，但它们却附属地帮助我们掌握这一技能。我们可以通过分析成功地（或自认为成功地）学会这一技能的方法，而在焦点上认识这些前提。我们通过这种方法而得到的成功规则，可以帮助我们改进自己的技能并把它传授给其他人；不过要做到这点，这些原则必须成为特定技艺的指导准则而重新融入该技艺之中。尽管我们不能按照明确的规则来施展技艺，但这种规则还是可以对技艺很有用，只要这些规则在技艺的操作中被附属地遵守。[46]

163 因此，我们可以对前面的阐述进行如下改善：一个非形式化的心理过程，例如对事实的发现，或更具体地说对科学事实的发现，其逻辑前提正是在应用这些逻辑前提的行为中逐渐被认识的。但是，在焦点上，它们只能在后来分析它们的运用时才被认识到，而且，一旦被从焦点上认识以后，它们就可以通过重新整合而被用来附属性地指导我们改进这一操作过程。

所以，要确定某种心灵成就——例如科学，或者音乐、法律等——的前提，我们要做的第一步就是承认其真实的实例。我们并不是承认任何所谓的事实都是真实的。我们也不是承认对科学、音乐或法律作出的每一个贡献都是真实的。哪些"事实"是事实、哪些"科学"是科学、哪些"音乐"是音乐、哪些"法律"是法律，这些问题可能确实富有争议。为了阐明隐含于事实特别是科学事实之确定过程中的预设，我们必须在这样的可疑问题上采取某种立场，因为我们必须对我们承认为有效的事实和科学成分进行反思，或至少对我们有能力进行断言——尽管还没有得到有效确定——的事实和科学成分进行反思。例如，我接受这样的说法：根据开普勒所知的事实，行星的数量是6个，尽管我们知道这不是事实；我承认毕达哥拉斯的推测是开普勒的科学工作的一部分，即使我不相信他的推测是正确的。同时，我认为开普勒的占星预言和他的一切占星术无论是作为事实陈述还是作为科学研究，都是无效的。

任何试图进一步确定科学主体的尝试，都会遇到这样一个事实：任何人都不知道科学所组成的知识。事实上，任何人所掌握的只不过是科学知识中的极小部分，他可以对这部分知识有很好的掌握，从而可以直接评判这部分知识的有效性和价值。对于其他知识，他只能依赖于自己间接接受的、被认可为是科学团体的权威意见。但是，这种认可又依赖于一种复杂的组织，因为这个群体的每一个成员自己只能直接评判少数的几个同伴，使得每个成员最终都被所有的成员认可。这整个过程就是：每个成员承认几个其他成员是科学家，而那些成员又反过来承认他是科学家。这种关系形成了一个个环节，把这种互相承认间接地传遍了整个群体，每一个成员就这样直接或间接地得到全体的承认。这个系统延伸到过去。它的成员承认同一组人是他们的师傅，并从这种忠诚中衍生出一种共同的传统，每一种传统都有一条特殊的纽带。

对科学共识(consensus)所作的这种分析还将在下一章讨论交谊共融(conviviality)时展开。在这里只需要指出：任何在当前意义和通常意义上谈论科学的人，都承认这种有组织的共识决定了什么是“科学
的”，什么是“非科学的”。因此，每一次重大的科学论战都变成了公 164
认的权威与觊觎者之间(埃里奥森、库特辛、莱因、弗洛伊德、范特霍夫、李森科等)的争论。现在，科学觊觎者被剥夺了作为科学家的地位，至少在有争议的研究领域方面是这样。

这些觊觎者并不否认一般科学观点的权威，而只是在特定细节上进行反对，并试图修改权威观点关于该细节的学说。事实上，对权威的每一次深思熟虑的服从都必定伴随着某些微弱的反对意见。这种立场与我们关于传统所持的立场是相似的，并与之密切相关。当我谈论科学时，我既承认其传统，也承认它的有组织的权威，而且，我认为任何完全否定这一切的人都不能被说成科学家，也不认为他对科学具有任何恰当的理解和评价。因此，作为一个承认科学传统和权威的人，我关于科学可能说的话，对于这个人来说都没有任何意义，并且反过来也能成立。但是，我并不是无条件地作出这一承诺的，这可以通过以下事实来说明：我拒绝遵循心理学和社会学中追寻客观主义理想的科学传统和权威。我承认现有的科学观点有决定性的权威——但不是最高的权威，去确定所谓的“科学”主题。

这种区别隐含在我刚才对开普勒所作的评论中。它对于任何科学

历史进步的考察是必不可少的。因为把科学一词限定为是我们认为有效的命题，以及把科学的前提限定为是我们认为是其真实前提的那些东西，就等于破坏了我们的主题。合理的科学概念必须包括科学中各种相互冲突的观点，并承认科学家的基本信念和价值观的变化。承认某个人是科学家甚至是伟大的科学家，仅仅是承认他在科学方面是有能力的，并不排除他过去或现在在很多方面仍然是错误的。

正如我已经做过的，我可以观察到，现代物理科学经历了三个阶段，每一个阶段都有自己的科学价值观和对终极实在的相应看法。第一阶段中，科学家相信数字和几何图形所构成的系统；第二阶段中，科学家相信服从力学规则的质量所构成的体系；最后一个阶段中，科学家相信数学不变性(mathematical invariances)构成的体系。由于追寻关于事物性质的这些相继出现的根本猜想，科学家们的求知激情经历了深刻变化，这些变化在程度上与视觉艺术欣赏的变化相似，即从拜占庭的镶嵌图案到印象主义作品，又从印象主义作品到超现实主义，甚至两者还有某种联系。但是，在这两种情况下，它们都有相似的超越这些持久激情的东西存在。即使哥白尼、伽利略和开普勒甚至牛顿、拉瓦锡和道尔顿的很多论证在今天看来是误导性的，他们的预设也导致了我们
165 今天认为是错误的结论；如果过去的这些科学巨人现在复活，他们也可能不承认相对论和量子力学是令人满意的科学体系；但是，许多早期的科学仍然是真实的，甚至还不断揭示出其更深层次的真实性，使得我们对科学先驱者们的尊敬在过去的几个世纪中一直在增长。科学一贯追求的是逐渐变化的以及——我相信——在总体上更加开明和更加高尚的理智抱负。

在这种普遍的框架中，科学追求才能被确定，隐含在科学成就中的前提才能被识别。这一视角必须被大大地扩展——正如我将在第四编表明的那样——以便能够包含生物科学。把心理学与社会学包含在内将会提出更进一步的、极具争议性的问题，我仅仅会顺便谈到这些问题。

这个领域非常的宽广！我只能暗示一下其中的细节，这些细节是对科学发现和验证的前提进行任何实质研究时都会涉及的。也许我们首先要考察一下科学家们所作出的——特别是在20世纪作出的——重大发现，他们通过推测为合理地解释自然提出了一些具体的推测；我们必须考虑到这些推测中有一些最初看起来是多么得隐晦和富有争议性；有那么多相似的推测实际上是空洞的或错误的；不过，在几个著名的例子中，又有一些推测被最终证明是多么具有真实性和深远的预见性。为了发现是哪些关于事物性质的一般观念引导了这些非凡的推测，这需要超常的敏锐性。但即便如此，这种说法也只能揭示过去的科学成就的前提。在进行著述时，科学的真实前提只存在于尚未成型的发现中，这些发现正在那些专心工作的科学研究者的心中酝酿着。一位访问者如果拜访一位大师的研究所——大师的直觉想法可能会(尽管不完整地)透露给同行——那么他也许可以通过与大师的同事们谈论他们的工作，而隐约窥见未来发现的前提。我们没有办法更接近当前的科学前提了。

从最初的隐晦性和含糊性到更具准确性和确定性，现在，科学的真实形象已经在我们面前出现了。正是在发现和验证的过程中，科学的前提引导着科学家进行判断。很显然，没有任何以前提出的或将来要提出的关于这些前提的阐述，可以使一个缺乏特定的科学天赋和科学训练的人，能够对上述有争议或有疑问的问题所涉及的严重不确定性进行裁决。当我们试图用关于科学前提的任何阐述来判定科学中的重大问题时，我们发现，它们被证明是模棱两可的，确切地说是它们使两种可选方案同样具有争议性。

以马赫的“思维的经济原则”为例。根据这一原则，科学是对事 166
实最简单的描述或最方便的概括。想象一下，那些接受德布罗意的博士论文，并且试图用这个标准来评价其科学价值的审核者的困惑吧。他们怎么能做到？他们最终发现德布罗意的理论所描述的大多数事实直到最后都没有被发现。也许，他们只能限定于该理论所描述的已知事实。他们是否应该先安排一次测试，来确定这个新理论是否更简单，能让人更容易记住事实，或者更容易在学校进行教学，或者确定这个新理论能用更少的或更熟悉的词汇来表述？这种想法是荒谬的。他们唯一要做的事情是确定这个研究是真实发现还是纯粹的玩笑。这可以同时确定它是否对事实的最简单的科学描述，因为如果它仅仅是幻想，那么它是一种虚构的牵强附会的考察事物的方法；而作为真实的陈述，它是一条通向新的广大前景的令人惊讶的简单捷径。

或者，把“简单性”这一概念应用于莱因的猜牌实验所引起的争论。对于这些实验来说，如果你准备相信超感官知觉，那么超感官知觉当然是最简单的解释。但是，今天的大多数科学家会更喜欢某些其他的解释，无论这些解释有多么复杂，只要它处在目前已知的物理相互作用的范围内就行。对他们来说，如果我们能够用已经接受的原则来处理，而不必引入新的原则，这似乎更为“经济”；他们甚至准备无视莱因的观察结果，直到某一天这些观察结果能够被纳入现有的自然法则框架之中。同样，就“简单的”一词通常的意义而言，“描述之简单性”这一问题在争论中也起不到任何作用。相反，无论这一问题以何种方式最终得到裁决，这都将决定什么才是科学意义上的更简单解释。

马赫公式中的“简单的”一词的这种模糊性源自我前面陈述过的事实[47]，也就是说，它不合理地替换了“真实的”一词。所以，在特定情况下“什么是简单的”这一问题的答案，必定与这种情况下“什么是真实的”这一问题的答案同样是可疑的。“真实性”的其他不合理的替代物也具有同样的歧义性，就像理论的“可行性”这样的实用主义标准一样。如果，对于德布罗意的论文或莱因的实验这样的可疑或有争议的问题，我们用可行性来代替简单性以作为评价之标准，那么“可行性”的歧义性和“简单的”的歧义性一样，都可以用相同的方式来揭示。对于“卓有成果的”这一标准，同样的测试也会产生相似的结果。我已经展示了它是如何荒诞地模仿真理的功能。

在前文中（边码第161页）我曾说过，科学的前提决定着科学追求的
167 方法，反之亦然。但是，事实上对科学程序的考察是在独立的、更系

统的路线上进行的。它的目的是要发现某种被严格规定的规则，以便从现有观察结果中推导出有效的一般命题。在本书第二章中，我已经充分论述并批判了这种纲领，该纲领以证据收集过程为基础，使一个经验命题的概率提升到实践的确定性。本章中收集到的补充材料使我能够重新阐述这一批评，并将其应用于根据J.S.穆勒的一致性和差异性原则去制定归纳过程的所有尝试。

经验推理的具体规则要求(a)从线索到发现进行符合规定的操作，或至少(b)说明如何根据某些规则来证实或至少(c)如何证伪一个经验命题。由于逻辑鸿沟把发现与取得发现的根据分隔开来，这个可证明的事实使得(a)必须被否定。正如我之前所说，对科学方法进行荒诞的模仿，使得科学方法被想象为：根据某些随机选择的猜想去收集相关证据，并根据证据累积速度而形成的自动过程(第一编，第二章，第30页)。现在，重大科学争论的历史告诉我们，要求(b)和(c)也是同样没有根据的。

这和我批评用“简单”一词来替换“真实”一词的理由相似。科学程序的一切形式化规则都必定被证明是含糊的，因为人们会根据关于事物性质的特定观念——科学家也受到这些观念的指引，而被赋予完全不同的解释。并且，科学家获得真实而重要之结论的机遇，在根本上取决于这些观念的正确性与洞察力。我们已经知道，有一种经验发现可以不通过任何归纳过程就能得到。德布罗意的波动理论、哥白尼体系和相对论都是在内部理性标准的指导下，通过纯粹的推测而建立起来的。迈克尔逊-莫雷实验获得胜利，尽管它得出错误的结论；D.C.米勒悲惨地把职业生涯牺牲在对一个伟大理论图景的纯经验的检验之中。这些例子都是对经验高于理论这一假设的巨大嘲讽。我们都知道，诸如发酵、催眠和超感官知觉这些争论，似乎都是关于事实证据的争论。但是，只要我们进一步考察就会发现，争论的双方似乎不承认相同的“事实”是事实，更不承认相同的“证据”是证据。“事实”“证据”这些术语的分歧性正是因为对立双方的观点分歧，因为在两个不同的概念框架中，相同范围内的经验却表现为不同的事实和证据。实际上，一方也许会完全无视某种证据，他们充满信心地期待这些证据最终会以某种方式被发现是虚假的。在后面一章中(第三编，第九章，“对怀疑的批判”)，我将进一步论证科学理论超越科学事实的能力。

168 我们应该还记得，归纳规则在任何时候都为反科学的信念提供了支持。证实占星预言的经验证据，让占星术维持了三千年之久。这代表着历史上我们所知道的最长的经验概括链条。在史前的很多世纪里，对于那些相信魔法和巫术的人来说，魔法和巫术所相关的理论看上去被一些事件惊人地证实了。莱基[48]正确地指出，巫术信念是在16世纪与17世纪之间，在面对压倒性的、一直快速增长的、具有可证实性的证据时被摧毁的。那些否定巫术存在的人完全没有想过要解释与巫术相关的证据，而是成功地宣布这些证据应该被忽视。英国皇家学会创始人之一的格兰维尔(Glanvill)根据当时公开宣称的经验主义，而不无道理地谴责这种方法是不科学的。一些无法解释的关于巫术的证据确实被永久地埋葬了，而在痛苦地挣扎了两个世纪以后，才最终被承认为催眠力的体现。

除此之外，一些哲学家试图用归纳法的独特可靠性来为科学辩护，但是他们忽视了整个领域的人们更熟悉的事实。[49]在整个过程的巨大范围内，事件的“恒常联结”(constant conjunction)*原则会导致荒唐的预测，这些过程的发展是由欲望的衰退或满足所决定的。我们对生活的期望不会随着我们生存的天数而增加。相反，在接下来的24小时内的生活经验，当它连续发生了30 000次以后，比它连续发生了1 000次以后，重新发生的可能性要小很多。训练马匹不吃食物而工作的尝试会是在最长一系列成功之后完全失败，而以一个人最拿手的笑话逗乐听众的必然性不会随着它成功的次数而无限增大。在研究条件作用的实验中，如果一个事件总是在特定信号后而出现，那么动物确实倾向于预

* “恒常联结”(constant conjunction)，表示两个或者多个事件总是相继出现，它们之间具有恒常的联系。经验主义哲学家试图探究这种恒常性的原因，从而研究经验定律的本质。——译者注

测当信号发出后，该事件会再次出现。但是，当儿童被要求预测：在两行会随机变亮的红绿灯中，哪一行下次会变亮？他们预测的是当时为止变亮次数较少的那一行。[50]我们很容易地构想出这样一个宇宙：在其中所有的重复出现都有次数限制，使得事件的重复出现的概率会随着它们已经出现的次数而逐步降低。

如此明显的不恰当的科学原理表述之所以被有着杰出智力的人所接受，其决定性原因在于人们迫切渴望将科学知识表现为非个人的知识。169
我们已经看到，这可以通过以下两种方式来实现：(1)用一些表示间接特征的术语(简单性、经济性、可行性、卓有成果性等)来描述科学；以及(2)用表示概率或恒常联结的术语来构建某种形式化的模型。在这两种情况下，科学家都无需进行某种寄托活动，因为在第一种情况下，他所指的仅仅是电话号码本这样的东西；在第二种情况下，他可以有一台为他代言的机器，而与个人无关。由于第二种解决方法仍然停留在对机器进行认可的这种个人行为上，因此通过把它描述为纯粹的“策略”而降低到方式(1)的层次。但是，根据科学程序作为策略而具有的实践优势，来证明科学程序的合理性，就是想要掩盖这样一个事实：我们预期这一优势会增大，仅仅是因为我们关于事物的性质持有某些信念，这些信念会使这一预期变得更合理。

在后文中(本书边码第191页)，我会对这种古怪的逻辑困境进行详细论述，在其中科学(或数学)的任何形式上的公理化都会让自身处于某种荒谬的境地。现在，我只想解释一下，追求非个人化的知识的最高愿望是如何成功地把如方法(1)或方法(2)所展示的错误科学观变得似乎合理的。我把这种自我欺骗的巨大能力归因于普遍存在的隐默因素的运作，只需要通过这一因素，我们就能把言语性的术语应用于这些术语所描述的主题。这些能力使我们能够通过对主题的明确特征的哪怕是最粗略的概述，来唤起我们所熟悉的、复杂而不可言传的主题之观念。因此，科学家就可以接受对他自己的科学原则的最不恰当和最误导性的阐述，而甚至没有意识到这些阐述说的是什么，因为他会自动地用他自己关于科学之真实情况的隐默知识去补充这一阐述，并因此而使它听起来像是真实的。

由于这一过程对于伪替代的机制是必不可少的，我认为这种伪替代机制作为一种被误导的批判性哲学的工具而言，具有一定的重要性，因此我将进一步偏离主题去论述它。关于观察者的非言语式能力的干扰所引起的自我欺骗性，最引人注目的例子是“聪明的汉斯”的事例：一匹名叫“汉斯”的马能通过马蹄踏地来回答它面前的黑板上的各种数学问题。持怀疑态度的相关知识领域的专家们对它进行了严格测试，却反复证实了它可靠的智力。然而，奥斯卡·冯斯特先生最后想出了个主意，他给马出了一道连他自己也不知道答案的数学题。这时，马只是毫无节奏或动机地胡乱踏着马蹄。原来，持怀疑态度的专家们曾在他们——他们都知道题目的正确答案——期待马停止的地方无意识地、毫不知情地向马发出了停止踏蹄的信号。[51]他们就是这样使马的回答总是正确的；也正是通过这样的方式，哲学家们也使他们关于科学的描述
170 或科学推理的形式化程序总是正确的。不管是过去或现在，他们从来不用它们来解决悬而未决的科学问题，而是把它们应用于被认为是确定无疑的科学归纳之中。[52]这一信念消除了事件恒常联结的形式化程序——或按照其递增的概率而对猜想进行递增式确证的形式化程序——所具有的模糊性，因此使这两种过程都给出正确的结果。此外，你可以成功地无视那些你无法解释的、但是又完全心相信的关于（比如）万有引力定律的事实，把它们仅仅称为有用的猜想，或关于事实的简单表述等等。因为，一个不受怀疑的信念同样不会受这些失实陈述的影响，所以这些方案可以安全地说出来，以安抚那些严格的经验主义者的心灵。只有当我们关于一个真实存在的科学问题而陷入焦虑困境时，形式程序的模糊性以及科学真理的各种被弱化的标准的模糊性，才会变得明显，才使我们失去有效的引导。[53]

这些形式化的标准当然可以被恰当地用作科学价值和科学程序的准则。从开普勒到拉普拉斯，以及从拉普拉斯到爱因斯坦，科学价值的

每一次改变，都对应着科学方法的改变，后者又体现为程序准则方面的变化。我们已经看到，我们过去曾将这种立法视为科学界大争论和大动荡的结果。它们形成了科学的传统，而我们自己所要担负起来的任务，是在我们自己面对的争议问题的语境中来阐释这一传统。

事实上，这就是探讨科学的逻辑前提的正当目标和意义。但是，试图把科学的逻辑前提解释为经验推理中的公理性预设，这就把其意义给遮蔽了。这些预设所表示的东西本身并不令人信服，事实上也不是清楚明白的。它们的意义和说服力来自我们对自然科学整体的预先信念，后者似乎蕴含着它们的有效性，而只有当我们熟知自然科学的知识并学会应用自然科学的方法来解决新问题时，我们才能学着去评价这些假设，并把它们当作我们所依靠的指导原则。

如果我们不能认识到科学的逻辑前提是科学所内在的，它们就不可 171
避免地被看作先于科学探索而被接受的命题。所以，如果我们对它们进行反思，并发现它们在逻辑上并不是必需的，我们就会面临这样一个问题，即没有办法对它们进行辩护。这个问题无法解决，原因是它想要我们对一种不存在的事态进行解释。没有人曾经亲自确认过科学的这些预设。科学发现一直是由一代又一代伟大人物的充满激情而又持之以恒的努力所取得的，他们以自己信念的力量征服了所有的现代人。我们的科学观就是这样被塑造的，而这些逻辑规则是对这一科学观的高度概括。如果我们问自己为什么接受这一概括，答案在它们所概括的知识整体之中。我们要回答这个问题，就必须回顾一下我们每个人接受那种知识的方式，以及继续接受它的理由。所以，科学看起来是一个庞大的信念体系，它深深地根植于我们的历史中，并在今天被我们社会的专门机构培育着。我们将看到，科学不是通过接受一个公式而被建立的，它是我们心灵生活的一部分。它被全世界成千上万的专业科学家共同培育，并被千百万其他的人间接地共同接受。而且，我们应该认识到，关于我们分享这种精神生活的原因所作的任何真诚叙述，都必定成为这种生活的一部分。

科学是一个我们所寄托的信念体系。无论是用不同体系内的经验，还是用不涉及经验的原因，都不可能对这种作为寄托的信念体系进行解释。然而，这并不意味着我们可以自由地接受它或抛弃它，而只是反映了这样一个事实：它是我们所寄托的一种信念体系，因此我们不能用非寄托的方式来表述它。在转向这一立场的过程中，我们对科学所作的逻辑分析将会决定性地揭示出科学自身的局限性，并通向关于科学之信托因素的阐述，我准备在本研究的后半部分再探讨这点。

第七节　私人的与公众的激情

我之前曾描述过发现者充满激情地专注于一个问题，这个问题本身就能引出发现；也描述过，由于宣布一个发现经常会引起对其意义和有效性的怀疑，从而进行持久的抗争。在这种抗争中，人们对于发现的热情转化为对于说服的渴望。很明显，这种抗争是一个证实过程：在这一过程中，捍卫自己的主张的行为和努力使它们被别人接受是相互融合的。

但是，如果我们从科学发现的陆续发表一直追寻它们进入教科书——这最终确保了它们作为已有知识的一部分而被后世的学生所接
172 受，并且通过学生又被大众所接受——我们就可以观察到，被它们唤起的求知激情似乎在逐渐降低，最后变成了它们的发现者最初得到启迪的那一刻的激动心情的微弱回响。像相对论这样的理论，我们可以通过理解它而得到某种美的暗示，从而不断吸引着新学生和普通人的兴趣；每当一个新的心灵理解了这一理论，它的美就被重新发现了。相对论继续被视为一种智力上的胜利，被认为是一个伟大的真理，其原因仍然是它那遥不可及的美，而不是因为它的一些有用公式（这些公式只用一分钟就可以记住了）。公众对科学的所有真实评价仍然依赖于对这种美的欣赏，即使这种美只是被间接感受到。这种美是对某些价值的间接

颂扬，普通大众一直被教导去将这些价值托付给一群从事文化指引的人。虽然涌向大海的激流不再冲刷出新的道路，但是，曾经激励着发现者的求知激情仍然在科学的共同评价中激荡。

从一项探索行为到对该行为之结果的日常传授和学习，最后到仅仅把它们视为已知的和真实的，在这种转化过程中，认知者的个人参与被完全改变了。在最初的探索行为中的冲动是研究者的强烈且不可逆转的自我改造，并且这种冲动会带来几乎同样强烈地说服别人的活动，当公众最后接受这一发现时，这种冲动会以较弱的形式出现，所采取的形式也失去了一切动态特征。个人参与开始是把激情倾注于未经检验的种种假设之中，而后变成了满怀信心地把某些结论当作他的解释框架的一部分。原创性的驱动力降低为个人化的静态知识。曾经导致发现并引导对其进行验证的求知努力，现在变成了相信它是真实的信念力量，就像学习一门技能的努力被转化为对于这门技能的掌握。这种感情倾注可以在很多不同知识领域同时观察到，这些知识领域是由先驱者所创建，而后由继承者所追随。但是，现在我将推迟对于学徒制的分析而转向另一个主题，即把我们的身体情绪的肯定性功能与求知激情的肯定性功能进行比较。

不是所有的情绪都与受其感染的人以外的事物具有足够的直接关系，以至于暗示着某种肯定。倦怠、活泼或不安、焦虑(与恐惧不同)、醉酒狂欢都是人格的普遍变化，它们并不意味着受其影响的人对他以外的事物有任何的肯定。但是，在内驱力(drive)之作用、欲望之诱惑、 173
恐惧之控制中，我们也能发现求知激情所具有的那种显著特征。我们以前却是承认这些内驱力是我们赖以掌握知识和维持知识的能动原则的最原始表现。

的确，饥饿、性和恐惧都是满怀激情之追求的动机。这些追求想要通过像是吃东西、性交或逃跑等使人获得满足的行为，来发现满足它们的动机的手段。由此可以推导出，欲望的满足也是一种验证方式——正在被吃的布丁就是证据。但是，我们必须允许布丁有被下毒的可能性，必须承认并非动物所吃的任何东西都是适合它的食物。虽然我们应该认为动物有能力选择自己的食物，但我们却不能认为它们的选择是不会出错的。

这与求知激情的相似之处是很明显的，而区别之处也是同样明显的。就像我们的内驱力的追求隐含着某种假设，即有某些我们有理由渴望或恐惧的东西，激发和促成发现的激情也同样隐含着一个信念，即相信某些知识是有可能存在的，因为求知激情已经宣布了它们的价值。另外，在相信这些激情具有认识这一真相的能力时，我们并不假定它们是不会错的，因为科学程序不能通过规则来保证我们可以发现真相而避免错误，但我们承认它们的能力。可是，我们的求知激情却与我们和动物共有的渴望和情感有着本质的不同。满足了这些渴望和情感，激发起这些渴望和情感的情境就终止了。发现同样终止了它所起源的问题，但它留下了知识，这种知识满足了一种类似于渴望获得发现的激情。因此求知激情通过它们的成就而维持自身的存在。

理智激情的这种独特性质在很大程度上来自以下事实：它们属于言语表达性框架的一部分。科学家寻求发现一个能令人满意的理论，当他发现这一理论时，他可以长久地欣赏它的卓越性。求知激情激励着学生去攻克数理物理学的难题，当学生最后觉得理解了这一学科后就获得了满足，但给他永恒的求知满足感的却是他最终获得了对这门学科的掌握感。如果说设计一个诀窍的动物的纯智力愉悦表现出同样持久性的话，人类的言语表达能力可以把这种愉悦的范围扩大到对于整个文化体系所获得的满足感。

这一更广泛的观点使我们回到了这样一个事实：科学价值必须被证明为人类文化的一部分，这种文化扩展到艺术、法律和宗教，而所有这一切都同样是通过语言的使用而实现的。因为充满激情的思维所组成的这个伟大的语言大厦，是被激情的力量所建立起来的，而该大厦的建立又提供了创造的空间，它持久的结构将继续培育和满足这些激情。在这一文化中长大的年轻人接受了这一大厦，把自己的心灵倾注于它的

结构中，他们感受着这种文化教导他们去体验的情感。他们又把这些 174
情感传递给他们的后代，靠着这些后代的相应激情，这一大厦得以继续存在。

与欲望的满足不同，文化的享受不会造成提供满足感的东西的贫乏，而是保证并不断扩大这些东西对其他人的供给。那些得到了这种东西的人们增加了它们的普遍供给，并通过实践他们学会的方法，教导其他人学会享受它们。学生服从于他获得的东西，并用其标准来提升自己。

因此，满足我们的求知激情的社会知识之所以被追求，不仅仅因为它是满足感的源泉；它之所以被倾听，是因为它是一个必然使人肃然起敬的声音。当我们向自己的求知激情屈服时，我们希望自己变得更让自己满足，并承担起义务，用我们的激情给我们设定的标准来教育自己。在这个意义上，这些激情是公众的而非私人的；它们由于珍视外在于我们的某种东西而高兴，为了这种东西自身的目的。事实上，欲望与心灵的吸引力之间的根本差别就在于此。我们必须承认，这两者都靠激情来维持，它们必须最终依赖于我们为自身设定的标准，因为，尽管求知标准是通过教育而学会的，而我们欲望的趣味主要是天生的，但是，它们都可以偏离既定的习俗；而且，即使在遵循习俗的时候，它们也必须得到我们自己的最终信赖。虽然欲望受到个人满足感的引导，但追求心灵杰出性的激情却相信它自身正在完成普遍性的义务。

这种明显的区别对文化的存在是极其重要的。如果它被否定，那么一切文化生活原则上都是服务于我们的欲望之需要和负责提供物质福利的政府当局之需求。我将在界定纯科学与技术的关系时再探讨这种情况。

第八节　科学和技术

在我列举的动物有能力完成的三种学习中，我把技巧学习放在符号学习之前，因为对于较低等的动物来说，在它们获得记录复杂的感知信息的能力之前，运动神经就已经有了充分的发育。不过，它们要具备完成一次有用的行动的能力，还必须先对行动发生于其中的环境进行某种纯粹的认知方面的控制。技术总是牵涉到某种经验知识的运用，而这种知识可能是自然科学的一部分。我们要设计发明，也必须利用之前的一些观察。

这样一来，我们就意识到，结合在技术操作中这两种东西的不可通约性。设想一下，你用锤子钉钉子。在开始之前，你先看看锤子、钉子和你将要把它打入其中的木板；其结果就是你可以用语言表达的知识。然后你把钉子敲进去。其结果是一个行动：一些东西现在被牢牢
175 地钉住了。其中你可以有知识，但它本身并不是知识。这是一种可称作成就的重要变化。知识可以是真实的也可以虚假的，而行动只能是成功的或不成功的、正确的或错误的。

这就可以推论出，为某种设计发明作准备的观察所追求的必定不只是真实的知识，而且也是对一种实践操作有用的知识。观察必定努力获得可应用的知识。

可应用知识的概念框架与纯粹知识的概念框架不同，它主要是通过与此知识有关的成功操作来确定的。再探讨一下钉钉子的例子。这一操作隐含着锤子的概念，它定义了(实际的或潜在的)锤子这一类物体。它所包括的范围除了通常的工具，还包括枪托、鞋跟和大部头的字典。同时，它还根据这些工具的适用性建立起工具的分级体系。一个物体被用作锤子的适用性是一个可观察到的属性，但这一属性只能在它所服务的操作所规定的框架内才能被观察到。

有三种被观察到的事物可以通过它们参与实践操作而被界定：(1)材料；(2)工具，包括各种各样的设备，和(3)过程。木材、织物、燃料是技术活动的材料；锤子、引擎、房屋、铁路是工具或设备；发酵、烹调、冶炼是技术过程。很多这样的技术观念包含一般看来性质不同的物体(例如，从棉花、羊毛到尼龙和化纤等各种纺织品，以及从蜡烛到

电灯等各种照明工具)，不过，所有这些物体都是特别准备或特别设计来满足技术目的。在这个意义上这些类型的物体或过程才被认识，单个物体或过程本身只有在它们所成功服务的有用操作之框架中才能被理解。脱离这种框架的纯粹知识，特别是科学，就会忽视这些类别而且不能理解这些设计发明。我们不能把工具从技术知识中去掉，就像我们不能用实践程序去表述自然科学一样。

在这里，两种知识之间出现了鸿沟。这两种知识都涉及技术的材料：一种知识来自已被承认的目的，另一种知识则与该目的无关。我在这里正在探讨的科学与技术的区别，稍后将被证明是与以下关系密切相关的：没有明显目的的无机物科学与只能用目的论术语来理解的生物科学之间的关系。在进一步阐明技术的独特逻辑结构时，我们应当牢记这一点。

原始技术可以被视为仅仅是为了满足身体欲望而使用的身体技能的延伸。但是，即使在高度复杂和主要是言语表达性的技术类型例如织布和冶金之中，都包含着一定程度的不可明确说明的、对劳动效率和产 176
品质量必不可少的实际经验。生产经验对于技术人员而言是一种有价值的资历，一个国家的技术人员的总共拥有的生产经验是一项巨大的国家资产。然而，虽然技术科学的传授可以只通过技能实践来完成，但现代人掌握技术也还是要依靠于教科书、刊物和专利等对技术的明确说明。

技术教会人们如何行动。当它以命令的形式来进行时，情况就很清楚了，就像烹调书和机器使用说明经常做的那样。在医药处方上面的那个符号是一个命令，它是制作一份药剂的开端；像编织或焊接这样的工艺是以命令的形式被传授的。所有的技术都相当于一个有条件的命令，因为，除非我们承认至少间接承认某项技术操作所合理追求的利益，否则就不能定义一门技术。当然，如果我们认为一个人做某一行为是为了某种目的，那么他所做的任何事情，或在想象中能做的任何事情，都可以被描述为对利益的追求；但是，一项技术传授的仅仅是这些目的，那么就像一门只列出所有可观察事实的科学一样，是毫无意义的。因此，一项技术必须展现自身想要获得的一系列明确利益，并告诉人们如何去获得这些利益。

技术只教人如何根据（或多或少）**可以明确说明的规则**使用**工具**，为获得物质利益而采取行动。[54]这样的规则是操作原理。工具必须按照它们所服务的行动来被定义和理解，同样，它们也只能根据指导该行动的操作原理来被定义和理解。[55]

在前文中我曾讨论过，在运用技能时附属遵循的操作原理，以及在获得知识的过程中主要是附属性的操作原理。我已经展示了根据某些明确规则进行的符号运算，并指出，这种运算要求符号应该是可管理的，就像工具必须是有用的一样。自动控制技术的现代电子设备表明，某些高度形式化的技术操作原理很容易纳入数学运算。技术工具
177 的意义与数学符号的意义相似，因为它们都是为了在一定的操作范围内使用的，在此范围内，它们可以被一类同样有用的东西所代替，尽管在其他方面不同。这种紧密关系在后面对操作原理所作的整个分析中都可以得到阐明。

科学知识与技术操作原理之间的区别被专利法所承认。专利法明确区分了发现和发明。**发现**增加了我们关于自然的知识，而**发明**则确定了一个服务于特定利益的新操作原理。一般来说，新发明依赖于已知的经验事实，但也可以恰好包含某种新的发现。然而，这两者之间仍然存在明显的区别：发明能被授予专利权，发现却不能。

其原因是很明显的。专利有两种功能，即公布发明的内容，并授权垄断它的使用。如果把专利法应用到新知识上去，第一个功能就会把第二个功能排除掉：新知识一旦公布于众，那么它就不可能再受任何人的垄断了。然而，专利却可以对任何新的操作原理的使用宣布并进行垄断，限制未经授权的人们不得使用，即使人们普遍都知道了该发明。[56]

发明与发现有一个相同点：只有当它是令人惊讶的时候，它才能宣布自己是一个发明。它肯定被一个巨大的逻辑鸿沟与在它之前的东西

分隔开来。我已经说过，如果有疑问，法庭就承担起评估的任务，去决定逻辑鸿沟是否足够宽广以保证对一项发明的接受。这一宽度可以测量一项发明的创造力。

不过，一个新的操作原理可以被专利法承认，但不是技术意义上的发明。从香槟中提取自来水的一种新的巧妙方法可能是专利法意义上的一项发明，但技术上并不承认这一点。因为除了公开新的操作原理外，技术还要求发明具有经济性，从而具有利益优势。

所以，如果任何发明的使用手段或者获得结果之价值发生了重大变化，那么这一发明就会变得无用甚至变得滑稽。假设所有燃料的价格上涨 100 倍，那么所有的蒸汽机、燃气机、汽车和飞机都只能被扔进垃圾堆。一个本来极为成功的发明常常在一夜之间就被更好的发明弄得毫无价值：现在，有轨电车就像它所取代的马车一样无用。相反，科学观察的有效性却不可能受货品价值之变化的影响。即使钻石变得像 178
今天的盐那样便宜，而盐像今天的钻石那样昂贵，也不会使关于钻石或盐的物理学和化学失效。如果这两种矿物中的任何一种变得十分稀有，使得人们事实上很难获得，那么这可能会影响人们对它们的研究兴趣，但不会影响到研究的结果。一项发明可能由于出现了一个更加方便且有利可图的方法而被放弃，但在科学中却不会真正发生这样的情形。

由此，发明的美与科学发现的美是不同的。两者的原创性都受到人的珍视，但在科学中，原创性在于比其他人更深刻地看到事物本质的能力，而在技术中，原创性则在于发明家把已知事实转化为巨大利益的创造力。因此，技术专家的探索式激情是以他自己的独特视角为中心的。他遵循的不是自然秩序的暗示，而是能使事物以一种新的方式运作以便实现某一可接受的目的，并能便利地获得利益之可能性的暗示。在探索新的问题时，在收集线索和权衡方法时，技术专家所考虑的肯定是科学家忽视的对利益与弊端的整体权衡。他必须对人们的需求十分敏感，并有能力评估他们为了满足这些需求而付出的代价。满怀激情地关注于这样的暂时性事务，对于科学家说来是陌生的；科学家关注自然内部的法则。

在这里产生了两种价值之间的冲突，并使这两种职业难以协调。关于在第二次世界大战期间在洛斯阿拉莫斯参与原子弹研发的亲身经历，J.R.奥本海默写道："科学家对那些只关心研究进度的人的功利心感到愤怒，而对方则认为科学家很懒散和无聊，没有做过任何有益于实践的工作。所以，实验室中很快出现了严重的分歧。"[57]

科学与技术之间这种严格的区分，并不排斥它们之间存在着不同程度的过渡领域。在今天，仍然作为现代工业之大部分因素的古老工艺
179 仅仅是通过试错法而被建立起来的，并未得到科学的帮助。相反，大部分电子技术和化学技术则源于纯粹科学的实践应用。所以，科学与技术具有如下的相互关系：就技术过程是科学知识的一种应用来说，它对科学没有任何贡献；而经验技术本身是非科学的，所以，正是由于这一原因它很可能给科学研究提供重要的资料。[58]

相应地，科学与技术也具有两种不同的研究方法。在科学应用的基础上建立起来的技术，可以构成自成一体的科学体系。电工学和空气动力学理论是**系统技术**的两个实例，它们可以**用与纯粹科学相同的方法来研究**。但是，它们的技术特征通过以下事实得到展现：如果经济关系的剧烈变化改变了它们的实用性，那么它们可能会失去所有价值而被遗忘。另一方面，也可能发生的是：纯粹科学的某些部分能够提供如此非常丰富的、技术上有用的信息资源，使得它们被认为是值得培养的，否则就会被认为是缺乏吸引力。对煤、金属、羊毛、棉花等所进行的科学研究就是这样的**技术上值得研究**的科学分支。

系统技术和技术上值得研究的科学是介于纯粹科学与纯粹技术之间的两个研究领域，但这两个领域也可以完全重合。治疗糖尿病的胰岛素的发现对科学来说是一个重要贡献，因为这一发现的内容有着内在价值。它也是一项发明：它建立了治疗糖尿病的操作原理。这种性质也适用于大部分的药理学。实际上，只要自然所固有的一个过程因其结

果的重要性而对科学有价值，这种性质就成立；与此同时，为了获得这一想要得到的结果，它又是可以随意操作的。科学与技术之间的这种一致性可以通过相同的原理而得到充分解释，而这些原理一般把它们界定为完全不同的领域。[59]

直到最近，没有什么比纯科学和技术之间的差异更明显了。这一 180
区别无疑问地体现在高等教育的总体框架中，正如它被划分为大学和理工学院所表明的那样；它还表现为当前的纯化学和应用化学、纯物理学和应用物理学、纯数学和应用数学等的明确区分，表现在大学的职位、期刊和国际学会的描述上；它一方面决定着大学中科学家的聘用条件，另一方面决定着工业实验室的建立。它是专利法实施的基础。

这一框架在不受马克思主义约束的国家几乎没有改变，在苏联也没有完全被抛弃。但自1930年左右新马克思主义科学理论兴起以来，新马克思主义科学理论在随后的十年内成了苏联的官方学说并在苏联以外获得了广泛的影响。科学与技术之间的明显区别，甚至在由于那些制度的持续作用而实际上仍然延续的地方，也在原则上受到了猛烈的挑战。

这是前文描述过的、使得文化价值从属于关于公共利益的极端功利主义观念的部分体现：一种自相矛盾地充满过度道德渴望的唯物主义观点。这种攻击当然是一把双刃剑。它通过断定科学发展中的每一个重要进步都是对特定实践用途的回应，从而否定了纯粹的求知激情在引导科学发现时的有效性；同时，它还谴责“为科学本身的目的而追求科学”是不负责任的、自私的、不道德的。从字面上看，这两种攻击是互不相容的，因为一件没有真正发生的事不可能被谴责为道德弊端。然而，对于文化的唯物主义解释是一种伪装的命令：它既宣布文化服务于福利，又宣布它应该服务于福利。这是拉普拉斯体系的一部分，在其中道德必须用科学的预测来表述自己，并以此来寻求科学的认可。[60]

在此，我并不关注这样一个问题：这种威胁在实践中最终被证明对科学有多么严重的后果。虽然斯大林主义的正统理论对“为科学而科学的立场”的官方谴责，导致对俄国最杰出的生物学家瓦维洛夫(N.I. Vavilov)的迫害并造成他在1942年死去，以及在1948年造成对生物学各分支的停滞或严重扭曲，不过，除了这些之外，它强加在自然科学家
181 身上的限制，也仅仅是使科学家们虚伪地宣称他们的工作是服务于实践用途。整体情况也许是这样的。人们可能会无限期地继续研究纯科学，同时又承认这样方式的研究是虚伪的，或者谴责它是滥用。不过，在没有被强迫遵从该学说的国家中，这个学说也在科学家中间得到传播，这的确提出了一个与我们在这里所讨论的主题密切相关的问题：激励科学发展的特定激情是否会有一天被其他激情所取代，或者，甚至这些激情会因为缺乏对它们的回应而直接消逝。

对于最后那个问题，我的回答是肯定的，正如我发出了警告：如果科学不能避免改变我们关于人的观念，它就像曾经被圣奥古斯丁所怀疑那样，将再一次受到怀疑。[61]人们对自然科学的欣赏是近代才产生的，它的传统植根于一个有限的领域。它是很多同样古老而丰富的众多文明中的一个文明的唯一幼苗。古希腊人从来没有发展出一门系统的自然科学，拜占庭和中国也没有，尽管它们拥有自己的技术成就。[62]今天，我们可以充满信心地谈论16世纪和17世纪的科学，那是因为我们很容易根据现代视角，把真正的科学著作与非科学的大杂烩相区分。1619年，开普勒发表的《世界的和谐》一书中包含着占星学，并且在后来几代科学家所发表的著作中，这种情况也是很明显的。我曾经提到，在1660年英国皇家科学学会的创始人之一的格兰维尔(Glanvill)坚定不移地主张对于巫术的认可。另一位创始人约翰·奥布里(John Aubrey)除了一篇讨论神秘现象的论文之外就没有发表过其他研究。[63]在那个时期，支配着法国文化的笛卡尔精神是先验主义的，而非实验性的。牛顿本人经常在科学论述中引用宗教的证据。例如，他认为上帝让世界具有原子结构来实现其目的。19世纪和20世纪的科学大论战表明，反对外来观点侵袭科学的斗争从来没有停止过；在这些有争议的问题上，占据主导地位的大多数科学家与持怀疑态度的各种少数派科学

家之间一直存在着重大的分歧。不过，我们承认，在牛顿特别是其《光学》的影响获得流行的时期，观察性科学的方法得到了有效的巩固。从那以后，尽管还存在我在有关科学争论那一章中所描述过的种种不确定性和意外变动，我们还是可以识别出一个具有共识的团体，他们站在同样的科学传统中，为科学的恰当特征与真正欣赏所打动。阿
拉果(Arago)称赞勒威耶((J.J. Leverrier)在1846年发现海王星为“他的 182
国家的子孙后代用以表示感谢和尊敬的最崇高称号之一”，[64]就是最清晰地表达了这一点。没有任何对知识所作的贡献比发现这一遥远的新行星更无用了。

事实上，直到那时为止，自然科学还没有对技术作出重大贡献。工业革命在没有科学帮助的情况下取得了成功。除了摩尔斯的电报外，在1851年的伦敦博览会上没有以之前五十年内科学研究成果为基础的重要工业设备或产品。人们对科学的评价仍然几乎是不具有功利动机的。

不过，这种态度只存在于极小的范围内，具有这些态度的人在任何时候都是少数派。在较晚的时期，科学慢慢向海外转移，传到亚洲和非洲国家，当时科学在医学、工业和军事上的价值大大提升，并把科学推向工业欠发达的国家。科学的这种推广并没有促进人们对科学的真正评价。在世界的各地，当科学刚刚开始被研究时，它面对的处境是人们认识不到它的真正价值。所以，政府没有批准足够的研究时间；政治给科学家的任命造成大混乱；商人对科学没有兴趣，只赞助实用性的项目。不管当地可能有那么多的天才，这种环境也无法给科学带来成果。在早期时候，新西兰失去了自己的卢瑟福(Rutherford)，澳大利亚失去了自己的亚历山大(Alexander)和布拉格(Bragg)。而且，这些损失进一步阻碍了科学在一个新国度里的发展，除非一个国家的政府成功地从传统的科学研究中心引入一些科学家，并让他们安心地从事自己的研究，使他们在那里能够按照传统标准改造并形成科学生活的一个新环境，否则科学很难在欧洲以外的地区最终扎下根来。[65]

今天，在庸俗之辈的原始的功利主义和现代革命运动的思想观念上的功利主义的包围下，人们对纯科学的热爱可能会衰退并且消失。如果失去这种情感，科学研究就会失去能够引导其获得具有真正科学价值的成就的唯一驱动力。人们普遍认为，科学研究是因为其实践利益才一直持续下去。例如，有人预测，李森科的理论如果是错误的，那么很快就会被苏联政府所抛弃，因为这些理论无法产生任何有用的成果。
183 这种预测忽视了以下事实：这种问题在实践中是无法被决定的。李森科的理论实际上是俄罗斯的米丘林（Michurin）和美国的伯班克（Burbank）从他们作为植物培育家的重大成功中得出的结论。[66]欺骗了人类数千年的几乎每一个大的系统性错误依靠的都是实践经验。占星术、符咒、神谕、魔法、巫术、现代医学之前巫师和行医者的治疗，这些学说都是在很多世纪内得以建立，都是因为公众看到了它们所谓的实践成功。与解决实践问题相比，科学方法的设计是为了在更精细控制的条件下用更严格的标准来阐明事物的本质。这些条件和标准只能通过对研究内容的纯粹科学兴趣才能被发现，而这种兴趣又只可能存在于那些学习过如何去欣赏科学价值的头脑之中。这种鉴赏力不可能为它的内在激情以外的目的而随意触发。任何不相信科学本身确实非常重要的人，都不能在科学中作出任何重要的发现。[67]

在这么说的时候，我已经承认我所谓的超验价值只能短暂地被少数人所认识到。这并不是自相矛盾的，它正确地反映了这样一个事实：普遍有效性不是一个被观察到的事实。当我们说到某个命题是普遍公认的或没有任何身心健全的人会否认它时，我们是在谈论人们对这一命题的态度。只有在我们相信人们对这一命题的判断时我们才相信这一命题。但这样做却没有普遍的正当性：谚语“习惯成自然”（*quod semper*，*ubique*，*ab omnibus*）常常被证明是错误的。我们用来观察或评价的标准不可能从统计测量中得出。

实际上，在使用标准的过程中，我们不能着眼于我们的标准，因为我们不能专注于辅助性使用的元素，以形成我们目前关注的焦点。我们赋予自己的标准以绝对性，因为通过将它们作为我们自身的一部分，我们最终依赖于它们，尽管我们认识到它们实际上既不是我们自身的一部分，也不是我们自己创造的，而是来自我们的外部。然而，这种依赖只能发生在某些短暂情况下，发生在特定的地点与时间中，我们的标 184
准将在这一历史语境中被赋予绝对性。所以，我可以恰当地承认，现代科学传统维护的科学价值是永恒的，即使我担心它们可能很快会永远消失。这种内与外、永恒与短暂的双重性稍后将在寄托的概念中得到调和。

第九节　数　　学

自然科学是观察的延伸，技术是设计的延伸，数学是理解的延伸。我已经通过动物在复杂地形中辨认道路的方法来说明动物非言语式的理解。用人类经验对它进行的另一种阐述是，工程师掌握机器的各个部件是如何被组装在一起共同运作的。理解的过程是通过操作以言语性的方式来进行的，即把一组给定的公式转化为另一组隐含于其中的公式；或者是通过建构的方式来进行的，即把一个几何图形转化为另一个受其决定的几何图形。其结果可以表达为一个定律，如数论的定律和几何定理，也可以表达成一个程序规则，如求解方程或根据已知元素来构造几何图形。在第一种情况下，数学相当于一组类似于自然科学的陈述句；在第二种情况下，数学相当于一组类似于技术的技巧。不过，这些陈述句并不是记录与自然界的具体物体相关的观察结果，那些技巧也并不展示出获得任何具体物质利益的操作原理。数学公式的断定和数学证明中展示的技巧都是处理与经验无关的概念。有效公式承认了同一概念的两个可选方面的一致性，而数学证明则推导出这两个可选方面的紧密联系。前者可以被说成是真实或虚假的，就像自然科学中的陈述一样；后者可以被说成是成功的或不成功的（对或错的），就像技术中的操作原理一样。但这两者都只是对它们涉及的概念进行重组的明确表达方式：一个陈述了这种重组的结果，而另一个则规定了实现这种重组的程序。

因此，数学可以同样地与自然科学或技术密切相关。当力学转变为四维非欧几里得几何时，以及当三维几何被视为包含刚性固体的度量关系时，物理和数学是一致的。就整数断定了永远分离的物体之存在而言，整数的概念是物理学的一部分。而另一方面，数学运算可以构成自动技术过程的一部分，并且严格形式化的技术也可以被看作数学的
185 一部分。[68]因此，数学符号与数学运算就表明它们既适用于对事物的理智控制，又适用于对操作的理智控制，但它们的应用情况却是如此地多种多样，以至于几乎没有什么特定经验附着在控制它们的数学框架上。即使是初等数学也代表着普遍性很强的概念和运算，而数学创造性进一步削弱了这些概念的经验意义，使数学的概念框架不断扩展，超越了它与经验的最初接触。

这个过程主要由两个密切相关的渴望所引导。第一种渴望追求更大的普遍性。笛卡尔成功地发现解析几何的定理不过是代数的一个例证，这一发现的胜利使人们的思想上升到一个领域，在这个领域里，数字和图形融合在一起，形成了一种共同而和谐的理解。从那时起，数学向普遍化又迈进了无数步。此外，对更大普遍性的渴望必然导致对严密性的更高要求，这是引导数学发明的第二种渴望。欧几里得直接把相交两圆的一个交点与两圆的圆心连结起来，构成了一个等边三角形。但是，通过算术的普遍化，如果把线定义为点的集合，那么两个相交的圆就不再明显有一个交点。与传统的常识相反，曲线现在可以被认为在每个点上都是不连续的。现代集合论由此在几何学中提出了新的关键性顾虑，并通过消除这些顾虑，建立了更严格的几何学证明标准。[69]

186 我们已经看到了概念变革在自然科学中的重要性，它们也在技术中发挥着作用。但是在数学中，它们有了一种新的力量：它们创造了一个自身就有吸引力的话语世界。这(我以前说过的)就像通过创造全新

的概念而发明一种游戏一样，这些新概念的符号仅仅表示它们是特定操作的恰当对象，除此之外没有其他意义。

数学用来创造自己的话语对象的想象行为，只有当关于这些对象我们有某些有趣的东西可谈，并且这些有趣的东西从它们的最初定义来看并不明显时，才是可以接受的。[70] 关于这点，我前面在把实在的概念扩展到数学中时已经提到过，在那里，我回顾了洛巴特舍夫斯基（Lobatschesvky）的假设，即经过直线外的一点可以作出多条与此直线平行的直线，以及这一假设最终是如何因为它被表明包含一个值得注意的整体系统，而给予数学家们以信心。在代数中，关于负数的虚根，我们对此有一个引人注目的例子。负数的虚根在 16 世纪时最先被（卡丹、邦贝利）定义，其合理性一直受到质疑，直到 19 世纪高斯才在复数（实数与虚数之和）的微积分中发现它们的意义深远的功能。还有更多的一些例子在后面将会提到。

在应用于外部对象的数学理论和只关注于自身的数学发明之间，是不可能作出明显区分的，因为一个数学定理总是有可能在某个时候被证明适用于经验。但是，这种情况并不是一定真实的，从数学的更大得多的范围来看的确显得极不可能，这一事实是数学自身的独特性。[71] 数学主要关心的不是预测什么事情将会发生，也不是要设计出某人想要实现的事情，它所关心的只是精确地理解某一概念集的可选择的诸方面在逻辑上是如何联系起来的。所以，数学可以在不与经验发生关系的情况下，通过设计出这种新的问题来无限扩展自身的题材。随着新概念呈现出更广的含义和更广的可操作性，新概念由此得到巩固，并且通过不断产生进一步的概念变革的新机会，这种追求是永远存在的。

现在看来，这一过程的逻辑结构并不完全是发明一种游戏，而是在玩游戏的过程中继续发明一个游戏。这种“游戏—发明”的方式类似于写小说，而且，确在每一点上都是极为相似的。现实中从来没有福尔摩斯这个人，甚至没有过像福尔摩斯这样的人。但是，这个人物形 187
象却在一系列的虚构情境中通过其连贯一致的行为而得到鲜活呈现。

柯南·道尔(Conan Doyle)一旦创作了一些以福尔摩斯为主角的好故事，这个侦探的形象——无论这一形象本身有多么荒唐——就作为以后任何这类故事的模板而被确定下来。一个像复数这样的虚构数学实体与一个像福尔摩斯这样的幻想人物之间的主要区别，在于后者对我们的想象力具有更大的吸引力。这是因为福尔摩斯这一概念中具有丰富得多的审美要素。所以我们才说，我们获得的是一个侦探的形象而不只是一个侦探的概念。

第十节　数学的肯定

我们已经看到，一个陈述对于**自然科学**来说具有价值是因为它(1)与事实相符；(2)与科学体系相关，(3)与一个具有内在价值的主题相关。而一个陈述对于技术来说具有价值是因为(1)它揭示出一条有效且有独创性的操作原理，(2)这一操作原理在现有环境中能获得重要的物质利益。数学比自然科学或技术具有更多的自由创造。虽然数学早期的原始概念和操作毫无疑问最初是由经验提出的，并被用来控制物质性事物的操作，但这种经验性和实践性的接触并未有效地进入当前人们对数学的评价之中。

那么，数学是什么？客观主义的“坚强与不可动摇的决心”对于这个问题给出了一些奇怪的答案。因为既然我们可以通过假定自然科学要以经验事实为基础，以及技术必须以实践生活为基础，从而试图推导出自然科学的非个人性，那么，唯一能解释数学陈述的非个人性(或至少是看起来与个人无关的)办法就是说它们没有自相矛盾。数学也相应地被描述为一组重言式或恒真式(tautologies)。

对于这种观点，必须加以反对，首先是因为这是假的。重言式必定是真的，但数学却不是。我们无法判定数学公理是不是融贯一致的；如果它们不是融贯一致的，那么任何特定的数学定理都有可能是假的。因此这些定理不是重言式。它们是而且必定总是试验性的，而重言式则是确定无疑的自明之理。

然而，即使假定数学是完全融贯一致的，“重言式”立场所支持的一致性标准也仍然是荒谬地不足以定义数学。人们完全可以把一台正在随机打印字母或印刷符号的机器看作正在生产未来一切科学发现、诗歌、法律、讲演、社论等的文本，如同只有极少一部分关于事实的真实命题构成了科学，以及只有极少一部分可想象的操作原理构成了技术一 188
样，只有极少一部分被认为是融贯一致的命题构成了数学。如果不借助于把这一极少部分与绝大多数的其他非自相矛盾的命题明显区分开来的原则，数学就不能被正确地定义。

我们可以尝试着完善这一标准，即把数学定义为按照某些能保证其自洽的操作原理从某一公理集推导出的定理之总和，并且这些公理本身也是自洽的。但是，这还是不够。首先，因为它完全没有说明是如何选择公理的，所以选择是任意的，而实际上并非如此；其次，因为所有那些已经得到很好确立的数学并非都是按照严格的程序被完全形式化；第三，因为——正如波普尔所指出的那样——在可以从某个被采纳的公理集所推导出来的命题中，相对于每一个表达出重要数学定理的命题来说，仍然还有无数的无意义的命题[72]。

所有这些困难只是来源于我们拒绝正视以下事实：如果认识不到数学的最明显的特征，即数学是有趣的，那么就无法定义数学。没有任何其他领域能像在数学中那样在各个层次上和各种性质上深刻地感受到、专注地欣赏到其智性美，而且，只有对数学价值进行非形式化的欣赏，才能把数学同那些形式上相似但却完全无意义的命题和操作之大杂烩相区分。并且，我们将会看到，数学的这种感情色彩也为人们承认它是真实的提供了依据。数学通过满足了数学家的理智激情，从而使数学家为之着迷，使他在思维上追求它并认同它。

我在前面曾说过，[73]我们只有对数学的形式体系作出隐默的个人贡献才能理解它。我已经说明了，数学的所有证明和定理在最开始被发现时如何依靠于它们的直觉性预见；这些发现所确立的结果如何以它们被直觉掌握的概要形式而被恰当地传授、理解和记忆；这些结果又如何通过对它们的直觉性内容的思考而被有效地再应用和进一步发展。因此，它们只有得到我们的直觉的认可才能得到我们的理性认同。我的确已经表明一切言语表达都依靠于某种隐默成分，并且发出言语的人所认可的意义要被传达，也需要依靠于相同的隐默成分。我还表明这种“理解加肯定”的原则与动物生命的能动原则是一致的，通过这一原则我们在各个层次上，一直到内驱力、运动能力和感知的——作为动物，我们的这些能力都是天赋的——的层次上，塑造并接受了自己的知识。

189 我们用来理解和认同数学的非言语式因素就是这种能动原则。它是一种追求智性美的激情。数学家本人的激情做出了如下宣告：智性美体现着普遍真理。正是因为智性美，数学家才不得不承认数学是真实的，尽管当今的数学家不再具有对数学的逻辑必然性的信念，并且不得不永远承认以下这种可以设想的可能性：数学的整个结构会因被揭示出一个决定性的自相矛盾而突然崩溃。正是这种发现意义和确立意义的迫切要求，支持着数学家隐默地跨越了存在于每一个形式证明之中的逻辑鸿沟。

实际上，有充足的证据证明这些理智激情是内在于数学的肯定之中的。现代数学是从漫长系列的朝向更大普遍性和严格性的概念革新和更激进的开创全新视角的概念创新中出现的。对于这些概念革新的接受是一种追寻更真实的理智生活的自我修正式的心理活动。有一种权威的说法是：“科学上最伟大的创新进步，通常与通过定义而引入新观念同时发生。”[74]这可能是真实的，正因为接受一个新概念，尽管它只通过一个定义来规定，但是归根结底是一种非形式化的行为：是我们在形式推理过程中所依赖的框架之转换。它跨越了朝向彼岸的逻辑鸿沟，而在彼岸我们就再也不能像以前那样审视事物了。因此，就数学是过去的概念革新之累积而言，我们对数学的肯定同样是一种不可逆的、非形式化的行为。

如果这种行为满足了我们的卓越性标准，它就可以被说成是合理的，而被数学家们充满激情的专家技能所维持的数学智性美就是这样的一条标准。同样，对于理智美感的追求，也引导着数学中涉及概念变革的重大进步。[75]在数学物理学中的情况基本相同；智性美被认为是隐藏着的实在之标志。但是，在自然科学中，与实在相接触的感觉是一种预兆：以迄今为止未曾想象到的未来经验来证实一个即将发生的发现；在数学中，它预示着数学领域自身之内一些不确定范围内的未来萌芽。

由于数学证明的说服力是通过我们对这一证明的隐默理解而起作用的，所以一个证明的接受也可以包含着激进的概念革新。"在像康托尔关于连续统的'不可数性'定理这样的'集合论'（Mengenlehre）中有着一些美妙的定理，"数学家哈代（G.H. Hardy）写道，"一旦掌握了那 190
种语言，（对它们）的证明是非常容易的，但是，在定理的意义变得明确之前有必要进行充分的解释。"[76]康托尔的证明跨越了一个逻辑鸿沟，只有那些愿意深入研究这些证明的意义并能掌握这一意义的人才能跟随他跨越这一鸿沟。如果人们不愿意或没有能力这样做，就会导致了数学家们之间的对立，就像范特霍夫和科尔贝在不对称碳原子的问题上或巴斯德和利比希在把发酵视为酵母的生命功能的问题上所产生的对立一样。哈达玛（Hadamard）描述了他如何发现自己与伟大的勒贝格（Lebesgue）变成了这场争论的对立方，如何被迫承认相互理解的不可能性："我们只能得出以下结论：对于那些明白无误的东西（这是在任何思维领域中的确定性之最初起点），我们的理解都不相同。"[77]包含在康托尔的著作中的重大概念变革，对于在19世纪80年代在德国数学领域处于支配地位的克罗内克（Kroneker）来说是如此的令人厌恶，以至于他不允许康托尔在任何德国大学中提升职务，甚至不允许他的论文在任何德国数学期刊上发表。[78]哈达玛承认，在另一个有重大现代发现的领域，群论"虽然最终能够适用于简单的应用，但要在群论的很初级和粗浅的知识之外掌握关于群论的更多知识时，他遇到了难以克服的困难"。[79]无疑，有些重要革新的确立所依靠的证明并不要求如此影响深远的概念革新。但尽管如此，它们的理智卓越性对基本概念的巩固作出了贡献，而它们的成功也正是基于这些基本概念而实现的。

第十一节　数学的公理化

我们又一次遇到了现存科学的图景，科学朝着满足求知激情的方向摸索前进，而这种求知激情可以维持科学的价值。我们看到它产生了数千个探索性的猜测，这些猜测曾使它们的提出者长期沉迷于其中，直到他们辛勤地把它们完成并进行检验，还经常捍卫它们以反对一直存在的对立观点，直到它们最终在教科书中得以确定。而且，我们还看到
191 这一科学图景与某种科学理想之间的奇怪对立，这种理想是努力把这一探索过程之结果，以及它在隐含意义上的进一步延伸，转化为公理与符号运算之严格形式化体系。的确，对于数学来说，这一理想不是留给哲学家们去追求的，如同在自然学科中那样，而是被包含在朝着数学本身所必然追求的更高程度的普遍性和严格性之努力之中。[80]

因此，它在这里并不会引起我们的关注。而我们必须要问的是——如同我们在自然学科中所做的那样——这种形式前提之体系的逻辑地位是什么？特别是，我们在什么基础上承认它是有效的？这两个问题的答案都与关于自然科学的公理化的讨论密切相关。当某些未定义的术语、公理和符号运算被确定为数学的逻辑前提时，它们是以“数学是真实的”这一预设为基础的。我们对逻辑前提的承认，却是以我们对逻辑结论的预先承认为基础，即逻辑前提是隐含在我们对于逻辑结论的承认之中的。

在所有的演绎科学中，公理化确实被证明是追求更大的普遍性和严格性的一种有效方法。但是，它并没有为进一步的发现过程提供一个形式化的研究方法。它也没有成为裁定数学争论的最高仲裁者。在这种情况下，我们没有必要像在自然科学中那样，去说明为什么是这样，

因为以下观点是确定无疑的：除了那些相当初级同时也是不重要的问题之外，不存在总是能通过有限步骤获得问题之解答的方法，也不存在任何形式程序能告诉我们什么问题可以被这样决定。[81]这个结论本可以从如下事实得到部分的暗示：数学发展中的重大进步常常包含着概念的决定，这些决定由于自身的性质永远不可能被严格地证明为是正确的。

现在，我们可以转到一个悖论上：数学的基础是一个由并不能被看作是自明而且确实不能被认为是相互融贯的公理所构成的体系。用最大程度的创造性和最严格的谨慎性来证明逻辑定理或数学定理，而这些推理所用的前提却在没有任何理由的情况下被欣然接受为“未经证实就被断定的公式”，这似乎是完全荒谬的！这让人们想起了舞台上的小丑。他郑重其事地在舞台中央竖起两根门柱，门柱之间装上一扇锁死的大门。他掏出一大串钥匙，十分费劲地从中选出能打开门的钥匙。打开门后走进去，然后关上门，再非常小心地把它锁上——当所有这一切在发生的时候，在门柱两侧的整个舞台是开放的，他可以毫无障碍地绕过门柱！一个完全公理化的演绎系统就像是无限空间的舞台上的一扇被锁死的大门。如果在接受任何证明前，先要接受一些未经证明的假 192
设，而从这些假设推演出来的最后结果是这一证明本身，那么，否定数学中任何未经证明的命题，也就意味着否定一切已经被证明的命题，并且进而否定整个数学。

解决这个问题的方法在于否定这种规则，该规则拒绝接受未经证明的命题，并且，要承认我们对数学程序中逻辑上在先的公理的信念是以我们预先承认这一程序的有效性为基础的。让我们再一次记住：从预先接受的逻辑后件推导出来的逻辑前件必定比逻辑后件更不确定。因此毫无疑问，把这些逻辑前件看作我们接受逻辑后件的根据是不合理的。

我们应该坦率地宣布，我们思考数学并肯定它的命题是为了数学的智性美，这种智性美体现着数学概念的实在性和数学断言的真实性。因为如果这种激情消失了，我们就不再能够理解数学；它的概念就会消失，它的证明就不再具有说服力。数学将会变得毫无意义，并会迷失于无意义的重言式和希思·罗宾孙（Heath Robinson）式设备*的大杂烩中，数学将会与它们没什么太大区别了。

数学曾经变得难以理解而被人遗忘。公元前 205 年阿波罗尼奥斯（Apollonius）去世后，唯一能让学生们理解希腊数学课本的口授传统由此中断。[82]这也许部分是因为人们对数学越来越不信任，因为它得出了像$\sqrt{2}$这样的不能用整数来表达的量而与数字观念相冲突。同样在我们的时代，哥德尔的不确定性定理也可以被想象为侵蚀了我们对当代数学的信心。其他的一些影响也可能加深这种不信任感。今天，思想观念上的功利主义者谴责阿基米德对他自己的实用性发明只是轻描淡写，而他对智性美的追求——为了表达这种追求，他希望在自己的墓碑上刻上他最辉煌的几何定理——却被认为是离经叛道。这一运动会损害数学的核心，即它的智性美。数学的传播在今天比以往任何时候更加不稳定，因为任何一位数学家只能充分理解数学的很小一部分。现代数学只能通过维护同一价值体系之不同部分的大量数学家来维持：这种共同体只能通过大学、刊物和会议的充满激情的警惕性来保持融洽，并对这
193 些价值进行培养和促进，把它们受到的尊敬同样带给所有的数学家。[83]这种广泛分布的结构是极为脆弱的，一旦受到损害就不可能回复。它的受损会使现代数学被遗忘，这一遗忘将比二十二个世纪前那次尘封希腊数学的遗忘更加彻底和长久。

第十二节　抽 象 艺 术

通过把我们的视角扩大到与求知激情相似的其他感情上，我们对科

---

* 希斯·罗宾孙（Heath Robinson，1872—1944）是英国人，漫画家插图画家和艺术家，他因为热衷于制作为了简单目标而精心制作的机器而闻名。后来，“Heath Robinson”这个词转变为一个专有名词，指那些不必要的复杂和难以置信的发明或设备。——译者注

学的求知激情的承认就会获得支持。这种相似性在毕达哥拉斯取得的最古老的科学理论成就中得到展现，毕达哥拉斯从符合整数比率的不同长度的弦上奏出了一系列令人愉悦的音符。在这一惊人事实的支持下，毕达哥拉斯传统在几个世纪内都坚持对支配着天体秩序的数学法则进行音乐式的欣赏。这些做法有些极端，但它们却是源自不同种类的秩序与美之间所存在的亲密关系，无论这些秩序和美是大自然中所发现的，还是从数学中想象出来的，或是通过想象力被艺术所创造出来的。纯数学与例如音乐和抽象派绘画等抽象艺术之间的关系是非常紧密的。

欣赏视觉作品和音乐作品，都是为了欣赏它们所体现的一组复杂关系之美。并且，就像在纯数学中那样，在抽象艺术中这些有趣的关系也是在某些结构中被发现或被创造的，而这些结构由不表示具体事物的表达方式所构成。在抽象艺术中，音乐最为明显，因为它有服从其自身规则的精确而复杂的表达方式。从深度和广度上看，音乐可以与纯数学相媲美。另外，这两者都证明了同一个悖论：人类可以就虚无之物进行重要的谈论，因为它们都在向我们诉说什么。我们不只是听见音乐，而且聆听音乐，通过理解音乐而品味音乐，甚至像我们品味数学一样。像数学一样，音乐表达了广泛的理性关系，人们理解它们仅仅是为了获得乐趣。

抽象派绘画创造的是令人愉悦的可见关系。这就是我们为什么不仅仅是看见一幅绘画，还注视它并且试图理解它。它的构思与几何学的关系就像音乐与算术的关系一样。看看立体主义的理论，或自从维特鲁威(Vitruvius)以来人们所作的尝试，即通过构建几何规则来欣赏和谐的绘画和建筑作品。

数学与抽象艺术之间的确有很大的不同，这种不同体现在数学的符号运算之实践上；数学符号表示它在这种运算中起作用的方式。但是，尽管抽象艺术的基本表达方式没有这样的意义，但它们可以依靠于自身的感性内容。一片颜色、一个音符，它们本身是那么的实在，以至于它们不必指向它们自身之外的东西，就可以表明它们可以被用来表

194 达它们与其他颜色或者其他音符的关系。它们并不表示什么东西，不管是外部的物体还是它们自己的用途，它们明显展现的是自身的令人印象深刻的感性存在。

求知的激情被证明在自然科学、工程学和数学等领域发挥着决定性的作用，这表明这种参与的普遍性。在这些领域中的每一个领域中，正是相关的求知激情肯定了特定的求知价值，这些求知价值决定了任何特定的行为是否有资格被接纳入该领域中。从而艺术似乎不再与科学相对立，而是与科学直接相连，只是在艺术中，思想者更深入地参与到他的思想对象。

当然，由言语式文化所产生的感情生活最初植根于非言语表达性的动物感情之中。我们已经看到，黑猩猩和婴儿解决了一个问题后表现出来的兴奋预示着科学的理智愉悦。象棋比赛创造了它本身的乐趣，但是，如果婴儿还不会玩发出嘎嘎声的儿童玩具，那么象棋比赛也就没什么乐趣可言。虽然玩笑不是欢喜的表达，但它却可以创造欢喜，因为人是可以笑的。为死者而悲伤，为爱情而歌唱，这些同样都是早期未定型的情感表达方式，都是通过词语与音乐的重塑和增强而成为某种新的东西。最初所经验到的情感不是被表达出来的，而是被暗示，就像在油画中物体是被暗示而不是被描绘出来一样。这样的暗示可以非常间接，就像数论暗示固体的存在那样；这样的暗示也可以十分接近，就像几何晶体学暗示被观察到的晶体一样。并且，一切艺术都是处于这两极之间的。艺术无论多么抽象，都是某些经验的回响，对于缺乏这种经验的人来说是毫无意义的，就像算术对于一个生活在气态宇宙中的人一样。另外，无论一件艺术品描绘得多么精细、表达得多么直白，它与经验的距离绝不会比晶体学与晶体的距离更近，绝不会比以自洽术语为框架对可想象的经验所作的描述与实际经验之间的距离更近。对包含在一件艺术作品中的事实进行精确的陈述，或对感情进行精确的表达，这种做法会把这件艺术品降低为一幅地图、一个报告或一封个人信件。[84]

理智完全内居于自身创造的言语式结构之中，通过这样做，它还加 195
深了一切理智激情的运作中所固有的悖论。视觉与音乐的艺术实践释放、规定并训练我们的感官，以便去获得和谐的经验，并最大限度地发挥了艺术家的创造力和鉴赏力，仅仅是为了满足艺术家为他自己所设定的评价标准。交响乐显然是人类心灵所获得的某种新东西，但在把它称为交响乐的时候，它的创作者要求承认它是某种具有内在卓越性的东西。自然科学家和工程师却没有那么容易让自己得到满足。如果科学理论是虚假的话，那么它就不是美的。如果发明是不能用于实践的话，那么它就不是真正有创造性的。但是，这只是修改了自我满足的过程的条件。科学价值和发明创造性的标准必须得到满足，这些标准是科学家和工程师的理智激情所设定的。

因此，在这种程度上，无论思维是在它所创造的宇宙中运作，还是按照外部既定的样式来解释和控制自然，目前为止我们考察过的各种话语体系都普遍存在着相同的悖论结构。存在着一种非言语性的和充满激情的个人成分，它宣告了我们的价值标准，促使我们实现这些标准，并根据这些自我设定的标准来评判我们的行为。

第十三节　内居与突破[*]

有效的言语框架可以是一个理论，也可以是一个数学发现，或是一首交响乐。无论是哪一种，当它被运用时，我们都必须内居于其中，这种内居可以被有意识地体验到。要获得天文学的观测，天文学家必须内居于天文学理论中，正是这种对于天文学的内在享受，使天文学家对星体产生兴趣。这就解释了科学家如何从内部来沉思科学的价值。

* Dwelling in and breaking out，前者译为“内居”或“寓居”，是指心灵完全融入某一理智框架之中，用中国哲学传统术语表示就是“涵泳其中”；后者译为“外突”或“突破”，是指理智框架突破自身，朝向更高或更全面的框架而发展，此过程之中伴随着理智的探索与激情。——译者注

但当天文学的公式被常规性使用时，这种愉悦感就被淡化了。只有当天文学家对天文学的理论洞见进行反思，或有意识地体验它在理智上的说服力时，他才可以被说成在沉思天文学。数学也是如此。一边是日常的操作实践，而另一边是孤独发现者的探索式洞见，这两者之间是已确立的数学的主要领域，通过沉迷于对其伟大性的沉思，数学家有意识地内居于这些数学之中。对科学和数学的真实理解包含对它们进行沉思式体验的能力，而这些学科的教学必须以把这一能力传授给学生为目
196 的。引导对音乐和戏剧艺术进行理智沉思的任务，同样是要使人献身于艺术作品。这既不是观察它们，也不是处理它们，而是生活于其中。因此，获得对外部世界的理智控制之满足感与获得对我们自身的控制之满足感就这样建立了联系。

朝向这种双重满足感的冲动是持续的。但是，这种冲动却要经历一些破除自我的阶段。我们自己处理经验的框架之构建开始于婴儿时期，而在科学家时期达到顶峰。这一努力的运作，有时候必须破除一个到目前为止已经被接受下来的结构，或破除这一结构的某些部分，而建立一个更严格、更具包容性的结构来取代它。从一个框架转向下一个框架的科学发现，在探索性洞见的紧张而短暂的一瞬间，突破了被规定的思维之界限。当它这样外突出去的时候，心灵运用任何预先确立的解释方式去直接体验着而不是控制着它的内容：它被它自己充满激情的活动所征服了。

科学家思考新问题并寻求问题之解决时，这种试图开辟新途径的强烈欲望，向我们表明了人类心灵的本质性的躁动不安，这种躁动不安向它以前已获得的满足感不断提出质疑。我们可以把这种冲动追溯到原始的动物层次。当动物受到一个问题情境的激发而采取行动时，它倾向于建立一种新的习惯，这一新习惯适应了新的情境并使进一步的理智努力不再有必要。但在高级动物中，这种普遍倾向时常受到爱玩天性的阻碍和遏制。动物在玩耍时寻求刺激，即使当它们度过了玩耍的阶段，它们也需要活动。人类以多种形式发展了这种寻求紧张的欲望。

人类是少数几种在整个成年生活中还继续玩耍的动物之一。人们也一直在寻找冒险，喜欢冒险故事。我们都欣赏巧妙设计的技艺或猜谜，还以各种方式享受我们牵涉其中的紧张感的突然释放，无论这种紧张是我们实际参与的还是仅仅在想象中参与的。我们庞大的现代娱乐业体现了这种欲望的各种流行形式；但是我们对于心灵不满足感的追求，也进入了人类自发性创造力的最高形式。

这种冲动突破一切固定的观念框架，其最激进的表现形式是幻想性的洞见。当我们让自身陷入对星体的沉思时，我们对它们的投入不是在进行天文观察。我们以很大兴趣观看它们而不是在思考它们。因为如果我们是在思考它们，那么我们对星体的知觉就会沦为仅仅是对相应概念的一些实例的知觉；我们的关注焦点就转到它们以外，我们对它们 197
的知觉就变得附属于这一焦点，它们对眼睛和心灵的生动影响将会消失。[85]

作为经验的观察者或操控者，我们**受到**经验的引导，并**穿越**了这些经验，而没有经验到它们**本身**。我们用以观察和操控事物的概念框架就像一个帷幕置于我们与这些事物之间，它们的影像和声音，以及它们的气味和触觉，在这个屏幕上若隐若现，让我们与这些事物保持距离。沉思消解了帷幕，中止了我们穿越经验的行为，让我们直接沉浸于经验之中；我们不再处理事物，而是融入这些事物之中。沉思没有遥远的意向或隐晦的意义；在沉思中，我们不再处理事物，而是为了经验本身的目的而专注于经验的内在品质。当我们陷入沉思时，我们在我们沉思对象中开启了一种非个人化的生活；而这些沉思对象本身则充满了一种洞见之光，这赋予了它们一种新奇、生动而又梦幻般的实在性。它是梦幻般的，因为它没有具体的时间限定，也没有明确的空间位置。[86]它不是一种客观实在，因为它并不预示能够被未来具体事物所证实的理性感知焦点，而仅仅是寄居于事物呈现在我们眼前的各种形状的色块之中。相应地，深度沉思的非个人性在于某人完全参与到他所沉思的东西之中，而不是在于他完全超脱于他所沉思的东西，就像在理想状态下进行的中立观察那样。由于沉思的非个人性是一种自我放逐，根据人们所指的是沉思者的洞见活动还是沉思者本人的沉浸入迷，沉思的非个人性可以被描述为自我中心或者无我状态。

宗教神秘主义者以仪式为依托，通过精心的思想努力，可以获得沉思性的交融状态。通过专注于超越一切物理表象的上帝之存在，宗教神秘主义者努力放松他的感知力本能地对面前场景的理智控制。他不再专注于环顾每个物体，他的心灵也不再分辨它们的细节。他通常用以评价他的感官印象的整个理智框架陷入沉寂，并揭示出一个他不能理解但却体验为神迹的世界。这一过程就是基督教神秘主义中众所周知的自我否定过程(vio negativa)，把它规定为通向上帝的唯一完美之路的传统，是来源于伪狄奥尼修斯的《神秘主义神学》。通过一系列的“超
198 脱”，它邀请我们在绝对无知的情况下寻求与超乎一切存在和知识的上帝相结合。[87]从而我们不再把事物视为焦点，而是把它们视为宇宙的一部分，视为上帝的特征。

基督教神秘主义与世界的交融，寻求的是和解，这种和解是一种赎罪方法。它是人类对上帝之爱的奉献，希望以此而得到宽恕并得到他的显灵。自我否定过程的极端的反理智主义表达了以下这种努力：试图突破我们正常的概念框架，而“变得像小孩一样”*。它与通过“神的愚拙”**来理解基督教的捷径极为相似，对此，圣奥古斯丁曾心怀嫉妒地说这种理解方式使头脑简单者易于理解，而使博学的人寸步难行。基督教对日常行动的信仰正是这样一种突破的持续努力，是通过对上帝——能被爱却不能被观察的上帝——的爱与渴求所维持的。接近上帝不是一种观察，因为这种接近会征服崇拜者并渗透到崇拜者之中。观察者必须相对地超然于他所观察的东西，而宗教体验则改变了崇拜

* 《马太福音》：《马可福音》和《路加福音》都记载了这样一个个故事，“当时，门徒近前来，问耶稣说：‘天国里谁是最大的？’耶稣便叫一个小孩子来，使他站在他们当中，说：‘我实在告诉你们，你们若不回转，变成小孩子的样式，断不得进天国。”——译者注

** 《圣经》中有言：“因神的愚拙总比人智慧，神的软弱总比人强壮。”——译者注

者。从这一方面看，宗教体验更接近于肉欲的放纵，而非精确的观察。神秘主义者用性爱词汇去谈论宗教狂欢，把与上帝或基督的交融状态描述成新娘与新郎的结合。在生育崇拜的狂欢仪式上，宗教与性爱之情被公开地混为一谈。但是，宗教狂欢是一种言语式的激情，只有在它实现奉献时才与肉欲的放纵相似。

这种奉献程度相当于崇拜者内居于宗教仪式的结构之中的程度。这种宗教仪式是潜在的可以想象的最高程度的内居。因为仪式包含一系列被说出的东西和被做出的姿势，且这些东西和姿势涉及人的整个身体并使我们的整个存在都处于敏锐状态。任何在做礼拜的地方真诚地说出并做这些事情的人，都不能不专注于其中。他虔诚地参与宗教生活。

然而，基督教崇拜者内居于礼拜仪式之中的情形却与任何其他内居于具有内在卓越性的框架之中的情形不同，区别在于这种内居并不被享受。对罪的忏悔、对上帝仁慈的奉献、感恩祷告、对上帝的赞美，这些都带给人以不断增加的紧张感。通过这些仪式活动，崇拜者承担义务去获得某些东西，而崇拜者知道这些东西超出他自身的力量，并努力朝向它，以期天恩降临。崇拜仪式是经过特别设计的，从而引出并维持这种痛苦、奉献和希望的状态。当一个人要宣称他已经达到这种状态，并且能愉悦地沉思他自身的完美性时，他会再次陷入精神空虚之中。

所以，基督教崇拜者的内居是一种持续的突破尝试，尝试着把人的身份抛弃，尽管他谦卑地承认这一身份是无法逃避的。当这样的内居 199
做出最大努力时，它实现得最为彻底。它不像我们内居于一个自己欣赏的并能完全理解的理论中那样，也不像沉浸于音乐杰作的曲调中那样，而是像被仍然处于我们视野外的发现之前兆引导着、要竭力突破既定思维框架的探索式心灵热潮。基督教的崇拜似乎维持着一个永恒的、永远无法实现的预感：它是一种探索性洞见，它被接受是因为它的无法消除的紧张感。它就像是沉迷于一个明知无法解决的问题那样，虽然违背理性，而又坚定地遵循着那个探索式命令："盯着未知的！"基督教勤勤恳恳地培育着并且在某种意义上永恒地满足了人因心灵不满而产生的渴望，给人提供了一个钉在十字架上的上帝这样的慰藉。

音乐、诗歌、绘画，这些艺术无论是抽象的还是再现性的，都是处于科学与崇拜仪式之间某个位置的内居与突破。数学曾被用来和诗歌进行比较，伯特兰德·罗素写道："真正的快乐精神，得意、超越常人的感觉，是最高卓越性的试金石，它在数学中必定将像在诗歌中那样被发现。"[88]但是，这些快乐在范围上有很大的差别。根据其美感内容，艺术作品比数学定理对我们造成的影响要全面得多。另外，艺术创作和欣赏是沉思性的经验，与数学相比它们更接近于宗教交融状态。艺术和神秘主义一样，突破客观性之屏障，并调动我们进行沉思性洞见的前概念式(pre-conceptual)的能力。诗歌"从我们的内心视野中消除了这种薄膜，这种薄膜是由于我们对于某些事物过分的熟稔，以至于使我们无法看清我们存在的奇迹"，它进入了"一个世界，相比而言我们所熟悉的世界是混乱的"(雪莱)。

在这里，否定神学(negative theology)*用来打开通向上帝之存在的机制也适用于艺术创作的过程。但是我们所熟悉意义上的"否定"可能不仅仅是这样。这样做可能会把我们引入虚无的存在。萨特的"恶心"概念就包含了对这一过程的经典描述。它概括出了以下方法：把一个词重复多遍，会使这个词变得无法理解。你可以说"桌子、桌子、桌子……"直到这个词变成一种毫无意义的声音。你可以把每一件东西都分解成它的未经说明的细节而把意义全部摧毁掉。通过让一件事物不再从属于另一件事物，我们就可以消除事物的相关于其他事物的所有附属知觉，并创造出一个原子化的、去除个人成分的宇宙。在这一宇宙中，你手中的鹅卵石、口中的唾液和耳中的话语全都

* 否定神学(Negative Theology)，主张对上帝存在不作直接论证的研究方法。认为上帝作为存在、生命及万物的根源和始因，超出有限的人的认识能力和理解范围，人不可能真正或完全弄清上帝的本质及特性。否定对上帝的任何人为界定，强调上帝本身不可触及、不可认知、不可言状、不可界说和解释。——译者注

变成了外部的、荒诞的和有敌意的东西。 这种宇宙是我们宇宙观的一个副本，它用失望取代了希望。 它是极度不相信我们能参与掌控自己的信念这一立场的逻辑结论。 严格地说，世界就是这样的。

现代艺术沿着存在主义哲学之路发展，探索着越来越激进的否定。 200
超现实主义拒绝相信一切意义，现代诗歌也是如此。 它认为容易是粗俗的，易懂是不真诚的。 只有碎片才能被信任；只有碎片的聚集才是完全不可言传的，并且具有免于自我怀疑的意义。

我曾说过，把科学家引向新发现的洞见能力在获得发现后就消退为对其结果的平静沉思，而宗教实践则终结于一种再一次想要实现的努力。 艺术介于这两者之间。 就像在科学中一样，创造者的探索性激情在强度上远远超过他的完成作品所引发的情感。 不过，艺术作品却更相似于宗教祷告的行为，甚至在完成以后，它仍然是更活跃和更全面的沉思的一种工具。 尽管艺术家不可能使观众重新体验他自己创作时的感受，但艺术家的确使观众进入了一个广阔的、他们从来没有看过、听过和感受过的景象、声音和情感的世界。“为了获得这种成就，”马塞尔 · 普鲁斯特(Marcel Proust，)说：

> 富有创造力的画家和作家都像眼科专家那样开展工作。他们的制作——借助于他们的绘画、作品——并不总是令人愉悦的。当他们的制作完成后，他们告诉我们：现在你们可以看了。于是，不只是被创作过一次的，而是每当一位新的艺术家出现时就再次被创作的世界，对我们来说就似乎完全可以理解了，它与旧的世界是如此的不同。我们现在很佩服雷诺阿和季洛杜所描绘的妇女，但在创作完成之前，我们拒绝承认她们是妇女。我们会很想去那些树林里散步，尽管它们以前似乎并不是代表着树林，例如，这些树林就像是用数千种不同颜色所织成的挂毯，但却恰恰缺乏森林的色彩。这就是艺术家所创造的短暂而全新的宇宙，一直维持到新的艺术家出现为止。[89]

在这里，关于新艺术作品对我们的眼睛所造成的不愉快，普鲁斯特所作的评论太温和了。我们因为一个自称有意义的陌生体系的出现而感到震惊。当公众被迫接纳这个新框架以便发现其意义时，他们的迷惘变成了愤怒。他们被激怒了。对于他们来说就好像是不屑一顾的东西受到了推崇；他们因为自己所持有的卓越性标准受到隐藏的藐视而变得无比愤怒。早期印象主义者在巴黎举行展览会时，周围就出现了一些暴力场面。1931年斯特拉文斯基(Stravinsky)的作品在巴黎演出时，观众发生了打斗[90]，当瓦格纳(Wagner)的某些歌剧在各国第一次演出时，也发生了同样的动乱。在这样的冲突中，双方实际上都是在为自己的生命或至少为自己的一部分生命而战，因为在每一方的存在中，都有某个领域只有通过否定对方存在中的某个领域的实在性才能保持存
201 在；就双方依据这种信念而生活而言，这种否定对于对方的信念来说是一次冲击，是对其存在的一次攻击。

我们已经看到，科学中——数学和自然科学中——的重大革命也曾引发这样的存在性冲突。过去的宗教战争和当前的意识形态之争稍后会进行相似的探讨。但是在这里我还必须重申，在对待过去的科学争论时，我们会不可避免地对它们在今天所产生的结果进行自己的评判。我们所有的文化价值都是过去一系列剧变的积淀，但这些剧变究竟意味着什么，它们究竟是胜利抑或灾难，却最终需要我们来裁定。也许人们会认为，艺术的创新并非如此广泛，以至于我们可以采用对于过去之物的持久不变的评价标准，来评判我们时代的新成就。但是，实际上并非如此。新的艺术运动包含着对以前事物的重新评价，以及对于过去所有其他艺术成就所作的评价之转变。而这种必然性再次引起某种悖论，当我把我们对科学美之永恒价值的信念与我们对它是否能继续得到培养的担心相对照时，这种悖论就会出现。因为我们必须承认，真理与美可能并不流行，或者可能不会流行很久。我们知道我们后辈的判断可能有多么古怪。在中世纪的罗马，在罗马广场和战神广场的所在地，人们用特制的窑来把古代艺术作品烧成石灰，[91]而在我写作此书

的时候，苏维埃俄国的一些最伟大的艺术瑰宝——马蒂斯、塞尚、毕加索、雷诺阿等人的油画——被谴责为颓废作品而被堆放在莫斯科的一个小阁楼里。[92]但是，尽管如此，对一个新作品的接受必须假设后代人会认可。艺术美是艺术实在性的一个标志，如同数学美是数学实在性的标志一样。对它的评价具有普遍性意图，它所承载的意义超过数世纪后可能从中引申出丰富而无穷无尽的意义。这就是我们对内居的寄托。

通过内居而接受的个人知识可能看起来只是主观的。在这里，它还不能得到充分的辩护而免受这种怀疑。不过，我们能区分以下两种形式的认可：对于言语框架——无论是理论框架、宗教仪式的框架还是艺术作品的框架——的认可，和对于经验的认可，不管经验是在这样一个框架之中还是作为想象性的沉思。似乎还有一个疑问：在似乎没有任何东西被断言的地方能有什么东西可以被认可吗？我们看到我们所看的，我们闻到我们所闻的，我们感觉到我们所感觉的，似乎别无其他了。不作任何断言的经验会是真正不可修改的。但我们必须首先承认 202
这样一个事实：我们的所见或所感非常依赖于我们对它的理解方式，而在这方面它是可以被修改的。当我们认识到“一块白色的色斑是在阳光中的一块黑布的一部分”这一事实时，这个白色的色斑可以变成黑色。一个小孩也许会觉得饥饿但并不知道自己想吃东西，直到提供食物给他。但是，即使是除开这些之外，为了获得想要得到的经验，心灵的有意识的存在性运用也可以被认为是成功的或者失败的。崇拜者狂热地把精力集中于他的祈祷，目的是实现对上帝的献身。他可能成功，也可能失败。遭受“心魔”(acidia)困扰的修士或修女由于不能虔诚祷告而倍感煎熬。经验可以从**深度**上进行比较，它们对我们的感染越深，它们就越可以被说成是**真实**的。另外，经验**报告**也可以被怀疑，即使这些报告是正确的。一个人可以正确地说出很多物体的颜色，但他也许无法真正地区分绿色和红色。因此，在最终发现他是红绿色盲时，我们就会得出结论：他以前的报告尽管是正确的，但却不是可信的。

把不同的话语体系接受下来作为心灵的寄居之所，是通过一个渐进的评价过程而实现的，而所有这些接受过程在某种程度上取决于相关经验的内容；但自然科学与经验事实的关系比数学、宗教或各种艺术与经验的关系要具体得多。所以，我们有理由谈论经验对于科学的验证(verification)，并且这种意义上的验证不适用于其他话语体系。相比之下，科学以外的其他体系被检验并且最终被接受的过程可以被称为确认(validation)过程。

一般而言，我们个人对确认过程的参与比对验证过程的参与要大。当我们从科学转到相邻的思维领域时，断言的情感因素就被强化了。但是，验证和确认总是对寄托的承认：它们都宣称说话者外部有某种真实的东西存在。与这两者不同的是，主观经验只能被说成是可信的(authentic)，而可信性(authenticity)并不包含验证和确认这两者所包含的那种寄托。

注　释：

1. 参见本书英文版第1编，第1章，第7页。
2. F.索迪：《原子的解释》，伦敦，1932年，第50页。
3. E.瓦尔堡，《德国物理学会杂志》，第12期(1910)。
4. D.休谟：《人性论》，1983年，第303页。
5. 这颗新恒星的静止性已经被观测到了，但第谷证实了不存在视差。（资料来自Z.科帕尔教授，曼彻斯特大学）。
6. 孤立的事实当然没有科学意义，正如过去的孤立事件没有历史意义一样；但是，这种说法是一种同义反复，因为事实的孤立性质在逻辑上与它对科学家或历史学家的观点有着重要影响是不相容的。我的观点是：独特性并不一定就是孤立性。
7. J.B.柯南特：《巴斯德与廷达尔有关自然发生的研究》，载《哈佛实验科学案例》第7期，剑桥，1953年，第25页。
8. 其他国家的科学家们非常担忧，害怕被认为落后于他们的著名的巴黎同行。”F.佩尼斯写道[“科学与奇迹”，《德尔罕大学学报》，第10期(1948—1949)，第49页]：“……许多公共博物馆扔掉了他们所拥有的这些珍贵的陨石；它发生在德国、丹麦、瑞士、意大利和奥地利。”
9. 见R.B.培理：《价值王国》，坎布里奇，马萨诸萨，1954年，第357页：“如果像社会学的情况一样，主题不允许精确性和结论性，那么它就不足以对其他一些主题进行精确和结论性的研究。”
10. 拉普拉斯：《概率研究》，巴黎，1886年，第7期，第vi—vii页。
11. 虽然量子力学修改了拉普拉斯式心灵运作的条件，但并未有效地缩小它的运作范围。世界的随时间而定的波动方程一直决定了世界的波动方程。在量子力学中，它代表着我们对世界上所有粒子的终极认识。它确定了整个世界一切可能观测的统计分布，在这一框架中只有严格的随机变化。

12. A.N.怀特海：《科学与现代世界》，剑桥，1926 年，第 63 页。

13. 参见本书边码第 7 页。

14. 开普勒：《和谐的世界》，第 5 卷。

15. 我之前在《自由的逻辑》(芝加哥和伦敦，1951 年，第 17 页)中，引用过《自然》杂志(1940 年，第 146 期，第 620 页)上发表的一份图表，来表明不同啮齿动物的怀孕天数是 π 的整数倍，再多的证据也不能让我们相信这种关系是真实的。神秘科学的追随者们今天经常提出一些科学家不会注意的数字规则。

16. 这是当今的主流观点，但受到波姆的反对。《量子理论》，纽约，1951 年。

17. 在科研管理中，缺乏能力与错误之间的区别是非常重要的。以下对皇家学会评审专家的指示清楚地说明了这一点："不应仅仅因为评审专家不同意其所包含的意见或结论，而建议拒绝一篇论文"，它写道，"除非错误的推理或实验错误是显而易见的"。

18. 参见 G.阿贝提：《天文学史》(伦敦，1954 年，第 73 页)。A.C.科伦比在《从奥古斯丁到伽利略》(伦敦，1952 年，第 60—61 页)中描述了中世纪亚里士多德式(或物理学的)天文学和托勒密式(或数学的)天文学的争论中，所使用相似的区别。因此，圣托马斯的《神学大全》第 1 篇第 32 问题中的论述就提供了欧西安德的论证的背景："对任何事物来说，一个系统都可能以双重方式被得出。一种方法是证明某些原理，如在自然科学中，有充分的理由证明天体运动总是匀速的。另一方面，可以提出一些理由，这些理由不能充分证明这一原理，但可以表明由此产生的效果与这一原理是一致的。例如在天文学中，由于这一假设能够解释天体运动的可感现象，所以假定了一个偏心的、本轮的系统。但这并不是一个充分的证据，因为也许另一个假说也能解释它们"。在中世纪晚期流行的这种传统的科学理论，是为了否定科学能够通向实在世界；因此，它的措辞与实证主义对科学的分析是一致的，实证主义的科学观否认科学与实在世界发生联系，从而把它从形而上学中清除出去。因此，正如科伦比指出的那样(《伽利略的后世评论》，巴黎大学，1956 年，第 10 页)，杜恒可能会说"是贝拉敏和奥西安德，而不是伽利略和开普勒，掌握了实验方法的准确意义"。

19. G.A.阿贝提，出处同上，第 74 页。

20. 埃德蒙德 · 惠特克("爱因斯坦讣告"，《皇家学会传记与回忆录》，1955 年，第 48 页)指出，与普遍的观点相反，哥白尼学说的物理学意义并没有受到相对论的损害，因为哥白尼的轴是惯性的，而托勒密的轴却不是，地球绕着局部惯性轴旋转。

21. G.德桑提拉那(《伽利略之罪》，芝加哥，1955 年，第 164 页注)："据沃林斯基的统计，1543—1887 年间出版了 2 330 部天文学著作……其中只有 180 部是哥白尼主义者写的。"(见《意大利历史存档》，1873 年，第 12 页)

22. 根据我对这些事件的回忆，但事实上也得到了德布罗意的证实，见《爱因斯坦关于波粒二象性的研究》(法兰西学院，科学院，1955 年，第 16—17 页)。德布罗意补充说，如果没有爱因斯坦后来在 1925 年发表的一篇论文(同上，第 18 页)中提到这一点的话，他的工作很长一段时间都不会被人所知。根据现在还健在的审稿人查尔斯 · 莫古恩说，虽然他认识到投稿人具有很强的原创性和思想深度，但是当"论文呈交上来的时候，我并不相信波这一物理现实居然和物质粒子有联系。我在这些粒子中看到了纯心灵的创造——只有在戴维森和杰尔默(1927)以及 G.P.汤姆生(1928 年)的实验以后，当我拿着那些美丽的照片(电子在薄薄的氧化锌层上衍射出的图案)时——那是庞特在巴黎高等师范学校成功制作出来的产物——我才意识到自己的态度是多么的前后矛盾、可笑和荒谬。"(《德布罗意和物理学家》，即《德布罗意：物理学的思想家》的德文版，汉堡，1955 年，第 192 页。)

23. W.埃尔萨瑟，《自然科学》(1925 年，第 13 期，第 711 页)。戴维森和杰默对电子衍射的第一次观测可以追溯到 1925 年，但他们在两年后即 1927 年，才把这种观测结果解释为电子衍射并发表出来。

24. 铁幕(Iron Curtain)原意封锁某国家或某集团，后转为某国家或某集团对自己实行铁桶似的禁锢。

25. 伽利略从来没有利用这一论点，这是他所能利用的最有力的论点。他似乎从未接受开普勒的椭圆形行星运行轨道学说，大概是因为他的毕达哥拉斯主义比开普勒的更为顽固。参见德桑提拉那，同前引，第 106 页(注 29)和第 168—170 页。

26. 诚然，伽利略发现的金星的相位不能用托勒密系统来解释，但它们与第谷 · 布拉赫的假设是一致的，即行星绕着太阳旋转，而太阳本身绕着地球旋转。幸运的是，当时没有作过类似迈克尔逊-莫雷那样的实验，因为该实验的否定性结果将成为地球处于静止状态的决定性证据。

27. 参见歌德，《色彩理论史》，第四部分，第二节文中注："也许人类还未曾面临比此更艰巨的挑战：因为不是所有的人都经历了这种认识，即进入黑暗和尘埃：第二个天堂，一个纯真、诗意和虔诚的世界，感官的证据，对诗歌的宗教信念；难怪人们不想放弃这一切，人们无论如何都反对这样一种学说，这种学说不但捍卫着，并且要求着一种迄今为止未知的，甚至是无法想象的思想自由和伟大的见解。"

28. 见R.A.菲希尔：《自然法则的创造性方面》（爱丁顿纪念讲座，剑桥，1950年，第15页）："在我们的能力允许的范围内，我们试图通过推理、实验和再推理来理解世界。在这一过程中，以道德或情感为根据接受一种结论而排斥另一种结论的做法是完全不恰当的。"

29. 黑格尔：《论行星轨道》（1801），《黑格尔全集》，柏林，1834年，第16卷，第28页。在黑格尔关于自然哲学的演讲中，他承认那个空隙中存在谷神星和其他小行星。他还提到《蒂迈欧篇》的数字，但他现在宣布行星距离的规律仍然未知，总有一天科学家们将不得不求助于哲学家来找到它。伯特朗德·波蒙特在讨论黑格尔的立场时（《心灵》，新斯科舍，第63期，1954年，第246—248页）提出，柏拉图数列可以扩展到原来的七个以外，但从希腊数学来看这是不可能的。

30. H.H.特纳：《天文学的发现》，伦敦，1904年，第23页。

31. 1943年，封魏兹萨克［《天体物理学》，第22期(1944)，第319页］试图用行星系统的理论来推导出博德定律，并在理性上解释博德定律。但是，根据后来的一篇论文，这个问题依然没有获得解决。参见C.F.封魏兹萨克，《哥廷根科学院纪念文集》，1951年，第120页。

32. 《自然哲学》在植物学中影响的时间最长，但杰出的科学家们处于对立的观点。布劳恩和阿格西兹在很大程度上受到歌德的形态学和谢林的自然哲学的影响。从19世纪中叶开始，他们受到其他科学家的反对，特别是施莱登和荷夫迈斯特，后两人在实验基础上发展了植物形态学。参见K.V.格贝尔：《威廉·荷夫迈斯特》，伦敦，1926年。我们将在第四编看到，今天这场争论仍未完全结束。

33. A.W.H.戈尔贝：《实用化学学刊》，第14期(1877)，第268页。

34. A.W.H.戈尔贝：《时代的征兆II》，《实用化学学刊》，第15期(1877)，第473页。以上第一篇论文的摘要引自第二篇论文。

35. 关于约翰·道尔顿的情况，参见H.E.洛斯科和A.哈顿：《道尔顿原子论起源新说》，伦敦，1896年，第50页。

36. R.J.迪博：《路易·巴斯德》，伦敦，1950年，第120—121页。

37. 见皮萨列夫1865年发表的对巴斯德的猛烈抨击。（A.科库尔特：《德米特里·皮萨列夫》，巴黎，1946年，第336页起）到最近苏联才承认，作为细胞有机体自发生成证据的实验是由列贝辛斯卡娅作出的。见凡·多勃赞斯基：《汉堡议会关于科学与自由的会议记录汇编》，伦敦，1955年，第219页。

38. R.J.迪博，同前引，第128页。科南特（《巴斯德和廷达尔对无生源说的研究》，哈佛大学出版社，1953年）指出（第15页），"在过去六七十年的纯细菌培养研究结果的整个体系中"可以找到最有说服力的证据来证明自然发生是不可能的。作者暗示，从1768年斯巴朗扎尼的研究直到1880—1890年，所有用于决定这个问题的实验，都可以用这两种对立的思想体系的任一种来进行解释。

39. 我之前已经说明了一个适当的新概念如何协调迄今为止激烈对立的两种不同的解释体系。布雷德的催眠概念承认了催眠术的真实性，迄今为止，人们还认为催眠术是骗术，但否认"动物磁场"这一被提出来作为催眠术自称具有坚实科学基础的证据。见前述第二编，第九章，第108页。

40. 爱丁顿得出的"精致结构常数" $hC/2\pi e^2 = 137$ 同样在G.贝克、H.贝德和W.里兹勒给《自然科学》［第19期(1931)，第39页］的小说式通信中遭到讽刺。这三位作者从爱丁顿的论证中推导出一个可笑的结论：绝对零度即 -273 ℃的值是一个整数。

41. 引自《真理报》，1948年8月10日，见悉尼·胡克《马克思与马克思主义者》，纽约，1955年，第235页。

42. W.梅斯：《人工制品中的类心灵行为与心灵的概念》，载《不列颠哲学科学》，第3期(1952—1953)，第191页。

43. 迈克尔 · 波兰尼：《控制论猜想》，载《不列颠哲学科学》，第 2 期(1951—1952)，第 312 页。

44. K.O.卡普：《观察者、解释者与被观察物》，载《方法》，第 7 期(1955)，第 3—12 页。

45. J.C.埃克尔斯：《心灵的神经生理学基础》，牛津，1953 年，第 8 章，第 261 页起。

46. 见本书边码第 316 页和第 49 页。

47. 本书边码第 16 页。

48. 莱基：《欧洲的理性主义》，伦敦，1893 年，第 1 卷，第 116—117 页。

49. 正如 R.B.布雷绥维特在《科学解释》(剑桥，1953 年，第 272 页)中说，"非归纳的策略不是起点"。

50. 高达 90%的受试者可能会预测，当时为止较少出现的选项下次将会出现。 J.柯亨与 C.E.M.汉瑟尔：《冒险与赌博》，伦敦、纽约、多伦多，1956 年，第 10—360 页。

51. 奥斯卡 · 冯斯特：《奥斯卡 · 冯斯特先生的马》(《聪明的汉斯》)，莱比锡。

52. 莫里斯 R.柯亨在对传统"归纳法"的评论中总结道："如果我们的主要前提中没有真正的原因，那么'归纳法'就不能使我们发现它。 如果有人认为我低估了归纳法作为发现方法的理由，那就让他通过归纳法来发现癌症或内分泌失调的原因吧。(《逻辑学导论》，伦敦与纽约，1944 年，第 21 页)

53. 聪明的汉斯的谬误有一个翻版，即所谓的"你不会走错"的错觉。 熟悉一个地区的人最不善于给陌生人指路。 他们告诉你"直走就行了"，而忘记了在分岔路口需要你来决定走哪边。 他们无法意识到他们的指示完全是模棱两可的，因为对他们自己来说这些话却并无歧义。 所以他们自信地说："你不会走错。"

54. "物质利益"应该专门把符号表达或人际交往的成就排除在外。 因此，建造教堂和监狱或制造手铐是技术的任务，但这些物品的最终用途不是技术的一部分。"工具"(inplements)一词的意思是指所有三类有用的东西：材料、设备和工艺。 按照"可说明的规则"作出的行动不包括艺术表演。

55. 在这里，操作原理将被视为包括结构原理，即告诉我们技术设备，如机器或房屋，被建造的方式。

56. 法律本来可以试图为新发现的未来实际应用授予垄断权；但没有任何专利法这样做，因为这是不切实际的。 因此，法律再次认可了关于自然事实的知识(通过发现获得)和关于操作原理的知识(通过发明获得)之间的明显区别。

57. J.R.奥本海默："国际研究开发署的职能"(《原子科学简报》，1947 年，第 173 页)。另见 V.B.威格尔斯华绥："纯科学对应用生物学的贡献"，《应用生物学年鉴》(1955 年，第 42 期，第 34—44 页)。 在谈到研究战争期间实用问题的纯科学家时，威格尔斯华绥写道："在他们习惯的纯科学中，如果他们不能解决问题 A，他们可能会转向问题 B，在研究这个问题时，他们可能会突然发现一条解决问题 C 的线索，但现在他们必须只能去寻找问题 A 的答案，没有周旋余地。 此外，还有一些令人厌烦和意想不到的规则使得游戏变得不必要的困难：一些解决方案因为没有足够的原材料而被禁止：另一些则因为所需的材料太贵而被禁止；但也有一些被排除在外，因为它们可能对人类的生命或健康构成威胁。总而言之，他们发现应用生物学不是'研究较低智力者的生物学'，而是一个完全不同的学科，需要完全不同的心态。"(第 39 页)

58. 关于被掩藏在经验性技术中未被揭示的知识之范围，参见本书边码第 52 页。

59. 在刚刚引用过的威格尔斯华绥的演讲中(第 178 页，注 1)，作者描述了生物学领域中纯科学与应用科学之间公认的各种关系。 这两种"完全不同的主题"可以在多方面可以互相促进。 例如，对纯科学家来说，"对过度专业化危险最有效的纠正方法之一是通过与实践接触的刺激来提供"(第 36 页)。 另一方面，应用生物学可以求助于纯科学，来对它的实际发现进行系统的解释(第 38 页)；当然，应用生物学家"在思考任何实际问题时……都在不断地利用关于其所有组成部分的全部科学知识"(第 40 页)。 然而，权威当局却受到警告：这一互利归根结底取决于把纯生物学从应用学科较窄的需求上独立开来："科学调查与研究署……为任何具有特殊'及时性和前景的'研究计划提供资助。 困难在于，最有原创性的想法从一开始就是既没有前途，而且时机也不成熟。 只有完全不受约束的研究才能进入最没有希望的领域…我十分怀疑农业研究委员会原来支持诸如达尔文对豆芽弯曲度的实验，或文特夫妇早期对燕麦胚芽鞘生长的实验是否合理，因为没有人能预见这些观察结果将对未来农业产生的影响。 ……但研究委员会至少应该非常小心，不要阻碍纯科学的发展……知识是一种娇嫩的植物，……不停地把植物拔起来观察根的生长情况，是一种不可取的做法”。（第 42—43 页）

60. 这种转化的机制将在下一章被考察。

61. 参见本书边码第 141 页。

62. 斯蒂芬·伦西曼：《拜占庭文明》，伦敦，1936 年，第九章；与李约瑟：《中国的科学与文明》，第 2 卷，剑桥，1956 年，第 26—29、84 页。

63. 利顿·斯特雷奇：《微型肖像》，伦敦，1931 年，第 23 页。

64. 参见 W.M.斯马特：“约翰·考奇·亚当斯和海王星的发现”(《自然》，1946 年，第 158 期，第 648—652 页)。或听一听鲍尔的评论：如果拉兰德相信自己在 1795 年 5 月 8 日和 10 日看到的东西的话，拉兰德本可以在那一年就发现海王星。“但如果他这么做了，科学的损失会多么地令人遗憾。那样，海王星的发现只不过是对一个辛勤劳作者的意外奖赏，而不是人类理性最崇高领域的最辉煌的成就之一。”（R.S.鲍尔爵士：《天空的故事》，伦敦，1891 年，第 288 页）

65. 关于传统，另见本书边码第 35 页。

66. 参见 T.多勃赞斯基：《生物科学在俄罗斯的命运》，《汉堡科学与自由大会记录汇编》，伦敦，1955 年，第 216 页。按实践成功来定义科学的尝试，已经被证明在逻辑上是站不住脚的。参见本书边码第 169 页。

67. 一些来自更遥远领域的类比，可能对这里涉及的原理有所启发。假设精神病学家认定，精神病的普遍增多只能通过恢复宗教信念才能被遏制，这也不会使我们全都信仰上帝。事实上，没有任何潜在利益能使我们信仰上帝，但是，如果我们真的信仰上帝，那么也不会有什么坏的后果能使我们放弃自己的信仰。或者，假设美国人从对英国经验的研究中清楚地得出结论：如果他们的共同情感依附于国王和王室，他们将更亲密地生活在一起。这个结论本身不会产生那样的感情，也不会在美国建立一个君主国。任何真诚的感情都不能通过潜在动机产生；他们必须发现并维护自己的满足感。

68. 请记住，在这方面，解决问题的数学练习有两种类型，一种(“证明……”)是设计，如在技术中的做法；而另一种(“求解 X 使……”)是发现，如在科学中的做法。

69. 这种疑虑是由莱布尼茨所提出的，只有当戴德金(1872)给欧几里得的公理加入一个新的公理后才被消除(韦尔，同前引，第 40 页)。连续的概念发展和伴随着的严密性的增加，在达瓦尔和吉尔博德《数学推理》(法兰西大学出版社，1945 年)一书中被详细探讨，书中追溯了引出波尔察诺定理的一系列创造行为。出发点是一个基本的逐次逼近过程，通过这一过程，我们可以确定例如 $X^3=4$ 这样的方程的任何精确度的解。这种方法在 16 世纪末就已为人所知。但是，由于没有任何逼近能给出**具体的**解，所以这种方法仍然是一个悬而未决的问题——通过把这个方程普遍化和几何化，这个问题变得更加清楚。

若方程 $y^3=4$，或更一般地表达为 $f(x)=c$，并以下列形式表示：

$$y=f(x)$$
$$y=c$$

则方程的解将位于曲线 $y=(x)$ 与直线 $y=c$ 相交的地方。但是什么条件能保证这两者相交？1821 年，柯西证明了以下定理(此后叫波尔察诺定理)：若 $f(x)$ 在区间 $x=a$，$x-b$ 内是连续的，且若 c 是居于 $f(a)$ 和 $f(b)$ 之间的一个数，那么方程 $f(x)=c$ 在区间(a, b)内必定有至少一个解。但是，“连续”是什么意思？借助于收敛性这一概念，柯西给连续作出定义：若

$$\lim_{x\to a} f(x)=f(a)$$

则函数(x)在点 a 处是连续的。由此，最重要的连续性概念就变得清楚了。达瓦尔和吉尔博德说，“借助于注视已进行的理智运算，(我们恰恰发现)这却表明事实，即精神注视着它所做的，而不是继续去做。”(本书边码第 117 页)

70. 参见埃米尔·鲍莱尔，《数学和物理学的虚构与真实》，巴黎，1952 年，第 100 页：“数学家们通常追寻的目标，是对于他们所定义的每一个数学存在而言，寻求其定义的清晰性”。

71. G.H.哈尔迪：《一个数学家的道歉》，剑桥，1940 年，第 71—83 页。

72. K.R.波普尔：《英国科学哲学杂志》，1950—1951 年，第 1 期，第 194 页。庞加莱似乎也指出了同样的意义条件：“发现并不在于构造无用的组合，而是构造那些有用的组合，这样的有用组合是一个极少的部分。”(《科学与方法》，伦敦，1914 年，第 51 页)

第六章 理智的激情

73. 本书边码第1编，第五章，第117页起。

74. A.塔斯基：《真理的语义概念与语义学基础》，《哲学与现象学研究》，第4期(1944)，第359页。

75. 见J.哈达玛收集的个人档案，《数学领域中的创造心理学》，普林斯顿，1945年，第126—133页。

76. G.H.哈尔迪，同前引，第38页。

77. 哈达玛，同前引，第92页。我冒昧地对原文作了微小改动，但相信与原意相同。

78. 同前引。另见同书第119页。阿达玛写到伽罗华(1811—1831)的发现在他死后才得到重视："所有这些深刻的想法最初都被遗忘了，只有在十五年后科学家们才满怀敬意地获悉那些被科学院所拒绝的论文。它标志着着高等代数的完全转变，澄明了在那时只有最伟大的数学家才得以初窥的东西，并同时把那个代数问题同完全不同的科学分支中的其他问题相联系。"

79. 出处同上，第115页。

80. 还没有人试图将技术的前提形式化。本书第四编中的分析可被看作是对这一任务所作的贡献。

81. 例如，A.M.图灵，"可解答的和不可解答的问题"，《科学时事》，第31期(1954)，第7—23页，参见本书第2编第5章，边码第126页。

82. 范·德·韦尔登，同前引，边码第266—267页。

83. 这种相互监督的体系之结构将在下一章再进行论述。

84. 因此，一首诗中所作的陈述，并不是I.A.理查兹所说的"伪陈述"，正如几何学陈述不是"伪陈述"。(见I.A.理查兹：《科学与诗》，伦敦，1926年，第6章，"诗与信念"，第55页起)对艺术作品中隐晦的暗示所作的解释，有助于我们欣赏它：毕加索对他自己在纽约现代艺术博物馆的一幅立体主义油画的视觉解释，能引导观众更好地理解它。另一方面，A.E.豪斯曼在《诗的名称与本质》(剑桥，1933年)中展示了：追寻爱伦·坡的诗歌《鬼宅》中的象征手法的精确意义所带来的灾难性后果。当我还是个孩子的时候，当我不懂的诗歌时候，我最喜欢的一些诗反而给了我更多的真正的快乐。

关于建筑的隐喻，参见杰弗里·斯科特的《人文主义的建筑学》(第2版，纽约，1954年，第95页)："建筑……是空间和实体的艺术，是可思考事物之间的一种有感觉的关系，是对明显力量的一种调整，是一组像我们这样受某些基本法则支配的物质体的组合。重量和阻力、负担和努力、软弱和力量，这些都是我们自身经验中的元素，它们与安逸、欢欣或苦恼的感觉密不可分。但是，重量与阻力、软弱与力量，也是建筑中最明显的元素，它们通过自己的方式演绎出一种人类的戏剧。通过它们，力学问题的力学解答获得了审美意义和理念价值。

85. 如果一个人斜着头看风景，它的色彩强度就会增加。这种不寻常的姿势所造成的意义丧失，可以通过增加感官的生动性来弥补。

86. 阿尔多斯·赫胥黎：《感知之门》(伦敦，1954年，第14页)中写到服用麦司卡林(Mescaline)后的视觉体验时说："……除了空间感的丧失，更是彻底失去了时间感。"另参阅W.梅耶·格罗斯的"实验精神病与药物引起的其他精神异常"，《不列颠医学》(1951)，第2期，第317页。

87. V.洛斯基，《东方教会的神秘神学》，巴黎，1944年，第25页。

88. B.罗素：《神秘主义与逻辑》(伦敦，1918年)，第62页。

89. 马塞尔·普鲁斯特，给保罗·莫朗的《温柔的储存》(*Tendres Stocks*)一书所写的序言，巴黎，1921年。

90. E.W.怀特：《斯特拉文斯基》，伦敦，1974年，第42页。

91. H.乔丹，《古代罗马城的地形》，柏林，1878年，第1卷，第65页。

92. 埃莱娜与皮埃尔·拉扎列夫在《苏联的马林科夫时期》(巴黎，1954年)中复制的照片，展示这些油画被存放在一个阁楼中。

第七章

203 # 交谊共融*

第一节 引 言

只有在一个尊重这些激情所肯定的价值的社会之支持下，培养和满

* Conviviality 源于拉丁语，原意是“宴会”，后来指在目标、理想、利害关系、文化背景等方面不同的人们之间，相互欣赏自己与他人的差异，共同启发，展开交流合作的状态。“Conviviality”在生物学中有时被翻译为“共生”，是指生物间的一种普遍现象，泛指两个或两个以上有机体生活在一起的相互关系，一般指一种生物生活于另一种生物的体内或体外相互有利的关系。

“Conviviality”在本书中有三层意思，第一层是所有群居动物都有的互动性(波兰尼的原话：“传递情感的 Conviviality”，以及“群居动物的 Conviviality”)；第二层意思是社群成员之间的良好伙伴关系和伙伴情感(波兰尼的原话：“纯粹的 Conviviality，即培育良好的伙伴关系”)；第三层意思是人类社群的成员之间的经验共享与共同活动(波兰尼的原话：“这就向第二种纯粹的 Conviviality 进行过渡：从经验的共享到共同活动的参与”)。 这三层意思是相互贯通的。 本版把 Conviviality 这个词译为“交谊共融”，“交谊”表示相互交往的伙伴情感，“共融”表示经验的共享和共同活动的参与。 在旧译本中，这个词被译为“欢会神契”，这个译法来自中国香港、台湾学者的研究文献。 旧译法较为传神，但不够精确，故我们采用新译法，供学界参考。

另外，为了更好地理解这个词，我们向国际“迈克尔·波兰尼学会”委员会成员和该学会会刊《传统与发现》编委会进行了咨询，并收到一些回复，特在此列出，以供读者参考。 斯宾塞·杰伊·凯斯(Spencer Jay Case)教授认为，Conviviality 不能理解为“共存”(Co-existence)或者“欢愉、欢宴”(joviality)，可以理解为“社交性、社会性”(sociality)或“伙伴关系”(companionship)，而“共生”(Symbiosis)是一个有趣的翻译。 查理·洛尼(Charlie Lowney)教授认为，“根据沃尔特·古里克编撰的《波兰尼读本》词汇表，Conviviality 一词的理解应该是：社会信任的情感和传递文化的伙伴关系，波兰尼用这个词来表示伙伴之间的原始情感，它有两种表现形式，一种是经验的传递，另一种是参与共同活动，谈话、集体仪式和共同防御是具体表现形式。”马林斯(Phil Mullins)教授则提供了一个典故：“《个人知识》初稿的读者之一奥尔德姆(H. Oldham)曾建议波兰尼不要使用‘Conviviality’这个词，因为即使是以英语为母语的人也可能会误解它。 奥尔德姆告诉(转下页)

足求知激情的话语体系才能生存，而一个社会只有在承认并履行它培育这些激情的义务时才能拥有文化生活。通过追求科学、技术和数学而取得的知识进步与传播构成了文化生活的一部分，所以，人们用以理解和认可这些话语体系，以及相当普遍地维持着我们的事实性真理之形成与肯定的隐默因素，也是一个共同体共享的文化生活因素。

现在，我打算首先表明，认知的这种隐默共享是每一个单独的言语交流活动的基础。然后，我将引入文化生活的共享所依赖的隐默互动的整个体系，并由此进一步得出：我们对于真理的忠诚可以被看作隐含着我们对于社会的忠诚，而这个社会是一个尊重真理并且我们相信它尊重真理的社会。因此，一般来说，对真理和理性价值的热爱就会重新表现为对培养这些价值的社会的热爱，服从理智标准就会被视为意味着：个人参与了这样一个社会，该社会承担起它的文化职责去服务于这些标准。

只要我们认识到我们的理智激情的这种民众因素，我们就再一次甚至更危险地意识到：我们怀着普遍性意图而坚持的一套信念，其实只是通过我们的特定成长经历而获得的。因为，如果我们相信我们持有这些信念仅仅是由于我们被如此教育的话，它们似乎就是我们外部的东西了；但是如果我们承认我们是主动地决定接受它们，那么它们很倾向于显得太随意了。另外，现在这些令人忧虑的反思也向社会框架发起挑战了。在任何地方，只要权威人士被视为把理性价值强加于别人的身上，而这些价值在反思的时候又显得非常随意的时候，这种权威的合理 204
性就会受到质疑。权威的作用很容易显得独断或虚伪，如果它把实际上是狭隘的东西断言为具有普遍性的话。

由于我们看到了自己在真理形成过程中普遍存在的参与，这引起我们自身信念的动摇，而这种动摇会扩大成为民众的困境，并且这种哲学

(接上页)波兰尼，这个词可能与‘宴会’(banquets)有关！但波兰尼可能忽视了奥尔德姆的建议，仍然采用了这个词。”另外，由维格纳(E.P. Wigner)所写的长文《波兰尼传记》中，认为波兰尼在其学术生涯中一直广泛地同各种科学团体密切合作，这导致了他后来使用的“Conviviality”概念。——译者注

情境下重新获得心理平衡的斗争会获得新的意义。我们将会认识到，维护我们社会的理智文化与道德文化的可能性就取决于这一斗争的胜利。

不幸的是，尽管认识到我们的哲学目标对于民众的用途会加深我们对它的兴趣，但这种认识也会使我们的任务更加复杂化，因为它会使我们的疑虑进一步加深，即我们把我们的信念看作本身是有效的时候，其实我们是在进行欺骗。这一疑虑只能留到下一章再进行讨论，我希望在下一章阐述真理观念之革新时能消除这一疑虑。

第二节 交 流

在论述“言语表达”的那一章中，我仅仅讨论单独个体被设想为可以从语言使用中获得认知优势。这一限定现在不再采用，同时，加在语言的陈述方式和描述性使用上的限定也将不再采用。

当然，我的论证已经再次超越语言的描述性使用，而转到它的交互性使用和表达性使用方面。科学理论的肯定被视为表达对其美的欣赏，而所有的数学命题被视为包含了一整套微妙的审美欣赏。另外，技术的操作原理和数学的形式化证明，则被认为是指导行动获得成功的规则，而这些规则可以很恰当地转换为命令的形式，尽管它们一直以来仅仅被视为相关于个体的单独使用。

当事实陈述被用作人际交流的目的时，描述性语言的表达性和命令性成分就变得更加明显了。交流是对话的一种形式，它引起了某个人对信息以及说话者的注意。但是，与别人交流信息的可能性仅在语言的描述能力上就得到了预示。一组被融贯使用的符号体系由于其特有的可管理性，使得我们可以根据其符号表达方式更迅捷地思考它们的题材，从而能够被用来给他人传达信息，只要他人也能像我们这样采用这一表达方法的话。只有在说者与听者已经听到过在相似语境下被使用的这些词语，并且已经从这些经验中推导出这些符号与它们所指示的反复出现的特征（或功能）之间的相同关系时，这才能发生。说者与听者 205
双方都必须觉得那些符号是可管理的，否则，他们不可能顺利地使用这些符号。

我相信，尽管可以设想人们可能会误解他们听到的任何特定的词语，但是他们一般都可以通过语言来可靠地互相传递信息，因为我认为，包含在词语指示过程中的隐默判断在不同的人之间总是倾向于一致，并且不同的人也倾向于觉得同一符号体系是可操作的，能被用来自如地重新组织他们的知识。[1]现在，让我在更广泛的语境内来阐述这个信念。

隐默判断在人与人之间的一致性或相符性源于强烈情感的静默互动。异性间的拥抱无言地交流了一种深度的对于彼此的满足感。养育幼崽的动物在父母与幼崽之间建立了相互的满足感，其特征是支配与顺从。对成年人的微笑，婴儿也报以微笑，面对成年人皱起眉头的面孔，婴儿被吓哭了，关于这些相应的情感倾向，婴儿并没有什么实践经验。[2]根据皮亚杰的观察报告可以看出，游戏中的儿童的伙伴关系是如此得亲密无间，以至于他们不能充分意识到自己与玩伴之间的明显区分。他们都是以“我向思维”（autistic thought）* 的方式作出反应的，这种方式可能看起来是忘我的或自我中心的，取决于人们把儿童看作是失去自我还是占据其他人的人格而定。群居动物的交谊共融似乎与此相似，对于这一点，我将在后文中进行论述。

传递情感的交谊共融会不知不觉地融入特定经验的传递中，并且是以生理同感的方式来进行的，这使得旁观者一见到别人剧烈的痛苦就觉得受不了。人们必须经过专业训练才能忍受外科手术时的情景。当看到病人眼睛的深切口时，即使是有经验的医生也可能昏迷或者呕吐。

---

* 波兰尼在此借用了皮亚杰的心理学术语。皮亚杰认为存在无意识和意识这两种思维方式，无意识的思维方式是我向思维（autistic thought），意识的思维方式是理性思维（intelligent thought）或逻辑思维（logic thought）。这两者发展过程的中间环节，主要表现为儿童阶段的自我中心思维（ego-centric thought）。——译者注

施虐狂是把传递痛苦转化为令人愉悦的兴奋感；这是对他人痛苦的一种受虐式分享，被认为是与主体的受虐心理有关。甚至最冷酷的罪犯也容易受到生理性怜悯的影响。有资料记载，盖世太保的头子希姆莱想亲自测试种族灭绝的手段，当他命令当场杀害一百个犹太人时，他看到当时的情景也几乎昏过去。尽管通过专门训练使他们变得残忍，并且坚定地相信这是正确的，但是他们的行为所造成的可怕场景，对于那些
206 被指控进行大规模的种族灭绝的人来说最终还是一个大难题。正是为了减轻这种“心理负担”，才最终采用了毒气室的方法。[3]

知识(与单一经验不同)在原始层次上通过模仿而从动物的一代传递给下一代，这被动物行为的研究者称为“模仿”(mimesis)。[4]然而，在这一层次上的交流与本能遗传所决定的行动并不容易区分。源自交谊共融的知识的真正传播，发生在一个动物分享他面前的另一只动物所作出的智力努力的时候。科勒拍摄了一些很有说服力的照片，记录了很多黑猩猩看着它们的一个同伴尝试着完成一种高难度技艺时的情景，它们的姿态表明它们也参与了那一个同伴的努力。只要当动物通过模仿而学习某种事情的时候，知识的这种交互传播似乎就发生了，当一个智力较强的黑猩猩发明的一个技巧被另一只黑猩猩立即学会，而后者在此之前从来不知道这个技巧的时候，它们确实是在传播知识。科勒在列举这一过程的很多实例后，令人信服地断定，这绝不是鹦鹉学舌般的盲目模仿，而是理智行为从一只动物传达给另一只动物的真实传播过程，是非言语层次上的知识之真实交流。[5]

所有的技艺都是通过理智性地模仿其他人的实践方式而学到的，并且学习者对他的模仿对象深信不疑。学会一种语言是一种技艺，是通过对于不可明确说明的技艺的隐默判断和实践而进行的。因此，儿童向他的成年监护人学习说话的方式，类似于动物幼崽或雏鸟对于养育、保护和指导它的成年个体的模仿式回应。言语的隐默因素通过非言语式的交流而传达，从一个有权威的人物传递给信赖他的学生，而言语的传达交流信息的能力则依靠这种模仿式传播的有效性。

口头交流是这样一种过程：通过一个人传达、另一个人接收信息这样的师徒关系而学会的某些语言知识和技能，被两个人成功地加以应用。根据每个人所学的知识，说话者充满信心地说出某些话语，听讲者充满信心地解释这些话语，而他们都互相依赖于对方对这些话语的正确使用和理解。当且仅当对权威和信任的这些综合假设实际上得到证明时，真实的交流才会发生。

当这些条件根本无法实现时，我们就觉察到它们的危险性了。比
如，就像皮亚杰指出，孩子们在对话时“互相听不懂对方的话，……因
为他们认为自己的确能理解对方”；[6]而与此同时，“说出来的话不是从
听者的角度来考虑，而听者……则根据自己的兴趣来选择这些话，并根
据早已形成的观念来曲解这些话”。[7]作为著述者、说话者和听话者，我 207
们都知道这些反常行为的危险性并一直保持警惕。说话和写作都需要
不断努力地使表达变得既准确又清楚，我们最终说出的每一个词语，都
是在承认我们已经没有能力做得更好。但是，每当我们说完某些话语
并不再进行修改时，我们也就默认它们说出了我们想要意指的东西，并
且它们对于听者或读者也应该意指这些东西。虽然对自己话语的这种
普遍存在的隐默认可，往往最终被发现是错误的，但是，如果我们毕竟
还是要说些什么，那么我们就必须承担起这种风险。

第三节　社会知识的传递

隐含在语言学习和使用语言来传达信息这两者之中的权威与信任的联合作用，是文化整体传递给下一代的一种简化情形。

我们的现代文化是高度言语性的。假如另一场大洪水*到来，即使漂浮的最大船只也不足以装载数百万卷书籍，数千幅图画，数百种音

* 指《圣经》中描述的那一次大洪水。——译者注

乐的、科学的和技术的不同工具，还要装载很多专门使用这些言语工具的专家，来使我们可以把我们文明的最粗略的遗产传递给洪水之后幸存下来的人们。当前，把这些巨大数量的理智产物一代一代地传递下去是通过成年人传授给青年人这样的交流过程来进行的。这种交流只有在一个人对另一个人具有非常强烈的信心时，即徒弟对师傅、学生对教师、听众对杰出演说者或著述者具有信心时才能被接受。各个层次的初学者对言语知识的庞大体系的这种吸收，只有通过**预先加入行为**才得以可能，通过这种预先的加入行为，初学者被接受为培育这种知识、欣赏其价值并努力按其标准行事的共同体之学徒。这种加入行为从儿童在共同体内服从教育开始，并在其一生中被巩固，因为在成年时期他继续把很强的信心寄托在同一共同体的理智领导者身上。儿童通过假定在他们面前所说出的词语意味着什么，从而学会说话，同样地，在文化的传承过程中，渴望理解文化前辈之言行的求知晚辈假定前人的言行具
208 有隐含的意义，并且当这种意义被发现时，会在某种程度上使人感到满足。

在前面，我已经探讨了解决问题过程中的探索式前兆，并说明了它们与学习者的预期——即他努力想要理解的东西事实上是合理的这一预期——之间的相似性。像发现者一样，学习者必须在他知道之前先要去相信。然而，尽管问题解决者的预先知识表达了他对自己有信心，而学习者所遵从的前兆则主要以他对别人的信心为基础，这就是对于权威的接受。

这种献出某个人自己的忠诚的行为——就像探索式猜测行为那样——就是满怀热情地把自身倾注到未经测试的存在形式之中。言语系统的不断传递使我们的理智满足感具有公共性和持续性，而这种传递总是依靠于这些服从行为。[8]

这些自我修正的过程在本质上是非形式的、不可逆的，并且在这种意义上是不可批判的。的确，一旦获得发现或学习者掌握了自己的主题，猜测的紧张感就减少了：发现者可以论证他的结论，学习者可以证

明他学到的东西是正确的。不过，我们能够用直接证据来证明其合理性的知识绝对不可能很多。所以，我们关于事实的绝大多数信念继续通过信任别人而以间接被我们所持有；并且，在大多数情况下，我们只信任相对少数的具有广泛声望的人。

另外，获取知识的这种特征也同样适用于所有其他的理智满足感。当前在社会中，对于思维的培养总是依赖于相同的个人信心，这种个人信心能保证把社会知识一代一代传递下去。当我描述文化的管理时我会详细地阐明这点。

同时，我还要给权威的原则加上一个必要的限制条件。对于权威的每一次接受都受到一定程度的反作用或甚至反对的限制。服从大众意见在某种程度上总是伴随着把一个人的观点强加在我们所服从的大众意见上。每当我们在说话和写作中使用一个词的时候，我们既服从这个词的使用方法，同时又在某种程度上修改了它的当前使用方法。每当我从收音机中选择一个节目时，我就给当前的文化评价作出了一点微小的调整。甚至当我以当前的价格购物时，我也已经对整个价格体系作出了轻微的调整。事实上，每当我服从当下的大众意见时，我都不可避免地修改了它的说教，因为我服从于我本人所认为的它所教导的东西，并且我在此基础上参与大众意见从而影响它的内容。另一方面，即使是激烈的反对，也还是要部分地服从大众意见才得以进行，因为革 209
命者必须以人们能够理解的方式来发表演说。另外，每位不满者都是一位老师。安提戈涅*和《申辩篇》中苏格拉底的形象是对于立法者持有异见的不满者的丰碑。《旧约》中的预言同样如此——还有路德或加尔文的预言也是这样。雅各宾时代以来的所有现代革命者同样也证明了：不满者并不是想要废除公共权威，而是要求自己获得公共权威。

无疑，比起不满的行为，服从权威一般而言不会那么刻意地断定什

---

* 安提戈涅是古希腊悲剧作家索福克勒斯公元前442年的一部作品，剧中描写了俄狄浦斯的女儿安提戈涅不顾国王克瑞翁的禁令，将自己的兄长，反叛城邦的波吕尼刻斯安葬，而被处死，而一意孤行的国王也招致妻离子散的命运。安提戈涅更是被塑造成维护神权或自然法，而不向世俗权势低头的伟大女英雄形象。——译者注

么东西。但情况并不总是如此。圣奥古斯丁在宗教启示中为信念所作的斗争，比今天在宗教环境中长大的年轻人对宗教启示的拒绝具有更强的活力和独创性。在任何情况下，在我们成长于其中并继续参与被确立的大众意见的过程的每一个步骤中，我们都在不同程度的服从与反对之间行使**某种**程度的选择权，而这些选择中的**任一种**都可能意味着一种更被动或更具有断言性的反应。

同时，我们应该意识到这些寄托自己信任的决定是多么不可避免，多么的持久和广泛。我不能谈及一个科学事实、一个词语、一首诗歌或一个拳击冠军、上星期的凶杀案或英格兰女王、金钱或音乐或时髦的帽子，公正的或非公正的、琐碎的、可笑的、枯燥的或可耻的东西，如果我不暗中参照这些事物赖以被确认的——或被否认的——我所谓的大众意见的话。我必须持续地认同现在的大众意见或在某种程度上反对它。在这两种情况下，我都表达了在我所谈及的话题上我相信大众意见应该是什么。在本书中，我已经以自己的方式描述了每个话语与公众意见之间的相互作用。对于我在本书中关于这类话语作出的阐述，我的这本书也没有例外。在全书中，我都在肯定自己的信念，特别是当我像我现在正在做的那样坚持认为这种个人性的肯定和选择是无法逃避的时候，以及当我像我将要做的那样主张这就是我需要做的一切的时候，情况更是如此。

第四节　纯粹的交谊共融

使我们的言语式文化遗产得以传递下去的信任性情感和说服性激情把我们再次带回所有人群甚至动物种群之中的原始的、在言语之前的伙伴情感上。这种交谊共融的原始特性，以及因它的相互作用而引起并得到满足的强烈感情的原始特性，都可以在动物和人的经验中找到证据。

一只刚孵出来的小鸡很快就学会了加入小鸡群中，围着母鸡并在其羽翼下寻求庇护。这个教育过程进行得很快，使得我们通常注意不到。但通过实验让一只小鸡单独长大，该过程就被清楚地展示出来。 210
当单独养大的小鸡在两个星期后被放出来，并被带到围在母鸡周围的兄弟姐妹之中时，它会变得发狂。它乱啄它的同伴并慌乱地四处乱跑。[9]因此，我们可以说，小鸡之间最早期的个体互动影响了它们相互之间的情感。它们通常成功地发展出一种得到合理平衡的情感生活，这种生活会因人为的孤立而被阻碍和干扰。

在群体中被养大的小鸡所享受的情感慰藉，与共享的温暖和庇护所产生的身体满足感具有联系，但不同于动物在找到食物或庇护处所时所享受的纯粹欲望满足感所产生的乐趣。一只饥饿的狗在食物到来时会蹦跳叫唤，它的这种激动是具有感情色彩的，但狗对于人表现出来的伙伴关系使得狗能够充满活力地参与人的生存之中，这种伙伴关系植根于更丰富与更无私的激情之中。实际上，狗更钟情于跟它一起玩耍、一起散步和总体而言对它有兴趣的主人身上，而不是钟情于喂养它的人。[10]交谊共融的广泛领域已经被科勒的格言“孤独的黑猩猩不是黑猩猩”所表达出来了。它的一切肉体需要都被满足了，但它还是在情感饥渴中备受煎熬。它缺乏动物伙伴之间那种生活的共享与互动，这种共享与互动的多种形式就反映在所有各种形式的情感中。

人与人之间的伙伴关系常常是在静默中被维持和享有的。斯蒂文森的《杰基尔医生与海德先生》一书中的厄特森先生推迟了所有无论多么重要的事务而与他的朋友理查德·恩弗尔德定期散步，在散步中他们都一言不发。但交谊共融常常由于更用心的经验共享而变得有效，最 211
常见的就是会话。相互问候和习惯性的评论都在表达伙伴关系，而一个人向另一个人作出的每一次言语都对他们的交谊共融作出了某种贡献，即他们都向对方伸出友谊之手并共享对方的生活。纯粹的交谊共融，即培育良好的伙伴关系，在很多交流行为中都占据主导地位。实际上，人们互相谈话的主要原因就是希望获得伙伴之情的欲望。[11]单独禁闭的痛苦不在于它剥夺了一个人获取信息的权利，而在于剥夺了会话的权利，无论这种会话含有多么少的信息。

在共同生活的小团体中——无论是家庭、同学、船员，还是教友、工友、办公室同事——培养起良好的伙伴关系，是在为实现(作为一个社会存在体的)人的目的与义务作出直接的贡献。然而，这一过程也能有效地促使这一团体的共同活动。海军司令知道生活愉快的军舰队员可以更好地打仗。工业心理学家观察到，车间工人从他们的伙伴那里获得乐趣时，这个车间的产量就会提高。[12]为了获得这样的有利结果而有意提升交谊共融的例子很多，这进一步确证了我们认为伙伴之情所具有的那种本质特征。

这就向第二种纯粹的交谊共融进行过渡：从经验的共享到共同活动的参与。这种合作通常服务于共同制定的一个目标，但它在共同举行的仪式上则是纯粹的交谊共融。通过充分参与到一个仪式中去，该团体的成员肯定了他们存在于其中的那个共同体，同时又把他们团体的生活与早先团体(仪式就是从早先团体那里传递到他们团体的)的生活等同起来。在这个意义上，一个团体的仪式中的每一个行为都是那个团体内部成员的一次和解，也是一个团体对自身的历史连续性的一次重建。它肯定了该团体的交谊共融不管是在现在还是过去都超越于个体的。这些情感得到重新确认的时机就是纪念日或者团体进行周期性重建。它的连贯性根据每年的季节性变化而通过仪式来得以延续，或是通过传统方式来庄严地祭祀死亡、生辰、婚姻或其他重大变故的发生而得以延续。[13]

既然仪式是对于交谊共融之存在的庆祝，因此它招来了个人主义的敌意。个人主义否定了作为一种存在形式的群体生活之价值，这种生活不被孤独的个体所接受。仪式还受到功利主义者的轻视，它被视为无益于任何具体的目标，又被浪漫主义者(功利主义者的情感主义兄弟)所鄙视，被视为压制人们真诚而自发的情感，而只重视他们被迫虚情假意地装作共同具有的标准化的公共感情。传统主义(traditionalism)更是在根本上受到质疑，并且在以下事实中得到体现：我们在举行仪式时所崇奉的庄重性被认为是人类自作自受。我们似乎创造了仪式的同时，又把仪式作为外来之物而对之进行臣服。在这样做的时候，我们似乎既愚弄了自己又欺骗了我们的同伴。我们在这里再一次看到，在更充分的社会背景中自我设定的标准所具有的内在不安全性。

第五节　社 会 组 织 212

到目前为止，我所描绘的社会图景就像一艘刚下水的船——只有骨架而没有引擎。我追溯了隐默的个人互动，这些互动使得交流得以可能，使得社会知识一代一代地传承下去，并维护言语性的共识。我也展示了这种互动是如何满足对伙伴关系的渴望。这种关系是一种纯粹的交谊共融，人们对共同仪式的参与是这种交谊共融最可靠的表现。群体生活的这些特征足以促成伙伴关系的形成，但却不足以产生一个有组织的社会。只有当我们认识了群体的社会知识所设置的人与人之间的义务框架时，我们才能理解一个有组织的社会。

但是，不指向其他人的理智激情的共享本身就已经确立了广泛的共同价值，这些价值与道德、习俗和法律所设定的人与人之间的评价是连贯的。另外，这种共享构建了一种正统观念，这种正统观念支撑着某些理智的和艺术的标准，保证受这些标准所指导的追求得以进行，并实际上最终成为对文化义务的承认。最后，由于在仪式中表现出来的激情肯定了群体生活的价值，所以，它们也就表明了该群体的要求得到其成员的服从，并且群体生活的利益可以正当地与个体利益相竞争，有时还可以压倒个体利益。这就承认了一种**共同利益**，为了这种共同利益，越轨行为可以被镇压，并且为了保护群体不受外来的颠覆和破坏，个体可以被要求作出牺牲。

在这一阶段，文化和仪式的伙伴关系之框架在原初层次上展示了社会组织的四个协同因素，这四个因素共同构成了具有确定社会关系的一切具体的社会体系。这些因素中的两个使我们想起在言语层次上满足理智激情的两种方式，即肯定或内居：第一个因素是**信念的共享**，第二个因素是**伙伴关系的共享**。第三个因素是**合作**，第四个因素是行使**权威或高压统治**。

这四个名称指的是社会的四个方面，我们必须始终把它们看作是相互结合的，因为它们只有结合在一起，才能使社会制度形成稳定的特征。但是，在以复杂的话语体系和高度专业化为基础的现代社会，我们发现某些制度分别主要体现了这四种因素中的一种。(1)大学、教堂、剧院和画廊服务于信念的共享，在这里我使用的是广义上的信念一词。它们是**文化**机构。(2)社交、群体仪式和共同防卫，它们主要是共同生活的制度。它们培养和要求**对于团体的忠诚**。(3)为共同的物质利益而合作是作为一个**经济体系**的社会的主要特征。(4)权威与高压统治提
213 供了**公共权力**以保卫和控制文化的、共同生活的和经济的社会制度。

未开化的原始人不可能运行这些独特的制度，因此到处可见这四种社会因素的紧密混合。在这一阶段，在社会中权力与思想之间不可能存在根本上的紧张关系。甚至在权力和思想体现于独立的制度中时，只要社会承认其自身的结构是永久确立的，如同有记载的大部分历史所展示的那样，那么这种紧张关系也不会出现。因为，尽管在欧洲历史的前二千三百年中有过很多改革，例如梭伦和克利斯梯尼、伟大的格列高利(Gregory the Great)或路德、黎塞留或彼得大帝等，但社会的等级制度在很大程度上还是被视为国家的立国之本。只有在美国和法国的革命以后，以下观念才逐渐在全世界传播开来：通过行使人们的政治意愿，社会可以得到无限的改善，因而人民在理论上和事实上都应该有统治权。

这一运动催生了现代的动态社会，这种社会分为两类。当一个社会决定进行突然的、彻底的自我更新时，它的动态趋势是革命性的；如果它的目标是更为逐渐地获得完善，它的动态趋势是改良主义的。在

本章的后面部分，我将详细阐述科学真理和其他理智价值在这两种社会中的地位，并由此阐述我已经指出过的，试图通过使一切思想服从于物质福利从而实现拉普拉斯式的极权主义，与原则上承担按照其内在标准去培养思想之义务的自由社会之间的明显区别。但我必须首先明确地说明——无论这个说明多么粗略——现代动态社会的两种类型，就其与思想的关系而言，与它们所形成的静态社会有何不同。

为了实现这一目的，我们必须认识到在思想自由和承认思想是一种真实力量之间的差别。没有任何一种静态社会想要否定思想的内在力量与价值：宗教、道德、法律和一切艺术都由于自身而受到推崇。尽管它们的事业受到一系列特定的、不容挑战的信念的限制，文化追求还是在这些限制下蓬勃发展。另外，已经确立的正统观念被统治者所接受，并作为自身的指导。尽管真理的追求受到一定的限制，即某些学说被认为是绝对正确的，但是对这些学说之权威性的被迫遵从也暗示着对于真理的深刻尊重。[14]

在原则上，现代革命政府实行的理智控制与此不同。它的统治者
想要重塑社会，包括社会中的思想，以服务于它的物质福利。因此， 214
他们否定思想具有任何独立的地位或自由性，尽管他们实际上可能常常会承认思想的权威，来隐默地对常识作出让步。

这就是极权主义。与极权主义和静态社会不同，自由社会既赋予思想以独立地位，又在理论上赋予思想以无限范围，尽管在实践上它培育出一种特定的文化传统，并设置了公共教育和法典来维护现存的政治制度和经济制度。

原则上，自由社会也和现代的革命政权一样，绝对地主张以自我完善为目标的自主决定权。的确，这些渴望构成了创建自由社会的一部分原动力。它们来源于推翻了中世纪静态独裁主义的自由思想和宽宏情感。但是，它们同时又在它们所产生的自由社会中产生了一个具有威胁性的悖论。追求独立思想的伟大运动让现代心灵不顾一切地拒绝所有不具有绝对客观性的知识，而这又反过来意味着关于人的一种机械

观念，这种观念必定会否定人具有独立思想的能力。这种客观主义必然代表着在物质福利以及权力意义上的公共利益，并因而使自由走向自我毁灭。因为，如果人们公开承认道德激情为自由社会注入活力，而这却被认为是似是而非的或乌托邦的，那么，它的动态性很容易被转化为政治机器的隐藏驱动力，从而使得政治机器宣称它自己具有内在的正确性，并被赋予对于思想的绝对支配权。

现在，我们将详细探讨民众的这种困境的严重性，这种困境是由于我们的信念内在的不稳定而导致的。但我必须先扩大我的视野，去阐明人的道德渴望就是人的更具体的理智激情的延伸。

第六节　两 种 文 化

本书的主要目的是获得一个关于心灵的框架，使得我可以在这个框架中坚定地坚持我相信是真实的东西，尽管我知道它可能被设想为是错误的。一般来说，对于思想的培养只能在维护真理的语境内被考察。但是，现在我必须明确地把文化体系内的道德、习俗和法律等领域包括进来。

道德判断就是评价，因此与理智的评价相似。如果对这个适合于理智激情的世界进行推广，那么对正义的渴望同样能够满足自身的需要。像艺术家和科学家一样，道德主体也努力满足自身的标准，并赋予这些标准以普遍有效性。

215 然而，道德判断比认知评价要深刻得多。一个人可能充满求知激情；他可能是一个天才，但也可能同时是谄媚、虚荣、妒忌和充满恶意的人。虽然他是文坛精英，但他也可能是一个卑鄙的人。因为人是按照其道德力量而被评价为人的，我们的道德努力的结果不是以我们外在表现的成功或失败来被评价，而是以它对我们整个人的影响来被评价。因此，道德规则支配着我们的整个自我，而不是支配着我们对自身能力的行使。遵循一套道德、习俗和法律就是按照它来生活，其意义比包含在遵循某些科学标准或艺术标准中的含义要广泛得多。

所以，道德规则是掌握在那些管理道德文化的人手中的公众权力之工具，而道德也与习俗和法律结为同盟。人组成了社会，在社会范围内他们的生命被相同的道德、习惯和法律所安排。这些道德、习俗和法律共同构成了他们的社会**习俗**。

在这里，我们认识到了社会知识之管理的一个重要分界线，因为我们看到，一些社会知识体系的培育是为了个人的求知生活，而其他社会知识体系的培育则使我们按照这些体系来进行社会化的生活。前者是培养一种本质上是**个体性**的思想的社会，而后者则是根据本质上**公众性**的思想来对社会进行管理。

一切思想按照其自身标准来说都是有效的，而它的进步也总是受到自身激情的促进。如果要社会性地培养思想，这些标准和激情就必须为一群人所共享。为了维持这一共享，社会就必须建立构成其**文化机构**之权利和义务的恰当体系。这将会使社会中的思想生活间接地依赖于社会的**公众机构**，即依赖于群体的忠诚、财产和权力。但这种依赖会以不同的方式成为社会中这两种类型的思想的一部分，因为**公众文化**本身是维护社会的公众机构的，而**个体文化**则相反，其本身是被这些机构所维持的。

在这里，我不会给这三种互相紧密联系的公众机构指派一定的逻辑优先性或者历史优先性。例如，为了生存，也许人们首先要建立社会秩序；因此，财产的保护既是群体忠诚的关键，也是群体内部和捍卫群体之权力行使的关键。但是，不管这三种公众机构之间的联系到底是如何，忠诚具有区域性，财产让人产生欲求，而公共权威则具有暴力性。因此，公众最终所依赖的因素在本质上与理智的或道德的普遍性意图相矛盾。

另一方面，没有任何社会秩序是毫无思想的：它体现着那些信赖它并按照它而生活的人们的公众意识和道德信念。对于一个幸福的民族

216 来说，它的公众文化是其公众的安身之所。在这个意义上，维护这一文化的理智激情实际上是隐秘的。但是，在危急时刻，公众的迫切需要和道德理念的这种相互交织依然是摇摇欲坠的。当人们意识到道德标准是通过强制力来维持、是以财产为基础并充斥着地区性的忠诚时，它们的真实性就变得可疑了。事实上，这些冲突可能使公众思想的内在力量受到全面的质疑，而如果在这一冲突中思想是最终失败者的话，思想在本质上所具有自主性将在这里——首先是在这里——遭到否定。于是，道德就沦为纯粹的意识形态，这种沦落很容易传播开来，并最终使所有思想屈从于狭隘的爱国主义、经济利益和国家政权。现在，让我来进一步探讨这些相互冲突的趋势。

第七节　个人文化的管理

我们将首先谈谈自由社会中思想的处境，并把科学发展作为我们培养个人思想的主要范例，而社会赋予个人思想以独立的地位。

科学过程的组织首先被这样一个事实所决定：现代科学是如此广泛，以至于任何单独个人只能充分理解其中很小的一部分。英国皇家科学学会设置了八个附属委员会来选出它的会员，这八个委员会分别负责一个独立的研究领域。例如，其中一个领域是数学，但是，数学家又进一步专业化，每个人只能从事数学的小部分领域的研究。我们知道，数学家中很少有能理解超过呈交给数学委员会的五十篇论文中之六篇的人。“对于那些只熟悉和自身专业最接近的六篇论文的人来说，其余四十四篇论文的大部分所使用的术语完全超出他们的理解。”[15]把这个证据与我自己在化学和物理学中的经验联系起来，我认为这种情况适用于科学所有的主要领域，所以，任何单独的科学家可能只能直接评价当前科学所有研究成果的大约百分之一。

但是，就是这么一群科学家，他们共同管理科学的发展与传播。

他们之所以能做到这一点，是通过控制大学机构、学术任命、研究经
费、科学期刊和学位授予，学位授予使接受者成为合格的教师、技师或
医师，拥有被授以学术职称的可能性。另外，通过控制科学的发展和
传播，这同一群科学家实际上确定了“科学”一词的通行含义，决定了
什么应该被承认为科学；并同时确定了“科学家”一词的通行含义，决
定他们自己和他们指定为继承者的人应被视为科学家。社会对科学的 217
培育，依靠于公众接受“什么是科学以及谁是科学家”这样的决定。

我们已经习惯于把这种共识视为理所应当，而我们是共识的参与者。这通常被认为是如下事实的显然结果：你可以重复并证实科学所记录的任何观察报告。但对这一假定事实的认同，事实上仅仅是我们用另一种方式表达了我们对于共识的遵循。因为，我们从来都不去重复科学观察报告中的任何评价部分。另外，我们也明白地知道，如果我们试图这样做并且失败了(我们极有可能会失败)，我们就会很自然地把我们的失败归结于自己能力不够。我们还应该记住，尽管我们可以可靠地重复科学所记录的事实，但这仍然不能证明我们有理由去接受科学根据这些事实所作出的归纳，更不能证明之前选择这些特定事实作为科学观察的主题是有根据的。我们还应该考虑到，即使归纳出来的结论是真实的，也不能把它确定为科学的一部分，因为一个断言的可靠性只是构成一个陈述的科学价值的三个因素之一。共识承认它宣布为科学的东西是科学的，就是确保它具有在可靠性、系统价值和内在价值这三个衡量标准下的科学价值。

因此，科学中的共识远远超越了对于某个经验达成一致意见。它是对一个知识领域的共同评价，每一个表示同意的参与者只能相应地理解并评价这一领域中的一个微小部分。人们也许有理由质疑这种共识如何能够合理地建立起来。我认为暗中起作用的原则是，每位科学家只关注他自己的专业领域和某些相邻领域，对于后者，相邻领域的专家可以形成第一手的可靠判断。现在假设在专业领域 B 内的一项研究工作可以由专业领域 A 和 C 作出可靠的判断，专业领域 C 内的研究工作

由专业领域B和D判断，专业领域D内的研究工作由专业领域C和E判断，等等。如果相邻的每一组专业在评价标准方面取得一致意见，那么，在科学的整个领域内，A、B和C形成共识的标准就与B、C和D形成共识的标准相同，也与C、D和E形成共识的标准相同，等等。当然，评价标准的这种互相调节是按照由诸多路径构成的整体网络进行的，这一网络给按照每一单独路径作出的调节提供了大量的交叉核对(cross-checks)。科学家对于那些在专业方面较为生疏，但是有卓越价值的成就所作出的直接的，但不那么确定的判断，也对这一体系进行了大量的补充。但是，这种行为本质上还是坚持以相邻专业评价的“可传递性”为基础，这非常类似于在行进队列中每个人的步伐都与相邻之人的步伐保持一致。

通过这种共识，科学家形成了评论者的一个连续的序列，或者不如说是一个连续的网络，他们的审查使科学家所认可的所有出版物都维持
218 着相同的、最基本的科学价值水平。而且不仅如此：由于每位评论者都相似地依赖于直接相邻专业的评论者，他们甚至能确保高于这一基本水平的以及具有最高水平的科学研究工作，都能够以科学各个分支的同等标准来衡量。这些比较性的评价的正确性对于科学来说是至关重要的，因为它们引导着不同研究方向之间的人才与经费之分配，特别是对于承认并支持一项科学新研究还是对其进行否定，它们发挥着关键性的作用。虽然我们都知道，很容易找到例子来证明这种评价是错误的或至少是很不幸地延误了时机，但我们应该承认，只有当我们相信这些决定总体上是正确的时候，我们才能说“科学”是确定的，并且总体而言是有权威的系统性知识的。否则，科学机构就不再服务于科学的进步，而是一步步地把科学分解掉，使得(被从那以后被称为“科学家”的人们所相互授予的)“科学家”称号就会逐步失去其真实含义，这些人用来描述自身的追求的“科学”一词也会同样如此。

让我详细阐述这点。暂时假定所有的科学家都是骗子，就好像有些人所认为的那样；或者，为了使这个假设更有说服力，假定他们都像

李森科那样是自欺欺人，或者要么是自己不诚实的，要么是被迫服从那些本身就不诚实的或像李森科的大多数追随者那样的自欺欺人的人的观点。又或者，假设科学的可靠性和重要性标准普遍被贬低，就像当今在世界某些地方所发生的那样，或者更进一步，假设自然学科全部被以神秘方法为基础的神秘科学所取代。在这些情况下，各领域的专家之间依然可能存在着某种共识，使他们互相承认是科学家，也使他们互相承认各自的伪科学领域的有效性和重要性，公众也可能由于他们的联合担保而认为他们称之为“科学”的东西是科学的。然而很显然，如果我知道这种共识的内幕，我就应把这种共识看作无赖和傻瓜的共识，既互相欺骗了对方，又欺骗了公众，无论这是意外事故的产物还是密谋的产物，它们都不具有真正的价值。

当然，甚至基于单个共同经验的共识也可能是虚假的，我们对它的认可，是以关于这一共享经验的性质的某些假设为基础的。不过，互相承认的科学专家通过互相依赖而产生的共识，以及公众相信专家团体的共识而形成的进一步的共识，却暗含着更深的假设。科学家必须假定：科学的各个领域是融贯一致的。因此，在这些独立领域所组成的科学整体中，一些科学家所做的工作的科学价值事实上可以用本质上相似的标准来评价；他们(科学家)事实上能够并且**愿意**跨越各自的专业而按这种方法监督彼此的评价，他们可以继续可靠地互相信任——甚至通过世代延续——把这些相似的标准运用到任何领域。另外，如果公众 219
要在他们对科学几乎完全不了解的情况下对科学整体充满信心，就如公众通常所做的那样，那么公众也必须持有这些假设。并且，如果公众不仅要相信(我们希望公众相信)在世科学家未来将要宣布的未知发现，而且要相信这些科学家之后继者(这些后继者被他们那个时代的科学观念接受为科学家)未来将要宣布的未知发现，那么公众同样必须持有这些假设。

在这里，我们对文化理想进行了这样一种假设：集体追求并高度分化的理智生活的理想，或者更准确地说，在一个响应文化精英之理智激情的社会中积极实行这种文化生活的文化精英的理想。接受这种假设，就是在科学家共同体内签署一份互相信任的协议，就是保证整个社会都将投身于对科学家的科学追求进行支持。社会投身于科学事业，这在建立科学机构时发挥作用，而这些机构的建立是为了科学发展，并在科学观念的权威下促进科学在整个社会中的传播。因此，任何属于这个社会的人都将参与该社会对于文化的投身活动，都接受隐含在这种活动中的假设。

我把这种科学共识与一群骗子或傻瓜的似是而非的一致意见进行比较，这表明我同样持有隐含在这一共识背后的假设，我在阐述这些假设时不加限制地使用例如“科学标准”和“科学价值”这样的认可性术语，这已经暗示了我赞同我所描述的东西。我相信这种默认在谈论一个人与别人共有的信念和评价时是不可避免的。我将在稍后再谈论这一事实。同时，让我补充一下，在认同一个社会在培育科学时所共有的假设和激情时，在这个意义上我就对这个社会表示了支持。认可(一个社会赖以建立的)信念的任何一种社会学都构成了对该社会的辩护。并且，如果其著述者是这一社会的成员，他的社会学说就是他对这一社会的效忠声明。一致性提出了以下要求：在对社会的共享价值表示肯定时，我们的声明与我们对于任何社会活动的参与是一致的，而这些社会活动必须先假定这些肯定是有效的。[16]但是，正是这种一致性使这些声明的普遍性意图受到怀疑，因为它表明，在这些声明所维护的社会把这些声明灌输给我们之后，这些声明支持着权力的建立。这一困境将在民众思想的领域内更尖锐地重新出现，其原因在前一章中已经被简单描述过。

同时，让我把关于科学培育所阐述的观点推广到其他种类的个人思
220 想的培育上去，尽管为了遵照本书的安排，我只能再一次对这些思想领域作浮光掠影般的考察。

人文、艺术或各种宗教实践的管理就像科学的管理一样全部委托给一群权威专家。这些专家的地位与权力可以通过机构来确立，如同在

教堂中的情况；或完全依赖于其崇拜者或追随者对他们的尊敬，如诗人或画家那样。在所有这些领域中，观点之间的分歧比科学家之间的分歧要大得多。大多数西方国家包含各种不同的宗教团体。另外，除了宗教以外(但不排除神学)，我们这个时代的文化主要是崇尚革新的。如同科学一样，艺术在自我更新的过程中是最有活力的。如同在科学中一样，在艺术中可以通过创造来获得名声。但是，艺术的创造性通常比科学中的创造性会更全面地改变我们的视角，因而寻求确立自身权威的革新者与此前的艺术领袖之间很容易产生更多明显的观点分歧。由此，互相竞争的思想流派对现代艺术的蓬勃发展是必要的，但在科学中，这样的思想流派却不常见并且昙花一现。当然，即使不考虑这点，艺术不会也永远不可能变得像科学那样具有系统的融贯性。因此，在不同流派的艺术家之间不可能存在像在科学专家的共同体内所具有的那种明确的劳动分工，在艺术家之间也不可能存在如此牢固的观点共识。

文化精英可以得到公众的资助或依靠个人的收入。直到 19 世纪初期，学术与文学追求在很大程度上是富人所追求的事业，他们以私人收入为生。但是在今天，没有什么文化精英是属于那一阶层的，因此理智生活也在很大程度上依靠大量不具有创造力的民众给少数有创造力的群体提供物质支持。这就给我们提出了一个问题，在对文化事业进行资助的时候，社会是根据在创造力方面的领袖或带头人所制定的标准，来完成扩充社会理智财产的义务，还是仅仅雇佣这些人来服务于自身的娱乐或者某些公共利益，例如对人民进行道德和政治的教化？

我们可以通过回忆一下我们在谈论科学进步时(第 183 页)对于相同问题的回答来作为对这个问题的答复。在科学中，任何不相信科学本身具有内在价值的人都不可能作出重大发现；同样，任何不理解科学价值的社会也不可能成功地培育科学。这个观点同样适用于一切文化生活：只有当一个社会尊重文化的卓越性时，这个社会才可以被说成具有文化生活。就像在科学中一样，这种对于价值和卓越性的评价所表达的并不是对于直接经验的判断。人文、艺术和各种宗教都是广泛的、

高度专业化的集合体。对于这样的集合体，任何人只能充分理解和评
221 价其中的一个微小部分。但是，我们每个人都很尊重比这些文化领域更宽广的区域。例如，我知道但丁的《神曲》是一首伟大的诗歌，尽管我只读过它的很少一部分；我也钦佩贝多芬的天才，尽管我对音乐一窍不通。这些都是真诚的间接评价，它们的形成如同科学家们评价整个科学，而公众追随科学家那样。这种间接评价大体上也是社会用以培养文化生活的基础。通过追随他们自己选择的理智生活的领袖或带头人，非专业人士甚至可以参与到这些领袖或带头人的作品中的某一点上，甚至超出这一点而达到他们所认可的整个文化领域。[17]

远古社会的民间传说并没有汇集成数百万册书，也没有经历过持续的创新。所以，它们的文化生活并不需要大批专家来管理，其大部分可以被每一个人所直接共享。流行艺术和宗教生活也在现代社会中被人们所共享，但这只是现代文化的一小部分。因此，一个不接受权威群体文化领导的现代社会，就把它与在它自己的范围内活跃的文化相割裂开来。社会的庸俗风气对原创性的思想充耳不闻，使这个社会中的知识分子在自己的国家里无家可归。

在现代西方社会，科学权威是通过教育体系牢固建立起来的，但其他一切文化权威都必须为赢得公众的响应而奋斗，要与强有力的对手争夺自己的地位。公众可以把自己对某一位理智生活领袖的效忠转移到他的对手身上；他们可以从一位学者的阵营中转到某个革新者的阵营中，皈依宗教或放弃自己的信仰，中途退出任何特定的运动而加入另一个运动。这样过分频繁的变动是不明智的，但即使这样，他们的选择范围也只限于潜在的理智生活领袖之间。他们仍然让一些个体来对思想进行指引，这些个体是得到广泛认可的、文化领域的某些公认领袖。如果说我们的社会拥有一个单独文化的话，那是因为我们的文化领袖可以和谐地互相补充；正是在这一意义上，这些领袖可以被说成是维持着我们社会的共同理智标准：既在他们自身的工作中维持着共同的理智标准，又在指导公众对文化进行评价方面，以及在责令社会去完成其文化

义务方面维持着共同的理智标准。

由于不同哲学、宗教或艺术运动之间的冲突，某一派别的追随者可能拒绝承认竞争对手的任何理智长处，把他们称为怪人、骗子或傻瓜。与此不同的是，人们使用例如“作曲家”“诗人”“画家”“牧师”之类的职业名称，以及把例如“专家”“有名声的”或“杰出的”之类的褒扬性称号用于那些自称为作曲家、诗人等的人身上。但是，大多数处于竞争状态的领袖在多元社会中享有相同的地位，这一事实表明人们在认为 222
这些领袖中的**大多数人**具有**某些**理智长处方面，还是有一定程度的共识的。这也意味着我们承认了隐含在所有这些对立观点之中的思想过程：指导这种思想过程的标准尽管表面不同但却来源于共同的价值遗产与信念遗产。人们对于自主的、融贯的思想过程的这一信念(如同在科学中一样)是社会根据思想自身的标准并且受其本身的激情所激发而去培育思想的根本条件。

第八节　公民文化的管理

在自由社会，文化机构就这样维护着个人思想的自由。通过把它们的原则扩展到公民思想的培养上去，我们可以从这些机构过渡到市民政府的理念。

自治机制赋予了公民意见以强制权力，使公民意见在必要时可以对已有的惯例进行任何它认为是正确的变革。因此，如果关于公民事务的意见被允许按照与有效维持个体思想自由的相同原则来塑造，那么公民思想也能自由发展，它所行使的权力也就是自由思想的权力。这就是在一个理想的自由社会中所发生的事情。在社会中，道德信念的形成和传播应该在理智生活领袖的指导下进行，并且传播到数千个专业领域，并随时与对手竞争以得到公众的认同。[18]

要描述使道德的、法律的和政治的观点在自由社会中这样不断被重构的制度框架，会使我们过分偏离主题。在这里，我仅仅指出这一过程的某些后果。自从一百三十多年前社会变革的原则得到更广泛承认以来，这一过程彻底改变了自由国家的生活。刑法和监狱体系出现了影响深远的人道主义进程，陆军和海军的纪律也出现了类似的进程。同时，相同变化也出现在学校、收容所、医院和家庭中。工厂法通过各种途径采取更为人道的雇佣条件。新的福利机构被建立起来，为病人、老人、残疾人、失业者和贫民窟的穷人提供帮助。免费教育极大地提升了贫苦儿童的发展前景。剥夺妇女、天主教徒、犹太人和殖民地人民的权利的法律条款被废除或至少是最大程度地废除了。选举权扩大，工会得到承认，这些都改变了权力的平衡，从而有利于那些仍然处于社会底
223 层的人民。所有这些都是社会道德的进步，以英国历史为例，这些进步可以追溯到一系列呼唤公众良知的特定运动。这些运动通常首先由有说服力的、献身于推行某一具体改革的个人所发起。这就是现代自由社会的推动力。它来自公民道德思想的进步，这种思想通过自治机制把它的结论转化为社会改革的行为。这是理智过程产生的实践结果，理智过程被它自身的激情所推动，并受到它自身标准的指引。

自由社会的宪法表达了它对这些激情与标准的认可。它的政府事先服从它的公民所自由形成的道德共识，并不是因为公民如此决定，而是因为公民被认为有能力进行**正确**的判断，是社会良知的真正代言人。我知道这与现在流行的法律实证主义相对立，法律实证主义拒绝以任何方式承认一个特定法律结构的“基本规范”的最高权威。[19]因此，我要补充一下：法律改革实际上只是社会改革的其中一个部分。具有强制力的新法规的制定是以自愿的、非正式改革的方式来进行的，即以会话、家庭习俗、道德规范的方式进行。另外，法律本身也在新的司法解释中非正式地被改变；新的重要机构被私下建立，而现存契约关系的整个网络则以成千种方式被自觉地加以更新。[20]立法改革被包含在这些更广泛的、自觉的、私下的、非正式的社会改良之中，而新法律则是为了巩固这种社会改良，去提供可持续发展的新框架。无疑，公民文化

的这些更广泛的变化是立法改革的主要来源，而公民文化的这些广泛变化是由一个受其自身标准所指引、被自身激情所激励的思想过程所决定的。[21]

可能有人提出这样的反对：新法律的通过很少会被人们一致同意，并且在大多数社会中，公民价值也并不像科学价值或甚至艺术价值那样得到普遍的认同。但是，这种差别只是表面上的：不同意见在公民事务中的冲突或许更加显著，但即便如此，这种冲突也只会发生在关于一些当前事务的争论上。过去一百五十年间在英国实行的无数社会改革中，没有几个会在今天被任何一个少数派所拒绝。如果一个国家无法在它过去的公民成就方面达成这种程度的共识，那么这个国家就会陷入潜在的内部斗争状态之中，它就不能被认为具有独立和自由的立法能力，它的自治就是多数派的强权统治。统治阶级的行动也许仍然遵循持存的道德冲动之指引，如同专制统治者和独裁者有时会做的那样，但是，一个通过追求在它内部自由地孕育出公民美德，从而不断改造自身 224
生活的社会形象就不复存在了。因此，我们可以认为，在一个理想的自由社会中，公民生活仅仅依靠道德原则的培育就可以不断得到提升。

第九节　赤裸裸的权力

但是，让我们记住有关权力与物质性目标的事实。虽然人们和谐地被他们一致认可的信念所指导，但是他们还必须组成一个政府来实施他们的目标。公民文化必须有实实在在的强制性才能得到繁荣。它植根于腐败之中。因此面对这一事实，我们必须揭露道德信念的不稳定性。

严格说来，没有任何人能被迫做任何事情。这种说法可能是正确的。在过去的战争与革命时期，很多囚犯虽然受到极其残忍的折磨，但他们坚定地绝不出卖交给他们的秘密或提供假证据去陷害无辜者。当有些人屈服于与“洗脑”相结合的折磨时，这就意味着人格的强迫改变，例如通过药物、脑外科手术或引发神经病或精神病的医药手段所产生的结果那样，而这种改变是人的意志在根本上无法抗拒的。但我们还是必须承认，大多数人是**能够**被引诱而背离自己的意志，会不情愿地遵从在足够严重的威胁下发出的命令，这是可以被说成是迫不得已的屈服。

的确，在这种意义上，带有威胁性的命令本身就是强迫性的，法律必须具有足够的强迫性，因为如果不这样它们就会造成不公正，就会损害守法者的利益而奖励违法者。虽然我们可以设想，法律可以通过纯粹的道德谴责来得以执行，但是我们不必考虑这种遥不可及的可能性，特别是因为这样也很难改变我们的结论：在人类社会中强迫性既是可能的又是必需的。

人们通常会假设，如果没有人民的自愿支持，那么权力是不可能运行的，如同忠实的古罗马禁卫军一样。[22]我认为这并不正确，因为似乎有些独裁者让每个人都感到害怕，例如在斯大林的统治末期，每个人都害怕他。实际上我们很容易看到，在没有得到人们明显的自愿支持的情况下，某个人也可能对很多人发布命令。如果在一群人中，每个人都相信其他所有人都会服从一个自称为他们共同首领的人的命令，那么这群人就会把这个人当作首领而服从他的命令，因为每个人都害怕如果自己不服从命令，那么其他人就会因此而惩罚他。由此，仅仅由于假设其他人会跟着服从命令，就会导致所有人都被迫服从命令，虽然并没有人自愿支持这个首领。这个群体中的每一个成员甚至会觉得必须报告他的同志中间出现的任何异见，因为他害怕在他面前的任何非议都可能是某个**奸细**对他的考验，如果他不把这样的颠覆性言论报告上级，他
225 就会受到惩罚。于是，这个群体的成员可能会相互不信任，即使对于他们所有人都暗中憎恨的首领，他们甚至在私下也只能表示出忠诚之心。这种赤裸裸的权力的稳定性，随着它所控制着的群体之规模的扩大而增加，因为即使少数人由于彼此相互信任而幸运地在凝聚成有限的反抗组织，那么这个组织也会被他们所设想的周围大量存在的忠于独裁者的人所威慑而变得气馁。因此，用强权控制一个大国比控制大海中

一条船上的船员要容易。也因为这样，散布其他地方已经爆发起义的谣言是起义的一个标准策略。

赤裸裸的权力的这种运作原理似乎似乎是绝对真实有效的。很难想象任何权力的行使可以不包含这种因素，而恐怖政权很可能主要是依靠这个原理。同时，最高权力的持续行使不可能仅仅来自强迫，因为没有任何统治者(在其明智的一面)可以在不心怀某种公共目标的情况下继续对他的臣民发号施令，他的臣民也不会不在某种程度上承认这一公共目标的情况下听从他的号令；而且，这种合理的行为倾向会为统治者的政权带来声誉，没有任何独裁者(除非是疯子)会放弃这种提高声誉的手段。事实上，我们可以预测，没有任何独裁者会不使用他的强权来向他的臣民灌输对他自己的忠诚，因为，如果每一个人都能在一定程度上相信服从独裁者是正确的，而不服从独裁者是错误的，那么刚刚出现的反对意见就会被错误感所遏止；如果即使这样，反对意见还是最终表现了出来，那么它的声音也会由于社会的广泛反对而变得沉默。对于统治的合法性要求是一种令人生畏的权力工具。甚至像希特勒和斯大林这样把赤裸裸的权力机器推向极致的人也从未停止过为巩固权力，而向公众进行持续的自我辩护。[23]

要进行自我辩护，就要在行使权力时保持一定程度的一致性，并且这种一致性要遵照被统治者可能被看作是合理的法规和政策。这些法规表现得越是合理，执行这些法规的政府就越有保障，但其作出决定的 226
范围也就因此而越受限制。事实上，赤裸裸的权力可能用来支持自己的任何论证——无论多么虚假多么荒谬——都必然要承认某些广为接受的原则作为其论证的基础。希特勒等人的谈话表明，尽管他们愤世嫉俗，他们还是相信他们的专制统治的正当性，并且相信除了他们从事过的某些背信弃义的事情以外，他们对世界的理解与他们自己的宣传没有什么太大的区别。[24]

极权主义独裁统治下的人们可能非常讨厌他们的统治者。但是，只要以上这些因素有效地阻止了一个独立的理智生活之领导权的形成，那么，即使普遍否定官方的正统思想也无法产生其他思想运动。因此，官方的意识形态就频繁地被人们自动用于对于事件的阐释，即使他们并不支持这些意识形态。极权主义已经清楚地证明，除了权威机构的运作外，没有任何现代文化——无论是个人文化还是公民文化——可以生存。

第十节　强权政治

我们已经看到，即使公共权力最初是建立在恐怖之上，它也不可能不通过说教来巩固它的强制力；为了控制其人民而培养的思想也在某种程度上支配着统治者自己的行为。因此，为了实现不道德的目标而滥用道德感召力，所产生的结果似乎就证实了道德的内在解放力量。

但是，权力要接受约束，这是权力利用道德来实现自身的强制性目标付出的代价，这种约束只是证明了道德是权力的必不可少的，却是固执己见的盟友。它并不意味着道德可以按照自身的原则永远控制权力；公民文化仍然还是依靠暴力和物质目标，因此还是可疑的。自由社会的历史也没有消除这种怀疑。相反，我们看到每一个新的道德问题是如何引起利益冲突的；被压迫者是多么频繁地施加压力，迫使特权阶层在道德上不断进步；现行的特权之分配是如何总是赋予受益者以相当大的权力，来抵制剥夺其利益的改革；以及他们如何通过暴力使不公正的状态永久持续下去。我们的确可以说（我在后面还会再谈这一点），因为任何单个的细微改革必定依靠现存的社会结构作为其母体，这一结构以及该结构内在的不公正绝不可能通过任何一系列细微改革而
227 得到根本改善。因此，我们依旧可以怀疑任何社会——不管该社会是多么自由和自治——的统治者，除了采用那些用来诱使其臣民（及其外国盟友）去相信其道德说教的道德主张之外，是否还会采用其他的道德主张。

这种怀疑可以追溯到古代；在现代，它首先被马基雅维利(Machiavelli)重新提了出来。弗里德里希·梅尼克(Friedrich Meinecke)在第一次世界大战结束时撰文，他从马基雅维利开始，经过一系列伟大的思想家，追溯了大陆政治理论如何逐渐承认公共权力在国内统治中以及在外交事务中的必不可少的不道德性。

梅尼克根据这种方式来解释德国与其对手之间的意识形态冲突。他认为，德国被指控为是不道德的，只是因为它坦率地声称力量就是正义，而同样不择手段的盎格鲁—撒克逊权势们则继续在口头上赞美道德。他们通过指责德国对于强权政治的直率承认，从而获得了不公正的道德优势，而实际上他们自己暗中却遵循着强权政治的原则。梅尼克把这种情形的起源追溯到德国思想界对权力必然具有罪恶性的认识，以及德国哲学界为了克服这一矛盾而进行的大胆尝试，即把道德设想为一个具有内在优越性的强权兴起时的必然产物。他承认，由于这种哲学很容易被野蛮化理解，从而使德国人被误导，但是他相信，盎格鲁—撒克逊人只是对自己的言行之间的矛盾视而不见，从而避免了类似的结果。[25]

梅尼克对政治的不道德性的论述可谓是一个里程碑。他把第一次世界大战看作第一场由暴力学说所引发的、相信它自己比进行道德说教的对手更具有理智优势和道德优势的大规模运动。但是他并没有看到这场战争只是即将到来的风暴的一个涟漪。在追溯现实政治观念的发展时，他甚至没有提到马克思主义。所以，他不能怀疑政治中道德原则的整体不稳定性，这种不稳定性在20世纪的革命中表现出来了。

第十一节 苏联马克思主义的魔力

苏联马克思主义*的宣传感召力是具有(所谓的)道德力量的一个最

* 作者在论述马克思主义、共产主义、社会主义时，其具体的指涉对象都是苏联。因此，为了不造成误读，本译本在涉及马克思主义和共产主义的地方，都加上“苏联”这一限定词。——译者注

有趣的例子。因为它是具有悖论性感召力的最精确阐述的体系，并且这种自相矛盾实际上为苏联马克思主义运动提供了主要推动力。以赛亚·伯林(Isaiah Berlin)在他的马克思传记中，表明他通过这种自相矛
228 盾的原则——拒绝一切理想的预言家式的理想主义——来发挥他在宣传方面的天赋：

> 他署名的很多宣言、信仰承诺以及行动纲领的手稿中，很多地方被用笔划出来了，在旁边还有很多评论，关于他那个时代的民主运动，他试图去掉所有关于永恒正义、……个人及国家的权利、良知的自由……以及其他类似的表述……；他把这些看作是无用的空话，因为这些话语暗示着思想的混乱和行动的无效性。

并且事实上，并不是**尽管有**这种对于正义、平等和自由的鄙视，而正是**因为**这种轻视，使得很多人认为相对于那些公开承认这些理想(正义、平等和自由)的国家，苏联才取得了这些理想的真正胜利。正如汉娜·阿伦特(Hannah Arendt)正确观察到的那样："布尔什维克在俄国内部和外部都保证他们并不承认通常的道德标准，这变成了苏联共产主义宣传的一个核心要素……"

为什么如此自相矛盾的学说竟然具有如此高超的说服力？我相信答案是，它使遭受道德自疑所折磨的现代心灵能够满足自身的道德激情，并且同时能够满足它对于冰冷的客观性的激情。苏联马克思主义通过"辩证唯物主义"哲学，把我们时代高度的道德活力与我们坚定的批判热情(要求我们客观地看待人类事务即把人类事务看成拉普拉斯式机械过程)之间的矛盾化为乌有。这些使自由心灵变得犹豫而难以应付的自相矛盾的东西，就是苏联马克思主义的吸引力与力量：因为我们的道德渴望越是无节制，我们的客观主义视角越是全面地具有非道德性，这些互相强化的矛盾原则就越是强有力地结合起来。

苏联马克思主义通过列维-布留尔(Levy Brühl)称之为"参与"

(participation)*的原始心灵运作来实现这一巧妙的结合。[26]对于原始思维来说，当一头狮子把一个村民撕成碎片时，妒忌这个村民的邻居正参与着狮子的活动；瘟疫和灾祸总是被认为是某个不怀好意的人带来的。更高级的宗教有时把厄运解释为上帝对过去所犯下的罪恶的惩罚。在更近的时期，历史循环论用历史必然性取代了上帝，因为它更容易(如果不是更不可理解的话)顺应历史。在每一种情形中，我们都看到了在显明事件之中存在着一个能动原则；内在性和显现性之间的关系与目标与其实现之间的关系相同，除非这种关系要么是超自然的，要么是不明确的。 229

对于这种普遍类型的操作——特别是对于其现代变种，即历史循环论——苏联马克思主义给它增加了两个特征，从而极大地增加了它的范围和说服力。首先，在这种情况下的能动原则是无限道德要求的集合，这些道德要求突然间传遍全世界，并在数百万人中找到回应，这些人到目前为止还生活在漫长的被剥削与悲惨之中；而与此同时，一个具有严格“科学性”的裁决被用来确定那些能够实现并完成这些道德要求的事件。其次，苏联马克思主义的机制由于在两个相互对立但又互相影响的方向上运作而被增强了。在阶级社会，物质利益被看作是内在于道德渴望之中，而在社会主义国家情况则相反：道德内在于无产阶级的物质利益之中。

这种双重性也许看起来像是苏联马克思主义的另一个悖论性的特征，但实际上它可以被看作直接产生于以下这种过程：内在原则被置入显明事件之中。要看到这种情况的发生，你必须想象你从一开始就像马克思那样充满着对社会主义的激情和对资本主义的恐惧。用这种方法考察自由、正义和博爱的理想，你就会观察到，例如，以这些原则为基础的拿破仑法典在摧毁封建秩序方面，以及为资产阶级及其企业私有制在全欧洲开辟道路方面最为有效。你也会注意到它一直是资本主义

---

* 又译为“互渗律”。——译者注

秩序的卫道士。因此，资产阶级理想就表现为纯粹的资本主义上层建筑：它既反对它已颠覆其统治的封建主义又反对无产阶级，并竭力使它对无产阶级的奴役变得永久化。资产阶级利益内在于资产阶级的道德理想之中。这是第一种内在性，是苏联马克思主义的**否定**部分。

另一方面，现在请思考一下社会主义的革命行动。你充满激情地想要看到工人推翻资本主义并建立一个自由、正义、博爱的国家。但是，你却不能以自由、正义与博爱的名义提出这个要求，因为你蔑视这样的感情用语。因此，你必须把社会主义从乌托邦转化为科学，为了做到这一点，就必须断定“无产阶级”对于生产资料的占有可以解放被
230 资本主义所束缚的财富增长。这一肯定满足了社会主义的道德渴望，所以被满怀这样的渴望的人作为科学真理接受下来。于是，道德激情被转化成科学断言的形式。这就是第二种内在性，是苏联马克思主义**肯定**部分。它保护着道德情感不会被贬低为纯粹的感情用事，同时又给这些道德情感赋予某种科学必然性；另一方面它又给物质目标增添了道德激情。

现在我们可以看到，苏联马克思主义的这两个部分的运作都否定道德本身具有任何内在力量，然而它们在这样做时又都诉诸道德激情。在第一种情况下，我们看到从资产阶级内在利益方面对资产阶级理想所作的分析，由于这一分析的隐含动机是谴责资本主义，所以分析就变成了对资产阶级**虚伪性**的揭露。由于从物质利益方面对道德主张所作的这种分析可以相当普遍地被应用，因此对资产阶级虚伪性进行揭露的人的道德动机也应该被怀疑。但是这些动机是安全而不会被揭露，因为它们从没有被说出来过。实际上，这些动机活跃在揭露资产阶级意识形态的整个过程中，它们在别人心中唤起了强大的道德激情——但一直没有作出过任何道德判断。它们的鼓动力正是通过用纯粹科学术语进行揭露而获得的，而它们使用的纯粹科学术语可以避免进行道德教化的嫌疑。

当然，这些假定的科学断言之所以被接受，只是因为它们满足了某

些道德激情。在这里，我们看到了关于资产阶级意识形态的**理论**和这一理论所隐含的**动机**之间的**自我确认式回应**(self-confirmatory reverberation)。这种典型结构我将称之为“动机—目标匹配”(dynamo-objective coupling)。因为满足道德激情而被人接受的所谓的科学断言，将会进一步激发这些激情，并由此给相应的科学断言赋予了更大的说服力——这样无限循环下去。另外，这样一种“动机—目标匹配”也有强大的自我保护能力。对它的科学成分所作的任何批评都受到它背后隐含的道德激情的反击，而对它作出的任何道德上的反对意见都由于援引它的科学发现的必然结论而被冷落。当它受到攻击时，动机和目标这两种成分中的每一方都轮流吸引开对方的注意力。

我们可以看到，这种结构也隐含在苏联马克思主义的学术批评家所揭露的逻辑谬误之中，并解释了为什么这个错误尽管被揭露出来还是继续存在。批评家们说，没有任何政治纲领可以从关于资本主义必然被无产阶级所摧毁的预言中得出。因为，为了一场被说成是胜负已定的战斗招募士兵是毫无意义的；但是，如果这场战斗还胜负未定，那么你就无法预见它的最终结局。[27]但是在“动机—目标匹配”中，人们不会 231
再从逻辑上反对用历史预言来号召人们为历史的确定结果而战斗，因为这一预言之所以被接受，仅仅是因为我们相信社会主义事业是正义的，而这也意味着社会主义的行动是正确的。所以，这一预言意味着对于行动的召唤。

但是，在这里还需要补充。如果我们的不诚实感仅仅是我们用似是而非的社会学的博学术语来掩饰我们对正义的渴望，那么这种掩饰也许只是可怜的。不幸的是，当道德激情被装扮成科学命题时，它就经历了一个极为重要的变化。我已经提到过这种变化，当时我说，假设人们从道德上对苏联马克思主义行动提出任何反对，那么，其他人都可以通过表明苏联马克思主义具有“科学的”正确性而将这些反对抛在一边。我们可以看到在这里发生了什么：当被转换为具有同等意义的科学断言时，苏联社会主义的道德动机就脱离了原来的道德情境。它变成了一种孤立的激情，不再具有道德意义。这是一种狂热，这种狂热固定在最开始的道德激情之物质对应物之上，也就是说固定在“工人阶级的利益”上，或者更准确地说，固定在那些被认为是代表工人阶级利益的人的强制权力上。这是对于权力的狂热崇拜。

这就解释了现代极权主义有意为之的狂妄，也解释了极权主义这种公然的狂妄之举的道德感召力。因为这种做法可以被用来证明它的权力体现着正义，并因此让人们承认：除了不顾一切地捍卫它自身的最高地位，此外再无其他更高的义务。在这种名义之下，统治者可以对宽容和诚信不屑一顾，不仅仅是因为私利（马基雅维利会同意他们这么做），而是因为他们的进行道德说教的对手是感情用事、伪善，并且大都是糊涂的，因此他们具有一种道德优越感。那些藐视并否定一切道德动机之真实性的怀疑论者，会狂热地聚集起来并在道德上支持赤裸裸的权力。

苏联马克思主义一旦被接受，它就消除了在道德的普遍主张与其对于权力和利益的现实依靠之间的永远存在威胁性的矛盾。为了做到这一点，苏联马克思主义是通过否认道德主张具有道德性，而为道德主张赋予了一种特定政治权力的内在运作形式。普遍性则通过这一具有内在正义性的力量不可避免地征服世界而实现。

因此，我们可以看到，苏联马克思主义错误地被指责为唯物主义：它的唯物主义是其道德目标的掩饰。的确，通过这种掩饰，激情脱离
232 了它们的道德情境，并且被用来服务于物质财富的增加和政治力。但是这并没有把隐含着的社会主义发展动力转化为对于舒适生活之渴望。对于社会事业的狂热仍然为苏联共产党的政府提供情感辩护。因此他们孜孜不倦地为经济活动赋予高度的道德意义；因此他们骄傲自大，他们忽视了人民最迫切的需要，例如更好的住房，而热衷于建造华丽的摩天大楼和隐秘的大理石厅堂；因此他们所提出的非常奇怪的经济体系只强调生产而忽视了消费。我们这些西方人非常希望看到苏联的任何代表真正唯物主义的征兆。因为政权一旦真正地决定追求物质利益，那

么它就会失去它的狂热性；对于舒适生活的喜好也许是不光彩的，但是人们也许会相信这种喜好可以得到宽容。

不道德行为的道德感召力在我们时代的其他群众运动中也同样有效。梅尼克曾在泛日耳曼主义（Pan Germanism）中发现了它的早期形式，而希特勒的崛起则以一种极其彻底的方式完全证实了这一结论。希特勒发起的运动主要还是根植于德国的浪漫虚无主义。这一学说的基本立场是：卓越的个人就是要独断专行，而且他作为一个政治家，可以无所顾忌地将自己的意志强加于世界的其他地方；同样，一个国家也有权利和义务去实现它的“历史使命”，而无须考虑道德义务。这种学说与道德的普遍要求相矛盾，它们把道德与个体或国家的自我实现联系在一起，而这种充满情感的功利主义可以通过强烈的爱国主义，把我们时代一切无节制的社会希望都统一起来。因此，这两者都体现于希特勒统治下的德意志世界政府的目标之中。

内在于希特勒纲领中的巨大道德激情，解释了它正是通过自身的无 233
所顾忌而产生了强大的道德感召力，例如对德国青年运动的很多成员的感召力。[28]不管什么时候，当狂热与愤世嫉俗相结合的时候，我们都必须怀疑那是否一种“动机—目标匹配”，而如果我们发现愤世嫉俗情绪正在发出道德呼吁，那么它就一定是“动机—目标匹配”。希特勒的疯狂首先是罪恶的，但他对德国青年的号召是道德上的：他们把罪恶行动当作道德责任而接受了下来。他们的反应是受到他们的信念决定的。他们相信，这些动机只是权力的理性化表现，而只有权力才是实在的。这样就产生了他们对说教的厌恶以及他们对无所顾忌的暴力的道德激情。

在几年前发表的一个初步研究中，我把这一原则称为“道德倒置”。[29]当然，这样的倒置永远不可能完全实现。无论多么狂热，也没有任何政权可以不受任何公开的道德约束而采取行动。在描述赤裸裸的权力必定要通过说教来获得支持，同时也对自身加以限制时，我已经论述过这一点了。另一方面，道德倒置的因素可以被认为在每一次严酷的权力行使中起作用。如果说“难办的案件导致不公正的法律”(hard cases make bad law)的话，那么，最好的政府似乎就必须偶尔做些不公正的事了。这是真的，但偶尔作些权宜让步并不损害这些让步所偏离的道德原则，正如道德倒置的原则并不会被“偶尔对公开的道德作些让步”这一事实所否定一样。

第十二节　道德倒置的虚假形式

我们还必须警惕以下这种假设：对道德动机进行唯物主义的解释必定会产生道德倒置。并非如此。道德倒置的虚假形式是很常见的。人们可以继续谈论实证主义、实用主义和自然主义的术语很多年，但对于这些理论避而不谈的真理和道德原则，人们依然保持尊重的态度。

弗洛伊德的著作就是一个例子，他在其中用心理学来解释文化。[30]他在末尾处特别指出：“我唯一能确定的是，人的价值判断绝对受到他们对幸福之欲望的引导，所以，价值判断仅仅是试图通过论证来增强他们的幻想。”[31]然而，在相同论著的开篇，弗洛伊德就表达了他对罗曼·罗兰深深的敬仰之情，佩服他拒绝接受人们共同使用的错误标准，因为人们追求权力、成功和物质利益，羡慕其他人能获得这些东西，但是却不能欣赏生活的真正价值；[32]另外，在另一处，弗洛伊德表明自己支持开明社会的理想，在其中“所有人为了所有人的幸福而共同工作。”[33]

在这里，我们看到了“动机—目标匹配”的运作方式与它在苏联马克思主义中的运作方式相同。道德的功利主义指责所有的道德情感都是虚伪的，但是这种道德愤怒却被安全地伪装成科学陈述。在其他情况下，这些隐藏起来的道德激情又会重新出现，要么暗地里认为道德理想是对社会不满者的无声赞扬，要么认为道德理想是功利主义的伪装形式。

批判心灵与道德交锋时的这种推诿可以追溯到古代。修昔底德无意中记录了雅典人如何在某个时期确认上帝和人之间只有一条法则，即“尽可能地统治一切”；以及雅典人如何嘲笑斯巴达人的虚伪，斯巴达人同样追求自己的利益，却用正义和荣誉来掩饰这种追求。在下一个时期，同样是这些雅典人，他们在通向安全的自我利益之路与通向危险的正义和荣誉之路之间划清了界限。他们可怜地试图找到一套具体的说辞，然而在伯里克利的《葬礼演说》*中，伟大的雅典人对伟大雅典的热爱退回到对于其无与伦比的事业的吹嘘上了。 234

自从18世纪以来，我们再一次看到许多顽固的功利主义者高尚地坚持着他们在逻辑上无法解释的道德信念——而只是到了20世纪，这种内在矛盾才渗透入大众思想。如今，我们的道德判断普遍而言是没有理论保护的。它们可能把自己伪装成关于“侵略”“竞争”或“社会稳定”的社会学，并用这些词语号召人与人之间应该具有更多的仁慈、慷慨、宽容和博爱。社会学家教导公众不要相信传统道德，而公众又心怀感激地从社会学家那里重新接受了被科学包装过的传统道德。确实，当某个著述者通过否定道德的存在，从而证明了他思想敏锐并且不会感情用事，而当他真的进行道德说教时，他却会受到人们满怀尊敬的聆听。因此，把我们的道德渴望用科学伪装起来，这不仅可以保护它们在根本上不受虚无主义的破坏，甚至还可以让它们暗中有效发挥作用。这就是像边沁或杜威这样的大改革家得以把他们的功利主义用于道德目标的方法。

要认识道德倒置的存在，就是要认识到道德力量是人类的主要动机，就是要否定“升华”（如同弗洛伊德所设想的那样）是文化创造的基础。当然，道德力量来自教育并被教育所塑造，甚至人类理智与艺术能力都是受到教育的激发。然而，这并不意味着道德仅仅是自身利益的理性化或科学是性欲之“升华”。相反，弗洛伊德对道德的解释本身

* 即伯里克利在阵亡将士国葬典礼上的演说，记载于修昔底德的《伯罗奔尼撒战争史》。——译者注

只是道德倒置的一种虚假形式。弗洛伊德的这种解释是现代语言的一种消解，而现代语言是试图用客观主义——不如说是欲望——的术语来取代直接的道德术语。

但是，依靠以下这种立场是很危险的，即人们继续无限地追求他们的道德理想，而他们所采用的思想体系却否认这些道德理想的实在性。这种危险性，不是因为他们可能会失去自己的理想，这并不常见，并且通常没有严重的公共后果，而是因为他们可能滑入全面道德倒置的在逻辑上更稳定的状态。因为客观主义的伪装只有在道德信念（它增强了这些道德信念的内在不稳定性）保持相对平和的状态下才能维持下去。就像在 18 世纪末兴起，并从那以后席卷全世界的对社会生活的道德要求
235 的巨大浪潮，必定要寻求一种更为有力的表达方式。当它被注入功利主义的框架时，它就改变了自身也改变了这个框架。它变成了暴力机器的狂热力量。道德倒置就这样完成了：伪装成野兽的人变成了弥诺陶洛斯（牛头人）。*

第十三节　对知识分子的诱惑

在本书中，公开蔑视道德顾忌所产生的道德感召力是用道德倒置来解释的。类似的解释也用来解决另一个悖论：斯大林的政权受到一些杰出的西方作者和画家的拥护，但他们自己的作品却受到这个政权的谴责和镇压。确实，正如切斯瓦夫·米沃什（Czeslaw Milosz）所指出的那样，事实上这个政权的感召力部分地来自以下事实：它宣称对现代艺术和文学感到厌恶，并且下决心让一切文化追求都从属于国家。米沃什根据自己在波兰的亲身经历记录了这样的事实：这些情感和策略是马克思主义对波兰知识分子的一部分诱惑。[34]

---

* 弥诺陶洛斯（Minotaur）：古希腊神话中的人身牛头怪物。——译者注

要理解这一点，我们必须首先考虑到揭露和灌输——即苏联马克思主义的否定性和肯定性操作——可以被应用到从资本主义过渡到社会主义的每一种思想形式中。正如资产阶级的自由与民主的理念被揭穿，而一党专制被赋予内在的自由性和民主性那样，资产阶级的艺术和文学也被这样揭穿，对于苏联社会主义的美化被赋予艺术和文学的价值。所有的文化生活都要接受这样的转化，这使文化生活在苏联社会主义国家的绝对统治者的意志下完全服从于社会主义国家的利益。这个过程与道德倒置的逻辑相一致。但这一事实并不能完全解释这样的倒置为什么吸引了自由国家中众多的知识分子，而这些知识分子所追求的使命是极权主义所拒绝和压制的。

解开这个谜的第一条线索，已经被“揭露”这个词所暗示出来。在 19 世纪，苏联社会主义不是反抗资产阶级统治的唯一力量，科学主义也不是攻击资产阶级理想的唯一武器。与这些思潮结成盟友的是知识分子的普遍异化（alienation）。浪漫主义运动和科学主义的共同作用，产生了一种现代性的文化虚无主义，并像苏联马克思主义那样全面地批判当时的社会。那个时候，现代人过度的道德渴望由于人类正常的自满、自私和虚伪而倍感失望，人们通过把道德解释为人们不得不服从的东西，来解释这些人类的缺点。另外，正如在苏联马克思主义中一样，这里的道德虚无主义标志着格外强烈的道德热情。屠格涅夫曾 236
用一个叫作巴扎罗夫的学生——哲学虚无主义的文学原型——对此进行了描绘。

虽然哲学虚无主义者是激进的个人主义者，但他们却很自然地倾向于同情那些旨在全面摧毁社会的革命运动。即使如此，以下事实还是需要被解释：他们中的很多人愿意走得更远，满怀激情地去支持极权政府，而极权政府对于他们作为知识分子的使命是持敌对态度的。我们只有把这种情形放到其历史背景中才能更好地理解。

我们必须承认，一个世纪以来，个人虚无主义一直给文学和哲学提供灵感，又激起文学和哲学对它进行回应。自从 19 世纪中叶以来，对资产阶级社会的憎恨和反叛的反传统道德主义以及绝望感一直是欧陆伟大的小说、诗歌和哲学的流行主题。反庸俗主义孕育出大量不拘传统的现代艺术家，并且激发了这些艺术家的强烈创造力，使美术推陈出新，产生了大量的史无前例的杰作。

但是，这些成就使它们的作者因自我怀疑而受辱。他们对现存文化的仇恨传播开来（如同在马克思主义中）并汇聚成了对人性和人类思想的攻击。皮尔·金特*在他虚幻的人生历程将结束时，以洋葱的形象认识了自己：装腔作势的人生如同叶瓣那样一片片地被剥除，在核心处却空无一物。资产阶级百科全书编写者布瓦尔和佩库歇（Bouvard and Pécuchet）**在虚幻的迷宫里迷失了自己。罗伯特·穆西尔（Robert Musil）的“没有个性的人”***已经不再是人了，因为这个人只是思考人生而不是度过人生。“思想、思想、关于思想，关于（关于思想的思想）的思想”这一徒劳无益的无穷倒退，耗尽了萨特《理性时代》一书中马修·德拉鲁（Mathieu Delarue）****的精力。然而一个像加缪的“局外人”这样的完全没有反思的人同样与现实相脱离，而被囚禁在他的私人世界里。萨特的小说《恶心》中，一切意义的毁灭正是以上这一系列进程的终结点。

因此，我们就不能真诚地说出任何东西了，所有的理性行动也变成了毫无生趣的陈词滥调；只有暴力才是诚实的，但只有无端的暴力才是真正的行动。到了这个地步，现代知识分子也会把自己包含在他对他那个时代的道德与文化之无意义的厌恶与蔑视之中。在把宇宙看得彻底无意义以后，他自己也融入这种无尽的荒漠。

---

* 《皮尔·金特》（Peer Gynt）是挪威著名的文学家易卜生创作的一部最具文学内涵和哲学底蕴的作品，皮尔·金特是其中的主人公，他一生经历了各种离奇的冒险，却迷失了自我。——译者注

** 《布瓦尔和佩库歇》是19世纪法国伟大小说家居斯塔夫·福楼拜未完成的一部长篇小说，布瓦尔和佩库歇是其中的两位主人公，他们试图穷尽所有科学知识，却越来越困惑不解。——译者注

*** 罗伯特·穆西尔（Robert Musil）是奥地利作家，他未完成的小说《没有个性的人》被认为是最重要的现代主义小说之一。——译者注

**** 马修·德拉鲁（Mathieu Delarue）是萨特的《理性时代》中的一个人物。——译者注

如果在这个时候，知识分子受到把他与资产阶级等同起来的苏联马克思主义揭露者的侧面攻击，知识分子的地位就非常危险了。他觉得自己生活于精神荒漠之中，而随着这种意识的不断增强，他很容易会认同苏联马克思主义的分析，从而把他自己的艺术和科学仅仅看作是卑鄙的资本主义上层建筑。另外，对这一攻击的任何反抗，很容易会迫使他成为资产阶级的伙伴，反而证实苏联马克思主义的正义性，这也会威胁着要剥夺他对于资产阶级的批判立场，而这种立场本来是他引以为傲的。这种困境本身足以说明像萨特、毕加索和贝纳尔(Bernal)这样的 237
人为什么屈服于否定他们自身理智追求的哲学。由于在他们自己的资产阶级政权的保护下他们暂时还能愉快地继续从事这些追求，情况就更是明显了。

在这里，我们到了一个转折点。如果政治行动是以虚无主义为基础的话，那么哲学虚无主义者的隐秘的道德激情总是可以被政治行动所利用。他可以通过承认无所顾忌的革命政权的正当性而安全地释放自己的道德激情。在暴力的推动下，他的高尚愿望最终可以得到提升，而不会有自我怀疑的危险，他的整个人都会对一个如此尖酸刻薄的公民家园作出愉快的回应。最后，他投身其中；他安全了。

不可否认，艺术家或科学家仍然很难把苏联共产主义专政的沉闷文化目标看作是真正实现了他们的使命。但是，他可以为了不完全是卑鄙的原因而努力克服自己的反感，因为这样他就获得了解放，就不属于“一个腐朽社会的垂死文化”或不再属于任何社会了。他也可能觉得，在共产主义社会中的附属角色只是暂时性的，因为**历史必然性**的胜利最终必定像满足肉体需要那样满足精神需要，况且在那个时候他所要做的通常只是为官方的文化纲领说点好话罢了。

另外，用内在于历史必然性中的客观正确性来替代艺术家为自己设立的标准，这种诱惑力是很大的。这种正确性似乎是不言而喻的，因为在“动机—目标匹配”中，一个政权可以通过它的胜利这一简单事实来证明其历史必然性，因此，这样一个政权所制定的文化标准必定显示出其内在的正确性。只有摧毁苏联共产主义社会赖以为基础的基本“动机—目标匹配”，它的文化训导才能受到怀疑。所以，这些文化训导给知识分子对免受自我怀疑的客观标准之渴望提供了一个坚实的框架。[35]

第十四节　马克思列宁主义的认识论

自公元前5世纪希腊哲学兴起以来，人们就一直在思考有没有可能去系统地怀疑他们所相信的东西。苏联马克思主义是一种相对稳定的框架，在这种框架中，道德渴望被固定在物质目标的追求上，并以此为代价来从自我怀疑中解脱出来。但同样试图把道德渴望固定在物质目标的追求上，这对于艺术的激情来说却似乎不太成功。虽然在斯大林时期的苏联人民并不缺乏道德目标感，但他们对官方的艺术作品感到厌
238 倦。而且，试图把追寻真理与苏联共产主义的发展等同起来，这也遇到更大的困难。这有很多原因。

尽管有休谟的怀疑论及其先驱一直到古代的皮浪主义怀疑论（Pyrrhonism），但20世纪自由社会的科学家却并没有产生自我怀疑。相反，人们对科学的信念是至高无上的，是唯一不受挑战的信念。确实，根据孔德所发起的实证主义立场，人类的一切思想都被看作朝向科学完美性前进的谦卑的朝圣之路，而对于马克思和恩格斯来说，自然科学是客观真理的典范：对于他们来说，科学必定**不是**现在被揭示的意识形态，而是未来要被视为社会主义之胜利的意识形态。不过，有关道德激情的“动机—目标匹配”一旦被牢固确立之后，它就不可避免地扩展到科学中去，就像它曾经扩展到艺术追求中去一样。科学中的新马克思主义在1930年左右首次出现，并在之后的十年里成为斯大林领导下的苏联官方理论。最开始，它被限制在对科学史进行重新解释，试图表明科学史的每一次进步都是为了适应实践需要。赋予纯粹科学以

独立地位，这种要求被嘲笑为仅仅是势利行为。[36]因此，通过把科学揭示为真正的技术，从而把技术颂扬为真正的科学。由于技术可以获得物质财富，因此技术就被视为进步和社会主义本身的一部分。所以科学追求就变得最终体现于社会主义的进步。

到这里为止，这个观点还是一个没有太大危害的谬论。不过，揭露行动很快就变得更恶毒了。最开始，揭露行动对“资产阶级科学”的现代发展成果如相对论、量子力学、天文学、心理学等方面进行零散的污蔑，最后在反对孟德尔主义的运动中达到了高峰。新的立场最终在 1948 年 8 月确立。李森科胜利地向科学院宣布，他的生物学观点被苏联共产党中央委员会批准，当时科学院的全体成员一致同意这个决定。

现在，科学的普遍性受到明确的否定，资产阶级对科学的普遍有效性的立场被揭露为是具有欺骗性的意识形态，而苏联的科学则直接依靠于党性或阶级性。由于苏联马克思主义的双重机制，“一切科学都是阶级科学”这一学说既被用来否定资产阶级科学，又被用来建立社会主义科学。此外，在为党服务的同时，科学在新的意义上重新获得了普遍性：真理的普遍性被未来共产主义世界政府的内在正确性以及不可避免历史胜利所取代。

在苏联的这种鉴定科学的方法中，“客观性”和“党派性”的双重 239
意义是自洽的。资产阶级科学对客观性与普遍有效性的主张被揭露为是一种欺骗，因为这些主张对于科学、历史或哲学所作的任何断言都不可能是客观的，事实上它们只是党派斗争的武器。而苏联马克思主义主张把政治融入科学之中，并使每一个政治行动都以对它必定运作于其中的社会条件之严格客观评价为基础；把资产阶级的客观性揭露为具有党派性，这一事实本身就是马克思主义所具有的客观性的一个示例。但是，这样的客观性并不要求具有普遍性，因为如果它声称资产阶级可以被说服去承认它是客观的，它就会自相矛盾了。所以，苏联马克思主义只有在把自身视为无产阶级的党性武器的意义上才宣称具有客观性。无论“客观性”还是“党派性”都不是对的或错的。只有社会主义才是对的(即正在崛起)，而资本主义是错的(即正在没落)。所以，斯大林政权要求苏联学者(在普遍有效性的意义上)接受社会主义党性的指导，这与苏联马克思主义自身对客观性的要求是一致的。[37]

这种知识论如果被严格运用，就会阻碍大部分自然科学的发展，只有那些处于纯科学与技术的交叉领域的小部分科学才得以幸免。在前文，我已经从更广泛的角度阐述了拉普拉斯纲领的这一后果。现在我们可以看到，关于人的客观主义所产生的激进功利主义，本身并不会导致这一后果。因为激进功利主义的理路通常会被仁慈地不加采纳。只有当试图激进地改变社会的巨大道德愿望融入关于人的机械论观点中时，才会使用权力去才强制执行这一理路。即使如此，这种尝试还是可能会失败：科学家的求知激情可能会成功地抵抗它，使得极权主义对科学思想的影响，仅仅会导致科学家在语言上掩饰科学的正当标准。实际上，甚至在生物学中，虽然苏联的科学论文的基本观点要受到苏联马克思主义理论的限制，但是科学家在写论文的时候只要加上一些苏联马克思主义式的简单套话就可以应付了。

第十五节　关于事实的问题

现在我们看到，在前面的所有论述中，我自信地谈论诸如科学和艺术这些东西，并且把它们视为构成了我们文化的一部分，也谈论了维护
240 着正义与尊严的法律和道德，我一直在回避一些决定性的问题。我提到“资产阶级”科学、“资产阶级”艺术以及一般的“资产阶级”文化、法律、道德、正义，等等，斯大林主义的评论家不承认它们是真正的科学、艺术、文化、法律、道德、正义，等等，而把它们谴责为腐朽、客观主义、唯心主义、世界主义、形式主义或不民主的东西。他们否定我在谈论科学、艺术、文化、法律和道德时认为理所当然的一整套标

准，并把坚持这些标准的求知激情与道德激情（我已经表明我享有这些激情）贬低为虚幻的主观状态。从批判反思的角度看，这些标准的不稳定性对于他们来说不是焦虑的根源，而是胜利之满足感的根源。这种不稳定性的最高形式，在我看来，是人类心灵的最后的自我毁灭，但对于他们来说这只是最终揭露了我的唯心主义的骗局。如果标准被看作是靠权力维持的，那么，这就不再使它们显得是可疑的，而使它们带上了可靠性的标记。

在这里，这种思想倒置的过程也没有彻底停止。它不可避免地损害了关于事实——关于事实的通常性质——的观念。请记住，我们关于事实的绝大多数信念是通过信任别人，从而间接获得的；在绝大多数情况下，我们都是因为某些人所担任的公共职务，或者是因为我们推选他们为理智领袖，而把信念寄托于他们的权威之上。在自由社会中，科学领域之外的公共事实的确立是由报纸、国会和法庭来完成的。它们所进行的事实调查与社会学家、历史学家和科学家的调查是一致的，而且也被社会预先授予了极大的信誉，尽管总是有一些可疑的情形，使得相互对立的主张会为了获得公众的认可而相互竞争。与科学一样，这种共同的信念体系依赖于一系列互相重叠的领域。在每一个这样的领域，都有一些权威人士可以互相关注对方的诚实性和对重要事情的理解。与这种互相信任之网相关的社会，可以被说成是维护着某种“事实性”的标准，只要人们接受它的事实调查的方法。

当然我们也知道，即使人们对事物本质的概念在其他方面是一致的，他们也可能在关于某些事实的实在性上产生根本分歧。在重大的科学争论中，双方并不承认相同的事实是真实的和有意义的。一个相信魔法、巫术和神谕的社会所相信的整个事实体系，在现代人看来会是虚假的。类似的逻辑鸿沟可以在欧洲历史不同时期盛行的事实性标准中找到。但我在这里将继续关注当代政治动态对事实问题之认可的影响。

自由社会中关于事实的共识所依赖的、极大扩展的互相信任网络是 241

脆弱的。任何一个使人们尖锐对立的冲突，往往都会破坏双方的信任，并使人们很难对于这一冲突所涉及的事实获得普遍共识。在法国，第三共和国就曾因为一个事实问题——德莱弗斯(Dreyfus)*上尉是否写过那张“清单”——而根基动摇。在英国，关于“季诺维也夫信件”(Zinoviev Letter)**的真实性争论，也像美国对阿尔杰·希斯(Alger Hiss)***的审判一样引起了广泛的冲突，使人们无法就这些问题的事实达成一致意见。

当然，有关事实性的这种暂时的、部分的失败，可以被认为是传递了过度的政治热情而得到原谅。但在极权主义下，我们可以看到，事实性被减弱到几乎允许国家按其自身的利益而随意捏造公共事实的程度。在某种程度上，传播谎言的权力只是因为政府以恐怖为后盾而垄断了公众言论；但这种强制力并不能解释为什么这些谎言能在国外传播。人们自愿接受一些事实，这就证明了它们本身具有说服力，而在强权统治之下，这种说服力也必须被假定为是同样有效的，使得它们也应该被普遍接受。这展现了关于事实证据之原则的变质，以及隐含在事实调查过程中的一般预设的系统转变。只有当我们的实在感已经被这种转变严重损害时，我们才变得这种接受彻头彻尾的、拙劣的歪曲。

想要全面改变社会的现代革命政权通过割断它与对手的一切联系，而不可避免地产生了这一转变。只要谁不是无条件地支持它，就会被认为是它的敌人。由此独裁统治制造了一种处境，使得任何反对者必定在事实上成为该政权的敌人，这使得无限制的怀疑变得合理。当所有公开的不满被消灭以后，对于政权的不忠只能表现在琐事上，因此必

---

* 阿尔弗雷德·德莱弗斯(Alfred Dreyfus，1859—1935)，法国炮兵军官，法国历史上著名冤案“德莱弗斯案件”的受害者。身为犹太人的德莱弗斯在 1894 年 12 月 22 日被军事法庭判决为间谍罪，引起了世界范围的反犹太运动浪潮。此后 12 年，法国社会也陷入一片骚乱之中。——译者注

** 1924 年英国大选期间发生了“季诺维也夫信”事件，英国《每日邮报》在大选前四天发表了一封事后被证明是伪造的“季诺维也夫信”。该信的发表在当时造成巨大影响，对英国大选及工党政府的下台、英国社会“红色恐怖”情绪的发展以及《英苏协定》的困难进程等事件都产生了重大的影响。——译者注

*** 1950 年阿尔杰·希斯被怀疑是苏联的间谍，被判犯有伪证罪。——译者注

须允许秘密警察将这些琐事解释为潜在的阴谋行为。这种调查所采取的预设，和弗洛伊德对神经病患者进行的分析相似。假定一个人患有恋母情结，那么患者的每一句话或每一个动作，不管是说出的还是没有说出的，做过的还是没有做过的（甚至他偶然涉及的事情），都可以被解释为是他对父亲的隐藏敌意的表现。相似地，只要假定任何琐事都可以被解释为不忠行为的迹象，而这种迹象又可以被进一步解释为严重的叛国罪，那么，斯大林的监狱所采用的事实调查方法似乎完全符合这一目的。甚至接近于酷刑的逼供也变得不可避免——这就是为什么罗马宗教法庭认为酷刑对于审讯来说是必不可少的。除非被告最终承认对他的指控，否则，对他的隐藏意图所作出的指控就不能被看作是证据确凿的，而为了使他认罪，他必定会受到道德上、思想上和肉体上的折磨。其他人被逼供出来的供认，使那些仍抵抗压力的人们面对更大的 242
说服力，从而进一步扩大了这种由暴力或诡辩所建立起来的虚构世界。

为了国家利益而捏造公共事实的过程，自然会得到作为政治武器的学术界的支持。历史学家通过恰当地重新解释被告在早期的行为，来补充对他近期颠覆活动的指控。考虑到苏联执政党的阴谋论经验，那些本来看起来荒诞不经的故事，也变得似乎有理的。指控一位老共产党员其实一直被警察雇用，这一点也不荒谬，因为有个叫马林诺夫斯基的人，他一直是列宁多年最信任的同志而且在国家杜马中是布尔什维克派的领导人，后来发现他在那个时期是警察的特务。[38]

在每一个现代国家里，国家偏见往往使公众的政治利益方面的事实之确立变得模糊。在一个自由社会中，这种倾向会被不同意见的竞争所抵消，因为只要人们能互相信任，并从互相矛盾的论点中得出结论时遵从恰当的事实性标准，那么意见之竞争将维持一个真实的事实世界。某些现代革命党的精英所受到的训练却恰恰相反，而是去最大限度地发挥其政治偏见。“它的成员们受到的整个教育，”（汉娜·阿伦特写道）“目的是要摧毁他们区分真相与虚构的能力。他们的优势在于他们能够立即把每一个事实陈述都化解为一个目标宣称。”[39] 事实上，这种由恐怖所支持的动力本身足以动摇一切官方事实的实在性，并用逻辑鸿沟把革命性观点与对手的观点相分离。但是，如果不是营造出某种情境，在其中每一个怀疑会显得更为可信，并且同时借助于恐怖和保守秘密的效果，那么这种宣传相对而言是无效的。在这个时候，与政治有关的事实就完全不复存在，从这个意义上说，一个人只能在以下两种行为中作出选择：要么不接受事实，要么在明显证据不足的情况下随意接受某些事实。

所以，我坚持公共生活中事实的实在性，意味着我是在一个我所效
243 忠的自由社会内部来进行言论的，[40]与此相似的是，我坚持科学、艺术和道德的独立地位也意味着这样的参与和效忠。

第十六节　后马克思主义的自由主义

没有一个政权已经把现代革命动力的隐含意义贯彻到它的逻辑极限。实际上，即使将所有思想完全服从于某一特定权力中心，这也似乎是不可行的。苏联官方术语中所包含的那个人为世界，总是必须以通常语言所表达的自然人类感情作为补充，并且有时还会大量引入这些自然人类情感。这种情况发生在 20 世纪 30 年代，当时克里姆林宫决定将民族情感及其传统英雄恢复为俄罗斯的历史意识，从而放弃到当时为止还公认的 M.N.波克罗夫斯基(1868—1932)的学说，波克罗夫斯基一直用马克思主义方法把历史学变为抽象的社会学分析。另一次发生在 1950 年斯大林批判 N.Y.马尔(1864—1934)的荒谬学说，根据马尔的学说，一切语言都是阶级的语言的，斯大林生动地描述了这种正统做法一直以来如何践踏苏联的语言学，为了这个目的，他大量采用自由主义的词汇并恰当地运用自由主义的原理来谴责了这一极权主义思想控制的例子，尽管他本人一直到那时还在实行这样的思想控制。[41]尽管列宁提出了告诫：党性才是唯一的真正客观性，但是即使在最严酷的意识形态

控制时期，真理和思想自由（作为确立真理的关键因素）之光也绝没有熄灭。

自从斯大林死后，苏联政权逐渐实现了人性化，这可能是因为被苏联马克思主义的暴力武器所掩埋的丰富热情得以释放。事实上，通过某种倒转的弗洛伊德式发泄，这种被禁锢的对正义的狂热，可能会逐渐地从其病理性的压抑中释放出来，并再一次自觉地宣布自身的道德渴望。

朝着这一方向迈出的第一步在斯大林死后立即发生了：他的继承者立即释放了曾坦白想要暗杀日丹诺夫的十三名克里姆林宫医生。在1953年3月这件事发生的那一天，在此之前一直发生的苏联共产党高官的系统嬗变才得以结束，在此嬗变中，一系列苏联共产党高官纷纷坦白自己是间谍，并愿意承担他们所犯的无耻罪行，公开请求自己被绞 244
死。新的领导人并不完全信任斯大林建立的这个欺骗和自我欺骗的世界，他们试图通过抛弃它对真相的最坏的歪曲而巩固他们的统治。他们希望在说服力方面夺回那些在强制力方面放弃的东西。

在此之前一直进行的，而至今在1956年10月的匈牙利和波兰的革命中达到顶峰的思想解放运动已被称为关于真相之革命。如果真相的意义包括所有独立思想的成果，那么这一称谓是恰当的。因为伴随着知情权的恢复，艺术、道德、宗教和爱国主义的权利也在一定程度上得到了恢复。

匈牙利的叛乱者使1848年的口号重新出现，很多著述者认为，这一运动重新确定了18世纪人们所持有的那种对于绝对价值的信念。另一些人则认为，自由革命必须重新进行。但这种描述是误导性的。比较一下瓦泽克（Adam Wazyk）发表于1955年8月的《成年人的诗》和鲁热 · 德 · 利尔（Rouget de Lisle）写于1792年4月的《马赛曲》；比较一下裴多菲的炽热情感和像约兹夫 · 阿提拉（Jozsef Attila）的冷酷的犀利。1848年的背景是法国大革命，它通过宣布社会有权利根据理性来完善自身，而向古老的静态秩序发起挑战，而19世纪的自由主义为这一目标而斗争，并反抗那种古老秩序。但是，当人的欲望观念否定了公共生活中道德动机的实在性时，自由主义的理想就被转化为现代极权主义的理论。然后，自由主义就不得不重新回到被现代哲学看来已经被证明为是灾难性的、不稳定的处境。这就是为什么瓦泽克说“吐出”在斯大林统治下吞下的谎言；以及为什么每一个叛乱的苏联共产党人都谈到，他们在那个时期虽然越来越抗拒，但还是纵容了那种摧毁灵魂的暴政，他把这种暴政看作是人类进步的唯一真实工具。

对现代极权主义后果的反感能否恢复一套信念，尽管极权主义的理论本身就建立在这套信念的逻辑缺陷之上？我们的自由主义信念不再被认为是自明之理，那么它今后能否以正统的形式得到维持？我们能否面对这样一个事实：无论自由社会是多么的自由，它也具有深厚的保守性？

因为这是事实。在一个自由的社会中，人们对科学、艺术和道德的独立发展的认可，包含着社会致力于培养特定的思想传统。这种传统由一群特定的权威专家所传播和培养，并通过共同选择而使自身永
245 存。要维护这样的一个社会所实行的思想独立性，就是要认同某种正统性。虽然这种正统性没有规定任何确定的信仰条款，但是在自由社会的文化领袖对于革新过程所设置的限制范围内，这种正统性是不容置疑的。如果这就是列宁在说“哲学中如果缺乏党性，那么这就是对唯心主义和信仰主义的卑鄙而伪装的屈从”[42]时所表达的意思，那么我们就不能否定这一指控。而且，我们还必须面对这样的一个事实：这一正统性以及我们所尊重的文化权威，都受到国家强制权力的支持并受到权贵的赞助。行使权威的机构即学校、大学、教堂、科学院、法庭、报纸和政党，受到警察和士兵的保护，就像地主和资本家的财富受到警察和士兵的保护一样。

这样的制度框架必须被接受为自由社会的公民家园吗？作为政治自由之基础的道德自决的绝对权利，只有避免任何想要建立正义与博爱的激进行为，才能得到维护——这一说法是真的吗？事实上，除非我

们同意我们在自己的一生中绝不能松开自由社会的种种纽带，无论这些纽带多么的不公正，否则，我们将不可避免地使人陷入悲惨的奴役状态？

对于我来说，我会说：是的。我相信：总体而言这些限制是绝对必要的。在自由社会流行的不公正的特权只能通过精心安排而逐步减少。那些想要在一夜之间把它们废除的人只会建立更大的不公正来取代它们。只有绝对的权力才试图对一个社会进行彻底的道德重建，而绝对权力必定不可避免地把人的道德生活毁掉。

这个真相令我们的良心不安。这是否意味着：我们必须昧着良心，或接受极权主义的教导：只有暴力才是诚实的？我曾在本章的引言中说过，我将在社会语境下重提以下问题：我们如何才能不断地维持那些可以被怀疑的信念？在本书中，我试图把怀疑论的危险性纳入知识的条件之中，从而使知识得到稳定并反对怀疑论，这种尝试类似于我们对一个明显不完善的社会表示效忠，因为我们认识到我们的职责在于服务于那些我们不可能实现的理想。

注　释：

1. 蜜蜂之间可以通过符号进行交流，但是不能为了表达思想而使用这些符号。因此，文本中所肯定的符号的单独使用和社会使用之间的联系反过来是不能成立的。

2. 见卡茨。他进一步评论如下：“对另一个人的心灵生活的理解必定是很粗浅的，尽管这种理解可能不时被个人经验所修改和完善。”（我的翻译来自 D.卡茨，《格式塔心理学》，巴塞尔，1944 年，第 80 页）。

3. 爱德华 · 克朗克肖：《盖世太保》，伦敦，1956 年，第 30、169 页。

4. E.A.阿姆斯特朗：“动物拟态的本质与功能”，《动物行为简报》，第 9 期，1959 年，第 46 页。

5. 科勒：《猿的智力》，同前引，第七章，第 185 页起。皮亚杰在《智力心理学》（第 125—128 页）中也肯定了思维发育过程中模仿起到的作用。

6. 皮亚杰：《语言与儿童的思维》，伦敦，1932 年，第 101 页。

7. 出处同上，第 98 页。

8. 参见本书边码第 173 页。

9. 卡茨：《动物与人》，伦敦，1937 年，第 216 页。

10. 出处同上，第 40 页。

11. 这似乎是 M.格鲁克曼在 1956 年 9 月 30 日的“流言蜚语的社会学”节目中所描述的流言蜚语的综合效应的基础。

12. 例如，参见 W.J.H.斯普罗特：《科学与社会行动》，伦敦，1954 年，第 4 章，“小团体”，第 64 页起。参见 F.J.罗绥里斯伯格与 W.J.迪克森（《管理与工人》，马萨诸塞州剑桥，1939 年）关于西部电力公司的霍桑实验的描述；以及 G.C.霍曼斯（《人类的团体》，伦敦，1951年)对该材料的使用。

13. 参见阿诺尔德·范简内普，《过渡仪式》，巴黎，1909年；M.福特斯："黄金海岸腹地的节日庆典与社会凝聚力"，《美国人类学家》，新斯科舍，第38期(1936)，第590页起；M.格鲁克曼：《东南非洲的叛乱仪式》，弗雷泽讲座，1952年，曼彻斯特，1954年。

14. 伯特兰·德·朱维内尔(Bertrand de Jouvenel)在《主权》(剑桥，1957年，第290页)中，谈到这一时期的教条主义权威："对于他们来说，真理就是最重要的价值。"我在这本书中找到了对我许多观点的支持。

15. E.T.贝尔：《数学：科学之女王与仆人》，伦敦，1952年，第7页。

16. 这是我对我称之为"自我确认性进程"的一致性要求的简化表述方法。我在本书英文版第2编第6章第142页曾对此进行过阐述："只有在描述人和社会的过程中，认可我们发挥理智的激情，我们才能形成关于人与社会的观念，而这些观念可以确保我们的这一信念，并维护社会的文化自由。"

17. 考虑到《世界名人录》有大约15 000个科学家、艺术家、作家等的名字，我们可以估计，2.5亿讲英语的人依赖大约2万—3万个知识分子领袖，即万分之一的人。

18. 在英国，权威者的功能一般被认为是去解释宪法本身。

19. H.凯尔森：《法律与国家通论》，坎布里奇、马萨诸萨，1947年，第115—116页。

20. C.IC.艾伦：《法律的制定》，牛津，1939年，第39—40页。

21. 参阅A.V.戴西：《英格兰的法律与民意》，伦敦，1905年，1948年再版。

22. 参阅休谟"关于政府的首要原则"，《论文集》，一卷，论文集IV(格林与格罗斯版，第110页)以及戴西，同前引，第2页。

23. 布尔什维克在掌握了足够的武装力量解散苏维埃代表大会之后，又努力争取获得苏维埃代表大会的支持。(伦纳德·夏皮罗：《共产专制的起源》，伦敦，1955年，第68页)。希特勒在担任德国总理的一个月期间，他实施了一系列的策略，最终迫使国会赋予他绝对的权力。希特勒经常用他的强制权力来强迫人民对他们进行普遍支持，并继续在由他们指挥的选举产生的人的集会上发表讲话，以赢得他们的一致掌声。拿破仑在其整个职业生涯中都在努力加强其统治的合法性，他的失败是由于他从未完全实现这一目标。

24. 斯大林肯定相信对克里姆林宫医生的逼供，供认企图暗杀苏联领导人；他没有其他理由下令处决这些为他提供宝贵专业服务的政治上无足轻重的人。希特勒对犹太人的秘密屠杀，以及他对英国的顽固追求——虽然他并不能理解英国的态度，都是由他宣传中所使用的种族理论的信仰决定的。

25. F.迈内克：《马基雅弗利主义》，伦敦与纽黑文，1957年，第3册，第5章。

26. 按照列维·布留尔的定义，"参与"(participation)一词与我本书中作为该词的同义词而使用"内在(immanence)"一词，都只是"意指其他事物的某物"与其"意指对象"之间的语义关系的延伸。在这种情况下，有意义的事物不是一个符号，而是"吸收了"它所指的事物的一个显著事件，即断定这个事物包含在它自身之中。

27. 这是A.J.艾耶尔最近如何看待这个问题的观点(《冲突》，第5期(1955)，第32页)。在那之前的一年，约翰·普拉门纳茨在《德国马克思主义与俄国共产主义》(伦敦，1954年，第50页)中总结了他的分析："……不管科学与作为个人生活之组成部分的社会主义之间的关系是什么，他永远不可能是一个科学社会主义者，即使他的科学预言了他的社会主义所认可的东西。'科学社会主义'是一个逻辑谬误、一个神话、一个革命口号，是两位想与他们之前的所有道德家不同的道德家的奇妙灵感。"在最近的一本书《时代的幻象》(伦敦，1955年)中，H.B.阿克顿教授又一次对整个问题进行了详细的研究，得出的结论是：马克思主义者之所以能从其社会科学中得出道德戒律，是因为马克思主义者由于他们使用的术语，已经形成了社会科学的隐含的、未被承认的一部分。

28. 克朗克肖，同前引，第28页引用了希姆莱对屠杀所有犹太人的高度道德劝诫。作者在他的书的结尾(第247页)，把这种在盖世太保中间广为流行的态度称为"腐朽的理想主义"。

29. 《自由的逻辑》，芝加哥和伦敦，1951年，第106页。我在那里也证明了，道德倒置不过是一种伪替代的巩固，即一种虚假的道德倒置转化为一种实际的道德倒置。自由社会是接受真理和正义之效力的社会，极权主义是否定真理和正义思想之内在力量的怀疑主义(通过倒置)的结果，这一观点在我的《科学、信仰和社会》(1946)中首次提出。

30. S.弗洛伊德，《文明及其不满》。

31. 弗洛伊德，出处同上，第8章。

32. 弗洛伊德，出处同上，第 1 章。

33. 弗洛伊德，出处同上，第 2 章。

34. 切斯瓦夫 · 米沃什，《巨大的诱惑》，文化自由大会出版社，巴黎，1952 年。 这个观点在切斯瓦夫 · 米沃什的《被禁锢的头脑》（纽约，1953 年）中被详述。

35. “共产主义在知识分子中的成功，主要是因为他们希望有价值得到保证，如果不是上帝的保证，至少是历史的保证。”引自切斯瓦夫 · 米沃什，载《合流》（哈佛），第 5 期（1956），第 14 页。

36. 在 1935 年 3 月访问莫斯科的时候向作者解释说，纯科学不同于技术，只能在阶级社会中存在。

37. 彼辰斯基：《苏联的辩证唯物主义》，柏林，1950 年，引用了苏维埃作家 M.D.卡马里（1947 年和 1948 年，第 142 页）的观点：马克思主义具有客观真实性，因为科学的真正利益与无产阶级的利益和历史的客观运动相一致。 但波辰斯基本人却认为上述观点是明显自相矛盾的。 悉尼 · 胡克在《马克思与马克思主义者》（纽约，1955 年）一书中指出了同样的自相矛盾（第 45—46 页）。

38. 参见特拉姆 · D.沃尔夫：《发起革命的三个人》，纽约，1948 年，第 534—557 页。 “在俄罗斯的气质和场景中，有一种东西产生了这些矛盾的精神和双重角色。 这些加蓬人、阿塞拜疆人、卡普林斯基人、巴格罗夫斯基和马林诺夫斯基的形象，都是其他国家的警察和革命运动中所不可同日而语。”但是，每当有两个秘密的组织互相对立的时候，这些人物实际上往往会重新出现。 由于只有极少数几个发起人知道其成员的身份，所以比较容易在其中植入间谍，而这些间谍往往会扮演双重角色。 他们偶尔会告发一些恐怖分子，并通过参与对政府官员的暴力行为而获得革命一方的认可，以此赚取报酬。 当这种出卖行为进行了很多年以后，比如马林诺夫斯基的例子一样——他从 1902 年就一直是这样做，直至 1918 年被处死，即使完全知道事实的真相，也不可能说他背叛了哪一方，为哪一方服务。

39. 汉娜 · 阿伦特，同前引，第 372 页。

40. 乔治 · 奥韦尔在《一九八四》（伦敦，1949 年，第 250 页）中已经说过，在极权主义下，相信现实是一个颠覆性的原则。

41. “对苏联语言学的现状所作的最轻微的批评，甚至试图对语言学中所谓的‘新学说’所作的最胆小的批评，也会受到语言学领导集团的迫害和镇压。 只因对 N.Y.马尔的遗产提出批评或对他的学说表达了最轻微的不满，语言学中很有价值的工作人员和研究人员就被解雇或降职。 语言学家被指派担任领导职务，不是因为他们的功绩，而是因为他们原封不动地接受 N.Y.马尔的理论。”（I.V.斯大林：《关于语言学中的马克思主义》，苏维埃新闻小册子，伦敦，1950 年，第 22 页）。

42. 《苏维埃哲学词典节选》第 18 页（文化自由大会出版，巴黎，1953 年）。

第三编　个人知识的正当性

第八章

肯定之逻辑 249

第一节　引　　言

到现在为止，我考察了一系列的事实，这些事实严肃地提出要对我们获得知识的能力进行重新评估。相对于客观主义的知识观而言，这种重新评估要求我们具有广泛得多的认知能力，但是，同时这种重新评估也把人类判断的独立性降低，远远低于传统立场认为理性的自由行使所具有的独立性。收集更多的证据是无用的，除非我们能首先掌握目前已知的证据。所以，现在我将试图对个人知识的概念进行更为可靠的论述。为了这个目的，我的论证将再一次集中在严格的知识领域，这些知识领域形成了具有最大确定性的坚实内核。只有当我们能够找到一个简单公式，来定义这种知识的不确定性以及和人类存在的相关性，我们才能希望设计出一个稳定的框架来证明任何种类的知识是正当的。

第二节　语言的自信运用

如果我们对一个物体所宣称具有的用途的理解完全错了（如同永动

机的概念是错误的一样)，或者，如果这个物体无法服务于它所宣称要实现的目的，那么这个被称为工具的物体就不是工具。在这种情况下，依靠一个工具就是错误的。相似地，如果一个描述词所表达的观念是假的，或者这个词语不能恰当地包含相关内容，那么，依靠这个词语也是错误的。

人们可以尝试性地使用一个工具，或者仅仅表明它是无用的。同样，我们也可以带着怀疑态度来使用一个描述词，即把这个描述词放在
250 引号里。假设有一篇名为《“超感官感知”的解释》的论文发表了，而另一篇则以《超感官感知的“解释”》为题对此进行回应。在引号的提示下，我们可以立即认识到，第一篇论文把超感官感知看作虚假的，而第二篇论文则相信它是真实的，并反过来怀疑第一篇论文对它所作的解释。

没有引号并被作为句子的一部分而写下来的描述词是可以信赖的：它们认可了它们所传达的概念的本质特性及其对现有事物的适用性。我将把这种情况称为一个词语的自信的或直接的运用。相对而言，在引号中的描述词(作为与那个词语无关的句子的一部分的)[1]是以**怀疑**或**间接的**方式被运用的。后一种用法会引起人们的怀疑，或者对这个词语所唤起的概念的实在性产生怀疑，或是对这个词语能否适用于这一情况产生怀疑。因为无论是直接运用还是间接运用，词语都是一样的，所以，自信地说出这一词语或者怀疑地说出这一词语，这两者之间的区别必定完全在于说出该词语时的隐默因素。这一区别从形式上确定了与描述词的自信运用相关的不可明确说明的个人因素。

第三节　对描述词的质疑

我们可以试着通过示范来用语言解释一个意义，从而消除这个意义的不确定性。这样用言语来下定义的方法，与对技能的分析或把科学

探究方法公理化的方法相同。这些方法揭示了某些我们目前一直在隐默实践着的技艺规则，并有助于巩固和改进这些规则的运用。因此，在制定一个定义时，我们必须关注运用该词语的技艺是如何真正地实践的，或者更准确地说，关注我们自己如何（按照**我们所认为的**真正方式来）使用这个被定义的词语。“实指定义”（Ostensive definitions）* 仅仅是这种关注的恰当延伸。它们把听者的注意力引到被认为是特别清楚的例子上，并通过展示某个灵巧的技艺是如何被完成的来对这个技艺进行补充说明。所以，意义的形式化**从一开始**就依赖于非形式化意义的实践，当我们使用定义中所包含的那些未被定义的词语时，这种依赖**最终**也必然会发生。最后，对一个定义所作的实践性解释必定**总是**依赖于使用这个定义的人对它的非定义式理解。定义只是转移了意义的隐默因素；它们只是削弱这一因素，但不能消除它。

隐默因素是一种带有信心的行为，而一切信心都可以被设想为是不恰当的。我在前文已经谈到过这一风险，表明了一切言语表达都植根于动物试图理解其处境的那种领会。我们已经看到这种信心是多么充满激情，多么具有创造力和说服力；它是如何被一个致力于培养这种信心的社会所分享、促进和约束；以及在这种意义上我们对词语意义的信
心如何是一种对于社会的效忠。这一切隐默的寄托似乎都是自我满 251
足、不可逆并因此是不可明确说明的。它们似乎使我们面对一个极其复杂的完全不确定的系统，如果我们要开口说话，我们必须盲目地接受这个系统。

把词语的间接运用与它们的直接运用相比较，我们可以正式表明：自信的言语表达所具有的这些风险是不可避免的。我们可以把一个词语放入引号中，同时在句子的其余部分自信地使用语言。但是，**依次**对**每一个**词语进行质疑却并非**同时对所有词语**进行质疑。所以，这遗

* “实指定义”（Ostensive definitions）的意思是，通过面前的一个具体事物或者东西，来对描述词进行定义，例如指着面前的桌子说“这是桌子”，来对“桌子”一词下定义。——译者注

传物质疑永远不会揭示出隐含在我们的整个描述语中的全面错误。当然，我们可以写下一个文本，同时又从这个文本的所有词语中收回我们的信心，即把每一个描述词都放入引号中。但是这样一来，该文本中的任何一个词都没有任何意义，整个文本也没有无意义。至少把一个意义附加于某一组描述词之上，这种行为中必定存在的自信所具有的风险性是不能被消除的。

第四节 精 确 性

之前我已经谈到，我们必须承担起语义不确定性的风险，因为只有意义不确定的词语才能与现实建立联系，为了应对这一风险，我们必须相信自己有能力感知这种词与物的联系。[2]这个结论会消除意义的精确性理想，并提出这样一个问题：在什么意义上(如果有的话)我们可以把"精确"或"不精确"这样的修饰语应用于描述词的意义上。

我认为，"精确的"一词就像适用于测量值、地图或任何其他描述一样适用于描述词，只要这个描述词看来是符合经验的。当我们把指称(designation)与某种东西进行比较，这种东西不是一个指称，而是这个指称所关联的情境，并通过这种比较来对它进行检验时，我们可以说精确性或不精确性是指称的一种属性。

这种检验本身不可能在相同的意义上被检验。它是一种隐默行为，所以它缺乏一种二元性，这种二元性使得我们有可能在逻辑上对指称与被指称的事物进行比较和匹配。因此，当我们说一个描述词是精确的时候，我们就宣布了一个本身不能在相同意义上被说成是精确的检验结果。当然，当我们把"精确"一词与它从中得出的那一检验相对比时，**"精确的"一词的运用**就可以再一次被说成是精确的，或不精确的。但这第二次比较却必须再一次依靠于个人评价，而这种个人评价不能——像说描述是精确的那样——被说成是精确的。因此，词语的精确性总是最终依赖于一种检验，而我们并不能像说词语是精确的那样，去认为检验是精确的。

当我们提出“精确的”一词的运用本身是否是精确的这个问题时， 252
就会产生无意义的无穷倒退，这暗示着这个问题可以通过以下方式得到避免，即否定“精确的”一词是描述词的属性。当我们说一个词是精确的(贴切的、恰当的、明白的、有表现力的)时候，我们就认同了我们自身的行为：我们觉得使用这个词的行为是令人满意的。我们对我们**所做**的某件事感到满足，就像我们认清模糊的影像或微弱的声音，或当我们找到出路或恢复平衡一样。我们通过说我们正在使用的这个词是精确的，从而正当地宣布了我们自身的这种个人领会行为的结果。只有当我们把自我满足的这种宣布，伪装为指称另一个描述词之属性的描述词时，这种无穷倒退才会出现。

如果我们充分承认只有说者或听者才能**用**一个词来意指某种东西，而一个词**本身**却并不意指任何东西，我们就可以避免这一错误。当指称行为被一个正在使用描述事物的词语来理解这些事物的人清楚认识到时，按照严格标准去实施意指行为的可能性在逻辑上就显得毫无意义了，因为任何严格的形式操作都会是与个人无关的，因此而不能表达说话者的个人寄托。描述词只有在自身不是严格精确时，才能意指某些真实的东西，因此，对用于描述词的“精确的”一词进行分析，可以揭示出说出这个词并且评估这个词的精确性的说话者的自我信赖行为。

第五节　意义的个人模式

因此，如果说具有意义的不是词语，而是用词语意指某物的说话者或听话者，我作为本书前面所有话语以及后面所有话语的作者，我将表明我的真正立场。现在我必须承认，当我开始对我的信念进行这种反思时，我并非不具有任何信念的一块白板。远远不是这样。从一开始，我就已经是一个在知识上受到特定群体语言教导的人，而这种群体语言又是我通过加入在我生长之地的、在那特定历史时期所流行的文化而获得的。这就是我所有的理智活动的母体。在这个母体中，我后来发现了自己的问题并寻求解决这个问题的词语。我对原来这些词语所作的所有修改都将继续被纳入我以前的信念体系中。更糟糕的是，我不能精确地说出这些信念是什么。我不能精确地说出任何东西。我已经说过和将要说出的词语并不意味着任何东西：**用这些词语**意指某种东西的只是**我**。而且，我通常在焦点上并不知道我意指的是什么，虽然我能在一定程度上明白我的所指，但是我相信，我所用的词语(描述词)比我将会知道的，必定意味着更多东西，如果它们真要被用来意指什么东西的话。

253 这种设想可能听起来有些可悲，然而，接受这个设想而制定的纲领至少可以声称是自洽的，而任何把意义严格性作为自身理想的哲学却是自相矛盾的。因为如果把这种参与——哲学家在表达某物时积极地参与表达过程——看作一个缺点，认为它阻碍我们获得客观有效性，就必定用这些标准否定它本身。客观主义哲学并不会因为承认词语具有开放结构而重新变得自洽，因为就像我们已经看到的那样(本书边码113)，这样的词语没有意义，除非我们相信说话者能够贴切地使用词语。因此，如果不明确地承认和认同哲学家的个人判断是其哲学的组成部分，那么用所谓的“开放结构”来表达的哲学也是无意义的。

尽管与个人无关的意义是自相矛盾的，但个人意义的正当性却是不言自明的，只要个人意义承认它自己的个人性即可。个人意义认可了言语表达的某些条件，当我们反思这一认可过程时，这些条件就必定变得很明显，但这些条件却不能被认为是否定了个人意义的有效性，因为正是根据这一认可，这些条件才应该是可接受的。如果我承认我有信心和有意义地说出来的每个词语都是作为我自己的一种个人寄托而说出来的，我也可以承认：用来作出这一陈述的词语本身，也同样意指我用它们来意指的东西。因此，如果我只能在一种语言的内部说话，我至少能够以符合这一处境的方式来谈论我的语言。

但是，仅仅解释了一致性或自洽性还是不够的。我的纲领中还必须容纳意义的存在。如果我在开始说话的那一刻，我是在认可一种特定词汇的不确定的网状含义，并且我随后对这些含义所作的任何解释也必然隐含在我的解释所采用的群体语言中，我真的能证明我说过什么吗？我们似乎已经通过去掉个人化，而把意义概念从毁灭中拯救了出来，然而结果只是把它揭露出来并使它沦为武断的主观性。

在这里，我必须暂时停止这个探讨，因为要对本节所阐述的意指活动的个人方式进行合理性的论证，只有在稍后才能进行，在后面对断言的信托方式进行讨论时会出现相似的问题。

第六节　关于事实的断言

丹尼斯·德·鲁格蒙(Denis de Rougemont)曾说过，在动物中只有人能够撒谎。更确切的说法也许是，只有人才能够最有效地欺骗别人，因为只有人可以告诉别人虚假的东西。对事实的每一个可想象的断言都可以被真诚地作出，或者是一个谎言。在这两种情况下，陈述都是相同的，但陈述的隐默成分却不相同。一个诚实的陈述使说话者寄托于一个信念，即相信他所肯定的东西：他用这一信念驶进了无限含义的开放海域之中。而不诚实的陈述则拒绝给出这种信念，只让一只漏水的船给别人乘坐并沉没。

除非一个关于事实的断言使人觉得有某种探索性或说服力，否则， 254
它只不过是没有说出任何东西的徒有其表的词语罢了。任何想通过精确规则来提出或检验事实断言，从而消除这种个人因素的尝试从一开始就注定是徒劳无果的，因为我们只有从事实陈述的事例中才能推导出观察或证实的规则，而这些事实陈述在我们知道这些规则**之前**就被我们认为是真实的了，并且，这些规则的应用**最终**反过来依靠对事实的观察，而且接受这些观察是一种个人判断行为，并不受任何明确规则的指导。另外，我们在应用这些规则时还必须始终依赖我们自身的个人判断来作为指导。这一论证从形式上证实了说话者对任何真诚的事实陈述的参与。

在我们的真理观里，我们怎样才能把这种个人因素考虑在内？当我们说一个事实陈述是真实的时候，我们到底意味着什么？

一个用言语来表达的断言由两个部分组成：一个部分是传达被断言的内容的命题，而另一个部分是这个命题得以断言的隐默行为。[3]通过把这两个部分相分离，即暂时取消断言行为，并且把未断言的命题则与经验相比较，这个断言就可以得到检验。如果根据这一检验的结果，我们决定恢复断言行为，断言的两个部分就被重新结合起来，这个命题也就被重新断言了。通过说出原来被断言的命题是真的，这种重新断言就更清楚了。

当然，可能有人认为，断言行为本身是由两个部分组成的：一个是隐默的，一个是言语表达的——其中第一部分可以被取消，而未被断言的第二部分则可以通过与事实进行比较而得到检验。但并非如此。断言行为是一种隐默的领会，完全依赖于作出这一行为的人的自我满足感。它可以被重复、改善或取消，但不能像事实陈述被检验和被说成真的那样被检验或被说成是真的。

所以，如果“p是真的”表达了我对命题p的断言或重新断言，那么“p是真的”就不能在事实命题被说成是真的或假的意义上被说成是真或假的。“p是真的”宣布我认同事实命题p的内容，这一认同是我正在做的事情，而不是我正在观察的事实。因此“p是真的”这一表达本身并不是一个命题，而仅仅是对命题(一个未被断言的命题)——即命题p——的断言。说出“p是真的”就等于作出了一个寄托或签署了一个协议，其意义与类似的商业行为相同。因此，我们不能断言“p是真的”这一表达行为，如同我们不能认可自己签署协议的过程一样。只有命题才能被断言，行动是不能被断言的。

“p是真的”这一表达所具有的误导形式把人引向逻辑悖论，它把寄托行为伪装成陈述了一个事实的命题。如果对命题p所作的断言必须通过说出“p是真的”来完成，而“p是真的”本身又是一个命题，那 255
么，这个命题就无限地产生了“‘p是真的’是真的”……这样的重复。如果我们认识到“p是真的”不是一个命题，那么这种无限的倒退就不会出现。

我们可以用相同方式来消除说谎者悖论。我们可以把说谎者悖论改写成如下形式：“本书第10页第1行的那个命题是假的。”在其中“命题”一词指的是(正如我们可以在这本书第10页第1行看到的那样)“本书第10页第1行的那个命题是假的。”把刚引用的这个命题记作p，那么，当且只当本书第10页第1行的那个命题是假的时候p才是真的，也就是说，当且只当p是假的时候p才是真的。但是，如果“p是假的”仅仅是表明说话者不承认p，那么“p是假的”就不是一个命题，这一悖论也就不会出现了，因为这样在本书的第10页第1行那里就不能发现任何命题。

把“p是真的”和“p是假的”这样的表达重新解释为表达了断言或怀疑的行为，我们就可以消除无穷倒退和明显的自相矛盾，这一事实从实质上加强了这一解释。为了最初目标而自信地使用语言，与仅仅认可我们对于所言内容的信心的这类表达，我们只要运用这两者之间的区别，就可以清除一系列长期存在的哲学问题。[4]

第七节　朝向个人知识的认识论

我们已经重新定义了“真”一词，用以表示对它所指涉的命题的断言。这与塔斯基的“真”的定义极为相似：它意味着，例如，“当且仅当雪是白的，‘雪是白的’是真的。”但是，塔斯基的定义现在看来似乎相当于一个含有动作的命题。这种特殊情况可以通过对这个定义进行如下修改而得到消除："当且仅当我**相信**雪是白的时候我才**说**'雪是白的'是真的。"或者，更合理的作法是："如果我相信雪是白的，我会说'雪是白的'是真的。"无疑，这一表达暗示了"断言一个命题"和"说这个命题是真的"这两者之间的侧重点不同：前者强调了我们知识的个人性，后者则强调了知识的普遍意图。但这两者都是对这个陈述的个人认可。

在前面关于概率那一章，[5]我就已经指出，我们不可能用一个关于事实的概率陈述，来表达我们有信心进行这个事实陈述。我曾建议，
256 认可一个命题的行为，应该用弗雷格用作断言符号的前缀"⊢"来表示，而这个符号应该被读作"我相信"，其意义与"认可"相同。这个前缀不应该被用作动词，而应该作为决定这个命题的情态的符号。把事实断言转换成"信托方式"就能正确地反映出：这个断言必定是由某个确定的人在特定地点和时刻所作出的，例如，是该断言被写到纸上时由写下该断言的人所作出的，或者是读到这个断言以及接受其内容的读者所作出的。

这种转换在很大程度上使得我们不必去解释对于事实的断言活动。只要我们认为真或假是陈述句所具有的属性，我们就必须解释这些属性，就像我们解释什么使绿叶成为绿色一样。这类意义自明的命题的为真或为假似乎是与个人无关的，这又必须再一次用非个人性的标准来解释：这当然是不可能的。相反，如果我们问一问自己，我们为什么确实相信某些关于事实的陈述，或者我们为什么相信某些种类的陈述，例如科学陈述，我们也许有更好的契机去进行认识论的反思。如果我们认识到"非个人性的陈述"是用语上的自相矛盾，就好像"匿名支票"那样，我们就不会试图证明我们具有以下这种陈述：该陈述不再是进一步由我们自己的个人陈述所构成。要证明我的科学信念的合理性，特别是用我自己的一些逻辑上预先存在的信念来证明，应该不会太困难，因此我们再一次认识到：这一证明本身包含我自身的信托行为(fiduciary act)。实际上，困难在于这种立场似乎看起来太平常了，以

至于使人觉得毫无意义。因为人们会以“你可以相信你喜欢的东西”这样的话来提出反对——这把我们再一次带回到自我设定标准的悖论上；如果我的信念所服从的合理性标准最终是被我们对这些标准的信任所维持的，要去证明这些信念似乎只是对我自身权威性的徒劳认可。

但是事实就是这样。只有这种采用信托方式的模式才是融贯一致的：我们必须承认，这样去做的决定本身就符合信托行为的本质。确实，这也同样适用于本书的全部研究，适用于从本书推导出来的可设想的所有结论。我将继续提出一系列的论点，并为我预期获得的结论列举证据，同时，我也总是希望人们能够理解以下观点：我的陈述归根结底肯定的是我的个人信念，这些信念是通过本书的思考和我本人其他难以明确说明的动机而得出来的。我将说出的任何东西都不应该具有客观性，因为在我的信念中任何论证都不应该追求这种客观性；这种客观性指的是：它是通过一个严格的过程说出来的，说话人对于这一过程的接受，以及说话人希望别人接受这个过程，这些活动都不含有他自己的情感冲动。

我希望在后文中再加强这一论断。同时，我还不得不面对另一些 257
困境。这些困境来自客观主义者的强烈要求，他们要求把我们的理智思维过程非个人化。

第八节　推　理

我们高于动物的智力优势几乎完全在于我们的符号操作能力。只有通过这些能力，我们才能执行任何连贯的推理过程。所以，想要实现非个人性思维之理想的运动，一直都试图把人类智力的这个主要功能变成受到严格规则支配的操作。最近，这个希望由于为各种复杂目的构造的高效率的自动装置而有所提升。防空炮装备有预测器，由炮手的初始读数自动控制。一旦瞄准器对准飞机，机器就会计算出快速移动的目标以及准备发射的炮弹的轨迹，并调整炮口的指向以确保命中。接着是自动飞行导航器和制导导弹，以及办公室和工厂的工作全面自动化。仪器不用人的干预就可以执行复杂的智能活动。很明显，这些都为实现完全与个人无关的思维之理想提供了新的前景。

我已经论述过（后面还有更多的论述）把经验推理过程形式化的不可能性，所以，我在这里只谈谈把演绎推理过程非个人化的尝试。

在前文中我们已经看到，演绎推理可能是完全无法用语言表达的，甚至最彻底的形式化逻辑运算也必定包含非形式化的隐默因素。我们已经看到这一因素的情感力量是如何促成发现、引发争论和激励学生努力去理解他们所学的东西。我们已经看到这些激情是如何被不同领域的数学家所共享，以至于他们总是受到他们通过专业共识而互相施加给对方的共同标准的指导。在本节的后面部分，我将简单地从形式上论述演绎科学中这些隐默因素的广泛的运作。在简要地指出了这整套的个人寄托以后，我将赋予我的论证足够的强度以便它能执行我即将交给它的重任。

作为**逻辑推理机器**的数字计算机的操作与符号逻辑的运算相同。所以，我们可以把以这种特定方式运行的机器之结构与形式化过程，看作与支配演绎体系结构的程序相同。这种程序有三重作用：（1）指称未
258 定义的术语；（2）指定未被证明的已断言的公式（公理）；以及（3）规定这些公式的处理方式以便作出新的被断言的公式（证明）。要获得这种结果，就必须持续地消除所谓的“心理的”因素——即我称之为“隐默的”因素。那些未定义的术语被设计来不指示任何东西，仅仅是纸上的符号。未被证明的断言公式则取代被认为是自明的命题。构成“形式证明”的操作同样被设计来取代“纯心理的”证明。

但是，要清除逻辑学家个人参与的这种尝试，在这些过程的每一处都留下了不可消除的思维操作的印迹，而形式化体系正是依靠它们而运作的。（1）把纸上的记号当作符号就意味着（a）我们相信在这一记号的各种实例中我们都能把它辨认出来以及（b）我们认识它的恰当的符号性

用途。在这两个信念中，我们可能都是错误的，因此，它们构成了我们的寄托。(2)在同意把一组符号看作一个公式的时候，我们就承认了它是某种可以被断言的东西。这就意味着我们相信这组符号关于某种东西说出了一些东西。我们希望识别能满足一个公式的东西，并把这些东西与其他不能满足这一公式的东西明确区分开。因为使我们的公理得到满足的过程必定是非形式化的，所以我们对这一过程的认同就构成了我们的一个寄托行为。(3)按照机械规则进行的符号运算不能被说成是一种证明，除非它使人确信满足(作为操作起点的)公理的东西也将满足推导出的定理。我们拒绝承认一个符号运算已经成功地使我们相信“某种蕴含关系得到了论证”，那么该符号运算就不是证明。并且，这种承认也是构成寄托的一个非形式化过程。

因此，在很多地方，符号和操作的形式体系只有在得到非形式化的补充时才可以被说成具有演绎体系的功能。对于这些补充，形式体系的操作者同意：符号必须是可辨别的，它们的意义必须是可知的，公理必须被理解为断言了某种东西，证明必须被认为是论证了某种东西；而这种辨别、可知、理解和认为都是非形式化的操作，都是形式化体系的工作所依赖的。我们可以把它们称为形式体系的**语义功能**(semantic functions)。这些功能都是由人在这一形式体系的帮助下实施的，同时，这个人也依赖对这一体系的运用。[6]

实际上，说逻辑推理机器自己独立进行推理，这在逻辑上是荒谬 259
的。**就其本身而言**，推理机只是“推理机”并只能作出“推理”。把引号去掉就表达了我们对这种机器的认可，因而也表示我们承认它运作所得的结论也是我们自己的推论。形式化的合法目的在于把隐默因素还原为更有限制性和更明显的非形式操作，但要完全消除我们的个人参与那就是荒谬的了。

我们会发现，这一结论普遍适用于一切自动装置。现在，对于这一结论的精确阐述仅仅适用于逻辑推理的过程和执行逻辑推理的机器。但是，我们将会证明，对于完成智能目标的任何自动机器的逻辑分析来说，这也具有指导意义。

限制逻辑思维形式化的最重要定理来自哥德尔。哥德尔的定理基于这样一个的事实：在任何包括算术在内的演绎体系（如《数学原理》的体系）中，可以建构一个公式即命题，而这个公式或命题在那个体系之内是无法通过证明来判定的。并且，这样的命题本身，即著名的哥德尔命题，也可以自行表明在那个体系内是不可判定的。那么我们就可以更进一步，把这个命题与它所处的情境即与对其不可判定性的证明非形式地匹配起来。现在，我们会发现这个命题所说的是真的，并因此决定在这种意义上对它进行断言。经过这样的断言，这个命题就代表着另一个公理了，这个公理独立于这个未被断言的命题被从中推导出来的那些公理。[7]

这个过程揭示了两点：任何（具有足够丰富性）形式体系必定是不完全的；我们的个人判断可以可靠地给它增添新的公理。它给我们提供了一个在演绎科学中进行概念革新的模型，该模型从原则上表明了数学探索力的不可穷尽，以及表明了继续利用这种可能性的行为的个人性和不可逆性。

哥德尔还表明，被证明为不可判定的命题可能意味着那一体系的公理不能被证明为具有一致性。这就表明（正如我在前文中已经论述过的那样）我们从来不能完全知道我们的公理意味着什么，因为如果我们知道的话，我们就可以避免在一个公理中断言另一个公理所否定的东西的可能性。对于任何特定的演绎体系来说，这种不确定性可以通过把它转换成一个更大范围的公理体系而消除，在更大范围的公理体系中我们就可以证明原来体系的一致性。但是，任何这样的证明也还是不确定的，因为更大范围的公理体系的一致性总是不可判定的。

260 与哥德尔定理的证明相似，塔斯基证明，我们可以断言一个命题并且也能反思该断言的真实性的任何形式体系必定是自相矛盾的。特别是，“一种已知的形式语言的任何定理都是真的”，这一断言只能用在那一形式语言中毫无意义的一个命题来作出。这样的一个断言构成了比断言那些命题是真实的那一形式语言更具丰富性的语言的一部分。[8]

哥德尔命题的结构表明，演绎推理的过程可以造成一种情形，这种情形不可抗拒性地暗示着一个断言，这个断言并未形式地蕴含在其前提中。塔斯基的定理是："断言为真"属于逻辑上比命题被断言为真的那一个(形式)语言具有更丰富性的另一个(形式)语言，这一定理表明，"被断言的一个命题是否为真"这一问题引出了同样的扩展。在这两种情况下，它都是从对所说内容的反思中产生的。在哥德尔的例子中，我们给形式上未判定的命题加上我们自己的隐默解释。在这里，创新行为在于认识到我们刚刚说过的东西在这一新的意义上是真的。塔斯基的例子是基于断言命题的"双重性"；在这里，形式上的创新则在于我们能够对我们自己目前所作的隐默同意提出质疑，并且用明确的术语来重申我们的认同。在这两种情况下，我们用我们自己的不可避免的行为确立了某种新东西，这种新东西是由形式操作引起的，而不是由形式操作完成的。

在前面(第二编，第五章，第131页)，我曾经描述了数学家是如何艰苦地探索着通向发现的道路。他把自己的信心从直觉转到计算，又从计算转回直觉，却从来不曾放弃过这两种信心中的任何一种。这些转换通常都是逐步进行的。把哥德尔命题与它所指涉的事实相比较，然后对哥德尔命题进行重新断言，这两者共同决定了一个精确的点，在这点上隐默思维接管了跨越逻辑鸿沟的控制权。[9]

我们也在庞加莱视为一切数学革新的原型的"数学归纳"法中发现
了类似的转变。[10]它首先证明了一系列适用于连续整数的定理，每一个 261
连续定理都是从前一个定理推导而来，并由此得出结论，该定理一般适用于所有数字。要得出这样的推论，心灵就得反思一系列的论证过程并归纳出它自己过去的运算原则。在第二编第六章(边码185)中，我曾经引用过达瓦尔(Daval)和吉尔博德(Guilbaud)的描述，表明了连续性观念是如何被这种反思过程所发现的。

哥德尔的革新过程和庞加莱描述的关于发现的基本原理之间的相似

性，给断言的非形式行为与同样是非形式的发现行为之间的连续性提供了证据。这两者之间的区别在于被跨越的逻辑鸿沟的宽度。对哥德尔命题重新断言要跨越的鸿沟特别狭窄——几乎觉察不到，而在真实的发现行为中，这一鸿沟就像任何人类心灵所希望克服的鸿沟那么大。同意的行为再一次被证实在逻辑上是与发现行为相似的：它们本质上都是由不可形式化的、直觉性的心灵所决定。

第九节　自动化*的一般理论

对于哥德尔发现的公理进行充分扩展，可以明显地证明：操作逻辑推理机的人可以非形式地获得一系列知识，而这些知识是这种逻辑推理机的操作不能证明的，尽管逻辑推理机的运作暗示着这样的知识很容易得到。这证明了心灵的能力超过逻辑推理机的能力。不过，我们还面临着瞄准预测器、自动飞行机等所引发的问题，这些机器的操作远远超出逻辑推理。图灵曾经表明[11]，要设计出一台既能构造不确定系列的哥德尔命题又能把它们断言为新公理的机器是可能的。任何常规性的探索过程——在演绎科学中，哥德尔过程就是这样的一个例子——都同样可以被自动地执行。常规的国际象棋游戏可以由机器自动操作；实际上，国际象棋的所有下法都可以由机器执行，只要这一技艺的规则能被具体规定就可以。虽然这样的规定可以包括例如抛硬币这样的随机因素，但是，任何不可明确说明的技能或行家技能都不可能被输入机器。

一般来说，我们不能通过适用于逻辑推理机的那种形式标准，来限
262 定自动化操作的范围。然而，机器与人之间的必然相关性的确在本质上限制了机器的独立性，并使自动机的地位普遍地降低到有思维的人的

* 这里的自动化(Automation)指的是自动机器的运作，特别是指计算机。在当时，计算机被理解为自动进行逻辑运算的机器。——译者注

地位之下，因为机器毕竟是机器，它只是为人(实际上或在假设中)所借助，用来达到人相信它能实现的某种目的，而这一目的被人认为是该机器的恰当功能：它是依赖它的人的工具。这就是机器与心灵的区别。人的心灵可以在机器的**帮助下**，也可以**不**借助这种帮助而执行理智技能，而机器只能作为人的身体的延伸，而在人的心灵的控制下实现它的功能。因此，机器只能在一个三分系统内作为机器而存在：

I	II	III
心灵	机器	心灵所具有的功能、目的等等。

由于使用者的心灵对机器的控制就像对具有严格规则的系统的所有解释那样必然是不可明确说明的，所以，只有借助使用者的心灵提供的不可明确说明的个人因素，机器才能被说成是以智能的方式运作的。

第十节　神经学与心理学

神经学是基于这样一个假设：神经系统根据已知的物理学和化学定律自动运作，并决定着我们通常认为属于个体心灵的一切运作。心理学的研究显示了类似的倾向，即把它的研究主题分解为各种可测量变量之间的显明关系，而这些关系总是可以用机械制品的操作来表示。

这就提出了以下问题：在对一台“使用中的机器”进行逻辑分析时，我们能否把神经系统模型(或类似的心理学模型)作为个体心灵的描述？在回答这个问题的时候，我们必须考虑到自动的神经模型与为了智能目的而被操作的机器之间的明显区别。也就是说，神经模型的运行不应被假定是为了神经学家的目的，而是为了神经学家代表他的受试者而认为该模型的操作所具有的目的，该模型则代表着受试者的心灵。

因此，这个模型的三分系统就变成：

I	II
(神经学家的)心灵	受试者的心灵

III
神经学家认为受试者
具有的理智目的

但是，在 III 下面被简单提示的非形式的心灵功能是神经学家的心
263 灵功能，因为**受试者**的非形式的、个人性的心理功能实际上完全没有在这个三分系统中表现出来。 因为这个神经模型就像机器那样是严格非个人化的，它不能解释受试者的任何不可明确说明的习性。

这些个人能力包括理解意义、相信事实陈述、解释与目的相关的机制，以及在更高层次上反思问题并在解决这些问题时发挥创造力的能力。 实际上，它们包括了通过个人的判断行为而获得信念的每一种方式。 神经学家在构建人的神经模型时，把这些能力发挥到最高层次，但他正是在这一行为中否认人具有任何类似的能力。 心理学家也同样如此：他把人的心理表现还原为测量值之间的明确关系，使得这些关系可以用机器人的运作来表示。

只要观察者只关注他的受试者的自动反应，那么，正是由于否认被解释的受试者具有这些能力，所以作为解释者的神经学家或心理学家自信地行使着的这些能力之间的差异才是合理的。 当心理学家记录下一个人的反应时，他就在正当要求自己拥有判断的权力，而这种权力正是他正在观察的那个人所不具有的。 如果精神病使患者丧失了控制自己思维的能力，精神病学家会在他假定的、比其观察对象更优越的地位来观察相关的病理机制。

相对而言，要承认某个人是精神健全的，就要和他建立一种相互关系。 借助我们自己的领会能力，我们把另一个人的相同功能经验为那个人的心灵之存在。 在这里，我们在焦点上或附属性地认识事物的能

力就具有决定性了。心灵不是它在焦点上被认知的心理表现的集合，而是我们关注、同时又附属地知觉到它的心理表现的集合。这就是我们用来认可一个人的判断，同时又分享其意识的其他状态的方法(将在第四编中作进一步的分析)。这种认识一个人的方式，使这个人具有被心灵控制的那个三分系统中第 I 位上的心灵机能，而他在焦点上被认知到的心理表现的集合则不能使他具有这些机能。

根据“心灵”和“个人”的这种定义，不管是机器还是神经模型或者同样的机器人，都不能被说成是能够思考、感觉、渴望、意指、相信或判断。我们可以设想，它们可以模仿这些人类习性，以至于让我们完全被欺骗，但是，不管欺骗是多么地不可抗拒，它都无法由此而成为真理：没有任何后续经验能证明，我们有理由把两个从一开始就在本质上不同的事物等同起来。[12]

现在，我们的知识论被看作隐含着关于心灵的本体论。客观主义 264
要求有一个其运作机制可以被阐明的没有心灵的认知者。但是，要承认知识的不确定性却要求我们承认一个有权根据自身判断去非言语性地塑造其认识过程的人。这种观点如果应用于人，则暗示着一种社会学，这种社会学把思想成长看作一种独立力量。并且，这种社会学是对一个社会的效忠宣言：在其中真理受到尊重，人的思想为了自身的目的而得到培养。[13]从我的知识论所推导出的这种本体论，将在第四编得到进一步的阐述。

第十一节　关于批判性

所有种类的言语式肯定都多少带有些批判性——但事实上却是完全无批判性的。在有批判的地方，每一次经受批判的东西都是**具有言语形式的断言**。被判断为具有批判性或没有批判性的东西，是我们个人对言语形式的接受，而这一判断表达了我们在接受这个言语形式或言语操作之前对其检验而作出评价。被说成具有批判性或没有批判性的是允许这一接受行为的心灵。逻辑推理的过程是人类思维最严格的形式，通过对逻辑推理过程的逐步研究，可以使逻辑推理过程受到严厉的批判。事实性断言及其指称也可以接受批判性考察，尽管对它们的检验不可能在相同程度上被形式化。

在刚才规定的那种意义上，隐默的认知是不可能具有批判性的。像人类一样，动物具有防止被欺骗的警觉性。一只幼小的狗也许比一只老狐狸更加行动鲁莽。黑猩猩在解决问题时的犹豫可能使它非常紧张。然而，系统的批判只能被应用于言语形式，你可以对言语形式进行一次又一次的重新尝试。所以，我们不能把“有批判性”与“没有批判性”这样的词语应用于隐默思维**本身**，如同我们不会谈论跳高或跳舞是有批判性还是没有批判性一样。隐默行为是由其他标准来评判的，它应该被相应地看作是**不可批判**的。这一区别的重要意义将在后面两章变得更为清楚。[14]

第十二节　信托的纲领

我们的隐默能力决定了我们对某一特定文化的追随，并在其框架中维持着我们的求知的、艺术的、公民的和宗教的生活安排。人类心灵
265 的言语生活是他对宇宙的特定贡献。通过符号形式的发明，人类使思维得以产生并长久延续。然而，尽管我们的思维创造了这些技巧，它们却有能力控制我们自身的思维。它们向我们说话并使我们信服。正是它们对我们自身心灵的这种控制力，我们才认识到它们是合理的，并且它们有权得到普遍的接受。

但是，在这里，到底是谁让谁信服？如果人类消亡，人类的未被解读的手稿就没有传递任何信息。从人类的生命周期看，他既站在周期的起点，又站在周期的终点，既是他自身思想的生产者又是他自身思

想的产物。 他是在用一种只有他自己才能理解的语言对自己说话吗?

在起初，很多话语被认为是神圣的。 法律被尊为神授，宗教经文也被尊为上帝的启示。 基督教徒崇拜“道成肉身”（Word Made Flesh)。教会向信众传授的东西不需要获得人的证实。 在接受它的教义时，人不是在向自身说话，在他的祈祷中，他只能向教义的源头说话。

后来，当法律、教会和宗教经文的超自然权威衰落或崩溃的时候，人通过建立高于自身的经验和理性之权威，从而避免纯粹自我断言的空洞性。 但是，现在看来，现代的唯科学主义其实和过去的教会一样残酷地禁锢着思想。 它并没有为我们最有活力的信念留下什么余地，它迫使我们用滑稽而不恰当的术语把信念伪装起来。 被这些词语所束缚的意识形态把人类最高的渴望用来服务于毁灭灵魂的暴政。

那么，我们还能做些什么呢? 我相信，要应对这一挑战就是回应它。 因为它表达了我们在拒不信任中世纪教条主义和现代实证主义时的自我依赖，它要求我们的求知能力在缺乏任何外在的、确定的、永恒的标准时，去表明如果没有这种标准，真理将依据什么而被断言。 对于“到底谁让谁信服?”这个问题，简单的回答是:“我在努力让自己信服。”

在前面，我曾在不同语境主张：我一再指出，我们必须相信自身的判断，把自身的判断看作我们的一切理智行为的最高裁决者；我宣称我们有能力追求知识的卓越性，并把这种卓越性当作隐藏实在的一个标示。 我还将试图详细阐述这种最终的自我依赖的结构，我这整本书都在证明这点。 现在，让我仅仅指出，这种自我认可就是我的一种信托行为，它反过来又证明了：我把自己所有的最终假设转化为我自身信念之宣告是有道理的。

当我把本书的副标题定为“朝向后批判哲学”时，我心中就有了这样一个转折点。 现在，似乎正在接近其终点的批判运动，也许是人的心灵所曾拥有过的最丰硕成果。 过去的四、五个世纪逐渐摧毁或超越 266
了中世纪的宇宙观，并且使我们的心灵和道德得到无与伦比的丰富。

但是，它的白炽之光是在希腊唯理论的氧气中用基督教的遗产所点燃的。当这一燃料烧尽了的时候，批判运动的框架本身也就被烧掉了。

现代人是全新的，但是我们现在必须回到圣奥古斯丁的时代，并恢复我们认知能力的平衡。公元4世纪，圣奥古斯丁首次建立了后批判哲学，从而把希腊哲学的历史推向终结。他教导我们，所有知识都是上天的恩赐，为此，我们必须在先行的信仰之指引下为之奋斗：除非汝相信，否则汝将不能理解。[15]他的教义统治了基督教学者的心灵长达一千年。后来，信仰没落了，而论证性知识占据了主导地位。在17世纪末，洛克对知识与信仰进行了如下的区分：

> 无论信仰的保证是多么有根据和多么大，并因此而使信仰被接受下来，但它依然是信仰而不是知识，是宗教信仰而不是确定性。这是事物的最高性质，它使我们能够进入天启宗教的领域，后者由此被称为信仰之事；我们自身心灵的信仰，而非知识，才是成果，这种成果在这些真理中决定着我们。[16]

在这里，信仰不再是一种向我们揭示出高于观察与理性的知识的更高级能力，而是缺少了经验与理性之可论证性的纯粹个人认可。奥古斯丁立场中的两个层次被颠倒了位置。如果神的启示继续受到遵从，那么它的职能就像英国的国王和贵族的职能一样，就被逐渐减小到只在庆典上受尊敬的地位，而所有的实权掌握在名义的下院手中，下院才是可以通过论证而提出主张的权力机构。

在此，批判性心灵否定它的两种认知机能中的一种，并试图完全依赖剩下的那种机能。信念是如此全面地受到怀疑，以至于除了特许的机会——例如仍然允许人们持有和承认宗教信念——以外，现代人失去了把任何明确陈述接受为他自身信念的能力。所有的信念都被降低为人的主观状态：这是一种不完善状态，使知识不再具有普遍性。

现在，我们必定再一次认识到信念是一切知识的源泉。隐默同意与理智激情、群体语言与文化遗产的共享、融入志同道合的共同体，这些都是塑造我们掌握事物的、对事物性质的看法的推动力。没有任何理智活动，不管它多么具有批判性或创造性，能够在这样的信托框架之外运作。

虽然我们对这一框架的接受是拥有任何知识的前提条件，但这一母 267
体却不能声称是自明的。尽管我们的基本习性是与生俱来的，但是它们在我们的成长过程中被大范围地修正和扩展了。另外，我们对经验的固有解释可能是误导性的，而我们后天习得的某些最真实的信念尽管很显然是可以加以证实的，但也许是非常难以坚持的。我们的心灵存在于行动之中，任何要阐明其预设的尝试都会产生一些公理，而这些公理无法说明我们为什么要接受它们。科学之所以存在，是因为有追求科学美的激情存在，这种美被认为具有普遍性和永恒性。但是，我们也知道，我们对科学美的感觉是不确定的，对科学美的全面评价也仅仅限于少数的专家，而它传给后代也是不可靠的。在经验意义上，被如此少的人如此不确定地持有的信念并非不容置疑。我们的基本信念只有在我们相信它们时才是不容置疑的。否则它们甚至连信念也不是，它们仅仅是某些人的心灵状态而已。

这就使我们从客观主义中解放出来：我们认识到，只有在我们的信念内部，在整个认可体系内部——这种体系在逻辑上先于我们自身的任何特定断言，先于我们掌握的任何特定知识，我们才能宣告我们的最终信念。如果要在最高的逻辑水平上把它表达出来，这就必定是我的个人信念的宣言。我相信，哲学反思的功能在于揭示隐含在我相信是有效的思维和实践中的信念，并肯定这些信念是属于我自己的。我相信，我必须致力于发现我真正相信的东西，并把我认为自身持有的信念形式化。我相信，我必须克服自我怀疑，以便坚定地坚持这一自我认同的纲领。

圣奥古斯丁的《忏悔录》是在逻辑上融贯一致地揭示出他的基本信念的一个范例。《忏悔录》的前十卷包含他对自己皈依前以及他努力获得信仰(那时他还没有获得信仰)的那个时期的描述。但是，他对这整个过程的解释却是根据他皈依之后的视角而作出的。他似乎认识到，你不能从引发错误的前提来进行解释，从而揭露这个错误，而只能从被相信为真的前提进行解释，去揭露这个错误。他的准则“汝若不信则不明”表达了这种逻辑要求。我对它的理解是，这句话意味着，考察任何主题的过程既是对这个论题的探讨，又是在诠释我们通过什么信念来探讨这个主题，是探讨和诠释过程的辩证统一。在此过程中，我们的基本信念被不断地重新加以考虑，但这种考虑只能在这些信念自身的基本前提范围内进行。

相似地，我现在所表明的，我决定去详细阐述我认为自身真正持有
268 的信念，这已经在本书的前面章节中得到了充分的铺垫。当我在探讨隐默因素在认知技艺中的运作时，我就已经指出了心灵随处都在遵循它自身的自定标准，我还对这种确立真理的方式给予了隐默的或明确的认可。这种认可行为与它认可并因此被划分为**自觉的不可批判陈述**的那种行为是同一类型的。

教条主义的这种诱惑似乎令人震惊，但它只是人类日益增强的批判力的必然结果。这些能力给我们的心灵赋予了我们自身永远再也不能摆脱的自我超越的能力。我们已经从苹果树上摘下了第二个禁果，它使我们对善与恶的认识永远陷入了危险之中，我们今后必须在我们所具有的新的分析能力的炫目光芒中学会认识这些特性。人性第二次被剥夺了天真无邪，并被从另一个伊甸园中驱赶出来，而这种伊甸园毕竟只是愚人的天堂。我们曾经天真地相信我们可以通过客观有效性的标准而避免承担我们自身信念的所有个人责任——我们自己的批判力也已经把这一希望粉碎了。我们突然间变得赤身裸体，我们可以试图厚着脸皮，打起虚无主义的幌子招摇过市。但是，现代人的道德败坏是反复无常的。现在，他的道德激情又以客观主义的伪装重新展现出来：唯科学主义的米诺陶*诞生了。

* 米诺陶：古希腊神话中的人身牛头怪物。——译者注

为了改变这种处境，我在这里试图再次恢复我们审慎地维持我们的未经证明的信念的能力。现在，我们应该能够明确而公开地承认那些在现代哲学批判取得如今的深刻性之前就已被隐默地认为理所当然的信念。这些能力也许看起来是危险的。但是无论在内部还是外部，教条主义的正统性都容易受到制约，而一个被转化为科学的信条却是盲目且具有欺骗性的。

注　释：

1. 这应该排除把引号里的词语用作同一个词语的名称的情况，例如当我们说单词“cat”表示一只猫时。

2. 见本书边码第 95 页。

3. R.M.黑尔在《道德的语言》(牛津，1952 年，第 18 页)中，把未断言的命题称为“内容的”(phmstic)部分，把对这个命题的断言称为被断言命题的“情态的”(neustic)部分。(《道德的语言》，牛津，1952 年，第 18 页)。

4. 我对“真理”的重新定义使人想起麦克斯·布莱克关于真理的“无真理论”(《语言与哲学》，伊萨卡，纽约，1949 年，第 104—105 页)，也符合 P.F.斯特劳森关于语义理论的评论(“真理的语义理论”，《分析》，1949 年，第 9 卷，第 6 期)。但这两位作者的目的都是为了消除真理定义所产生的问题，而不是为了认可“真理”的使用是一种非批判性的肯定行为的组成部分。

5. 本书边码第 29 页。

6. 形式化方法可以超越这一点，但只能适用于非形式化的元理论所描述的“对象理论”。S.C.克林的《元数学导论》(阿姆斯特丹，1952 年，第 62 页)中的一段话生动描述了这种立场：“元理论是直觉的和非形式化的数学。……[它]必须用日常语言和数学符号来表示……并且按需要而被引入。元理论中的断言必须被理解。它的演绎必须具有确信性。它们必须通过直觉推理来进行，而不是像形式化的演绎推理那样通过遵循确定规则来进行。阐明规则，从而使对象理论形式化，但是，我们现在必须理解在没有规则的情况下那些规则是如何运作的。甚至在定义形式数学时，直觉性的数学也是必需的。”

7. K.哥德尔：《物理学数学月刊》，第 38 期(1931)，第 173—198 页。

8. A.塔斯基，“真理的语义学概念和语义学基础”，《哲学与现象学研究》，第 4 期，1994 年，第 341—376 页。塔斯基表明，通过把两种语言分开，可以被避免说谎者悖论。我们也可以采用如下方式得到相同结论，即如果一个事实性断言是由一个句子 p 作出，那么“p 是真的”不是一个句子。为了目前的论证，这个结论可以被认为是用塔斯基的以下定理所表达：“p 是真的”属于一种不同 p 的在另一层次上的语言，在这层语言中，每一个原初语言层次上被断言的句子都对应着该句子的名称，即被放入引号中的同一个句子。

9. 任何形式化推理过程的隐默成分在脱离结果时都起着类似的作用。参见 H.杰弗里斯：《英国科学哲学》，1955 年，第 5 期，第 283 页。他支持刘易斯·卡罗尔在“乌龟对阿基里斯说的话”[《心灵》，新斯科舍，1895 年，第 4 期，第 278 页]中的论点。塔斯基在谈到从命题“‘雪是白的’是真的”过渡到断言雪是白的行为的转变时，对真理下的定义也隐含着同样的隐默操作。另一种情况是，统计学的证据让一个零假设变得不可能，从而使这个零假设被拒绝；在这种情况中，隐默决定是由事实上具有强制性的情况引起的。

10. L.E.J.布劳维尔在这一点上也同意庞加莱的说法。见 H.韦尔：《数学哲学与自然科学》，普林斯顿，1949 年，第 51 页。

11. 参见写给 1949 年 10 月在曼彻斯特大学召开的关于“思维与机器”的研讨会的信中。这一问题在“基于序数的逻辑体系”[《伦敦数学学会记录汇编》，第 2、45 卷

(1938—1939)，第 161—228 页］中预先被提出。

12. 所以，我反对图灵［《心灵》，新斯科舍，1950 年，第 59 期，第 433 页］的推断。他把“机器能思维吗？”这个问题等同于一个实验问题，即一台计算机能否可以被建造出来并且成功地欺骗我们，就像一个人在相同事情上成功地欺骗我们那样。

13. 参见本书英文版第 142、219 页。

14. 我在本书边码第 53 页论述传统时用的“非批判的”（uncritical）一词现在应由“不可批判的”（a-critical）一词来加以代替。

15. 圣奥古斯丁：《论自由意志》，第 1 卷，第 4 篇：“先知设定了步骤，他说：‘除非汝相信，否则汝将不能理解’。”

16. 洛克：《关于宽容的第三封信》。

第九章

对怀疑的批判 269

第一节　怀　疑　论

我要把哲学变为我的最终信念之宣言，这一决心还必须进行系统的陈述。但是我们必须首先摆脱一种偏见，因为这些偏见可能会削弱对于我们的整个事业的信心。

接受未经证实的信念是通向黑暗的大道，真理则通过笔直且狭窄的怀疑之路而到达，这在整个批判哲学时期被认为是理所当然的。我们被警告:很多未经证明的信念从最初的儿童时期就灌输到我们的头脑中。宗教的教义、古人的权威、学校的教导、幼儿园的格言，所有这一切都统一起来而成为传统，我们很容易接受这些信念，只是因为它们以前曾被别人所持有，而那些人也想让我们把这些信念继承下去。我们曾被告诫，要抵抗这种传统向我们灌输信念的压力，要以哲学怀疑的原则来反对这种灌输。笛卡尔宣布：普遍怀疑应把他心灵中一切仅仅以相信为基础的意见清除掉，让心灵向有坚实理性基础的知识敞开。在更严格的意义上，怀疑原则完全禁止我们仅仅满足于相信，而要求我们应该让心灵保持空白，不让那些并非确凿的信念占据心灵。康德说，在数学中没有纯粹意见的立足之地，只有实在知识的地盘；如果不具有这种知识，那么我们必须禁止作出任何判断。[1]

怀疑的方法是客观主义的逻辑产物。它相信，根除信念中的所有主观成分，就会留下完全由客观证据决定的知识。为了避免错误和确立真理，批判性思维无条件地信任这种方法。

270 我并不认为，在批判性思维的时期中，这一方法总是或事实上曾经被严格地实施过——我相信那是不可能的；我只是认为，它的实施被公开宣布并被强调了，而在一些微不足道的方面则有所放松，这种放松也只是偶尔被承认。无疑，休谟在这一方面则相当诚恳。在那些他认为自己不能忠实地遵循怀疑论的地方，他公开地抛弃了他自身的怀疑论之结论。尽管如此，他还是无法认识到他这样做只是在表达自身的个人信念罢了。当他不再怀疑并放弃严格客观性时，他也没有要求具有权利并且承担责任去宣布这些信念。严格地说，他对怀疑论的异议是非正式的，不能明确成为其哲学的组成部分。但是，康德却严肃对待这一矛盾。他以超凡的努力去应对休谟对于知识的批判所揭露出来的这种处境，而不允许怀疑的任何松懈。“这些干扰的根源”，在面对这些困难时，他写道：

> 深藏于人类理性的本质之中，它必须被清除。但是，除非我们给它自由，不，给它营养，让它发出嫩芽，让它暴露在我们的眼前，然后再把它彻底摧毁，否则，我们如何才能做到这一点？所以，我们必须考虑反对我们的意见，这些意见还没有被对手想到。我们确实应该把我们的武器借给对手，让他占据他可能想要的最有利的地位。我们没有可害怕的，只有很多可期盼的。也就是说，我们可以为自己争取了一份永远不会再有争议的财产。[2]

康德对于不容置疑的理性财产的期望早已被证实为过高，但他的怀疑热情却一直传到我们的时代。在19世纪，公众的思想被那些只盯着自然科学的著述者所控制，这些著述者满怀信心地宣布：他们不接受任何不能通过无限制怀疑之检验的信念。作为上千个不那么重要的著述者中的一个杰出例子，让我们看看穆勒关于怀疑原则的如下雄辩声明：

> 我们最有保证的信念没有任何保障可以依靠，有的只是向全世界发出长期邀请，希望来证明它们是没有根据的。如果这个挑战没有被接受，或者虽然被接受但尝试失败了，我们仍然还远远达不到确定性。但是我们已经做了人类理性的现存状态所能接受的最好的情形了。我们没有忽视任何能够让真理有可能接近我们的东西。如果这个清单是开放的，那么我们可以期望：如果有一个更好的真理的话，当人类心灵有能力接受它的时候，它就会被发现。同时，我们可以依靠在我们时代可能的、一直拥有的接近真理的方法。这就是一个容易出错的东西所能达到的确定性程度，这也是获得这种确定性的唯一方法。[3]

没有任何关于理智完整性的宣言能够更加真诚了。但是，它的话语却缺乏任何明确的意义，这些话语的歧义性正好掩盖了它如此高调否定的那种个人确信，因为我们知道，处于哲学怀疑的自由传统中的穆勒 271
和其他著述者持有——今天也持有——大量科学、伦理、政治等方面的信念，而这些信念绝不是无可置疑的。如果他们并不把这些信念看作没有“被证明为没有根据的”，这只是反映了他们决定拒绝现在或过去提出来的反驳这些信念的论据。另外，这些自由主义信念不管在什么时候，以及不管在哪种别的意义上，都不可能被看作不容置疑的。但是，在这个意义上，一切基本信念都是不容置疑和不可证明的。事实上，证明或反驳的检验与接受或拒绝基本信念无关；声称你绝不相信任何可能被反驳的东西，仅仅是为了掩盖你的一种意愿，即你想要相信你自己的信念，并且还用一套“严格自我批判”的说辞来进行虚假的伪装。

这种自满情绪并没有减弱，反而通过谦卑地承认我们自己结论的不确定性而进一步增强了。因为当我们承认我们的信念所依赖的证据可以被设想为是不充分的时候，我们实际上掩盖了这样一个残酷事实：我们根本没有证据来保证我们的信念。事实上，承认我们难免出错，这仅仅是为了再次说明我们关于理智完整性的虚幻标准，并且展示我们的开放心灵的卓越品质，与那些公开表明其信念是他们个人的最终寄托的顽固态度形成鲜明对比。

怀疑不仅被颂扬为真理之试金石，也被颂扬为宽容的守护神。哲学怀疑可以平息宗教狂热，并带来普遍的宽容，这种信念一直追溯到洛克的时代，它仍然在我们这个时代充满生气。这种立场最有影响的代表是罗素爵士，他曾经多次雄辩地表达了这一信念，例如下面这一段话：

> 阿里乌斯教(Arians)与天主教、十字军与穆斯林、新教徒与教皇的追随者、共产主义者与法西斯主义者，在过去一千六百年的大部分时间里，都在进行徒劳无功的斗争，而只要稍作哲学分析就可以向双方表明，它们中的任何一方都没有很好的理由相信自身是正义方。现代的……教条主义也和以前各个时期的教条主义一样，是人类幸福的最大心灵障碍。[4]

虽然怀疑可以变成虚无主义，从而使一切思想之自由处于危险的境地，但是，与我们决心持有一个信念(我们也可以决定抛弃这个信念)相比，抑制自己的信念就总是一种理智探索行为，这种立场一直深深地扎根于现代心灵之中，就像我甚至在我自己的心灵中也发现的那样。服从自己的自发冲动而接受一种信念，不管这种信念是我自己的还是其他权威人士的，这会让人觉得是放弃了理性。你不可能解释这样做的必要性而不招致——甚至你自己的心中也会这么想——蒙昧主义的嫌疑。在探索后批判哲学的每一个步骤中，批判时代的警告将在我们的心灵中回响。康德的原话是这样的：

> 在它的一切事业之中，理性都必须服从于批判；如果它用任何禁令限制批判的自由，它就必定损害自身，就必定给自己招致有害的怀 272
> 疑。没有任何东西在用途上如此的重要和神圣，而可以免于这种适用于一切人的探索性检验。理性正是凭借着这种自由而存在。[5]

除非我先对怀疑原则进行批判的考察，从而充分地应对这种警告，否则，我在提倡不可批判信念的态度时是不会觉得安心的。

第二节　信念和怀疑的对等性

我们可以在相当普泛的意义上谈论怀疑。就像在任何稍微具有智力的动物行为中都可以观察到的那样，片刻的犹豫可以被描述为怀疑。射手从瞄准到扣动扳机之前可能都是处于怀疑状态。诗人重新把一行诗修改正确，在这种尝试中就充满这样的犹豫。[6]在断言行为中，理智的言语表达形式虽然很多样化，但所有这些形式中都存在着一定程度的隐默怀疑。这是在把言语框架作为寓居之所而加以接受的行为中普遍存在的**唯一**的一种怀疑，因此，它在源头上控制着我们的心灵存在的范围与方式。但是，在考察这种更深层次的怀疑之前，我将简要谈谈怀疑的**外显**形式，即我们对别人或我们自己所断言的关于事实的外显陈述的质疑。

我对怀疑进行评论的第一点，是要表明对任何外显陈述的怀疑仅仅意味着要试图否定这一陈述所表达的信念而赞成别的目前不被怀疑的信念。

假如有人说“我相信 p”，在这里，p 代表“行星以椭圆轨道运行”或“人总是要死的”。而我回答“我怀疑 p”。这可以被当作意味着我否定 p，并可以被表达为“我相信非 p”。或者，我可以仅仅反对把 p

断言为真实的，即否定人们在 p 与非 p 之间有足够的根据来进行选择。这样就可以表达为“我相信 p 是未被证实的”。我们可以把第一种怀疑称为“反对的”怀疑，而把第二种怀疑称为“不可知论的”怀疑。

我们一眼就能看出，“我相信非 p”这个反对性的怀疑，与它进行质疑的“我相信 p”这一肯定，两者具有相同的特性，因为 p 和非 p 之间的不同，只是它们指涉不同的事实题材。“我相信非 p”可以表示“行星沿着非椭圆形的轨道运行”。

科学史提供了许多例证，来说明肯定与反对具有同等的逻辑意义。
273 在数学中，一个问题往往会在一段时间内被设为肯定的形式，然后又被变为反面形式，即证明我们不可能找到这个问题的解答。化圆为方(squaring the circle)以及借助直尺和圆规把一个角进行三等分，这些数学问题就是在这种意义上经过一段时间后被颠倒过来的；这些数学构造已经被证明是不可能的。在力学中，在几个世纪以来人们把创造力错误地浪费在永动机的问题上，而建造这种机器的不可能性最终被确立为自然的基本定律。热力学第二定律和第三定律、化学元素理论、相对论原理和测不准定理以及泡利定理，都是以否定方式来表述的。爱丁顿的整个自然体系建立在一系列不可能性的假设之上。在所有这些事例中，肯定陈述与这一肯定陈述的否定之间的不同只是一个措辞问题，而对这两种形式的断言的接受与否定都是通过相似的检验来决定。

不可知论的怀疑也许更复杂一点，因为它由两个部分构成，其中第二个部分并不总是清楚地隐含其中。不可知论的怀疑的第一部分是反对性的怀疑，可以是暂时的或最终的怀疑。暂时性不可知论的怀疑(“我相信 p 是未经证实的”)保留 p 可能在未来得到证实的这种可能性，而最终不可知论的怀疑(“我相信 p 不可能被证实”)则否定 p 能够在未来被证实。严格说来，这两种否定都没有提到任何与 p 的可信性有关的东西，它们只代表不可知论的怀疑的第一个部分，以及到目前为之还不确定的部分。

实际上还有很多不同的例子，在其中不可知论的怀疑的第一部分被提出来，同时并没有对被质疑的断言的可信性有任何偏见。假如我们要考虑建立一个以 p 为公理之一的演绎体系的可能性。为此，p 必须与其他公理融贯一致并且独立于它们，这就意味着在我们假设的这一公理体系内，当开始还不包括 p 的时候，无论是 p 还是非 p 都是不可证明的。如果这个观点可以被成功地加以证明，一般而言，我们就能够根据完全独立于该证明的一些理由，而自由地接受或者拒绝 p 作为我们的公理之一。只有哥德尔命题，即在特定的形式体系之内断定自身的未判定性的命题，才显得是真的，只要它的未判定性得到证明。否则是不可能的。例如，高斯证明欧几里得的第五公设不可能从欧几里得最先的四个公设推导出来：这一证明被用来说明，他有理由选用第五公设，并且可以用新发明的非欧几里得的其他公设来替换第五公设。

但是，即使在这种情况下，即在对某一特定陈述的不可知式怀疑并不涉及其可信性时，它也依然具有信托性。它暗示着关于证据之可能
性的某些信念的接受。因此康德的这种要求——在纯粹数学中，除非 274
我们**知道**，否则我们必须禁止作出一切判断行为——就使得不可知式怀疑本身站不住脚了。因为这种要求以肯定“我相信 p 未经证实”或“不可证实”为基础，而这又暗示着事先接受了某种严格说来并非不容置疑的框架，在这个框架之内，p 才能被说成是已被证实的或者未被证实的、可证实的或者不可证实的。康德当然不会认识到这一矛盾，因为他认为包含欧几里得的公理在内的数学基础是先验的、不容置疑的。这一观点被证明是错误的。

现在，我们将进一步探讨在自然科学、法庭和宗教问题上的不可知论的怀疑。

第三节　合理怀疑与不合理怀疑

对法律和怀疑论哲学中的“合理怀疑”的限制，可以揭示怀疑的信

托性。声称怀疑必须是合理的，就是要依赖某种不能受到合理怀疑的东西——用法律术语说就是“道德确定性”。[7]我将以科学怀疑的例子来说明这点。

自然科学家被认为比占星术士更具有批判性，这只是因为我们认为他们对星体和人的观念比占星术士的观念更真实。更准确地说，当我们对占星术之真实性的证据不屑一顾时，我们是在表达以下信念：根据科学关于星体与人的知识，占星术证据可以被解释为纯粹偶然的，或是无效的。在 17 世纪和 18 世纪，科学信念就是这样反对并否定一切超自然信念以及教导这些信念的学术权威。我们可以把这种怀疑思潮看作完全合理的，并意识不到它的信托性，直至我们遇到它所犯的错误，比如，我在前文提到过的科学家们对陨石的怀疑论。[8]当一团炽热的物质在几码之外撞在地面上发出雷鸣般的声响时，普通人相信陨石掉下来了，并倾向于认为这具有超自然意义。法兰西科学院的科学委员会非常反感这种解释，并在整个 18 世纪都设法把这种事实搪塞过去，以使自己感到满意。科学怀疑论把以奇迹般的治疗和咒语形式出现的催眠现象的所有实例都抛在一边，甚至在面对梅斯默及其继承者对催眠术所作的系统阐述时，在之后的一个世纪内仍然否认催眠现象之真实性。当医学界完全忽视在他们眼前连续执行过上千次的无痛截肢手术这样的
275 明显事实时，他们受到了怀疑精神的引导。他们相信自己正在捍卫科学，反对欺骗。[9]今天，我们把这种怀疑行为看作不合理的，并且实际上是愚蠢而荒谬的，因为我们不再认为陨石陨落或梅斯默催眠术不符合科学的世界观。但是根据这种观点，我们现在持有的，并以我们自己的科学世界观为依据而认为其是合理的其他怀疑，也同样仅仅是由我们自身的信念所保证。在这些怀疑中，有些怀疑可能在将来某一天会被最终证明是放肆、偏执和教条的，就像我们今天被纠正的某些怀疑一样。我对客观主义所作的评论已经指出了今天的怀疑论就代表着某些这种类型的不合理怀疑。

第四节　自然科学中的怀疑论

在自然学科中，对于一个陈述的证实不可能像在数学中那样严格。我们经常会拒绝接受所谓的科学证实，很大程度上是因为基于一般理由，我们很难相信它们想要证实的东西。使得维勒和利比希无视发酵证据的背后原因，正是他们预先就设定要去反对这种观念(发酵来自有生命的细胞)。科尔贝把范特霍夫关于不对称碳原子的证据谴责为毫无价值的，因为它的论证就是如此。巴斯德关于不存在自然发生说(spontaneous generation)的证据被他的反对者们拒绝，并被他们按照自己的方式来解释，而且，甚至连巴斯德自己也承认这种可能性不能被排除。[10]

无法解释的事情一直在实验室中发生。例如，在密封容器中会出现无法解释的微量氦元素或微量金元素，这种结果可重复获得。在一段时间内，当元素之人工嬗变的可能性第一次模糊显现出来时，很多科学家认为这种观察结果是元素发生嬗变的证据。但是当元素嬗变的真实条件被阐明之后，这种观察结果就不再被科学家所关注。[11] 276

在我早期的一本书中，我曾提到瑞利男爵(Lord Rayleigh)于 1947 年 6 月发表在《英国皇家学会会刊》中的一篇论文。这篇论文描述了一个简单的实验，证明了一个撞击金属丝的氢原子释放出了高达 100 电子伏的能量。[12]这一结论如果正确的话，将具有非常重大的意义。我所咨询过的物理学家都没有发现这个实验存在什么漏洞，但他们都对这个实验结果不屑一顾，甚至认为这样的实验不值得重复进行。对这种现象的一个可能解释被 R.H.伯吉斯和 J.C.罗布最近的实验所提出来了。[13]他们表明，在微量的氧(0.22—0.94 mm)存在的情况下，氢原子将导致金属丝的温度上升，这一温度将超过金属丝上的氢原子重新组合所产生的热度很多倍。如果这样解释的话，物理学家们就有理由忽视瑞利的这一研究成果了。

一个科学家必须对他自身知识领域提出来的任何重要主张表明自己的态度。如果他忽视了这一主张，实际上就意味着他认为这一主张是没有根据的。如果他关注这一主张，那么，他花在检验这一主张上的时间和关注度，以及他在进行自身的研究过程中对这一主张的重视程度，取决于他认为该主张在多大的可能性上是有效的。只有当一个主张完全处于他可作出反应的关注范围之外，科学家才能对这一主张采取完全中立的怀疑态度。在严格的意义上，只有在他所知甚少且完全不关心的主题上，他才具有不可知论的怀疑。

第五节　怀疑是探索性的原则吗？

我们已经看到，在科学拒绝某些主张方面，科学怀疑论的实践在于维持与它们的主题有关的流行科学观点。我们也已经看到，这种怀疑态度也被用于去对处于科学内部重大争议中的科学同行进行怀疑。不过，难道就没有某种变革性的科学成就能够对目前公认的科学信念进行质疑吗？虽然每一个科学发现都具有保守性，也就是说它在整体上维持并扩展了科学，并且在这种意义上，科学发现又确认了关于世界的科学观念并增强了这种观念对我们的心灵控制；但是，任何重大的科学发现都对科学世界观进行修正，并且从根本上改变它。很多革命性的发现，比如日心说、基因、量子、放射性或相对论等的发现，都是这种类型的。把新的主题吸纳进现存体系中的这一过程**仅仅**是维持着科学，而真正的变革才拥有使整个科学框架得以改造的革命性变化，难道不是这样吗？

277 这种说法听起来似乎是合理的，但其实不是这样。把目前公认的信念扩展到远远超越已经探讨的意义范围以外的能力，本身就是科学中的一种卓越的变革力量。正是这种变革力量使得哥伦布横跨大西洋去寻找印度群岛。他的天才在于他正是按照“地球是圆的”这个命题的字面意思所告诉我们的那样去理解，并且以此来作为自己的实际行动的指引，而他的同代人却是模糊地持有这一观点，只是把这一观点当作推测的主题。牛顿在其《原理》中详细阐述的观点也在他的那个时代广为流行，他的工作一点也没有动摇过他的国家里的科学家们所持有的任何坚定信念。然而，他的天才再一次展示出他的这一能力：他使这些被模糊持有的信念拥有了具体而有约束力的形式。我们时代的最伟大和最令人惊讶的发现之一，即X射线在晶体中发生衍射现象(1912)，是由数学家马克思·冯·劳厄(Max von Laue)作出的，因为他比其他任何人更具体地相信被普遍公认的晶体与X射线理论。这些科学进步丝毫不比哥白尼、普朗克或爱因斯坦的变革更少一些胆量与冒险。

同样，在自然科学中并不存在什么有效的，去推荐某一信念或怀疑来作为开辟发现之路的探索性准则。有些发现的获得，是因为科学家确信通行的科学框架中缺乏某种基础性的东西，而有些发现的获得，则是因为科学家感觉到通行的科学框架中还隐含着比目前已认识到的多得多的东西。第一种确信可以被看作比第二种确信具有更大的怀疑性，但也正是第一种确信更容易受到怀疑的阻碍——因为人们过分坚守现行的科学正统观点。

另外，由于在决定下一个研究步骤时没有规则能告诉我们什么是真正的大胆，什么是纯粹的鲁莽，所以并不存在什么规则能把并非鲁莽而是审慎的怀疑态度，与损害冒险精神并经常被谴责为刻板的教条主义的怀疑相区分。维萨里(Vesalius)被誉为科学怀疑的英雄，因为他大胆地否定“把心脏分隔开来的心壁是被不可见的管道穿透”这种传统理论；但哈维受到欢呼则是由于恰恰相反的原因，即他大胆地假定有些不可见的管道把动脉和静脉相连接。

第六节　法庭上的不可知论式怀疑

法院的程序规定了对特定范围的主题实行严格中立的不可知论式的

怀疑。有一些通常被看作与刑事指控有关的情况不允许法庭进行调查。假如一个刚刚目睹了凶杀案的目击者把这件事情告诉了一群人，但他后来昏倒并死亡，假如听过目击者叙述的那群人中的任何人都不允
278 许在法庭上汇报目击者所说的内容的话，那么凶手就有可能逍遥法外。在正常情况下，会有很多相关信息，例如与被告的性格有关的证据，都不允许原告提出来。如果有任何被排除在司法关注范围外的信息被无意中提了出来，陪审团必须把它抛弃。通过执行这样的规则，这些规则限制了法院成员就其所审理的案件作出回应的通常关注范围，法律成功地把一些他们本来会有兴趣的主张 p 及其对立观点非 p 排除在他们的心灵之外。通过禁止在这两方面中的任何一方意见，法律希望对它们采取一种严格的不可知论的态度。这相当于我们关于主张 p 采取了不可知论的怀疑态度的第一部分，而随后又不对这些 p 的可信度作出任何判定。在这种情形下，拥有信念的范围得到了有效的缩小，但这种缩小也仅仅意味着我们被禁止认识它们所涉及的事情。

另一方面，在法庭上被承认的与争议相关的问题必须以某种方式来作出判定。如果证据在被充分讨论后，人们觉得 p 和非 p 两者都和证据相一致，法律设定的预设将作出有利于对立双方中的某一方的判决。最被人们所熟知的法律预设也许是刑事诉讼程序中那些赋予被告以怀疑权利的预设。如果主张 p 和非 p 都与证据相一致，那么法庭通常就假定——即相信——不损害被告的清白的那一方。但在这方面也并没有一概而论的预设。如果没有相反的证据，被告就被预设为是神智正常的，尽管这种预设对他是不利的。在民事与刑事诉讼中都有很多的、对争议双方不加区别的特定种类的预设。这些预设大多是用来避免形成僵局，并尽可能对那些通常被看作缺乏适当证据的重大争议进行判决。比如，如果一对夫妇一起被淹死，法官将会觉得年纪较大的先死，虽然他并不知道真实情况。

要去思考法庭绝不能关注的任何事情，或者要形成与恰当的法律预设相反的信念，或者更一般地说，要在法律上形成任何不合理的信念，

就会被谴责为是偏见或任性。由于法律条例禁止人们形成在通常情况下会具有的信念，它们就对这些信念采取某种怀疑或不可知论的态度。但是，像在对经验作出科学解释时那样，在这里取代普通人信念的信念体系绝不比人们在别的情况下所拥有的信念更明确、更全面。规定“一个人除非被证明有罪，否则就被假定为无罪”的法律并不是把开放 279
心灵施加于法庭，而恰恰相反：它告诉法庭应该以什么信念为出发点，即从一开始就应该相信这个人是无罪的。从法律上排除在正常情况下相关的事情，这甚至可以被解释为法院预先规定了一些具体的信念，即（在正常情况下相关的）这些事情实际上与法庭争论无关。在所有这些方面，无偏见的法庭被假定具有的开放心灵，只有通过比那些不承担任何司法责任的人通常具有的信念更**强烈**得多的信念才得到维持。前一种信念远远不如后一种信念可信，因此，它们可以被说成是专门为法庭而设置的。这似乎就解释了西方观察家为什么最初会无视以下现象：在莫斯科大审判*中，法庭公然取消了被告的法律保障。正当的法律程序并不诉诸常识。

法律上的强制信念的教条性，并且常常还具有的武断性，根据它们被建立与肯定的独特语境而获得了合理性。法庭并不试图发现某些有意思的事件的真相，而只是通过法律程序来发现与法律争论相关的事实。即使它们本身并不能被证明是合理的，也要相信这些肯定，这种相信的意愿来自通过作出这些肯定并按这些肯定行事而伸张正义的意愿。因此，严格说来，法庭的事实调查与科学和普通经验的事实调查之间不可能有矛盾。它们并行不悖。观察事实和法律事实之间的关系，原则上相似于事实性经验和基于这种经验之上的技艺之间的关系，或相似于经验事实和数学观念之间的关系。在所有这些情况下，经验被用作理智活动的**一个主题**，这种理智活动把这个主题的一个方面发展

---

* 莫斯科大审判：在斯大林20世纪30年代大清洗时期，举行过三次举世瞩目的“莫斯科大审判”。审讯中，法庭没有出示任何证据，所有的指控都基于被告的“交代”和“承认”，在没有律师辩护的情况下，被告的“供词”被作为定罪的依据。——译者注

成一个以它的内部证据为基础而建立并被接受的体系。法律事实的体系被承认为由相应的法律框架所形成的社会生活的一部分。

第七节　宗教的怀疑

从休谟到罗素，他们都把怀疑的作用看作消除错误，这种信念主要原因是人们对宗教教义的怀疑与对宗教迷信的厌恶。很多世纪以来，这一直是批判性思维的主要激情，它完全改变了人类的宇宙观。因此，宗教怀疑必须成为我对怀疑进行评论的主题。我将把我的论证限制在与基督教信仰有关的宗教怀疑上，并且从我关于理性激情的那一章接着进行讨论。

宗教，作为一种崇拜行为，它是一种内居而不是肯定。上帝是不能被观察到的，就像真理或美也不能被观察到那样。他的存在就在于他是被崇拜和遵奉的，而不是其他什么东西。他不是事实，如同真理、美和正义的存在也不是事实那样。它们就像上帝一样，只有在效
280 忠于它们时才能被领会。因此，“上帝存在”这样的话语并不像“雪是白的”那样是事实性陈述，而是像“‘雪是白的’是真的”那样是一种认可性陈述。这就决定了“上帝存在”这一陈述所被归属的怀疑类型。[14]因为，由于“‘雪是白的’是真的”代表的是说话者所作出的不可批判的断言行为，因此它不是一个描述命题，不可能成为明确的怀疑对象。它只能以不同程度的信心被发出，并且，它的断言如果缺乏的某些充足的信心，就等同于说话者对他自身断言的怀疑。这是一种隐默的怀疑，是非言语性的犹豫，如同射手没有把握地扣动扳机时的犹豫一样。“上帝存在”的话语也只有在隐默犹豫的意义上才能够被怀疑。

不过，这种阐述有点夸大了信仰行为（在某种还不确定的意义上暗示着上帝之存在的信仰行为）和“上帝存在”这句话的意义之间的差异程度。“上帝存在”这句话的确不能构成崇拜的一部分，它的意义不会

超越对说话者献身于上帝之信仰行为的认可，但是我们却不能像把事实陈述和被接受的陈述区分开来那样，来把这个接受行为同该行为所接受的东西明确区分开。

由此，我们将转向一种更一般的关系，即我们的隐默领会能力与被我们的领会所控制的口语和经验细节之间的关系，并寻求得到指引。(见第二编，第五章，第 92 页)这将引导我们回到作为探索式洞见的宗教崇拜的概念上，并再一次把宗教与例如数学、小说和美的艺术等通过成为人类心灵之愉悦居所而获得合法性的伟大知识体系相联系。由此，我们将看到，尽管它具有不可批判性，但是宗教的说服力的确取决于事实证据，并可能受到对于某些事实之怀疑的影响。让我对这一纲领进行详细说明。

在论述理智激情的那一章中，我把基督教信仰描述为充满激情的探索式冲动，而这种冲动不会趋向圆满。探索式冲动从来不会理解不到自身可能具有的不充分性，它并不具备充足的自信，这种情形可以被描述为它自身的内在怀疑。但是基督教信仰内在的不充足感却超越了这一点，因为基督教信仰的一个因素是：它的追求永远无法达到终点，在这个终点上，它已经取得了预期的结果，它的继续将变得不必要。一位在这种生活中达到了他的精神终点的基督教徒就不再是基督教徒了。体会到它自身的不完满性，这对于他的信仰来说是必不可少的。蒂利希写道，“信仰包括它自身和对它自身的怀疑。”[15]

但是，根据基督教的信仰，对真正信仰的这种内在怀疑是有罪的， 281
而且这种罪是痛苦的根本来源。去除怀疑、罪和痛苦，基督教信仰就变成了自我嘲讽。它就变成了一系列不精确的、常常是虚假而且大部分是无意义的陈述，同样还有一些俗套和沾沾自喜的道德说教。基督教的一切奋斗决不允许走向这样的最终结局：它坠入虚无之中。

探索式冲动只有在从事它的恰当探索时才能具有生命力。基督教的探索就是礼拜。祈祷和忏悔中的词语、礼仪动作、日课、布道、教会本身，都是崇拜者朝向上帝的线索。它们引领着崇拜者的忏悔与感激之情，引领着他对神圣存在的渴望，同时又使他免受干扰。

作为一个框架，宗教崇拜表达了它把自身接受为充满激情地探索上帝的寄居之所，因此宗教崇拜不能说出任何真或假的东西。祈祷者的话语是对上帝说的；虽然宗教仪式中的其他部分**提到**上帝，但它们主要是关于人际关系的声明——例如对于上帝的赞美。宗教崇拜中的一些部分如宗教信条，确实作出了神学上的断言，并且《圣经》中的戒律都是用平白的叙述语言所表达的。但是，宗教信条的重点在于“我相信”这样充满情感的认可崇拜的话语，同时，在基督教礼拜过程中引用的《圣经》语录不是用来传达信息的，而是用作维持信仰的教诲的起点。所有这些陈述都对崇拜起到辅助作用。

但是，神学教义与《圣经》的记载本身也是被传授的。**那么**，它们的陈述能否被说成真的或假的，能否经受公开的怀疑？答案既不是是，也不是否；在这里只能对这个问题进行简单描述。

只有为自己的信仰服务的基督教徒才能理解基督教神学，只有他才能进入《圣经》的宗教意义。神学与《圣经》一起构成了宗教崇拜的语境，并且神学与《圣经》必须在它们与宗教崇拜的关系之中被理解。但我们将看到，这种关系在两种情况下是不同的。

从描述方面看，“上帝存在”这样的神学陈述可能比对崇拜行为的认可强不了太多，就像充满信心地说“雪是白的”之后再说“‘雪是白的’是真的”那样。在这个意义上，“上帝存在”这个表述是不可批判的，且不具有明显的可疑性。但从整体上看，神学是关于重大问题的深奥研究。它是关于宗教知识的一种理论，相应地，它也是关于由此而被认识的事物之本体论。因此，神学揭示或试图揭示宗教崇拜的隐含意义；它可以被说成真的或假的，但只有在关于其是否能够恰当地阐明或者用精炼语言表述一种预先存在的宗教信仰时才能这样
282 说。虽然证明上帝存在的神学努力如同证明数学前提或经验推理之原则的哲学努力一样荒谬，但是，探寻基督教信仰之公理化的神学却有一个重要的分析任务。虽然它的结果只有从事宗教实践的基督教徒才能

理解，但它可以在很大程度上帮助基督教徒们理解他们正在实践的是什么。

当然，如果在观察经验所构成的宇宙中，对于上帝的神学解释想要说明自身的有效性，那么关于上帝的神学解释必定显得毫无意义，并且通常是明显的自相矛盾。无论在什么情形下，当适合于一个主题的语言被用来谈论另一个完全不同的主题时，都必然出现这样的结果。用经典电磁学和力学的术语去描述原子的运动过程，这种相对稳妥的尝试也曾经产生自相矛盾，其矛盾性让人难以接受，直到我们最终习惯了这种矛盾。当前，物理学家们欣赏着这些只有他们才理解的、看起来荒谬的东西，甚至如同德尔图良（Tertullian）欣赏自身信仰的令人惊讶的悖论性那样。基督教的悖论绝非在我的心中唤起对基督教信仰之合理性的怀疑，而是给我提供了一些范例，去说明人类如何同样地对于其他信念也建立起框架并使这些信念得到稳定，而通过这种方式人类试图满足自身所设定的标准。

神学由《圣经》诠释和《圣经》诠释的原则组成，并且，在这一语境中神学也在处理我在这里为自身提出的问题，即宗教信仰如何依赖于可观察的事实，或者——更确切地说——如何依赖关于可观察事实之陈述的真理性或虚假性。所以，现在我必须斗胆地简略谈谈神学问题。

我已经把基督教的崇拜仪式描述为适合于唤起对上帝的激情探寻的线索之框架。我也谈到了从这些线索而产生信仰的隐默领会行为。这种技能性的宗教认知能力似乎是普遍存在的，至少也存在于儿童之中。这种技能一旦获得就很难丢失，但是，如果在儿童时期没有得到预先的培养，这种技能也很少在成年之后被掌握。对于一个完全缺乏宗教认知技能的人来说，崇拜仪式不可能有什么意义。

由话语和仪式构成的宗教框架，能够让接受者产生对这个框架的宗教领悟，这种能力部分地依赖于这个框架的组成元素的非宗教意义。这个框架必须先通过它的教义、叙述、道德及其仪式实践的吸引力，给儿童或者不信教者留下深刻印象，然后才能让儿童或不信教者从宗教维度来理解这些东西。所以，证实福音书中所记载的某一决定性事件的历史证据会增强基督教教义的力量。相反，削弱或破坏《圣经》中很多叙述的宗教意义之外的说服力，以及怀疑某些基督教仪式假定具有的魔力的《圣经》批判和科学发展，必定会动摇靠断定这些说教和实施这些仪式来传播的信仰。现代神学已经接受了这些攻击，并用来指导自
283 身去用更符合事实的形式来重新解释和巩固基督教的信仰。接下来我将试图用我自己的语言来论述这种结果。[16]

为了这个目的，让我们审视经验整体，包括——但当然远远不止这些——阅读《圣经》的体验；让我们观察一下它在一个人的皈依过程中给这个人的心灵带来的宗教影响。到目前为止仍然是非宗教性的所有这些经验，可以给心灵提供通向基督教信仰的线索，甚至如同所有类型的知识，不管是从科学著作中得到的还是从直接观察中得到的，都可以用作理解科学观的线索一样。这两种领会都确立了自身的不断言任何特定事实的探索性视角。它们都是高度个人化的知识形式，同时附属性地包含一组相对非个人化的经验。事实线索与探索性视角之间的这种关系，与事实经验和数学、艺术品之间的关系相似。这种相似性使宗教信仰与这些伟大的话语体系(数学体系、艺术体系等)相统一，因为这些话语体系同样是基于经验，而心灵可以在不断言任何特定经验事实的情况下寄寓于这些话语体系之中。不管是对于数学还是对于艺术来说，**作为它们的主题**，外部经验是必需的，但是，对于一个准备寄寓于它们框架之中的人来说，数学或艺术传达了它们自身内部的思想，而正是由于这种内在的经验，这个人的心灵才把该框架接受为心灵的寄寓之所。

宗教经验与非宗教的经验处于相似的关系之中。世俗经验是它的原始素材：宗教以这些经验为主题，来构建它自身的世界。每一种伟大话语体系所构建的世界，都是通过加工与改造先前经验的一个特定方面而建立起来的：基督教信仰用它自身的内部经验来加工先前经验的超自然方面，并使之发挥作用。宗教皈依者通过投身于宗教仪式与教义

的言语框架所激发并且认可其有效性的宗教迷狂，从而进入这种言语框架之中。这同样类似于人们用以学会欣赏和追求数学，或愉悦地思考——有时甚至创作出——艺术品的确认过程。[17] 284

我已经阐明了自然科学、数学和技术是如何互相渗透的。所有的艺术门类都同样地互相交织着，而在人文学科领域艺术与科学方法也互相渗透。宗教甚至具有更广泛的联系：它可以把一切认知经验纳入自身世界中，同时又反过来被大多数别的知识体系用作它们自身的主题。我们在这里关注的基督教与自然经验的关系，只是这种互相渗透之网中的一道脉络。

就像法庭的发现与日常经验各行其道一样，宗教发现和自然发现也是各行其道。对基督教信仰的接受，并不表示对观察事实的断言，因此你也不能用实验或事实记录来证明或证伪基督教。让我把这个观点应用于人们对于神迹的信念。自从培尔和休谟这样的哲学家批判神迹的可信性以来，理性主义者就极力主张对于神迹的承认必须依据事实证据的强度。但实际上，真正的情况却是相反的：如果“水转化为酒”或“死人复活”的记载能够通过实验来证实，这就严格地否认了这些事情的神迹性。事实上，如果任何一个事件都可以按照自然科学方法来确立，那么任何事件属于事物的自然秩序。不管它是多么的怪诞与令人惊奇，但一旦它被充分确立为观察事实后，这个事件就不再被看作超自然的了。例如，最近某些生物学观点认为单性生育**也许**会在特殊情况下发生。如果这种观点被认为是基督诞生的解释，那么这不是确认而是破坏了“耶稣基督乃由童贞女所生”的基督教信条。试图用自然的事情来检验超自然的事情，这是不合逻辑的，因为这种检验只能确立事件的自然方面，却永远不能把它表现成超自然的。观察可以给我们提供让我们信仰上帝的多样线索，但关于上帝所进行的具有说服力的任何科学观察，都会使宗教崇拜沦为对单纯的物体或自然属性的人的盲目崇拜。

当然，一个事实上从来没有发生过的事件是不可能具有超自然意义的，而它是否发生过——这个问题本身都必须通过事实证据来确定。因此，批判《圣经》的宗教势力就动摇了或者巩固了构成基督教基本主题的某些事实。然而，证明某件事实没有发生过的证据，有时在很大程度上也不会损害描述该事实发生的宗教叙述所传达的宗教真理。如同米开朗基罗的壁画那般的《圣经·创世记》及其恢宏描绘，比起把世
285 界说成原子的随机组合，一直是对于宇宙之性质和起源的更有智慧的解释，因为《圣经》中的宇宙论继续——无论多么的不恰当——表达着世界存在和人在世界中出现这一事实的重大意义，而科学图景却否认世界有任何意义，并且事实上忽视了我们关于这个世界的一切最鲜活的经验。世界有某种意义，与之相联系的是，我们把自身称为世界上唯一有道德责任的存在者，这种假设是经验的超自然方面的一个重要例示，而基督教关于宇宙的解释一直在探索和发展经验的这种超自然方面。本书第十三章将说明我们是如何能够通过一些连续步骤把关于进化论的科学研究解释为通向上帝的一个线索。

基督教是一项事业。我们的已经极大扩展的知识观应该给宗教信仰开拓出新的前景。《圣经》，特别是保罗神学，可能仍然孕育着未知的教义；而我们时代的新物理学和逻辑哲学思潮所展现的现代思维的更大的精确性与更自觉的灵活性，可能在不久之后就会引起观念的革新，而这一革新将在现代的宗教以外的经验基础上恢复并澄清人与上帝的关系。一个伟大宗教发现的时代可能正展现在我们面前。

在进行下一步的论述之前，让我总结一下关于宗教怀疑的结论。基督教信仰可以在两个方面受到怀疑论的攻击。它的内部证据可能受到怀疑，这种怀疑就像数学中的观念革新或新的艺术品可能被认为是不健全的那样。我们可能拒绝或至少犹豫是否要参与它们所提供的精神生活，其原因或者是因为我们无法欣赏它，或者——更有说服力的是——因为我们害怕失去对实在的把握。一种类似的怀疑适用于每一个探索性视域：我们总是意识到它所附带的某种危险。这种怀疑是接受时的犹疑。我们勉强地接受给我们的心灵提供的寄寓之所，这可能

是胆怯的也可能是明智的，并且我们可能由此最终被证明是迟钝的或鲁莽的。但是，我们却不能把我们可以用来证实或证伪一个明确陈述的那种检验用在我们的行动上。所以，我们也不可能在一个明确陈述能够被怀疑的意义上怀疑我们所做(或宣布去做)的事情。我们的怀疑必须内在于自身的心灵活动之中。

基督教信仰追求的东西是无法实现的，这也是基督教信仰的一个组成部分。它必须总是会痛苦地意识到自身内在的可疑性。然而，由于这是信仰的一部分，所以它并不损害信仰。但是，通过对我们借以确立信仰的言语框架进行明确的批判性考察，基督教信仰的这种不可避免的内部怀疑甚至可以扩大，直到完全摧毁我们的信仰。这一框架以献身于上帝的方式引出对它自身的领会，这种能力在根本上依赖于作为其要素的陈述的说服力；相似地，一组线索引出基于这些线索的探索性视 286
域，这种能力同样依赖于作为线索的事实之可靠性。因此，对于作为事实的线索的怀疑，可以动摇以这些线索为基础的体系的内部证据。明确的怀疑可能会加强我们对接受行为的内在怀疑，直到把我们的接受变为完全的拒绝。

因此，过去的三百年，在历史知识和科学知识发展的影响下，宗教信念的削弱是怀疑产生实质影响的一个例子。它摧毁了事物的宗教含义，但又没有用其他意义来对这个损失进行充分的补偿，而作为一切意义之来源的信念总体则受到有效的削减。如果宇宙事实上是无意义的，宗教信念被摧毁就是完全有道理的。因为我不相信宇宙是无意义的，所以我只能承认，只有否认当时主张宗教教义的理由，否定宗教才是合理的。今天，我们应该感谢理性主义者对宗教的持久攻击，他们迫使我们重新认识基督教信仰的根据。但这并没有丝毫证明：怀疑可以被看作是消除错误而只保留真理的普遍方式。因为一切真理都只是信念的外在一极，摧毁一切信念就是否定一切真理。尽管对于宗教信念的阐述往往都比对于其他信念的阐述更加教条化，但这不是必然的。基督教广泛的教义框架产生于天才般努力并维持了很多世纪，并将基督教徒已经实践的信仰公理化。考虑到基督教信念用以控制整个人和把人与宇宙联系起来的高超想象力和情感力，对于这些信念的说明比算术的公理或自然科学的前提要丰富得多。但是，它们属于同一类型的陈述，执行相似的信托功能。

我们自己的精神生活主要归功于艺术品、道德、宗教崇拜、科学理论和其他话语体系，我们接受这些体系为我们的寄寓之所和精神发展的土壤。客观主义完全歪曲了我们的真理观，它颂扬我们知道并能证明的知识，却用模棱两可的话语来掩盖我们知道但**不能**证明的知识，尽管后一种知识是所有我们**能**证明的知识的基础，并最终打上其烙印。在试图把我们的心灵局限于少数可以证明因而可以被明确怀疑的事情上，它忽视了选择的不可批判性，这些选择决定了我们心灵的整体存在；并且它使我们不能承认这些重要选择。

第八节 隐含的信念

通过把我们的研究扩大到我们以概念框架的形式持有的、我们语言
287 所表达的信念上，我们就可以进一步阐明作为原则的对于怀疑之限制。我们最为根深蒂固的信念是由我们用以解释我们的经验并构建我们的话语体系的群体语言所决定的。[18]我们正式宣布的信念可以被认为是真实的，最根本上是因为我们在逻辑上预先接受了一套特定的术语，我们通过这套术语确立了与实在世界的关联。

原始人拥有独特的、内在于他们的观念框架中而且反映在他们语言中的信念体系，这个事实首先由列维-布留尔在20世纪初期提出。埃文斯-普里查德(Evans-Pritchard)在最近关于阿赞德人的信念的著作[19]中也提出了这种观点，并进行了进一步的说明。作者对非洲原始人在维护自身的信念并拒绝欧洲人看来必然否证这些信念的证据时所表现出来的理智力量感到震惊。其中一个与本书的主题很契合的事例是阿赞

德人对“毒药神谕”(poison-oraele)*的魔力的信奉。神谕通过把一种称为本奇(benge)的有毒物质喂给一只小鸡所产生的效果来回答问题。神谕的毒物是从一种用传统方法采集的蔓生植物中提取的，据说只有在适当的仪式中人们对这种毒物说出某些话语才能产生法力。作者告诉我们，阿赞德人在行使他们对巫医的信念和毒魔神谕的实践时并没有形式化的和强制性的规则，但是，由于他们对这些东西的信念是融入用巫术和神谕法力解释一切相关事实的群体语言体系之中的，所以他们的这种信念是十分坚固的。埃文斯·普里查德列举了各式各样的例子，展示了阿赞德人的隐含信念所特有的顽固性。

如果神谕在回答某个问题时回答了“是”，但随即又对同一问题回答了“不”，那么在我们看来，这会严重影响神谕的信誉。然而，阿赞德人的文化为这种自相矛盾提供了很多可供使用的解释。埃文斯列举了不下八种他听过的阿赞德人用来解释神谕预测失败的信念。他们可能会假设是收集错了有毒物质，或是违犯了某一禁忌，或有毒的蔓生植物生长在其中的森林的主人被冒犯了，因此破坏了毒物以作为报复，诸如此类。

作者还进一步描述了阿赞德人如何反对认为“本奇”可能是一种自然毒物的观点。他告诉我们，他经常问阿赞德人如果他们在给小鸡喂食“神谕毒物”时没有说什么话，或给一只刚从常规剂量恢复过来的小鸡喂食一份额外的毒物，那么会有什么情况发生。作者接着说，“阿赞德人并不知道如果那样做会发生什么事情，而且对会发生什么事情也没有兴趣。他们认为，没有人会愚蠢到把那么珍贵的‘神谕毒物’浪费在这种毫无意义的、只有欧洲人才能想得出来的实验上……如果一个欧 288
洲人完成了一个他认为可以证明阿赞德人的观点是错误的实验，那么他们就会对欧洲人的轻信感到吃惊。如果小鸡死了，他们会干脆说那不

* 阿赞德人做任何事情，或对任何事情作出判断都要运用这种神谕。具体做法是，给小鸡喂食少量叫“本奇(benge)”的毒药——一种从蔓生植物中提取出来的物质，然后大声向它提出一个可以用“是”或“否”的形式来回答的问题。由于作为毒药的“本奇”并不是总能杀死小鸡，因此小鸡的幸存或死去便昭示了神谕的答案。——译者注

是好的本奇。鸡死了这一事实本身就向他们证明本奇是坏的。”[20]

阿赞德人直接忽视在我们看来是决定性的事实，这是由非凡的创造性所维持的。“他们根据自身信念之群体语言体系进行卓越的推理，”埃文斯-普里查德说，“但他们不能在他们的信念以外进行推理或进行与他们的信念相反的推理，因为他们没有其他群体语言可以用来表达他们的思维。”[21]

不接受对于信念的任何公开声明的客观主义，已经使得现代信念像阿赞德人的信念那样采取了隐含形式。也没有人会否定：那些掌握了这些信念所必需的群体语言的人，确实在这些群体语言的范围内进行非常有创造性的推理，即使他们也像阿赞德人那样坚定地无视他们的群体语言所不能包容的任何事情。我将以这些原则为基础，引用两段话来证明两种现代解释框架的高度稳定性：

> 我受到的党性教育为我的心灵装上了如此精巧的吸震装置和弹性防御装置，使得我看到和听到的人任何东西都被自动转化去适应一种预先构想的模式。（A.克斯特勒，载于《失败的上帝》，伦敦，1950年，第68页。）
>
> 弗洛伊德逐步发展起来的理论体系具有如此的融贯性，使得当某人一旦涉入其中就很难摆脱思维偏见而进行中立的观察。（卡伦·霍尔奈：《精神分析的新方法》，伦敦，1939年，第7页）

这两个陈述中的第一段是由一个前马克思主义者所写，第二段是由一个前弗洛伊德主义者所写。当他们还承认马克思或弗洛伊德的概念框架是有效的时候——无论如何——这两位作者会把这一框架的涵盖一切的解释能力看作其真理性的证据。只有当他们不再相信该框架时，他们才觉得它的能力是过度且似是而非的。我们将会看到，同样的差异会再次出现在我们对不同概念框架的解释能力所作的评价之中，这种差异构成了我们接受或拒绝这些体系的一部分。

第九节　稳定性的三个方面

含有信念之群体语言系统对不利证据的冲击的抗拒可以分为三种类型，每一种类型都从阿赞德人在面对我们看来可以证明他们信念之无效性时用来维护信念的方法来得到说明。类似的事例也可以从其他信念体系中援引得到。

阿赞德人的信念的稳定性首先是基于以下事实：反对它们的意见可 289
以被逐条回应。含有隐含信念的体系能够逐条反击有效的反对意见，这种能力是基于这些体系的循环性。循环性是指按照这样的概念框架来对任何特定新主题进行阐释时具有的说服力，是基于过去曾把同一个框架应用于现在并不考虑的大量其他主题，而如果这些其他主题中的任何一个现在受到质疑，那么对它所作的解释又反过来同样依靠对另外主题的解释来作为支持。关于阿赞德人对神秘观念的信念，埃文斯-普里查德观察到："经验与一个神秘观念之间的矛盾用其他的神秘观念来解释。"[22]

只要每一个怀疑都被逐个反击，这就增强了这一怀疑所反对的基本信念。埃文斯-普里查德写道，"让读者想一想任何会彻底摧毁阿赞德人为神谕的法力进行辩护的所有论证。如果这种论证被转化成阿赞德人的思维方式，它就反过来被用来支持他们的整个信念结构。"[23]观念体系的循环性往往通过每一次与新主题的接触而得到增强。

体现于任何特定语言中的宇宙论的循环性，是通过该语言之词典的初级形式表现出来的。举个例子，如果你怀疑英语中某一特定的名词、动词、形容词或副词在英语中有任何意义，英语词典就通过用其他的、其意义目前不受怀疑的名词、动词、形容词或副词所作出的定义来打消这种怀疑。这种探索将使我们在语言使用中不断增强自己的信心。

回忆一下我们在谈论数学的公理化时所发现的情形，公理化仅仅是声明了隐含在数学推理实践中的信念而已。所以，公理化的数学体系是环形的：我们对数学的预先接受就是把权威授予数学公理，然后我们又从这些公理推导出所有的数学证明。把数学公式或任何演绎体系所断言的命题分为公理和定理，这其实在很大程度上是一种惯例，因为我们通常可以用定理代替部分或所有的公理，而从这些定理推导出以前的公理并把它们用作定理。演绎体系的每一个断言都可以被其他断言所证明，或者可以被表明是其他断言的潜在公理。所以，如果我们逐个怀疑一个体系的每一个断言，那么我们就发现每一个断言都通过循环性而得到确认，而且，在反驳一系列的怀疑后，结果增强了我们对这一体系的整体信念。

当持有同一组预设的很多人要互相确认各自对经验的解释时，循环
290 性是通过划分角色来运作的。以下面这个南非探险家马吉亚（L.Magyar）的故事为例。这个例子是列维—布留尔所收集的，他认为这个例子具有典型性。[24]两个非洲土著人S和K到树林里采集蜂蜜。S发现了满是蜂蜜的四棵大树，而K只发现了有蜂蜜的一棵树。K回到家哀叹自己是如此倒霉，而S却那么幸运。同时，S回到树林里取蜂蜜时，受到一头狮子的攻击并被撕成了碎片。

被害者的家属立即跑到占卜者那里，询问谁应该对S的死负责。占卜者问询了几次神谕之后，宣布K由于妒忌S收获的大量蜂蜜而化身为狮子进行报复。被告人极力否认自己有罪，酋长下令此事用毒药神判（ordeal of poison）的方式解决。*“事情就按它们的通常方式进行了”——探险家叙述道——“考验对被告人很不利，他供认了并屈服于折磨……对于解释此事的占卜者，对于下令施行刑讯的酋长，对于围观

* 神判（ordeal）：借助神的力量，为定夺诉讼纷争之输赢或确定罪犯，而对当事人或嫌疑者施行考验的原始审判方式，是神明裁判的简称。曾存在于世界许多民族中。中世纪流行于欧洲的决斗亦源于此。那时候，人们认为神力可以对人世间的是非作出判定，并帮助人们给罪犯量刑。其方式多种多样，常用的有：吞食某种有毒的东西、手下油锅取物、决斗、将嫌疑者投入河中，等等。以被考验者能否顺利通过考验来定输赢或判明当事人是否有罪。——译者注

的人群以及对于曾化身为狮子的 K 本人，事实上对于除了刚好在现场的那个欧洲人之外的每一个人，这一指控都显得理所当然。”[25]

对于我们来说事情是很明显的：K 事实上并没有化身为狮子并把 S 撕为碎片，所以他开始时也否认这样做过。但是他面对的是一个压倒性地对他不利的情形。他与原告所共有的解释框架中并没有意外死亡这样的概念。如果一个人被狮子吃掉了，那么事情的背后必定有某种有效的原因，例如对手的妒忌。这就使他成为一个明显的嫌疑犯，而当他所一直相信的神谕证实这一怀疑时，他再也无法反驳他的犯罪证据，于是承认曾经化身为一头狮子吃掉 S。这就终结了循环论证，并确认了这一循环论证发生于其中的魔法框架，同时也增强了这一框架用相同方式去处理下一个处于其权限内的案件的效力。

在俄国的策反案件审讯中，被某种程序逼迫坦白的人描述了类似的循环性。被指控的人通常一开始抵制指控，但预审法官从各个方面不断向他提出指控，加上从他以前的同伙那里逼供出来的证据，使他确信这一指控，他开始屈服于指控他自己的这一案件的信服力。[26]基于他习惯性地谴责别人的理由，他现在倾向于谴责自己——并且因此而结束了 291
这个循环，这个循环能够再一次确认这些理由，并且使得在下个场合这些理由会更有效力。

稳定性的第二个方面产生于解释体系运作于其中的循环的自动扩展。它便利地为这一体系提供了精巧的阐述，这种阐述几乎会涵盖任何可想象的事件，无论一个事件刚开始显得多么的棘手。具有这种自我扩展能力的科学理论有时被描述为周转圆(epicycles)*模式，指的是托勒密和哥白尼理论用来描绘行星进行统一的圆周运动的周转圆理论。一切重要的解释框架都具有周转圆的模式，为棘手情形提供后备的附加解释。阿赞德人的信念的周转圆特性已在前面进行了说明，它为解释

* 哥白尼模仿托勒密的地心说模型，使行星在围绕太阳做圆周运动(均轮)同时，也围绕着一个“本轮”(epicycles)运转。Epicycles 一般译为“周转圆”或“本轮”。——译者注

神谕的连续两个相反而直接回答提供了八种不同的、现成的附加假设。

阿赞德人信念的稳定性的第三个方面，表现为它否定了对立观点的任何可能得到支持的根据。支持对立观点的经验只能被逐条引证。但是，例如自然因果关系这种可以替代阿赞德人的迷信观念的新概念，只有通过一系列的相关实例才能被确立；而这样的证据却不能在阿赞德人的心灵中被聚合在一起，因为它们中的每一个单独证据都缺乏赋予它自身以意义的概念，从而直接被无视。埃文斯-普里查德曾经试图让阿赞德人相信，本奇是一种自然界的有毒物质，它的效力不在于通常伴随其使用的咒语。听了这些话后，阿赞德人表现出来的是我们通常用以看待我们缺乏概念的事物的那种轻蔑的冷漠。“对于离我们如此遥远以至于我们没有概念去谈论或没有标准去测量的事物，”威廉·詹姆斯(William James)写道，“我们既不觉得好奇，也不觉得可疑。”在达尔文航程中的弗吉人回忆说，他对那些小船觉得怀疑，但对在他们面前抛锚的大船却视而不见。[27]这种情形的最近一个例子，出现在苏维埃驻加拿大大使馆的译电员伊戈·高申科身上。他一连两天(1945 年 9 月 5 日至 6 日)冒着生命危险徒劳无益地在渥太华到处出示苏联的核武器间谍活动的文件以吸引他人的注意。

隐含信念的这第三种防护机制(即上一段提到的“信念稳定性的第三个方面”)又可以被称为“禁止聚合”(suppressed nucleation)原则，它对循环性和自动扩展原则的运作起着补充作用。循环性与自动扩展原则的运作保护着现存的信念体系免受来自任何不利证据的怀疑，而“禁止证据聚合”的原则防止了任何替代性概念基于任何这样的证据而产生。

与现有的周转圆式精巧解释相结合的循环性，并且由此禁止提出任
292 何相反概念，使得一个概念框架具有某种程度的稳定性，我们可以将其描述为它的完整性之标准。虽然我们可以承认一种语言及其所传达的概念体系的完整性或综合性，如同我们承认阿赞德人对巫术的信念体系的完整性一样，但这绝不意味着该体系是正确的。

第十节　科学信念的稳定性

我们并不像阿赞德人那样持有对于毒药神谕之法力的信念；我们也拒绝他们的很多其他信念，抛弃神秘观念并用自然主义的解释去代替。但是，我们还是可以否认我们对于阿赞德人迷信观的拒绝是一般怀疑原则的结果。

因为我们现在接受的自然主义体系的稳定性依靠于相同的逻辑结构。在特定的科学观点与经验事实之间的任何冲突，都可以通过其他科学观点而得到解释，对于任何可想象的事件，我们可以用科学假设的现有储备来进行解释。在循环性的支持下并进一步受到周转圆式解释储备的防护，科学可以否认某一范围的经验，或至少把这些经验看作毫无科学意义而抛在一边，而对于一个不懂科学的人来说这些经验显得既丰富又关键。[28]

对我所概括为客观主义科学观的限制，一直是本书反复出现的主题。我要突破这一具有高度稳定性的框架，并进入通向实在的、却被客观主义所禁止的合法大道，这一尝试将在稍后继续进行。现在，我来举一些例子以说明，**在科学本身内部**，违背经验的理论的稳定性是如何被周转圆式解释储备所支持，并把一些可替代的观念扼杀在萌芽状态的。从现在来看，这种程序在某些情况下似乎是正确的，而在其他情况下似乎是错误的。

阿伦尼乌斯(Arrhenius)于1887年提出的电解理论假设电解质在溶液中的离解和未离解的形式之间具有化学平衡。从一开始，测量就表明，这只适用于醋酸这样的弱电解质，而不适用于食盐或硫酸这些非常突出的强电解质。三十多年来，这些差异都被精细地测量并且在教科书中列出，但是却没有人想要质疑这种明显是矛盾的理论。科学家们满足于谈论“强电解质的异常现象”，却从来也不怀疑这些化学物质的

293 表现实际上是由他们没有理解的法则所支配着。我还能记得自己大约在1919年时，第一次听到那些异常现象被用作证据来反驳阿伦尼乌斯提出的化学平衡，并用另一种理论来解释时的惊讶。直到这一替代性的概念(以离子间的相互静电作用为基础)被成功地阐明，之前的理论才被普遍抛弃。

与通行的科学概念相冲突的现象常常被称作“反常的”而被去掉，这是任何理论之周转圆式储备的最简便假设。我们已经看到阿赞德人如何用类似的理由来应对毒药神谕的不一致。在科学中，这种过程常常被证明是极为合理的，因为后来对不利证据进行的修改或对之前理论进行的深化都解释了那些反常现象。对阿伦尼乌斯关于强电解质理论所作的修改就是一个恰当的例子。

另一个例子表明：从前被认为是重要的科学事实的一系列观察，是如何在几年之后虽然没有被证伪或者实际上没有经过新的检验，而只因为科学的概念框架在此期间发生重大变化，从而使得那些事实不再显得可信，就受到全面怀疑并被人遗忘。在19个世纪末期，H.B.贝克尔[29]提出了大量观察结果，描述了深度干燥法能够抑制某些在通常情况下会快速进行的化学反应，并降低了很多常用化学材料的蒸发速度。在长达三十多年中，贝克尔持续发表关于这种干燥法效果的更多实例。[30]关于相似现象的众多报告来自荷兰的斯密茨，[31]一些非常突出的证实来自德国。[32]有时，贝克尔必须把他的样品进行长达三年的干燥处理，才能使这些样品不发生反应，所以，当有些研究者无法重复他的实验结果时，人们有理由假设他们的实验没有达到相同的干燥度。由此，人们当时并不怀疑深度干燥法的观察结果的真实性，以及这些结果反映出的所有化学反应的基本特性。

今天，从1900年到1930年间引起这么多关注的这些实验几乎被人遗忘了。一些草率地继续汇编已发表数据的化学教科书还详细记载着贝克尔的观察结果，只是补充说明它们的有效性“还没有得到确认”，[33]或“贝克尔的一些发现被后来的实验工作者提出异议，但是实验技法很困难”。[34]敏锐的科学家们不再关注这些现象了，因为按照他们现在对化学反应过程的理解，他们相信大多数的这些现象都是捏造的；而且，如果有些现象是真实的话，那也很可能是由于无足轻重的原因。[35]尽管如此，现在我们对这些实验的态度其实类似于阿赞德人的态 294
度，他们面对埃文斯-普里查德提出的不念咒语就施用神谕毒物的建议时，就是持这种态度。我们耸耸肩，拒绝把时间浪费在如此明显无用的研究上。在科学中确定我们关注对象的过程确实与阿赞德人的情况相同，但是我相信，科学在应用这一过程时常常是正确的，而阿赞德人在运用它来维护其迷信观时是完全错误的。[36]

我的结论是，早期的哲学家们认为融贯性是真理之标准时，他们所指的仅仅是**稳定性**的标准。它对错误的或正确的宇宙观具有同等的稳定作用。把真理性赋予任何特定的稳定体系，都是一种不能用非寄托性术语来分析的信托行为。我将在下一章再讨论这一点。当前它只被用来表明，没有什么怀疑原则能帮助我们区分出两种隐含信念体系中的哪一个是正确的——除非我们承认决定性证据与我们不相信为真的证据相反，而不是和其他证据相反。在此，接受怀疑就像不接受怀疑一样，都是同样清楚的信托行为。

第十一节　普遍的怀疑

根据这种观点，我们能给普遍怀疑的原则赋予什么样的意义？只要对任何单个信念的反思是在未受质疑的信念之压倒性背景中进行的，构成这一背景的信念就不能被同时认为是可疑的。尽管我们可以设想，我们的信念的每一个要素都可以依次与所有其他信念相对比，但不可能所有信念都同时进行对比。但是，这并不是说一个信念体系绝不能在整体上受到质疑。欧几里得几何学曾受到整体的怀疑，并且由于 295
非欧几何学的建立而被降到候选者的地位。我们可以想象，总有一天我们觉得有必要重新考虑我们是否要在整体上接受数学。我已经承认，宗教信念的衰落必然带来我们的信念数量的真正减少。

这些推测可以用来表明免于自相矛盾的普遍怀疑之意义。我们可以设想一下，抛弃我们到目前为止所接受的种种话语体系，并同时抛弃以这些术语阐述的或者隐含在我们对这些体系的应用之中的理论这样一个无限延伸的过程。这种怀疑可能最终会导致放弃所有现存的言语手段，而不进行任何补偿。它会使我们忘记所有到目前为止已经被使用的群体语言，并且消除掉这些群体语言所传达的所有概念。由此，(通过处理指称概念而运作的)我们的话语形式的理智生活就会被暂时终止。

这种对普遍怀疑的解释肯定会受到怀疑原则的追随者的反驳，但我看不出他们有什么理由来进行反对。这是唯一的怀疑方法，它真正地把我们的心灵从不加批判地获得的预设信念中解救出来。如果我们否认不加批判地持有信念的合理性，那么，唯一合乎逻辑的选择就是把那些预设信念全部清除掉。如果这种做法被证明是很难实现的，我们至少必须承认这是我们的完美理想。我们必须承认，不受到任何权威影响的素朴心灵是知识完整性的典范。

冒着在显而易见的东西上浪费精力的风险，我们还是应该弄清楚，如果心灵没有任何预设的主张就能对所有问题形成判断，这种对心灵的假设究竟意味着什么。它不可能指一个初生婴儿的心灵，因为这种心灵还不具备充分的智力去把握任何问题，并指导解决问题的办法。我们必须允许素朴的心灵成熟，让它发育到获得足够自然智力的年龄，但是又必须让它保持初始状态以便再去接受任何种类的教育。它绝不能学习任何语言，因为言语只能不加批判地习得，使用某一特定语言的言语实践同时就意味着接受了这一语言所假定的宇宙论。

然而，心灵在完全不受引导的情形下成熟会导致愚笨。动物生活所固有的感情和欲望的冲动，当然会融入它们能掌握的实践方式之中。由于缺乏合理的概念框架来引导它们，它们的表现就不会受到怀疑的限制，而是混乱和不成熟的。我们已经在大大低于人的智力水平的动物中发现这一点。我曾经谈到在隔离中长大的小鸡在初次面对其他鸡时如何惊慌失措，如何行为紊乱，并表现出极度的惊恐。[37]

但是，甚至这些不能说话的动物也必然形成一些概念，这些概念会 296
严重地损害批判性的中立态度。我们已经看到心灵是如何积极地参与我们对事物的感知的(边码第 97 页)。有时，这种看待事物的方式是错误的，而这种本能的错误可能会严重地阻碍哲学和科学的进步。天体的“静止状态”与“运动状态”之间的差异，在所有的视觉感知中都是很有说服力的。我们看到处于绝对静止状态的地球，而太阳、月亮和星体都围绕着它运转。地心说的世界观在我们最原始的感知偏见中具有可靠的支持。实际上，即使在牛顿力学中，太阳系也一样被看作固定的，而宇宙的其他部分都围绕着它运转。只有在爱因斯坦的广义相对论中，这一偏见才被最终抛弃。今天，牛顿力学的框架被批判为是不加批判的思维产物，但是，它的错误可以追溯到视觉感知的最低层次。所以，甚至在狼群中长大的或在保育箱这种与世隔绝的环境中发育成熟的儿童也会犯这样的错误。

所以，如果素朴心灵或者认知白板这样的理想状态被推到其逻辑极限，我们就必须面对这样一个事实：我们对事物的每一次感知，特别是我们眼睛的感知，都包含着关于事物性质的、可能是虚假的含义。我们看见的一个物体究竟是黑色还是白色，这并不由它反射我们眼中的光线的数量来决定。雪在黄昏时显现为白色，晚礼服在阳光下显现为黑色，尽管在这种情形下，晚礼服比雪反射到我们眼睛中的光线更多。人们说黑白分明——但是我们究竟把一个物体看成是黑色还是白色，却受到物体反射到我们眼睛的光线所处的整体环境的决定性影响。在我们感知物体的颜色、大小、距离和形状时，环境对我们的感知产生影响的这种方式，是由我们先天的生理倾向和这些倾向后来在我们的经验影响下的发展所决定的。现在，我作为成年人所感知到的东西，不同于我作为新生儿时所感知到的东西，这种差异在很大程度上是由于会聚官能、适应官能和其他更复杂的感知过程所造成的，而这些过程又是按照可能发生错误的原则进行的。不过，如果我可以把自己训练成用无感知的眼睛重新观看事物，让它们的影像迅速扫过我的视网膜，就像电影胶片不断地滑过投影灯前的投影窗一样，并由此把所有这些官能全部去掉，我也没有把握能够因此获得不可怀疑的原始资料。我这样做的时候，仅仅是在遮蔽自己的视力，就像僧侣睁着眼睛入定时表现的那样。我也不能通过受到严格控制的过程来恢复自己的感知能力，而只能通过重新看来恢复自己的感知，并借助自己的具有复杂构造的眼睛，调节我头部的姿势，结合我对声音、触觉和自己身体的试探动作的意识来重新观看，即按照一个体现了整个体系的隐含意义的过程来重新观看，但是
297 我必须暂时不加批判地把自己寄托于这个体系之上。即使我们可以通过使自己降低到一种呆滞状态，从而把自己有意识地接受的东西的数量不断减少，甚至减少到零，但是任何特定范围内的知觉似乎都包含相应的一套广泛的不加批判而接受的信念。

由此，普遍怀疑的纲领瓦解了，它的失败揭示了一切合理性都具有的信托基础。

当然，我并不是想表达这样一个观点：那些宣称哲学怀疑是消除错误的普遍解决办法和纠正一切盲信的良方的人，会希望不用任何合理指导去培养孩子或者会思考任何其他使人愚笨的普遍方案。我想表达的是，这会是他们的原则所要求的东西。他们实际上所要求的东西不是被他们宣称的原则表达出来而是被隐藏在这些原则之中。他们想把自己的原则传授给儿童并被所有人接受，因为他们相信这样就会使世界免于错误和争论。罗素在 1922 年的康威讲座演讲稿于 1941 年重版。在这次讲座中，他只用一个句子就揭示了这一点。罗素批评了布尔什维克主义和教权主义这两种相互对立的教条主义学说，认为它们都应该受到哲学怀疑的反击，他总结道："因此，合理怀疑如果能发生，本身就足以引领我们进入千禧年。"[38] 作者的意图是很明确的：他想传播某种他相信是合理的怀疑。他不希望我们相信他所否定并讨厌的天主教教

义，他也想要我们抵抗列宁的激进暴力革命的学说。这些怀疑被誉为“合理的怀疑”。由此，哲学怀疑被加以限制，以免让怀疑论者所相信的任何东西都受到质疑，以免赞成他并不同意的任何怀疑。宗教法庭对伽利略的指控是以怀疑为基础的：他们指控他是“鲁莽的”。罗马教皇庇护十二世（Pope Pius XII）在1950年发布的《人类》通谕*采取相同的方式继续反对科学，他警告天主教徒：进化论仍然是一个未经证实的猜想。但是，没有任何哲学怀疑论者会站在宗教法庭一边而反对哥白尼体系，或站在罗马教皇庇护十二世一边反对达尔文主义。列宁及其继承者们精心阐释马克思主义，怀疑罗素和其他理性主义者们教导我们要尊重的几乎每一个东西的实在性，但是，这些怀疑就像宗教法庭的怀疑一样，它们之所以并不被西方的理性主义者所认可，可能是因为它们并不是“合理的怀疑”。因为怀疑论者并不认为有理由去怀疑他本身所相信的东西，所以宣扬“合理的怀疑”只不过是怀疑论者宣扬他自身信念的方法而已。所以，前面引用的罗素的话语应该读作“接受我这样的信念就足以引领我们进入千禧年”。以这种形式表达的理性主义将会抛弃它关于怀疑的虚假原则，并勇敢地面对自身的信托基础。

在蒙田和伏尔泰的时代，理性主义把自身等同于对于超自然之怀 298
疑，理性主义者还把这种“怀疑”称为是与“信仰”相对立的。这种做法在当时是情有可原的，因为理性主义者所坚持的信念，例如“理性至上”和“科学是理性在自然之中的应用”的信念，还没有受到怀疑主义的有力挑战。在宣扬自己的信念时，早期的理性主义者在如此广阔的战线上反对着传统的权威，使得他们完全把自己看作彻底的怀疑论者。不过，从那以后，理性主义的信念受到马克思主义和纳粹主义的革命学说的有力批判。现在要根据怀疑论来反对这些学说是荒谬的，因为它们只是晚近通过对西方传统的扫荡才取得现在的支配地位，而理性主义

* 此通谕是庇护十二世于1950年8月12日所颁发的，以抵抗和反对当时的反宗教思潮，包括人文主义、唯理主义、现代主义、存在主义、进化主义，以及在此基础上形成的混合主义、妥协主义，这些反宗教思潮的目标是打倒一切神学系统，以反对教会、反对传统。——译者注

则正是依靠传统(18 和 19 世纪的传统)来对它们进行反抗。这个时候，这应该是很清楚的：由当前陷入危机的传统所传递的信念无论如何都不是不言自明的。现代的狂热盲信植根于极端的怀疑论之中，如果增加普遍怀疑的分量，这种怀疑论只会被加强，而不会被动摇。

注 释：

1. 康德，《纯粹理性批判》，第 B851 页。
2. 同上书，第 B805—806 页。
3. J.S.穆勒：《自由论》，第 2 卷，埃维里曼版，第 83 页。
4. 伯特兰·罗素：《大学季刊》，1946 年，第 1 期，第 38 页。
5. 康德：《纯粹理性批判》，第 B766 页。
6. 斯蒂芬·斯彭德的《一首诗的创作》(伦敦，1955 年，第 51—52 页)对此有很好的说明。
7. C.S.肯尼：《刑法大纲》，第 12 版，剑桥，1926 年，第 389—390 页。
8. 参见本书边码第 138 页。
9. 梅斯默(1734—1815)被指责为骗子。埃斯戴尔(1808—1859)在印度用梅斯默催眠术进行了大约 300 例无痛手术，但无论是在印度还是在英国，他都无法让医学期刊刊登他的工作。他的研究结果被一种假设所解释，即当地人喜欢接受手术，这些当地人想取悦于埃斯戴尔。在英国，W.S.沃德于 1842 年用梅斯默催眠术给病人实施了无痛截肢，并向皇家医学和手外科学会报告了这个病例。“然而该学会却拒绝相信。马歇尔·霍尔，反射动作研究的先驱，一口咬定病人一定是个骗子，这篇论文从学会的会议记录中被删除……八年后，马歇尔·霍尔通知该学会，说那个病人承认了自己在被迫这么做的，但马歇尔·霍尔说，他的消息来源虽是间接的和保密的。但是，病人后来却签署了一份声明，宣称那次手术是无痛苦的。”埃里奥森(1791—1868)是伦敦大学学院的医学教授，也是大学学院医院的创立者，他在那里进行催眠的主要目的是为了治疗。1837 年大学学院委员会禁止了实施催眠治疗，他就辞退了主席的职位。(这些描述是基于 E.博灵的《实验心理学史》(纽约，第 2 版，1950 年)，引文也出自该书。关于埃里奥森在这期间的职业生涯的更详细材料，请参阅哈利·威廉斯的《医生们的分歧》(伦敦，1946 年)。也可参见本书第 1 编，第 4 章，边码第 52 页。)
10. 参见本书第 2 编，第 6 章，边码第 157 页。
11. 参见我的《科学、信仰与社会》，牛津，1946 年，第 75—76 页。
12. 《自由的逻辑》，伦敦与芝加哥，1951 年，第 12 页。
13. R.H.伯吉斯与 J.C.罗布，《感应电学会学报》，第 53 期(1957 年)。
14. 关于肯定“上帝存在”的困难性，参见保罗·蒂利希《系统神学》，第 1 卷，伦敦，1953 年，第 227—233、262—263 页。
15. 保罗·蒂利希：《圣经宗教与终极实在之探索》，伦敦，1955 年，第 61 页。
16. 尽管我不应冒昧地宣称我在本章的论点完全符合任何一位神学作家的观点，但我发现，我对进步的新教神学的范围和方法的概念，已被保罗·蒂利希著作中的许多段落所证实。例如，在他的《系统神学》第 1 卷(伦敦，1953 年，第 130 页)中：“在与超自然主义者对真正的启示(revelation)所作的歪曲而进行的斗争中，科学、心理学和历史学都是神学的盟友。科学和历史批评保护了启示；它们不可能毁掉启示，因为启示属于科学和历史的分析无法到达的现实维度。启示是理性深度和存在基础的表现。它指出了存在的奥秘和我们的终极关怀。它独立于科学和历史所说的它的出现条件；它也不可能让科学和历史依赖于它自身。不同的现实维度之间不可能有冲突。理性在狂喜和奇迹中接受启示；但理性不会被启示摧毁，正如启示不会被理性清空一样。”或参见“启示的动力”一节(出处同上，第 140 页)：“‘耶稣基督……昨天、今天和永远相同’确实是在教会历史上所有时期的不可动摇的参照点。但是参照行为却从来不是相同的，因为具有新的接受潜力的新一代进入了相互关系并改变了它。”另一方面(第144页):“尽管启示的知识主要是以历史事件为媒介，但它并不隐含着事实的断言，所以，它并不接受历史研究的批判分析。它的真理性要被处于启示知识维度内的标准来评判。”

17. 参见本书边码第192—195页。

18. 参见本书边码第80页。

19. E.E.埃文斯-普里查德:《阿赞德人的巫术、神谕和魔法》，牛津，1937年。

20. 同上书，第314—315页。

21. 出处同上，第338页。

22. E.E.埃文斯-普里查德:《阿赞德人中的巫术、神谕和魔法》，第339页。

23. 出处同上，第319页。

24. 列维—布留尔:《原始人的“灵魂”》，伦敦，1928年，第44—48页。

25. 同上书，第44—48页。

26. 参阅A.魏斯伯格:《沉默的阴谋》，伦敦，1952年，第128、202、318、352页;F.贝克和W.戈丁:《俄罗斯的清洗》，伦敦，1950年，第179页。阿瑟·科斯特勒在《正午的黑暗》一书中首次描述了，自我谴责如何导致共产党员们坦白。由于一些前囚犯的叙述未能证实科斯特勒的理论，我与保罗·伊格诺图斯先生和夫人详细讨论了这一问题，他们两人都根据自己的丰富经验来确认了这一理论。共产党人对他们的指控的抵抗，由于他们继续接受马列主义而大大减少，有些囚犯甚至完全怀疑他们自己的理智，而不是质疑党的判决。

27. 威廉·詹姆斯:《心理学原理》，第2卷，纽约，1890年，第110页。

28. 之前我在表明两种不同的科学解释体系被逻辑鸿沟隔开，从而在科学领域引起激烈的争论时，就描述过类似的稳定性。参见第150—159、112—113页。

29. 《伦敦化学学会会刊》，1894年，第65期，第611页。

30. 参见，同上，1922年，第121期，第568页;1928年，第一编，第1051页。

31. 斯密茨:《同素异形理论》(1922)。贝克尔的实验被称为(第vii页)作者所假定的“建立单相复杂性的最优美的方式”。

32. 柯亨与特拉姆:《德国化学学报》，第56期(1923)，第456页;《物理学化学学刊》，第105期(1923)，第356页，第110期(1924)，第110页;及柯亨与荣格:《德国化学学报》，第56期(1923)，第695页。这些作者报道了通过深度干燥法阻止氢和氯的光化学结合。

33. F.A.菲尔布里克:《理论无机化学教科书》，修订版，伦敦，1949年，第215页。

34. J.R.帕廷顿:《普通化学与无机化学》，1946年，第483页。瑟普的《应用化学词典》1947年的一篇文章“苯及其同系物”报道了贝克的“有趣发现”，但没有任何限定条件。

35. 这个程序(其结果随后被证明是错误的)的其他例子，在本章第四节证明信念与怀疑的对等性时已被给出。

36. 即使对演绎学科的发展而言，明智地忽略困难事实也可能是有价值的。希腊数学家不可能用整数来表示两条不可通约线段的比率，这使他们不愿意发展代数。B.L.范·德·维尔登(《科学的觉醒》，格罗宁根，1954年，第266页)说，“它向希腊数学致敬，因为它坚定地坚持这种逻辑一致性”。但如果他们的继任者在逻辑上也同样严格，数学就会因自身的严谨而消亡。

37. 参见本书第2编，第7章，边码第210页。

38. 伯特兰·罗素:《让人民思考》，伦敦，1941年，第27页。

第十章

299

寄　托

第一节　基本的信念

“我相信,尽管有危险,但我还是受到召唤去探寻真理并陈述我的发现。”这句话概括了我的寄托纲领，并且表达了我觉得自己持有的最终信念。因此，通过实践它所授权的东西，它的断言就必定被证明是与其内容一致的。这确实是真的。因为在说出这句话的时候，我是在说：我必须通过思维和言语来让自己进行寄托；并且同时也是在这样做。对我们的最终信念所作的任何探究，只有在该探究预设了它自己的结论时，才能是连贯一致的。它在意向上必定是循环的。

上面的最后一个句子本身就是它所批准的那种行为的实例。因为它标识了我的论述的根据，而它之所以能这样做，本质上正是依赖于这样被标识的根据。我充满信心地对循环性的承认，也通过我的确信才能获得根据，而我所确信的就是：就我把我对自己的理智责任的最终理解表述为我的个人信念而言，我可以坚信我已经实现了自我批判的最终要求；我的确必须形成这样的个人信念，并能够以负责任的方式持有这些信念，尽管我认识到这个主张的根据就在于它正是被它所批准的话语所宣布，除此之外没有其他的根据。从逻辑上说，我的整个论证只是对于这种循环的详细说明，它是一种教导我持有我自己的信念的系统阐述。

当这样的一个纲领被系统提出来时，它似乎让自身处于被毁灭的威胁之中。它有可能陷入主观主义：因为通过把他限制在自己的信念所表达的范围内，哲学家可以被认为是仅仅谈论与自己相关的事情。我相信这样的自我毁灭可通过修改我们的信念观而得以避免。我之前曾指出，为了得到精确性，宣告性的命题应该以信托方式来被阐述，它们的前面应该加上“我相信”这样的词语。我的这一建议就是向着那一方向迈出的一步，因为它消除了信念陈述与事实陈述之间的任何区别。300
但是，这种修改将会把每一个被断言的命题与它的断言者相联系。但是这种修改还需要加以补充，以便使这个命题也与它的另一极即它所指涉的事物发生关联。为此，信托方式就必须融入更广泛的寄托框架之中。

在这里，“寄托”一词的使用将被赋予特定的意义，这种意义将在它的使用中被确定。这个词的实际使用也将用来认可我对于寄托之存在性和合理性的信念。在这样的基础上，我应能表明：从我的这种观点来认识寄托的哲学能把它自身看作是哲学家的寄托，并且仅仅是他的寄托，这就既避免了严格非个人性的错误主张，又避免了根据它自己的表现而被降低为完全个人性的话语。

第二节　主观性、个人性与普遍性

认知者对他相信自己拥有的知识的个人参与发生于情感涌动之中。我们把理智层面的美看作是发现之指引与真理之标志。

对于真理的热爱运作于所有层次的心灵成就。科勒已经观察到：黑猩猩如何重复它们最初为了获取食物而发明的创造性技巧，并且它们在游戏中用这一技巧来收集鹅卵石。受问题困扰的动物所遭受的痛苦(我稍后将进一步说明)表明了它们享受智力成功的相关能力。这些情感表达了一种信念：被一个问题所困扰就是相信它有一个解决办法，为获得发现而高兴就是承认这个解决办法是真的。

把理智寄托的激情因素与其他激情或(非寄托的)弥散状况相对比时，理智寄托的激情因素就得到更精确的限定。强烈的身体疼痛弥漫于我们整个人，但这种痛感不是一种行为或寄托。当一个人感到热、累或无聊时，这种感觉会弥漫地影响他的心灵状态，但这并不意味着除了他自己的痛苦之外还有任何肯定。另外，还有几乎与这些痛苦同样被动的纯粹感官愉悦，但是，我们感官的更强烈满足来自我们原欲的满足，并且正是在这个意义上它必然导致了某种方式的寄托。

基于这样的理由，我认为我们可以区分积极参与到我们的寄托之中的个人因素和我们仅仅在其中承受自身感觉的主观状态。这种区分确立了**“个人的”**(personal)的概念，它既不是主观的也不是客观的。就个人因素服从它承认是独立于自身的要求而言，它不是主观的；但就它是一种受个体激情引导的行动而言，它也不是客观的。它超越了主观与客观之间的隔阂。

301 作为个人因素之逻辑母体的寄托结构，最明显的例子是有意识地解决问题。这些行为只出现于某个较高的智力水平上，并且在更高的熟练程度上往往会再次消失。解决问题的行为把低于自身与高于自身的两个相邻领域的元素相结合，因此在这里我们先通过介绍这两个领域，来对问题之解决进行最好的介绍。

智力水平的**低端**，是对原欲的满足。这类过程，例如食物的选择，可能表现出微妙的鉴别力，但这种鉴别力在很大程度上是没有经过思考的，而不是由有意识的个人判断所引导。同样，我们观察事物或识别物体的感知行为，虽然有时需要明显的智力努力，但通常并不涉及任何思考，而是自动完成。尽管欲望和感觉冲动显然是个人行动，但它们却是我们自身内部的个人行为，我们可能并不总是认为它们是与我们自身有联系的。我们常常不得不克制自己的原始欲望，并纠正我们的感官判断，这表明这种亚智力表现并不会让我们完全投身其中。智力水平的**顶端**，我们发现了各种智力形式，在其中由于各种原因，我们的个人参与程度逐渐减弱。数学科学被广泛认为是最完美的科学，而科学则被认为是一切理智成就中最完美的成就。虽然这些说法可能过分夸大，甚至是完全错误的，但它们表达了一种不可避免的完全形式化理智之理想，这将把个人寄托的一切痕迹从中全部清除掉。

在这两个极端之间，就是想要解决被明确表达的问题的自觉与持续努力。它把我们与高级动物所共有的获得连贯性的本能冲动，转化为清晰思维的探索式操作。在这里，科学可以作为一个重要范例。科学发现者的独特能力在于他能够成功地在其他人面临同样的机遇时认识不到或认为无用的研究方向上开展研究的能力。这就是他的独创性。独创性包含着独特的个人主动性，并且总是充满激情，有时甚至到了痴迷的地步。从一个隐藏问题的最初预兆，并贯穿于整个问题的解决过程，发现的过程受到个人洞见的指引，并被个人的信念所维持。

虽然独创性与完全形式化的理智这一理想发生尖锐的冲突，但它也与内驱力的满足完全不同，因为我们的原欲是属于**我们自身的**，它们想要满足的是我们自身；而发现者寻求一个问题的答案却既使自己又使别人得到满足和信服。[1]发现是一种把满足、服从与普遍立法不可分割地结合起来的行为。

一些发现显然揭示了某些已经存在的东西，就像哥伦布发现美洲大 302
陆一样。这并不影响发现者之独创性；因为尽管美洲就在那里等着哥伦布去发现，但是它的实际发现还是由哥伦布来完成。但是，激进创新的普遍意图也可以表现为对其预先存在的领会。当一个数学家提出一个大胆的新概念，例如非欧几里得几何学或集合论，并且要求他的不情愿的同行们接受它们时，他表明了在他自己的研究中，他是致力于满足预先存在的理智价值之标准，并且他把自己的思维产物看作是为了满足这些标准而对预先存在的某种可能性的揭示。即使在自然学科领域，激进的创新也可能不得不依靠一些尚未发展成熟的感悟力。从前几代人的观点来看，现代物理学的纯数学框架并不令人满意，他们试图用力学模型来解释。为了让自己的观点被接受，现代物理学家必须培养公众使用新的理智评价标准。然而，现代物理学的先驱们从一开始就假定：新的感悟力潜藏在他们的同行之中，当借助这种新的感悟力有可能发展出更深刻和更真实的观点时，这种感悟力也会在同行中得到发展。于是他们开始按照更基本的、他们假定为预先存在且具有普遍说服力的理智标准，来修改现行的科学价值标准。当然，所有这些也适用于艺术创新。

我们对独创性的评价可以使**个人性**与**主观性**的区别更加清楚。一个人可以有最独特的嗜好或恐惧，但他不被认为具有独创性。他的独特情感只被视为纯粹的癖好。即使他完全沉浸于他的私人世界中，他的状况也不会被认为是一种寄托。相反，他会被说成是被痴迷和幻觉所困，甚至可能被证实是精神错乱的。当然，独创性可能会被误认为是纯粹的疯狂，这在现代画家和作家身上已经发生过。这些反例是很常见的，也就是说，那些深陷于妄想之中的人相信自己是伟大的发明家、发现者、先知等。但是，这两种完全不同的情形往往可能被互相混淆。在这里，我们只需再次确立把它们区分开来的原则：寄托是一种个人选择，它寻求并最终接受某种被(产生寄托的个人以及描述这一寄托的作者都)认为与个人无关的东西；而主观性则本质上完全指某个人所遭受的某种状态。

我们在这里观察到，在寄托的情况下，个人性与普遍性之间存在着相互关系。从事研究的科学家认为他自身的标准与主张是非个人化
303 的，因为他把它们看作是由科学在非个人化的情况下建立起来的。但是，他是为了评价和指导自己的努力而服从科学标准，**只有在这种意义下**，这些标准对他而言才可以被说成是预先存在，或者甚至才可以说是存在的。除非承认普遍的理智标准对于他自身的支配，并把这种支配看作是使得他自身有责任去开展他的理智工作的部分条件，没有人能认

识到普遍的理智标准。我可以在我自己的寄托情境下谈论事实、知识、证据、现实等，因为该寄托情境是由我对事实、知识、证据、现实等的探索所构成的，对我有约束力。这些都是寄托目标的适当名称，只要我寄托于它们，它们就适用，但它们却不能以非寄托的方式来谈论。你不可能在不自相矛盾的情况下谈论你不相信的知识，或者谈论不存在的现实。我可以否认某些特定知识或某些特定事实的有效性，但对我来说，这些知识和事实其实仅仅是对于知识或事实的陈述，应该用“知识”或“事实”这样的词语来称谓，因为我并没有对它们进行寄托。在这个意义上，寄托是通向普遍有效性的唯一途径。

第三节　寄托的融贯性

传统意义上的认识论是要用非个人化的术语来定义真理与谬误，因为只有这样的术语才被认为具有真正的普遍性。寄托的框架拒绝这种方式，因为接受寄托框架就必然使对知识所作的任何非个人化的证明都失效。要证明这一点，我们可以通过把共同参与到一个寄托**内部**的要素用符号表示出来，并且再比较一下如果从寄托情境的**外部**并且按照非寄托的方式看待同样这些要素时会有什么不同。例如，我们可以把关于事实的陈述表示为：

从内部表示为{	个人的	→	有信心的	→	被认可的
	激情		话语		事实
从外部表示为：	主观的		声明的		所宣称的
	信念		命题		事实

第一行中的箭头表示寄托的效力，括号表示寄托所涉及的要素的融贯性；在第二行中，这两组符号都被相应地去掉。

使得人们自信地对事实进行言说的信托激情是**个人的**，因为它们服从于普遍有效的事实，但当我们按非寄托的方式反思这一行为时，它的激情就变成了一种**主观性**。同时，有信心的话语也被简化成一个未被指明的句子，事实也转变为仅仅是**声称的**事实。第二行列出的元素仅仅是我们先前用第一行的符号所认可的寄托的**片段**。

任何特定的寄托都可以被重新考虑，而这种怀疑活动会通过从第一
304 行转移到第二行来得以表达。在此之后，当满足了他的怀疑，反思者将会让自己重新作出寄托，并回到第一行所表示的情形。但他会发现，如果他意识到这个活动涉及他自己的判断行为，并由于其个人性而否定其合理性，这种回归就受到了阻碍。

在这种情况下，反思者仍然会面对他以前的寄托的片段，这些片段因此不再互相依赖了：因为一个主观信念不能通过未被认可的事实来解释，一个表达这种信念的声明再也不能被说成与那些事实相符。如果他仍然觉得他的信念与呈现在他面前的事实证据之间还存在某种一致性的话，他就会（与休谟一样）把这种关系看作是单纯的习惯，而不承认这种习惯所表达出来的信念有任何正当理由。

于是，进行反思的个人就陷入了一场无法解决的冲突中：一方面，他对于非个人性的要求会怀疑一切的寄托；另一方面，他又有着促使自己作出寄托的冲动。休谟曾极其坦率地描述过随之而来的在怀疑与信念之间的这种摇摆：怀疑被认为是缺乏信念的，而信念又不敢自觉地承认自身的行为，并且只有通过忽视哲学反思的结果才得以维持。我把这种情形称为客观主义的困境。

这种困境长期以“真理符合论”的伪装形式困扰着哲学。例如，伯特兰·罗素把真理描述为一个人的主观信念与实际事实之间的符合（coincidence）。[2]但是，要用罗素所允许的方式来说明这两者究竟如何符合是不可能的。

答案是这样的。从寄托情境的内部看来，“实际事实”是被认可的事实；而主观信念则是某个不共享这些事实的人按非寄托的方式来认可

这些事实的信念。但是，如果我们把正在谈论的信念按非寄托的方式看作一种纯粹的心灵状态，那么我们就必然会自相矛盾地满怀信心去谈论这些信念所指的事实。**因为就在寄托内部持有的信念而言，要脱离寄托情境但又在承认这些信念的事实内容是真实的时候保持对相同信念的寄托，这是自相矛盾的。** 以下这种暗示是荒谬的：我们同时持有又不持有同一信念，并把真理定义为我们的实际信念（正如在我们满怀信心地谈论事实时所蕴含的那种信念）与我们对同一信念的否定（正如在我们把信念当作关于这些事实的纯粹心灵状态来谈论时所涉及那种信念）之间的符合。

我在前文（第三编，第八章）曾谈到，在把一个事实陈述重新肯定为 305
另一种形式的事实陈述时，我们会遇到无意义的无穷后退和逻辑上的自相矛盾，并且还论证了：我们应该通过否认话语“p 是真的”是一个命题，来避免这些异常情况。现在，我们看到了知识论是如何由于相同的客观主义的语言习惯而陷入混乱。这种语言习惯**把与一个被断言的命题相对应的断言行为转化为两个被断言的命题**：一个命题是关于基本对象，另一个命题则是关于提及这些对象的命题的真值。这又使我们面对这样一个问题：我们是如何认识到某一命题为真，似乎它（就像雪那样）外在于我们而独立存在，即使它不是某种（像雪那样）我们能够非个人化地观察到的东西，而是记录了我们自己的判断的一个语句？要避免这种混乱，我们必须再一次否定“p 是真的”是一个命题，以及相应地承认它代表着一种不可批判的接受行为，而对于后者人们不能再断言或者认识。这样，“真的”一词就不是表明命题 p 所具有的某种性质，而只不过是用来使语句“p 是真的”表达以下意思：发出这个语句的人依然相信 p。

诚然，说“p 是真的”而不说“我相信 p”，这是把一个人的寄托焦点从个人一极转到外部一极。话语“我相信 p”更恰当地表达了一种探索式的信念或宗教信念，而话语“p 是真的”则更倾向于用来肯定引自科学教科书中的一个陈述。但在这里，信托因素更多，并不意味着被肯定的内容是更不确定的。对个人因素的强调取决于它所传达的探索式或说服式激情。这些激情可能在强度上有所不同，无论它们肯定的陈述是明确的还是统计的，以及无论后者所肯定的概率是高还是低。信托成分必须总是被认为是包含在前缀性的断言符号(⊢)中，而永远不能包含在外显陈述本身之中。

我们想要发现的真理本身就存在，它对我们隐藏起来只是因为我们采用了误导性的研究方法，这种假设正确地表达了一个研究者探寻某个不断躲避他的发现时的感觉。它也可以表达“我们知道某些事情”之信念与“我们可能会错误”之意识之间的不可消除的张力关系。但在这两种情况下，处于这一关系外部的观察者都不能把另一个人对真理的认识与真理本身相比较。他只能把被观察者对真理的认识与他自身对真理的认识作比较。

根据寄托的逻辑，**真理是只能通过相信它才能被思考的某种东西。**因此，把另一个人的心灵运作说成是引向一个真命题，如果这种说法的意思不是指心灵运作引导他通向说话者本人相信为真的某种东西的话，这就是不恰当的。让我引用布雷斯韦特(R.B.Braithwaite)关于归纳所作的论证来说明“某种东西依据其自身而为真”的假设的不合法使
306 用。[3]他主张，如果归纳法的方法是真实的，那么相信它是真实的人B就会用归纳法合理地得出它是真实的结论。据说在这里涉及以下三个命题：p，用作归纳猜想的证据的断言，即归纳法过去的成功应用；r，从p推导出归纳猜想之断言的“推理方法”的有效性的断言；和q，归纳猜想本身。现在，布雷斯韦特主张，如果B合理地相信p，并且B还相信(但不是合理地)r，或者如果r是真实的(虽然B并不相信这一点)，或者如果B同时(不合理地)相信r和r是真实的，那么，B就可以从这些前提中有效而非循环性地推导出对q的合理信念。因此，(1)如果B合理地相信p，并在主观上相信r，那么，他对q的合理信念就确立了这一归纳猜想的“主观有效性”；或者(2)如果B合理地相信p且r是真实的(无论他相信它与否)——布雷斯韦特认为——这就确立了这一归纳猜

想的“客观有效性”。

在这里被证明的是，如果我们相信归纳法 q，那么当以这种方法来考察时，我们也相信这种方法在过去的运用 p 提供了它的有效性 r 的公开证据。这就说明，对归纳法的信念既是自相一致的，又隐含着对它自身的一致性的信念；但它并没有表明这一信念的真实性。当然，如果我们不相信这种归纳法，那就无所谓了。我们已经朝着确立 q 是真实的方向获得一些进展，这种错觉再一次是由于我们对寄托的无知分解。“B 相信 r”被表明为是在 q 的“主观有效性”状态下作出的，而“r 是真实的”则被用来确立 q 的客观有效性。在第一种情况下，结论是空洞的，除非作者通过自己对 q 的寄托把“主观有效性”变为 B 对真理的拥有。在第二种情况下“r 是真实的”被用作得出 q 的预设，尽管作者必须先认可 q 才能对它进行断言。在这两种情况下，作者对 q 的预先寄托把他归属于 B 的推理过程转化为他自身寄托的一个例示。

我们看到，这就证实了我们不能把(B 的)主观知识与客观知识相比较，除非我们从自身信念的立场上判断 B 的信念。在不完善知识与完善知识之间所进行的唯一恰当的比较，依然是在寄托情况下，在追求知识的探索努力中对于风险与成就之预兆的领会。

第四节　逃避寄托

康德试图通过把力学和几何学的基本概念演绎为先验范畴或经验形
式，来把它们的合理性从客观主义者困境中解救出来。但自从 19 世纪 307
末期以来，这已被证明越来越站不住脚，而他的调节性原则所体现的另一种学说反而取得了优势。

从这个词在此运用的一般意义上来说，我使用调节性原则(regulative principles)一词来指提倡下述行为：即按某一信念行动，但又否定、掩盖或者弱化我们持有这一信念的事实。最开始的时候，康德曾建议，某些普遍原则(如活的有机体的目的论倾向)即使不被假设为真实的，也应该被看作是**如同**真实的一样。但是，康德并不是说：即使我们知道它们是假的，我们应该如同它们是真实的那样去持有这些普遍原则；而是建议我们**如同**它们是真实的那样去持有这些普遍原则，因此，这个建议可以被看作是基于一种隐默假设：它们事实上是真实的。通过表达这个假设但是却对它不下断言，康德避免了任何需要以他自己的个人判断来维持的论述。

在现代，人们把科学真理描述为纯粹的有用假设或解释方法，这就把康德的调节性原则推广到整个科学，[4]因为我们从来不使用我们相信是虚假的猜想或我们相信是错误的方法。[5]通常伴随这种调节论的科学观而出现的建议——即一切科学理论都只不过是暂时性的，因为科学家们随时准备在新的证据面前修改他们的结论——是不相关的，因为它并
308 不影响一种猜想或方法的信托内容。诚然，信念具有不同的等级，而我们的信念也在发生着变化。但一个信念并不仅仅由于它是较弱的或者是变化的就不再存在。芝诺愚蠢地否定物理运动是可能的，因为物体必须在某一时刻存在于某一空间。同样，如果与芝诺的观点相反，认为由于我们的寄托总是在变化所以我们从来就不作出任何寄托，这同样是愚蠢的。

不对其进行断言就认可一个人对于科学的信念，这一目标也可以通过以下方式来达到：把科学的观点贬低为不重要的，并且向别人推荐这种缺乏根基的科学。当科学被说成仅仅是事实的最简单描述或方便、简略的表述时，我们依靠于读者将按“科学上简单的”和“科学上方便的”意义来使用“简单”和“方便”这样的词语。由此，我们接受科学是因为它是科学的，而不是因为科学在通常意义上是简单的和方便的。这一程序在本书的前面章节中曾被描述为是对科学的删改。这种删改产生了一种伪替代物，即用一种无效的语言去谈论科学信念的主体部分，其目的是为了不去冒犯某种哲学立场，这些哲学立场无法正视我们的实际的理智寄托。

第五节　寄托的结构(一)

我们已经看到，真理之思想隐含着对于真理的欲求，并且因而是个人性的。但是，由于这种欲求是追求某种非个人性的东西，所以这种个人动机具有非个人性的意向。我们通过接受寄托之框架来避免这些看似存在的矛盾，在寄托框架中，个人性与普遍性彼此依赖。在这里，个人性通过对普遍性意图的断言而得以存在，而普遍性则由于它被承认为是个人寄托的非个人性条件而得以形成。

这样的寄托造成了献身(dedication)的悖论。在奉献自身时，一个人通过服从自身良心的命令，即服从他为自身所设定的义务，而宣称自己在理性上是独立的。路德(Luther)在定义这种处境时宣称："我站在这里，别无选择。"这样的话本可能由伽利略(Galileo)、哈维(Harvey)或埃里奥森(Elliotson)说出来，而且，这些话也同样隐含在任何一位艺术、思想、行动或信仰的先驱所持的立场中。任何献身活动都包含某种自我强制的行为。

我们可以观察到寄托机制在较小范围内的运作，但即使如此，它也依然揭示出它自身的一切典型特征，如同法官判决一个新案件那样。法官的自主判决权会超出现有的明确法律框架赋予他的可能选择范围，在其自主判决领域内，他必须行使自己的个人判断。但是法律并不承认它不能涵盖任何一种可设想的情形。[6]在寻求正确的判决时，法官必 309
须**发现**假定存在的法律——尽管还不被他所知。这就是使得他的判决最终具有法律式的约束力的原因。由此，受到自身普遍性意图的约束，即受到他对自身所设定的责任的压力，法官的自主判决权缩小至零。这就是他的独立性。这种独立性在于他完全为正义而负责，排除任何主观性，不管这种主观性来自畏惧还是偏袒。在司法独立存在的地方，司法独立通过数世纪的对于恐吓与腐败的充满激情的抵抗而得以保证；因为正义是一种理智热情，它通过激发并支配人们的生活而寻求自我满足。

暴力或强迫症所产生的强制力量排除了责任，而普遍意图产生的强制力量则确立了责任。在其他条件相同的情况下，这种责任的压力越大，可供选择的选项范围就越大，负责作出决定的人就越谨慎。虽然这些选择可能会被任意和随心所欲地决定，但是对普遍性的渴求却保持着一种积极的努力，并把这种自主决定权缩小到某种程度，以至于作出决定的人觉得他不能作出其他不同的决定。**主观性的个人随心随欲行事的自由，被有责任感的个人按照他必须服从的方式去行事的自由所否定了。**[7]

科学发现的过程与达成一个棘手的司法判决的过程相似——这种相似性也显示出知识论的关键问题。科学发现与日常调查之间的明显差异，就像新案件的法庭判决与日常的司法实践之间的明显差异一样。在这两种情况下，创新者都有广泛的自主决定权，因为他没有任何确定规则可遵循，而他自主决定的范围决定了他的个人责任的范围。在这两种情况下，对被视为潜在地预先存在的解决办法的热情追求都把自主决定权缩小到最低程度，并同时产生出要求得到普遍接受的创新。在这两种情况下，创造性的心灵在某些根据上作出决定，而这些根据在那些缺乏类似的创造力的心灵看来是不充分的。具有主动性的科学研究
310 者一点点地把自己的整个职业生涯押在一系列这样的决定上，而这种日复一日的冒险代表着他的最具责任感的行动。对于法官来说也是这样，当然也有一点不同，对于法庭判决而言，风险主要由案件的双方来承担；并且也由社会来承担，因为社会信任法庭对法律所作的解释。

在前文中，我曾把在科学研究中决定如何作出探索式选择的原则，描述为不断接近隐藏真理的感觉，这种感觉就像是在引导我们搜索一个被忘记的名字。在寄托框架中，这种使我们作出决定的力量现在重新表现为怀着普遍性意图而行使责任的感觉。科学直觉被艰苦探索所唤起，这种探索朝着未知的、被相信是隐藏着但依然可获得的成就前进。

所以，尽管在探索过程中的每一个选择都是不确定的，因为它们完全是个人的判断，不过，在那些有能力作出这种判断的人的心中，它们完全由处于某种情境下的判断者的责任感所决定。就他们负责任地作出行为而言，他们在获得自身结论时的个人参与由于以下事实而得到完全的补偿：他们服从于他们正在试图接近的隐藏现实的普遍性地位。偶然事件可能有时会激发——或者阻碍——发现，但研究并不依赖于偶然事件：通常在每一个探索步骤中可能会不断反复出现的失败，都不是因为随机行为而出现的。负责任的行动并不包含随机性，正因为它抑制了自我中心主义的任意性。

但是，探索者的赌注是不确定的。哥伦布航海是为了寻找一条通向印度群岛的西行之路。他在重复航行了三次以后还是没能证明他到达的是印度群岛，最后含恨而终。然而，哥伦布并不纯粹是误打误撞地到达美洲。他错误地接受了埃斯德拉斯的预言和托斯卡内利的地图的证据，认为印度群岛向西到西班牙的距离只有亚速尔群岛的两倍，但是，他得出的“可以从西方到达东方”的这一结论却是正确的。[8]他把自己的生命和荣誉押在现在看起来似乎不充分的根据之上，似乎永远不可能得到回报，但是他却赢得了另一个远比他所能认识到的更伟大的奖赏。他把自己寄托于一个信念，今天，我们把这一信念视为真理之管窥，但是它却驱使哥伦布在正确的方向上前进。它的目标的这种广泛的不确定性存在于每一个伟大的科学探索之中。这些不确定性隐含在
关于现实的大胆预测对于现实的笼统把握之中。在前面，我已经描述 311
了科学家如何必须在谨慎与大胆——这两者都可能浪费他的才华——这两种对立的危险之间取得平衡，以便他能最好地发挥这些才华。依靠自己的、以负责任的方式对此作出决定的科学家们——以及那些后来依靠他们的支持者们——相信这是可行的；并且我也同意他们。在本章的开端，我已经暗示过这一点，在那里我宣布：尽管有危险，但我还是受到召唤去探寻真理并陈述我的发现。在这里，我对科学家们的探索式寄托的满怀信心的描述，也认可从事科学研究的人们所持有的类似

信念。

当今的科学成为它自身进一步发展的探索式向导。它传达了关于事物本质的观念，该观念向从事研究的心灵暗示着无穷无尽的猜测范围。哥伦布曾致命地错误判断了自己的发现，但他的经历在某种程度上是一切发现所固有的。新知识的隐含意义在其刚出现的时候永远是不可知的，因为它谈论的是某种实在的东西，而要把实在性归属于某种东西就是要传达这样的信念：它的存在还将以无限的不可预见的方式展现出来。

经验陈述是真实的，是指经验陈述揭示出实在世界的一个方面，而对我们来说实在世界大部分是隐藏的，**因而独立存在于我们对它的认识之外**。要试图说出某种关于实在世界的真实表述，而这种实在世界被认为是独立存在于我们对它的认识之外，那么在这过程中所有关于事实的断言必然具有**普遍性意图。因此，我们声称要谈论实在世界，这就成了我们在作出事实性陈述时的寄托的外部基础**。

现在，对于这一特定情形，寄托框架被初步确立起来了。正在探索的科学家关于隐藏实在世界的暗示都是个人性的。这些暗示是他自身的信念，并且，由于这些信念是他首次提出的，所以到那时为止只有他一个人持有。但是，这些信念却不是心灵的主观状态，而是在普遍意图中持有的信念，并且是具有艰巨任务的信念。决定相信什么事情的人是他，但是，他的决定却没有任何的随意性，因为他通过最大限度地履行自身责任来获得结论。他达成了负责任的信念，这些信念出自必然，不能被任意改变。在一个探索式寄托中，肯定、服从和立法都融汇成一个与隐藏实在世界有关的单独思想。

把寄托当作我们用以相信某个东西是真实的唯一关联，就是要放弃寻求严格的真理标准以及获得这一真理的严格程序的一切努力。通过机械地应用严格的规则并且不作出任何个人寄托而获得的结果不可能对任何人具有什么意义。从那以后，寄托停止了对形式化的科学方法的徒劳追求，而取而代之的是科学家的个人，即负责实施和认可科学发现的主体。当然，科学家的程序是方法上的，但是，他的方法只是一门技艺的准则，他以独创方式把这些准则应用到他自己选择的问题中去。 312
发现构成了认知技艺的一部分；它可以通过规则和范例而被人研究，但要对它进行更高级的实施却要求具有适合特定主题的独特天赋。每个事实陈述都包含着某种程度的负责任的判断，这种判断是该陈述在其中被肯定的寄托的个人一极。

在这里，我们再次遇到"肯定之逻辑"给理性个人所分配的地位。在这一地位中，理性个人被定义为不可明确说明的理智操作的中心。我将在第四编中表明，这实际上就是我们在遇见别人并与别人交谈时所认识到的他的心灵。他的心灵是我们关注的焦点。在我们关注这一焦点的同时，我们附属地关注着由他的心灵以不可明确说明的方式整合起来的言语和行动。由于寄托的结构包括同意的逻辑，所以，它必然认可这一逻辑。但是，值得注意的是，通过依靠这一逻辑，我的基本信念隐含着心灵存在之信念，并且是心灵存在不可明确说明的理智操作之中心。

尽管"同意的逻辑"仅仅表明同意是一种不可批判的行为，而"寄托"刚开始被引入的时候是一个框架。在这一框架中，同意是要承担责任的，它与单纯的自我中心或随机性具有明显区别。隐默同意的中心被提升到承担责任的判断之地位上，并因而被授予行使自主决定权的功能，它服从于自身在普遍意图中承担并要实现的义务。就这样，负责任的决定被作出。在作出这样的决定时，我们也知道，由于这一决定，我们同时也就否定了可以想象的其他选择，但原因却是不可明确说明的。因此，只有在寄托框架的情况下，才能作出真诚的肯定，承认这一点就是预先认可(如果有任何东西被肯定的话)某些断言，并反对可能被提出来的某些不可反驳的对立意见。它允许我们在证据的基础上作出寄托，而如果因为不是我们自己的个人判断的重要性，该证据可能会使我们得出其他的结论。我们可以坚定地相信我们可以在想象中进行怀疑的东西，我们也可以把可能想象为虚假的东西认为是真实的。

在这里，我们触及了知识论的关键问题。在这整本书中，我仅仅在进行着一项努力。我一直在试图表明：在每一个认知行为中，都有着知道什么正在被认知的个人的隐默的、充满激情的贡献；这种因素绝不仅仅是不完善，而是一切知识必不可少的成分。所有这些证据都表明：除非我们全身心地坚持我们自己的信念——即使我们知道我们可能会收回对这些信念的认可，否则一切被宣称的知识是毫无根据的。我必须对这一问题进行更充分的讨论。

第六节　寄托的结构（二）

让我回到一些基本概念上来。在寄托理论中，主要区分了单纯
313 遭受或享受的经验与其他积极参与的经验。肌肉抽搐或其他非连贯的运动不是活动，但是，任何趋向于实现的运动，不管它是包含身体运动或者仅仅是思维，都被划分为活动。只有一个活动才会出错，而一切活动都有遭受失败的风险。相信某种东西是一种心灵行为：被动经验是无所谓信与不信的。因此，你只能相信某种有可能是虚假的东西。总而言之，这就是我的论点。现在，我将对它进行更详细的阐述。

在最广泛的意义上，甚至在植物中，每一个生命过程都是一项可能失败的活动。但是，由于我在此仅仅关注发现真理的方法，所以我将只限定于自觉获取的知识成就上。但即便如此，我现在还是要对我在前面章节中论述过的有关科学发现的内容进行补充，描述一下知识是如何在较低层次上通过感知和非言语学习而获得的。这将包括所有能动的、“继发的、精细（epicritical）”认知，而不包括纯粹被动的、“原发的、初始的（protopathic）”知觉——我把后者划分为主观性那一类。

任何对事实的认识，都预先假定了某个人相信：他知道他确信能认识到的某种东西。这个人正冒着风险去对某种被相信为是他外部的、

实在的东西进行断言，至少是隐默地断言。与实在世界的任何假定的接触都必然提出普遍性要求。假设世界上只有我一个人，并且知道我自己是唯一的，如果我相信一个事实，那么我仍然要求它获得普遍接受。认识事实的每一个行为都具有寄托的结构。

由于寄托的两极即个人性与普遍性是互相关联的，所以，我们可以猜测它们同时起源于“无我的”主观性的原初状态。这的确就是心理学家们所描述的儿童早期智力发展的情形。儿童的早期行为表明，他们不能区分事实与虚幻，也不能区分自己与他人。他们生活于他们自己所创造的世界里，并相信任何其他人都共享这个世界。婴儿期的这一阶段被布鲁勒(Paul Eugen Bleuler)称为“自闭期”，被皮亚杰(Piaget)称为“自我中心期”。但在这里，作为儿童心灵状态之基础的自我与非自我之间的模糊区别，也可以被描述为“无我的”。只要一个人的外在世界与内心世界并没有互相干涉，那么它们之间就不可能有冲突，所以也就不可能试图通过发现一种解释世界的正确方法来避免这种冲突，也不可能进行什么冒险来探索这样的一个发现。只有当我们变得与世界相分离时，我们才能获得个人的身份，这种身份使个人能够自觉地寄托于一些关于世界的信念，并因而面临信托的风险。自我中心式的白日梦因此让位于审慎的判断。

在寄托的这一层次出现的个人只是进行辨别的自我，尽管它还不能作出负责任的判断。但在后面我们将会看到，即使在这一层次上，个体也可能受到问题的困扰，直到精神崩溃。他的整个人都参与到他的寄托中；甚至在这里，朝向实在世界之努力也会强制某人去使自身服从于实在世界。

知觉一般是自动进行的，但有时也可能出现这样的情形：所有感官 314
都被最大程度地使用，以便在两个或更多的可选项之间作出区分。这时，如果我们决定以某种特定视角观看事物，我们就暂时排除了关于这些事物的任何其他视角。实验心理学给我们提供了一些模棱两可的范例，表明我们的知觉可以在这些范例中任意地作出决定。一段台阶可以被看作是高悬的檐口。我们可以在图画的任何一边看到两个面对面的人，或者用另一种方法，看到直立在图画中间的一个花瓶。[9]在观看这样的图画时，眼睛可以任意地从一种观看方式转到另一种观看方式，但却不能把对图画的解释悬置在这两种方式之间。避免对这两种方式中的任一种有所寄托的唯一方法就是闭上眼睛。这相当于我前面在评论怀疑时得出的结论：要避免相信什么，你就必须停止思维。

这样我们就看到，甚至像知觉这样的原初隐默行为都可以被精心操作，并在自主决定的权限范围内寻求真理，在这种范围之内，原初的隐默行为支配着更加原初的，即更不具有辨别能力的心理倾向。事实上，在知觉判断与我们在科学研究中建立负责任的信念的过程之间具有完整的连续性。在这两种情况下，使知识得以形成的同意或认可，都是由克服任意性的合格心灵努力所完全决定的。结果可能是错误的，但这是在该情境下所能得到的最好结果。由于每一个事实断言都可以被设想为是错误的，所以，在这种意义上它也是可以被修正的。但是，当作出判断的时候，这个作出判断的人对一个合格的判断不能进行任何修正，因为在作出这一判断时，他已经尽力了。

我们不能通过认为心灵行为应该被推迟，直到它的根据被更加充分地考察，来避免这一逻辑必然性。因为每一个深思熟虑的心灵行为都必须决定自己的时机。更多犹豫的风险必须与仓促行为的风险一起被权衡与考量。两者之间的平衡必须由作决定的人根据他当时所知的情况而达成。所以，根据当时情形而有效地进行心灵行为的主体，不能在他作出行为时改变这一行为的时机，就像不能改变这一行为的内容一
315 样。[10]因为犹豫不决而仓促决定所带来的风险，就把心灵的决定无限推迟，这就相当于自愿让心灵变得呆滞。呆滞本身可以同时消除信念和错误。

严格的怀疑论应该否认自身有可能提出它自己的学说，因为它的一贯做法会排除语言的使用，而语言的意义很容易落入归纳推理的一切臭名昭著的陷阱中。但严格的怀疑论却仍然可以宣扬一种它本身承认是

不可实现的理想。或者，怀疑论者可以通过调节性原则的保护，来原谅自身怀疑论的不完善性。由此，怀疑论者可以保持对像我这样的其他人——我们这些人承认了自身的信托性寄托，而且并不自称这些寄托只是暂时不完善——的理智优越感。

我不会与怀疑论者进行争论。如果我希望他由于某些困难而抛弃他的整个信念体系，这有悖于我自己的立场。另外，到现在为止，我自己觉得以下观点应该是清楚的：为了确立一个稳定的替代客观主义者立场所需要的立场转变是多么的影响深远。我不能对本书有过多的期望，而只希望本书能够描绘出志同道合的人们可能希望探讨的可能性。

所以，我将继续再次声明我的基本信念：我相信，尽管有危险，但我还是受到召唤去探寻真理并陈述我的发现。要承认寄托是我们可以于其中相信某个东西是真实的框架，这就要限制信念具有的风险。也就是要确立权限的观念去认可一个信托选择，而这一选择是行为主体尽最大能力，并经过深思熟虑且必然作出的适时选择。自我设定标准的悖论被消除了，因为在一个有决定权的心灵行为中，行为主体并不是随意行事，而是强制自身按照他认为必须遵循的方式来行事。他不能做得太多；但如果他做得太少，他就逃避了自身受到的召唤。任何与实在世界相关的信念都可能会出错；因为有这种出错的风险就收回所有信念，这就是断绝与实在世界的一切接触。无疑，一项有决定权的信托行为的结果可以因人而异，但由于这些不同并不是来自个体的任意性，所以每个人都合理地保持了自己的普遍性意图。由于每个人都希望捕捉到实在世界的一个方面，所以，他们都希望他们的发现最终会相互符合或相互补充。

因此，尽管可能每个人都相信某种不同的东西是真实的，但真理只有一个。这种情形可以具体论证如下："真实"一词的功能是用来完成例如"p是真的"这样的言语的，这些言语等于"我相信 p"这样的同意行为。某一特定事实是否真实的——例如，德雷福斯是否真的写过泄密信*——这样的问题就是要求一个人也采取这样的行为。除非这样的要求是向我提出的——无论是别人还是我自己提出——否则，这一事实是否真实这个问题与我无关。别人在这件事情上互相交换的提
316 问与回答，对于我来说仅仅是关于那些人而非关于该事情。我之所以能谈论那件事情之事实，只是因为我关于那些事实作出判定。在这样做的时候，我可以依靠某种大众观点作为通向真理的线索，或者，可以因为我自身的个人原因而不同意大众观点。在任何一种情况下，我的回答都是怀着普遍性意图而作出的，我说出了我相信是真理的东西，因此也说出了大众观点应该是什么。只有在这个意义上，我才能谈论真理，而且，尽管我是唯一能在这种意义上谈论真理的人，但这就是我所说的真理。如果我是其他人的话，那么问相信什么是真实的事实或者事情，这只是意味着问那个人相信什么是真实的事实。这类问题是有趣的，在后面我还会进一步讨论，但它显然不是与事情之事实相关的问题。

这种立场并不是唯我论的立场，因为它以相信一个外部实在世界的信念为基础，并意味着还有能够以同样方式接近同一实在世界的其他人存在。它也不是相对主义的立场。这一点在上一段的开端就已经陈述清楚了，不过我们还可以用更形式化的术语来进行陈述。寄托的概念假定，除非是在进行强调，否则“我相信 p”或“‘p’是真的”这两种言语表达之间没有区别。这两种言语表达都着重于用文字来表达以下行为：我正充满信心地断言作为事实的 p。这是我在说出这些话时我在做的事情，它非常不同于我在报告我在过去曾做过这件事情，或者报告其他人曾做过这件事情或正在做这件事情。如果我报告“我曾相信 p”，或“X 相信 p”，我并不是自身在对 p 作出寄托，所以，也没有任何把“p”与“真的”联系起来的言语表达对应于这些报告。这种报告

* 1894 年法国陆军参谋部犹太籍的上尉军官德雷福斯被诬陷犯有叛国罪，被革职并处终身流放，其证据据说是一张德雷福斯寄给德国驻巴黎武官施瓦茨考本的没有署名的“便笺”，上面开列了法国陆军参谋部国防机密情报的清单。直至 1906 年德雷福斯才被判无罪。——译者注

的发出并没有断言命题p是真的，不管它是与我的过去相联系还是与别人的信念相联系。因此，在这里我们只能谈论一种真理。

这就是我现在关于相对主义所能进行的阐述。

第七节　不确定性与自我依赖

我们已经看到，科学发现的进步取决于与实在世界建立联系的探索式寄托，但在作出这样的寄托时所面临的危险却是双重的，即(1)它可能是错误的，和(2)即使它是正确的，它的未来范围和意义在很大程度上还是不确定的。我在前面一节已经对最原初的审慎断言——例如眼睛在决定如何看一组有模棱两可的物体时所作的断言——所具有的出错风险作了进一步的探讨。现在我将对此作一点补充，简单回顾一下在相同层次上由于真实的事实之不确定性所带来的风险。这些不能明确说明的大量的隐含意义，可以通过一个简单得连蠕虫都能发现的事实而被揭示出来。

在一个著名实验中，耶基斯(Yerkes)让一条蠕虫在一只T型管的分叉处转向右爬行(蠕虫被引导在竖管中爬行)。每次它要向左爬行时，317
它就受到电击。要形成向右爬行的习惯，蠕虫大约要尝试一百次。[11]后来，另一位研究者赫克(L.Heck)证实了这一实验并把这一实验进行了扩展。[12]在蠕虫完成这个训练后，赫克把向左和向右的条件颠倒了。给蠕虫设定的新问题与它前面解决的问题相反，但仍然与前面的问题相似，即要进入一边是痛苦的，而进入另一边则没有痛苦。在第二次实验中，蠕虫的行为同时被连续的两个问题之间的相反性与相似性所决定。刚开始时，蠕虫还是向右爬行，但现在却受到电击。在这一阶段，可以认为是它先前的训练给它施加了误导性影响。但不久后(大概三十次以后)，蠕虫越来越频繁地转向现在没有电击的一边。最后，在比原来它形成向右转向的习惯所需实验**次数少**得多的情况下，它形成了与第一次实验中形成的向右转向的习惯相反的向左转向的习惯。由此可见，第一次教蠕虫转向一个方向的训练，被证实在后面训练它转向相反方向的过程中是一种强有力的帮助。在这里，第二个问题与第一个问题的相似性得到展现。

因为将来可能出现的问题的范围是无限并且完全不可预测的，所以，我们如今把我们自己寄托在任何特定的信念上时所采纳的与这些问题有关的偏向性，同样是无穷无尽和不可预测的。所以，正视这些问题就可以揭示出内在于我们任何的当前信念中的隐含意义的不确定范围。

我曾在本书第二编第五章提到这一点，在那里我表明，甚至在动物中，一切学习都能确立一种范围不确定的隐性知识。在同一章中，我还对这个观点进行了深入的论述，并指出：在我们所有的思维中——不管是隐默思维还是言语表达的思维——我们都同时依靠于两种能力，即(1)我们在实在世界之基础上用观念框架吸纳新经验的能力，和(2)在应用这一框架的同时改造它以便增强它对实在世界之把握的能力。现在，我们可以从寄托的视角来审视这个观点。促成我们作出寄托的理智勇气之所以能在寄托状态中保持其活力，是因为它依靠自身的能力去处理(通过寄托行为而获得的)知识的不可明确说明的含义。在面对变化着的世界时，让我们能保持头脑清醒的最终能力就在于这种自我依赖。它让我们在面对一系列未曾经历过的情境的宇宙时能感到很自如，甚至让我们能在这些情境中享受着生活，并且这些新的情境又迫使我们重新解释我们所接受的知识来应对新事物。

318 第八节　寄托的生存面向

寄托的实现在于具有普遍性意图的自我强制，它通过两个层次的相互作用而进行：一个声称是更明智的高级自我，控制着一个不那么明智的低级自我。帮助我们克服寄托的不确定偶然性的自我依赖具有一个相似的结构。它使我们准备好去抑制心灵的常规运作，而有利于一个新的冲动。自我强制和自我依赖都是在同意行为中产生的，通过这些同意行为，我们最终消除了自我。变化可大可小：可能是一次全面的转变，也可能仅仅是我们的解释框架的小小修改。在这两种情况下，理智寄托的深度都可以通过随之而来的我们观点的改变而被测量。

生存方面的这些变化所具有风险，不可能被探测或界定。如果我们相信——正如我所相信的那样——把握这些机会是我们义不容辞的责任，那么，我们这样做的目的是期望宇宙是充分可理解的，这能使我们对于义务的承担具有合理性。被我们称为伟大科学家的这一团体给了我们勇气。我们从数以千计的我们所尊敬的心灵之辉煌中汲取信心。然而，这一信心还是廉价和徒劳的，如果它只盯着成功故事上的话——尽管这些故事是殉道者们的成功故事。因为勇敢寄托的通常结果是失败；或者，更糟糕的是，一个巨大的错误反而获得成功。这种错误就像不断重复的巨大谎言一样具有不可抗拒的说服力，因为它清除了一切现有的有效性评价标准，并依据其自身重新设定标准，就像一个伟大真理在推翻巨大谎言和巨大错误时所发生的情形一样。信托的哲学并不能消除怀疑，而是(像基督教一样)说我们应该坚持我们真正相信的东西，即使在意识到这项事业是遥不可及时，也要相信召唤我们去这样做的那些深不可测的实在世界之预兆。

但是，如果旨在获得普遍性的能动心灵过程可能最终是完全被误导的，那么，我们是否仍然可以说在这一过程中主体通过接触外部实在世界而上升至个人的层次？虽然用毒药神谕的说法进行论证的阿赞德巫医显然是一个有理性的人，但是，他的合理性完全是自欺欺人。阿赞德巫医的理智体系在特定社会中获得有限的合理性，这个社会提供了一种领导形式以及决定争议的方式，不管这种方式是多么的不公正。但作为对自然经验的一种解释，它是错误的。

对于这个说法，我可以这样来回答：我将对可能出错的有决定权的思维方式与完全错误且无决定权的心灵过程进行区分。我暂时把后者划归为被动的、纯主观的心灵状态。[13]无疑，在一定的范围内，我承认心灵活动是有决定权的；超出这一范围，我就抵制它，把它看作是迷
319 信、愚昧、过分、疯狂或胡言乱语。这一范围由我自己的解释框架所决定。被认为是具有决定能力的不同体系被一个逻辑鸿沟分隔开来，处在逻辑鸿沟的对立面的各种体系依靠自身的说服性激情对彼此都提出威胁。它们在彼此争夺心灵的生存空间。

当我们在从一个这样的体系过渡到另一个体系的边缘处犹豫不决时，这种冲突就会在我们自己的内部发生。这种情况小规模地发生在某些情境中，例如我们把一些看见的东西归为光学幻象，以此来否认我们亲眼所见的证据。我们把两个相邻的圆弧曲线段看成是大小不等的，我们知道甚至动物也是这样看的。但是，我们一直拒绝这种具有普遍强制性的观察，因为这两个圆弧曲线段在几何学上完全相等的。然而，在其他的场合中，这样的冲突可能会优先按照我们的感官而被决定。例如，印象派画家决定接受眼睛的证据，通过阴影与周围颜色的反差，他们把阴影看作是具有色彩的。在一段时期内，公众拒不接受这种绘画手法，认为他们的绘画令人惊讶和荒谬。但他们后来认同了印象派画家的观点，认为他们的着色方法是正确的。又比如，想想采用音阶的平均率之后人们的乐感的变化。据说1690年平均律首次在汉堡被采用，巴赫把它运用于击弦古钢琴的作曲。1852年，赫尔姆霍茨(Helmholtz)还写道：用平均律制作管风琴会引起了“地狱般的噪音”。但40年后，普朗克在自传中写道，他发现经过平均律调和的音阶“在所有情况下都必定比没有经过调和的‘自然’音阶更加悦耳”。[14]在以上所有事例中，感官经验被发现是符合或偏离了某些规范。当事者本人可能意识到了这样的缺陷，并努力发现更正确的经验。[15]

印象派画家的例子在人类欲望方面有许多相似情形。彼得大帝不得不强迫他的大臣们冒着生命危险去抽雪茄，希望通过这种方式来使他
320 们的观点西方化。我们中的很多人也不得不为了追求时尚而经历类似

的考验，然后才学会某种新的趣味，然后完全沉迷于其中。在我们的欲望主体与理智主体之间的冲突中，我们可能站在这一边或那一边。欲望与情感可以引导我们的理智，就像我们成长到性成熟和为人父母时所做的那样；相反，当我们按照社会习俗控制和改造我们的欲望时，可能会发生相反的情况。当我们让自身认同我们个人的某一层次或者其他层次时，我们会觉得被动地服从于我们当时并不认同的另一层次的活动。当彭菲尔德(Penfield)用电流刺激大脑来引起肢体运动或引发幻象时，病人并不觉得自己正在进行那一动作或回忆那一意象。[16]当接受催眠术的受试者在催眠术之后执行一个命令时，同样的被动感也伴随人格分裂而出现。布鲁勒(Bleuler)根据自身接受催眠术的体验，把催眠术之后的强制作用比作我们服从反射冲动例如打喷嚏或咳嗽时的状态。[17]个体的处于不同层次的每一个人格，都可以成为另一个人格必须服从的义务，也可以把这种义务塑造为寄托，或者，反过来被义务所塑造。我们也许会更愿意认同更高层次的那个人格，但情况并非总是如此，我们在不同层次之间的选择是我们在特定时刻的最终寄托的一部分。

第九节　寄托的多样性

在寄托的框架中，说一个命题是真的就是认可它的断言。真理变成了一个行动的正确性，对一个陈述的证实也被转化成给出决定接受它的理由，尽管这些理由绝不是可以被明确说明的。我们必须把我们生命中的每一时刻不可撤销地寄托于某些根据之上，而如果时间可以停止的话，这些根据总是被证明为是不充分的。但是，我们的全部责任，即要处理自身的责任，使得这些客观上不完全的根据变得不可抗拒。

被设想为行动之正确性的真理允许任何程度的个人参与，这种参与出现在知其所知的认识过程之中。回忆一下我对个人参与曾作出的全面阐述。我们的探索式的献身活动总是充满激情的：它接近实在世界的指引是智性美。数学化的物理学把经验与具有不确定含义的优美体系相融合。在某些并不是严格确定的情形中，它在经验中的应用可以具有严格的预言性。或者，它仅仅表达了对于可能性的一种数值化分级的预期，或者——如同在结晶学中那样——仅仅提供一个具有完美秩序的体系，通过这一体系，物体可以得到富有启发性的分类和评估。
321 在按照这个体系的智性美而建立起来的概念与运算之体系中，纯粹数学把经验关涉削弱为仅仅是暗示。在这里，接受的行为变成了完全的奉献。掌握数学的乐趣使心灵扩展为对数学的更深刻理解，使心灵从此以后能够积极地专注于数学问题。

朝着这一方向再往前走，我们就进入了艺术的领域。真理一旦被等同于心灵接受的正确性，科学就逐步过渡到了艺术。真实的感觉和经验共同引导着一切理智成就，使得我们从依据严密理论框架对科学事实进行观察，逐渐过渡到寄居于色彩、声音或图像的和谐框架之中，而这些色彩、声音或图像在以前只是让我们回忆起事物或者回荡过去曾体验过的情感。当我们这样从证实过渡到认可，并且越来越依赖于内部而非外部的证据时，寄托的结构始终保持不变，但其深度增加了。通过熟悉新的艺术形式而接受的生存变化，比认识一个新的科学理论时所涉及的生存变化更为广泛。

同样的运动(正如我们将要看到的)也发生在从相对非个人化的对无机物的观察过渡到理解生物以及评价别人的创造力和责任感之过程中。在从对事物进行的相对客观的研究过渡到历史编写与艺术评论之过程中，这两种运动结合起来了。

在这些庞大的言语体系中，现代心灵的成长在社会的文化机构中获得保证。只有通过大量的专家，复杂的社会经验知识才能得到流传和发展。专家的领导地位让所有社会成员在不同程度上参与了他们的思想和情感。社会的公民文化更加紧密地与社会结构交织在一起。一个社会的法律与道德迫使其成员生活在它们的框架之中。总体而言，一个在思想方面接受这种立场的社会被寄托于这些标准之上，而正是通过这些标准，思想才在这个社会中被普遍接受为是有效的。我对寄托的分析本身就是自身信念的一种声明，这种声明是由社会的一个成员向这个社会所作出的，他希望捍卫这个社会的持久存在，使该社会认识到并坚决维护它自身的寄托，这个社会充满希望，但也有无限的危险。

第十节　接受召唤

在这里，我们遇到了唤起我们的存在的力量：它们唤起了我们的特定生存形式。我在前文中曾经列举了寄托的无意识的因素的例子。这些因素在这里变得至关重要。我们自己的每个审慎行为都依赖于我们身体的无意识功能。我们的思维受到我们与生俱来的能力的限制。我 322
们的感官和情感可以通过教育而得到增强，但是感官和情感依然要依靠它们所产生于其中的根基。另外，由于我们的理智判断永远都依赖于无意识的感觉功能，因此理智判断总有可能被感官所误导。道德控制会约束我们的内驱力，使它们服务于合理的、令人满意的生活，但道德控制也有被内驱力所淹没和瓦解的危险。更糟糕的是，我们是在环境中生存的动物。人类赖以超越动物的每一心灵过程都植根于早期的学习生涯，通过学习儿童习得了他所出生于其中的共同体的群体语言，并最终吸收了他所继承的整个文化遗产。伟大的先驱们可能通过自身的努力来修改这种群体语言，不过，即使是他们的观点也要由他们所处的时间和地点来决定。我们的信念行为在其起源处就受到其归属的决定。我们对社会文化机制的这种依赖会贯穿人的一生。我们不断接受该社会的领导中心所发出的信息，并且依赖于该社会公认的权威来作出我们大部分价值判断。我们也不仅仅是社会框架的被动参与者，或者仅仅去维护我们坚持的正统观念。由于每一个社会都对权力和利益进行分配，对于这样的分配，拥护理智现状(status quo)的人在一定程度上是持支持态度的。所以，对传统的尊重也不可避免地保护了一些极不公正的社会关系。

如果说我们操作于其中的概念框架是从地方性的文化借来的，并且我们的动机是和维护社会特权的势力混合在一起的，那么，我们如何能够声称获得了一个具有普遍性意图的、负责任的判断?

从批判哲学的观点看，这一事实会把我们所有的信念都削减为只是特定地区和特定利益的产物。但我并不接受这一结论。正如我所做的那样，由于相信审慎的理智寄托的合理性，我认为个人生存的这些意外事件只是行使我们的个人责任的具体时机。**这种承认是我的使命感。**

这种使命感可以把我的思想的环境条件看作是实现了一个更原初的寄托，因为被促使去倾听和习得成年人的言语和观念的儿童是一个能动的理智中心。尽管他的努力并不是有意作出的，但这些努力仍然是一个人寻求有效结果的理智探索。在儿童成长的环境中，我相信，这个过程实现了儿童的心灵能力的目标，并且应该依靠这个过程去在这一框架中运作，正如我们依靠自身的个人判断去解决有意识地构想出来的问题一样。正如我在反思发现过程时承认证据与从这些证据得出来的结论之间的鸿沟，并用我的个人责任来解释我如何去弥合这一鸿沟那样，我也承认在儿童时期，通过在特定地点和特定时间的社会环境中行使我与生俱来的智力，我已经形成自己的最基本的信念。我将遵从这一事实，把它看作确定我在其中被召唤去行使自身责任的条件。

323 我承认这些限制，因为我不可能在这些限制之外来使自身承担责任。假如我没有成长于任何一个特定社会中的话，我会如何思维？这样的问题就像以下问题一样是毫无意义的：如果我不是天生就具备任何一个特定的身体，不依赖任何特定的感觉和神经器官，我将如何思维？所以我相信，正如我受到召唤在这个身体中生存和死亡，努力满足这个身体的欲望，借助于已有的这些感官来记录我的印象，并且通过我的大脑、神经和肌肉所组成的这个弱小机器来行动一样，我也同样受到召唤去从我早期的成长环境中习得智力工具，并用这些特定工具来完成我所服从的普遍义务。在要求作出审慎决定的情境中，责任感需要一种与理智成长过程相关的使命感来作为自身的逻辑补充，因为这种理智成长过程是其必然的逻辑前提。

寄托从审慎判断延伸到天生的智力冲动，并进一步普遍化，从而把整个生命过程都包括在内。我的身体之所以被说成是活的，是因为它的各个构成部件是作为联合操作之要素而运作，并且这些操作原则是合理的。生命是一种策略，在其中每一个要素都必须依赖于其他要素对它的支持，并且在这一序列中，每一个后续步骤的被采用都预示着下一个步骤将恰当地把它延续下去。有机体越高级，它的行动计划就越复杂，它的每一部分在地点和时机方面越全面地依赖所有其他部分以实现它对整体的功能，它的每一部分的内在用途就变得越小。由此，有生命的身体就更全面地把自己寄托在具有普遍地位的综合控制原则上。

因此，我们可以看到在完全不同层次上揭示出来的个人寄托的相同基本结构，其内部平衡也相应地具有广泛变化。最严格地普遍化的推理过程被证明是最终依赖于承认这些过程的人对它们的非言语解释的，并且追求(以自我为中心的)原始冲动的生命也被证明是依赖于普遍的技术原则；而在这两者之间，我们遇到了人的重大的、负责任的寄托行为，而要作出这些寄托行为，就要承认他在空间和时间上的出发点是他自身的使命感的条件。

在自身的寄托范围内，心灵被授权行使的能力比假定在客观主义条件下心灵操作所具有的能力要丰富得多。但是，正是由于获得了这种新的自由，它要服从更高级的、它到目前为止拒绝承认的控制力。客观主义想要把我们从因为持有信念而具有的一切责任中解放出来。这就是它能够在逻辑上被扩大到某些思想体系中去的原因，在这些思想体系里，人类的个人责任从人类的生活和社会中被清除出去了。在从客观主义退缩的时候，如果不是因为我们以更高忠诚性的名义进行抗议的话，我们就会得到一种虚无主义的行动自由。我们抛弃了客观主义的局限以实现我们的使命，这种使命呼吁我们对人类真正关注的所有事务进行决断。

324 那些希望他们的理智寄托能实现他们的使命并以此得到满足的人，当由于反思而意识到寄托仅仅是希望时，是不会觉得他们的希望已经破灭的。我已经说过，我对寄托的信念正是我的信念所授权的那种寄托：因此，如果它的合理性受到质疑，它就会在自身内部找到确认。另外，任何这样的确认都将被同样证实为是稳定地随着持续发生的批判性反思而发展，并且继续这样无限地发展下去。因此，不同于声称与个人无关的事实陈述，根据一个寄托作出的断言并不会带来一系列随之而来的无法实现的正当性证明。现在，我们就不能在对客观主义主张进行客观主义式批判这样的倒退中，无限地变换着一个个总是悬而未决的问题，而我们的反思现在就从最初的理智希望过渡到一系列同样充满希望的立场；并且通过超越这种过渡，以及从整体上对它进行反思，我们发现这种无穷倒退是不必要的。

寄托给接受它的人们提供了合理根据以肯定具有普遍性意图的个人信念。由于这些根据，我们声称我们的参与是个人的，而不是主观的，尽管这种参与具有强制性。虽然它因此而处于我们的责任以外，但它还是被我们的责任感转变成我们的使命的一部分。我们的主观状况可以被认为是包括我们于其中长大的历史环境。我们把这些作为我们的特定问题的归属。我们的个人身份由于我们同时接触了让我们具有超越性视角的普遍渴望而得到了保证。

我们得以完全恢复自己的理智能力的舞台，是从基督教关于堕落与赎罪的方案中借用过来的。堕落的人类等同于我们心灵的历史条件和主观条件，而神灵的恩典也许可以把我们从中拯救出来。我们赎罪的方式是在履行我们所接受的义务时忘我地沉浸于其中，尽管这一义务在反思中看起来似乎是不可能完成的。虽然我们承认自身的虚弱，而这种虚弱会使这一任务变得毫无希望，但是我们还是要承担起追求普遍性这一义务，因为我们希望能够被赐予种种力量，这些力量是不能用我们的可以被明确说明的能力来解释的。这一希望是通向上帝的线索，我将在本书的最后一章反思进化过程的时候，再对此进行更多的阐述。

第十章 寄托

注 释:

1. 参见本书边码第 171 页。

2. 伯特兰 · 罗素:《哲学问题》, 第 4 版(伦敦, 1919 年, 第 202 页):“……有相应事实时信念是真的, 没有相应事实时信念是假的。”参见《人类知识的范围与界限》, 伦敦, 1948 年, 第 164—170 页。 在第 170 页, 罗素说:“每一个不仅仅是行为冲动的信念, 都具有图画的性质, 与一种是的感觉(yes-feeling)或一种不是的感觉(no-feeling)结合在一起; 在是的感觉情况下, 如果某一事实与图画之间具有相似性, 如同原型与图像之间所具有的那种相似性, 那么这种是的感觉就是‘真的’; 在不是的感觉情况下, 如果没有这样的事实, 那么这种不是的感觉就是‘真的’。 不真实的信念就被称为‘假的’。 这就是‘真’与‘假’的定义。”

3. R.B.布雷斯韦特:《科学的解释》, 剑桥, 1953 年, 第 278 页起。

4. 下面的例子可以说明这一立场的模糊性。 F.魏斯曼:“可验证性”[载于 A.弗路:《逻辑与语言》, 第 1 卷, 牛津, 1951 年, 第 142—143 页]:“我们从无限多的可能定律中挑出一条特定定律的方式表明, 在我们对现实的理论建构中, 我们遵循某些原则, 我们可以称之为调节原则。 如果有人问我这些原则是什么, 我应该试着列出以下几点:(1)简单性或经济性——即要求定律应该尽可能的简单。 (2)对于我们使用的符号的要求, 例如, 图形应该表示一个分析函数, 以便方便地用来进行某些数学运算, 例如微分。 (3)美学原则(即毕达哥拉斯、开普勒和爱因斯坦所设想的‘数学和谐’), 尽管很难说出这些原则是什么。 (4)调节我们的概念的形成、使我们能够对尽可能多的可选项作出抉择的原则。 这种倾向体现在亚里士多德逻辑的整体结构中, 特别是体现于他的排中律。 (5)还有一个更难以捉摸、最难确定的因素: 仅仅是一种思想基调, 虽然没有明确表述, 但却渗透在一个历史时期的空气中, 激励着那一时期的领军人物。 它是组织并指导一个时代之理念的场所……”, 或参见 H.费格尔关于“归纳和概率”(H.费格尔与 W.塞拉斯:《哲学分析读物》, 纽约, 1949 年, 第 302 页)的论述。 在那篇论文中, 作者认为归纳法没有问题的, 因为归纳法的原则根本不是命题, 而是“一种程序原则, 一种调节性准则, 一种操作规则”。 这也是伯特兰 · 罗素的《人类知识范围和界限》(伦敦, 1948 年, 第 6 编, 第 2 章)所得出的结论。 在这里, 科学前提最终被证明是一组既非经验也没有逻辑必然性的预设。 我在前面(本书英文版第 113 页)已经批判过这种模糊性。 科学的明确前提是指导原则, 它们只能被承认为是科学家关于实在的图景之寄托的一部分(参见本书边码第 160—170 页)。

5. 正如我们所看到的那样, 开普勒正是以这些根据为基础, 拒绝了通过对其真理性不作承诺的理论来挽救现象的中世纪原则。

6. 在法国大革命期间, 法官在处理法律条文未涵盖的所有事件时, 有义务求助于立法机关, 但这种做法在 1804 年被废除。 后来, 通过应用法典以及体现于法典中的法律原则, 人们普遍承认: 法庭有能力判决提交给它们处理的任何案件。 (参见 J.W.坂斯:《法理学的历史导论》, 1940 年)

7. 采用弗洛伊德的术语, 主观的人是欲望的本我, 由审慎的自我所控制。 弗洛伊德把具有责任感的人解释为社会压力内化的结果, 由内部的超我所驱动。 这种解释忽略了这样一个事实, 既抑制了本我又抑制了自我的具有责任感的人, 可以同时反抗支配性的正统观念, 而这正是它的存在最令人印象深刻的地方。 认为道德良知是社会压力的内在化, 使得社会对其成员的良知给予尊重, 甚至给予尊重的想法是荒谬的。 超我不可能是自由的, 因此要求自由是可笑的。 至于弗洛伊德将理智的激情解释为欲望本能的升华, 这没有解释科学和艺术为什么区别于本能, 而科学和艺术又是本能的升华。 升华是一种托辞, 它的意义完全依赖于我们之前对它应该解释的事物的理解。

8. 萨尔瓦多 · 德 · 马达里雅加在其《克里斯托弗 · 哥伦布》(伦敦, 1939 年)一书中认为, 哥伦布在葡萄牙逗留期间曾看到并秘密复制过托斯卡内利的地图。 他还描述哥伦布相信一位来历不明的作者埃斯德拉斯, 后者相信世界是“六分陆地和一分海洋”。“对于哥伦布来说”, 马达里雅加写道,“托斯卡内利是通向真理之路, 但由于他没有读过埃斯德拉斯的著作, 所以他的计划依然需要水手——这些水手不习惯于看不到陆地——在未知海域航行了 8 125 英里。 哥伦布通过对埃斯德拉斯的研究,‘知道’那段距离只有 2 550 英里”(第 101 页)。

9. 例如, 参见 E.S.和 F.R.鲁宾逊:《普通心理学》, 芝加哥, 1926 年, 第 242 页(檐口与台阶）。R.H.惠勒：《心理学》，1929 年，伦敦，第 358 页（“下落的方块”和“花瓶与脸孔”）。

10. 进行决定的这一方面首先由 A.沃尔德在《数学统计年鉴》［第 16 期（1945），第 117 页］中作了系统阐述。最简单的情况是，通过收集随机样品检验零假设 H_0。在每一次新的试验中，要作出三个决定，即（1）接受 H_0 或（2）拒绝 H_0 或（3）继续实验。你确定一个值 α，这个值表示拒绝 H_0 的最大可允许概率，尽管 H_0 是真实的。你继续进行检验，直到犯这个错误的实际概率降到 α 以下。如果预先给 α 指定一个不合理的小值，则会在时间和精力上造成不合理的浪费；如果把 α 规定为零，就把不合理性最大化了。

11. 参见本书边码第 122 页。

12. L.赫克，《运动研究与蠕虫的结构与组织》，载于《罗特斯》（Lotos），67/8（1916—1920），第 168 页。

13. 在第四编中，通过将不连贯与有系统地追求的误解区分开来，对这一类进行了细分。

14. 詹姆斯 · 吉恩斯爵士在《科学与音乐》（剑桥，1937 年，第 184—185 页）中，引用赫尔姆霍茨的话说，“当我从经过合理调音的风琴走向大钢琴的时候，后者的每一个音符听起来都是那么虚假和烦人……在风琴上，人们认为不可避免的是，当混合音栓以完全和弦的方式演奏时，必定会出现恶魔般的噪音，风琴手对此也只好听天由命。现在，这种情况主要是由于平均律而起，因为每一个和弦同时配以经过平均律调和和合理调音的五阶音与三阶音，结果是一个不安的模糊的声音混淆。”参阅马克思 · 普朗克：《科学的自传及其他论文》，伦敦，1950 年，第 26—27 页。“……甚至在大三和弦中，自然的三阶音与经过平均律调和的三阶音相比，也是微弱而缺乏表现力的。毫无疑问，这一事实最终可以归因于多年和几代人的习惯。”

15. 关于对训练感知判断的实验工作的研究与评论，见埃莉诺 · J.吉布森：“知觉判断作为控制性实践或训练功能的改善”，《心理学简报》，第 1 期（1953），第 401—431 页。吉布森夫人的报告谈到了大量的关于通过训练来改善感官识别力的实验证据。

16. 维尔德 · 彭菲尔德博士，“脑手术证据”，《听者》，第 41 期（1949 年 1 至 6 月），第 1063 页。

17. C.L.赫尔：《催眠术与联想》，纽约，1933 年，第 38—40 页；引自 E.布鲁勒，“催眠心理学”，《慕尼黑医学周刊》，1889 年，第 5 期。

第四编　认知与存在

第十一章

成就的逻辑 327

第一节　引　　言

在本书的剩余部分，我将简要介绍有关生物(包括人)的本质的一些看法，这些看法显然来自我对个人知识之寄托的认可。在决定我必须按自己的观点来理解世界之后，作为一个宣称具有创造力并带着普遍性意图负责任地行使自己的判断力的人，我现在必须发展出一种概念框架，这种框架既能认识其他像我一样的人的存在，又能正视以下事实：他们是从原始的非生命物质进化而来的。

我将以多样化且系统阐述的方式来提出以下关键论点：我们对有生命的个体的理解必然使我们附属地意识到它的组成部分，而这种意识并不是完全可以用更中立的方式来描述的。这种理解承认个体自身的一种特定的综合性成就，即“摩尔式”的成就。由于我们对摩尔函数的认识不能用“分子”的术语来描述，所以这个函数本身不能还原为分子的具体细节；因此，它必须被看作一种更高形式的存在，而不是由这些细节所决定的。我们只要回忆一下就可以直接得出以下结论：通过对整体的理解来评价其题材的连贯性，并因而承认更高的价值，这种价值是其组成部分并不具有的。

到了这个阶段，我们可以朝着两个方向继续前进。其中一个方向通向在获取知识的过程中的一个人——知识提出者——对另一个人所作的思考。这种关系最终会在第二个人身上重复我对知识的反思，这种反思的最终结果就是承认我的理智寄托。这种情形的新形式就是在第一个人和第二个人之间建立起某种寄托的伙伴关系和竞争关系，这将落
328 入个体文化的框架之中。同时，我们将面对另一种情形，即第二个人获得了对第一个人的认识，评价他和他的知识，并由此而建立了全面的人际交往；当这种交往扩展到一个群体时，就形成了社会的公民文化和公共秩序。由于个人寄托和人际寄托建立了社会联系，并通过机构来被确立，因此，寄托的视角在这里就扩大到正在通向未知终点的整个人类。

第二节　正确性的规则

我们已经看到，动物能学会(1)使用技巧、(2)阅读符号、(3)认路。这些活动在前面被看作在原生层次上预示了发明、观察与推理三种功能，这些功能在言语层次上被制定为工程学、自然科学和数学这三个领域。现在，我必须对这一方案进行修正，以便能充分考虑以下事实：只有物理学才主要是观察性的，而生物学和对于心灵与人的研究却有更复杂的结构，在其中观察只起到附属性的作用。

首先，我将为发明的逻辑找到一个恰当的位置。演绎推理的逻辑已经进行了两千年的系统研究，经验推理的逻辑也在很多世纪中成了哲学的主要研究对象，但是发明的逻辑至今还只能算是才起步。也许有人认为，实用主义、操作主义或控制论在试图把思维解释为发明过程时已经对它作出了贡献。但是，试图把所有知识变为严格非个人化的术语的努力阻碍了这一哲学运动，使其无法促进我们对于发明(发明本身

不可能是非个人化的)的认识。

我们已经看到，一个工具、机器或技术过程的特点在于它们的操作原理，而操作原理与观察陈述是完全不同的。前者如果是新的，就是一项发明，可以被纳入专利之中；后者如果是新的，就是一个发现，不可能申请到专利。发明体现了某一特定的操作原理。现在我主要是讨论机械发明，关注那些复杂得能被称作机器的东西。钟表、打字机、船只、电话、火车头、照相机都是我所认为的那种“机器”。

专利系统地阐述了一个机器的操作原理，指出了它的特定部件——它的零件——如何在综合性的统一操作过程中完成它们的特殊功能并实现机器的目的。它描述了它的每一个零件在这一场境中如何影响另一个零件。机器的发明者总是试图以尽可能宽泛的措辞来描述专利，所以他会试图避免提及任何实际构造的机器的物理或化学细节，由此来涵盖该操作原理所适用的所有可能的情形，除非这些细节对于机器操作是严格必需的。这样就可以把这种机器的构想延伸到由最大范围的不同材料制成的不同形态的物件。就像代数规则适用于代数常数所代表的 329
任何数集一样，操作原理也适用于任何按照这一原理而运作的零件之集合。

由此产生的必然结果是，在想象中能代表任何特定机器的那一类事物，如果抛开其操作原理而从纯粹的科学角度看，将会是完全杂乱无序的组合体。或者说，**由一个普通操作原理确定的事物类型甚至无法用物理学和化学的术语来作近似的说明**。

除非我相信一个目的是合理的或至少被设想为是合理的，否则我不能承认一个指导我们如何实现这一目的的操作原理。技术包含了所有被承认的操作原理，并且认可了这些原理所服务的目的。这种认可还**把这台机器的价值评价为获得相关利益的合理手段**。因此机器的操作原理就成了一种理想：处于良好运作状态的机器之理想。它设定了关于完善性的一个标准。按照这一标准，任何“钟表”、“打字机”、“火车头”等都可以被认为具有或多或少的完善性。机器的概念还进一步行使其评价功能，设定了运行失败的机器的概念与之对比。当锅炉爆炸、曲轴断裂或火车脱轨时，这些事情都违背了机器概念所设定的规则。因此，当机器概念认定某些事件是正常操作的同时，也宣布其他事件是失败的运行。

然而，它不能对这些运行失败再说些别的什么了。处于良好运行状态的机器概念形成了一个无视运行失败之细节的体系，如同几何晶体学无视晶体的瑕疵一样。所以，机器的操作原理是**正确性的规则**，它们只描述机器的成功运行，而对失败运行则完全不进行解释。

我们是否能求助于自然科学以弥补这一不切实际的方法？既能又不能。受过物理学和化学训练的工程师或许能够解释运行失败，例如他可以观察到使机器运行失败的超载度或损耗机器的物质的腐蚀性。不过，如果认为物理学家或化学家可以用既解释机器的正确运行又解释了它的运行失败的更全面理解来取代（由操作原理所规定的）机器的概念，那么就是错误的。物理学和化学的研究不能传达机器的操作原理所表达的那种对机器的理解。实际上，它对机器如何运作或应该如何运作不可能说出任何东西。

对于我们一般性地理解实在世界的不同层次来说，这一观点是根本性的，因此它应该在机器问题上得到比这一主题本身所值得的更深入探讨。

330 我们需要认识的第一点是，物理学和化学知识本身不能使我们识别一台机器。假如你遇到一个不知为何物的东西，并且通过细致分析它的所有零件来考察它的性质，由此你可以获得关于这个东西的完整的物理化学结构图。那么，你会从哪里发现它是一台机器（如果它是机器的话），并且，如果它是机器，它是如何运行的？你绝对做不到。因为，除非你已经知道该机器是如何运行的，否则你甚至都不能提出该问题，更不要说回答这个问题了，即使你拥有全面的物理学和化学知识。而只有当你知道钟表、打字机、船只、电话、照相机等机器是如何组装和运行时，你甚至才能探讨在你面前的东西到底是不是钟表、打字机、船只、电话等。“这个东西是否服务于某一目的？ 如果是，那么它的目的是什么？ 它如何实现这个目的？”只有**把这个东西当作已知或设想的机器的一个可能实例而对它进行实践检验，**这些问题才能得到回答。 在某些情形中，这个东西的物理化学结构图只能被用作对它进行技术性解释的线索，但仅仅依靠该结构图却让我们对机器一无所知。

我们可以扩展这个不知为何物的东西的物理化学结构图，使其包含在所有可能情况下该事物在未来可能发生的所有变化。 然而，从技术角度看，即使包含未来所有可能性的组合，仍然不能告诉我们关于机器的任何信息。

这一结论非常关键。 所以，我要再对它进行详细说明。 在我们面前，有一个具体的固体无机物，例如一个有钟摆的落地钟。 不过我们不知道它是什么东西。 于是，让一群物理学家和化学家来考察这个事物。 假设他们具备已知的一切物理学和化学知识，但假设他们的技术观念还停留于石器时代。 或者，我们承认这两种假设实际上不能同时成立，所以让我们假设他们在考察时不涉及任何操作原理。 他们精确地描绘了这座落地钟的任何细节。 并且，他们还预见到了这座钟将来可能出现的所有情形。 但是，他们永远不可能告诉我们这是一座钟。**对于作为一个事物的机器的全部知识，并不能告诉我们它是一台机器。**

我已经指出，正确性之规则只解释了按这些规则制作并运行的机器的成功，但是完全没有解释它们的失败。 另一方面，我们现在知道，物理学与化学知识对成功和失败都视而不见，因为它们看不到界定成功和失败的操作原理。 我们从技术视角来理解机器，并因而认识它，也就是说，我们通过参与其目的和认可其操作原理而认识这台机器。 在物理学或化学式的考察中，我们没有这种参与。 实际上，理解机器的结构和操作通常仅仅需要少量的物理学和化学知识。 因此，技术和科学这两种知识在很大程度上是各行其是的。

不过，这两种知识的关系也不是对称的。 如果任何事物——例如 331
一台机器——本质上具有综合性的特征，那么我们就可以通过理解这一特征来认识这个事物。它会把机器作为机器而揭示出来。然而，如果用物理学和化学的方法来观察同一个事物，就会让我们完全搞不懂它是什么东西。实际上，我们对这样一个东西所具有的详细知识越多，我们的注意力就越分散，就越看不出它究竟是什么。

这种不对称的关系也普遍存在于两种知识能够有效结合的方式中。我们可以很好地利用物理学或化学的观察，来加深我们对机器的理解，例如时钟。在猜测出时钟是一种计时仪器，并获得了它的各个部件——如驱动它的钟锤、通过释放摆轮而控制它的速度的钟摆、表示时间流逝的指针——的功能的一些暗示以后，我们就可以继续考察这些运作所体现的物理过程。因此，我们将确定这些部件得以**发挥**其功能并能**解释**它偶尔**运行失败**的物质**条件**。由此，我们能提出改进建议，以避免这些运行失败，甚至可能发明全新的钟表制作原理。但是，对时钟的物理学或化学观测对钟表匠来说没有任何用处，除非这些观测与时钟的运作原理有关，以作为钟表运行成功的条件或运行失败的原因。我们可以得出一个相当普遍的结论：在我们对一个体现着正确性原则的综合性实体的认识中，物理学和化学所提供的任何信息只能起辅助作用。[1]

机器的某些物理或化学特性，如重量、尺寸和形状，或易碎性、易腐蚀性或受阳光照射的损害性，在某些情况下会引起人们的关注，例如对于运输这台机器的搬运工来说就是如此。但这与我们单独对机器进行科学研究时所具有的意义差不多，因为这种单独的科学研究只在其自身之内进行研究，而不涉及这台机器实现其目的所遵循的原理。

第三节　原因与理由

体现在正确性之规则中的技术，指导我们以合理的方式来实现一个被认可的目的。这些规则设计了一种由若干步骤组成的策略，每个步骤在一个连贯的、经济的、并在此意义上是合理的程序中发挥自身的功能。这一程序可以包括设计一台由若干部件组成的机器，每一部件都在连贯合理的运作中发挥自身的功能。这一程序中的每个步骤、机器 332
的每个部件，以及这些步骤和部件联结起来服务于共同目的的方式，都有可以明确说明的**理由**(reason)。这一系列理由都在这一过程或机器的操作原理中得到阐明。

物理学和化学忽视了操作原理，所以它们也忽视了证明操作过程之连续步骤的合理性的理由。不过，对机器所作的物理学和化学考察，可以通过确定一个过程或者机器必须依靠的物理—化学条件，从而揭示它们的合理性，并且进行告诫：如果这些条件不能实现，这个设计就会运行失败。

作为其极端情形，自然科学可以宣布一个所谓的实践过程是行不通的。科学可以宣布某种机器无法运作。比如我确实说过，1663 年伍斯特侯爵(Marquis of Worcester)所描述的永动机的轮子，由于附在其边缘的重量的持续下降而不能永久转动，所以永动机不能也不可能运行。我用这个例子来证明，这种机器的所谓操作原理不符合我相信为真的能量守恒定律。故而我得出结论：这些操作原理所依靠的条件是**不**存在的。

由于正确性之规则不能解释失败运行，做某件事情的理由也只能在正确性之规则的语境内给出，由此带来的必然结果是：失败(在此意义上)的理由是不可能存在的。所以，在这种情况下最好不要使用“理由”一词，而只能把运行失败的起因描述为失败的**原因**(causes)。因此我们可以说，对机器所进行的与其操作原理相关的物理化学考察可以同时阐明操作原理成功的条件和失败的原因。而谈论确立成功的化学—物理“原因”是错误的，因为机器的成功是由它的操作原理规定的，但操作原理却不能用物理—化学的术语来加以说明。如果一个设计成功了，那是由于它符合它自身预先设定的内部理由；如果它失败了，那是由于它没有预见到某些外部原因。

第四节　逻辑学与心理学

只要演绎科学是一种形式化操作，那么它们就可以体现在计算机的操作原理中；动物的身体也在一定程度上起着机器的作用。因此，我们对机器逻辑的研究就能从数学推广到生理学领域。我们可以给这一领域加上道德和法律原则，以作为进一步的正确性之规则。我只能顺便关注这些人类行为准则，而主要关注作为知识形态的逻辑学、数学，以及动物的机器式结构，后者既是自然科学的对象，又是动物获得知识所凭借的工具。[2]

333 我关于机器与物理学和化学定律之间关系所说的一切，都适用于作为逻辑推理运行的数字计算机。[3]以下是一些相关的观点。逻辑机器的工作原理是只能解释成功的正确性之规则。在机器的物理—化学结构图之中，这些原理完全消失了，成功与失败的区别也随着消失了。但是，当物理学和化学被附属地使用时，它们却具有很强的启发性，它们关系到逻辑机器预先确立的操作结构，从而确定了逻辑机器得以运作的物质条件，并解释它们偶尔出现的运行失败。

现在，我们可以采用相似的术语来界定逻辑学和心理学之间的关系，尽管在讨论这一主题时我们必须对这些术语进行一些扩展。思维主要是按照不可逆的理解过程而不是按照可以明确说明的规则进行的。只有后者才被称为逻辑思维，我把数学纳入逻辑思维之中。根据这个定义，逻辑学是一种正确性之规则：它告诉我们必须如何推理才能从已知前提推导出正确而充足的结论。当我听别人进行论证时，我会根据自己的标准对论证进行评价。这些标准是因为我把某些规则作为逻辑规则而得以形成的。皮亚杰曾经对儿童心灵发展的一系列阶段进行了这样的系统评价。他的《发生认识论》一书指出，随着儿童的逐年成长，儿童的推理满足了更高的逻辑推理标准。[4]我们可以说，在努力进行正确推理时，儿童力图达到这些逻辑标准。而且我们还要补充说明：在承认这些标准具有强制性后，儿童把它们规定为是普遍有效的。儿童基于这些规则进行论证，这一事实表明他带着说服性的意图持有这些标准。因此，儿童不断增强的逻辑连贯性似乎表明：他在不断完善着对逻辑的正确性规则的寄托。他不断发现、服从、依赖更高级的具有逻辑卓越性的标准，并宣布它们具有普遍的效力。

这些正确性规则的操作发生在作为心理学题材的有意识和无意识的 334
知觉之流中。它可以由欲望或理智激情触发，并在记忆储备中发生作用。它可以通过视觉想象力，借助言语符号或其他符号或完全概念性地运作。它受到儿童成长的语言环境和概念框架的深刻影响。但是，对思维的这些存在样态的研究并不能说明某个特定的演绎推理——比如二项式定理(binomial theorem)的证明——是不是正确的。证明的正确性只能依靠于逻辑推理，而不是依靠于心理学的观察。心理学本身并不能把真假推理区分开，因此，它和逻辑原理是无关的；不过，它阐明了我们在什么条件下可以更好地理解和运用正确的逻辑—数学推理，还可以为推理的错误提供解释。实际上，推理的错误永远不能成为逻辑证明的主题，它只能通过揭示其原因的心理学观察而被理解。另一方面，谈论一个数学定理的原因是毫无意义的。我们可以研究有利于它的发现的条件，而一个定理的有效性只能用理由来证明，而不能用原因来解释。

我刚才描述过的逻辑规则和心理学主题之间的关系，相同于机器的操作原理和物理—化学的主题之间的关系，但有一个特征除外——我曾介绍过的努力按照逻辑规则进行正确推理的第二层次的人格。* 这一能动的、负责任的个人中心将在以后更加充分地显现。但在这里我们可以预先提示：无论一个人想要实现和确立什么样的正确性之规则，无论是道德、审美的还是法律的，他都是把自身寄托于某个理想；并且，他

* 本书第十章第八节"寄托的生存面向"中，作者论述了处于不同层次的两个人格。——译者注

只能在一个对这个理想视而不见的媒介材料中这样做。理想决定了一个人需要对自己负责的标准，但是无视理想的媒介材料却既承认了实现理想的可能性，又限制了实现理想的可能性。理想决定了他的使命。

把我们的观点进行推广可以达到的另一个终点（这将在下一章得到充分阐述）是**作为机器而起作用的有机体**。我们可以直接得出结论：在这方面，有机体是被定义机器的那一类操作原理所体现的。生理学是获得健康的技术：健康的饮食、良好的消化、有效的运动、敏锐的感知、可繁殖的交配等的技术。这一论证本来可以按照我们熟悉的方式进行下去，但我更愿意先推迟一下，而先去更精确地定义动物的类似机器的特征，并与它的"有机"功能相比较，这些功能是无法用明确的操作原则来进行恰当阐述的。

第五节　动物的创造力

335 当我最初谈到动物的创造力时，我使用的是科勒的例子，即一只黑猩猩恰当地重组自己的视野，实现了一个预定的目标。然后我发现了老鼠关于迷宫的隐性知识，它学会了穿越迷宫，并运用恰当重组自己知识的能力解决了路径被封这样的突发事件。[5]耶基斯—赫克的实验则表明：蠕虫在面对新的情境时如何不受限制地重组它的隐性知识。[6]在类似的非言语层次上，人们努力获得熟练的技艺，不自觉地调整肌肉的协调以走向成功。[7]我们努力观看以"辨认出"我们看到的东西究竟是什么的方式，给我们提供了一个例子，以说明我们是如何把一组无意识的肌肉动作和对这些动作所造成的印象的解释进行重组以获得发现的。[8]用让我们自己更加满意的方式来重组我们的经验和能力的这种冲动，一直延伸到人类创造力的整个领域。它把人定义为满怀激情地投身于不断揭示实在世界的革新者和探索者。

所有这些都已经在本书第三编中被阐述过，不过那时是从重新解释真理的视角来论述的。我在那里接受了一个信托式的寄托，允许我选择与我的总体情境相协调的基本信念；现在我必须根据这些基础而去决定：动物和人类的原创性是用某种巧妙的自动机器来解释，还是被看作是通过身体以及身体构造来运行的某种独立的力量。[9]

类似机器的生物概念，可以扩展到从原则上解释它们的适应能力。336
自动驾驶的飞机接近飞行员的技能。它的机械自动协调装置可以调节飞机的活动，以服务于固定的目标，它甚至可能在应付新的、不完全可预见的情况时表现出某种程度的应变能力。如今，有一种思想流派热情地致力于把所有生命的适应功能——包括人类的智力活动——看作是一种机械运作。我将简要列举一些线索，以表明这一思想流派是错误的。

我们现有的物理学与化学知识当然不足以解释我们能动的、随机应变的生物的经验，因为它们的活动常常伴随着有意识的努力和感觉，而我们的物理学和化学却对此一无所知。为了论证起见，让我们假设物理学和化学可以扩展至解释某些物理化学系统的感觉能力。我们可以想象，一个足够复杂的机器会产生有意识的思维，而不失去机器般的特性。然而，从这个意义上讲，有意识的思维仅仅是自动操作的伴随物，它们对自动操作的结果没有任何影响的。例如，我们不得不想象这样的情形：莎士比亚的有意识的思维对他的戏剧创作没有影响；他的戏剧随后被演员演出，而演员的思维对他们的表演也没有影响；与此同时，一代又一代的观众涌进来看戏，却又不是因为他们喜欢戏剧。

这并非**绝对**不可想象的情形。它构成了一个封闭的解释体系。虽然在实践中不可能有人相信它，但人们可以把它看作是由于原始的心灵习惯而导致的失败，这些习惯会被完善的科学知识所消除。我所寄托的是一种不同的信念。我担负起责任，从不能被明确说明的线索中获得总是不确定的知识，并使这些知识具有普遍有效性。这一信念也包括承认别人具有同样不被明确说明操作之责任中心，他们的目的同样也是为了获得普遍有效性。[10]所以，对于我来说，莎士比亚的著作是创造力的一个宽泛证据，创造力是无法用自动机器来进行解释的。我认为，当我们遇到一件天才作品并服从创作者的指导时，我们显然就承认了创造是一种行为，这种行为无法被明确规定为一种程序。[11]

这个概念框架强烈地向我暗示：所有动物的身上都有一个能动中心在不可明确说明地运作着。在“肯定的逻辑”那一章（第三编，第八章）中，我把创造力的不可形式化的力量与充满激情的一系列隐默因素相联系，这些隐默因素是一切言语式智力的来源。我说过，这种隐默冲动在我们的文化中维持固定的符号操作的连贯性和丰富性，并且符号操作最初也是由这种冲动本身促成的。我认为，基于连续性，我们应该承认同样的冲动也在原生层次上运作于整个动物王国之中。在动物身上有两个原理：即（1）机器式构造的运用和（2）动物生命的创造力。因此，虽然动物的机器式身体构造体现了确定的操作原理，但是这种机器式身体构造是被动物的不能被明确说明的创造力所推动、引导和改造的，同时严格的符号操作被肯定它们的隐默能力所认可并且被不断地重新解释。

337 为简明起见，在这里我只列举一些有代表性的证据以证明这种广义上的创造力的存在。拉什利（Lashley）[12]观察到，学会穿越迷宫后的残疾老鼠仍然在迷宫中找到出路，尽管它们用于学习的神经通路已经被切断。它们前进的方式自然完全改变了：“有一只老鼠用前爪艰难地爬行（拉什利写道）；另一只则一步一跌，但还是跌跌撞撞地前进；还有一只在每次转弯时都摔倒，但还是尽量避免滚入死胡同，朝着正确方向奔跑……”他总结说：“如果用以获取食物的惯常动作顺序变得不可能，那么老鼠会直接而有效地重新构建一组以前未使用过的动作，并构成完全不同的运动模式，整个过程井然有序……”被做过手术的老鼠都还保留着记忆和目标，每个记忆和目标中在老鼠身上唤起了一套不同的操作原理，以实现相同的持续目标。这些即时的、替代性的器官组合方式可以被认为在完成相同的整体任务中是**具有同等潜能的**（equipotential）。它们为相同的技术问题提供了一系列解决方法。[13]

关于同等潜能原则的相似例子可以在远远高于或远远低于迷宫老鼠的层次上发现。随着年龄增大，雷诺阿(Renoir)由于关节炎而逐渐残废。他的手和脚都不听使唤，他的手指由于永久性的僵化而不能动弹。然而，他把画笔固定在前臂上，仍然坚持画画二十年直至去世。他用这种方法创作了大量的绘画，这些绘画在质量和风格上都与他从前的绘画一模一样。他使用手指而培养和掌握的技能与想象力，不是存在于他的手指上；它们成了高度抽象的、完全不能明确说明的知识和目标：这种目标从他残疾的身体中，唤起等效于他以前行为的一套实施方式。

在进化尺度的另一极，布登布洛克(Buddenbrock)[14]和贝特(Bethe)[15] 338
已经表明：昆虫、蜘蛛、蜈蚣和水甲虫能够立即使自身的运动方式适应断了一只脚或事实上断了几只脚的情况。贝特主张，这些临时形成的同等潜能的协调方法如此地不同，以至于它们不可能来自预先确定的解剖学路径的作用。[16]他认为它们展现了神经系统适应性地重组自身的能力。

在情况发生重大变化时获得预定目标的这种自发的适应性重组过程，与胚胎的发育过程有着巨大相似之处。某些低等动物的胚胎所分离出的碎片，具有生成整个胚胎并且发育为普通个体的能力。这种个体发生的原理，首先被德里施(H.Driesch)*在海胆的胚胎中发现。在海胆的整个分裂过程中，从胚胎分离出的任何单细胞或多细胞组织都可以发育为一个正常的海胆。德里施在描述胚胎的这些再生能力的特点时，把胚胎称为具有“协调性的具有同等潜能的”系统。胚芽在严重受损后发育为正常胚胎的能力，在今天被更广泛地称为“形态发生调节”(morphogenetic regulation)。

稍后，我将探讨个体发生的另一种原理，即通过局部确定的潜能来运作，并把这种镶嵌式原理与胚胎碎片的具有同等潜能的重组原理相结

---

* 德里施(Hans Driesch，1867—1941，又译为杜里舒)，德国人，生机主义哲学家。1920年梁启超等人组织成立的“讲学社”邀请他来中国讲学。——译者注

合。目前，我们足以观察到：德里施从胚胎碎片中发现的即时生成能力，直到今天都被证实不能用解剖结构来解释，就像在整个动物王国——从断足的蜈蚣到残疾的雷诺阿——所表现出来的功能再生能力一样，是无法用解剖学来解释的。[17]

339 现在，我们可以把探索活动与形态发生之同等潜能原理之间的连续性，用更具体的术语来概括。我们从以下事实出发：今天已知的物质定律所支配的任何物质过程，都不能被设想为可以解释意识在物质身体中的存在。我拒绝作出以下假设：如果我们成功地修改了物理—化学定律以便解释动物和人的感知能力，那么动物和人对于我们来说就会显得像是自动机器——伴随着它们的自动运行，一种完全无效的心灵活动变得更加荒谬。把有生命的人描述为没有感知的，这从经验上看是错误的，但把它们视为有思维的自动机器在逻辑上则是荒谬的。因为，我们只有听到一个人说话，也就是说，只有附属地注意到他的某些身体动作，并假定这些动作是由他的思维所执行的，我们才能意识到他的思维；思维事实上只被我们认为是他的有意义动作的有效中心。所以，我们也不能谈论完全没有创造性和责任感的思维，或者，我们不能想象另一个人经过思维而得出的判断而不承认这一判断的普遍性意图——正是这一普遍性意图向我们发出挑战，要求我们服从或反对这一判断。这些特征是我们对思维的前科学观念所必需的，除非神经科学把思维描述为保留了这些特征的某种东西，否则它就不能被说成是解释了思维。

承认无意识思维具有创造力，这就是朝向形态发生的创造力方向，把思维能力向下推广的重要一步。创造力的无意识地运作通常仍然由有意识的努力和高级判断力所推动，例如在随后的潜伏期中促成发现的探索式努力。此外，为了实现预定目标的可用手段的重组，通常也需要人们的努力。

最终，通过减少努力的因素，作出连贯与随机应变行动的能力可以被概括为成长的过程。由此，同等潜能原理就等于承认：除非通过观察到任何一片早期的海胆胚胎碎片都具有生长为完整个体的能力，否则我们不能辨认出德里施所发现的那种现象。这是一种使用不确定的手段来实现我们认为正确的综合特征的能力，只有按这样的方式承认其工 340
具式的关系，这种能力才能被设想。所以，在这个意义上它预示了使雷诺阿在残疾后仍能绘画的那种能力，还预示了超出那一范围的、当我们恰当地关注一个思考的人时，我们所承认的一切个人判断和创造性。于是，德里施所发现的形态发生原理就表现为：**一系列逐步上升的同源过程的一个原初成员，而这种同源过程必须看作是通过随机应变来实现一个综合性的正确目标，否则它们是不可理解的；并且，如果采用更加非个人化的视角来考察，那么这种过程就会完全消失。**

第六节　对于同等潜能原理的解释

当代很多科学家坚持认为，所有的智力行为都以某种机器为基础，这种机器在具有神经系统的有机体中按照数字计算机的原理运作。这就是麦卡洛克—皮特斯(McCulloch-Pitts)的神经网络理论*。该理论表明，神经回路的恰当联接可以解释智能人的感觉器官受到刺激时所作出的反应。这一理论的拥护者甚至断言，即使开普勒和达尔文的发现，也仅仅是一台能够计算出大量联立方程式的计算机的输出罢了。按照提出这个观点的洛伦兹(K.Z.Lorenz)的说法，把开普勒和达尔文(或许还有莎士比亚和贝多芬)描述成自动机，对“不相信奇迹的归纳研究者”来说是必不可少的。[18]我在前一章中已经讨论过该理论。

另一些人则批评数字计算机模型，理由是它不能解释神经系统在大面积损伤影响下的巨大恢复能力。事实上，人们很难指望这样一台精密机器在它的大部件被拆除、它的外围网络的关键点被切断，或它的

* 1943年，由美国心理学家麦卡洛克(McCulloch，W.S.)和数学家皮特斯(Pitts，W.)等提出的利用神经元网络对信息进行处理的数学模型，开启对神经网络的研究。——译者注

感应部件被去掉时，还能如此快速地——通常以新的方式——恢复其功能。[19]

作为神经网络的工作原理，科勒早就以“同构”（isomorphism）原341 理的形式提出了一种取代数字计算机的激进方案。科勒指出，某些有序的物理系统可以用两种不同的术语来描述：一种是直接描述其综合的有序特征，另一种是描述隐含在这种有序状态背后的动态条件。由此，开普勒定律直接描述了太阳系的某些综合性的有序特征，而这些特征被证明只是基于牛顿力学的相互作用力的一种表现形式。同构原理假定，刺激所产生的神经印迹同样按照某些物理或化学的动态规律而进行相互作用，因此在神经系统内产生某种有序的构型：这种构型具有刺激来源物所具有的一切综合特征。在我们的中枢神经系统中，这种有序状况的激发会使我们意识到处于我们面前物体的格式塔之中的所有关系。因此，例如，一个正方形在大脑皮层中的对应物就被认为具有正方形的所有结构特性，从而使我们能够对这些特性作出反应。[20]

根据这个原理，当一个人阅读《数学原理》中的公理时，数学的整体——不管是已知的还是有待发现的——都潜在于他的大脑所产生的神经印迹之中；这些神经印迹在物理化学上的平衡能够产生包含这一数学整体的大脑皮层对应物（被编码的脚本）。但是，如果任何这样的平衡真的令人难以置信地（*per incredibile*）存在着的话，它肯定不可能基于神经印迹在物理化学上的相互作用。

科勒的理论在逻辑上也有缺陷，因为它未能解释思维的外在表现。它没有告诉我们，外部格式塔在大脑内部的复制将如何产生任何与自身相对应的明显反应——而稍微反思一下就能表明，要解释**大脑格式塔**形成恰当反应，和要解释外部**原来的格式塔**形成类似反应，这两者一样困难。为了在这方面使我们满意，同构原理必须以某种效应机制来作为补充。对于这机制，到目前为止所提出过的唯一原则就是计算机的原理，而我们认为计算机的原理是不充分的。所以，科勒的理论让关于智能行为的问题回到原点。

但是，平衡(equilibration)作为一种排序原则的思想有着更广泛的含义，它提出了一个更普遍的问题。生物学家的主流学派把以下事实看作是平衡的过程：从多种胚胎细胞的组合中，我们总是能持续地获得相同的典型形态。他们假设正在发育的胚胎碎片的每一部分与另一部分在物理化学上的相互作用，每一次都会产生相同的整体构型。

尽管我已经证明，同构原理作为概念式理解或智能行为的理论是行不通的，但是，为了后面的论证，我还是暂时承认它是我们对格式塔的感官知觉的一种解释。格式塔的感觉形成与形态发生都是一种有序过程。在这个过程中，各部分之间的物理化学的综合性相互作用被假定产生了有序的实体。现在的问题是：实现综合性的正确目标的任何同等潜能过程，事实上能否表示为物理—化学的平衡。 342

在现阶段，我对这一问题的回答如下：(1) 在科学与技术的交叉领域，操作原理与某些自然定律也交叉(参见前文 p.331)，并且，在这个意义上我们可以想象，某种生理功能或许与某些物理学和化学定律相符。不过，技术和生理学的知识不能用物理学和化学来定义。

(2) 看见一个图案或一种形状是这样的一种成就。物理—化学平衡的过程对格式塔式观看行为的成功或失败是毫不相关的，所以它不能表达幻觉与知识的区别，也不能表达主体为避免错误和获得知识所作的努力。形态发生是正确形态的形成，是一个可以成功或失败的过程。物理—化学的解释并不能解释两者差别，它只会把问题转移到这一过程开始时条件的正确性上。

(3) 心理学和形态发生提出的所有问题，都源于我们对心灵活动和胚胎发育的关注。对物理—化学过程的研究绝不能**取代**这些关注，这些研究之所以属于心理学或胚胎学，是因为它们**与产生自这些学科内部的预先关注有关**。物理学和化学知识只有在它**跟以前建立的生物形态和功能**相关时，才能构成生物学的一部分：一只青蛙完整的物理和化学解剖图并不能告诉我们它**是一只青蛙**，除非我们预先知道它是一只青蛙。在这个意义上，心理学和形态发生对物理学和化学来说都是不能被明确说明的，即使我在这里为了论证而承认的机械论假设得到了实现。 我将在下一章对形态发生进行阐述时再对此进行讨论。

目前，我们暂时获得以下的经验教训：生物按照两个总是相互交织的原理来运作，即作为机器和通过“调节”（regulation）来运作。 类似于机器的功能通过固定结构而理想地运行，调节的理想范例是在一项联合行为中所有部件的同等潜能功能的整合。 这两种行为都是由正确性之规则所定义的，在任何一种情况下，这些规则都是指综合性的生物体。 但也有如下区别：理想状态下，类似于机器的功能被精确操作原理所定义，而调节性成就的正确性只能以类似格式塔的方式来表达。 因此，一个人对机器的理解是分析性的，而一个人对调节的评价是一种纯粹的技能性知识，是一种行家技艺。 但是，这两种行为也有共同点，即它们的正确性不可能用更非个人化的物理学和化学术语来说明。

343 前面第五节所提出的观点，即同等潜能过程是创造力的原生形式，将在后面论述进化论的那一章中再进行讨论。

第七节　逻辑层次

在认识一个事实的时候，我们的个人参与对这一事实之成为事实作出了贡献，在这个意义上，我们可以把这一事实称为**个人事实**。 就我们个人对一个事实的认识是不可明确说明的而言，这个事物本身不可能用非个人化的细节来详细描述。 这种情况对于无机物，例如一条信息、一个事故、一个噪音或一个图案等来说也是真的，而且这种情况已经隐含于在第一编中我对个人事实所作的讨论之中，有时也被我直接陈述出来。 在本章中，当我谈到机器的时候，我比较详细地论述了个人知识的这一方面。 不过，这种观点的至关重要性只有在我们转向生物的时候才展现出来，这时它又多了一个重要性：我们对个体的认识。

在组织培养物和病毒中有生命，它们不是以个体的形式分离的，传递遗传的遗传物质(germplasm)有一个持续延长的生命，它超越了它存在于其中的个体。植物和低等动物的碎片本身可能是活的。然而，大部分的生命物质被发现体现在一个有限的个体集合中，这些个体在空间上受到限制，在时间上持续有限。任何个体都在一定的时刻开始存在，在一定的时间内保持生命，然后它会死去。

我们对个体的承认是一种个人的认知行为。这种个人认知行为在我声称怀着普遍性意图负责任地持有自身的个人知识时，就已经被清楚地预示出来了。(1)我自己就是一个有生命的个体。所以，当我在前面列举我的个人知识的实例并分析我对这些知识的个人参与时，我就已经在描述一个生命体，并相信它具有我相信我自己拥有的那些行为和认知技艺。(2)有了这样的信心后，我进一步认识了其他同伴，由此我用自己的个人认知能力，授予他人以类似权力。[21] (3)基于同样的原因，现在我可以把这一信托行为推广到认识一切种类的生命体。

相应的，个体性也是一种个人事实，并且正是在这种意义上，它是不能被明确说明的。关于这一点，我将在下一章再进行讨论。现在，我将探讨一下我们关于个体的知识的其他特性。首先，生命体给我们 344
的印象是：它是一种个人事实，它比我们迄今见过的任何其他个人事实都真切得多、能动得多。当然，对一个整体的任何理解都是承认这一整体的实在性，而不管我们理解了什么，这对于我们来说既意味着某种东西，又在某种程度上至少意味着某种东西本身的存在。我们通过倾注自己来体验这一意义，以便获得对整体的焦点意识。通过全神贯注于一系列和谐的声音，我们承认这些声音的共同意义就是一种曲调：这种意义是这些声音本身在存在时所具有的。在一定程度上，我们对有生命的个体之存在的承认，就是采取了一种非常相似的方式。我们评价生命体中的有意义的秩序，这种秩序本身就意味着某种东西。不过，生命体与无生命的事物是完全不同的，如曲调、文字、诗歌、理论、文化，在此之前，我曾将意义赋予这些无生命的事物。生命体的意义不同，也许更丰富；最重要的是，它有一个**中心**。现在，我们理解的焦点是某种能动的、能生长、能产生有意义的形状、通过其器官的合理运作而生存的东西，是某种能行动、获得知识、在人类层次上，甚至能思维并能确认自身信念的东西。

承认这样的一个中心是一种逻辑创新。这一点在人的层次上变得格外明显。当我们知道某人自己认识了一个东西时，他的知识就成为了我们的主题的一部分。我们必须决定它到底是不是知识。一个人的幻觉与他的知识是不同的。所以，我们必须承担责任去区分两者，并理解获取知识的根据是什么。于是，我们现在觉得自己在考察知识或所宣称的知识，就像我们在反思我们知道或相信自己知道的东西时所做的那样。

这是非常独特的，因为逻辑学家们把我们**对事物的知识**与我们**对事物的知识的反思**明确区分开。自然科学被看作是关于事物的知识，而关于科学的知识则被认为与科学有很大区别，并被称为“元科学”(meta-science)。因此，我们拥有三个逻辑层次：第一层是科学的对象，第二层是科学本身，第三层则是元科学(包括逻辑学与科学认识论)。不过，由于我们已经看到，符号学习在逻辑上等于同在自然科学中确立真理，因此，符号学习的过程就必然发生在两个逻辑层次上：学习占据着较高的层次，而耶基斯的实验中的辨别箱*则占据着较低的层次。因此，我们现在就赋予**研究**符号学习元科学的三层结构，动物心理学家占据着它的顶层，即第三层。我在本书第 262 页已经对此进行了某种程度的预示，在那里我界定了神经学家研究大脑功能的三种层次。

现在看来，研究有生命的人的科学在逻辑上似乎不同于研究无机物的科学。与无机物科学的两层逻辑结构不同的是：生物科学或至少生物学的某些部分似乎拥有一种三层结构，与逻辑学和认识论的结构相

* 耶基斯辨别箱是耶基斯为了研究动物的学习方式与刺激强度的关系而发明的一种装置，参见本书第 10 章第 7 节“不确定性与自我依赖”。——译者注

似。这一结论给我们提出了如下的悖论：进化过程形成了从无机物阶段到有生命的、有认知能力的人这一阶段的连续过渡，那么，这种过渡如何能产生额外的逻辑层次——第二层取代第一层、第三层取代第二 345
层呢？

让我们先看看三层结构完全建立起来的那个阶段。一旦我们面前有动物的有意行为——通过这种行为，动物把自身寄托于一种可能是对或错的行动模式之上。这一行为也就隐含着关于可能是真实或虚假的外部事物的假设——对这样一种寄托的理解就是关于正确性和知识的理论。这显然是三层的。但是，这种三层结构的某些方面出现得更早，即在个体生命最初出现时，就已经出现了。任何这样的个体都可以被说成是正常的或反常的、健康的或病态的，它可能是残废的、畸形的，或者是完好无损的。在这个阶段，三层结构仅仅表现为如下事实：生理和病理的形态或过程之间的任何区别，都必须以**适合于相关个体**的正确性标准为基础。个体所属的那一物种所共有的这些标准，承认我们关注于这一物种中的正常样本，并认可了它们的正常功能对它们来说是恰当的。在这里，观察者关于正确性的判断已经在两个连续的层次中起作用了。在较高的层次上，它确立了这一物种的生理特性，并与它的病理性异常特性相对照；在较低的层次上，它运用这些标准来评价单个的个体，并假定这些标准告诉我们什么对于他来说是好的。第三个层次也就是最低层次，即最原始的那个阶段，出现在动物发出外部的但不是有意的动作时，例如协调四肢运动，以及引导移动等。那么，可以说动物正在做出一些可能对或错的事情，尽管其意义比它的有意行动的意义要弱。如果没有任何行动的情况下，那么较低的层次就不存在，而形态学和生理学的判断就仅仅意味着动物的正常存在实际上是正确的。

所以，只要被观察的个体正在做或正在认识某个东西，生物学就是三层的；而当它观察到一个个体的存在本身，而与其外部事物无关时，它就是两层的。逻辑层次之数量的这种减少，类似于同时在**两个层次**

上运作的技术与自然学科过渡到纯粹数学和音乐，后者与它们自身以外的事物无关，是在**一个层次上**通过内居而被体验的。在这里，为生活本身而生活，在逻辑上与艺术经验是等同的。由于被动的存在逐步觉醒到具有能动性，从植物和低等动物的两个层次的生物学，到三个层次的关于更具能动性、更有知识的动物的生物学，这两者的转变过程中没有间断。这就解决了我们的悖论。

在两个连续的层次上对动物的行为(以及其形态和器官功能)进行评
346 价，是对我们以前认识到的一个原则的重要概括，在那里，我们承认过去的一项科学工作是伟大的，即使它的结果在很大程度上是错误的。我们之所以这么做，是因为我们在研究者当时所能得到的手段的框架范围内评判这项工作的优点。按照我们出生和成长的特定环境条件来确定我们自身使命，这是基于同样的原则。对这一原则的所有应用都怀着普遍性的意图，都是把我们内部的、作为我们使命的一部分的主观性或偶然性与我们内部的、在这一语境下运作的个人性相区分。

这就把我引向第二个逻辑创新，它来自对个体中心的承认，因为它揭示了另一种消除逻辑层次的方式，特别是在人的层次上。另一个人可以评判我们，正如我们可以评判他，而他的评判可能会影响我们对自身的评判。实际上，我们与他的关系可能主要地是被动的，就像我们承认某人的权威一样。因为就我们以信任为基础接受一个陈述而言，我们放弃了对这一陈述的正当性的考察，这不是从我们自己的更高逻辑层次上对这一陈述进行考察。即使在动物心理学家与他正在实验的老鼠之间，也普遍存在着某种程度的伙伴关系，但当我们与高级动物打交道时，人际关系变得更加丰富；而当我们到达人与人关系的层次时，这种关系就更进一步。在这里，相互关系如此重要，以致观察者用来处理较低逻辑层次的物体的逻辑范畴变得完全不适用。“我—它”的情形逐渐转变为“我—你”的关系。这暗示着一种可能性：可以从事实陈述持续过渡到对道德命令和市民控制的主张。这一点将在下一章的结尾处得到确认。

第十一章　成就的逻辑

注　释：

1. 在科学和技术重叠(参见第2编，第6章，第179页)的药理学或者其他领域，有关的操作原理与成为这些原理的可行性之条件的自然定律也重叠。即便如此，操作原理的作用始终可以根据其工具性背景而与自然定律相区别。它是一种作用，因此可以**成功**也可以**失败**。

2. 我之前已经指出(第2编，第6章，第161页)，我们所依赖的科学程序规则，与我们所持有的科学信念和评价是相互决定的，还指出(第2编，第6章，第184页)，数学可以同时被纳入自然科学或技术之中。我们后来看到，事实性命题的真实性等同于它的断言的正确性。但这些相互关系可以追溯到低等动物的感知结构和探索活动，是获取知识的内在过程。它们代表了感知和探索的普遍相互渗透(第1编，第4章，第55—56页)，而不是操作原理与它所包含的介质的二重性。

3. 在前面(本书第3编，第8章，边码第261页)对逻辑机器进行了讨论。

4. 例如，参见让·皮亚杰：《逻辑与心理学》，曼彻斯特，1953年。

5. 本书边码第74页。

6. 本书边码第316—317页。

7. 本书边码第62页。

8. 本书边码第96—97页。

9. 我已经提供了充分的证据，证明这些综合性的问题是由我们对事物一般性质的看法决定的，而且这种看法的指导对科学是必不可少的(见本书边码第135页)。但是，由于这种一般概念的信托性质很少得到承认，我在这里引用K.S.拉什利关于我目前的主题的两段陈述。在代表1948年关于“行为的脑机制”的希克森专题讨论会全体成员发言时，拉什利教授宣称：(1)“我相信，我们研讨会的共同立场是我们大家都同意的信念，即行为和心灵的现象最终可以用数学和物理学的概念来描述。”(第112页)后来，他又只代表自己说：(2)“我越来越接受这样的信念，即每一种人类行为机制的原型都将被在更低的进化等级上发现，甚至也将在神经系统的原始活动中表现出来。如果人类的大脑活动中存在着似乎根本不同的，或者无法用我们现在的初级整合生理学(elementary physiology of integration)的构想来解释的过程，那么这一构想就极有可能是不完整的或错误的，甚至对它适用的那些行为层次也是如此”(《行为的脑机制：希克森专题讨论会》，L.A.杰弗里斯编，纽约与伦敦，1951年，第135页)。虽然我完全赞同这种信托声明的必要性，也接受K.S.拉什利提出的连续性原则(2)，但我不同意他的信念(1)，即心灵可以用物理学和化学的术语来描述。即使一台机器也不能这样被描述。

10. 参见本书边码第263—264、312页。

11. 参见本书边码第124页。

12. K.S.拉什利：《脑机制与智力》，芝加哥，1929年，第136页起。另见同书，第99页。

13. 在这一层次上，同等潜能原理总是去发现获得预定目标的一个手段。它可以被推广到智力理解以及超越智力理解的整个探索性领域，因为探索和感知之间具有连续性。

14. W.v.布登布洛克，《生物学文摘》，1921年，第41期，第41—48页。

15. A.贝特：《普通和病态生理学手册》，1931年，第15期(第2版)，第1175—1220页。

16. K.S.拉什利在1951年希克森专题讨论会(p.124)上赞成贝特的论点。E.V.霍尔斯特试图使贝特的动态肌肉协调概念具有更大的精确性，从而对贝特的工作进行了扩展。(特别请参见《自然科学》，第37期(1950)，第464—476页)保罗·魏斯证明：中枢神经系统中不存在解剖结构上固定的协调路线；当肌肉附在属于任意神经元的神经纤维上时，肌肉的协调性不受影响。关于这一事实和其他支持性证据，参见《发展的分析》，威里埃、P.A.魏斯和V.哈姆伯格编，费城与伦敦，1955年，保罗·魏斯所写“神经发生”一文，第388页。

17. 最近在保罗·魏斯的实验室进行的实验[《美国自然科学院会议纪要》，1956年，第42期，第819页]，显著地扩展到同等潜能重组的领域。当胚胎的表皮组织、软骨组织或肾组织被完全分离成独立的自由漂浮细胞后，他发现，来自这些组织中任何一种细胞被随意放在一起时，在培养物中增殖，它们可以发育成这同一种组织的更高级的形式，并因此而分别生成了羽毛胚芽、肾细管或具有同类特性的软骨。

我们还可以补充说，形态发生的整合能力早就被一些研究者认为本质上与理解能力有关，格式塔心理学也让我们关注到这点。1938 年，实验胚胎学大师汉斯·施佩曼所作的西里曼讲座的最后一段，雄辩地表达了这一点。他说道，我还是要对读者作一些解释。他一再使用指向心灵类比而非指向肌体类比的术语，这不仅仅是一个诗意的比喻。它被用来表达我的以下信念：具有最多样化的潜能、被置于胚胎“场域”中且其行为处于确定的“情境”中的一个胚芽碎片的适当反应，不是普通的化学反应；但是这些发展过程就像所有的生命过程一样，在它们的联系方式上，是不能和我们所知的、并且拥有最直接知识的那些生命过程——例如思维过程——相比拟的。它表达了我的以下观点：“即使抛开所有的哲学结论，仅仅为了精确的研究，我们也不应错过由于我们处于两个世界之间而获得机会。现在，这一直觉正在各个地方变得明显。我希望这些实验已在通向更高的新目标之路上迈出了几个步伐。”［汉斯·施佩曼：《胚胎的发育和催生》，纽黑文，1933 年，第 371 页。］我冒昧地把第 3 行和第 13 行“psychicall”（心理的）一词替换成“mental”（心灵的）。我相信，施佩曼是会认为它与德文词“seelisch”（精神）是同义的。

18. K.Z.洛伦兹，载于《形式的方方面面》，L.L.怀特编，伦敦，1951 年，第 176—178 页。

19. 尽管受到解剖结构上的损伤，仍能保持功能稳定性的这类例子，我在前一章中已说明了。即使是大范围的脑损伤也不会降低动物的智能表现，这一发现是 K.S.拉什利（《脑机制与智力》，芝加哥，1929 年）作出的。在希克森专题讨论会（1951）上，K.S.拉什利、保罗·魏斯、拉尔夫·杰拉德和洛伦特·德·诺根据这些基础以及其他部分相似的理由，对数字计算机模型提出反对意见。但没有人反对“思维存在体是自动机”这一基本信念。关于这一点，我曾引述过 K.S.拉什利的话（本书边码第 335 页）。

20. W.科勒，希克森专题讨论会（1951），第 68 页。

21. 本书边码第 263—264 页。

第十二章

认知的生命 347

第一节　引　　言

关于生物的事实比关于无机物的事实具有更高的个人性。另外，随着我们上升到更高的生命表现形式，我们就必须行使更个人化的能力——涉及认知者更深入的参与——以便理解生命。因为不管有机体更像一台机器的运作，还是更多地通过同等潜能功能的整合过程而运作，我们对其成就的知识都必须依靠于我们对它的综合评价，而这种评价不能以更非个人化的事实来加以说明。而且，我们的理解与我们对理解的说明之间的逻辑鸿沟，也随着我们的逐步进化而继续加深。我将在本章论述这一点。但在开始这一论述之前，我想先谈另一点，即随着我们开始去探讨生命的不断上升的阶段，我们的主题将倾向于包括越来越多的我们赖以理解生命的能力。由此我们认识到，我们所观察到的生物能力方面的东西，必须和我们赖以观察生物的能力相一致。生物学是生命对于它自身的反思，并且生物学的发现必须证明与生物学为它自身的发现而提出的主张是一致的。[1]

正如我们将发现：我们自己认可生物具有广泛的能力，这些能力类似于我们在前面探讨知识的性质及其正当性时宣称自己具有的能力，我们也将看到，生物学是从知识理论向关于一切种类的生物成就之理论的延伸，而知识的获得就是这些成就中的一种。这些成就全部由广义的寄托概念组成。这样，对生物学的评判最终就成了对生物学家的寄托的分析，生物学家通过他的寄托，认可了生物在生存策略中所依赖的现实。虽然这些现实将与我们关于无机物的知识所赋予我们的现实相一致，但另一条普遍化的路线，即从“我—它”上升到“我—你”并超越这一关系，而去研究人类之崇高，将会把生物学家与他的主题之间的关
348 系转变为人与(他致力于服务的)永恒苍穹之间的关系。

第二节　物种分类的真实性

个体生命最低级的，但不是最不奇妙的表现，是其外形样式，即受特定标准支配的匀称形态。这种和谐存在的意义，和我们对其意义的评价是两种联合的生命形式，因为对和谐存在的评价就像对艺术品的欣赏一样，其本身就是一种和谐的存在。我们对生物进行的沉思就在这种沉思本身之中找到其正当性，这种正当性来自它赋予它所沉思的(作为自身存在的)生物以意义。

有一门科学——一门描述性科学——按照形态对生物进行分类。现在，植物学和动物学这一最古老的专业名称是分类学。[2]分类学家的基本工作实际上每天都在没有任何科学帮助的情况下进行着，不管我们是识别猫、报春花还是识别人。甚至连动物也具有这样的能力。它们甚至对通常与它们没有重大利害关系的物种——无论这一物种是对它们构成威胁还是它们追求的目标——都拥有识别能力。洛伦兹*发现，把依恋情感维系在一个人身上的小鸟，会对所有的人类成员表现出同样的

* 洛伦兹(1903—1989，奥地利生态学家，1973年获诺贝尔医学奖)。——译者注

态度。[3]

习惯法(common law)规定谋杀罪和谋杀罪的刑罚取决于被杀者的人体外形。它要求通过他的所有外形变化——由不同的年龄和种族造成的、由畸形和残废造成的、或由疾病的肆虐造成的变化——我们应该始终辨认出人体外形的存在。这一要求似乎并不过分，因为我们还没听说过以下这种案例：被告辩称认不出他所杀害的个体的人体外形。

然而，似乎不可能规定一个定义，来明确地界定人体外形可以在其中变化的范围。而且可以肯定的是，那些认识这一外形的人并不拥有任何这样的明确定义。相反，他们使用了自己的认知技艺，对人的形态形成了一个概念。他们充分相信自己能识别明显不同的实例，尽管存在差异，他们还是认为这些实例具有相同的特性；在其他情况下，尽管有某些相似性，但他们还是经过区分而断定它们是具有不同特征的实例。在“人类物种存在”这一信念的支持下，他们继续通过把人类视为这一物种的实例，来增强关于人类物种的概念。在这样做的过程中，他们行使了一种力量，这种力量用于从对一个综合实体各部分的附属意识中产生对该实体的焦点意识。 349

我已经承认我对这种个人认知能力所具有的信念，并说过这种能力将被发现在描述科学中处于主导地位。我还特别认可了我们的以下这种能力：根据我们认为是合理的标准来对事物特别是生物进行分类，并期望由此形成的物种分类在未来能被证实是真实的，因为它揭示出不确定范围的未被证实的共同属性。[4]

让现在我再重复一遍，生物学家通过承认一个样本是正常的，从而根据自己为这个样本设定的品质等级来评价一项成就。这一过程类似于将单个晶体视为它们所属的晶体类别的样本。但是，即使除了生物学的对象具有个体中心这一重要事实，生物学与晶体学的区别还在于生物学家的标准是经验性的。生物学家的标准不是根据对有关样本进行经验总结而从一个高度概括的假设中推导出来，而是通过一系列的概念决定而形成，是经过对每一个被认为是它所属的物种的新样本进行严格观察后制定的。[5]由此，每当一个样本被鉴定时，正常性标准就会有一定程度的修改，以便使这些标准更接近于这一物种真正的正常标准。[6]这些标准本身还受到生物学家的评价。生物学家会认为有些物种定义明确，而其他物种则不确定或完全虚假。他还把类似标准应用于比具体品种更高的分类，例如属、科、目、纲，把它们应用于这些品种所从属的整个分类体系。

在这里，最重要的评价区别在于人工分类与自然分类。林奈（Linnaeus）的植物分类法根据雄蕊和心皮的数量和排列来进行分类，对于区分物种和对样本进行分类来说，这种分类法具有很好的实用价值。但它是一种人工体系，虽然优雅，却缺乏真正的科学美感。林奈知道这个体系不是自然的，于是不辞辛劳地用另一种体系来取而代之，这种新体系将根据物种的本质去揭示物种之间的真正亲缘关系。林奈认为物种是固定不变的，[7]但他清楚地认识到自然分类法的深层意义。他认为自然分类法的发现就是系统植物学的主要内容。他说，虽然人工分类体系有助于区分一种植物和另一种植物，而自然分类体系有助于我们理解植物的本质。[8]

350 大约半个世纪后，林奈本人为植物和动物建立自然分类法的努力，在植物方面被德堪多（A.P.de Candolle）继承，在动物方面被拉马克（Lamarck）和居维叶（Cuvier）继承。随后的工作极大地扩展了这些自然分类法的原则，但是并没有从根本上改变；事实上，比起这些分类法的提出者们所曾明确设想过的意义，达尔文在1859年发表的《物种起源》揭示了这一体系的更深刻意义。植物和动物这两个领域的等级，包括纲、目、科、属、种，在这里被重新解释为树状谱系的分支，其相邻阶段可以被古生物学证实。

从我们所估算的现代动物和植物的物种的数量，以及这些物种所形成的纲的数量，我们可以发现这一体系的庞大性和复杂性。1953年出版的一本标准教科书估计，已知的动物物种有1 120 000种，[9]构成30门68纲，[10]而琼斯（G.N.Jones）在1951年估计已知的植物种类有

350 000 种。[11]

人们也许希望这一重大成就在传授和拥护生物学——关于动物和植物的学科——的任何地方都受到拥护，但情况却不是这样。经典的分类法已经几乎不被算作一门科学了，其原因似乎在于人们对知识的评价发生变化。这一原因产生于人们逐渐增长的对认识与存在的某种反感，产生于人们越来越不愿意相信我们自身具有个人认知能力，以及相应地不愿意承认通过这种认知而建立起来的不能被明确说明的存在物之真实性。[12]

因为分类学是以行家技能为基础的。这一能力的性质可以通过一位高水平展示这一能力的伟大博物学家体现出来。以胡克爵士(Sir Joseph Hooker)为例，1859 年，他在澳大利亚收集和发布了将近 8 000 个开花植物的物种之证据，其中 7 000 多种是他亲自收集、亲眼所见和亲自编录入册的。[13]胡克从他关注的个体样本得到的 8 000 个属，在绝大部分情况下被植物学家们后来的观察确认是有效的。关于胡克的特殊天赋，人们说道，“如果确实有的话，也没有几个人曾经或将会像他那样去认识植物……他是以他的个人方式认识他的植物的”。[14]

最近，潘廷(C.F.A.Pantin)描述了一个新的蠕虫类别是如何被发 351
现的：

> 他有一种奇特的不安感，一种不太对劲的感觉，突然又觉察出某种错误，同时意识到它具有重大意义——“它的确就是 Rhynchodemus，而不是 bilineatus——它是一个新的物种！”

潘廷把这种识别模式称为“审美识别”，而不是基于关键特征的系统识别。他表明前者在野外考察工作中处于支配地位。[15]

一旦一个物种被确定，它通常由某些独特的关键特征来定义。但这些关键特征在形态上是可变的，因此援引这些特征，就再次要求我们辨认出它在可变实例中的典型形态。1930 年在剑桥举行的第五届国际植物学大会就明确了这一点，而这个大会的部分目的是为了给物种下一个定义。植物的特征被不同的著述者描述为“卵形叶的、椭圆形的、张开的、多毛的、有纤毛的……”，但这些著述者心中所认为的特征却相差极大。威尔莫特(A.J.Wilmott)说：“林奈的披针形叶子(他接着说)与林德利(Jolin Lindley)的披针形叶子非常不同……我的同事中没有任何两人画出同一种披针形叶子。”[16]用关键特征的知识作为辨认样本的准则是很有用的，但就像所有的准则一样，它只对那些拥有运用这些准则之技艺的人才有用。[17]

但是，这种杰出技能的使用削弱了科学家今天在科学视域的地位，并很容易贬低科学家的知识及其科学知识的主题。确定一个物种，需要具备特别高超的行家技能，以及适合这种技能发挥的领域的巨大扩展，并且由此获得的知识的相对肤浅，都使分类学家很容易就被指责为完全陷入主观想象。当第五届国际植物学大会的成员宣布“大多数物种的概念必须依赖分类学家的个人判断和经验”时，[18]他们就引发了这种批评。哈兰德(S.C.Harland)在反思关于物种之定义的讨论时，回顾了萧伯纳(Bernard Shaw)的作品《范尼的第一出戏》中戏剧评论家如何回答“某部戏剧是不是好戏剧”这一问题的。戏剧评论家说，如果戏剧是一位好剧作家写的，那么它就是一部好戏剧。“关于什么东西构成了物种，”哈兰德写道，“情况似乎比较相似”。[19]

352 我将指出隐藏在萧伯纳的笑话本身背后的答案。就像好的剧作家所写的戏剧通常(当然也不全是)是好的一样，好的分类学家所界定的物种通常也是好的。或者说，因为他们拥有被认可的技能，所以好的剧作家和好的分类学家都拥有巨大的权威。这一点对于这两种创作者来说是很明显的，因为他们赖以工作和他们的工作赖以被评价的规则是非常微妙、完全不能被明确说明的。你只有拒绝接受任何这样的完全不能被明确说明的知识，从而全面否定识别一个好戏剧或一个好物种的可能性——并由此消除“好的剧作家”或“好的分类学家”的概念——你才能否认任何这样的个人权威。

当然，哈兰德教授在这里表达的对系统形态学的不精确性的普遍反感，并不是要求否定具有典型形态和结构的不同动植物的存在。哈兰德教授(和其他表达了类似倾向的科学家)只是希望：用更客观的遗传学术语来重构物种的概念。在获得这样定义以后，一个物种(一个“遗传物种”)将由一种生物体的世界种群所形成，在那里存在——或至少被相信存在着——某种潜在的可能性，即在整个种群内部进行染色体物质的交换。[20]然而，对种群的遗传学研究却以它在形态学上的显著特性为前提。对于绝大多数已知形态的物种来说，要观察特定种群内部的杂交过程和结果是非常困难的，而且通常是难以实现的。不考虑形态差异而进行的遗传实验，并且只根据这些实验来确立各种特征的分界，这是荒谬的。肯定从来没有人想这么做。

最近提出来的试图把分类学置于更客观的基础之上的所有其他测试 353
也同样如此。基于曼顿(I.Manton)的工作，细胞学对蕨类植物的形态分类法进行了非常有趣的修正和扩充。[21]但是，再一次，这种测试的范围是比较有限的，尤其是，它必须依靠现有的形态系统来作为指导。

这些都可以归结为一点：如果你要把有序性引入地球上的大量动植物之中，你就必须首先观察它们。数十亿的昆虫在世界各地爬行、潜游、掘穴和蹦跳，它们都分属于大约八十万个物种。要用任何测试来辨认和区分众多物种而又不关注其典型形态和标志显然是不可能的。

当然，没有人提出这种建议。试图开展额外的、特别是更客观的分类测试的研究项目，都是在现有的形态系统**之中**设定自己的任务。这些研究项目通过把生物学其他分支的方法，不管是遗传学和细胞学的更客观的检验方法，还是解剖学、生理学、组织学、生态学、植物地理学和动物地理学等的描述方法，施加于现有形态系统之上，从而尝试着去修改它或者仅仅是为了更好地理解它。这绝不是要废除博物学(natural history)* 而偏爱一种基于客观检验的体系。但是在整个现代

* Natural history(博物学)也称博物志、自然志、自然史。是叙述自然即动物、植物和矿物的种类、分布、性质和生态等最古学科之一。——译者注

生物学中，都流行着把博物学的最初观念贬低为思辨性成果而非分析性成果的倾向。[22]

通过细致研究动植物的形态和行为而获得的，观看动植物并进入其存在形式的乐趣，并没有在我们时代的博物学家中消失。远远没有。听一听洛伦兹的话吧：

> 我充满信心地断言（他写道），没有任何人，即使他天生就有超人的耐心，并且能够具有足够的身体条件，按照观察一个物种的行为模式所需要的时限，去长时间地使自己盯着鱼、鸟或哺乳动物，除非他的眼睛被他所观察的对象深深吸引。他的聚精会神不是由任何想要获取知识的自觉努力所驱使，而在于生物之美对我们某些人来说所具有的那种神秘魅力！[23]

354 确实，生物学仍然是对生物的研究，它的价值最终来自生物具有的内在价值，即人类的普遍兴趣，这一兴趣被博物学极大地扩展和深化了。对动植物所进行的实验研究，除非与我们在日常经验和博物学中所知道的动植物相关，否则就是毫无意义的。

当然，如果对一个主题进行的科学研究，证明这一主题实际是虚假的话，那么这种研究有理由让我们不再对该主题产生兴趣。产生于巴比伦时代、作为占星术之一部分的天文学最终证明占星术是虚假的；最早产生自炼金术框架之内的化学研究最终否定并取代了炼金术。如果实验生物学能够否定动物与植物的存在，或至少能够证明它们被断言的形态及其系统分类法是虚假的，即生物的众多形态是虚假的，那么实验生物学实际上就可能取代博物学，并因其自身的价值而被加以研究，而与博物学无关。以此为目的无疑是愚蠢的，但它至少是连贯一致的。不过，我们遇到了现代理性回避问题的典型手法，这种手法最先在康德的调节性原则中得到系统阐述。我们认为是真实而且对我们至关重要的知识被看作是微不足道了，因为我们不能以批判哲学的方法来说出接受它的原因。然后，我们觉得自己有资格继续运用这种知识，尽管我们通过贬低它而鼓吹自己的理智优越感。而我们实际上在继续这样做，坚定地依赖于这种受到蔑视的知识，让它指导我们进行更加精确的研究并赋予其意义，同时又装作只有精确研究才能达到我们的科学严格性之标准。

如果坚持这么做，那么对科学中沉思性价值的否定，就会切断生物学与作为其起源的理智激情之联系，并且，一直要到完全否定生命存在的科学实在性，这种否定才会停止。当然，生物学可以(像科学的其他分支那样)通过明智地忽视自身所承认的哲学而继续蓬勃发展。但是我们将会看到，随着我们讨论的深入，这不可能是完全靠得住的。

第三节 形态发生*

现在，我们上升到生物学成就的第二个层次，即从对于生物典型形态的研究过渡到研究这些形态发生的科学，即从评价生命形式过渡到评价再生和胚胎发育的过程。

再生是残缺有机体的恢复。一些低等动物例如水螅或涡虫，具有
超强的再生能力，以至于它们身体的一小块切片就会再生成完整的个 355
体。[24]这种无性繁殖即无性复制的方式，常见于植物中。它构成了从再生到有性个体发生之间的过渡，可以被看作是一种特殊的再生过程：从亲本配子的融合而形成的碎片生长出完整个体。德里施(Driesch)发现，在细胞分裂阶段，从海胆的胚胎中分离出来的任何细胞或细胞群都能生长成一个完整的胚胎，这是从再生到个体发生的另一扩展。[25]

但是，完全再生并不是普遍的，在再生的限度内，我们遇到了形态

* 在植物体的发育过程中，由于不同细胞逐渐向不同方向分化，从而形成了具有各种特殊构造和机能的细胞、组织和器官，这个过程称为形态发生(morphogenesis)。在本节中，波兰尼主要讨论形态发生中的两大问题：再生和胚胎发育。——译者注

发生的另一个原理，即用固定潜能之体系来代替所有可分离碎片的同等潜能原理。如果海鞘类动物的受精卵在双细胞或四细胞阶段被切成两半，每一半都只能发育成半个胚胎。[26]虽然这种类型的个体发生并非没有调节的趋势，但其原理却可以被明确视为一种独立进行的发育模式。有机体是由若干部分组成的，这些部分必须结合在一起，并在时机成熟时准备好一起发挥作用。这种独立进行、互相连结的序列所组成的镶嵌体(mosaic)，对应于个体发生的概念，鲁克斯(Roux)和魏斯曼(Weismann)在德里施关于同等潜能(equipotentiality)原理的观察之前就已经提出了这个概念，并使之普遍流行。

德里施的调节式原理和鲁克斯—魏斯曼的镶嵌式原理实际上是结合在一起的。这被斯佩曼(Spemann)的局部胚胎**组织体**(organizer)的原理揭示出来。斯佩曼发现，在原肠期的蝾螈胚胎中，靠近原肠入口处有一个区域支配着胚胎的进一步分裂。如果胚胎被切碎，在这个区域之内的或者被植入这个区域的任何碎片，将继续发育；而如果从胚胎组织体中去除这个区域，个体发育的过程就会停止。所以，这个支配性区域就是胚胎组织体的位置所在，它将所控制的整个区域塑造成一个完整的胚胎，而不管构成它的那些细胞之前具有任何分化特征，而这些细胞也根据同等潜能原理去回应着胚胎组织体的刺激。刺激对它控制的区域产生效果，这被认为是胚胎组织体的**形态发生的场域**(morphogenetic field)。[27]在这个阶段，个体的形态发生能力局限于一个单一的胚胎组织体中心；但随后，这一中心分裂成胚胎组织体的多个亚中心(sub-centres)，每个亚中心都通过自身的场域，控制着胚胎一个片段的发育。后来，这些亚中心又逐渐分裂为第二级、可能还有第三级的专门的亚组织体(sub-organizers)，每一个这样的亚组织体又都控制着一个肢体、肢体的一个部分、一个器官或特征的发育，这些器官或特征是从个体的逐
356 渐分化中产生的。被分离出来并具有自身组织体的区域，可以同组织体一起被切分开，然后会独立地继续分化——例如，发育出一个孤立的肢体。在这个更高的阶段，胚胎的发育可以被视为是相互连结的独立序

列所组成的镶嵌体，每一个序列都被自身组织体所控制，而同等潜能原理被限定在受各自组织体所控制的不同形态发生场之范围内。这种镶嵌式结构预示着在发育成熟的高级动物中发现的特定再生能力的固定的局部化。

但是，即使要以最粗略的概要形式描绘出形态发生的图景，我们也必须补充一个事实，即胚胎组织并不总是无条件地服从胚胎组织体的形态发生场。这种准备状态由瓦丁顿(Waddington)根据胚胎学观察而进行了定义，被称为胚胎组织的“感受态”(competence)。[28]作为他的移植实验的成果，韦斯(P.Weiss)更普遍地提出以下观点：“场不能使任何细胞产生任何特定的反应，除非那个细胞在内部做好了这样做的准备。”[29]由于有了这一条件，组织体的作用也许就可以被还原为单纯唤起在受其影响的组织里表现出来的潜能。这就在一个胚胎组织所特有的形态发生潜能，和受邻近组织的支配性影响在这一组织里引起的潜能之间开辟了一个更广阔的竞争性领域。

形态发生的所有这些原理都是由韦尔海姆·鲁克斯(Wilhelm Roux)在1885年首次应用的新实验方法发现的。[30]他的工作始终是基于以前的描述胚胎学知识，而描述胚胎学又依赖以前的系统形态学知识。所以，正是这些描述科学通过正常的胚胎发育阶段，共同制定标准来评价正常的发育形态，实验胚胎学作为一种尝试，旨在分析迄今为止仍是 357
通过描述来定义的性能。在这里被概述的形态发生原理，可以相应地被用来定义(形态学所构想的)个体的成功发育过程。在这项研究中，几个形态成就的因素在分离和可变条件下被测试，它们的运作也通过再生实验、移植实验、有毒介质影响实验等被观察。虽然这个研究将会扩展异常形态的产生，但却由于它们与正常发育的关系而具有研究价值。

在前一章里，我把两种生物学成就区分开来了，即(1)具有确定功能的一些组成部分合理地同时发生所实现的成就和(2)一个系统内所有组成部分的同等潜能的相互作用所实现的成就。在形态发生中，第一种是类似机器的成就，出现在独立而互相联结的形态发生序列的方式之中，以固定潜能的镶嵌体为基础；第二种是整合式成就，出现在组织体的形态发生场引起的形态发生中，也出现在分离组织的自动形态发生的反应之中。胚胎的发生似乎是这两种原理的合理结合所产生的一种综合性成就。

对生物赖以形成的过程所作的分析对应于成就的逻辑，即机器的运作方式向我们展示的那种逻辑。我们必须从某些预先就有的、关于这个系统之整体运作的知识开始，并把这个系统进行分解，去考察每一个部件是如何与其他部件一起协同运作的。任何这种分析框架在逻辑上都是被引起这一分析的问题所确立。它的内容可以不确定地扩展，因此它可以进一步深入形态发生的物理学和化学机制。不过，它的意义将总是在于它与生命结构的关系上，而这种生命结构对于形态发生场的镶嵌体中出现类型来说是真实的。

因此，实验胚胎学的意义对个人知识具有双重的依赖性：既与真实形态的不能被明确阐明的知识有关，又与具有重大意义的形态和结构的形成过程之评价有关。这种处境已经让一些科学家感到不安。“形态发生”，保罗·韦斯抱怨道，“还处于从描述性的‘博物学’向分析科学过渡的阶段。”他发现，当高度精确的现代物理学和化学的工具被应用于
358 这种非精确阐述的问题时，其结果同样是不精确和有歧义的。[31]诺斯洛普（F.S.C.Northrop）和伯尔（H.S.Burr）1937 年发表他们自己关于生命的电动力理论之总结时，发出了更强烈的抱怨。[32]他们认为，物理—化学的解释相当于德谟克利特的科学哲学，而“被感知的组织体”则是亚里士多德的概念。然而，“亚里士多德和德谟克利特的科学哲学却不能相容。”所以，我们被要求在生物学中用有机体产生的、观察到的电力场取代有机体可见的外形。柴尔德（C.M.Child）也同样坚持认为形态学上的分化必须用量化的方式确定，因为如果不这样做我们就不可避免地被引向“贫乏的新活力论假设”。[33]

在这个文献中，“活力论的”（vitalistic）一词被用作一个贬义词，甚

至像维勒和利比希的用法一样，它被用来否认某些证据，因为这些证据会威胁更加客观主义的框架。[34]但是，既然这样，就不存在这样的客观主义框架。到目前为止还没有人严肃地想到过我们应该在研究生物时不去关注它们，但是，只要我们关注它们，我们正是依赖“德谟克利特式”科学所忽视的那些特征。实际上，除非借助我们对这些综合性特征的个人知识，彻底的“德谟克利特式”或拉普拉斯式知识并不能告诉我们任何事情。假如我们对我们周围所发生的一切物理—化学变化拥有一幅全景图，那么，要从这个全景信息中发现某个地方存在着“鸡这样的事物是从蛋孵出来的”这一事实，那将要求我们具有高超的洞察技艺。然而，假定我们能做到这点，即我们能获得这种技艺，并通过这种技艺而熟悉鸡以及鸡从蛋孵出来的过程，我们还是只能得到我们的日常洞察力传达给我们的那种对形态发生的全面理解。

但是，可能有人会问，难道我们不能设想用数学方式来确定鸡、蛋等的形态吗？那样，我们不就能对形态进行精确、严格而客观的描述吗？不，不能。因为即使以这种奇妙假设为基础(诺斯洛普和伯尔似乎以他们自己的方式作出这种假设)，我们最终还是要依靠日常的形态学观察。正常形态——与异常、畸形、发育不全的形态不同——在能够以数学方式得到确定**之前**，必须通过我们自己的正确性标准来界定。数学关系如同物理学和化学过程一样，对于形态发生的成功和失败来说是中立的，因此成功或失败必须依靠于我们的识别，这种识别发生在我们能够按数学或物理学和化学的方式对它们进行分析之前。[35]

我们可以得出以下结论：我们通过洞察力来认识个体植物和动物中 359
的生命，并把它们分为若干种类；根据这些洞察力，我们把它们识别为正常或异常的，由此确定它们赖以发生的过程是成功还是失败。这些洞察力向我们揭示出一个通过其他途径无法到达的现实，所以，形态发生的机制只是对与那种现实明确相关的模式和过程所进行的观察和理解。

第四节　生命的机制

植物和动物在其体内都有许多巧妙的装置，这些装置为有机体服务。与植物相比，更有活力的动物和更丰富的装置。通过描述动物器官在为其各种利益服务时的合理相互作用，可以找到数百项专利的权利要求。这种专利规定的操作原理是动物生理学的原理。

在前一章中，我分析了我们关于机器的知识。机器之所以能被看作机器，首先只是通过猜测，至少是大概猜测它们是用来干什么，以及如何运作的。然后，它们的运作原理可以通过技术调查被进一步说明。物理和化学可以为它们的成功运行创造条件，并解释可能的故障，但是，用物理—化学的方法对机器进行全面而详细的说明，将会消除我们关于这台机器的全部知识。[36]

工程学的逻辑也适用于生理学，但要作一些修改。身体的器官比机器的各个部件更复杂多变，它们的功能也不太明确。虽然判定一台运行良好的螺旋桨并诊断出任何潜在的故障，可能需要相当高超的行家技能，而判断一个心脏的形态及其可能出现的毛病，所需要的技能就更加精妙了。动物学已经知道了所有种类动物的器官的形状和位置，这些知识构成了一个庞大的形态学信息体系。它是一门描述科学。此外，任何特定的功能都可以通过多种方式执行。例如，在呼吸中，胸腔两侧、隔膜和颈部肌肉可以采用不同的协调方式。与机器的可说明性相比，生命行为的可说明性就降低了，这又进一步增强了生理学的描述特性。

因此在生理学中，有组织的形态和其中发生的过程，具有双重不可说明性，这增强了操作原理普遍具有的不可说明性，而正是在这一意义上，生理学的原理与工程学的原理是不同的。否则，我们在这两种情况下都有相同的一套关系了。对器官的研究必须从猜测它的用途和工作原理开始。只有这样，才能结合生理学和物理化学的调查，进行更进一步的研究；而生理学和物理化学的研究必须着眼于它们有助于阐明的目的论生理学框架。不考虑生理学的假设，而对生物进行物理化学的研究，任何这样的尝试通常都会导致无意义的结果；任何试图用生物的物理化学结构图完全取代生理学的尝试，都会彻底破坏对有生命的生物的任何理解。[37]

当然，生命机制(living machinery)的目的只是服务于观察者所评价 360
的生命体的利益。但它必须具有这一目的。器官及其功能只有在服务于生命体时才是存在的。生理学的全部理论都相关于目的，而在这一意义上我们也可以在这里谈论理由与原因。我们说血液循环系统有瓣膜的**理由**是为了防止血液回流，而如果有瓣膜却出现了血液回流，我们认为该现象产生于失常或疾病导致的瓣膜闭锁不全等**原因**。生理学是由正确性原则所组成的体系，所以，它只能说明健康的理由。同样，我们不讨论健康的原因——就像我们不讨论数学证明的原因一样。但我们的确讨论疾病的原因，就像我们讨论数学错误的原因一样。

如同在形态学和形态发生中那样，每个生物的存在也被认为具有内在的目的。不管我们可能觉得一只跳蚤或肝吸虫多么恶心，我们还是认识到它的器官是为了它自身的利益而合理运作。所以，生理学的纯科学价值最终依赖于使我们进行博物学研究的那种激情。它依赖着这样的激情：这种激情是我们赋予生物本身以重要性的原因；它依赖于生物的内在价值，依赖于我们对它是其所**是**——以及应该是什么样——的沉思。

按照通行的进化论，所有的生命机制都是偶然出现的，它被发现存 361
在着，只是因为它赋予它所属的特定生命体以某些竞争优势，这些优势保证了它们那种物种的生存。关于进化的这种观念(对此我还要进行详细的讨论)会把任何真正的成就从生物的种系发生(phylogenesis)中消除。但即使如此，这也不会影响它们的类似机器的装置的目的性，从逻辑上说，这种目的性是共同运作器官之观念所固有的。

第五节 行动与感知

到目前为止，我探讨了作为知识主题的有机体的生存、成长和功能。 生命的这种成长形式是动植物共有的，但通常在动物中更显著、更为人所知，所以，我举的例子都是动物学领域的。关于行动与感知的知识就是生物学的探讨，而现在我将要进行的探讨只适用于动物研究。 在这里，我有意将行动与单纯的器官功能相区分。 这假设了一种有意识的动机的驱动，我称之为内驱力。[38]“感知”一词在这里按其通常意义来使用的，以表示通过外部物体对我们的感官印象来认识外部事物的过程。 因此，我将忽略原始感觉的早期阶段，而一开始就将感知设想为有意识的辨别，即使它还不能进行积极的慎思。 这一阶段大致相当于人类开始脱离孩童式的自我中心主义，而转为将外部世界视为冒险行为与认知的场域。

在生存、成长或功能的层次上，个体可能因异常、畸形或疾病而导致失败。 能动而有感知力的个人还有两个可能出错的方面，即**主观性**和**错误**。 因此，评价被这些缺点所损害的正确性的责任就再一次落到了观察者的肩上。 除非你在这些方面确立规则，否则你不能对有意识的行动或感知行为进行观察。

现在，以喂养较高等的动物作为有意识行动的例子。 这一行动可以被定义为进食。 不过，因为我们只认为那些我们相信是有营养的，或至少不会对动物有害的物质才是“食物”，所以我们就要在这一范围内决定什么才是**正确的进食**。 这往往并不是很清楚的。当一只羊在另一只羊的背上吃羊毛或一头牛吃骨头的时候，普通人可能把这看作变异情况而加以反对，但生理学家却表示认可，认为这是对动物饮食中某些矿物质缺乏的一种补偿。不过，动物吃的东西并不都是有营养或健康的。 用砒霜或士的宁很容易毒杀动物，如同钓鱼者用假蝇鱼饵来欺骗鱼；老鼠会喝糖精溶液，尽管它没有营养价值；被囚禁的类人猿会吃自己的粪便等似乎毫无用处的东西。在所有这些例子中，分辨是正确还是错误进食，需要依靠观察者的判断。

这种判断的性质受到以下事实的限制：进食通常受到内驱力的驱 362
动。当狗在呜咽觅食时，爱狗的人会痛苦地意识到它的饥饿感；老鼠喜欢甜味是它喝糖精溶液的唯一原因。在认识到这些现象的时候，我们承认在动物中存在一个理性的中心，并且把该动物的正确和错误的决定都归因于这个中心。从这种意义上说，我们反对老鼠喝糖精溶液，因为这种行为仅仅提供单纯的**主观满足**，我们把鱼吞下钓鱼者的假蝇看作**合理错误**，因为如果不是受骗，这种进食方式是完全符合理性的。另一方面，我们否认疯子吃纸或沙子的行为有任何程度的合理性，这种错误的进食行为将视为**无意义行为**。这是由病态心理所产生的强迫性的病理过程，因此，它是纯被动的肌体异常情况。

感知过程具有相似的逻辑结构。一个逐渐靠近眼睛的物体被视为保持不变，因为眼睛的调节性努力与视网膜成像的大小之间存在着某种关系。更准确地说，我们大家都知觉到视网膜成像和眼睛的适应性努力，以及这两者的某种关系，同时，从眼睛在不同距离上看到的物体大小保持不变而言，这两者又都在经历着变化。这个知觉过程的观察者，如果他赞同其中所隐含的肯定，即物体事实上保持大小不变的话，就会认为这一过程是**正确的表现**。不过，就像前文提到的艾姆斯实验所表明的那样，在受试者不知道的情况下，实验者改变了物体的大小——给皮球充气了。这种情况是可能发生的。我们已经知道，受试者可能会增强他的调节能力，就像那个物体正在向他靠近一样，并知觉到这种增大的调节性努力与增大的视网膜成像之间的关联，从而把不断膨胀的物体看成是逐渐靠近而大小不变的。在这种情况下，把物体视为大小不变，可以被当作**合理的错误**。另一方面，如果某种程度的调节性努力因阿托品中毒而增加，就会看到一个正在接近的物体反而会变小，而尺寸变小会使这个物体显得在远离自己。然而，因为我们知道这不可能是真实的，所以我们知道这种反常现象是骗人的。[39]

我们就会把它当作感知者的**主观经验**，这种经验**从感知者自身的视角看是合理的**，但从别人的视角看却并不合理。[40]并且，我们还知道幻觉的虚假性既不能用主观合理性也不能用合理的错误来解释。它们**没有什么合理性**。

363 在这里，我们遇到了一些原初的寄托形式，而生物学也被揭示为是对寄托的评价。吃某种东西而希望它会有益于健康，这显然是一种寄托，而以特定方式观看事物的每一个行为，也同样如此。前面我曾指出，从广义上看，寄托甚至可以在植物的层次上被承认，因为生命有机体的每一个部分的作用，以及自身作为这个有机体之组成部分的意义，都依赖于其他很多部分的存在与特定运作，这是它的本质。[41]在这个意义上，我们对有机体的正常成长、功能和生存的知识，都是对认可其成功的**原初**寄托的评价。因此，寄托就可以根据不断增强的意识而被划分等级，即从生存、功能和成长之中心所具有的**原生的**、植物性寄托，发展到能动感知中心所具有的**原初**寄托，并进一步发展到能进行主动思考的个人所具有的**负责任的**寄托。“生物学是生命反思它自身”这一格言如今获得了更充分的意义。生物学是评价其他寄托的负责任的寄托。在狭义上，生物学通常是对原生寄托和原始寄托进行再评价的负责任的寄托。然而，我将突破这一解释所隐含的限制，将会对负责任的寄托进行再评价(包括对我自身信念之合理性的再评价)，把一系列逐渐升级的生物学观察扩展到生物学之外，而进入一个可以称为“超生物学”(ultra-biology)的领域。

我在前面讨论过具有植物层次的摩尔式特征。*现在让我介绍一下在这些特征基础上增加的一些新特征，这些新特征属于能动感知的层次。它们是对动机与知识的**知觉**(sentience)，是**正确行事**与**真实认知**的努力，是相信有一种使这些努力变得有意义的**独立实在**的信念，以及由

---

* 参见本书第十一章“成就的逻辑”的第一节“导言”。——译者注

此而来的**风险**感。

在形态和植物的层次上，我们只有两种评价，即正常与异常、健康或疾病。知觉的加入把我们的标尺扩大到四个重要的类别：

（1）具有正常标准的正确满足；

（2）具有正常标准的错误满足；

（3）满足主观的、虚幻的标准的行动或感知；

（4）无意义反应中的精神错乱。

前三种评价是对于正常个体的评价，第四种是病理性评价。这一分类表明，知觉、目的性行动和认识外部事物的能力在生物中的出现，把我们对生物的认识提升到**批判研究层次**。通过对相关事物的处理和认知进行反思性批判，生物学就有了三个层次。由此，我们的个人认知就变成了对主动性、意图性意义的感知，对于这种意义，我们试图通过它所依据的事实，来进行理解和评判。事实上，我们的个人认知是我们对于共生式交流的回应，也要接受我们的批判性评价。

我们理解一只选择食物的饥饿动物，或者理解一只倾听、注视或者 364
回应它所关注的事物的警觉动物，这些都是一种个人认知行为，其结构上类似于动物自身的个人行为，我们对它的认知就是对它的评价。所以，如果我们用对动物的一些行为的焦点认识，来取代我们对能动感知的动物的认识，后一种认识会全部消失。只有在焦点上意识到个体动物的同时又附属地意识到动物的这些细节，我们才能认识动物正在做什么和正在认识什么。此外，当一个综合实体的附属细节与这些情况一样复杂多变时，试图具体说明这些细节只会突出一些特征，而这些特征的意义又将取决于一个（我们只在这一综合实体的理解中才认识到的）不可明确说明的背景。换言之，动物行为的意义只能通过**阅读**其行为的细节来理解（或通过从这些行为的角度来理解其心灵），而不是通过观察行为本身，就像我们观察无生命的过程一样。

行为主义者认为，在观察一只动物的时候，我们必须首先让自己不要试图想象：假如我们处在动物的地位上我们会怎么办。与此相反，我的建议是：对于动物研究来说，除非我们遵循相反的准则，即让我们自身认同于动物内部的一个行动中心，并用我们自己为它制定的标准来评估它的行为，否则，我们就无法从生理学方面来理解动物，更不提从心理学方面来理解动物了。

第六节　学　习

在对生物学知识的逐渐上升的各个阶段进行快速考察时，我必须忽略这个主题的很多方面。现在，我将对我们关于学习的知识进行反思，但不考虑动物通过原初的行动和感知能力而进行的学习。我还将忽略动物行为学(ethology)的整个领域，而只关注以动物实验为基础的学习心理学。我将利用我前面对这一主题进行过的论述，主要是引用一些前面提到的例子。

第一实验是关于辨别箱。在这里，心理学家把动物放入一个问题情境中，动物要满足它的一些主要内驱力，通常是饥饿。这种安排会引发一个学习过程，但条件是(1)动物认识到问题并对其作出反应，和(2)问题需要相当程度的独创性，但不超过动物实际拥有的独创性。给动物提供的有限选择迫使它以正确或错误的方式进行反应(如果它能够
365 作出反应的话)。此外，实验的设计使动物必须在特定的时间和空间上在正确反应与错误反应之间进行选择。狭小的实验情境会使动物在选择方面的困惑状态变得紧张，而在更广阔的自然环境中不可能达到这种紧张状态。所以，实验室既强化又突出了探索性努力的瞬间，通过这种探索性努力，动物的能动中心上升到理智判断行为。

前面我已经提到这方面的证据，后面我将对此作进一步的扩展。同时，让我记住我们曾经把符号学习等同于归纳推理的过程。[42] 所以，动物是如何学会认识符号的(或者，如果采用条件反射论的术语，动物是如何被培训到习惯某个特定刺激的)这个问题，本质上就和正确归纳

是如何从经验中推演出来这样一个认识论问题相似了。动物对我们设计的事件进行归纳，这一事实并不能在这方面把我们与它区分开来，因为作为实验对象，动物和我们都面临着我们无法控制的事件。[43]

不过，还是存在不同的方面。认识论对我们自己相信我们拥有的知识进行反思；心理学家研究的是他相信已经被另一个人所掌握的知识，也研究这些知识的缺陷。没有任何知识，不管这种知识是我们自己的还是老鼠的，是可以被完全明确说明的。而我们必须依赖于我们自身对老鼠行为的知识来辨别老鼠是有知识还是无知，这涉及另一种研究和另一种不可说明性。让我再补充一下：（考虑到在动物实验中学习行为总是表现为恰当的行为）为简明起见，我在这里把技巧学习归属于符号学习，除非那个技巧就像科勒对类人猿所作的实验一样显然是根据已知要素设计出来的。[44]我还将完全承认，隐性学习从一开始就存在于所有类型的学习之中，尽管在某些例子中它几乎不被觉察到。

现在，我们来浏览一下学习实验的各种可能结果。

（1）我们认为，根据动物行为来进行判断，只有在我们相信学习过程形成了我们认为是对问题之正确解决的归纳时，学习才得以被充分实现。在格思里（Guthrie）* 的实验中，学习纯粹是偶然实现的，随后的 366
归纳往往也包含很多无关因素。（由此，动物可以被说成是犯了错误，如同原始人不能区分究竟是他的斧子还是他砍时念的咒语让树倒地。）一个**正确的归纳**必定没有这样的错误。它应该对问题情境有充分理解，以便确立成功的必要条件。

（2）聪明的汉斯（Clever Hans）**在面对一块对它毫无意义的黑板时找到了问题的解决办法，并从实验者那里得到了奖赏，它的方法是一边看着实验者的动作，一边用脚蹄敲打地板。这一归纳可以被视为**主观上正确**，因为这是在动物的能力范围内所能建立的最合理归纳。同样，

---

* 埃德温 · 格思里（Edwin R.Guthrie），美国心理学家，新行为主义代表之一。——译者注

** 参见本书第六章第六节中论述，一只名叫“汉斯”的马能够回答数学问题。——译者注

我们可以把有红绿色盲者用辅助标记的方式来区分颜色的归纳视为主观上正确。错误的“最初猜想”（“总是向右转弯”，或“总是向左转弯”，或“一次向右一次向左转弯交替进行”）的形成也可以纳入这个范畴。[45]

(3) 拉什利和弗兰兹（Lashley and Franz, 1917）用“问题盒”进行实验。他们观察到，老鼠由于从囚禁它的盒子顶端掉下来而偶然打开那只盒子，于是这只老鼠徒劳地重复了这一技巧 50 次，最后才放弃这个方法。[46]这只老鼠形成了一个**错误的归纳**。

(4) 大面积脑损伤的老鼠什么也学不会，它们在迷宫中随意走动。患有实验性神经症的老鼠表现出强迫症。[47]这些动物**不能形成归纳**。

我们把合理行动和感知进行分类的四个等级在这里重新表现为经验推理的分类。我们有(1)客观上合理的推理；(2)合理的错误；(3)主观上合理的推理，和(4)不合理，即没有推理。同样，这些等级中的每一个等级，都是通过观察者设定的标准来评价受试者的行为，而这种评价是从观察者对于他所设定的问题情境的理解而作出。

但是，从(4)到(1)，我们也注意到**普遍性的要求**逐渐增强，这种要求还与越来越活跃的**探索式冲动**相结合，并且，作为这两者的共同结果，出现了更加突出的**寄托行为**。这三方面的重心转化，在从完成行为(consummatory action)* 过渡到感知时就已经被注意到了。实际上，它在本书第二编与第三编把学习与解决问题相联系时就已经被预示了，因为问题就是对某种隐藏的合理关系之预见，探索者感觉到这种关系可以被探索式努力所获得，即使在动物身上，这一关系的发现也可能会让动物由于自身独创性而感到兴致勃勃。在探寻这种隐藏关系并最终愉悦地认可它后，动物触及比食物或者性更能在客观上满足它自身的东西。正是在这种意义上，随之而来的寄托变得更具根本性。自我中心的欲望让位于个人断言，易逝的东西具有了不朽性。

---

* 完成行为是有机体维持生命所必需的一些活动，如交配、摄食、对捕食者的防御和体表清理等，都是刻板的本能行为。——译者注

前面，我给出了伴随着心理重组而来的情感剧变的证据，这种心理 367
重组对于跨越问题与解决方法之逻辑鸿沟是必要的。我已经指出，这一情感剧变的深度与个人判断的力度相对应，由于我们作出决定时所依赖的线索是不充分的，因此个人判断是对于这些线索的补充。使动物产生精神崩溃的实验，以最简单的方式，既揭示了这种选择能力的强度，又揭示了这种强度所能承受的极限。

在巴甫洛夫的经典实验中，狗首先被训练来把一个圆形或接近圆形 368
的椭圆形，当作将要获得食物之信号，而把一个很扁平的椭圆形当作“现在没有食物”的信号。[48]观看不同信号的这个饥饿动物被发现——正如它的唾液分泌变化所表明的那样——随着信号的交替变化而具有相应的预期。如果具有相反意义的这两种信号差别很大——或者很扁平的椭圆，或者接近圆形的椭圆——狗对它们作出反应时就没有神经紧张的症状。然而，当持续向饥饿的狗展示处于中间状态的椭圆时，它的行为就经历了深刻的变化。它发狂了，愤怒而紧张，撕咬着要摆脱束缚。同时，它失去了一切辨别力，总是对它以前很好应对的信号作出错误反应。过了一会儿，那只狗处于反常的不安状态，并完全不再对以前确定的任何信号作出反应了。

前面，我从动物在实施了一个新技巧后表现出的愉悦，推导出动物的理智激情的存在，而不考虑这个技巧的实际效果。现在我们可以同样观察到，巴甫洛夫的狗由于不能分辨有食物还是无食物的信号而受到的影响，远远超过它们对食物的关注。我们以此来证明，它们在努力地进行分辨，并且，随着它们所面对的问题越来越困难，这一努力最终耗尽了它们的理智控制力，或暂时过度地使用这些能力而使其陷入瘫痪。

这种损害的范围，表明了动物的身体参与这种初级探索式努力中的深度。这个动物在情感和理智上都崩溃了。只能咆哮或愤怒的神经过敏的狗不再是我们的伴侣。因此我们意识到，如果我们以前不曾那样对待这只动物，那么它的智力以及我们对它的评价就是**共生式**：它在其个体与我们的个体之间形成了某种联系。

巴甫洛夫观察到，狗的实验性神经症可以通过以下方式被治愈：在一段时间内给它出示清楚分明的符号，并且随之持续不断地提供食物，或者相反。这些简单问题的成功解决，似乎恢复了动物的自信心，就像职业疗法(occupational therapy)*有助于恢复神经病患者破碎的人格一样。[49]

雅各布森在1934年发现了一个明显的证据，证明动物过度使用理性推理能力的程度与其情感和理智人格的核心有关。[50]他发现，由于过度心理紧张而容易变得精神崩溃的黑猩猩，如果把它们的额叶切断或切除，就可以防止这样的不良后果。尽管动物解决问题的能力受到明显损害，但它的理智挫折感不再困扰它，也不再使它的心理平衡陷入危机。[51]在获得这些发现后不久，埃德加·莫尼兹(Edgar Moniz)表明，抑郁症病人经历了类似手术后，他们的抑郁症得到缓解，不过他们的人格深度却明显降低，他们变得粗野、缺乏远见、极不体谅人。由此，黑猩猩对一个问题感到非常担心的能力，相似于人类在责任感之指导下进行自我控制的能力。

第七节　学习与归纳

369 学习的实验就是教育的实验，其开端是判定动物在某些方面是无知的，并且相信在我们让动物有机会获得某些经验以后，它的行为将揭示它获得——或不能获得——它应该从这些经验中正确地推导出来的知识。如果我们最终相信，动物通过我们提供给它们的经验而获得了这样的知识，我们就把这一过程称为“学习”，但是，如果我们否定这一成就，我们就说动物失败了或我们的教育不恰当。

---

* Occupational Therapy，可以翻译为：作业治疗、职业治疗或职业疗法。是应用有目的的、经过选择的作业活动，对由于身体上、精神上、发育上有功能障碍或残疾，以致不同程度地丧失生活自理和劳动能力的患者，进行评价、治疗和训练的过程，是一种康复治疗方法。——译者注

心理学家今天几乎一致反对这样的定义，我认为最主要的原因是它是目的论的。但是，从把主体描述为机器的严格行为主义以及更为激进的其他心理学流派来看，这很容易被证明是没有道理的。机器是由实现某种公认目标的操作原理所定义的。[52]这就是为什么麦卡洛克—皮特斯(McCullough-Pitts)的神经系统模型或赫尔(C.L.Hull)用来再现学习过程的机器人是机器，而太阳系却不是机器。这也是心理学不同于天文学的原因：心理学不描述与目的无关的事件，而只分析某一类被认为是心理现象的**成就**。产生的结果是一个正确性之体系，它的成败取决于某些不具有规范性的因素。[53]

既然学习的成功在于获得知识，因而机械学习理论(a mechanical theory of learning)可以被表述为从观察事实推导出正确结果的机器之操作。这样的机器在原理上已经被设计出来了，它们的机制与很多追随桑代克的行为主义者认为动物学习过程所具有的那种机制极其相似。这种机器被设计来对特定的事态作出一系列的随机反应，直到最后作出正确的反应为止。在此以后，在每一个类似情境下它都重复这样的正确反应。

任何再现学习过程的机器都预设了一种获得知识的理论和关于知识本身的理论。我刚提到的那种机器假定：虽然世界在不断变化，不过可以被看作是相同事态会不断重复出现，并且，实际上既能被动物又能被观察者所认识；对于这种相同且可以反复出现的情境能够作出正确反应，因此，这些反应也是相同的。前面(p.81)我们已经看到，我们能够通过相同活动来对相同事物作出反应，这种信念(即认为相同事物是存在的)隐含在指称过程中，它证明了隐含在描述性科学中的归纳法是合理的。通过把学习到的反应“如果A则做X”，解释为类似的“如果A，则预期得到B”，这一合理性证明很容易被进一步扩展到其他的归纳推理过程中。由此，学习的机器就被看作是按照观察的随机累加方式运作，而根据现在处于主导地位的科学方法论，这种运作是偶然地去发现科学能认识到的恒常关联(constant conjunction)。

370 但是，我在这里必须暂时偏离主题，以使思路保持清晰。假定对学习的研究是以归纳逻辑的标准对动物行为进行评价，就会出现以下问题。在前面，我把我们对于归纳推理的承认，与对体现并可能干扰这一推理过程的心理过程的研究相区分(pp.332—334)。所以，在研究学习的时候，对于正确性的承认——这种承认既说明了学习的成功，又赋予其成就以普遍性意图——能否与对于学习的条件和不足的研究混为一谈，这似乎是有疑问的。我对这个问题的回答是，这两者的显著区别只有在高度形式化的逻辑操作中才清楚地显现出来。只有通过不确定的准则(这些准则只有运用特别的技能和理解力才能发挥作用)而实现正确性之后，这一区分才会变得界限不明，甚至可以完全消失。我相信，归纳推理的情况就是这样。对这样的操作原理所作的分析与对该操作原理赖以成功或失败的条件的研究是如此紧密地交织在一起，使得这个主题的两个方面必须联合起来被研究。[54]因此，尽管学习理论包含着逻辑的和认识论的断言，我们还是总体上承认它是心理学的一个分支，并认为这一分支有资格去研究——就像所有的生物学所做的一样——属于生物的那些成就。

于是，把关于学习的心理学看作是对于经验推理的研究，我们就能通过回顾我们前面对经验推理的哲学理论所进行的批判，来评价它目前的方法和结果。由于经验推理只能表面上被形式化，因此，为进行经验推理而制定的任何规则都必定是非常含糊的。被设计来进行这种推理的机器只能笨拙地模仿实际的推理过程。试图通过形式化的归纳逻辑来再现学习过程，从而达到客观性的学习心理学，同样也只能在表面上实现它的目的。它必须(1)把自身的主题简化成学习的最粗浅的形式，并(2)同时极力利用它假定的非个人化词语之歧义性，来使这些词语显得适用于生物的隐含于心灵中的性能。

371 我将从赫尔的杰出著作来阐明这两点，自1943年《行为的原理》发表以来，赫尔的研究方法对心理学家产生了深远的影响。[55]这个研究一开始以光线进入眼睛的例子来给刺激进行定义。这就是(书中写道)

刺激 S。但后来——在书的中间部分——它又承认总是有若干不同种类的刺激影响着动物的感官，所以，并不存在“唯一的刺激 S”。在这个阶段，带引号的“注意”一词被提到，是从我们必定会忽视的内省中借用的。随后，“注意”的作用又被先前形成的习惯所取代，这种习惯被假定是在刚被当作错误而抛弃的过程中习得的，在该过程中单个刺激被认为主要是客观性的。实际上，动物在引导自身注意力方面的作用并没有得到承认和解释，如同这种作用在所有形式化的归纳理论中都被消除一样。这一缺陷再次出现在赫尔对于辨别力的分析之中，并且产生影响更为深远的后果。他一开始把归纳定义为以相似方式对相似刺激作出反应的能力，然后评论道：如果对相似刺激作出的反应总是没有回报，那么它就不再产生反应，由此，动物就区分了两种相似的刺激。这个理论是密尔(J.S.Mill)提出的“求同和求异”归纳法的一种应用，并存在同样的缺陷。既然动物(作为一个自动机器)被认为不具有任何创造力，因此，只要动物的感官能够胜任它的任务，动物的归纳能力也就没有什么限制。所以，如果给一只狗出示患病的肺部 X 光片时给它提供食物，出示健康的肺部 X 光片时不给它提供食物，它就能学会诊断肺部疾病。客观主义的学习理论产生了与客观主义的归纳理论相同的谬论：由于它没有考虑到探索力的作用，所以它不能解释探索力的明显限制。当然，它也不能解释如同老鼠表现出来的那种探索力——当拉什利使老鼠致残后，老鼠在通过它们健康时学会通过的迷宫时，产生了全新的运动模式。[56]

但是，所有这些过分简单化的论述都无法实现其目的，因为即使最 372
费尽心思的客观主义的命名方法都不能掩盖学习的目的性以及对学习进行研究的规范性意图。它所假定的客观术语仍然不是指涉无目的性的事实，而是指涉良好运作的事物。某种东西是一种“刺激”，只是因为它成功地进行了刺激。尽管“反应”本身可能是毫无意义的，但被称为“强化”的事态要发挥这样的作用，至少需要把一种特定的反应转化为一个信号或转化为一个实现目的的手段。另外，根据定义，一系列成功的强化所产生的结果只是被实验者视为正确的习惯。所以，即使最严格形式化的学习理论也要为评价和解释动物行为的合理性制定一个正确性之体系。

另外，对于我们来说，如果行为主义者关于学习、智力等的词汇无益于我们对被观察动物的共生式理解，那么它们也是难以理解的。这些词汇只是一种伪替代物，它的意义完全依赖于我们对它试图取代的概念的熟悉。这甚至适用于最开明、最具创造性的托尔曼(E.C.Tolman)的行为主义，也适用于吉尔伯特·赖尔(Gilbert Ryle)的逻辑行为主义，我现在准备根据这种观点对后者进行批判。

托尔曼假定，通常所说的对于心理状态的观察，是附加在对行为的观察之上的。因此，他宣称(就像这一流派的其他人以前所宣称的那样)，“可以在人类同伴中实际观察到的一切……只是行为”，[57] 并得出如下结论:我们没有任何必要去提及心理状态。相反，赖尔认为，心灵就是其运作；谈论心灵本身是毫无意义的。[58] 这两种结论都没有考虑到：对人的心灵用以展现自身的细节所进行的焦点观察，与在对心灵进行焦点观察的范围内对这些细节的附属意识是不同的。由于没有作出这种区分，心理行为主义和逻辑行为主义都失败了。

以逻辑行为主义为例。对某个人的心灵运作所进行的焦点观察会**破坏**我们关于他的心灵的认识，在这个意义上，这些运作肯定**不是**他的心灵。另一方面，对这些运作的**综合性意识**却**构成**了对心灵的观察(或解读)，这些观察(或解读)似乎证实了赖尔教授的观点，但事实上并非如此。因为赖尔并没有“附属意识”这样的观念，并且他把心灵等同于心灵之运作的观点仅仅意味着：这两者是在通常意义上相同的，即它们都是在焦点上被观察到的事实；这是错误的。

373 托尔曼的行为主义的基本假设在这两种表述中都瓦解了。因为只有通过理解心灵的运作，才能追踪心灵的运作，因此我们不可能对理智行为的细节进行焦点观察。相反，如果我们综合地观察这些细节，我们实际上不是把焦点集中在行为上，而是集中在心灵之上，这些细节只是心灵的运作。我们在这些细节中解读着运作的心灵。

这就是用作一切心理学观察之途径的交谊共融，一切心理学术语都必须在这种关系中被解释。我们就是在这种关系中观察动物的能动的、感知的中心，并在学习的层次上看到动物把它自身寄托于理性推理的努力之上。也正是在这种关系中，我们才纯粹地对另一个同胞产生兴趣，并以我们自己为它设定的标准来评价它的成就。我们即将看到，当另一个人上升到我们之上时，这种交谊共融在更进一步的阶段上包含着接受那个人对我们自身的评判。

第八节　人类的知识

但是达到这一点之前，我们还要考虑前一个阶段，在那个阶段中，我们在自身与我们对其认知行为进行考察的人之间获得平等性。这种情形具有特殊意义，因为在这里，我对人的地位不断提高的生物学认识，与我在本研究开始时的立场变得重合——或者几乎重合了，在那里我首次对科学思维的深奥之域进行展望。让我回顾一下，我所展望的景象是如何引导我对认知的隐默因素进行系统考察的，认知的隐默因素从最低等动物的原发活动，一直上升到人类社会的整个人类思维大厦。作为这些反思的结果，我承认了我在自身有限的可能性范围内追求知识和负责任地宣布知识的能力和使命。现在，考虑一下从形态学上升到心理学的生物学反思是如何表明：对生命的认识在所有这些层次上都需要按照我们为有机体设定的标准对生物成就进行评价；并且，对生命进行更超然中立的观察会完全毁掉我们关于生命的知识。由此我们就可以看到，把这一进程扩展到对另一个人——与我们具有**同等**地位的一个人——的知识的考察是如何把我们置于某种情境之中，这种情境实际上就是我在本书的第一编至第三编中反思我们自身的知识时所处的那种情境。[59]因为，如果我们同意另一个人声称知道的东西和他赖以获得这一知识的根据，对这一知识的批判性考察就变成了对我们自身知识的批判性反思。因此，生物学就包括了对我们自身求知能力的认可，以及对我们在自身的使命框架内所作的寄托的确认。特别是，它是我们不断发现关于经验的新解释——这些解释揭示了我们对实在世界的更深刻理解——的能力，并最终引导我们到达一个终点，在那里，科学的全貌在关于沉思之人的生物学中再次展现出来。

374 扩展了的生物学与知识论的这种融合所具有的意义很快会更充分地显现出来。我将在这里停一下，从这一视角来看一看人类知识的一些特征，在我关于科学和对于经验的其他系统解释的批判中，我已经对这些特征进行了鉴别。从中我们可以看到四个等级，根据这四个等级，我们可以把合理的行动和感知以及动物的推理进行分类：

（1）在**正确体系**内获得的**正确**推理。

（2）在正确体系内获得的错误结论（如一位**合格**的科学家犯下的**错误**）。

（3）通过正确运用错误体系而得到的结论。这是一种**不合格**的推理方式，其结果只具有**主观的有效性**。[60]

（4）在精神错乱者的思维中特别是在精神分裂症中观察到的**不连贯**与**强迫症**。系统性妄想症患者的病态推理也应该归入此类而非第(3)类，因为这种妄想损害了人的理性核心。

这些分类相当于在两个阶段上对寄托进行评价，即(a)从它的框架方面和(b)从它对这一框架的应用方面来进行评价。如果我们都认可(a)和(b)，我们就有了情况(1)；如果我们认可(a)而不是(b)，我们就有了情况(2)；如果我们认可(b)而不是(a)，我们就有了情况(3)。当错误的框架被错误地运用时，我们对(a)和(b)的否定，就定义出我没有列出的一种不重要的情况，而情况(4)现在就被视为没有任何解释框架，不管是正确的还是错误的解释框架。

认知的这些阶段当然都是被谈论这些阶段的人所评价的，前提是这个人能批判性地判断它们的真实内容。但是，现在我们必须考虑到，除了这种批判性关系以外，评论者与他对其主张进行评价的人之间互相交流的可能性，即他们之间的相互提问、相互学习、相互批评和相互说服。

第九节　高级的知识

让我重点论述一下，在共同的复杂文化中平等的人之间的交流。在这里，我必须简要回顾一下复杂文化的社会母体，以便现在能把它看作构成生物学主题的生命的逐渐上升层次的一种延伸。例如，两位科 375
学家在平等基础上讨论一个科学问题。每位科学家都依赖他相信对他自身和对方都具有强制力的标准。关于在科学上什么是真实和有价值的，每当他们中的一个人作出一个断言时，他都盲目地依赖于科学所接受的一整套附属的事实观与价值观。同时，他还依赖以下事实：他的同伴也依赖于相同的体系。事实上，两个人之间由此形成的互相信任纽带，不过是在数千名不同专业的科学家之间庞大的信任网络中的一个环节。通过这个网络——也只有通过这个网络——科学共识才能建立，这一共识承认某些事实和价值在科学上是有效的。我以前曾描述过，对于一位科学家来说，他能清楚把握的只是科学的微小部分。我也曾表明，只有在每一位科学家都相信所有其他科学家，在他的研究、教学和管理行动方面维护他自己的专业部门时，科学事实与标准之体系才能被说成是存在的。虽然每个人都可能不同意(就像我自己也不同意一样)某些公认的科学标准，但是，如果科学要存在，**要成为融贯的高级知识体系，要被互相承认为科学家的人们所拥护，要被现代社会接受为社会之指引**，这种对于共识的反对必定只是零散的。

我也同样详细阐明了，在科学知识的追求与传播过程中，这种经过调和的科学共识是如何运作的，同时也论述了科学共识在复杂的现代文化这个更广阔领域的相似运作(p.216 起)。我们对生物的不断上升的探讨，把我们引向作为生物成就之延伸的科学共识，我将把现代的、高度言语性的共同体的整个文化看作一种高级知识。因此，除了科学和其他事实性真理的体系以外，**这种高级知识还将包括一切被自身文化中的人们一致认为是正确和卓越的东西。** 当然，我自己对外国文化中任何“高级知识”的评价，都取决于我对自身文化中的高级知识的认可，这是必须被考虑到的。

一个文化的追随者只能直接看到该文化的一小部分。文化的绝大部分都被埋藏在图书、图画、乐谱等等之中，大部分都没有被阅读过、听过、演奏过。这些记录的信息，即使在最了解它们的人的心灵中，也只是使这些心灵意识到它们能够得到这些信息，能够唤起它们的声音并理解它们。这让我们回到一个事实，这个事实隐含在把科学描述为高级知识的过程中，即所有这些言语形式的庞大系统的累积，是由人类断言之记录所构成的。它们是预言家、诗人、立法者、科学家和其他大师作出的言论，或者是通过自身行动并被载入史册，从而为后代树立
376 了典范的人们发出的信息，还有竞相获得公众之效忠的当代文化领袖们的鲜活声音。由此，归根到底我们可以认为，体现在现代高度言语性文化中的全部高级知识，是其文化经典和它的英雄与圣人之行为的总和。如果我们属于这一文化，那么这些人就是我们的伟人：我们自己相信他们的卓越性，同时努力理解他们的著述，遵循他们的教诲和榜样。我们对于文化中知识交流所依靠的共同信念和标准的坚守，似乎相当于我们对于作为权威之源泉的同一群大师之追随。他们是我们理智先驱，是“养育我们的名人和父辈”，我们所继承的是他们的遗产。

因此，平等的人们在一个复杂文化中的对话就承认了一个新的（第五个）知识等级，这个等级的知识不受认可它的人们的批判性评价，但是很大程度上却被他们在无形中接受，因为他们相信拥有这些知识的人的权威性。在谈论这样的高级知识时，我们不是在制定标准以评判我们认为拥有这种知识的人；而是相反，我们是在服从他们给我们制定的标准并以这些标准为指导。

在关于交谊共融那一章中，我根据社会与思想的关系把社会分成以下类型。（1）前现代静态社会，这种社会承认思想是一种独立的力量，但只体现于特定的正统观念中；我们可以称之为独裁主义(authoritarian)社会。（2）现代动态社会，它们或者是(a)自由的，如果它们承认思想是一种独立力量的话，或(b)极权主义的(totalitarian)，如果它们原则上否定思想之独立性的话。自由社会不同于静态独裁社会，它接受各种对立的思想作为指导。它的成员共同拥有很多英雄和大师，但在某些方面也可以有分歧。极权社会不同于自由社会，和独裁社会也不同，它在原则上颠倒了权力与思想的关系。我曾在交谊共融那一章中解释了这种颠倒的原则。

到目前为止，我就高级知识所进行的论述主要涉及它在自由社会中的地位。而后面将要进行的论述则明确承认我对于这种社会的效忠。我将讨论这种社会的英雄和大师，他们也是我的英雄和大师；我也将谈论自由主义的正统观念，英雄和大师们用符合这种正统观念之内容的方式，确立了这种正统观念，而我也对之表示认可。

首先，让我再次回顾一下，我们之所以在智力上超越动物，首先是因为我们学会了说话。从智力上看，我们由于接受了思想的群体语言才得以存在。儿童几乎是被动地接受这种群体语言。但是，他从自由社会的大师们那里学会了一种语言，这种语言暗中限定了他所服从的权威——不是因为它不时地提醒他采取怀疑的态度，而是相反，因为它承认真理和其他形式的卓越之物的普遍性。关于这些理想的语言根植于我们的大师们的著作和生平之中，并赋予我们每个人以维护这些理想的权利，以反对同样出自这些大师的其他特定言论。因为我们宣誓效忠的不是这些大师本人，而是我们所理解的他们的教诲。事实上，只有通过生活在自由社会中的普通人，这个社会所服从的原则才获得它们的有效意义。引导自由社会的高级知识由其伟人制定，并体现于它的传统之中。

人与他的理想之间的关系就是这样：只有自由地追随这些理想，他 377

才能理解这些理想。这一点已在关于寄托的那一章中提到过。在这里，让我回顾一下在本书的不同地方零散地谈论过的自由社会之理想，以再次证实这一观点。在谈论理智激情的那一章，我指出科学的价值是如何根植于伟大科学家们的工作中，以及我们的审美鉴赏力是如何同样由音乐和绘画大师们所培养出来的。在“交谊共融”那一章，我谈到了激发我们的现代政治动力的道德激情；在“对怀疑的批判”那一章中，我提供了一些证据，证明在我们这个时代中宗教激情的深化和净化。在“寄托”那一章中，我谈到了对正义的持续热情最终确保了法院的独立性；在本章中，我表明了我们对生物及其成就的评价是如何被生物学所维持的。

这些简短的论述只能被用作指向这一无限主题的指引：我们的伟人所证明的那种卓越是无穷无尽的，本书甚至不可能对它们进行分类。但是，现在我们必须关注高级知识的整个领域，把它当作我们不断上升的生物学研究与我们前面所进行的认识论研究之扩展的重合。我用以巩固我对事实的个人知识的寄托框架，也必须能够通过对其术语的恰当普遍化而证明：我对作为自由社会文化基础的信仰和标准之坚持是合理的，这符合我们从生物学扩展到对于伟大人物的研究路径。

通过继续开展我的不断上升的生物学研究，并且紧接着对生物学进行评论，这样我就可以使超生物学(ultra-biology)与维护人类理想这两者得到融合。请记住生物学是如何从对**原生的**、生长的寄托的评价，上升到对**原初的**、能动感知的寄托的评价，然后，通过对动物学习的研究上升到**对理智的、具有普遍性意图的**寄托的评价。我们首先观察了一个具有原生个体中心的生命体，然后逐步去面对主体，主体能够有意识地寄托于对外部问题的解答。随着我们逐渐从形态学上升到动物心理学，我们对有机体的共生式参与越来越丰富、越来越密切、越来越平等。因此，当我们最终到达对人类思想进行研究这一阶段时，交谊共融变为相互的。在这里，一个有意识的、负责任的人例如生物学家，可以评价另一个人的成就，这另一个人和他具有同样的地位，并且和他一样也有理由受到尊敬。正是出于这些理由，这两个负责任的人的对话才不可避免地扩展到：承认有一种处于这两人的知识之上的知识，即他们文化中的高级知识。这种知识以伟大人物为中介，而这些伟大人 378
物就是这一文化的创立者和典范。对话只有在双方都属于同一个共同体，而且总体上接受同一种教诲和传统，并以此来评判自己的断言时，才能维持下去。负责任交流的先决条件是拥有共同的知识领域。

在这一发展过程中，我们的共生式激情经历了一次根本性的发展。我们对和谐存在的热爱使我们学习生命形态；我们对生命机能之创造力的乐趣维系着胚胎学和生理学；我们对动物的热爱维持着我们对动物行为的研究；最后，当我们上升到人类的伙伴关系时，我们也必然超越这一关系，在这种伙伴关系赖以为基础的社会中找到一个精神家园。由此，在两个平等的人之间发展出的精神生活，必然与他们共同从属的更高级体系具有一种情感联系。两个平等的人之间精神上的伙伴关系的丰富性，只有当他们在一个志同道合的共同体内(在其中伙伴们由于遵从共同的高级知识，从而相互归属)，分享那些比他们更伟大之人的共生式激情时才能被释放出来。

现在，我们也可以评价沿此进程而发生的共生式联系的逻辑结构的变化。我们用来评价比我们低级的生物成就的情感，包含着我们自身的延伸，由此我们参与到它们的成就。不过，尽管自然主义者受到他们对自然之热爱的激励，所有的生物学也最终由于生物对我们产生的吸引力而获得自身的价值，但是，即使是最热爱动物的人也不能从他的宠物那里获得任何知识。只有当生物学家的参与上升到人类伙伴关系的层次时，这种参与才明显变得具有自我修正性，并因此最终完全失去了它的观察性，而变成纯粹的内居状态。当我们接受另一个人的高级知识时，决定性的突破就出现了。通过把他的思想或行为用作我们判断我们自身的思想或行为之正确性的标准，我们放弃了我们的主体性，使得按照这些标准我们更能让自身得到满足。这一行为是不可逆的，也是不可批判的，因为我们不能像我们用自身标准来评判其他事物那样，来评判我们标准的正确性。在这一点上，严格意义上的生物学所具有的三层结构(就像我在前一章末尾处所预示的那样)让位于两层结构了。但是，这两个层次不同于对无生命之物的观察所发生于其中的那两个层次，在其中观察者处于更高层次。从最初的两个层次产生出三个层
379 次，是因为我们把注意力扩展到以它们自身为中心的能动生物，这三个层次现在又被代表某些人(这些人以比他自身更高级之物为中心)的视野的两个层次所取代。可以说，他站在这一寄托的较低层次上。或者，我们可以把他描述为构成了寄托的个人性一极，而人的理想则构成了寄托的普遍性一极。

第十节　融　汇　点

这就把生物学推进到一个阶段，使之与我们对自身文化之理智标准的寄托相重合。从这个融汇点来回溯一下它所统一的两个论证路线，我们就可以看到每一个论证路线都可以通过普遍化而包含对方，这就产生了它们共同的本体论意义。

本书第一、二、三编中对个人知识之性质与合理性的研究，使我们接受了自身的使命——这一使命并不是我们规定的——并以此作为我们带着普遍性意图进行负责任的判断的一个条件。在那些章节中，我们的使命被看作由我们的天赋能力以及我们在自身文化中受到的早期培养所决定的，而这些条件被用来实现寄托行为，即凭着这些条件来实现普遍性标准。使命、负责任的个人判断、良知的强制性和良知的独立性、普遍标准，所有这一切都被证明只有在寄托中相互联系时才存在。如果从非寄托的角度看，它们就会消失。我们可以把这称为寄托的本体论。

这种本体论可以被扩展到承认其他生物的成就，这就是生物学。生物学家在不同层次上参与了通常比他更低级的有机体之寄托。在那

些层次上，他按照自己接受的相关有机体之标准，来承认“物种、同等潜能、操作原理、内驱力、感知力与动物智力”这些概念的真实性。我已经证明，这些成就都是个人视野中的事实，如果试图用非个人化（或不是充分个人化）的术语对它们进行说明，它们就会消失。现在，这些成就的不可明确说明性就可以被看作体现了以下定理的普遍化，即一个寄托的各个元素不能用非寄托性的术语来定义。自我设定标准这一悖论以及消除这一悖论的方法就这样被普遍化，从而包括了我们给自身设定的、用来评价其他有机体的标准，并且认为这些标准适合它们。我们可以说，对寄托的普遍性一极所作的这种普遍化，承认了我们在逐步上升的层次中归属于有机体的整个存在范围。

另一方面，把生物学推进到承认人类的伟大，使得我们第一次到达了“融汇”点，这展示了如何进行相反方向的普遍化，即生物学可以包 380
含寄托的全部本体论。因为人类的伟大性只有通过遵从它才能被认识，所以这一伟大性属于只为寄托于它们之上的事物而存在的那一类事物。被我们用作指导的所有形式的卓越之物，以及我们授权以支配我们的所有义务，都可以通过我们对人类之伟大性的尊敬而得到界定。并且，从我们尊敬的这些对象，我们可以继续过渡到纯粹的认知目标，例如事实、知识、证明、现实、科学——所有这些同样可以被认为只有被看成对我们具有约束力时才是存在的。因此，我们就可以通过反思而从这一点开始进行回溯，认识到我们自己是自觉参与这些寄托的人，并且把这种认识也扩展到具有类似信念和义务的所有社会成员上去。寄托和自由社会——这个社会通过其成员的负责任的寄托而致力于思想的培养——的全部本体论，事实上可以按照这种方式被确立，正如对这种普遍化的生物学的反思可以通向生物学的普遍化。

因此，在生物学与哲学的自我认可的融汇点上，人立足于自身的使命，这种使命来自真理与伟大性之苍穹。它的教导就是人的思想的群体语言：通过倾听它的声音，他命令自己去满足他的理智标准。它的命令控制着他行使其责任的能力。它把他束缚在永恒的目标上，赋予他捍卫这些目标的权力和自由。

我们现在可以从逻辑上确立：人除了这一点，别无其他能力。

只要人敬畏这个苍穹的声音，他就是强壮、高贵而奇妙的。但是，如果他退却并以超然的方式去审视他所尊敬的东西，他就消除了这些声音对自己的威力和他通过遵从这些声音而获得的力量。于是，法律不过是法庭的判决，艺术不过是神经的润滑剂，道德不过是惯例，传统不过是惯性，上帝不过是心理必需品。由此，人支配着一个他自身并不存在于其中的世界。随着他的义务的丧失，他也失去了他的声音和希望，并且变得对自身毫无意义。

注　释：

1. 参见本书边码第 142 页有关自我确认进程的论述。
2. 这一称呼最初被康多勒于 1813 年用于他的《植物学基本原理》一书中。
3. 参见 K.Z.洛伦兹，载于《形式的方方面面》，L.L.怀特编，伦敦，1951 年，第 169 页。
4. 参见本书边码第 112 页。
5. 参见本书边码第 2 编，第 5 章，第 114—117 页。
6. 这个过程不是一个统计观察。统计只能指在给定总体内变化的可测量参数。分类学判断的是分类学家根据某些特性而选定的群体内这些特性的非测量性组合。最通行的就是正常的，这样的想法是不正确的。与畸形或残缺不同的是，一个物种的标本可能是最稀有的。
7. J.朗斯巴滕（《林奈与物种观》）在 1938 年林奈学会上的主席演讲表明，虽然林奈严格固守物种不变性的观点到 1751 年，他后来还是提出了一种进化方案。然而，他对植物的自然体系第一次概述已经在 1751 年发表。
8. A.J.维尔莫特："从林奈到达尔文"，载《分类学发展讲座》，1948—1949 年作于林尼尔斯学会，出版于伦敦，1950 年，第 35 页。
9. 迈尔、林斯利和安辛格：《系统动物学的方法与原则》，纽约，1953 年，第 4 页。
10. 出处同上，第 53 页。
11. G.N.琼斯，《科学月刊》，第 72 期（1951），第 293 页。这一数量正在迅速增加，不是通过对已知物种的细分，而是发现新的物种，特别是在新大陆的热带地区的发现。琼斯认为我们可能还没有认识到现有植物的一半。
12. 例如，参见由分类学会于 1950 年 12 月在伦敦举行的有关"与分类有关的植物发生学"讨论会的记载。《自然》，1950 年，第 167 期，第 503 页。其中一位与会者赞同地指出，把"任何没有动机而进行分类的尝试都视为浪费时间"的倾向是那次分类学会议的主要关注点。
13. 约瑟夫·胡克爵士，《"塔斯马尼亚植物志"导论》，伦敦，1859 年，第 iii 页。
14. 里奥纳德·赫胥黎：《约瑟夫·胡克爵士生平与书信》，伦敦，1918 年，第 412 页。
15. C.F.A.潘廷"物种的辨认"，载于《科学进展》，第 42 期（1954），第 587 页。
16. 1930 年 8 月第五届国际植物学大会，《会议记录报告》，剑桥，1931 年，第 28 页。
17. 这就是为什么大英博物馆收集了 1 500 万只昆虫，它们可以与提交给它们的任何新标本相匹配。尽管如此，要成功地完成这项壮举，还需要博物馆工作人员的独特经验。
18. A.S.希奇柯克的陈述，载于《会议记录报告》，剑桥，1931 年，第 228 页。另一位成员奥斯顿费尔德教授说(出处同上，第114页)，就“我们认为是基本的”特性而言，一个由所有个体组成的物种，其特征在所有主要方面都是相同的。

19. S.C.哈兰德：“物种的遗传概念”，载于《剑桥生物学评论》，1936年，第11期，第83—112页。我们看到分类学家仍然对这一指控感到尴尬。在《分类学发展讲演录》(伦敦，1950年，第81页)中，约翰·斯马特这样来描述现代分类学家越来越精细的工作的：“最后，分类学家只能说物种是他决定命名为一个物种的众多有机物的一个分离出来的集合，他说，这“听起来是荒谬的”，尽管有证据表明“真正称职的分类学家在这个问题上有相当精明的见解”。另外，潘廷(同前引)在1954年为分类学进行辩护，他通过诉诸物种定义方面“称职的分类学者”，来防止分类学被谴责为回避了问题的实质。

20. 约翰·斯马特，同前引，第82页。

21. 参见C.沃德罗《种系发生与形态发生》，伦敦，1952年，第99—102页。

22. 一些有意识地反对这一运动的生物学家曾有效地争辩说，识别生物种类的技艺是他们学科的基本。因此，A.尼夫(《比较解剖学手册》，第1卷，柏林—维也纳，1921年，第77—118页)发展了脊椎动物的纯粹类型学。阿格尼斯·阿尔伯(《生物学评论》，1937年，第12期(1937)，第157—184页)继承了特洛尔(1928)在德国发起的“回归歌德”运动，并在《植物形态的自然哲学》(剑桥，1950年)中，广泛发展了歌德的形态学。J.卡林在《整体形态和同源性》(瑞士弗里堡和莱比锡，1941年)中，强调“形态学的逻辑首要性”。并且，O.申德沃尔夫(《古生物学基本问题》，斯图加特，1950年)坚持认为分类学对于种系发生来说具有优先性。

23. K.Z.洛伦兹《动物行为中的生理机制》，实验生物学学会的专题论文集，第4期，剑桥，1950年，第235页。

24. 水螅的1/200能够再生整个动物，而涡虫的1/280甚至更小部分被证实能再生成整个动物。A.E.尼达姆：《再生与伤口愈合》，伦敦，1952年，第114页。

25. 德里施的开创性实验被他的继承者们，特别是被赫斯塔迪斯(《动物学刊》，1928年，第9期，第1页；《鲁氏考古学》，1936年，第135期)，第69—113页)大大地扩展了。赫斯塔迪斯的实验由P.魏斯(《发展原则》，纽约，1939年，第249—288页)进行了富有启发性的分析。赫斯塔迪斯观察到，海胆囊胚的经向半切片能自行调节成虽然细小但正常的长腕幼虫。尽管在重组过程中，“遗传物质一般被用来形成肠体，而动物质被用来形成外胚层，但是，在实验胚胎中特定部分的实际使用与这些特定部分在正常胚胎中的预期发展之间，并没有任何精确的对应关系”。(出处同上，第261页)

26. W.鲁克斯于1888年发现。参见W.鲁克斯，《生物发展机制论丛》，第11期，莱比锡，1895年，第419—512页。然而，后来由E.G.孔克林所进行的、由达尔克及其同事极大扩展的实验，却证实海鞘类动物发育的早期阶段具有相当大的调节能力，特别是在未受精卵中。见A.M.达尔克：《早期发育中的形态与因果关系》，剑桥，1938年，第103—127页。

27. 斯佩曼(1921)在描述组织者时首先使用了场域概念；保罗·魏斯(1923)将其引入再生研究，并将其扩展到(1926)个体发生的研究中。参见保罗·魏斯《发展的原则》，纽约，1939年，第290页。形态发生场域最显著表现是胚胎组织的培育，由保罗·魏斯(1956)所描述，参见本书边码第338—339页的注释。

28. C.H.瓦丁顿：《皇家学会哲学译文》，B卷，1932年，第221期，第179页。另见C.H.瓦丁顿：《鸟类的表观遗传学》，剑桥，1952年，第106页起。在更早的时期，O.芒戈尔德(《鲁氏考古学》，1929年，第47期，第249页)把胚胎能力描述为“反应性”。

29. P.韦斯：《发展的原则》，1939年，第359页。

30. 参见W.鲁克斯，同前引，“实验胚胎学发展简介”(1885)，这篇论文第一次提出了“发展机制”的定义。

31. 保罗·韦斯：《生物学评论季刊》，第25期，1950年，第177页。

32. F.S.C.诺斯洛普和H.S.伯尔：《成长》，第1期，1937年，第78页。

33. C.M.柴尔德：《有机体中的个体》，芝加哥，1915年，第183—184页。

34. 参见本书第2编，第6章，边码第157页。

35. 最近，由霍尔夫雷特(1951)和其他人进行的实验表明，只有活组织才是完全意义上的组织者，他们的实验被一些胚胎学家视为一种警告：因果胚胎学必须继续依赖形态学的知识。参见克利福德·格罗布斯坦，载《合成的方方面面与成长的秩序》，多萝西娅·路德尼克编，普林斯顿，新泽西，1954年，第233页。

36. 除了自然法则与操作原理重叠的情况以外，只要把有关的自然法则转化为服务于观察者所承认的目的之工具就可以。参见本书第 4 编，第 11 章，边码第 331、342 页。

37. 比较生理学表明，生物体为了一个单一的目的，例如消化、呼吸等，使用了广泛不同的机制；因此，这种机制是由它们的共同工作原理而不是物理和化学结构来定义的。例如，参阅 J.T.玻纳：《细胞与社会》(伦敦，1955 年，第 116—121 页)中关于“动物的喂养”、“动物的呼吸”、“动物的血液循环”、“动物的排泄”、“动物的发育与繁殖”、“动物的协调”的章节。格拉姆·坎农(《林奈学会会刊》，1956 年，第 43 期，第 9 页)充分证明了：同一种操作原则——河虾的过滤机制——在不同的物种中，是由不同的肌体器官实现的。此外，不同基因在不同突变体中产生相应的(即同源)性状，同一基因可能产生不同的性状(A.C.哈代，《心理学研究资料汇编》，1953 年，第 50 期，第 96 页)。哈代教授提醒我注意的这一事实的最早发现是 G.R.德毕尔(“胚胎学与进化”，载于《进化》，G，R.德毕尔编，牛津，1938 年，第 65—66 页)。

38. R.S.伍德沃思在他的《动态心理学》(纽约，1918 年)一书中首次用这个词来代替“本能”，但在心理学中并不总是在这种意义上用这个词。

39. 威廉·詹姆斯：《心理学原理》，第 2 卷，伦敦，1910 年，第 93 页。

40. 就错误的感知可以纠正这一点而论，这是一种错误；就这种感知是强制性的这一点而言，它是一种错觉。

41. 参见本书边码第 323 页。

42. 本书第 2 编，第 5 章，边码第 76 页。

43. 当然，只有假设学习实验的初始条件保持不变，无限期地保持不变，学习才能对应于对自然规律的经验推论。

44. 这相当于把**经验**技术与自然科学归为一类。

45. 参见本书边码第 73 页。

46. 拉什利，《脑机制与智力》，芝加哥，1929 年，第 133 页。

47. N.P.F.迈尔：《挫折，没有目标之行为的研究》，纽约、多伦多、伦敦，1949 年，第 25—76 页。

48. 巴甫洛夫：《条件反射》，牛津，1927 年，第 290—291 页。另见《文选》，莫斯科，1955 年，第 235 页起。[选自《斯堪的纳维亚考古生理学》，第 47 期(1926)，第 1—14 页。]

49. 自 1938 年以来，美国和英国的心理实验室报告了许多实验性神经症病例。尽管致病情况通常被简单地描述为冲突，但是，特别是从 N R.F.迈尔(同前引)的综合研究来看，只有动物徒劳地想要通过解决问题而摆脱的那些冲突才是起作用的。作者指出，当受到相反的冲动时，动物可能什么也不做。**因此，只有当困境中隐含的许诺不断刺激它，使它徒劳地想要获得对困扰它的可能性获得理智控制时，“挫败感”才会加深。**

50. C.F.雅各布森，《神经精神疾病研究协会刊物》，第 13 期(1934)，第 225 页，参见 J. F.富尔敦《行为医学杂志》增刊，第 196 期(1947)，第 617 页。

51. 富尔顿(同前引，第 621 页)描述了黑猩猩在脑叶切除术后的行为：“黑猩猩像往常一样友好地打招呼，急切地从生活区跑向转移笼子，然后又迅速地跑向实验笼子。给杯子装上吃的东西、放下半透明的门帘这些日常事情都依次完成了。然而，黑猩猩并没有表现出通常的兴奋，而是静静地跪在笼子前或四处走动。一旦有机会，它就习惯性地迫切而欣然地在杯子之间作出选择。然而，每当动物犯错时，它并没有表现出情绪上的不安，而是静静地等待着下一次试验的杯子。半透明的门帘又被放下了，但没有什么不好的效果，如果那只动物又失败了，它只会继续安静地玩耍或挠身上的皮毛。就这样，尽管这只动物一再失败，犯了比以前多得多的错误，但它甚至不可能唤起实验性神经症的一点点迹象。这只动物就像加入了‘埃尔德·米肖的幸福教’一样，把自己的重负交给了上帝。”

52. 很难理解神经学家、心理学家等对目的论的传统谴责，例如，当 W.R.阿什比(《脑的设计》，伦敦，1952 年，第 1—10 页)，在构建一种解释大脑功能的机制时，断然放弃所有目的论解释。

53. 更详细的阐述参见本书边码第 370 页。

54. 下面的类比可以说明这种情况。当一项技术可以用数学方法表述(如在电子技术中)时，并且这种抽象的技术由此和对(使这项技术得以生效的)材料的研究完全分开时，我们谈到“应用数学”。相比之下，化学技术没有什么理论可以得到发展而不考虑(该理论所依靠的)物质的化学属性。因此，技术化学家的主题是将某些操作原理与其成功或失败的物质条件相融合。

55. 罗伯特·利珀(《美国心理学学会会刊》，1952年，第65期，第478页)把赫尔描述为在很多方面是学习理论的主要人物。从那时起，控制论的兴起进一步增强了严格基于机械模型的行为主义的吸引力。E.R.希尔加德(《学习理论》，第2版，纽约，1956年，第182页)承认赫尔确立了“真正系统性的计量心理学体系……的目标”。

56. 参见本书边码第337页。

57. E.C.托尔曼:《动物与人中的目的行为》，纽约，1932年，第2页。

58. 吉尔伯特·莱尔(《心的概念》，伦敦，1949年，第58页):“外在的智能行为不是心灵运作的线索；它们就是那些运作。”

59. 使用前面一章中的符号，我们在这里从H/E(表达我自身的承诺)过渡到P(/HE)，据此我承认另一个人的类似承诺(本书第1编，第3章，边码第32页)。

60. 参见本书边码第3编，第9章，第286—288页。

第十三章

381

人的崛起

第一节　引　　言

现在已经是最后一章的开头，但是我还没有关于事物之性质提出任何确定的理论；我在本章中也不会提出这样的理论。本书试图要完成一个不同的，但也许更有野心的目标。旨在重新赋予人以某些功能，而这些功能被数世纪以来的批判性思想认为是可疑的。读者被邀请去使用这些功能，并且因而去思考事物之图景，在其中事物已经恢复其显而易见的性质。这就是本书想要实现的全部目标。因为，一旦使人意识到客观主义框架所带来的严重伤害——掩盖了这些伤害的模糊性之面纱一旦被最后揭开——很多生机勃勃的心灵就会重新承担起责任，去按照世界的本来面目，按照世界将要被我们看作的那个样子，来重新诠释这个世界。

要重新开拓这一视野，还要再向前迈进一步。在前面两章中，我曾表明生物的成就指的是什么，并用那些例子展现了成就的逻辑。我们的结论如下所示：

(1) 生物只能通过成功或失败来认识。它们包括成功生存和成功行为的逐渐上升层次。

（2）只有从整体上进行理解，我们才能认识成功的系统，而对其细节我们只能附属地意识到。而且，除非把细节与整体相联系，否则我们不能有意义地对细节进行研究。另外，我们所思考的成功的层次越高，我们对该主题的参与度就必定越深。

（3）因此，用更加中立的术语——通过这些术语我们可以认识那些不能区分成功或失败的体系——来解释那些能够成功或失败的体系，这在逻辑上是不可能的。能成功或失败的体系的特征是操作原理，或更一般地说，是某些正确性之规则。当我们试图用与正确性之规则无关的术语来界定关于正确性规则的知识时，这种知识就消失了。

（4）同样，用物理学和化学的术语来表现生命，就像用物理学和化 382
学的术语来解释落地钟或莎士比亚的十四行诗那样毫无意义，而且，以机器或神经模型的方式来表现心灵也同样毫无意义。较低层次虽然与较高层次具有联系，**它们界定了较高层次获得成功的条件并解释了其失败的原因，但它们不能解释较高层次获得成功的原因，因为它们甚至不能界定这种成功。**

本章接下来的步骤，就是把“世界本质上是分层次”的这种视角与进化论的事实相比较。我们必须正视这样一个事实：生命实际上是从无生命的物质中产生的，而人类，包括最初塑造我们关于正确性之知识的人类导师们，都是从类似我们每个人所起源的母体受精卵这样微小生物进化而来的。我将在“成就的逻辑”这一框架内重新确立劳埃德·摩根（Lloyd Morgan）和塞缪尔·亚历山大（Samuel Alexander）首次提出的“突生”（emergence）* 概念，以应对这一处境。在这方面，跨越逻辑鸿沟的探索行为将被证明具有典型性。我们将在不同层次上发现这种内在不可形式化的过程之证据，并建议将进化的成就归入其中。

* 也可以翻译为“突现”或“涌现”。——译者注

第二节　进化是一种成就吗？

作为趋向于产生更高生物成就的基本创生过程，进化的观念并不是被视为理所当然的。因为它受到科学主流思潮的强烈反对，这一学派声称发布了大部分关于遗传和遗传改良的杰出的现代著作，还对古动物学作出了一些杰出的研究。但是，我远没有因此而觉得气馁。我觉得这一系列杰出的反对者是非常令人振奋的，因为只有天才支持的偏见才可能掩盖我在这里提出的这些基本事实。

我将在两条路线上进行论证，用 A 和 B 表示。我对这两条路线都已经进行过说明。根据路线 A，我将试图为进化论确立一种排序原则，并把这个原则的**作用**与**引发**并**维持**这些作用的**条件**区别开来。这一论证太广泛，因此在这里很难充分展开。所以我将转向论证 B，以便证明，被观察到的人类意识进化过程清楚地展示出这种能动的突生。

路线 A。我将要批判的、通常被描述为新达尔文主义的现代主流理论，把进化看作连续的、偶然的遗传变化之总和，而这些变化给它们的动物载体提供了生殖优势。在随后的世世代代，使具备更好能力的变种取代原来物种的一系列遗传变化，被描述为“自然选择”，而“自然选择之力”被认为产生了最终孕育出人类的连续生命形式。[1]

383 这一理论内在的根本模糊性往往掩盖了它的缺陷。它的缺陷在于这样的事实：关于基因变化如何改变个体发生，我们缺乏任何可接受的观念。这一缺陷又是由于另一事实引起的：只要我们坚持用物理学与化学的术语来定义生命，我们就不能对生物有明确的观念。[2]我的论证将基于不同的生命观。我将把生物看作从属于个体中心的形态类型和运作原则的实例，同时我将确认，任何类型、任何运作原则和任何个体都不能用物理学和化学来定义。由此看来，新的生命形式——作为以**新的**个体为中心的**新的**类型和**新的**操作原理的实例——的兴起，同样不能用物理学和化学来定义。

为了简化这一论证，在这里我将集中讨论新的运作模式的出现，这通常是进化产生的新生命形式中最显著的优势。所以，进化论必须解释实行新的生物运作模式的新个体之产生原因。但是，新的生物运作模式之实例是如何出现的，这个问题显然要回到“生命本身如何起源于没有生命的物质”这个问题上。显然，要使这得以发生，必须具备两个前提：(1)生物必须是可能的，即必须有某些合理的原则，这些原则的运作可以无限维持它们的载体；和(2)必须出现某些有利的条件以便一开始能够引发并维持这些运作。在这个意义上，我承认使生命**起源**的有序原则是一个稳定而开放的系统之**潜能**；而生命赖以生存的无机物仅仅是维持生命的一个**条件**，生命所起源的物质的偶然结构仅仅是引发生命的运作。就像生命本身一样，进化可以被认为是**起源于**有序原则的**作用**，这一作用则由随机波动所**引发**，并由幸运的**环境条件**而得以**维持**。现在我将详细阐述这一分析。

奥斯特瓦尔德(W.Ostwald)曾令人印象深刻地把生物的稳定性比作一团火焰的稳定性。今天，人们更普遍的说法是“开放系统”，[3]但一团简单的气体火焰就已包含所有的相关东西。它代表着一种具有稳定形态的现象：持续消耗燃料，并持续释放由燃烧所产生的废物和能量。一旦火焰燃起来，在它不被熄灭的情况下，它的形态和化学成分可以发生变化。在这个意义上，火焰的特性不是由它的物理或化学属性所界定，而是由维持它的运作原理所定义。原子的特定排列可能偶然地满足引发火焰的条件，但这种偶然性本身也只有在它与(确立稳定火焰之可能性的)有序原则有关时才能被定义。

这样，稳定火焰的潜能与任何引发这一火焰的随机波动之间的关 384
系，就和具有倾向性的骰子的潜能中固有的运作原则相同，也和本书第一编第三章所描述的第三个假想实验中的布朗运动的随机性之间的关系相同。[4]不过，我们必须注意以下的重要区别：导致一个开放系统得以建立的波动在事件结束后并不消失，而使骰子翻转到稳定位置后的布朗冲击力却消失了。引发火焰的原子结构在火焰中不断自我更新。这是开放系统的一个基本特性，我以前没有描述过，它们使任何引发自身的任何不可能事件都变得稳定。费舍尔(R.A.Fisher)的观察方式——通过这种方式自然选择使不可能变为可能——仅仅是这个定理的另一个特殊应用。生命的开端也必定同样稳定了引发生命的无生命物质的极不可能的波动。

由于进化的缓慢性，没有任何完整的功能革新能够在任何可观测时期内被看到。但是，这些革新的确在更长时期内发生了。变化朝着更高层次的组织逐渐发展，在这些更高的层次中，感觉的深化和思维的出现是最明显的。在这个意义上，我们可以承认，某些进化路径比其他路径更有效。例如，节肢动物具有外骨骼，这提供的进化空间比内骨骼的脊索动物要小。但进化的这些综合运作在当前的短期经验内是观
385 察不到的，而且，由于这些运作的任何迹象都极可能被短暂的、发生在主导进化趋势间隙中的遗传变异所掩盖，它就更不可能被观察到了。因此，实验遗传学家，甚至是种群遗传学的学生，都不会注意到进化的长期运作，而遗传学家不用考虑进化趋势的作用就可以毫无困难地解释他们观察到的所有遗传变异。

事实上，只要变异缺乏或未能揭示任何长期进化所具有的意义，它们就只能用当今的自然选择理论来描述。它们必须以随机突变的形式出现，仅仅通过它们的生殖优势来建立自身。这一解释事实上将适用于一系列显著的适应性变化，而这些变化实际上并不构成任何长期的进化成就的一部分。一些复杂的机制，如保护色，将以这种方式得到正确的解释。但是，我并不认为任何完全偶然的优势可以导致一套新的运作原则的演变，因为这样做并不符合它们的性质。

这一论断的根据已在前面的论证中阐明，稍后将予以澄清。在这里，我只想指出，自然选择理论把所有进化过程都归入由不同的生殖优势所确定的适应性范畴内，这必然忽视了以下事实：像人类意识出现这样的长期进化过程的连续步骤，不可能**仅仅由它们的适应性优势**来决

定，因为只有当它们被证实是**以独特方式具有适应性，即只有在一个持续上升的进化成就之路线上**，这些优势才能构成这种进程的一部分。隐含在这种持续的创造趋势中的有序原则之作用，必然被自然选择理论所忽视或否定，因为它不能用偶然突变加自然选择的方式来解释。事实上，承认这种作用将使突变和选择降低到某种恰当的地位上，即它们只是**产生和维持着进化原则之运作**，然后，所有的主要进化成就才通过进化原则来被定义。

路线 B。现在，我将更充分地重点探讨人类的崛起，以证实这一普遍论点。

由于只有通过评价生物的成就我们才能认识它们，因此，我们也只有通过评价它们在世世代代发展过程中所取得的成就，才能认识它们的进化。我们已经看到，这样的评价是生物学所必需的。但是，人类进化的成就却非常高。动物被认为是以自己为关注中心，而我们却尊敬我们的同伴。所以，我们认为人类是最宝贵的造物之成果，同样，对于这一事实的认识也不在自然科学范畴之内。因为只有服从一个我们相信所有人都平等服从的义务框架，我们才拥有这一知识。基于这些理由，人类得以在所有已知生物中处于最高地位。但与此同时，对人类崛起的研究也因此远远超出生物学范畴，延伸到我们承认某些东西存在，并且我们相信这些东西是人的本质与命运。

为了清楚地考察人得以产生的过程，我将把单独一个人的祖先追溯 386
到最初的起点。由于那个人的父母、祖父母和更远祖先中的每一位又有一对明确的父母、祖父母，等等，所以，一个人的家族谱系包含一组确定的个体。随着祖先序列在时间上的前溯，它们也逐渐降低到越来越原始的生命形式，最后，到了有性繁殖被无性繁殖取代的地方，它们就不再有分支，而只是沿着单一的线路继续下去。在那里，它们进入了单细胞有机体的领域，过了这一领域，又进入亚微观的、类似病毒的活的原生质微粒的领域。

我把这个祖先系统称为**人类的起源**（anthropogenesis）。包含在一个人的祖先中的后代动物的躯体看起来仅仅是持续生存的遗传物质的载体。载体可能会改变他的任务，但即便如此，当他自己死亡并消失时，他的遗传物质仍继续存活，并与另一对父母的遗传物质混合在一起，存在于他们共同后代的身体内。因此，我们可以把整个人类起源看作遗传物质的不断增殖的过程，从最初的单细胞一直到某人父母的遗传物质。由于在有性生殖的整个过程中，每一个新个体的诞生都标志着两个遗传物质支系的汇合，因此，遗传物质的这种增殖伴随着携带该遗传物质的个体数量的持续减少。同时，趋向于集中的增殖的整个过程——经历数百万年之久——最终发展到其终点，这就是我们考虑的人类的起源，即人的母体受精卵和后续的胚胎发育，以及出生和成长。

整个进化的成就都可以局限在一个封闭的物质系统中。它的运作必定发生在这一系统内部，同时也和环境进行交互作用。按照前面(路线 A)的逻辑分析，这个过程必须遵循某种**有序的创生原则**，这一原则的运作只能由分子骚动和外部光子的随机作用而引发，并且只能由有利的环境来**维持**。但在这种情况下，我们不需要进行这样的抽象分析，就可以认识到一个有序的转化原则已经在起作用。我们有直接证据来预见我们的逻辑分析之结果，这就是人的意识的出现。从亚微观生命粒子的种子——以及在此之外的无机物的起源——我们可以看到一个有感知力、有责任感和有创造力的生命种族的出现。这种无可比拟的高级存在形式的自发出现，直接证明了有序的创生原则的运作。

387 在前一章中，我考察了一系列上升的生物层次，并以此展示了不断上升的成就之逻辑。这一进程使我认识到，生物学可以按照连续的阶段而扩展到认识论，更广泛地说，扩展到我自身的基本寄托的正当性。因此，超越生物学而继续扩展到承认我所有的义务。在进化过程中，这一系列的扩展应该表现为一系列连续存在的成就。它将表明，在人类的起源过程中，我们祖先的后世后代如何逐步具备人的全部能力，并最终继承了人类所有的具有风险的渴望。让我简要地概述一下这个过程。

人类命运的第一个微小而决定性的一步，出现在超微观的、类似病毒的生命微粒取得标准的形态和大小，并相应地具有完整的内部组织时。由此产生的芽孢杆菌带有个体的特征。它的自我控制的形态和结构，以及服务于生存的生理机能，确立了一个自我利益中心，以抵御在世界范围的随处出现的无意义事件。

通往人性的下一个阶段是由原生动物达到的。在原生质层中的细胞核的出现，表明内部组织的复杂性增加，这表现为大大增强的自我控制的外部行为。原生动物自主地活动，并进行各种自觉的目的性活动。浮游的变形虫向四面八方伸出探测纤毛以获取食物，或把自身吸附在坚实的地方，然后用原生质里面的细胞核把整个原生质吸附在这一立足点上。所有这些动作都是协调性的：变形虫在寻找食物。[5]就这样，它长得越来越大，直到可以进行细胞分裂而结束其个体生命。

另一个大的进步是由类原生动物聚合成多细胞的有机体而实现的。这一进步使动物能够进化出以有性生殖为基础的更复杂的生理机能，这种繁殖方式极大地增强了它们的人性。人类堕落的故事给这一事件提供了一个绝妙而贴切的象征，因为当躯体的一部分(生殖细胞)承担起生殖任务，而单个动物不再生存于它的子孙后代之中时，欲望与死亡就同时被创造出来。而且，当多细胞生物这一生存形式确立了这个悲剧性结合的雏形时，个体的命运就奋起挑战周围不会死亡的无生命物质之荒漠。

我们不知道意识是在进化的哪个阶段觉醒的。但是，随着多细胞 388
有机体的大小的增长，以及随之而来的复杂性的增加，神经系统形成了，使有机体能进行更广泛、更精细的自我控制。大约 4 亿年前，即今天我们用蠕虫所表示的那个阶段，我们的祖先已经在变长的身体前端形成了主要的神经节。它朝着未知的世界而前进，而首先接触和试探这个未知世界的部位就这样获得了主导地位。然后，它指导自身运动，也控制着成长和再生。由此，在生物体内的高级和低级机能之间形成了一个梯度。动物的一个极点也被确立，这个极点运用身体的其他部位来维持自身并用作自身的工具。在这个能动中心中，动物的人性在与从属性身体的联系中而得到增强。这就预示了头部的支配地位，这种支配性赋予心灵在身体中的独特地位。

蠕虫用来探索它们的前进路线的摸索动作，预示着视觉、听觉和嗅觉这些更有效的探索功能。感官的运用把动物心灵控制的区域扩展到周围的空间。但是，观看就是预期，因此也就等于相信；感知包含着判断和出错的可能性。所以，当我们祖先的人性得到新的感官能力的充实和扩展以后，它在控制新的偶然事件的过程中又得到了进一步的增强。主体和客体这两极开始发展，同时动物也具有了生死攸关的职责，即在必然不充分的信息条件下形成自己的预期。

这种判断行为的开始，表现在从经验中学习的能力上。有些观察者把这一功能追溯到单细胞有机体，而这一功能肯定可以在蠕虫这样的低层次上发现。不过，随着感知的形成，以及由之而来的归纳能力、创造力和理解力的初步发展，学习能力也得到了极大提升。这预示了自我设定标准的整个最高级领域，很快，理智愉悦最初的微弱冲动在动物的情感生活中出现了，而动物也变得易受困惑和挫折。

但是，五亿年的人性的这一成长和巩固过程，只是通向真正的心灵生活的门槛，而其真正的实现还要在五百个世纪以后，这时人类从缄默的兽性中突然崛起。泰亚尔·德·夏尔丹(Teilhard de Chardin)* 把这一最终的进化步骤称为**精神的起源**(noogenesis)，[6] 人类知识由此诞生。它是人组成社会、发明语言并由此而创造出持久的言语性思想框架的产物。泰亚尔把这个框架称为**精神世界**(noosphere)。我们已经看到，儿童通过进入传统的精神世界而获得具有责任感的人性。我们整个种族通过创造了自身的精神世界，这世界上唯一的精神世界，而获得这种人性。

---

* 皮埃尔·泰亚尔·德·夏尔丹(法语：Pierre Teilhard de Chardin，1881—1955)，中文名是德日进，法国哲学家，神学家，古生物学家，天主教耶稣会神父。德日进在中国工作多年，是中国旧石器时代考古学的开拓者和奠基人之一。——译者注

这是对无意义的非生命存在物的第二次重要反抗。第一次是自我 389
中心的个体的出现，这种个体主要是植物性的，对自身行为的合理性一
无所知。在这样的个体里，遗传物质在进化中存活了很多个世代，直
到精神得以出现，并创造了并非以个体为中心而是超越了个体的自然死
亡的新的生命组织。当人参与到这一生命中去的时候，人的身体不再
仅仅是自我放任的工具，而是变成了他的使命之条件。在进化过程
中，我们身体中发展出来的非言语式心灵能力，就成了言语式思想的隐
默因素。在形成并接受一个言语框架以后，这些隐默能力激发出巨大
的新的理智激情。它们引发了探索性努力。它们使我们热爱人的伟大
性，并把那些实现这种伟大性的人作为我们的向导。通过接受这样的
教导，人证明了他有理由去宣称自身的自由。

尽管生命个体的第一次崛起通过在宇宙中确立了主观利益的中心，从而克服宇宙的无意义性，但是，人类思维的产生又以其普遍性意图克服了这些主观利益。第一次革命是不彻底的，因为一个在死亡时结束的自我中心的生命是无意义的。第二次革命渴望获得永恒的意义，但由于人类条件的有限性，它仍然是不彻底的。但是，人在思想领域获得的不稳定的立足点赋予人的短暂存在以充分的意义。在我看来，由于人服从我相信具有普遍性的理念，人的内在稳定性似乎得到了合理的支持和证明。

这一伟大图景，即人类起源的图景，向我们展示了一幅“突生”的
全景图。它为我们提供了在个人意识逐渐增强的过程中的关于“突
生”的大量例子。在这一史诗般进程的每个连续阶段中，我们都看到 390
某些新的运作的出现，这些新运作不能根据它们的前一层次来说明；它
们的整个范围也不能以它们的无生命物质之细节来说明，因为，按照已
知的物理学和化学定律所发生的任何事件都不可能是具有意识的东西。
炼金术士过去曾把有意识的欲望归因于酸和碱的化合，但化学在解释这
一过程时却不会这样做。化学试剂的“作用”绝不是行动，因为它不
可能失败；盐酸永远不会错误地溶解铂。按照已知的物理和化学定律

运作的自我控制的机器也不能代表人类，因为这样的机器是无意识的自动机器，而人不是无意识的自动机器。有些人说，当我们一方面谈论思维，而另一方面谈论神经过程的时候，我们只是在以两种不同的语言方式在说话。然而，我们之所以能以两种语言方式说话，是因为我们在谈论两种不同的事物。我们谈论莎士比亚在写作剧本时的思维，而不是谈论盐酸溶解锌时的思维，因为人有思维而盐酸却没有。所以，很明显，人的崛起只能用与今天已知的物理学和化学定律不同的原理来解释。如果这就是活力论(vitalism)，那么活力论就只是常识罢了，只有顽固的机械论才能忽视它。[7]只要关于物质系统如何演化出有意识、有责任感的人，我们无法形成任何观点，那么，认为我们能够解释人的起源，这就是一个空洞的狂妄之辞。一个世纪以来，达尔文主义就不再关注人的起源，它只研究进化的**条件**，却忽视了进化的**作用**。进化只有被当成突生的成就才能够被理解。

第三节　随机性——突生的一个例子

但是，突生在无生命的领域就已经开始，如同随机性与这一随机系统的细节之间的关系那样。多年来毫无结果的努力已经证明，要通过一个系统的微观细节，来确定这个系统的随机性所具有的概率，这是不可能的。这一点应该激励我们把随机性与其他不能用细节方式来说明的综合特征进行比较；这些不同实例之间的类比将会增强突生的概念，证明突生是这些实例共同具有的性质。[8]

洗牌就是一个突生过程。纸牌玩家认为他们知道如何洗出一手均匀的牌，而概率论的作者也倾向于同意我们可以谈论这样的一副纸牌。[9]**但是，只有当我们不知道如何洗出一手均匀的牌时，我们才能洗出一手均匀的牌**，因为如果我们知道洗牌过程的细节，我们就会知道牌的最终排列，那么这副牌就不会处于随机状态，也就无法统计出从中取出某张牌的概率。这是普遍成立的。如果我准确地知道掷骰子的条件，我就能预测其结果，但不能再**猜测**这一结果了。当我知道机器掷骰子的未来结果后，我就不能再对骰子的统计性质说些什么了。

我把这种情形称为突生，因为我们可以认识一个系统的随机性，但 391
却不能用有关这一系统的更详细知识来认识它。如果我们观察在突生层次以下决定着这一系统的细节，我们对这种突生性即随机性的知识事实上就被破坏了。此外，作为一种突生，随机性为一组新的操作提供了可能性。在均匀洗牌或没有偏向性的骰子的例子中，这些新操作就是去估计可能出现的事件之概率，并根据其结果下赌注。

在科学中，最重要的随机系统是气体中的分子运动。在过去一百年的大部分时间里，数学物理学家都尝试根据力学的细节来说明气体内分子聚集的随机性，但在逻辑上这是不可能的。如果我们（在波动力学的范围内）准确地知道每一个分子的位置和速度，我们就只能预测分子的行为，而不能预测由随机性决定的综合特征。决定气体状态的两个综合特征是气体的温度和压力。只有当我们假定气体中的分子处于随机运动时，才可以认为该气体有明确的温度和压力，但这种假设却与我们对于气体中的分子运动之结构的认识不兼容。[10]

可能有人会提出相反的观点，认为根据对气体中所有分子的详细了解，我们可以计算出温度计或仪表在气体中不同位置的读数。我们也许能预测到这样的读数。但是，如果不能假定这些结果是由气体的随机条件引起的，那么这些结果就毫无意义了。

为此，我们必须求助于某种扰动模式，就像让纸牌处于随机状态时的洗牌一样。而且，如果我们相信自己有能力使气体的若干部分随机分布，那么我们就能在这些部分之间确立不同的温度和压力点，并能预测这些不同点会由于具有随机运动的粒子系统所固有的随机化过程而平均分布。这些过程是不可逆的，因为这将与我们的随机性假设相悖：除非受到内力或外部干预的驱动，否则，随机的聚集将会把自身导向不那么随机的状态，除非受到偶然波动的影响。

随机化可能不成功，秩序的痕迹可能永远不能被消除。[11] 在这个意
392 义上，随机性可以被看作一种成就。在任何情况下，作为一个综合的特征，随机性都服从于成就之逻辑。我们可以把这一逻辑等同于突生的逻辑。突生的存在形式是通过我们对它的综合判断而确定的，因此，这种判断也就间接赋予它以一种状态，在其中属性是相互关联的，并且问题和控制也是相互关联的，所有这些假定了突生的存在，并被用来阐明突生的真实性。这整个突生系统（包括目前的随机性和概率、平均值、温度和压力、不可逆过程和热波动等情况）是不能以它的确定细节来说明的。尽管这些细节和更高层次的特征相关。如果已知气体中分子运动是随机的，那么我们就可以根据它的细节来评估该气体的温度、压力、熵等。

显然，在这种情况下，不可明确说明性并不仅仅是不知道。经常有人指出，如果你对随机系统一无所知，那么你就无法识别它；如果我不知道一个数列是随机的，我显然不能说它是随机的。但事实恰恰相反。我可以（根据无理数的性质）说包含在 $\sqrt{27}$ 中的数字序列**不是**随机的，尽管**除此之外**我可能对它一无所知。另一方面，虽然我可能熟悉 π 值的推导，但我还是肯定它的数字序列是随机的，因为统计测试已经表明 π 的前 2 000 位数字没有遵循任何可识别的模式，[12] 当然，计算 π 值的模式除外，而那种运算也太麻烦，而难以进行下去。在 π 的例子中，我们也可以很好地讲清楚：为了识别随机性，我们必定**知道**什么，以及我们必定**不知道**什么。用以计算 π 的原理来识别 π 这个随机数，但对 π 所作的任何实际计算都会破坏这种随机性。

量子力学既不对洗均匀的一副牌，也不对掷骰子或把气体设想为随机运动的分子聚集这样的论证有什么影响。它的措辞只需要稍作修改就可以了，即在出现"力学定律"的所有地方都用"量子力学定律"取而代之。对于纸牌或骰子来说，这没有什么区别，对于除了氢气之外的气体来说，也没有什么太大区别，因为对于较重的粒子来说，量子力学定律与力学定律是重合的。但是，确切地说，关于位置和速度的经典预测必须被位置和速度的概率分布的预测所取代。[13]

第四节　突生的逻辑 393

现在，我们可以回到我们真正的主题即对人类起源的考察上来了。我们已经到达这样一个阶段，即我们必须把更高层次的不能根据较低层次的细节来说明的特性，与更高层次事实上是由这些较低层次的元素自发产生这一事实进行对比研究了。突生的事物如何能出自并不能成为其组成部分的细节？在每一个新的阶段都有某种新的创造性因素进入突生系统里吗？如果有，我们如何才能解释人类起源过程的连续性？

为了回答这些问题，我们必须补充一些新的问题。人类崛起最终导致了精神世界的发展。这种高级知识是人类起源过程最后一刻的即兴之作吗？还是人类心灵的所有作品已经被无形地铭刻在远古炽热气体的结构中？或者，人类的每一个新发现都必须归因于神的一次新干预？

这里首先要注意的是，严格地说，不可按照较低层次的细节来说明 394
的不是突生出来的较高存在形式，而是我们关于它的知识。因此，除非与从较低**观念**层次到较高**观念**层次的相应发展联系起来，我们就不能讨论突生。由此我们认识到：概念发展不一定总是存在的，但它是逐渐存在的。

例如，把一把铅沙扔进一个平底锅，你会发现那些颗粒形成了一个规则的图案。水晶的对称形态也来自类似的原理：具有相同大小和形态的分子会形成有规则的聚集，就像铅沙在平底锅中聚集成型那样。这是一种新的综合特征之突生吗？我们可以知道晶体中原子的完整结构图，而不必看到它们形成规则的模式，这是可以论证的。的确，在结构图和从结构图得出的模式之间总是存在着一个明显的逻辑鸿沟。在这个意义上，没有任何模式可以按其结构图来加以说明。但是，由于在晶体的例子中，我们可以轻易地从它的模式转向它的结构图，并由结构图再转回到它的模式，因此，有关这种模式的观念事实上并不被有关它的结构细节的知识破坏。所以，我承认在这一例子中有两个不同的概念层次，而非两个不同的存在层次。

我们甚至可以把两个层次之间的概念鸿沟扩大，直到我们不可能以较低层次来表述较高层次，同时并不认为这两个层次在存在方面是完全分离的。想想物质的化学特性吧。它们完全由原子物理学决定，然而，接受量子力学训练的拉普拉斯式心灵绝不可能代替化学，因为化学回答的是关于或多或少具有稳定性的化学物质的相互作用的问题，而我们不可能在没有关于这些物质的经验，或者在没有处理这些物质的实践条件之经验的情况下，提出这些化学问题。仅仅预测在**任何给定**条件下什么事情会发生的拉普拉斯式知识，不能告诉我们什么条件**应该被给定**。这些条件是由化学家们的专业技能和特定兴趣所决定的，因此无法被写明。所以，尽管量子力学原则上能解释一切化学反应，但它甚至不能在原则上代替我们的化学知识。我们可以承认这是两种存在形式的最初分离。

我们已经看到，两个截然分开的存在层次因随机化而突生。但即使在这种情形下，突生出的实在(reality)相对而言也不具有什么新的特征。没有任何内涵丰富的新实在能够被发现是突生于无机物之中，而是首先发生于从无机物到生物的突生过程中。我曾把这一过程描述为偶然的波动，它引发某些自我维持的操作原则的运作。这形成了两个存在层次：由生理学支配的较高层次和由物理学和化学所支配的附属性
395 较低层次：较高层次的操作以个体的突生为前提，并为个体的利益服务。在人类进化过程中，个体性从最开始的纯粹植物性，发展到一系列后续阶段，即能动的、有感知力的人性，直到最后的有责任感的人性。种族史上的这种突生是连续的，正如个体发育中的突生也显然是连续的。所以，支配着进化中突生形式的较高层次的原则，可能会逐渐控制进化着的生物体，就像它们在人类胚胎和婴儿发育过程中逐渐变得更突出和更有支配性一样。我们要特别说明的是，人类的崛起包括个体性的不断增强，类似于通常从母体受精卵发育为人的过程中的增强

过程。所以，我们不必认为某种新的创造性因素在连续的、新的生物阶段进入突生系统中。新的生物形式通过**成熟过程**来控制这一系统。

诚然，这一观念仍然留下了一个未解决的冲突问题，即在连续性和关键性的发展之间的冲突。它给我们提供了另一个不受欢迎的选择方案：要么一开始就把成熟过程本身看作是预先确定的，要么假设它是由某种外部创生因素不断强化的结果。我们必须重新考虑成熟这一概念，以便使这两种选择协调一致。这一论证将分两个部分进行，第一部分通过寄托的普遍目标来论述前一种决定论，第二部分则通过参与寄托的人之身体机制来论述后一种决定论。

(1) 首先我将回顾一下如皮亚杰所描述的人类智力在个体发育中的突生。婴儿对周围环境的理解是以自我为中心的。这种理解持续地、不可逆地从一种形式的理解跃升到另一种理解。然后，它逐步发展出一个稳定的解释框架，在其中每一个连续阶段都提供了越来越精细的逻辑操作的可能性。不可逆的理解被推论式思维的稳步发展取代了。具有欲望、运动能力和感知力的儿童转变为有智力的人，能带着普遍性意图进行推理了。在就是成熟过程，这个过程与人类进化的突生过程的相应阶段非常相似，即从动物的自我中心式个体发展到有思维的人所具有的负责任的人性：事实上，是发展到精神世界的突生。

这种突生是从内部被我们所认识到的。我们在教育过程中以及在更引人注目的形式中，即在心灵的创造活动中经验到理智的发展。我可以特别回顾一下科学发现的过程。这个过程是不能根据严格规则来说明的，因为它涉及对现行的解释框架的修改。它跨越了一个探索式鸿沟，并因此引发了寻求获得发现的智力的自我修正。由于发现者并不能依靠任何形式程序，所以，他受到某种隐藏知识之前兆的引导。他感觉到有个未知的东西就在近处，并满怀激情地努力接近它。在科 396
学中，甚至更明确地说是在艺术创作中，凡是有伟大的创造力在运作的地方，具有创造力的心灵都给自己设定更能满足自身的新标准，并通过创新过程来修正自身，以便从这些自我设定的标准来看，能够更好地让自身得到满足。但是，具有创造力的心灵总是不断探寻某种它相信是真实的东西。由于这种东西是真实的，所以当它被发现时，它有权宣称自身具有普遍有效性——事实上，关于这种东西的知识必须满怀热情地坚持它自身的普遍有效性。这就是人用以提升自己的心灵的行为；这就是我们的精神世界得以存在的各个发展阶段。因为在创新者的个体发育过程中，我们遇到了人类心灵的种系演化过程中的一个阶段。

回顾这一突生过程，发生的事情已经足够清楚了。如果我们也承认同样的自定标准是真实有效的，那么，实现自己设定的标准的强烈愿望似乎是**完全确定的**；不过，它也被看作**很不确定的**，因为它的实现是通过对个人看到的特定前兆进行极大的增强。这是具有普遍性意图的自我强制性的逻辑。行动和服从被完全综合在与实在世界的探索式交融中；当决定论和自发性体现为寄托的普遍性一极与个人性一极时，它们就是互为条件的。当我们每次遇到人的伟大性时，我们很容易看到这种表面上是悖论性的情境。每当人们真诚地以真理的名义说出这一格言“我站在这里，别无选择”时，我们都立即认识到非个人化的真理之力量，以及坚持这一真理的心灵之伟大。我们愿意向这样一种寄托的两极表达我们的敬意。

只有当我们以非寄托的方式审视寄托因素时，困难才出现。如果我们问欧几里得的定理在被发现之前是否存在，答案显然是“不”，如同我们说莎士比亚的十四行诗在他写出来之前并不存在。但我们却不能因此说几何学的真理或诗歌的美在特定地点和特定时刻才出现，因为它们构成了我们的评价的普遍性一极，它们不能像时空中的物体那样让我们以非寄托的方式来观察。

(2) 同样，如果我们把创新者看作受物理和化学定律控制的物质系统，另一个困难就会出现在人之伟大性的个人一极。这种视角把莎士比亚的十四行诗回溯到铭刻在我们的宇宙所起源的远古炽热气体中的一个模式。这是拉普拉斯的宇宙观：宇宙从一开始就被永恒地决定了。我对这种观点的回应是再次认可我理解实体的能力，尽管这些实体不能根据其细节来被说明——而这些细节本身通常又是综合性的，因此也不能进一步用构成它们自身的细节来加以说明，以此类推。于是，最终的拉普拉斯式细节几乎是完全没有意义的，当然也不能被说成是决定了宇宙具有的任何有意义的特征，这一宇宙包含存在的若干突生层次。

但是，如果要从这种观点来审视自始至终的突生过程之全景图，我
就必须进一步阐述这个结论。我们承认，今天所知的物理和化学规律 397
所支配的任何过程都不能伴随着意识，但我们仍然可以假设，扩展后的自然规律可能使意识的运作原理得以实现。如果按照这些原理运作的结构，那么就没有理由保留来自我们**现在的**物理和化学的自动功能的观念。由于作用与反作用在自然界中通常是同时出现的，因此，承认在物质过程中出现意识的新的自然规律，也应该承认允许**相反的**作用，即意识过程反作用于它们的物质基础，这似乎也是合理的。这样的自然规律将不包含心理学，因为心理学是对心灵运作的共生式研究，但是，它们的假设却使以下观点变得可能：物质结构应该为**心灵运作的发生提供条件**，并**应该能够解释这些运作偶尔失败的原因**。这个假设使我们能够设想从无机物产生出有感觉力、有运动能力和感知力的个体，以及在更高阶段的有思维力、有责任感的人；它还将使我们把这一突生过程与创新者的探索式努力保持一致。

以这种方式回顾人的个体发育过程，现在我们可以把成熟的心灵活动追溯到较低层次的感觉性努力。在前面，我已经把这些较低层次的作用看作隐默成分的根源，这种隐默成分决定性地参与到所有言语式思维之中。在那里，以及当我们后来探讨生物存在的上升层次时，我们也看到了这些作用的结果是不确定的。因为它们是与实在世界相关的寄托，但这种关系是冒险性的。它们是不可逆的、只凭模糊的准则引导的理解过程。所以，从伟大人物的层次降低到新生婴儿的层次，以及进一步降低到最低等的动物层次，我们发现了一系列连续的中心；这些中心作出的非批判性的决定，最终解释了有感觉力的个体的每一个行动。因此，寄托的个人一极在任何地方保持着自身的自主性，在调节着

但并非完全决定自身行动的物质环境内行使自己的使命。如果不受到抵制，寄托的外部环境会压倒并消除寄托的冲动，但能动地作出寄托的中心却可以抵抗并限制外部环境，并使外部环境成为它自身操作的手段。

第五节　普遍化的“场”概念

398 现在，我们可以更清楚地认识到施佩曼（Hans Spemann）在他的西利曼讲座中暗示的理解与形态发生（morphogenesis）之间的相似性之根源了。[14]理解是一种不可形式化的、努力追求不可阐明的成就之过程，所以，它被认为是某个中心的内部驱动力，该中心能够按照自身的标准寻求满足。因为，如果不承认“理解中心”的理智满足，那么我们就根本无法定义它。有意识的理解行为的不可明确说明性，意味着它不可能用确定的神经机制来解释，而包含在理解行为中的理智寄托也不可能用物理化学的平衡作用来解释，因为后者并不能区分成功与失败。因此，理解和伴随理解而发生的身体过程，代表着一种只能用**理智正确性**来定义的平衡作用。形态发生是在形态发生场（morphogenetic field）*

* “形态发生场”（morphogenetic field，又译为“形态形成场”）。为了解释有机物种的形态发生，很多生物学家认为除了遗传因素之外，还有另外一个因素，产生形态的场，被称为“形态发生场”。20世纪20年代，A.格威奇（Alexander Gurwisch）就假设了这种场的存在。格威奇把形态发生的规律看作是一种无形的因素，并把它称之为形态发生场。1925年，P.韦斯（Paul Weiss）开始运用生物场的观念来解释动物失去肢体和器官的再生过程。生物学家C.沃丁顿（Conrad Waddington）又通过把这种生物场划分为几个“结构稳定性”区域进一步发展了这个观念。20世纪80年代，英国生物学家R.谢尔德雷克（Rupert Sheldrake）再次提出了形态发生场的概念。后来，理论生物学家B.古德温（Brian Goodwin）提出，分子、细胞和有机体仅仅是结构的单元：生物场才是有机形态和组织的基本单位。按照古德温的观点，当生物场作用于现有的有机体时，生物界的形态就随之而产生。关于形态发生场的实在性，生物学家产生了分歧，一部分人认为它仅仅是一个启发性的概念工具，而古德温认为，它具有一定的实在性。谢尔德雷克则认为，生物场具有实在性，这些场不断受到以前存在的同类有机体的影响并被强化。例如，老鼠学习逃离迷宫这样的行为规则时，如果有一组与它无关并相隔一定距离的老鼠已经掌握了这种规则，前者就学得更快；如果只有单独的一只老鼠，那么它学习的更慢。据说，形态发生场完全通过某种神秘的谐振起作用。关于形态发生场，科学界至今仍然处于争论之中。波兰尼借鉴了生物场的概念，并加以扩展，在本节中波兰尼认为正如形态发生在形态发生场中进行一样，种系发生也在种系发生场中进行；在本章第7节中，波兰尼认为探索活动发生在探索场之中，其中包括“机遇场”和“努力场”。——译者注

的引导下进行的，是以**形态正确性**为标准的同一种身体过程。但是，它却可以被描述为平衡作用，以区别于类似机器的框架之运作，也用来说明形态发生过程所显示的无穷无尽的丰富资源。一旦人们认识到，这种丰富资源只是服务于形态方面的成就，我们就会发现，这暗示着对它的成功或失败的判定，而评判的标准是我们为了适用于这一过程而制定的。所以，形态发生场(或它的组织者，如果存在的话)就被定义为这一成功的动因，以及失败的动因——如果没有获得成功的话。

通过对严格生物学意义的“场”(field)概念进行普遍化，我们可以更精确地描述这种情况，从而打消物理化学的平衡作用的任何想法。“隐默成分”的一切运作(无论是自我中心还是寻求普遍性的，无论是有意识还是无意识的)都将被纳入“场”的概念下。所有寻求自我安慰的精神不安都将被视为“场”的一种力。正如机械力是势能的梯度一样，这一力场也是潜能的梯度：这一梯度反映了对于某种可能的成就的接近程度。我们对接近一个问题之未知答案的感觉，以及我们追求答案的冲动，是对潜在成就的梯度的明显反应；当我们确定一个形态发生场时，实际上我们在这个场中看到了由共同的成就梯度协调起来的一组事件。我们还可以回忆一下，肌肉的协调似乎同样是不能用任何确定的解剖机制来形式化阐明的，并且，中枢神经系统在大面积受损后功能的稳定性和恢复能力，以及对已遗忘记忆的找回，这些是明显的不可形式化操作的进一步证据。这些例子都再次证明了成就的不同梯度所产生的力量场。

这样的“场”概念当然是终极目的论的观念。它把某些成就—— 399
无论是自我中心的还是追求普遍性的成就——归因于促进自身实现的能力。科学家甚至不准备考虑这样的一种观点，除非他们完全接受以下事实：生物成就**在逻辑上**绝不能用物理和化学来描述；很少有人意识到这一点。另外，生物学家可能反对“生物具有特定功能以获得生物成功”这一假设，原因是这样做会给它们赋予能解释一切——因而什么也不能解释——的魔力。但是，这种反对意见误解了我在这里提出的那种目的论，因为，尽管生物成就被说成是不可明确说明的，但我们确实有能力辨认并评价它们，而且它们的范围不是无限的，它们的资源也不是无限的。所以，根据成就来系统阐述的生物学和心理学可以被非常系统地进行研究。事实上这些学科在我们的时代主要**的确是**以这种方式来被研究的，尽管这种方式被披上了厚厚的伪装。但是，即使生物学家可能认识到这种情况，但他可能还是不愿去承认它，担心如果生物学抛弃了成为像物理和化学那样的客观科学之理想，它就会沦落为纯粹的猜测。就我而言，我并没有这样的担心。相反，我希望生物学在更坦率地关注基本的生命特征后，它会在广度和深度上受益。无论怎样，希望找到出路的非专业人士肯定不能接受科学客观主义强加给我们的谨小慎微的方针。

因此，回到普遍化的生物场之框架后，现在我们可以看到它们的运作包括三个阶段的创造力，其中种系演化中的突生是最高级的。(1)在实现某种明显可预见的事情时表现出来的富有智慧的创造力。这种创造力本书的前一章中得到说明，即致残的老鼠通过它们在未致残时所认识的迷宫时表现出来的创造力。(2)婴儿赖以发展逻辑思维能力的个体发育成熟可以归入一个更高的类别。它代表着一系列的成就，每一个成就产生一个新的“场”，下一个更高成就将在这个“场”中实现。这种突生被定义为能够产生此系统以前并不具有的操作原理的有序原则，这被个体发育成熟的过程得到了充分的说明。(3)种系演化中的突生超越了这一程度的创造力，产生了前所未有的操作原理，对于这种得到充分发展的突生，我们到目前为止只能通过形成从个体发育成熟到探索式成就的连续过渡，来对之进行处理。正是基于这种联系，我们现在必须进一步把(基于成就之梯度的)“场”理论应用于人类演化过程。

尽管这种同源性很久以前就由塞缪尔·巴特勒(Samuel Butler)提
400 出，并且后来被亨利·柏格森(Henri Bergson)作了系统阐述，但它仍然显得比较牵强。可是，这部分是因为视角上的错误。创造力的最高形式与最低的生物表现之间的亲缘关系远比外部状况显示的更紧密。人的创造性成就的确依赖于广泛而高度言语性的文化结构，不过，创造性的行为本身却是由非形式的综合能力作出的——这种能力是天才与其他人所共有的，是所有人与婴儿所共有的，而在这一点上婴儿与动物又是差不多的。请记住，使得人发展出语言这一巨大天赋的隐默能力的优势是多么得小，事实上几乎无法察觉。也请考虑一下两岁以下的儿童能比大多数成年人更好地学会唇读，尽管成年人可能具有高度的读写能力而儿童则必须同时学习说话和唇读。创造力在年轻时最大。我们确实可以说，如果儿童能够掌握理智能力并拥有成熟的情感体验，他们就会超越成年人的才能。

无论如何，与其说这是一个被建议的解释框架，不如说这是一个种系演化的事实，这是令人震惊的；我相信，这一事实是无可争辩的。这种成熟过程，与个体发育过程最奇妙的不同之处是：它是**个体发育之潜能**的成熟过程。进化过程发生于遗传物质，但它在遗传物质潜在体现的新有机体中显现自身。它出现在一个地方，又在另一个地方显现自身。因此，如果考虑到人类演化的过程，我们确实相信——就像我相信那样——事情的确如此，我们**不得不**假定：遗传物质的成熟是受到某种潜能的引导，而这种潜能在它可能成长为新个体的过程中发挥着作用。这样，我们实际上就面临着种系发生场的运作，后者引导着人类起源的成熟过程沿着种系演化成就的梯度进行，这是非常清楚的，就像胚胎学家面对来自个体发育成就之梯度的形态发生场。我们也不可能不注意到，至少在某些情况下，我们可以从内部体验到这种梯度。我们清楚地知道，我们正接近我们一直在努力想要回忆起来的东西，并且把这种情形与个体发育的成熟相比较，后者重新产生某些之前已经获得的东西。同时我们也知道，对新成就的探寻是如何受到某种暗示的指引，这种暗示显示着探寻者正在不断靠近他们想要实现的目标，尽管未曾实现过的成就之可能性会引导遗传物质不断成熟，直到达到一个更高的进化阶段。

第六节 机器式操作之突生

401 我对人类演化的研究强调了感觉和人性的出现，而正是这一视角引导着我目前对于进化的考察。我几乎没有提到导致高等动物形成的精细的结构性和功能性创生，尽管这些精巧的器官——它们精确地执行着大多数难度很高的操作——的突生，过去一直是进化论所探讨的主要问题。我之所以这样做，是因为我相信，与动物的心理过程有关的不可形式化的调节机能，是动物生命的最主要的综合功能。人的进化显然产生了新的存在中心，这一事实必须首先得到充分的认识，然后我们才能去研究解剖的、生理的器官的进化，因为就其自身来看，这些器官可能仅仅是服务于不变中心的新工具。并且，只有我们首先认识到：进化只有在其本身作为一种不可形式化的原则而运作时才能不断产生新的非形式化操作，我们才能承认：新的机器式操作同样只能以相同的非形式化方式才能突生。即便如此，我在这里还是不能对这个论点进行充分讨论。不过，在我看来，在证实了人的人性之进化只能通过遗传物质的成熟来激发以后，我觉得“类似机器的生物结构里是否也含有一个类似的成熟过程”这一问题已变成了我研究的次要问题了。因此，我这里只是简要地概述有关的论证。

类似机器的功能是通过其操作原理而被定义的，而这种操作原理不能根据物理和化学来定义，由此，生物中出现的新的操作原理也不能根据物理和化学来定义。就有机体像机器那样运作以维持着自身这一点而言，它是无法用物理和化学方法来确定的有序原则的表现。随机冲击能**产生**一个有序原则的运作，而适当的物理—化学条件能维持它的持续运作；但是，使一个新的有序原则**得以**实现的**手段**总是在于这一原则本身。

所有这些我在前面都已说过了。现在我必须针对各种可能的反对意见来为我的以下观点进行辩护：上述论证只适用于适当的例子，例如适用于肺和肺部呼吸的进化。但是，问题出现了：个体的肺，在不同年龄以及在不同物种的成员中，特别是当这些成员是肺部呼吸的同一个祖先之后代时，是否实际上被认为是同一结构性和功能性原则的差异极大的体现？而如果承认这一点的话，我将不得不把动物**主动**使用的这种合理的结构和功能，与某些动物通过保护色而获得**被动**优势相区分。 402
我坚决认为(就像我以前做过的一样)，由于保护色不是一种操作原理，因此，它可以通过随机突变加上自然选择而确立；但是，通过随机突变和自然选择，新的操作原理的突生可以被产生，却永远不能被确立。我认为，处于中间的例子也要被考虑到，例如新习惯的突生。新的习惯突生后，动物就增强了保护色为它提供的优势。在这里，要作出区分可能是很困难的，就像把偶然出现的无意义学习与通过理解而实现的智力学习相区分一样困难。然而，一旦后一种形式的突生被充分确立以后，显然它就体现了一种新的生命方式的实现，通过基于种系演化的成就的梯度之上的场域，这种新的生命方式在遗传物质中得以发生。

我相信，这一论证将表明一切试图用遗传物质的某些化学链中的偶然突变来解释复杂器官进化的尝试必然失败。但我必须再一次承认，要不是我直接面对人类的人性之崛起的话——这显然要求进化的终极目的论原则的假设，我也不会如此确信这点。因此，我将满意地基于关于感觉力和人性之突生的论证，来承认相关的原则。

第七节　第一因与终极目的

在论述概率那一章，我假定只有通过产生有序原则的运作，分子的随机冲击才能产生生物成就，并且我指出开放系统的稳定性是表明这种排序力存在的线索。生物的稳定性以及生物携带的遗传物质的更大稳定性——这些都可以归类为开放系统——为这一观点增色不少。我当时把这一观点与我认为是最高等级之成就的人类的个体发育与进化之图景进行对比。我还进一步求助于生物学（包括心理学）的不同分支所提供的证据，这些分支似乎呼唤着我们承认“场”是生物行为的原动力。由此，我在最后两节获得了这样的信念，即生物成就的途径具有动态特性，类似于一个系统的潜在能量在减少时所具有的动态特性。因此，由于随机突变而引起的人类起源，在本质上相似于低温布朗运动影响下的一组有偏向性的骰子的排序。

403 但我们（如同在分析成熟过程时一样）必须再次记住一个决定性的事实：生物成就是一个能动中心的成就。这一事实完全改变了更高层次的图景。在更高层次中，个体中心受到召唤去执行负责任的选择——连续性则要求一直到最低的层次上我们都应该把这种能动因素考虑在内。因此，人和人的思维之突生绝不能被看作来自生物成就场中的物质与心灵的被动转化：它反映了自主决定中心的逐步崛起。[15]

在这些决定中，我们从经验中认识了人类心灵作出的这些决定，另外，我们还观察到探索式决定对动物施加的压力。现在让我回顾一下这种行为的特点，并按照“场”的概念对它们重新进行系统阐述。

首先，我将把自己限制于认知行为上，这是本书的首要主题。主观认知是被动的，只有与实在世界有关的认知才是能动的、个人化的，才有资格被称为是客观的。我是充满信心地使用这些术语的人，只有我才能最终宣布：我相信什么知识与客观实在相关；而这一资格也已包含在前面对客观认知所作的定义中。现在，让我引入**探索场**（heuristic field）的概念。我们假定，由发现的接近程度所衡量的发现梯度促使心灵趋近它。这一点在“理智的激情”那一章中已经有所提示，但在那里还没有被明确说明。现在，“探索场”的假设解释了我们如何获得知识并相信我们能够拥有知识，尽管我们要做到这点，只能依靠某些证据，而这些证据不能用任何可接受的严格规则来证明这些行为的正当性。它暗示着，我们这么做是因为接触实在的内在吸引力促使我们的思维——在有用线索和合理规则的指引下——不断增强我们对实在的把握。

但是，在字面意义上，这一图景是误导性的，因为它再一次把心灵的运动描述为被动的事件。探索场中的动力线代表**获得机遇之途径，代表实现这一机遇的义务和决心，尽管它具有内在的不确定性**。事实上，关于“场”的这种假设比以前的探讨更清楚地表明：我们之所以期望发现真理，是我们作为生物所具有的本性决定的。它声称：**认知属于由各种生命形式构成的那一类成就**，仅仅因为生命的每一种表现都是一项技术成就，因此就像技术的实践一样，是大自然的应用知识。[16]但是，为了正确地表达认知与生命的这种亲缘关系，在整个生物学中，“场”必须根据它们的最终特性被解释为“机遇场”和朝向这一机遇的“努力场”。生物场通常属于一个中心，该中心包含机遇和努力。虽然这些 404
努力与高等动物的意识是连续的，但是一般而言，它们当然既不是自觉的，也不是有意的。

与作用于无机物系统的力量场不同，生物的努力场的定义是：我们把它的运作归属于一个能动中心，并承认这些运作是该中心的成功或失败，而我们对成功或失败的评价却以很大程度上不能被明确说明的标准为基础。在我对人类起源的描述中，我考察了场域中心逐渐上升到完全人性的地位，我在阐述从婴儿期到成年期的心智的逻辑成熟过程中的突生的某些方面时，再次谈到了这种上升。在生命的所有层次上，正是这些中心承担着生存与相信的风险。在发展的最高阶段，仍然还是这些中心驱使着人们去寻求真理，并不惜一切代价地向所有后来者宣布真理。

在这里，我们的论证到达了一个结论，即观察者对生物学成就的评价变成了他对更高心灵之领导的服从。这相当于把生物学延伸到超越生物学的领域。在超越生物学的领域，对生物的评价与对我们的知识遗产所传递的理想之承认融为一体。在这个点上，进化论最终冲破自然科学的界限，成为对人的终极目标的一种肯定。因为突生出来的精神世界被我们完全相信是真实而正确的；它是我们的寄托的外部一极，我们服务于它就是我们的自由。它规定自由社会是一个促进真理并尊重正确性的团体。它包含了我们可能会完全弄错的一切。

从这一点上回顾浩瀚的过去，我们意识到，在整个宇宙中，我们所看到的一切都是由我们现在最终相信的东西所塑造的。我们看到了原始的无生命物质，它们的运动是由内在力场所决定的，无论这种力场是力学的还是统计学的。我们看到了原始的无生命物质的粒子成为有序的构型，对于这些构型，我们的物理学理论可以(无论多么不完美地)回溯到无生命物质的基本属性。这一宇宙仍然是死寂的，但它已经具有了变成生命的能力。

那么，我们能够看出人类心灵的所有成就都已经被无形地镌刻在原始炽热气体的构型之中吗？不，我们不能。因为变成生命的能力来自“场”的力量，这种力量能够巩固第一因的中心。每一个这样的中心都具有成就的可能性，无论这种可能性就其结果来说多么有限、多么不确定和多么不明确，都把这一中心界定为一种本质上是新的、自主性的原动力。个体生命的中心是短暂的，但以个体为其分支的种系发生场之中心却持续了数百万年；事实上，其中一些中心可能永远存活下
405 去——我们无法判断。但我们确实知道，形成我们的原始祖先的种系演化的中心通过一次启动——与地球上的生命所经历过的漫长年代相比，这看起来像一次突然的爆发——孕育出了有心灵的生命，并且这些心灵宣称受到普遍标准的指引。凭借这一行为，一个在时间上突生的第一因把自身引向了永恒之目标。

就我们所知，表现为人类的宇宙微小部分是可见宇宙中唯一的思维和责任之中心。如果真是如此，那么人类心灵的出现是迄今为止世界之觉醒的最终阶段；以前所发生的一切，即承担生存与信念之风险的无数个体中心的努力，似乎都在相互竞争着去追寻现在我们在这一阶段所实现的目标。它们都和我们很相似。因为所有这些个体中心——那些导致我们自身存在的中心，和更多得多的产生了不同种类(其中很多都已经灭绝)的其他中心——可以被看作都在朝着最终的解放进行相同的

努力。 因此，我们可以设想出一种“宇宙场”，这种“宇宙场”召唤出所有这些中心，并让它们都拥有短暂的、有限而充满风险的机遇去朝着一种不可思议的完满而发展。 我相信，这也是基督教徒在礼拜上帝时的处境。

注　释：

1. 参见 R. A.菲希尔：《自然选择的遗传理论》，牛津，赫胥黎：《进化论：现代综合论》，伦敦，1942 年；G.G.辛普森：《进化的主要特征》，纽约，1953 年。 据说，当新的物种迁徙到旧物种无法到达的领域，就会产生具备更好能力的变种，而旧物种继续不受干扰地拥有它的居留之所。

2. (a)在整个形态发生的过程中，染色体在每一个连续的细胞分裂中被复制，从而把它们自己的复制品放入最后有机体的每个细胞中。 但是，在这些连续的细胞分裂中获得的连续分化变得越来越专门化。 这种进行性分化似乎不受染色体的影响；事实上，它是由“形态发生场”决定的。 (b)在低级动物中能重新生成整个器官包括动物头部的再生过程，在复制一组不能被看作对这一形态发生过程有任何影响的染色体时，也同样受到形态发生场的控制。 (c)在每一个细胞分裂处同样复制出一组将再生产出整个有机体的染色体时，分门别类的组织在培养物中继续增殖。

同一染色体的复制如何产生种类最多的细胞？ 如果染色体不能控制在形态发生过程中产生的细胞的性质，那么是什么样的因子起作用呢？ 染色体又怎么能说是控制了整个形态的形成呢？ 这里缺少一些基本原则。 也许它将通过接受形态发生场作为个体发生的真正顺序原则来提供。 对于这一点，后面有更详细的论述。

3. 这要追溯到莱纳和斯皮格尔曼：《物理化学杂志》，第 49 期(1945)，第 81 页；以及普里哥金和维埃姆：《实验》，第 2 期(1946)，第 451 页。

4. 参见本书第 1 编，第 3 章，边码第 39 页。

5. 关于这种追求的生动描述，参见 H.S.詹宁斯：《低等生物的行为》，纽约，1906 年，第 15 页。

6. 泰亚尔·德·夏尔丹：《人类的现象》，巴黎，1955 年，第 200 页。

7. 让我重复一次，与普遍的观点相反，从经典力学到量子力学的转变对这一论点没有任何影响。 如果组成人的粒子是由量子力学方程所支配，那么他的行为就会完全被这些方程预先决定，除了某一范围内严格地不可解释的随机变化以外。 由于人类的判断决不是一个完全不可解释的随机选择，所以，用量子力学的自动机器来表现智力行为，也不会比用力学的自动机机器来表现更好；它也不可能为人类意识的存在提供任何可能性。

8. 这里还需要对随机性进行这种分析，以证明随机性实际上[正如我在本书第 1 编第 3 章第 38 页(边码)所说的那样]是概率计算之适用性的最终的、不可进一步分析的条件。这一观点以前已被 N.C.坎贝尔在《物理学、元素》(剑桥，1920 年，例如，在第 207 页)曾强调过这一观点：“我强烈要求我们必须接受随机分布的概念，作为所有机会和概率研究的基础；我们准备接受这样一种说法，某种分布是随机的这一陈述一个不需要解释的最终陈述。 所有的偶然事件都要用随机分布来解释，当我们这样解释它们时，就没有什么其他可说的了。”

9. 例如，参见 I.J.古德：《概率与证据权衡》，伦敦，1950 年，第 15 页。

10. 假定气体的综合状况(温度和压力)与 n 个不同的微观状态相一致，且这些状态的概率是 $W_1W_2W_3\cdots W_n(\sum W_n=1)=1$。 气体的熵(S)就是 $S=-k\sum W_n l_n W_n$(k= 波尔茨曼常数)且 s 将总是一个有限的正数。 我们还进一步注意到，如果任何一个 W 的值是 0 或 1，相应的条件就消失了。

假设现在我们知道了气体的分子特征，我们知道了它是在什么微观状态下被发现的。因此，表示这一状态的 W 的值是 1，而表示所有其他状态的 W 的值是 0。 因此，S = 0，也就是说，气体的分子特征之具体特性把它的熵排除掉了。 由于气体的温度和压力都取决于它的熵，这个结果证实了本文的说法。

11. G.斯宾塞 · 布朗认为，随机化可能总是不完全的，并试图以此为基础解释莱因的结果(G.斯宾塞 · 布朗：《自然》，1953 年，第 72 期，第 154、594 页)。

12. 希尔达 · 盖林格："论超越数的统计探讨"，载于《献给理查德 · 范 · 米塞斯的数学与力学研究》，学术出版社，纽约，1954 年，第 310 页。

13. 尼尔斯 · 玻尔在他的法拉第讲座(《化学学会会刊》，1932 年，第 1 篇，第 349 页起)中表达了以下观点：从宏观和从微观上描述的气体之间的关系是在量子力学意义上建立起来的电子的位置与速度之间互补关系的一个实例。 这一理论支持随机性的不可说明性，但在其他方面是不可接受的。 我想在这里详细说明这一点，因为这一论点将揭示我对另一个被广泛接受的非常重要的观点的异议。 在量子力学中，任何确定电子位置和速度的尝试都必须根据电子与特定测量仪器的相互作用来定义。 结果将取决于所选择的工具，并将再次成为概率陈述。 我们的测量越是精确地定义了粒子的位置，粒子的速度就越是不确定，两个范围的乘积是常数。 然而，这两种知识的互补性不同于我们可以在纸牌或 π 值的数字序列中所得到的那两种知识。 因为一副纸牌可以对一个人来说洗得很均匀，而对另一个人来说却是极好的作弊；而且，尽管一个人可以把数值 π 的各数位上的数字用作随机序列，但另一个人却可以很有把握地把这些数字计算出来。 对于一个电子可能的位置和速度，情况并非如此。 在这种情况下，没有什么东西是一个观察者不知道，另一个观察者知道的。 事实上，观察的结果并不取决于观察者的参与，而是取决于测量仪器的作用，任何观察者的结果都是一样的。 这种情况一方面与下面这种观点相矛盾：原子论体系的宏观与微观描述之间的关系是互补关系的一个实例，另一方面也表明(与流行的观点相反)：量子力学的不确定性原理让观察者对被观察物体没有影响。 如果我们将"测量仪器"包含在"观察对象"中，则假定的效果将消失，后者也就因此而成了玻尔解释学派意义上的"被观察到的现象"了。 见 L.罗森费尔德："关于互补性之争"，《科学进展》第 163 期，1953 年 7 月，第 395 页。

14. 参见本书边码第 338 页注释。

15. 在这里区分行动和决定可能很重要。 机械力的作用将势能转化为动能，而生物场的作用可视为类似于此。 但是，机械效果可以不借助于力而仅仅依靠选择而产生，比如麦克斯韦恶魔可以通过不费力地来回移动一个无摩擦、完美平衡的快门来无限期地压缩气体。 这就提供了一种可能性，可以把心灵对身体的作用想象为不施加任何力量，也不转移自身的能量。 的确，由于进行分辨是心灵的特有功能，因此，仅仅通过整理周围的热骚动的随机冲动，心灵就可以对身体行使控制力，这种想法甚至或许不会显得太过牵强。不管什么时候，当我们谈到自主决定中心的时候，我们可能会牢记这一可能性。

16. 从这个意义上说，获得知识的能力起源于它所提供的选择性优势，这种说法似乎是一种同义反复，你显然不能用生物的幸存来解释生命的起源。 你显然不能用生物的生存来解释生命的起源。 诚然，认知能力可能因其选择性优势而得到进一步发展，但由于这并不能解释它是如何运作的，因此也不能说这就解释了它的起源。

索　　引

该索引是由马乔里·格林博士汇编。

主条目提供某些观点的系统概述，读者可能从中发现有用的概括。

此处标注的页码均为本书边码

Abettr G.　金·艾尔伯特　146n
ab-reaction　发泄　243
abstract arts　抽象艺术　193—5
accident, see *chance*　偶然，参见几率
accommodation（Piaget）　适应（皮亚杰）　105n
accrediting:鉴定:
essential to language　语言不可或缺的　80，84
articulation　言语　91
perception　知觉　96
speaker's judgment　说话者的判断　113
vision of reality, in discovery　实在观，正在发现　130
solution by heuristic craving　通过探索式渴求来获得解决　130
intellectual passions　求知激情　142
scientists　科学家　163
inference machine　推理机　169，259，参看 261—4
mathematics　数学　188
articulate framework　言语性框架　201—2
facts in society　社会的事实　240—3
persons as knowers　作为认知者的人　264，343
philosophical reflection　哲学反思　265
self-set standards　自我设定的标准　267—8
validity of religious system　宗教体系的有效性　283—4
facts in commitment　事实的承诺　304
machines　机器　329
myself as living being　作为生命体的自我　343
faculties of living beings　生命体的功能　347
reality relied on by living beings　依赖生命体的现实　347
success of organisms　有机体的成功　363
commitments, part of biology　寄托，生物的一部分　373
emergent existence　突生的存在　392
capacity for comprehension of unspecifiable entities　对不可说明的实体的理解能力　396
personal centres　个人中心　398
另请参阅："评价"、"信念"、"寄托"、"信托模式"、"信托框架"、"个人参与"。

accreditive:认可的:
decisions in speech 话语中的决定 209
statements 陈述 280—1
accuracy 精确(性)，准确(性) 135，136，138，141
另请参阅："precision 精确度"
Ach，N. 乙酰胆碱 N. 129n
achievement(s):成就:
inarticulate 非言语性 100
of science 科学的～2 165
in use of tools 在工具的使用中 175
of knowledge 知识的～ 313，347，403
intellectual，& rightness 理智的，与正确性 321
logic of ～的逻辑 327—46，381—2，392，399
physiology as study of 作为对～研究的生理学 334
of rightness in living processes in general 在一般生命过程中的正确性 340
of rightness in perception 感知的正确性 342—3
knowledge of 关于～知识 347
biological，first level，349 生物学的，第一级的 second level 第二级的 354—8
of ontogenetic success 个体成功的 357，400
types of biological 生物的类型 357
evolutionary 进化的 361，382—90，399，405，and adaptation 和适应 385
human evolution 人类的进化 385—390，399—400，404—5
acknowledged in learning experiments 在学习实验中得以确认 369
of living beings acknowledged in psychology 在心理学中得到承认的生命体的 370
of animals 动物的 373
randomness as 作为～的随机性 392
and comprehension 和理解 398
gradient of，in anthropogenesis 在人类起源中～的梯度 400
a-critical:不可批判的:
acts 行为 264，280，305，312，376
belief 信念 272
choices 选择 286
commitment to perception 感知寄托 297
decisions 决定 397
processes of cultural transmission 文化传递过程 208
statements 陈述，表达 268
另请参阅"*uncritical* 非批判的"。
action:行动,手段:
taught by technology 通过技术来传授 176
and perception ～和感知 361—4
in teaming 保持合作 364
of ordering principles 排序原则的 401
vs. decision 与决策 403n
active:能动的:
centre(s)，in living individuals 个人生活中的中心 336，344，364，388，397，402，403，404
principle，in perception 在感知中的～原则 96

in mathematics 在数学中的 189
vs. passive 与被动，消极 63，300，312—13，320，345，401
另请参阅："commitment 寄托，personal 个人的，personhood 人格，persons（语法）人称"。
Acton，H. B. H. B. 阿克顿 230n
Adams，J. C. J. C. 亚当斯 30，145，182n
adaptation（Piaget's "accommodation"） 适应（皮亚杰的"适应"） 105
adaptation in evolution 进化中的适应 385
aesthetic：审美的，美学的：
recognition 承认 351
rules，and idealblind medium 规则，和无视理想的媒介 334
affiliation of child to society 儿童的社会关系 207—8
affirmation(s)：肯定，自我肯定：
implies skill 暗示技巧 71
personal coefficient of ～个人因素 81
in vision 视觉中的 99
in appetite 食欲中的 99
of intellectual passions 理智激情的 134—5，159
of mathematics 数学的 131，187—90
of scientific theory 科学的理论 204
& shared convictions 与共享信念 212
logic of ～的逻辑 249—68，312，336
critical 关键的 264
& doubt 怀疑 272
vs. indwelling （精神、原则等)内居的 279
implies responsibility 意味着责任 312
hierarchy of ～的层次结构 346
& superior knowledge 卓越的知识 75
Sec also *assertion*. 另请参阅"声称；主张，断言"。
affirmative：肯定的，肯定词，肯定性：
content of emotions 情感的内容 172—3
use of language，see *indicative* 语言的使用，参见"指示的"
Africa 非洲，非洲的
science in ～的科学 182
primitive beliefs in ～的原始信仰 286—92
Agassiz，L. L. 阿加西斯 155n
agnostic doubt 不可知论式的怀疑 272，273—4
in law 在法律中 274，277—279
agreement and difference（Mill's canons） 共识与分歧（穆勒的准则） 167，371
Alchemy 炼金术；炼丹术 354，389
Alexander，S. 亚历山大二世 182，382
algebra 代数学，代数 86，185，186
allegations：陈述，宣称：
implied in conceptual decision 在概念性决定中隐含的 111
& fiduciary mode 信托模式 256
See also *affirmation*，*assertion*，*fiduciary mode*.
另请参阅"肯定，断言，信托模式"。

Allen，C. K.　C. K. 艾伦　223n
allusion in art　艺术中的典故　194
Almond，G. A.　G. A. 阿蒙德　228n
American revolution　美国革命　213
Ames，A.　A. 埃姆斯　96，362
analytic：分析的：
discoveries　发现　115
Philosophy　哲学 109　(see also linguistic philosophy)（另请参阅“语言哲学”）
vs. synthetic　综合的　48，115
Anderson，C.　C. 安德森　149
animal：动物：
drives　驱力　173
magnetism　催眠术　107—8，157n
animals：动物：
intrinsic interest of　～的内在利益　38，138，348，353—4，360
learning in　学习～　71—4，75—7，82，99—100，120—3，168，169，174，184，206，316—17，328，333，335，344，365（see also *learning*，*inarticulate intelligence*）.（另请参阅“学习”，“非言语的智力”）。
knowledge & performances of　知识与行为　76，101—2
understand only existential meaning　只理解存在性意义　90
free from systematic error　无系统误差　93—4
sentience in　～的感觉能力　96，363
intellectual passions of　～的理智激情　98，133，194，300，367
confusion in　～的混乱和困惑　108
problem-solving in　～的问题解决　108n，120—3，337，364—8
affirmation in　～的肯定　188
mental restlessness in　～的心理不安　196（参看 120）
conviviality in　～的交谊共融　205，209—10
commitment in　～的寄托　323，345，373
& machines　机器　332
machine-like functions of　类机器的功能　332，333，337，359，368，401—2
inventive powers of　～的创新能力　335，337
personhood in　～人格　336—7，346，362，364，368
our knowledge of（logical levels）　我们关于～的知识（逻辑层面）　345
& plants，contemplation of　～与植物，思考　353—4
morphogenesis in　形态发生　354—9
action & perception in　行动和感知　361—4
drives　内驱力　361—2，364—5
perception　知觉　362—3
feeding in　喂养　361—2
intelligence of　～的智力　379
vs. men，individuality in　与人，个性　385
heuristic decisions in　探索式决策　403
anomalies：异常现象：
in astronomy　在天文学中　20
in chemistry　在化学中　292—3

anthropogenesis 人类起源 386—90, 400, 404—5
field theory of ~的场理论 399—400
anticipation(s):期待,预期,预测:
power of ~的力量 103
indeterminate, implied in intension of words 不确定的,隐含在词语内涵中 116
in problem-solving 在问题解决中 127—9
in scientific method 在科学方法中 161
in problem-solving & apprenticeship 在问题解决与学徒期中 208
of reality, in discovery 现实,在发现 310
Antigone 《希腊神话》中的安提歌尼 209
antinomies of Marxism 马克思主义的悖论 228
anti-philistinism 反庸俗主义 236
Apollonius, 阿波罗尼俄斯 192
appetites:欲望:
& perception 感知 99
conceptual framework 概念框架 103
& heuristic craving 探索式的渴望 129—30
= part commitment =部分承诺 301
education of ~的教育 319—20
& rightness 正确性,正当性 334, 361—2
appetitive:欲求的:
conception of man 人的概念 244
(see also *mechanistic*, *Laplacean*, *Marxism*)(另请参阅"机械论的,拉普拉斯,马克思主义")
framework 框架 106
appraisal:评价,鉴定:
shapes factual knowledge 形成事实性知识 17
in classical mechanics 在经典力学中 20
of chance events 对于偶然事件的 21—2
of order 关于秩序的 36
in chemistry 在化学中的 40—3
in crystallography 在结晶学的 43—8
in skilful procedures in science 科学中的技术规程的 53
in art of knowing 认知技艺的 71
of articulation 关于言语的 91
of scientific value 科学价值 136
in acceptance of science 科学认同的 217
of precision 精确性的 251—2
of regulative functions of organisms 有机体的调控作用的 342
of individuals 个人的 344
of individual in species 个别物种的 345
of animal behaviour (2 levels) 动物行为(两个层次)的 346
in biological classification 生物分类的 349
of purpose, in physiology 目的,生理中的 360
classes of, in action and perception 类,行为与感知的 363
of action in biology 生物学中的作用的 364
of commitment, stages of 寄托,阶段 374

of biological achievement & superior knowledge 生物学的成就和高级知识 404
See also *accrediting*, *personal participation*, *skills*. 另请参阅“认可，个人参与，技能”。
apprenticeship, 学徒 see authority, tradition. 参看权威，传统。
Arago, D. F. J. D. F. J. 阿拉果 181—2
Arber, A. A. 亚伯 353n.
Archimedes 阿基米得德 122, 131n, 192
Architecture n. 建筑学 194n
Arendt, H. H. 阿伦特 228, 240n, 242
Aristotle, Aristotelian 亚里士多德；亚里士多德的，137, 146, 147, 152, 153, 358
arithmetic 算术 184, 185, 187, 194, 259
and music 和音乐 193
and religion 和宗教 286
arithmetical operations 算术运算 85
Armstrong, E. A. E. A. 阿姆斯特朗 206n
Arrhenius, S. A. 阿伦尼乌斯，美国 292—3
art(s)' artistic:艺术,艺术的:
art 艺术 46, 47, 48, 58, 133, 135, 164, 173, 193—5, 200, 220—2, 235—7, 244, 280, 283, 284, 302, 321, 380, 396
of knowing 认知的 3—65, 71, 312
denotation an 指示 81
of mathematics 数学的 125
learning of ~的学习 206
and automation 和自动化 261
artistic:艺术的:
achievement, and discovery 成就，和发现 106
experience, compared with living 经验，相较于生活 345
performances, excluded from technology 排除技术的性能 176n
reality 现实，现实性；实体，实在 133, 201
articulate:言语的:
assertion: 断言：two parts of 两部分 254
critical 决定性的 264
contents of science 科学内容 53
culture 文化 133, 194, 203—45, 375—6, 400
framework:框架,体系,结构:
uses of 使用 105
of intellectual passions 求知激情的 173
& breaking out 突破 195
accrediting of 认可 201—2
dwelling in 内居于 202
doubt & 怀疑 272
of religion 宗教 283—4
&. faith 信仰 285
evolution of ~的演化 388, 389
intelligence 求知的 77—86, 91—5, 100—31
development of ~的发展 76, 93
& indwelling 内居的 195

tacit doubt in　~的隐默怀疑　272
knowledge:知识:
latent character of　隐性特征　102
passion (religion)　激情（宗教）　198
systems:系统,体系:
foster correct feeling　培养正确的感觉　133
in society　在社会　203—45
transmission of　~的传递　208, 374—9
relation to experience　与经验相关　283
as mental dwelling places　作为心灵的寓居　286
express implicit beliefs　表达隐含的信仰　287
universal doubt of　普遍怀疑　295
thought n.　思想　264—5
tacit component of　隐默成分　397
understanding　理解　184
articulation　言语　69—131
incompleteness of　~的不完全　70
powers of　~的力量　82—7
tacit component of　~的隐默成分　86, 87, 95
defects of　~缺陷　88—91
& tacit knowledge　隐性知识　92
rooted in sub-intellectual strivings　植根于附属知识的努力　100
personal coefficient of, and real classification　个人因素，和实际的分类　115
& intuition　直觉　130—1
In music　在音乐中　193
companionship　伙伴关系　210
rooted in comprehension　植根于理解　250
Ashby, W. R.　W. R.　阿什比　369n
Asia, science in　亚洲，科学　182
assertion(s): nature of　断言:性质　27—30, 253—7
sign　标志，迹象　27—9, 31—2, 255—6, 305
& maxims　格言，座右铭　30—1
within a framework　在一个框架内　60
in submission and dissent　在服从和异议中　209
& discovery　与发现　261
criticism of　批评　264
doubt in　怀疑　272
act of, not open to explicit doubt　~的行为，不被明确怀疑　280
in worship　崇拜，热爱　281—3, 284—5
objectivist account of　源于客观主义者　305
See also *fiduciary mode*. 另见“受托模式”。
assimilation (Piaget)　同化（皮亚杰）　105
astrology　34—5, 37, 38, 147, 149—50, 161, 168, 181, 183, 274, 354
astronomy　占星术；占星学　19—20, 147, 153—5, 195, 238, 354, 369
See also Copernicus, Galileo, Kepler, Ptolemy. 另请参阅“哥白尼，伽利略，开普勒，托勒密”。
asymmetry of speech & knowledge　言语与知识的不对称性　101

Athenians　雅典人　234
atomic:原子的,不可分割的:
configurations in open systems　开放系统中的构型　384
data in Laplacean knowledge　拉普拉斯知识中的数据　139—42
(see also physico-chemical explanation, physico-chemical laws)(另请参阅“物理化学的解释，物理化学法则”)
orderliness in crystals　晶体的秩序性　45
physics　物理学　104
& chemistry　化学　394
theory 理论　42, 45, 104, 107, 144
attention:注意,关注:
directive of sign-learning　符号学习指导　73
actuates learning　动作学习　96
Attila, J.　J. 阿提拉　244
Aubrey, J.　J. 奥布里　181
Augustine, St.　圣·奥古斯丁　141, 181, 198, 209, 266, 267
Australia　澳大利亚　182, 351
authenticity of subjective experience　主观体验的真实性　202
authoritarian societies, see *static societies*. 专制社会，参看“静态社会”。
authority:权威:
& tradition　与传统　53, 207—9, 374—9
of conceptions　概念的　104
in science　科学上　163, 164
& intellectual values　知识的价值观　203—4
in learning language　在语言学习中　206
&　dissent　异议，分歧　208—9
＝coercion　＝强迫，强制　212
cultural, & power　文化，与权力　245
of experience & reason　经验与理性　265
of persons　人　346, 374—9
in science & art　在科学与艺术中　351—2
See also *culture*, *traditio*, 另请参阅“文化，传统”。
autism, see *childish autism*. 自闭症，参看“儿童自闭症”。
automation　自动化　257, 261—2, 336
Avogadro's Law　阿伏伽德罗定律　107
awareness, focal vs. subsidiary, *see focal vs. Subsidiary*. 意识，附属的与焦点的，另见“附属的与焦点的”。
axiomatization:公理化:
of science　科学的　169, 170
of mathematics　数学的　188, 190—3, 257—61, 289
& definition　定义的　250
of Christian faith　基督教信仰的　282, 286
vs. arithmetic & science　算术与科学　286
See also *formalization*, *premisses of science*. 另请参阅“形式化，科学的前提”。
Ayer, A. J.　A. J. 艾尔　230n
Azande　阿赞德　287—94, 318

索引

Bach，J. S.　J. S. 巴赫　319
Baker，H. B.　H. B. 贝克　293
Baker，J. R.　J. R. 贝克　127n
Balazs，N.　N. 巴拉兹　10n
Ball，R. S.　R. S. 保尔　182n
Balls，W. L.　W. L. 鲍尔斯　52
Baron，J.　J. 巴伦　50，51n
Bartlett，M. S.　M. S. 巴特利特　31n
Bayle，P.　P. 贝勒　284
beauty:美:
　in mathematics，nature，art　在数学，自然，艺术中　193
　intellectual：　求知的、理智的：
　in scientific theory　在科学理论中　15，133，145—9，172，204，267
　in mathematics　在数学中　119，189—90，192，204
　essential to truth　真理的基本要素　133，144，149，160，300，320—1
　& interest in science　对科学的兴趣　135
　limits of，in science & technology　限制，在科学与技术中　195
Beck，F.，& Godin，W.　F. 贝克，&W. 戈丁　290n
Beck，G.，Bethe，H.，& Riezler，W.　G. 贝克，H. 贝特，W. 里兹勒　158n
　bees，communication of　蜜蜂，通信　205n
Beethoven，L. V.　路德维希 · 凡 · 贝多芬　221，340
Behaviourism　行为主义　72，364，369—73
See also *conditioning*，*Pavlov*. 另请参阅“条件作用，巴甫洛夫”。
being:存在:
　acceptance of　接受　321—4
　levels of　级别　327
　range of，in organisms　～的范围内，在有机体中　379
　belief(s):信念:
　degrees of　度，维　256，31—2，308
　in assertion　断言　28，253
　implied in use of tools　在工具使用中暗示　56
　tools，frameworks　工具，框架　59，60
　scientific　科学的　60，160—1，164，256
　value，passion，　& 价值，激情，和　173，300
　& knowledge　知识　208，266，269，270，303
　shared，endorsement of　共同的，支持　219
　in science，in 20th c.　在 21 世纪的科学中　238
　of liberalism　自由主义　244—5
　antecedent to present reflections　先于目前的思考　252
　philosophy = declaration of　哲学 = ～的宣言　265
　exposition of（Augustine）　阐述（奥古斯丁）　267
　fundamental　基本的　271，299，404
　in legal procedure　在法律程序中　278—9
　in miracles　奇迹　284
　Religious　宗教的　197—8，279—86
　& doubt　怀疑　269—298

primitive 原始的 286—94
implicit 隐含的 286—94
hazards of ～的危害 299，311，315，318，321，363，404
judged in first person 在第一人称判断 305—6
& thought 思想 314
& truth 真理 316
indeterminate implications of 不确定的影响 317
in active centres 在活动中心 336—7
of organisms，in primitive commitments 生物，原始的寄托 363
presupposed in induction 在归纳中预设 369—70
common to a culture 一种文化的共性 376
See also *commitment*，*fiduciary programme*，*interpretative frameworks*，*scientific beliefs*. 另请参阅“承诺，信托计划，解释框架，科学的信念”。
Bellarmin，R. R. 贝拉明 146n
Bengal，wolf children of 孟加拉，狼孩 296
Benge，see Azande. 本奇（姓氏），参看“阿赞德”。
Bentham，J. J. 本瑟姆 234
Bergson，H. H. 柏格森 400
Berlin，I. I. 柏林 227—8
Bernal，J. D. J. D. 贝纳尔 237
Berthollet，C. L. C. L. 贝托莱 42
Berzelius，J. J. Jons Jakob Berzelius 伯齐利厄斯 157
Bessel，F. W. F. W. 贝塞尔 19，20
Bethe，A. A. 贝特 338
Bethe，H. H. 贝特 158n
Bible 圣经 281—5
biological achievements：生物学成就：
kinds of ～的种类 357
and generalized field 广义的领域 399
See also *achievement*，*biology*. 另请参阅“成就，生物学”。
biology 生物学 139，165，328，341，342，373
& crystallography 结晶学 47，349
in Soviet Russia 在苏联 180，182—3，238，239
logical structure of 逻辑结构 344—5，375，378—9
consistency in 一致性 347
classification in 分类 349
experimental vs. Natural History 实验与自然史 353—4
& commitment 寄托 363，373，377，379，380
of man immersed in thought 沉浸在思考中的人 374
& achievement 成就 385，399
field concept in 场的概念 398—400，404
See also *botany*，*living beings*，*organisms*，*zoology*. 参见“植物学，生物，有机体，动物学”。
Biot，J. B. J. B. 毕奥 法国科学家 137
Black，M. M. 布莱克 255n
Bleuler，E. E. 布鲁勒 瑞士精神病学家 313，320
Bochenski，I. M. I. M. 博琴斯基 239n

Bode, J. E.　J. E. 波德　153, 160
Bode's Law　波德定律　153—5
body: 身体:
subsidiary awareness of　附属意识　58—9, 60
assimilation of tools to　工具的同化　59
as limitation of commitment　寄托的界限　321, 323
Bohm, D.　伯姆, D.　145n
Bohr, N.　玻尔, N.　43, 393n
Bolsheviks　布尔什维克　225n
See also *Communism*, *Marxist*, *Soviet Russia*. 另请参阅"共产主义, 马克思主义, 苏联"。
Bolyai, J.　J. 鲍耶 117
Bolzano, B.　B. 博尔扎诺　185n
Bombelli, R.　R. 鲍勃丽　186
Bonner, J. T.　J. T. 邦纳　360n
Borel, E.　E. 波莱尔　186n
Boring, E.　E. 伯琳　275n
Born, M.　M. 博恩　14, 15
botany　植物学　47, 84, 139, 349—54
See also *biology*, *taxonomy*. 参见"生物学, 分类学"。
Bragg, W. H.　W. H. 布拉格　182
Brahe, Tycho　第谷·布拉赫　7, 137, 152n
Braid, J.　J. 布雷德　51—2, 108, 110, 157n, 160
Brain, W. R.　W. R. 布雷恩　58n
brain: 大脑:
neurological model of　神经系统模型　159, 344
electrical stimulation of　电刺激　320
See also *mind*, *neurology*. 另请参阅"心灵, 神经病学"。
Brailhwaite, R. B.　R. B. 布雷斯韦特　168n, 305—6
Braun, A.　A. 布劳恩　155n
Brown, G. S.　G. S. 布朗　392n
breaking out　外突　196, 197—9
British Museum　大英博物馆　351n
Broghe, L. de　L. De 布罗阁　148—9, 160, 166, 167
Brouwer, L. E. J.　L. E. J. 布劳威尔　261n
Brownian motion　布朗运动　39—40, 144, 384, 402
Bruce, M.　M. 布鲁斯　79n
Bruno, Giordano　布鲁诺, 约旦　146
Buchner, E.　Eduard·毕希纳　德国化学家　157
Buddenbrock, W.　W. 布登布洛克　338
Bühler, K.　K. 布勒　77n
Burbank, L.　L. 伯班克　182
Burgess, R. H., & Robb, J. C.　R. H. 伯吉斯, & J. C. 罗柏　276
Burke, E.　E. 伯克　54
Burr, H. S.　H. S. 伯尔　358
Butler, S.　S. 巴特勒　400
Buytendijk, F. J. J.　F. J. J. 拜滕耶克　60—1

Byzantine:拜占庭帝国,东罗马帝国的:
Mosaics 马赛克 164
science & technology 科学与技术 181
calling 呼喊，召唤 65，285，315，321—4，334，346，374，379，380，389，397
Calvin，J. 约翰·加尔文 209
Campbell，N. C. N. C. 坎贝尔 390n
Camus，A. 阿尔贝·加缪 236
Candolle，A. P. de A. P. de 康多尔 348n，350
Cannizaro，S. S. 坎尼扎罗 107，108，110
Cannon，H. G. H. G. 加伦 159，360n
Cantor，G. 格奥尔格·康托尔 189—90
Capitalism 资本主义 229，236，239
Cardan，J. J. 卡丹 186
Carnap，R. 鲁道夫·卡尔纳普 32
Carroll，Lewis 卡罗尔，刘易斯 260n
Catholic Church，see Roman Catholic. 天主教堂，参见“罗马天主教”。
Cauchy，A. L. 奥古斯丁·路易斯·柯西 185n
causes 原因 331—2，334
in physiology 哲学中 360
prime 最初的；首要的 404—5
central nervous system，see *nervous system*. 中枢神经系统，参看“中枢系统”。
centres:中心:
active，see *active centres* 活跃的，参看“能动中心”
of possible achievement 可能的成就 405
certainty（accuracy） 确定性（精度） 135，138，141
Cezanne，P. P. 塞尚 201
Challis，J. J. 查利斯 30
chance:几率:
subject to appraisal 受评估的 21，24
vs. order 与秩序 33
in evolution 在进化过程中 35，361，382—3，402
& randomness 与随机性 37
in discovery 发现 120，370
in science，Soviet view 在科学中，苏联的观点 158
& open systems 开放系统 384
See also *random*，*randomness*. 参见“随机，随机性”。
chemical:化学;化学的;化学性:
Equilibrium 平衡 145
technology 技术 179，370n
vs. human action 与人类行为 389—90
chemistry:化学:
law of chemical proportions 化学比例的定律 40—43
gas laws 气体定律 47—8
compared to language 相较于语言 80
concept of isotopy 同位素性的概念 111—12
synthesis of urea 尿素的合成 137，156

asymmetric carbon atoms 不对称碳原子 155—6，190，275
"paper—" "纸—" 156
fermentation 发酵 156—7，167，275
organization of ～的组织 216
theory of elements 元素论 273
theory of electrolytes 电解质理论 292—3
drying effect 干燥效果 293—4
& physics，laws of，& machines 物理，定律，和机器 328—35
& alchemy 炼金术 354，389
& atomic physics 原子物理学 394
See also *atomic theory*，*crystallography*. 参见"原子理论，晶体学"。
Child，C. M. C. M. 柴尔德 358
child，children：孩子，孩子们：
newborn，perceptions of 新生儿，知觉 98，297
& chimpanzee 黑猩猩 69—70，102，133
mental development of 心理发展 74—5，90，313，395，399
learning to speak 说话学习 93，105，106—7，206，207，322，376，400
confusion in 对～感到困惑 108—9
& tradition 传统 112
intellectual passions in 在～中的理智激情 133，194
experiments on expectations 期望实验 168
interpersonal emotions of 人际情感 205
conversation of ～的交谈 206—7
religious knowledge in 宗教知识 282
commitment of～ 的寄托 322，333，395—6
development of logic in 逻辑的发展 333
development of personhood in 人格的发展 388
originality in 独创性 400
childish：儿童的：
autism 自闭症 205，313，361
verbalism 咬文嚼字 106，108
Chinese science & technology 中国的科学与技术 181
choice：选择：
in modification of language 在修饰语中 109—10
of language，importance of 语言，重要性 113
of problems 问题的 124
neural model of (Eccles) 神经网络模型 (Eccles) 159
in assent & dissent 同意与异议 209
determines being of our minds 决定我们思维的存在 286
commitment = 承诺= 302，309，315
made by active centres 由能动中心所导致 402
Christianity 基督教 197—8，265，266，279—86，318，324，405
circularity of implicit beliefs 隐含信仰的循环 288—92
of deductive systems 演绎系统 289
in Communist confessions 在共产主义宣言中 290—1
of scientific beliefs 科学的信仰 292

of reflection on ultimate beliefs 关于终极信仰的思考 299
civic:公民的:
culture 文化 215—16, 222—4, 321, 328
imperatives, & statements of fact 祈使句，与事实的陈述 346
predicament, re self-set standards 困境，重新自我设定的标准 203—4
values, & consensus 价值与共识 223, 374—9
Claparede, E. E. 克莱派瑞德 91n
classes, classification:类,分类:
inherent in language 语言的内在性 80
rational 理性的 114
in biology 生物学中 348—54
in crystallography 晶体学中 349
artificial vs. Natural 人工与自然 349—50
classical physics, see *Newtonian physics*. 经典物理学，参看“牛顿物理学”。
Cleisthenes 克利斯提尼 213
Clever Hans 聪明的汉斯 169, 170n, 366
Code Napoleon 拿破仑法典 229
Coehn: & Jung 科恩：和荣格 293n
& Tramm, 权姆 293n
coercion, see *power*. 胁迫，参看“权力”。
Cohen, J., & Hansel, C. E. M. J. 科恩, & C. E. M. 汉斯 168n
Cohen, M. R. M. R. 科恩 46, 170n
coherence:一致性,相关性:
& truth 真理 294
of commitment 寄托 303—6
Columbus 哥伦布 147, 277, 302, 310—11
commitment 寄托 299—324, 377—80, 395—7, 404—5
personal knowledge as, viii 个人知识，正如第八条 59—62, 117, 184
in assertion 断言 28—9, 31, 253—7
to personal knowledge 个人的知识 31, 335, 336
dismemberment of ～的分割 63, 303—4, 305—6, 396
universal intent of ～的普遍目的 64, 301—3
(see also *universal intent*)(另请参阅“普遍目的”)
in perception 知觉 99, 297
indeterminacy of 不确定性 150, 316—17, 396
to new framework 新的框架 159, 396
to science 科学 164, 171
evasion of 逃避 169, 306—8
acknowledged in verification & validation 在确认与证实中的认可 202
in speech 言语中 251, 253
in deductive inference 演绎推理 257
of scientist to claims in his field 科学家在他的研究领域的主张 276
meaning of 意义 300
passion in 激情 300
vs. subjectivity 与主体性 300, 302, 303
heuristics paradigm of 探索式范式 301, 306, 310

coherence of 相关性 303—6
universal & personal poles of 普遍的与个人的极点 305, 313, 379, 396, 397, 404
structure of 结构 308—16
in heuristics 探索法 310—12, 316
in judicial decision 在司法判决中 308—10
hazards of 危害 311, 315—16, 318, 321, 363, 397, 404
levels of 水平，层次 313—14, 363, 365—7, 374, 376
timing of 时机 314—15
existential aspects of 存在的问题 318—20
conversion 转换 319—20
education of taste 体验教育 319—20
levels of personhood 人格的层次 318—20
varieties of (science, art, society) (科学，艺术，社会)的种类 320—1
involuntary coefficients of (calling) 非自愿因素（感召，召唤） 321—4
of children 孩子 322, 333, 395—6
of other persons 其他的人 327—8, 373n
social aspect of 社会方面 328
to logical rules 逻辑规则 333
of animals 动物 345, 373
generalization of, in biology 概括，归纳，在生物学中 347—8, 379—80
biology = appreciation of 生物学 = 对～的评价 363, 373, 377
responsible, grades of 可靠的，～的等级 366—7
framework of, applied to beliefs of free society 框架，应用于自由社会的信仰 377
& superior knowledge 卓越的知识 378—9
ontology of ～的本体论 379
justification of, & biology 确证，与生物学 387
& evolution 演化，发展 395—7
comprehension as 理解 398
Commitment, chapter on 寄托，章节 377
Common Law, see *law*. 习惯法；不成文法，参看“法律体系”。
communication 沟通，交流 204—7
& conviviality 与交谊共融 210—211
theory, 理论 36—7, 38, 40
See also *conviviality*, *interpersonal*. 另请参阅“交谊共融，人际关系”。
Communism 共产主义 228, 232, 237, 238, 243, 244
Trials 试验；测试 290—1
See also *Marxism*. 另请参阅“马克思主义”。
Community, see *society*. 共同体，参看“社会”。
competence 能力；技能 144, 145, 155, 163, 164, 173, 315, 318, 346, 374
competence (embryological) 能力（胚胎学的） 356
comprehension: 理解，理解力：
irreversible, vii 不可逆的 397
non- critical, vii 非批判的, 7
of meaning 意义 92, 100, 252
in perception 在知觉中 97
of mind 心灵 263, 372—3

& worship 崇拜，尊崇 280
induced by religious framework 由宗教引起的框架 285
of living individuals 个人的生活 327，344
of machines 机器 329
of machine-like functions, vs. regulative functions 类机器的功能与调节功能 342
of emergent existence 突现性 392
& morphogenesis 形态发生 398
root of originality 独创性的根源 400
comprehensive features of random system 随机系统的综合特征 390—2
comprehensiveness of language 语言的综合性 292
computing machines 计算机器 86，93n，257—8，263n，332，333，340
Comte，A. 奥古斯特·孔德 238
Conan Doyle，A. 阿瑟·柯南·道尔 186—7
Conant，J. B. 詹姆斯·布赖恩特·科南特 138n，157n
conception of man，Laplacean，see *Laplacean*，*objectivism*. 人的概念，拉普拉斯，参看“拉普拉斯，客观主义”。
conception(s)：概念；构想：
& imagination 想象 46
of order 秩序 47
of numbers 数字 85
Mathematical 数学的，数理的 86，104，105，116—17，184—5，186—7，192
＝schema ＝图式 91n
focus of attention in speech 言说中关注焦点 92
text，experience ＆文本，经验 95
& vision 视觉 96
as anticipation 正如预期 103
implies joint awareness of term & subject matter 意味着长期的与主题的共同意识 116
of map & region mapped 地图和区域映射 117
in problem-solving of animals 在动物界的问题解决中 121
of unknown solution 未知的解决方案 127
heuristic powers of 探索式的力量 128
everyday & scientific 每日与科学 139
guiding scientific method 指导性的科学的方法 167
lupine 凶猛的 296
conceptual：概念的：
decision(s) 决定 100—2
in reliance on words 取决于文字 104，105—6
build languages 塑造语言 112
in use of maps 在地图的使用中 117
in scientific controversy 在科学上的争论 158，160
in mathematics 在数学上 191
assent & discovery 赞同与发现 261
in statement of fiduciary programme 在信托计划的表现中 267—8
timing of ～的时机，计时 314
in biological classification 在生物分类中 349
development in mathematics 数学的发展 185n

discoveries　发现　109，112n
See also *discoveries*，*analytic & theoretical*. 另请参阅“发现，解析的与理论的”。
frameworks:框架:
of science　科学　59—60
& perception　与感知　103
modified　修正　103—6，189，293，317
alternative　替代的　112
in scientific controversy　在科学上的争论　151—60
relation to “facts” & “evidence”　事实与证据的关系　167
of technology　科技　175
of mathematics　数学　185
development of　~的发展　196
breaking out of　外突　196—7，198
as screen　如屏幕　197
doubt，belief &　怀疑，信念与　286—94
stability of　~的稳定性　288—94
limited by circumstance　受环境所限　322—4
including other persons　包括其他人　327
& rules of rightness　正确性的规则　334
judgment of competence relative to,　关于~的能力判断　346
See also *implicit beliefs*，*interpretative frameworks*. 另请参阅“隐式的信念，解释框架。”
innovation(s)　创新，革新　107—10
through linguistic reform　通过语言改革　111
& originality　原创性　123
re fermentation　再发酵　157
in deductive sciences　在演绎科学中　186，189，190，259，260—1，302
in art　在艺术中　201，302
through doubt?　通过怀疑吗?　276—7
in physics　在物理学中　302
of animals　动物的~　335
& evolutionary innovation　与进化的创新　397
See also *discovery*，*heuristics*，*originality*. 另请参阅“发现，探索式，独创性。”
levels　水平，层次　394
powers in education　教育的力量　103
reform(s):改革:
in science　在科学中　107—8，110—12
in mathematics　在数学中　186，189
of modern philosophy，*re* religion　现代哲学，宗教改革　285
reorganization　重组　117
in mathematics　在数学中　130
onceditioning　条件作用　72，76，168
See also *behaviourism*，*Pavlov*. 另请参阅“行为主义，巴甫洛夫”。
conditions:条件:
material，for functioning of machines　材料，为机器的运转　331—3
of understanding & logic　理解和逻辑　334
for success of achievements　成就的成功　382

vs, actions of ordering principle　有序原理的行为　382—3
of life　生活　384
environmental　环境的　384
vs. action, of evolution　行动，进化　390
for mental operations　心理运作　397
of calling　召唤　397（cf. 321—4)(参看 321，397—4)
confidence:信心,信任:
degrees of　程度　26—7，31—2，280
essential to transmission of culture　文化传递的基本要素　207—9
confident use of language　语言的自信使用　112，115—17，206，249—50，289，303—4
confirmatory progression, see *self-confirmatory progression*. 验证性的进展，参看“自我验证性的进展”。
confluence of biology & epistemology　生物学与认识论的融合　374—380
confusion:混乱,困惑:
resolved by clarification of terms　通过条件的澄清来解决　107
always conceptual　总是概念的　108
Conklin, E. G.　E. G. 康克林　355n
connoisseurship:鉴赏能力、行家技能:
in cotton spinning　在棉纺中　52，88
in tasting, in diagnostics　在品尝中，在诊断中　54—5，88
in science　在科学中　54—5，60，64—5
& sign-learning　符号学习　73
in speech & taxonomy　在言说与分类学中　81
& *ineffable* knowledge　不可言传的知识　88
analysis of, compared with analysis of intensions　分析，相较于意向分析　115
unmechanizable　不可机械化的　261
In knowledge of organisms　在有机体的知识中　342
in taxonomy　在生物分类学中　351—2
consciousness:意识:
degrees of, in subsidiary, awareness　程度，附属的，意识　92
evolution of　~的演化　388—9
& striving in biological fields　在生物领域的努力　404
consensus:共识:
scientific, see *scientific consensus*　科学的，参看“科学的共识”
social　社会的　208
interaction with, in speech　互动，在言说中　209
in arts & religion　在艺术中与宗教　220—2
factual　事实的　241—3
consistency:一致性,融贯性:
law of　~的法则　79—80
in conception of man & society　人与社会的概念　142，219
in mathematics　在数学中　187—8，189，191，259
of personal mode of meaning　意义的个人模式　252—3
of fiduciary programme　信托纲领　299
constant conjunctio　恒常连接词　168，169
contemplation　沉思　6，7，46，48，99，133，192，195—202，348，353—4，360

continuity (mathematical) 连续性（数学） 185n, 261
continuity of life 生命的延续 335n, 337, 345—6, 395n, 397, 402—3
contradictory doubt 矛盾的疑问 272
contriving:设计:
in animal learning 在动物的学习中 72, 76, 82
in deductive science 在演绎科学中 119, 184
in technology 科技 174—5
logic of ～的逻辑 328—32
evolution of ～的演化 388
controversy:争论,争议:
scientific, see *scientific controversy*. 科学，参看“科学的争议”。
in art 在艺术中 200—1
in religon 在宗教中 201
convenience:经济性:
in scientific theory 在科学理论中 9, 166, 308
& language 语言 113
convention(s):惯例:
& theory 理论 16, 146
words as 正如～的话语 113
conversion 转换 151, 267, 318, 319
conviviality 交谊共融 203—45
pure 纯的；单纯的 210—11
ritual & 例行公事 211
in biology & psychology 在生物学与心理学中 364, 367—368, 372, 373, 397
in accepting others' judgments 在接受别人的判断中 373
development of ～的发展 378
logical structure of ～的逻辑结构 378
mutual 相互的 378
Conviviality, chapter on 交谊共融，章节 376, 377
Copernicus, Copernican system 哥白尼，哥白尼体系 3, 4, 5, 6, 104, 145—8, 152—3, 160, 164, 167, 277, 291, 297
correspondence theory of truth 真理符合论 304
cosmic field 宇宙场 405
Crankshaw, E. 爱德华·克兰克肖 206, 232n
Cranston, M. M. 克兰斯顿 109n
critical thought 批判性思维 169, 215—16, 234, 265—6, 269, 279, 297—8, 322, 354, 381
See also *analytic philosophy*, *linguistic philosophy*, *objectivism*, *scepticism*. 另请参阅“分析哲学，语言哲学，客观主义，怀疑主义。”
criticism:批判主义:
of doubt 怀疑 269—98
biblical 圣经的 284—5
self- 自我— 299
of others' knowledge 他人的知识 373
See also *reflection*. 参见“反射”。
Crombie, A. C. A. C. 克隆比 146n
crystals, crystallography 晶体，晶体学 41, 43—8, 194, 277, 320, 349, 394

cultural:文化的:
elite　精华，精英　220—1
framework　框架，结构　70，264—5
gratification，vs. appetite　满足与欲望　174
ideal of science　科学的理想　219
life　生活　203
administration of　管理　220—2，321
obligations　义务　212
tradition of free society　自由社会的传统　214
values　价值观　141，158，201
culture　文化　203—45
& language　与语言　112
articulate，passions in　善于表达的，激情　133，194
tension in　紧张　142
scicnce &　科学　173
transmission of　传播　173—4，203—8
materialism &　唯物主义　180
institutions of，4 types　~的机构，4 种类型　212
in static societies　在静态的社会　213
civic　公民的　214—16，222—4
individual　个体的　214—22，327
Freud on　弗洛伊德　233
commitment　& 寄托　322—324
tacit component of　隐默成分　336—7
communication in complex　在复杂的~中的交流　374—9
Cuvier，G. L.　G. L. 居维叶　350
cybernetics　控制论　36—7，38，121，328，371n
Dalcq，A.　A. 达尔克　159，355n
D'Alembert，M.　M. 达朗贝尔　148
Dalton，J.　约翰·道尔顿　42，43，104，107，156，160，164
Dante　但丁　221
Darwin，C.　查尔斯·罗伯特·达尔文　22—3，24，25，291，340，350
Darwin，C. G.　C. G. 达尔文　13n
Darwinism　达尔文主义　390
See also *neo-Darwinism*. 另请参阅“新达尔文主义”。
Daval，R. & Guilbaud，G. -T.，达瓦尔和吉尔博德　118n，185n，261
Davisson，C. J.　C. J. 戴维森　149n
de Beer，G. R.　G. R. 戴比尔　360n
de la Tour，C.　C. 德拉图尔　156—7，158
decisions，conceptual，see *conceptual decisions*. 决策，概念，参看“概念的决定”。
declaratory:宣布的:
sentences，as incomplete symbols　语句，正如不完整的符号　27—8
as fragment of commitment　作为寄托的片段　303
statements，in mathematics　陈述，在数学中　184
& communication　沟通　204
Dedekind，J. W. R.　尤利乌斯·威廉·理查德·戴德金　185n

dedication 贡献 219，308，321
of society 社会的 377，380
deduction，see *inference*，*deductive*，& *mathematical proof*. 演绎推理，参看“推论，演绎，与数学证明”。
deductive sciences 演绎科学 76，85—6，94，191，257—61，294n，332
See also *logic*，*mathematics*. 另请参阅“逻辑，数学”。
deductive systems:演绎系统:
axiomatization of ～的公理化 191
unformalized supplement of ～的非形式化补充 258
doubt applied to 怀疑的应用 273
circularity of ～的循环性 289
definition(s):定义:
=formalization of meaning =意义的形式化 115
enlarged by mathematical concepts 通过数学概念的扩大 186
verbal 口头的 250
ostensive 以事实例证的 250
Democritus 德谟克利特 8，358
denotation 指示、指称，81，82，86，87，90—1，97，205，264
denotative meaning 外延意义 58
depersonalization 人格解体 58
Descartes，Cartesian 笛卡尔，笛卡尔哲学的 8，9，85，87，181，185，269
descriptive:描述性的:
sciences 科学 17，47，81，86，112，348—354，357，359，370
terms 条件 110—11，116，249—53；use of language，*see indicative*
designation，see *articulation*，*denotation language*，*words*. 名称，参看“清晰度，符号语言，词语”。
destructive analysis 破坏性分析 50—2，63
Dewey，J. 约翰 · 杜威 234
dialectical materialism 辩证唯物主义 228—32
Dicey，A. V. 艾尔伯特 · 维恩 · 戴西 223n
Dickson，W. J. W. J. 迪克森 211n
dictatorship 独裁政权 224，225，241，243
See also *totalitarianism*. 参见“极权主义”。
dictum，doctrine of the 格言，～的学说 54
difference（Mill's canon） 差异（穆勒的准则） 167，371
Dirac，P. A. M. 保罗 · 狄拉克 149，160
direct use of words，see *confident use*. 词语的直接使用，参看“自信的使用”。
discoveries:科学发现:
conceptual 概念的 108，109，112n，145—149，160
analytic 分析的 115
& indeterminate intentions 不确定的意图 116
& scientific frameworks 科学框架 277
discovery:发现:
philosophers' account of 哲学家们的解释和说明 13
part of personal knowledge 个人知识的一部分 63
indeterminate implications of ～的不确定意义 64，104

in use of language 在语言的使用中 106
of problems 问题 120
& accidcnt 偶然 120，370
stages of ～的阶段 121—2
by chimpanzees 黑猩猩 121
in mathematics 在数学中 121，125—31
joy of 欢乐 122，134
in natural science 在自然科学中 124—5
in technology 在科技中 124—5
& accrediting 鉴定……为合格 130
& vision of reality 现实观 135
& generality 一般性 137
& utility 效用 142
creative 创造性 143
fruitfulness of 结实性 147—8
format（conceptual） 格式（概念） 148—9，167
vs. speculation 投机 156
& controversy 争议 151
premisses of ～的前提 161，165
passion essential to，vs. invention 必不可少的激情，与发明 177
& scientific vaiue 科学的价值 183
& problem-solving 问题的解决 184n
& formalization 形式化 191
mathematical，as articulate framework 数学，作为表达的框架 195
as breaking out 作为突破 196
& assertion 断言 261
analogy with Godclian innovation 类比莫迪利亚尼的创新 261
& intellectual passions 理智激情 300
in context of commitment 寄托的背景 301—2
& pre-existing truth 预设的真理 305
& judicial decision 司法判决 309
& responsibility 责任 309—12
& invention 发明 328
& incubation 培育 339
& evolution 进化 393，395
gradient of 梯度 403
See also *heuristic(s)*，*problem-solving*. 参见“探索式，问题解决”。
dissent 异议 209，241
Dobzhansky，T. 杜布赞斯基 157n，183n
dogmatism 教条主义 265，268，271，286
Donder，T，de 德唐德（比利时热化学家） 149
doubt：怀疑：
self-，eliminated by Marxism 自我—，被马克思主义消解 236—7
systematic，applied to art & science 系统，应用于艺术。科学 237，238
critique of 批判 269—98
philosophic 哲学的 269

universal 普遍的 269，294—8
in science 在科学中 270，274—7
contradictory 相互矛盾 272
agnostic 不可知论者 272，273—4
& belief 信念 272—5，298，312
in law 在法律中 274，277—9
heuristic efficacy of 探索式的效果 276—7
religious 宗教的 279—86
tacit 隐默的 280
of implicit beliefs 隐含的信仰 286—94
rational 理性的 297—8
inherent in fiduciary philosophy 内在于信托哲学 318，404
Doubt，Critique of（chapter on） 怀疑，批判（一章） 377
Dreyfus. A. 阿尔弗雷德·德莱弗斯 241，315
Driesch，H. H. 德里施 338，339，340，355
drives 内驱力 99—100，361—4，364—5，379
See also *appetites*. 另请参阅“欲望”。
Dubos，R. J. R. J. 杜博斯 156n，157n
Dugan，R. S.，度甘 20n
Duhem，P.，杜恒 146n
Dumas，J. B. A. J. B. A. 杜马斯 137
Duncker，K. 卡尔·邓克尔（德国心理学家） 125n，127n
Duncombe，R. L. R. L. 邓库姆 19n
dwelling in，see *indwelling*. 内居于，参看“内居”。
dynamic properties of biological achievements 生物成果的动态特性 402
societies 社会性 213，376—7
dynamism：活力论：
moral 道德的 228，229，235—6
social 社会的 213—14，232，242，243，376—7
dynamo-objective coupling 发电机的目标耦合 230—2，233，237，238 cf. 142 参看 142
See also *dialectical materialism*，*Marxism*. 参见“辩证唯物主义，马克思主义”。
Eccles，J. C. 约翰·卡鲁·埃克尔斯 159
economic，system 经济的，系统 212
values，& technology 价值与科技 175—9
economy：经济：
as mark of truth 作为真理的标记 16，145
as standard in deductive sciences 作为演绎科学中的标准 119
in interpretative framework 在解释框架中 145
as criterion in science 作为科学中的标准 166，169
Eddington，A. 亚瑟·斯坦利·爱丁顿 43，151，158n，160，273
education，educated mind 教育，受过良好教育的头脑 70，101—4，112，124，174，207—8，234，395
of taste 味道的 319—20
ego 自我 309n，313
-involvement 参与 122n
Ehrenfest，T. T. 埃伦费斯特 13n

Einstein，A. 阿尔伯特·爱因斯坦 6，9—15，46，109，144—5，147n，148，150，160，170，277，296，307n
electro-dynamic theory of life 生命的电动力理论 358
Elliotson，J. 约翰·埃里奥森（英国外科医生） 51—2，108，160，164，275n，308
Ellis，W. D. W. D. 埃利斯（美国心理学家） 129n
Elsasser，W. W. 埃尔萨瑟 149
embryology，experimental 胚胎学，实验性的 356—7
  see also *morphogenesis*，*ontogenesis*. 另请参阅“形态，个体发育。”
emergence 出现，发生 382—404
  in inanimate domain 在无生命领域 390—3
  & logic of achievement 成就的逻辑 392
  logic of ～的逻辑 393—7
  of machine-like functions 类机器的功能 401—2
emotions：情绪：
  & vocabularies 词汇 112
  affirmative content of 肯定的内容 172—3
  See also *appetites*，*conviviality*，*drives*，*intellectual passions*. 另请参阅“欲望，交谊共融，内驱，理智激情”。
empirical：经验主义的：
  generalizations 归纳 168
    inference，see *inference*，*inductive* 推理，参看“推理，归纳。”
    technology 科技 179，365n
empiricism 经验主义 153—8，167—70
  See also *critical thought*，*objectivism*. 参见“批判性思维，客观主义”。
Engels，F. 弗里德里施·冯·恩格斯 238
engineering，see *technology*. 工程（学），参看“科技”。
England，social reform in 英国，社会改革 222—3
Entwhistle，W. J. W. J. 恩特威斯尔 77n，78n
epicyclical structure of implicit beliefs 隐式信念的周转结构 291，292—3
épistémologie génétique 发生认识论 333
epistemology：知识论：
  of personal knowledge 个人知识 255—7
  & biology 生物学 344—5，387
  & psychology 心理学 365
  equilibration 平衡 341—3，398
  equipotentility 同等潜能 337—43，355，356，379
error：错误：
  & inferential power 推理能力 74
  verbal 词语的 79，93
  inherent in exercise of reason 运动的内在原因 93
  of calling “false” “meaningless” 称为“错误的”“无意义的” 12，110
  in intellectual passions 理智激情 143—5
  risk of，in speech 风险，在言语中 207，250
  & belief 信念 314—15
  persuasive 有说服力 318
explanation of logical 逻辑的解释 334

vs. subjectivity, in animal behaviour　与主体性，在动物的行为中　361—4
in learning experiments　在学习实验的过程中　366
& perception, evolution of　感知，演变　388
risk of, in submission to ideals　风险，服从理想　404
See also *reasonable error*. 参见“合理误差”。
Esdaile, J.　詹姆斯 · 埃斯代尔　275n
Esdras　埃斯德拉斯　147, 310
ethics　伦理学　332
See also *moral*, *morality*, *obligation*. 参见“道德的，道德性，义务”。
ethology　道德体系　364
Euclid　欧基里得　117, 185, 273, 274, 396
See also *geometry*, *Euclidean*. 参见“几何学，欧几里得几何学的”。
Evans-Pritchard, E. E.　E. E. 埃文斯-普里查德　287—9, 291, 294
evidence: 证据:
for hypotheses　假设　24—32
in science　在科学　138, 161, 167, 275, 292—4
in law　在法律　277—9
in religion　在宗教　280
& implicit beliefs　暗含的信仰　288—294
in Soviet Russia　在苏联　290
evolution　演变　35, 40, 136, 159, 298, 324, 327, 335n., 345, 347, 350, 361, 382—90, 393—405
exact sciences, vii　精确的科学，七　17, 18, 40, 43, 48, 49, 59, 63, 64, 81, 86, 111, 164—5
existence: 存在:
levels of, & conceptual levels　～的层次，概念的层次　394
of God　上帝　279—80
existential: 存在的:
achievements of evolution　进化的成就　387
aspects: 各个方面:
of tool-using　工具的使用的　59
of commitment　寄托的　61, 64—5, 318—20
of speech　言说的　105—6
of modification of frameworks　框架修正的　106
of discovery　发现的　143
of development of mathematics　数学的发展的　189
of social learning　社会学习的　208
of articulate systems　表达系统的　286
of art appreciation　艺术欣赏的　321
of intelligence　智力的　335
conflict　冲突的　201—2
dependence of personal knowledge　个人知识的依赖性　249
meaning　意义　58, 64—5, 344
use of mind　心灵的功能　202
existentialism　存在主义　200
experimental neurosis　实验性神经症　300, 313, 366, 367—8

explicit doubt 明确怀疑 272—85
excluded from religious doubt 从宗教的怀疑中排除 285
expressive use of language 语言的表达的功能 77，133，204—7
extra-sensory perception 超感官知觉 23，24，25，138，158，166，167
fact(s)：事实：
positivistic conception of ～的实证概念 9，15—16
assertions of 断言的 27—9，77—8，204，253—7，311—12，333n，346
personal vs. objective 个人的与客观的 36，63，343，347，379
in crystallography 晶体学中 47
& interest in science 与对科学的兴趣 135—9
reproducibility & recurrence 可重复性与反复性 137
& conceptual framework 概念框架 167，288
& authority 权威 192
conception of，in Marxist society ～的概念，在马克思主义的社会 239—43
legal 法律的 279
relation to faith 与信仰的关系 279—85
& commitment 寄托 303—4，316—17
indeterminate implications of 不确定的影响 316—17
See also *factuality*. 另请参阅“实在性”。
factuality：真实性：
premisses of ～的前提 161—2
& science 科学 161，187
in relation to society 与社会有关 240—3
failure，explanations of 失败，～的解释 329—35，342，382，397
faith：信用，宗教信仰：
& knowledge 知识 266—7
religious 宗教，宗教的 280—6
& doubt 怀疑 280—1
See also *belief*，*religion*，*religious*. 参见“信仰，宗教，宗教信仰”。
Fall of Man《人的堕落》 324，387
falsification 证伪 20—1，47，63，64，167
feeding，rightness of 满足（欲望等），～的正确性 361—2
feeling：感觉：
correct modes of 正确的方式 133
vs，commitment，see *subjective*，*subjetivity*. 承诺，参见“主观的，主观性”。
Feigl，H. H. 费格尔 307n
Feugians，291
fiction：小说：
in literature & mathematics 在文学中与在数学中 186—7
& religion 宗教 280
fiduciary：信托人：
act，in affirmation of truth 行动，在真理的肯定中 294
character of doubt 怀疑的特点 274
content：内容：
of agnostic doubt 不可知论的怀疑 273
of hypotheses & policies 假设与策略 307

formulation of science　科学的构想　171
functions of arithmetic, science, religion　数学的功能，科学，宗教　286
mode of assertion　断言的模式　27—9, 253—7, 299—300
passions in statemnts of fact　陈述事实的激情　303
programme　程序，计划　264—8
summary of, viii　总结，八　299, 315, 404—5
Applications of:应用:
to probability　概率，可能性　21
endorsement of expectations　期望的担保　26
commitment to rules of personal knowing　对个人认知规则的寄托　31
belief in appraisal of randomness　在随机性评估中的信念　38, 40
accrediting appraisals inexact sciences　认证评估不精确的科学　48
to problem of truth　真理的问题　70—1
to appraisal of articulation　清晰度的评价　91
to endorsement of sensory activity　对感官活动的支持　98
in search for conception of truth　在真理观的探索中　104
accredit capacity to assess inadequacy of articulation　鉴定清晰度不足的评估能力　107
conceptual reform：观念改革；attempt to justify dubitable beliefs　试图证明怀疑的信念　109
process of redefining truth　重新定义真理的过程　112
accrediting speaker's judgment　鉴定说话者的判断　113
acknowledge faculty to recognize real entities　承认认识到真正实体的能力　114, 115
belief in possibility of choosing problems　选择问题可能性时的信仰　124
to belief in finding solution　找寻解决办法时的信念　129
belief in science　科学中的信念　145
search for justification of beliefs　探索信仰的正当理由　150
questions open on nature of thing　关于事物本质的问题　158
acceptance of scientific tradition　科学传统的接受　164, 165
personal affirmation of beliefs in relation to consensus　关于共识信念的个人肯定　209
endorsement of science　科学的认可　219
adherence to society　忠诚于社会　239—40, 242—5
personal mode of meaning　意义的个人模式　252
fiduciary mode of assertion　断言的信托模式　256
to society　对于社会　264
belief universe not meaningless　相信宇宙没有意义　286
belief in science　科学信仰　311
commitments in childhood　童年的寄托　322
recognition of living beings　生物的识别　335, 337, 343
to society　对于社会　376
meaning of noogenesis　心理发生的意义　389
capacity for comprehending unspecifiable entities　理解不可知实体的能力　396
confident use of language of personal knowledge　个人知识的语言的自信使用　403
field(s):场:
morphogenetic (ontogenetic)　形态发生（个体发生）　338n, 356, 357, 383n, 398, 400
generalized　普遍的　398—400
theory of active centres　能动中心理论　400

phylogenetic 种系发生的 400，402，405
heuristic 探索式的 403
in biology 在生物学中 404
of opportunity & striving 机会和努力的 404
of forces 力的 399，404—5
cosmic 宇宙的 405
finalism 目的论 399，402，404
Findlay，J. J. 芬德利 118
Fisher，R. A. R. A. 费舍尔 22—4，26，31n，35n，36，38n，153n，383n，384
Flaubert，G. 古斯塔夫·福楼拜 236
focal vs. subsidiary awareness，vii 焦点的，与附属意识，七 55—65
& ineffable knowledge 不可言传的知识 88
of meaning ～的意义 91—3，101，252
in perception 在知觉中 97，99
in knowledge 在知识 103
in conceptual reform 在概念上的改革 112
of intensions ～的内涵 115
in use of maps 在地图的使用中 117
in meaning of formalism 在形式主义的意义中 119
in problem-solving 在问题解决中 127
in science & skills 在科学与技术中 162—3
of operational principles ～的操作原理 176
in application of standards 在标准的应用中 183
in observation 在观察中 196—7
in contemplation 沉思中 197—8
& negation of meaning 意义的否定 199
in knowledge of minds 大脑的知识 263，312，339，372
in knowledge of life 生活的知识 327
of wholes ～的整体 344
of individuals 个人 344
in recognition of shapes 在形状的识别中 349
in knowledge of animal behaviour 动物行为的知识中 364
in knowledge of achievements 在成果的知识中 381
focus of articulation，conceptual 言语表达的焦点，概念的 101
force(s)：力：
lines of，in field ～的路线，在场 398
in heuristic field 在探索场中的 403
fields of ～的场 399，404—5
Ford，E. B. E. B. 福特 35n，384n
formal：正式的：
component of speech 言语的构成要素 87，93—5
model of scientific method 科学方法的模型 169
operations 操作 115；123，332，370
rules for science 科学的规则 167
See also *formalism*，*formalization*，*inference*，*logical*，*mathematical*，*symbolic*. 参见“形式主义，形式化逻辑，推理，数学，象征”。

formalism:形式主义:
as tool　作为工具　59
uncovenanted functions of　未订立誓约的功能　94—5
(mathematical)(数学的)　104
meaning of　~的意义　119
embodiment of tacit powers　隐默权力的体现　131
applied to experience　应用到经验　145
See also *formalization*. 参见"形式化"。
formalization:形式化:
of acts of affirmation　自我肯定的行为　29
of scientific discovery　科学发现　30—1, 311 (cf. 162—71)　参见 162—71
of appreciation of regularity (crystallography)　~的审美规律(结晶学)　45
of aesthetic ideal (crystallography)　审美理想(结晶学)　48
limits of　~的界限　53, 70, 87, 119, 257—61
degrees of　~的程度　86
indeterminacy in　不确定性　94
of meaning (definition)　~的意义(定义)　115
of deductive sciences　演绎科学　117—9, 188, 190—3, 257—61
of technology　~科技　184
Forster, E. M.　E. M. 福斯特　117
Fortes, M.　M. 福蒂斯　211n
framework:框架:
anticipatory, modification of　预期, ~的修正　103, 106
for definition of science　对于科学的定义　165
of interpersonal obligations　人与人之间的义务关系　212—3
institutional, of free society　制度性, 自由社会　245
fiduciary　信托的　266—8
of doubt　怀疑　274
magical　不可思议的　290
Newtonian　牛顿学说　296
See also *articulate*, *conceptual commitment*, *cultural*, *implicit beliefs*, *interpretative*. 参看"善于表达的, 概念的承诺, 文化, 隐性的信念, 解释"。
France, French　法国,法语　241
—Academy　——学院　137, 138, 274
—Revolution　——革命　54, 213, 244, 308
Franz, S. I., Lashley, K. S., &,　S. I. 弗兰兹, 拉什利 · 卡尔 · 斯宾塞　366
free society　自由社会　213, 241—2, 244—5
thought in　思想　214, 244—5, 264, 376—7, 380
government in　统治　222—4
power & morality in　权力与道德　226—7
self-doubt of science in　科学的自我怀疑　238
defined　定义的, 明确的　404
freedom:自由:
self-destruction of　~的自我毁灭　214
& commitment　寄托　309, 324, 404
& superior knowledge　卓越的知识　380

grounds of　~的根据，理由　389
Frege, G.　弗里德里希·路德维希·戈特洛布·弗雷格　27, 256
Freud Freudian　弗洛伊德，弗洛伊德精神分析法的　139, 151, 160, 164, 233—4, 241, 243, 288, 309n
fruitfulness as criterion in science　作为科学标准的富有成果性　147—8, 169
Fulton, J. F.　J. F. 富尔顿　368n
Galileo　伽利略　7—8, 141, 144, 146, 146n, 152, 164, 297, 308
Galois, E.　埃瓦里斯特·伽罗瓦　190n
Gardiner, A. H.　A. H. 加德纳　77n
Gauss, C. F.　卡尔·弗里德里施·高斯　130—1, 186, 273
Geiringer, H.　H. 盖林格　392n
general terms, nominalist interpretation　一般用语，唯名论的解释　113
generality in mathematics　数学中普遍性　185, 189, 191
generalization(s)：一般化；普通化：
& language　语言　80
empirical　经验的　168
in learning experiments　在学习实验中　365—6
genetics　遗传学　159, 352, 355, 382—3, 385
genius　天赋，天才　82, 124, 127, 277, 336
See also *originality*, *superior knowledge*. 参见“独创性，高级的知识”。
Gennep, A. van　范热内普　211n
geocentric, see *Ptolemaic*. 以地球为中心的，参看“托勒密”。
geometry　几何学　8, 14, 15, 86, 164, 184, 194n, 396
non-Euclidean　非欧几里得的　9, 15, 46, 116—7, 184, 186, 273, 295, 302
Euclidean　欧几里得的　15, 185, 273, 274, 294
crystallography as　结晶学　46—7
analytical　分析的　185
& abstract painting　抽象画　193
Kant on　康德论　306—7
Gerard, R.　R. 热拉尔　340n
germ plasm　遗传物质　386, 389, 400, 401
Germany　德国　52, 227, 232
See also *Hitler*, *Nazism*. 参见“希特勒，纳粹主义”。
Germer, L. H.　L. H. 杰默　149n
gestalt, Gestalt psychology, vii　格式塔，格式塔心理学（七）　55, 56—58, 61, 79, 97, 338n, 340—1, 342
See also *order wholes*. 另请参阅“秩序整体”。
Gibbs, W.　约西亚·威拉德·吉布斯　149
Gibson, E. J.　吉普森　319n
Giraudoux, J.　季洛杜　200
Glanvill, J.　约翰·格兰维尔　168, 181
Gluckman, M.　格卢克曼　211n
Godin, W.　W. 戈丁　290n
Godel, K.　库尔特·哥德尔　94, 118—9, 192, 259, 260, 261, 273
Goebel, K. V.　K. V. 戈贝尔　155n
Goethe　歌德　152n

Good, I. J.　I. J 古德　390n
Goodhart, A.　阿瑟 · 古德哈特　54n
Gousenko, I., 291.
gradients:梯度:
in generalized field　在广义的领域　398
of achievement　成就　400
experience of　～的经验　400
of phylogenetic achievement　系统发生的实现　402
grammar　基本原理　94, 114
law of　法则　79
gravitation, Newtonian　引力，牛顿的　5, 14, 20, 170
Gray, L. H.　L. H. 格雷　77n
Greek:希腊的:
mathematics　数学　6, 192—3, 294n
philosophy　哲学　6, 8, 237—8, 266
rationalism　唯理论　266
science　科学　6, 8, 181
Gregory the Great　伟大的格列高利　213
Grobstein, C.　C. 格罗布斯坦　358n
Gumulicki, Dr.　古牧里基博士　92n
Guthrie, E. R.　埃德温 · 格思里　366
& Horton, G. P.　G. P. 霍顿　120n
Haas, W.　W. 哈斯　105n
Hadamard, J.　雅克 · 所罗门 · 哈达玛　130, 189n, 190
Hall, M.　M. 霍尔　275n
Hamilton, W. R.　W. R. 汉穆勒顿　148
Hansel, C. E. M.　C. E. M. 汉塞尔　168n
Harden, A.　阿瑟 · 哈登　156n
Hardy, A. C.　A. C. 哈代　360n
Huxley, J., —, & Ford, E. B.　朱利安 · 赫胥黎，——，与 E. B. 福特　35n, 384n
Hardy, G. H., 戈弗雷 · 哈罗德 · 哈代　186n, 190
Hare, R. M.　R. M. 黑尔　254n
Harland, S. C.　哈兰德 · C. 史通西弗尔　352
harmonious equipotential systems　和谐等电位系统　338
generalization of　～的概括　340
Harvey, W.　威廉 · 哈维　77, 308
Hastorf, A. H.　A. H. 哈斯托夫　96n
Heath, P. L.　P. L. 希思　87n
Heath Robinson operations　希思鲁滨孙运算　192
Hebb, D. O.　唐纳德 · 赫布　72n
Heck, L.　L. 赫克　317, 335
Hegel, G. W. R　格奥尔格 · 威廉 · 弗里德里施 · 黑格尔　153—5, 160
Heisenberg, W.　维尔纳 · 卡尔 · 海森堡　15
Helmholtz, H. L. F. v.　赫尔曼 · 路德维希 · 斐迪南德 · 冯 · 赫尔姆霍兹　319
heuristic：探索式的：
achievements, & emergence　成就与出现　399

acts 动作 76—7, 172
in speaking 在言说中 105
in learning language 在语言学习中 106
in modifying frameworks 在修正的框架中 106
in re-interpreting language 在再解释语言中 110
levels of ～的层次 123—4
in mathematical problem-solving 在数学的问题解决中 125—31
paradigm of emergence 突生的范式 382
commitments 寄托 311—2, 316
decisions, in animals & men 决定，在动物和人中 403
efficacy of doubt? 疑问的效力？ 276—7
effort:努力:
in problem-solving 在问题解决中 365
in animals 在动物中 367—8
feeling & assertion of fact 感受与事实的断言 254
field 场 403
gap, see *logical gap*. 鸿沟，参看“逻辑的鸿沟”。
impulse, degrees of 冲动，程度 366
maxims, & doubt 指导原则与怀疑 277
passion 激情 142—5, 150, 159
of technologist 技术人员 178
& Christian worship 基督教的崇拜 199, 280—1
in art 在艺术中 200
degrees of ～的程度 305
powers, & objectivism 力量，与客观主义 371
process, in mathematics 进程，数学中 190
progress, see *problem-solving*. 进程，参看“问题解决”。
tension, see *incubation*. 张力，参看“孵化，培育”。
vision 视觉 196, 280, 283, 285
heuristics:探索:
mathematical 数学的 124—31, 259
routine 常规 261
paradigm of commitment 寄托的范式 301—2, 306
in framework of commitment 在寄托的框架中 310—2
& intellectual beauty 智性美 320
equipotentiality & 同等潜能性 337n
& ontogenesis 个体发生 339
evolution of ～的演化 389
& mental maturation 心灵成熟 395
action & submission in 行动与服从，396
& emergence 出现 397
See also *discovery*, *heuristic*, *originality*, *problem-solving*. 另请参阅“发现，探索式，独创性，问题解决”。
Hicks, W. M. W. M. 希克斯 12
Hilgard, E. R. 欧内斯特 · 希尔加德 26n, 71, 73n, 120n, 122n, 371n
Himmler, H. 海因里希 · 鲁伊特伯德 · 希姆莱 205, 232n

Hiss, A. 爱德华·希斯 241
historical:历史的:
context of scientific value 科学价值的语境 183—4
prediction, in Marxism 预言,在马克思主义中 230—1
setting of commitment 寄托的设置 324
historicism 历史主义 229
history 历史 137—8, 321
of science 科学 158, 164, 170—1
& ritual 仪式 211
in totalitarian society 在极权主义的社会 242—3
Hitchcock, A. S. A. S. 希区柯克 352n
Hitler, A. 阿道夫·希特勒 225, 226, 232
Hoff, J H. van't 范特霍夫 145, 155—6, 158, 160, 164, 190, 275
Hofmeister, W. W. 霍夫迈斯特 155n
Hollo, J. J. 霍洛 50, 51n
Holst, E. v. E. v. 霍尔斯特 338n
Holtfreter, J. J. 霍尔特弗雷特 358n
Homans, G. C. 乔治·霍曼斯 211n
Honzik, C. H. C. H. 杭齐克 74n
Hook, S. S. 胡克 158n, 239n
Hooker, J. J. 胡克 351
Hoppe, F. F. 霍普 122n
Honey, K. K. 赫尼 288
Horstadius, S., 赫斯塔迪斯 355n
Horton, G. P. G. P. 霍尔顿 120n
Housman, A. E. 阿尔弗雷德·爱德华·豪斯曼 194n
Huguenots 胡格诺教徒 53
Hull, C. L., 克拉克·里奥纳德·赫尔 320, 369, 371
Humani Generis 人类通谕 153, 297
Hume, D. 大卫·休谟 9, 137, 238, 270, 279, 284, 304
Humphrey, G. 乔治·汉弗莱 77n, 102
Humphreys, L. G. L. G. 汉弗莱斯 25
Hungary 匈牙利 52, 244
Huxley, A. 奥尔德斯·伦纳德·赫胥黎 197n
Huxley, J. 朱利安·赫胥黎 383n
—, Hardy, A. C., & Ford, E. B. A. C. 安代, ——, 与 E. B. 福特 35n, 384n
Huxley, L. L. 赫胥黎 351n
hypnosis 催眠术 51—2, 108, 129, 157n, 167—8, 274—5, 320
hypotheses:假设,猜想:
probability of ~的概率 24—7, 29—30
evidence for 证据 24, 29—30
positivistic view of 实证主义的观点 146, 170(参看 370)
& regulative principles 调节原理 307
I-it vs. I-thou, 346, 348
idiom:群体语言:
theory= 理论= 47

& interpretative framework　解释框架　105
of group　团体　112
& action　动作　112—113
of belief　信念　287
of Zande belief　赞德人信念的　288
of objectivist belief　客观主义的信念　288
of thought　思想　376，380
Ignotus，Mr. and Mrs. P.　伊格诺思，先生和 P. 女士　290n
Illingworth，K. K.　K. K. 伊林沃思　13n
illumination（problem-solving）　启发（问题解决）　121，123，130，172
imagination　想象力　46，186，187，334
imitation，in learning　模仿，在学习中　206
immanence，two-way（Marxism）　内在性，双向（马克思主义）　229，230，231，235
'impersonal allegation'　“中立陈述”　256
implements，see *tools*. 工具，参见“工具 tools”。
Impressionists　印象派画家　164 200，319
improbability：不可能性：
of past events　过去的事情　35—6
or orderly patterns　或有序的图案　37
& open systems　开放系统　384
inarticulate application of language　语言非表述式应用　81—3，86—7
confusion　混乱　108
conviviality　交谊共融　209—11
intelligence　求知的　60，62，64，69—76，100，132，194，206，335
in animals　在动物界中　71—4，120—2，132
in children　在儿童中　74—5，82
in wolf children　在狼孩中　296
evolution into articulate thought　演变成言语性的思想　389
see also *comprehension*，*conception*，*insight*，*problem-solving*，*tacit component*，*understanditsg*. 另请参阅“理解，概念，洞察力，解决问题，隐性成分，了解”。
interpretation of primitive terms & axioms　原初术语与公理的阐释　131
knowledge：知识：
in animals & children　在动物中与在儿童中　90
vs. articulate knowledge　言语性知识　103
See also *comprehension*，*conception*，*conceptual*，*ineffable*，*insight*，*intuition*，*tacit*，*understanding*，*unspecifiability*. 另请参阅“理解，概念，概念的，不可言传的，洞察力，直觉，隐默的，理解，不可明确说明性”。
Incubation（problem-solving）　酝酿（问题解决）　121—2，126，129，339
indefinite regress：of precision　无限的倒退：精确度　251—2
of 'true'　真理，真实　254—5
in objectivist theory of knowledge　在知识的客观主义理论中　305
indeterminacy：不确定性：
in use of language　在语言的使用中　81，86—7
in mathematics　在数学中　94
of conceptions　概念　104
of intensions　内涵　116

of meaning 意义 150
of personal knowledge 个人知识 249
of knowledge 知识 264, 336
& responsibility 责任，义务 310
of commitment 寄托 316
in biological achievement 在生物学的成就中 397
See also *unspecifiability* 参看“难以言传性”
indeterminate implications: 不确定的涵义:
of heuristic passion 探索式的激情 143
of knowledge 知识 311
See also *objectivity*, *reality*, *truth*, *unspecifiability*. 参见“客观性，现实，真理，不可言传性”。
indicative use of language 语言的指示用途 78, 133, 204
individual culture 个体文化 215—22, 327
individualism 个人主义 211, 236
individuality 个体性 377
centre of ～的中心 388
evolution of ～的演化 395
See also *active centre*, *personal*, *personhood*, *persons*. 另请参阅“活动中心，个人的，人格，人”。
individuals: 个体:
= personal facts = 个人事实 343
recognition of ～的识别 343—4
standards proper to 适合于～的标准 345
evolution of ～的演化 388—9
induction (empirical), see *inference*, *inductive*. 归纳（经验的），参看“推理，归纳的”。
induction, mathematical 归纳法，数学的 260—1
industrial revolution 工业革命 182
indwelling: 内居:
in use of tools 在工具的使用中 59
in commitment 在寄托中 64, 321
in transmission of culture 在文化的传播过程中 173
in abstract arts 在抽象的艺术中 194
contemplation as 正如～的沉思 195—202
& sharing of fellowship 伙伴共享 212
doubt of ～的怀疑 272
in religion 在宗教中 279, 280, 283
in awareness of wholes 在整体意识中 344
& logical levels 逻辑层次 345
in conviviality 在交谊共融中 378
ineffable knowledge 不可言传的知识 87—91, 93, 169
See also *inarticulate*, *tacit*, *unspecifiability*. 参见无“音节的，隐性的，不可言传性”。
inference(s): 推理:
inductive 归纳的 29—30, 76, 116n, 167—169, 305—6, 328, 364—73
deductive 演绎的 85, 86, 117, 191, 257—61, 264, 328, 334, 370
ineffable 不可言传的 89
-machines —机器 169, 257—61, 333

intuitive 直觉的 258n
tacit component of 隐默成分 323
objective vs. subjective 客观的与主观的 366，374
theories of ～理论 370—3
correct vs. erroneous 正确与错误 374
information theory，see *communication theory*. 信息理论，参看“传播理论”。
innovation(s):创新：
conceptual，see *conceptual innovation* 概念，参看“概念创新”。
evolutionary 进化的 382—3，384—5，386—7，389，396，397，401—2
Inquisition 宗教法庭 241，298
insight:洞察力、洞见：
in topographical knowledge 在地形学知识中 90
＝understanding ＝认识，了解 91n
in chimpanzees 在黑猩猩中 121
in morphogenesis 在地貌形成中 358
in recognizing living shapes 在认识生物的形状中 359
instability of moral beliefs 道德信仰的不稳定性 224
instinct 本能 206
institutions，social，types of 机构，社会的，～的类型 212—3
relation of commitment to 对～寄托关系 321
instrumental knowledge，see *subsidiary knowledge*. 工具性知识，参看“次级的知识”。
intellectual:理智的：
beauty，see *beauty*，*intellectual*. control 美，参看“美，理智的”。 控制 103
desire，problem＝ 欲望，问题＝ 127—8
passions 激情 133—202
beauty & profundity of theories 理论的优美和深刻 15，145—9
in assertion 断言 27—8
in knowledge 知识 64
in acquisition of cultural framework 在文化框架的习得中 70
inherent in language 语言的内在性 77—8
in mathematics 在数学中 86，189—90
in animals 在动物中 98，120—1，367
in perception 在感知中 98—9
selective 选择性的 134—9，142，159
heuristic 探索式的 142—145，395—6
persuasive 有说服力的 150—60，172
vs. drives 内驱力 173—4
continuity of science & art 科学的连续性与艺术 194
civic coefficient of 公民因素 203—4
public support of ～的公众支持 208
& morality 道德性 214—5
in civic reform 在市民改革中 223
in worship 在崇拜中 280，282
justice an 正义 309
& rightness 正确性 334
in physiology 在哲学中 360

evolution of ～的演化 388—9
satisfaction 满意 3，27
vs. appetites 与欲望 173—4
values，in society 价值，在社会中 203—4，212，213—14，216—222，237—45
Intellectual Passions，chapter on 理智激情，章节 377，403
intellectuals 知识分子 221
& moral nihilism 道德虚无主义 235—7
intelligence:求知的、理智的:
& focal vs. subsidiary awareness 焦点意识与附属意识 61
articulate 言语表达 76，77—86，301
& anticipation of novelty 新奇事物的预期 103
Laplacean 拉普拉斯 139—42
See also *inarticulate intelligence*，*mind*，*problem-solving*. 另请参阅“非言语的智力，心灵，问题解决”。
intensions，strata of 内涵，～的分层 114—6
interactive use of language 语言的交互使用 77，133，204—7
interest，see *intrinsic interest*，*scientific interest*. 兴趣，参看“内在的兴趣，科学的兴趣”。
interpersonal:人与人之间的:
interest of history 历史的趣味 137
communication 沟通，交流 204—7
emotions 情感 209—11
relations，in worship 关系，在崇拜 281
relations 关系 327—8，346
interpretation 解释 76，82
(see also *learning*，*latent*)(参见“学习，潜在的。”)
of novelty 新颖性 103
interpretative framework(s):解释框架:
risks inherent in 内在于～的风险 93
in perception 在感知中 97
modification of ～的修正 104—6，143，318，395
& experience 经验 105—6
of atomic theory 原子理论 107
& truth 真理 112
& originality 独创性，创造性 124
of science，& evidence 科学与证据 138
economy & simplicity in 经济与简单性 145
change of ～的改变 159
conclusions of science part of 科学部分的结论 172
novel，in the arts 小说，在艺术中 200
implicit beliefs 隐含的信仰 286—94
conflicts between ～之间的冲突 319
absence of ～的缺席 374
See also *conceptual framework*，*cultural framework*. 参见“概念框架，文化框架”。
intrinsic interest：in science 内在兴趣：在科学中 38，136—9，141，187
in mathematics 在数学中 186—7，188—90
in biology 在生物学中 342，348，353—4，360

intuition　直觉　16, 91n, 130—1, 188, 260
　See also *comprehension*, *insight*, *understanding*. 参见“理解，洞察力，理解”。
invention　发明　76, 85, 123, 125, 177, 185, 186—7, 195, 328, 335
involuntary coefficients of commitment　寄托的非自愿系数　321—324
　See also *calling*. 参见“召唤”。
irreversibility, vii　不可逆性，七　75—7, 105, 107, 117, 123, 172, 189, 208, 251, 259, 333, 378, 391, 397
isomorphism　同构　340
iteration: 循环:
　law of　~法则　79, 81
　& re-interpretation　重新解读　105
Ittelson, W. H.　W. H. 爱特森　96n
Jacobins　雅各宾派　209
Jacobsen, C. F.　C. F. 杰克布森　368
James, W.　威廉·詹姆斯　291, 362n
Jeans, J.　J. 琼斯　50, 319n
Jeffreys, H.　H. 杰弗里斯　116n, 260n
Jennings, H. S.　H. S. 詹宁斯　387n
Jones, G. N.　G. N. 琼斯　350
Joos, G.　G. 朱斯　13n
Jordan, H.　H. 乔丹　201n
Jouvenel, B. de　伯特兰·德·朱维内尔　213n
judgment: 判断:
　in perception　在知觉中　98
　evolution of　~的演化　388
　See also *active*, *commitment*, *conceptual decision*. 参见“能动的，寄托，概念决定”。
Jung, & Coehn　荣格，与柯恩　293n
Kainz, F.　F. 凯恩兹　90n
Kalin, J.　J. 卡林　353n
Kammari, M. D.,　M. D. 卡马里　239n.
Kant, I.　伊曼努尔·康德　269—71, 273—4, 306—7, 354
Kapp, R. O.　R. O. 卡普　159
Katz, D.　戴维·卡茨　98n, 205n
Kay, H.　H. 凯（美国心理学家）　92n
Kekule, F. A.　奥古斯特·凯库勒　56
Kellogg, D.　D. 凯洛格　69, 102—3
Kellogg, W. N., & L, A.　凯洛格，W. N., & L, A.　69, 133
Kelsen, H.　汉斯·凯尔森　223n
Kennedy, R. J.　R. J. 肯尼迪　13n
Kenny, C. S.　C. S. 肯尼　274n
Kepler　开普勒　5—7, 14, 27, 42, 104, 134—5, 142—7, 152, 160, 163, 164, 170, 181, 307n, 340, 341
Keynes, J. M.　约翰·梅纳德·凯恩斯　24, 27, 29, 30n, 31, 161
Kinnebrook, D.　D. 金内布鲁克　19
Kleene, S. C.　史蒂芬·克林　258n
Koestler, A.　阿瑟·凯斯特勒　288, 290n

Koffka, K.　库尔特 · 科夫卡　118n
Kohler, I.　I. 科勒　97n
Kohler, O.　O. 科勒　69n
Kohler, W.　W. 科勒　62, 74, 108n, 120—2, 133, 206, 210, 300, 335, 340—1, 365
Kohlrausch, F.　F. 科尔劳施　136
Kolbe, A. W. H.　A. W. H. 科尔贝　155—6, 158, 160, 190, 275
Kopal, Z.　Z. 科帕尔　137n
Krechevsky, I.　I. 克里切夫斯基　73n
Kroneker, L.　利奥波德 · 克罗内克　190
Kuerti, G.　G. 柯蒂斯　13n
Kulzing, F.,　库特辛　156, 164
Laar, J. van,　范莱尔　149,
Lafayette　拉斐特　79n
Lagrange, J. L.　约瑟夫 · 拉格朗日　148
Lalande, J. J. L. de　J. J. L. de 拉兰德　182n
Lamarck, J. B. de　让-巴蒂斯特 · 拉马克　350
Langevin, P.　保罗 · 朗之万　148
language　语言　69—131, 249—61
as theory of universe　作为宇宙的理论　47, 80—1, 94—5, 97, 112, 287—8
transparency of　～的透明度　57, 91
beliefs implicit in　隐含于～中的信仰　59
& inarticulate powers　非言语式的力量　70, 91—5
uses of　～的用途　77, 133, 204—5
operational principles of　～的工作原理　77—82, 86, 103, 119
indeterminacy in　～的不确定性　94—5
reinterpretation of　～的重新解读　95, 104—17
& perception　知觉　97
subsidiary to conception　概念的附属物　101
& understanding　理解　101
metaphorical character of　隐喻特征　102
impersonal vs. personal use of　～的非个人使用与个人使用　105
living　生活，生物，生活方式　105n
& conceptual discoveries　概念的发现　108
learning of, receptive aspect　学习，能接纳的方面　109
& reality　现实　112—6
-game　—游戏　113, 114n
& truth　真理　113
confident use of　～的自信使用　115—7, 206, 249—50
as tool in mathematics　作为数学中的工具　125
& conceptual frameworks　概念的框架　151
the root of culture　文化的根基　173
art of　～的艺术　206
Soviet theory of　苏联的～理论　243
of faith & of science　～的信仰与科学　282
& scepticism　怀疑主义　315
of neurology & thought　～的神经病学与思想　389—90

Laplace，Laplacean 拉普拉斯，拉普拉斯主义者 85，116n，139—42，144，147，160，170，180，213，228，239，358，394，396
Lashley，K. S. 拉什利·卡尔·斯宾塞 73n，335n，337，338n，371
& Franz 弗朗兹 366
latent：隐性的：
knowledge 知识 103，317
learning，see *learning*，*latent*；*animals*，... *learning in*. 学习，参见“学习，潜在的；动物，……学习”。
Laue，M. v. 马克斯·冯·劳厄 277
Lavoisier，A. L. 安托万-洛朗·德·拉瓦锡 164
law 法则，定律 54，102—3，123，133，173，177，180，223—4，274，277—9，308—10，333—4，348，377，380
Lazareff，H. & P. 拉扎雷夫 H. & P. 201n
learning：学习：
in animals 在动物中 71—4，75—7，99—100，120—3，169，174，316—7，333，364—73
trick（type A） 欺骗（A 型） 71—3，75—6，99，174，328，365
sign（type B） 标志（B 型） 72—3，75—6，99，168，174，328，344，365
latent（type C） 潜在的（C 型） 73—6，82，100，102，117，184，328，335，365
in children 在儿童中 74—5，313
to speak 言说 101，105—7，206
definition of ～的定义 369
See also *animals*，*children*，*heuristic*，*heuristics*，*problem-solving*. 参见“动物，儿童，探索式，探索法，问题解决”。
Lebesque，H. L. 亨利·勒贝格 190
Lecky，W. E. H. W. E. H. 莱基 168
Leeper，R. 罗伯特·利珀 71n
Leibniz，G. W. 弗里德·威廉·莱布尼茨 185n
Lenin 列宁 242—3，245，297
Leone，F. C. F. C. 莱昂内 13n
Leopold，W. F. W. F. 利奥波德 82n
Lepeshinskaia，O. B.，157n
Leverrier，U. J. J. U. J. J. 勒威耶 30，145，181—2
Levy-Bruhl，L. 路先·列维-布留尔 228，287，289
Lewin，K. 库尔特·勒温 122n，127
liar，paradox of 说谎者，～悖论 10，255，260n
liberalism 自由主义 244—5，271，376
liberty 自由 54，142，245
Liebig，J. v. 尤斯图斯·冯·利比希 157，160，190，275，358
Limited Variety，Principle of， 有限的种类，～原则 161—2
Lindley，J. 约翰·林德利 351
linguistic：语言的：
analysis 分析 113—4
framework 框架 106
operations，in deductive sciences 操作，在演绎科学中 119
reform 改革 111
philosophy 哲学 94，98

usage, conjectural character of　用法，推测的特征　106
Linnaeus, Linnean　林奈，林奈学派　349—51
Lisle, R. de　R. de 莱尔　244
living beings: 生物:
knowledge of　~的知识　141—2, 175, 321, 327—405 (esp. 347—80);
Kant on　康德论　307
commitment in　寄托　323, 363
two kinds of functions in　两种类型的功能　342
critical meeting with　与~的重要接触　363
levels of　~层次　381, 387, 397
evolution of　~演化　385, 394—5
See also *biology*, *organisms*, *psychology*. 参见"生物学，有机体，心理学"。
Lobatschevski, N. I., 洛巴特舍夫斯基　117, 186
Locke, J.　约翰·洛克　8, 9, 78n, 266, 271
logic　逻辑　76, 86, 109, 110, 191—3, 332—5, 344—5
See also deductive, formalization, inference. 参见"演绎，形式化，推理"。
logical antecedents: 逻辑前提:
of sciencc & factuality　~的科学与真实性　162—3
(see also *premisses of science*)(另请参阅"科学的前提")
in mathematics　在数学中　192
behaviourism　行为主义　372
function of intellectual passions　理智激情的功能　134
gap: 鸿沟:
in problem-solving　在问题解决中　123—30, 143, 367
in invention　在发明创造中　123, 177
in scientific controversy　在科学上的争论中　150—1, 159
in mathematical proof　在数学证明中　189—90
in mathematical discovery　在数学发现中　189
between standards of factuality　真实性的标准之间　240
between revolutionary opinion & others　革命性的观点与他人之间　242
in Godelian sentence　在哥德尔的句子中　260
different widths of　不同宽度的　261
between interpretative frameworks　解释框架之间　319
in discovery　在发现中　322—3, 382, 395
in child's learning　在儿童的学习中　322—3
in knowledge of life　在生活的知识中　347
between topography & pattern　地形图之间与模式　394
levels　水平，层次　343—6, 363—4, 378—9
machines, see *machines*, *inference*. 机器，参看"机器，推理"。
necessity　必要性　189
operations in children　孩子中的活动　74—5, 93
informal　非正式的　84
& focal vs. subsidiary awareness　焦点意识与附属意识　115
meaning of　~的意义　117—9
logical paradoxes　逻辑悖论　109—10, 255, 260n
structure of mathematical invention　数学发明的结构　186—7

symbols 标志 86, 119
unspecifiability 不可明确说明 56（参看 89—90）
See also *deductive*, *formalization*, *inference*. 参见“演绎，形式化，推理”。
London Exhibition of 1851 1851 年伦敦展览, 182
Lorentz, H. A. 亨德里克·安东·洛伦兹 11n
Lorentz-Fitzgerald contraction 洛仑兹—菲茨杰拉德收缩 110
Lorenz, K. Z. 康拉德·洛伦兹 340, 348, 353—4
Lossky, V. V. 洛斯基 198n
Louis XIV 路易十四 53
Luther 卢瑟 209, 213, 308
Lysenko, T. D. 特罗菲姆·邓尼索维奇·李森科 27, 151, 158, 160, 164, 182, 218, 238
McCarthy, D. D. 麦卡锡 78n
McCullock-Pitts theory 麦库洛皮茨理论 340, 369
McCuskey, S. W. S. W. 麦卡斯基 13n
McGeogh, J. A. J. A. 麦吉奥赫 92n
McGranahan, D. V. D. V. 麦克格拉纳罕 77n
Mach, E. 恩斯特·马赫 9, 11—2, 14, 110, 114, 144—5, 166
Machiavelli, N. 尼可罗·马基雅维利 227, 231
machine-like functions of organisms 生物类机器的功能 342, 359—61, 401—2
machines: 机器:
inference 推理 93n, 169, 257—61, 263n, 332—3, 340, 370
& minds 心灵 261—4, 369—70, 382, 389—90
personal knowledge of 个人知识 328—35, 343, 359
& organisms 生物，有机体 334—6, 369—70
See also *operational principles*, *technology*. 参见“操作原理，技术”。
Madariaga, S. de ［西班牙］萨尔瓦多·德·马达里亚加 310n
magic 魔术，魔法 161, 168, 183, 290
see also *witchcraft*. 参见“巫术”。
Magyar, L. L. 马札尔 289
Maier, N. R. F. N. R. F. 迈尔 85n, 366n
& Schneirla, T. T. 施奈德 122n
Malinowski, B. B. 马利诺夫斯基 242
manageability, law of 可管理性，～规律 81—2, 103, 119, 204—5
three stages of ～的三个阶段 82
& memory 记忆 84
logic & 逻辑 86, 176
in physical theory 在物理学理论中 145
Manton, I. I. 曼顿 353
maps, mapping 地图，制图 4, 21, 81, 83, 89, 94, 117
Marr, N. Y. N. Y. 马尔 243
Marx, K. 卡尔·马克思 227—8, 232, 238
Marxism 马克思主义 139, 147, 158, 180, 227—32, 235—45, 288, 297
appeal of 呼吁 227—32
immanence in 内在性 229, 235, 238
-Leninism —列宁主义 290n
epistemology of 认识论 237—9

Maskeleyne, N.　N. 马斯基林　19
material:物质的:
advantages, & technology　优势，技术　176—7
welfare, see *Laplace*, *Marxism*.　福利，参看“拉普拉斯，马克思主义”。
materialism, see *Laplace*, *Marxism*, *mechanistic*, *objectivism*. 唯物主义，参看“拉普拉斯，马克思主义，机械论，客观主义”。
mathematical:数学的:
conceptions　观念　86, 104, 105, 116—7, 184—5, 186—7, 192
controversy　争议　190—1
framework of quantum mechanics　量子力学的框架　149
heuristics　探索法　124—31, 259
induction　归纳(法)　260—1
invariances, in modern physics　恒定性，在现代物理学中　164 (参看 7—8)
operations　运算　176, 184—6
physics　物理学　14, 15, 137, 144—9, 189, 320
problems　问题　120, 124—31
proof　证据，证明　118—9, 184—5, 189—90, 190—1, 202
reality　实在世界、现实　116—7, 186—7, 189, 192, 201
mathematical symbols　数学符号　85—6, 176, 184—5
See also *deductive sciences*, *formalization*, *inference*. 参见“演绎科学，形式化，推理”。
mathematics:数学:
pure vs. applied　纯粹与应用　8, 58, 186
as tautology　作为重言式　9, 187, 192
as instrumental　作为工具的　14, 192
& experience　经验　46—7, 76, 184—5, 320
as interpretation　作为解释　76, 328
included in language　包括在语言内　78
inarticulate aspect of　非语言表达的方面　83, 118—9, 130—1
pure　纯粹的　85—6
indeterminacy in　~的不确定性　94
anticipations in　~的预期　104
conceptual discoveries in　~的概念发现　109, 301—2
understanding in　理解　118—9
intellectual passions in　~的理智激情　119, 184—90
discovery in　~中的发现　121, 125
in scientific discoveries　在科学的发现中　148
affirmation of　~的肯定　187—90
history of　~的历史　192
axiomatization of,　~的公理化 190—3, 289
(see also *formalization*)(参看“形式化”)
& other disciplines　其他学科　184, 187, 195, 199, 280, 283
contemplation in　~的沉思　195
organization of　~的组织　216
Kant on　康德论~的　269
contradictory doubt in　~的矛盾的怀疑　272—3
acceptance of　~的接受　192, 294—5

& rules of rightness 正确性的规则 328，332—4
mechanistic conception of ～的机械概念 341
logical levels in ～中的逻辑层次 345
in biology 在生物学中 358
applied 应用 370n
See also *deductive sciences*，*formalization*，*inference*. 参见“演绎科学，形式化，推理”。
Matisse，H. 亨利 · 马蒂斯 201
maturation 成熟 395，399—400，402，404
Mauguin，C. 查尔斯 · 维克特 · 莫甘 148n
Maupertuis，P. L. M. de P. L. M. de. 莫佩提 148
maxims 指导原则 30—1，49—50，54，88，90，115，125，153—8（empiricism 经验主义），162，170，192，307n，311，351，397
See also *skills*，*unspecifiability*. 参见“技巧，不可明确说明性”。
Maxwell，C. 约翰 · 麦斯威尔 10，403n
Mayer-Gross，W. 梅佑—格罗斯 197n
Mayr，Linsley & Unsinger 麦尔，林斯利与尤森格 350n
Mays，W. W. 梅斯 159
meaning(s):意义:
wholes & 整体 57—8，63（参看 327）
existential 存在的 58，90—1
denotative 外延的 58
linguistic 语言的 79
& text 文本 87，91—5，108—9
& conception 概念 92
tacit character of ～的隐默特征 95
in perception 在知觉中 97
modification of ～修正 104—17
& standards 标准 109—10
achieved by groping 通过探索获得 112
& truth 真理 112n
of ‘open’ terms “开放”条件 113
formalization of ～形式化 115，250
of formalisms ～的形式主义 119，186，190
indeterminacy of ～的不确定性 150，250—1
in abstract art 在抽象艺术中 193—5
negation of ～的否定 199，200，236
personal endorsement of ～的个人支持 207，252—3
learning of ～的学习 207—8
unformalized 不能形式化的 250
hazards of ～的危害 250—1
precision of ～的精确性 251—2
religious 宗教的 280，281，286
& induction 归纳(法) 315
in evoiution 在演化中 389
meaningless:无意义的:
acts 行为，活动 362

texts 文本，原文 109，113
vs. false 错误的 11—2，110
measurement 量度 7—8，41，43，55，60
mechanics 机械学，力学的 109，184，273
Newtonian，see *Newtonian physics*；牛顿，参看“牛顿物理学”；
quantum，see *quantum mechanics*. 量子，参看“量子力学”。
mechanistic：机械论的：
conception，of intelligence 概念，智力的 339
of man 人类 141，181，214，228
of organisms 有机体的 336
（see also *physico-chemical*）.（参见物理化学）。
world view 世界观 7—9，136，139—42，144，153，160，285，390
medicine 医学 88—9，101—3，139
Meinecke，F. 弗里德里施·迈内克 227，232
memory 记忆 84—5，127—8，399—400
Mendel，Mendelism 孟德尔，孟德尔遗传学说 43n，158，238
mental derangement，see *obsessiveness*. 精神错乱，参见“强迫性的状态”。
Mesmer，F. A. 弗兰茨·安东·梅斯默 51—2，107—8，157n，274，275n
meta-theory 元理论 258n，344
meteorites 陨石，陨星 138，274—5
Michelson，Pease，& Pearson 迈克尔逊，皮斯，和皮尔森 13n
Michelson-Morley experiment 迈克尔逊—莫雷实验 9—13，152n，167
Michelangelo 米开朗基罗 284
Michurin，I. V. 伊万·弗拉基米洛维奇·米丘林 182
Mill，J. S. 约翰·斯图尔特·穆勒 161，167，270，371
Miller，D. C. D. C. 米勒 12—13，30，167
Milosz，Cz. 切斯瓦夫·米沃什 235
mind：心灵：
mechanistic conception of， 关于～的机械论概念 37，261—4，336，382
epiphenomenal interpretation of 关于～的副现象解释 158—9
of other persons 其他人的 263
ontology of ～的本体论 264
knowledge of ～的知识 372
maturation of ～的成熟 395—7
-body relation —身体关系 403n
Minkowski，H. 赫尔曼·闵可夫斯基 15
molar vs. molecular 克分子的与分子 327
See also *appraisal*，*gestalt*，*order*. 参见“评价，格式塔，秩序”。
Moniz，E. 安东尼奥·埃加斯·莫尼斯 368
Montaigne 蒙田 297
moral：道德的：
consensus 一致 223
dynamism，see *dynamism*，*moral*. 活力论，参看“活力论，道德的”。
inversion 倒置 231—5
partial 部分的 233
spurious 假的，伪造的 233—5

judgments 判断 214—6
neutrality of science 科学的中立性 153，158
principles 原则，原理 222—4，334，346
purpose，of Marxism 目的，马克思主义的 231
reform of society 社会改革 222—3
standards，in society 标准，在社会中 215—6
morality 道德，道德准则 133，138，180，244，380
& power 力量 142，226—7
& science 科学 227—35
Morand，P. P. 莫兰德 200n
Morgan，C. Lloyd 康韦·劳埃德·摩根 382
morphogenesis，morphogenetic 形态发生，形态发生的 342，356，398
field，see *field*，*morphogenetic*. 场，参看“场，形态发生”。
originality 独创性，创造性 339
regulation 管理，规则 338
See also *ontogenesis*. 另请参阅“个体发育”。
morphological：形态发生的：
concepts 概念 112
types 类型 383
morphology 形态结构 352—3，357，363，373，377
See also *taxonomy*. 参见“分类学”。
mosaic principle，（ontogenesis） 镶嵌式原理，（个体发生）338，355—6
motion，Newtonian conception of 运动，牛顿的概念 10，296
perpetual 永久的，不断的 109，249，273，332
motoric learning 肌肉运动的学习 71—2
Mowrer，O. H. 霍巴特·莫勒 71
Murdoch，I. I. 默多克 102n，113n
music 音乐 58，193—6，199—200，319，345
Musil，R. 罗伯特. 穆西尔 236
mutation 突变 35，159，385，402
mysticism 神秘主义 197—8
of Azande 阿赞德的 292
Naef，A. A. 雷夫 353n
Nagel，H. 厄内斯特·格尔 46
Natural History 自然史 353，357，360
natural selection 自然选择 35，40，383—5，402，404n
Naturphilosophie 自然哲学 153—5
Nazism 纳粹主义 298
Needham，A. E. A. E. 尼达姆 355n
Needham，J. 约翰·尼达姆 181n
negative theology 否定神学 198—9
neo-Darwinism，see *Darwinism*，*evolution*. 新达尔文主义，参看“达尔文进化论，进化”。
neo-Marxian theory of science 新马克思主义科学理论 238—9
Neptune 海王星 20，30，145，181，182n
nervous system 神经系统 338，340—1，369，388，398
See also *mind*，*neural model*，*neurology*. 参见“心灵，神经网络模型，神经病学”。

neural model of mind 心理的神经模型 121，158—9，262—4，340，369，382，390，398
neurology 神经病学 121，158—9，262—4，339，344
neurosis，experimental，see *experimenta neurosis*. 神经症，实验的，参见“实验性神经官能症”。
Nevill，W. E. W. E. 内维尔 90n
New Zealand 新西兰 182
Newton，Newtonian 牛顿，牛顿学说的 5，42，104，147—8，152，164，181，277
 gravitation 重力 5，14，20，170
 physics 物理学 5，8，18—9，20，26，36，41，63，144，148，296，306，341，390n，392—3
 space 空间 10，11—2，110，114
nihilism 虚无主义 232，234—6，268
No，Lorente de 洛伦特德 340n
nominalism 唯名论 113
non-Euclidean geometry，see *geometry*，*non-Euclidean*. 非欧几里得几何，参看“几何学，非欧几里得的”。
noogenesis 心理发生 388—9
noosphere 精神世界 388—9，393，395—6，404
Northrop，F. S. C. F. S. C. 诺斯洛普 358
null hypothesis 零假设 22—4，26，36，260n
numbers 数字，编号 40—3，144n，164，184，186—7，192—4，260—1，392
object:客体,对象:
 -creating science —创造科学 76
 (see also *mathematical*，*mathematics*)；(参见“数理的，数学”)；
 -directed science —导向的科学 76
 theory 理论 258n
objective:客体的:
 dynamo-，see *dynamo-objective*. 发电机—，参看“发电机—目标”。
 vs. personal 与个人的 300
 objectivism 客观主义 15—7，187，214，234，239，249，253，264—5，267—9，275，286，288，292，304—6，315，323—4，328，350，358，371—3，380—1，399
 See also *Laplacean*，*mechanistic*，*objectivity*，*positivism*. 参见“拉普拉斯的，机械论的，客观性原则，实证主义”。
 objectivity 客观性 3—16
 & contact with reality，vii 与实在相联系，七 5
 & the personal，viii 个人，八 64，113，403
 indeterminate implications of ～的不确定含义 5，43，64，104
 of mechanistic world view 机械论的世界观 8
 & rationality in nature 自然理性 11，15
 vs. subjectivity 与主体性 15，17，48，300
 of measurement 测量的 55
 false ideal of 虚假的理想 136—7，139—42，144，256
 & art 艺术 199
 & Marxism 马克思主义 228
 in Soviet theory of science 在苏联的科学理论中 239
 & doubt 怀疑 269—70
 in psychology of learning 在学习心理学中 370—3
 See *objectivism*，*reality*，*theory*. 参看“客观主义，现实，理论”。

objects:客体:
opaque 不透明的 88—90
perception of ～的知觉 96—7
& sense, data 感觉，材料 98—9
classes of ～的级别 114
of contemplation 沉思的 197
& machines 机器 329—30
vs. persons 人 346（参看 261—4）
obligation(s) 义务 63, 65, 203, 324, 380, 386—7, 403
oblique use of words 话语的间接实用 249—50
observation:观察,注意:
positivistic conception of 实证的概念 9
sign-learning as 符号学习 76, 82
natural science＝ 自然科学＝ 76, 328
& reading 阅读 92
vs. contemplation 凝视，沉思 98—9, 196—7
＝affirmation ＝肯定 99
vs. worship 崇拜 198, 279, 284
& personal judgment 个人的判断 254
vs. understanding 理解 331, 346
in biological appraisal 在生物评估中 364
in psychology 在心理学中 372
vs. indwelling 内居的 378
observing 观察 73, 76, 174—5, 184, 328
obscssiveness 强迫性的状态 363, 366, 374
ontogenesis 个体发生 338, 355
& genic change 基因变异 383
human 人，人类 395, 397
& emergence 出现，发生 399
ontogenetic:个体发生的:
achievement 完成，成就 400
emergence 出现，发生 395
field, see *field*, *morphogenetic*. 场，参看“场，形态发生的”。
ontology:本体论:
of mind 心灵的 264
theology as 神学 281
of commitment 寄托 379
open systems 开放系统 384, 402
‘open texture’ “开放结构” 95n, 113, 253
operational principles:工作原理、操作原理:
of language 语言的 77—82, 86, 103, 119
of formalism 形式主义的 94
in technology 在科技中 176—7, 179, 187, 204
in mathematics 在数学中 184
of machines 机器的 328—32, 359
of logic 逻辑的 332—5

in animals 在动物中 337, 342
of ontogenesis 个体发生的 357
of physiology 生理学的 359
in psychology 在心理学中 369
of learning 学习 370
acknowledged in biology 生物学中公认的 379
& rightness 正确性 381
in living beings 在生物中 383
of open systems 开放系统 384
new, & adaptation 新的，与适应 385
& consciousness 意识 397
new 新的 399
of machine-like functions 类机器的功能 401
vs. passive advantages 与被动的优势 401—2
See also *machines*, *rightness*, *technology*. 参见”机器，正确性，科技”。
operationalism 操作主义 328
Oppenheimer, J. R. 罗伯特·奥本海默 178
order 次序 33—48, 58, 79, 193, 342, 344
See also *gestalt*, *wholes*. 参见“格式塔，整体”。
ordering principle(s) 排序原则 35, 38—9, 341—3, 382—384, 386, 399, 401—2
organisms:有机体:
machine-like functions 类机器的功能 334—5, 360—1, 401—2
mutual dependence of parts 部分间的相互依赖 363
See also *biology*, *living beings*. 参见“生物学，生物”。
organizer 组织者 355—7, 398
originality 独创性 110, 123, 130, 143, 159, 172, 178, 196, 301—2, 309, 311, 321, 327, 335—40, 343, 396, 399—400
morphogenetic 形态发生的 339
(see also *equipotentiality*)(参见“等势性”)
Orwell, G 乔治·奥威尔 243n
Osiander, A. 安德里斯·奥西安德尔 146—7
Ostenfeld, C. H. C. H. 奥斯滕费尔德 352n
ostensive definitions 实指定义 250
Ostwald, W. 弗里德里施·威廉·奥斯特瓦尔德 384
Paneth, F. F. 帕内斯 138n
Pan-Germanism 泛日耳曼主义 232
Pantin, C. F. A. C. F. A. 潘廷 351, 352n
participation (Levy-Bruhl) 参与(列维布留尔) 228
See also *immanence*. 参见“互渗率”。
Partington, J. R. J. R. 帕廷顿 294n
partisanship (partynost) 党派纷争 (partynost) 153, 239, 243, 245
passions, intellectual, see *intellectual passions*. 激情，理智的，参看“理智的激情”。
passive vs. active 被动与主动 63, 300, 312—3, 345, 401—4
Pasteur, L. 路易斯·巴斯德 27, 137, 156—7, 160, 190, 275
pattern, see *Gestalt*, *order*. 模式，参看”格式塔，秩序”。
Paul, St. 圣保罗 285

Pauli principle 泡利不相容原理 273
Pavlov, I. 72, 127, 367, 368
Pearson, Michelson, Pease, & 皮尔森，迈克尔逊，皮斯 13n
Pease, Michelson, —& Pearson, 13n
Penfield, W. 怀尔德 · 格雷夫斯 · 彭菲尔德 320
perception: 知觉：
  active element in 活性元素 38, 61, 96—100, 314, 335
  & learning 学习 73, 313, 333n, 361—364
  standards of ～的标准 96—100, 362—3, 379
  framework of ～的框架 106, 319
  authenticity of ～的真实性 202
  fiduciary basis of ～的信托基础 296—7
  = partial commitment = 部分承诺 301
  ambiguities in ～的歧义 314
  evolution of ～的进化 388
perpetual motion, see *motion*. 永恒的运动，参看“运动”。
Perrin, J. J. 佩兰 144
Perry, R. B. 拉尔夫 · 巴顿 · 佩里 139n
personal: 个人的：
  vs. subjective 与主观的 300—3, 324, 346
  destiny, evolution of 命运，～的进化 388
  equation, in astronomy 方程式，在天文学中 19—20
  facts 事实，现实 36, 63, 343, 347, 379
  mode of meaning 意义的模式 252—3
participation: 参加，参与：
  vs. subjectivity, vii 与主观性，七
  objectivity in, vii 客观性，七
  in classical mechanics 在经典力学中 18—20
  in probability statements 在概率陈述中 21, 24, 64
  in affirmation 在肯定中 27—9, 81, 254, 343
  in appraisal of order 在秩序的评价中 36, 41, 64
  degrees of ～的程度 36, 86—7, 202, 320, 347, 381
  & scientist's skill 科学家的才能 49, 60
  in traditional skill 在传统的技巧中 53—4
  in use of tools & signs 在工具和记号的使用中 61
  & commitment 寄托 65, 300—1, 310—1, 320, 324
  in affirmation of truth 在真理的肯定性中 71, 204, 305
  in application of speech to experience 在言说经验的应用中 86—7
  in search for knowledge 在知识的寻求过程中 96
  in perception 在感知中 98, 296—7
  in modification of language 在语言的修改中 105—6
  in scientific beliefs 在科学的信念中 145
  in induction 在归纳中 169（参看 305—6）
  heuristic vs. routine 探索式的与常规的 172
  in mathematics 在数学中 189—90
  in art & science 在艺术与科学中 194

in all articulate systems 在所有言语式系统中 195
in contemplation 在沉思中 197
distrust of ～的不信任 199
in validation & verification 在验证与核实中 202
in philosophy 在哲学中 252—3（参看 264—268）
in logic 在逻辑中 257—61
in discovery 在发现中 301，311
in knowledge，surveyed 在知识中，调查 320
in cultural institutions 在文化习俗中 321
in understanding machines 在理解机器过程中 330
convivial，活跃的 377—8
in study of nature 在自然的研究中 378
pole：极点：
of commitment 寄托的 305，313，396
vs. universal pole，and superior knowledge 相对于普遍极，和优越的知识 379
of greatness 伟大的 396
See also *active centres*，*commitment*. 参见“能动中心，寄托”。
personhood：人格、人性：
levels of ～的水平 318，320，373
evolution of ～的进化 387—90，395，401—2，404
ontogenetic development of ～的个体发展 395
persons：人：
recognition of ～的识别 98
respect for other 尊重他人 124
knowledge of ～的知识 263，321，327—8，336，339，343—6
ideals，& conditions 理想，与条件 334
judgment of ～的判断 346
emergence of ～的出现 397
See also *active centres*，*commitment*. 参见“能动中心，寄托”。
Peter the Great 彼得大帝 213，319
Petöfi，A. 裴多菲·山多尔 244
Pfungst，O. 奥斯卡尔·普法格斯特 169
pharmacology 药理学 179，331n
phenomena，saving the 现象，收集 307n；参看 146
Philbrick，F. A. F. A. 菲尔布里克 293n
phylogenetic：种系发生的：emergence 突生 395—6，399—400
field 领域，场 405
physical sciences：物理科学：
3 periods 3 个阶段 164—5
& observation 观察 328
See also *exact sciences*. 参见“精密的科学”。
physico-chemical：物理化学：
equilibration 平衡 341—3
explanations：解释，说明：
of intelligent behaviour 智能行为的 336—7，340—3
in biology 在生物学中 358，382—3

of machines 机器的 359（参见 328—32）
in physiology 在生理学中 360
of human greatness 人类的伟大 396
of commitment 寄托 398
of emergence of operational principles 操作原理的出现 401
knowledge, & biology 知识，与生物学 342
laws:定律,法则:
& machines 机器 328—32
& consciousness 意识 339, 389—90, 397
& isomorphism 同构同象 341
& functions of organisms 有机体的功能 342—3
level in living beings 生物中的水平 394
representation, & biological achievements 表达（表征），与生物学的成就 399
physico-chemical topography:物理化学的结构图:
of open systems 开放系统 384
& pattern 模式 394
physics:物理学:
atomic 原子的 104
interest of ～的兴趣 139
organization of ～组织 216
standards in ～中的标准 302
See also *Newtonian physics*, *mechanics*, *quantum mechanics*, *relativity*.
另请参阅“牛顿物理学，力学，量子力学，相对论”。
physiology 生理学 263, 332, 334, 342, 345, 359—61, 364, 394
Piaget, J. 让·皮亚杰 74—5, 82n, 91n, 93, 105n, 106n, 205, 206—7, 313, 333, 395
Picasso, P. R. 巴勃罗·鲁伊斯·毕加索 194n, 201, 237
Pisarev, D. 德米特里·伊万诺维奇·皮萨列夫 157n
Pittsburgh, University of, *Outl. Atc. Phys.* 匹兹堡大学，110n
Plamenatz, J. 约翰·普拉梅纳茨 230n
Planck, M. 马克斯·普朗克 277, 319
plants, see *botany*, *taxonomy*. 植物，参见“植物学，分类学”。
Platonic bodies 【数学】五面体 7, 143
Poe, E. A. 埃德加·爱伦·坡 194n
poetry 诗，诗歌 105, 194n, 199—200, 296
Poincaré, H. 亨利·庞加莱 110, 118, 188n, 260—1
Pokrovsky, M. N. 米哈伊尔·尼古拉耶维奇·波克罗夫斯基 243
Poland 波兰 235, 244
Polanyi, M. 迈克尔·波兰尼 39n, 55n, 95n, 144n, 159n, 233n, 276n
political immoralism, see *power politics*. 政治的非道德主义，参见“强权政治”。
politics 政治 138—9, 141
see also *culture*, *government*, *power*, *society*. 另请参阅“文化，政府，权力，社会”。
Polya, G. 乔治·波利亚 125n, 127—8, 131
Ponte, M. J. H. M. J. H. 庞特 149n
Popper, K. R. 卡尔·雷蒙德·波普尔 188
positivism 实证主义 6, 9, 11, 15—16, 146, 233, 238, 265
See also *mechanistic*, *objectivism*. 另请参阅“机械论，客观主义”。

post-critical philosophy 后批判哲学 265—6，271
poverty，law of 贫困，~法则 78—9，80
power:权力:
& welfare 福利 142
and thought 和思想 213—6，243，376
naked 赤裸裸的 224—6
and persuasion 和劝导 225—6，233
politics 政治 226—7
belief in，in totalitarian societies 相信，极权主义社会 231—2
supporting culture 支持性的文化 245
of articulation 表述 84—5，265
to hold beliefs 保持信念 268
to exercise calling 进行召唤 380
practicality as scientific criterion 正如科学标准的可操作性 169
pragmatism 实用主义 233，328
precision 精确度 86—8，91，251—2
in art 在艺术中 194
of modern thought 现代思想 285
prediction 预测 14，21—2，139—42
See also *fruitfulness*，*scientific method*，*verification*. 另请参阅“成果，科学方法，验证”。
premisses:前提:
of science 科学的 59—60，160—70
of mathematics 数学 191
See also *axiomatisation*，*formalization*，*maxims*. 参见“公理化，形式化，准则”。
preparation（problem-solving） 准备（问题解决） 121，126，130
Prigogine & Wiame 普里高津与维亚梅 384n
prime movers 原动力 405
primitive:原始的:
commitments 寄托 363，377
induction 归纳 366
society 社会 213，288—94
primordial commitments 原始的寄托 363，377
Principia Mathematica 《数学原理》 28，259，341
probability:概率:
statements 陈述 20—32，64
of propositions 命题 24—7，29—30
& order 秩序 33—7
of past events 过去事件 34—5
calculus of 微积分 39
of getting right solutions 得到正确的解决方案 129
quantum mechanical 量子力学 145
and scicntific method 与科学的方法 169—70
& commitment 寄托 305
& evolution 进化 384
& randomness 随机性 390
chapter on 章界 402

problem-solving　问题解决　120—31
in animals　在动物中　72—4，108n，120—2，300，337，365—8
routine　常规，例行程序　76
in use of language　在语言的使用中　106
in mathematics　在数学中　124—31
2 types of　2 种类型的　184n
& social teaming　社会合作　208
& heuristics　探索法　301
& field concept　场的概念　398
See also *discovery*，*heuristic*，*illumination*，*incubation*，*preparation*，& *verification*.
另请参阅“发现，探索式，启发，培育，规定，和验证”。
problems:问题:
speculative　推测的　109
choicc of　～的选择　124
systematic solution of　～的系统解决　126
decidable　可判定的　191
proof:证明,证据:
formal　形式的　257—61
(see also mathematical proof)；(参见数学证明)；
& fundamental beliefs　基础性的信念　268，271
& knowledge　知识　273—4
propaganda　鼓动　226—7，230
propositions，probability of　命题，～的概率　24—7
Proust，L. J.　约瑟夫·路易斯·普鲁斯特　42
Proust，M.　马塞尔·普鲁斯特　200
Pseudo-Dionysius　伪狄奥尼修斯　197
pseudo-problems　伪问题　109—10，114
pseudo-substitution　伪置换　16，147，166，169—70，233n，308，309n，371—2；参看 354
psychology　心理学　139，165，233，238，262—4，328，332—5，342，344，346，364—73，377，397，399
Ptolemy，Ptolemaic system　托勒密，托勒密体系　3，4，7，142，146—147，291，296
pure:纯粹的:
mathematics，see *mathematics* 数学，参看“数学”。
sciencc vs. technolog　科学与技术　174—84
purpose:目的:
in handling tools　在处理工具过程中　56，60
in use of signs　在符号的使用中　61
& trick learning　技巧学习　73
in drives　在驱动中　96
in mathematics & logic　在数学与逻辑中　119
& technology　技术　175—6，178
& truth，in totalitarianism　真理，在极权主义中　242
& machines　机器　262，329—31
& minds　思想　262—4
in animal behaviour　在动物的行为中　337，369—73
& equipotentiality　同等潜能性　337

in physiology 在生理学中 360
in machine-like functions 机器式的功能 361
Pyrrhonism 皮浪的怀疑论 238
Pythagoras, Pythagorean 毕达哥拉斯定理，毕达哥拉斯 6—8，14—15，133，152n，163，193，307n
series (Hegel) 系列（黑格尔） 154
quantum mechanics 量子力学 14，16，21，26，36，140n，145，149，165，238，390n，392—3，393n，394
Ramsbottom, J. 约翰·拉姆斯博顿 350n
random:随机的:
elements, specification of 元素，～的规范 261
fluctuations & open systems 波动与开放系统 384
impacts:影响,作用:
& thermal motion 热运动 39—40
& open systems 开放系统 384
& ordering principles 排序原则 401
& biological achievements 生物学成就 402
mutations, & evolution 突变，与进化 35，385，402
responses, & learning 反应，与学习 121，369，370
sequences (expectation) 序列（预期） 25—6，168
selection of hypotheses 假说的选择 30，167
randomization 随机化 391—2
& levels of existence 存在的等级 394
randomness:随机性:
& order 秩序 33—5，37—40，79
& heuristics 探索法 310
emergence of ～的出现 390—3
Rapaport, D. D. 拉帕波特 129n
rational:理性的:
beliefs 信念 32
doubts 怀疑 297—8
rationalism 唯理论 284，286，298
rationality:合理性:
of theories 理论 11—3（参见 145—9）
in nature 在本质上 11，15—6，64
in perception 在知觉中 98
in animals 在动物中 100
of Copernican system 哥白尼体系 104
measured by true conceptions 通过真实概念来测量 112
as guide to discovery 正如引导去发现 167
in affirmation of mathematics 在数学的肯定中 189
fiduciary rootedness of ～的信托根基 297—8
See also *beauty*, *intellectual*, *reason*, *reasonable*, *reasons*. 另请参阅“美，理智的，理性，合理的，理由”。
Rayleigh, Lord 瑞利勋爵 276
reading of texts 文本阅读 923

particulars of action　行动的细节　364
of mind　心灵　372
reality:现实、实在世界:
contact with = objectivity, vii　与～相联系＝客观性，七　5, 63—4, 104, 106, 335
of language　语言　114, 116—117
& logical gap　逻辑鸿沟　123
& genius　天才　124
in solution of problems　在问题的解决中　130
& intellectual beauty　智性美、理智美感　144—5
& truth　真理　147
in mathematics & physics　在数学与物理学中　189
endangered in conversion　濒危转换　285
in commitment　在寄托中　311, 313, 315—6, 397, 403—4
implicit in heuristic field　隐含在探索场中　403—4
indeterminate implications, viii　不确定的影响，八　5, 43, 64, 103—4, 117, 130, 147, 189
mathematical　数学的　14, 116—7, 186—7, 189, 192, 201
& perception　感知　99
& formal discoveries　正式的发现　116
degrees of, in geometry　～的程度，在几何学中　117
in art　在艺术中　117, 133, 201
vision of, guide to sciencc, 135, 144, 159, 164—5, 335, 396
vision of, & logical gap　～的视觉，与逻辑鸿沟　150
sense of, impaired in totalitarianism　～的感觉，极权主义的减弱　241—2
language = theory of　语言＝～的理论　287—8（参看 47, 80—1, 94—5, 112—7）
objective (external)　客观的（外部的）　104, 133, 311, 316
levels of　～的水平　327, 329—30
acknowledgment of, in comprehending wholes　承认，在理解的整体中　344
of living beings　生物　359
& behaviour of organisms　生物体的行为　363
of emergent existence　突生的存在　392
bearing on, of personal knowledge　对～产生影响，个人知识　403—4
See also *commitment*, *objectivity*, *truth*. 参看“承诺，客观性，真理”。
reason:理性:
& experience　经验　9
& religion　宗教　142
& scientific belief　科学的信念　171
& personal knowledge　个人知识　249
Kant on　康德论～　270
& belief　信念，信仰　271—2
reasonable:合理的:
doubt　怀疑　274—5
error　错误　362—3, 365—367, 374
reasons vs. causes　理由与原因　331—2, 360
reconsideration of commitment, see *reflection* 寄托的再认识，参看“反射，反映”。
recurrence of facts　事实的再次出现　137
redemption　赎回，偿还　324

reflection:反思:
in mathematics 在数学中 185n, 260—1
in science 在科学中 195
in logic 在逻辑中 260
philosophical 哲学的 267
on commitment 在寄托中 303—4, 324, 380
on knowledge 在知识中 327
on others' knowledge 他人的知识 344, 373(参看 305—6)
of biology on life 生命中的生物学 347
regeneration 再生 354—5, 383n
regulation 规则 342, 355—7, 401
regulative principles 调节原理 95n, 113, 307, 315, 354
Reichenbach, H. 汉斯. 赖欣巴哈 14n
Reiner & Spiegelman 赖纳与斯皮格曼 384n
re-interpretation:重新解释:
of language 语言 104—7
receptive 接受性的 105, 106—7
innovative 创新的 105, 107—10
intermediate 中间的 105, 110—2
of text, or of experience 文本的, 或经验的 109
of knowledge 知识 317
relativism 相对主义 316
relativity 相对论 6, 9—15, 16, 46, 109, 113, 149, 165, 167, 172, 238, 273, 296
religion 宗教 133, 142, 152, 173, 183n, 197—9, 201, 220—2, 244, 271, 279—86, 295, 377
See also *Christianity*, *God*, *worship*. 参见“基督教, 神, 崇拜”。
Renoir, A. 埃尔 · 奥古斯特 · 雷诺阿 200—1, 337—8, 340
reorganization:重组
of denotation 外延 82
reproducibility of facts 事实的重复性 137
responsible:有责任感的、负责的:
choices 选择 402
commitments 寄托 363, 377, 380
encounter, & superior knowledge 遭遇, 与更高级的知识 378
judgment 判断 312—3, 379
responsibility 责任 321, 334, 339, 343, 380
in affirmation 肯定 27, 312
in knowledge 在知识中 64—5
in commitment 在寄托中 64—5, 103, 309, 320—1
& belief 信念 268, 299
in heuristics 在探索法中 311
calling 呼喊, 召唤 323
& problem-solving 问题解决 368
See also *active centre*, *commitment*, *personal*, *personhood*, *persons*. 另请参阅“活动中心, 承诺, 个人的, 人格, 人”。
reversibility 可逆性 75—7, 86, 105, 117

Revesz, G.　G. 里夫斯　77n, 82n, 90n, 93, 119n
revolutionary: 革命性的:
action of Socialism　社会主义运动　229
governments　政府　241
parties　政党　242
See also *totalitananism*. 参见“极权主义”。
Rhine, J. B.　J. B. 莱因　23—5, 151, 160, 164, 166
Richards, I. A.　I. A. 理查兹　79n, 194n
Richards, T. W.　西奥多·威廉·理查兹　136
Richelieu　黎塞留　213
Richter, J. B.　J. B. 李希特　42
Riemann, G. F. B.　G. F. B. 黎曼　15, 46
Riesen, A. H.　A. H. 里森　99n
Riezler, W.　W. 里兹勒　158n
Rightness, of classification　正确，分类　80
of tacit performances　隐默表现　100
sought in modification of frameworks　在框架的修改中寻求　106
of conceptual decision　概念决定　111, 191
in choice of language　在语言的选择中　113
of feeling essential to science　感觉对科学至关重要　133—4, 138
of intellectual passions　理智激情　134, 143—4
of achievement　成就　175
of appraisal of scientific value　科学价值的评价　218
of political decision　政治决策　223
immanent in history?　历史的内在性　237
& truth　真理　320
judgment of, in biology　判断，在生物学中　345
standards of, in morphology　标准，在形态学中　358
in feeding　在喂养过程中　361—2
of perception　知觉的　362
in behaviour of organisms　在有机体的行为中　363
in inductive inference　在归纳推理中　370
in learning theory　在学习理论中　372
of standards　标准　378
morphological　形态学的　398
intellectual　智力的　398
rightness, rules of　正确性，规则　328—34, 342, 381—2
Physiology =　生理学 =　360
See also *achievement*, *appraisal*, *standards*. 另请参阅“成果，评价，标准”。
rigor in mathematics　数学的严谨性　185, 189, 191
ritual　(宗教等的)仪式　197—8, 211—2, 281
Robb, J. C., Burgess, R. M., &　J. C 罗伯, R. M. 伯吉斯　276
Robinson, E. S., & F. R.　鲁滨孙, E. S., &　F. R.　314n
Roethlisberger, F. J. & Dickson, W. J.　弗里茨·朱利斯·罗特利斯伯格与 W. J. 迪克森　211n
Rolland, R.　罗曼·罗兰　233
Roman Catholic Church　罗马天主教堂　153, 298

romanticism 浪漫主义 123，211，235
Roozeboom，B. 亨德里克 · 威廉 · 巴库伊斯 · 鲁兹布姆 149
Roscoe，H. E.，& Harden，A.，亨利 · 恩菲尔德 · 罗斯科，与亚瑟 · 哈登 156n
Rosenfeld，L. 列昂 · 罗森菲尔德 393n
Rougemont，D. de D. de 鲁杰蒙 253
routine:常规：
acceptance of science 科学接受 172
heuristics 探索 261
knowledge，vs. contemplation 知识，与思考 195
performances 完成 76—7，105，123
Roux，W. W. 鲁克斯 355
Royal Society 英国皇家学会 168，181，216
directions to referees 指向审评人 145n
rules，of art 规则，艺术 30—1
use of，in skills 使用，在技巧中 49—50，54，62
in speech 在言说中 105，250
of inference 推理 117—8，123，167—9，258（参看 305—6）
of scientific method 科学方法 123，161，167—9，254
of technology 科技 176
in free society 在自由的社会中 223
of rightness，see *rightness*，*rules of*. 正确性，参看“正确性，规则”。
See also *maxims*. 参见“指导原则”。
Runciman，S. 斯蒂文 · 朗西曼 181n
Russell，B. 伯特兰 · 阿瑟 · 威廉 · 罗素 28，118，199，271，279，297，304n
Russell，H. N. 赫茨普龙 · 罗素 20n
Rutherford，E. 欧内斯特 · 卢瑟福 43，182
Ryle，G. 吉尔伯特 · 赖尔 98，372
Saccheri，G. G. G. G. 萨克利 117
Santillana，G. de G. de 桑蒂拉纳 147n，152n
Sapir，E. 爱德华 · 萨丕尔 77n，78n，79n
Sartre，J. P. 让-保罗 · 萨特 199，236，237
Saussure，F. de 费尔迪南 · 德 · 索绪尔 91n
sceptical use of words 词语的怀疑使用 249—50
scepticism，怀疑论 231，245，270，274—6，298，304，315，376
See also *doubt*，*religious doubt*. 另请参阅“怀疑，宗教的怀疑”。
Schapiro，L. L. 夏皮罗 225n
Scheerer，M. M. 谢雷尔 98n
Schelling，F. W. J. v. 弗里德里施 · 威廉 · 约瑟夫 · 冯 · 谢林 155n
Schindewolf，O. 奥托 · 亨利 · 申德沃尔夫 353n
Schleiden，J. M. 马蒂亚斯 · 雅各布 · 施莱登 155n
Schneirla，T. 薛纳拉 122n
Schwann，T. T. 施沃恩 156，158
science，premisses of，see *premisses of science*，*also maxims*. 科学，前提，参看“科学的前提，和格言”。
pure & applied 纯粹与应用 174—84，330—1
（see also *exact sciences*，*scientific*，*technology*）（参见“精确科学，科学的，科技”）

technically justified　技术上的调整　179
scientific:科学的:
affirmation of moral passions (Marxism)　道德激情的断言（马克思主义）　229—30
beliefs:信念:
as premisses of science　作为科学的前提　160—1
changes in　~中的变化　164
& inductive policy　归纳的策略　169, 305—6
as maxims　作为指导原则　170
history of　~的历史　171
under totalitarianism　在极权主义下　239
justification of　~的正当性　256
vs. supernatural beliefs　超自然的信仰　274
& doubt　怀疑　275—6
stability of　稳定性　292—4
& groping　探索　333n
consensus　共识　163—4, 216—9, 375（参看 142, 244—5）
controversy　争论 150—60, 170, 181, 201, 240, 275—6
doubt　怀疑　274—7
guesses　猜测，估计　144
See also *competence*. 参见"能力"。
interest　兴趣　135—9, 159, 161
method:方法:
objectivist analysis of　客观分析　13, 135, 141
selection of hypotheses in　假设的选择　30, 167
maxims in　~中的指导原则　30—1, 153—8, 160—70
unspecifiability of　不可明确说明性　53
(see also maxims in)(参见"指导原则")
& human affairs　人类的事务　141
history of　~的历史　181
vs. practical advantage　与实际的优势　182—3
rightness in　正确性　333n
See also *premisses of science*. 另请参阅"科学前提"。
necessity, of political objectives　必要性，政治目标　142
see also *Marxism*. 另请参阅"马克思主义"。
neutrality to morals　道德中立　153, 158
standards, see *standars*. 标准，参看"标准"。
theory, see *theory*. 理论，参看"理论"。
tradition, see *scientific beliefs*, *—value*; *tradition*. 传统，参看"科学的信念，价值；传统"。
truth:真理:
& error　错误　160
in dynamic societies　在动态社会中　213—4, 216—22, 237—45
& regulative principles　调节原则　307
value　价值　**134—42, 159, 160—1, 187**
& discovery　发现　143
vs. triviality　琐事　149
historical development of　历史发展　158, 164, 170—1, 181（参见 142, 216—19, 237,

244—5，264—8，322，374—9）
in modern physics 在现代物理学中 164
in mathematics 在数学中 190，192
& contemplation 沉思 195
& consensus 共识， 217
in biology 在生物学上 350
See also *commitment*. 另请参阅“寄托”。
Scott，G. G. 斯科特 194n
selection，see *natural selection*. 选择，参看“自然选择”。
selective function of intellectual passions 理智的激情的选择功能 134—9，142，159
self-accrediting，philosophical，& biology 自我认可，哲学的，与生物学 380
compulsion，in commitment 强迫，寄托 308，313，318，379，396
confirmatory progression 验证性的发展 142，219n，324，347（参见 264—8）
confirmatory reverberation（Marxism） 验证性的反响（马克思主义） 230
consistency of reflection 思考的一致性 252—3（参见 142）
contradiction：矛盾：
of mechanistic conception of man 人的机械概念 142
of Marxism 马克思主义 227—8，230n，239n
between science & religion? 科学与宗教之间? 282
between atomic & classical physics? 在原子物理学与经典物理之间? 282（参见 393n）
in correspondence theory of truth 在真理符合论中 304
criticism，requirements of 对～的批评，要求 299
destruction of freedom 自由的毁灭 214
doubt of nihilism 虚无主义的怀疑 236
evidence 证据 191
identification，aim of fiduciary programm 识别，信托纲领的目标 267
justification of personal meaning 个人意义的正当性 253
modification，in discovery 修正，在发现中 395
reliance：依赖，in commitment 在寄托中 117，316—8
in assessment of precision 在精确性的评估中 252
satisfaction 满意 100
& universality 普遍性 106
speaking sentences 言说的语句 256（参见 27—30）
set standards，see *standards*. 设定标准，参看“标准”。
semantic：语义的：
functions of formal system 形式体系的功能 258
paradoxes 悖论 109
sentences：句子：
unasserted 没有被断言的 254（参看 27—9）
self-speaking 自言自语 256
undecidable 不可判定的 259—60，273.
See also *affirmation*，*assertion*，*denotation*，*fact(s)*，*indicative*. 另请参阅“肯定，断言，外延，事实，指示性”。
sentience：感觉：
in animals 在动物中 96，363
see also *active centres*，*mind*，*perception*，*personhood*. 参见“活动中心，思维（心灵），感知，

人格”。
Shakespeare　莎士比亚　336，340，396
Shankland，R. S.　R. S. 尚克兰　13n
Shaw，B.　乔治 · 萧伯纳　352
Sheffield，A. D.　A. D. 谢菲尔德　70n
Shelley，P. B.　珀西 · 比希 · 雪莱　199
Siegbahn，M.　M. 塞班　136
sign-:标志—:
event relations　事件的关系　59，61，73
learning，see *learning*. 学习，参看“学习”。
significant pattern，see *gestalt*，*order*. 重要的模式，参看“格式塔，秩序”。
signpost symbol，see *assertion sign*. 标示符号，参看“断言标志”。
simplicity，in science　简单性，在科学领域　16，42，145，166，169，308
Simpson，G. G.　G. G. 辛普森　583n
skill(s):技能,技巧:
of scientist，vii　科学家，七　49，53，55，60，64—5
rules for　规则　49—50
destructive analysis of　破坏性的分析　50—2
transmission of　传播　53—4
& connoisseurship　行家技能　54
in act of knowing　在知道这种行为中　70
approval of，in affirmation　批准，肯定　71
& trick learning　技巧学习　73
& ineffable knowledge　不可言传的知识　88，90
& conceptions　思想，观念　103
analysis of，& analysis of intensions　分析，内涵分析　115
in mathematics & engineering　在数学与工程学领域　125
heuristic power of　探索式的力量　128
improved by rest　通过休息得到提高　129
structure of，compared to premisses of science　结构，相较于科学的前提　162
mastery of，compared to knowledge　精通，相较于知识　172
& technology　科技　175—6
in communication　在沟通中　206
& definition　定义　250
unmechanizable　不可机械化的　261
in religious knowledge　在宗教知识中　282
inarticulate-　不可言语表达的—　335
in taxonomy　在分类学上　351
in physiological judgment　在生理学的判断上　359
Skinner，B. F.　伯尔赫斯 · 弗雷德里克 · 斯金纳　71
Smart，J.　J. 斯马特　352n
Smart，W. M.　W. M. 斯马特　30n，182n
Smith，T. B.　T. B. 史密斯　54n
Smits，A.　A. 史密特　293
Snell，B.　B. 斯内尔　77n，79n
Soal，S. G.　S. G. 索尔　23

social:社会的:
lore 经验知识 174, 207, 215, 321
organization of science 科学组织 171, 216—22
(see also *scientific consensus*, *authority in science*), of mathematics (参见“科学共识，科学权威”), 数学 192
reform 改革 223—4
science 科学 139
valuation of science 科学的评价 172
Socialism 社会主义 229—32
see also *Communism*, *dynamism*, *Marxism*. 另请参阅“共产主义，动态，马克思主义”。
society 社会 203—45, 264, 321, 376
4 coefficients of organization in 组织的 4 个系数 212—3
See also *civic*, *conviviality*, *culture*, *interpersonal*. 另请参阅“公民，欢乐，文化，人际的”。
sociology 社会学 165, 219, 234, 243, 264
Socrates 苏格拉底 115—16, 209
Soddy, F. F. 索迪 111, 136
solipsism 唯我论 316
solitary use of language 语言的自我使用 78, 204
Solon 梭伦 213
sophistication 诡辩 87, 93—5, 109
Soviet:苏联,苏维埃:
art 艺术 201, 232, 237—9
espionage 间谍 291
history & sociology 历史与社会学 243
ideology 意识形态 243
linguistics 语言学 243
Philosophical Dictionary 《哲学辞典》 245n
science 科学 153, 157—8, 180—3, 232, 237—9
trials 试验 226n, 279, 290—1
space, see *crystallography*, *Newtonian*, *order*, *relativity*; 空间，参看“晶体学，牛顿，秩序，相关性”
spatial:空间的:
arrangement of opaque objects 不透明物体的排列 88—90
Spallanzani, L. 拉扎罗 · 史派兰珊尼 157n
Spartans 斯巴达人 234
specialization, in administration of culture 专业化，在文化的管理过程中 216—7, 220—2
species:物种:
conception of reliance 概念 110—1
recognition of, see *classification*, *taxonomy*; evolution of, *see evolution*. 识别，参看“分类，分类学”；进化，参看“进化”。
speech:言语:
beginning of, in child 开始，在儿童中 69—70
tacit coefficient of ~的隐默因素 86—7
& thought 思想 87—95, 100—2
& knowledge 知识 101
changing meaning of 变化着的意义 112

& communication 交流，沟通 205—7
See also *articulate*, *communication*, *interpersonal*, *meaning*, *words*. 另请参阅"表达，沟通，人际的，意义，话语"。
Spemann, H. 汉斯·施佩曼 338n, 355, 356n, 398
Spiegelman, Reiner & 施皮格尔曼，赖纳 384
spontaneous generation 自然发生 157, 275
Sprott, W. J. H. W. J. H. 斯普罗特 211n
stability, of implicit beliefs 稳定性，隐含的信仰 288—94
& truth 真理 294
of living beings 生物 384, 402
of open systems 开放系统 384, 402
Stalin, Stalinism 斯大林，斯大林主义 180, 224—6, 234, 237—8, 241, 243—4
Stamp, L. D. 劳伦斯·杜德利·斯坦普 90n
Standards: in crystallography 标准，晶体学的 43—5, 48
set by theory to nature 通过自然理论建立 48
of factuality 事实性 161, 240—3
transmission of 传递 207, 374—9
intellectual, & society 理智的，与社会 174, 203—4, 213, 219, 220—2, 321, 375—6, 379
in scientific consensus 在科学的共识中 216—8
objective, & Marxism 客观的，与马克思主义 237
cultural, Marxist vs. liberal 文化，马克思主义者与自由主义者 239—40
instability of 不稳定 240
for machines 机器 329
logical 逻辑(上)的 333
of rightness, in biology 正确性，在生物学上 345, 348—9, 358, 364, 373, 379
of induction 归纳(法) 370
& superior knowledge 更高级别的知识 378, 380
standards, self-set: 标准，自我设定:
in skills 技能 63
in learning 在学习中 95
in perception 在知觉中 96—7
of inarticulate intelligence 非言语式的智力 100
in reliance on conceptions 依赖概念 104
upholding culture 支持文化 174
in belief in science 在科学中的信念中 183—4
in mathematics 在数学上 189
in intellectual passions 在理智的激情中 195
in society 在社会中 203—4
in ritual 习俗中的 211
of morality 道德的 214
of thought in society 社会思想的 222
of civic reform 公民改革 223
of art, in Marxism 艺术，在马克思主义中 237
of fiduciary mode 信托模式 256
accredited by fiduciary programme 通过信托纲领得到认可 268

in religion 在宗教中 282
in commitment 在寄托中 303，308—9
paradox eliminated 矛盾消除 315
in biology 在生物学中 379，398
evolution of 进化 388
innovation in 创新 396
determinateness and indeterminateness in 确定性与不确定性 396
statements:陈述:
statistical 统计学的 22—4，31—3，42
(see also *probability*)：(参见概率)：
declaratory (indicative) 宣告的（指示的） 27—9，77—8，253—7
(see also affirmation，allegation，assertion，fact(s)，factuality)(另请参阅“肯定性，主张，断言，事实，真实性”)
of belief vs. fact 信念与事实 284—6
static societies 静态的社会 213，376
statistics:统计,统计学:
& taxonomy 分类学 349n
& prediction 预测 391
See also *chance*，*random*，*randomness*，*statements*，*statistical*. 另请参阅“几率，随机的，随机性，陈述，统计的”。
Stevenson，R. L. 罗伯特·路易斯·史蒂文森 210
Stewart，J. Q. J. Q. 斯图尔特 20n
Strachey，L. 利顿·斯特雷奇 181n
Stradivarius 斯特拉迪瓦里 53
Stravinsky，I. 伊戈尔·菲德洛维奇·斯特拉文斯基 200
Strawson，P. F. 彼得·弗雷德里克·斯特劳森 255n
subjective:主观的:
vs. objective 客观的 104，305—6，388，403
vs. personal 个人的 300—3，324，346
subjective:主观的:
experience 经验 202，362
knowing 认知 403
mental states 心理状态 318
satisfaction 满足 362
validity 有效性 374
subjectivity:主观性:
vs. objectivity 客观性 15，17，48
transcendence of 超越 17
& personal knowledge 个人知识 65，201，253，266，299，300，313
vs. responsibility 与责任 309
in taxonomy 在分类学中 352
vs. error in animal behaviour 动物行为的错误 361—4
subsidiary:附属的:
awareness，see *focal vs. subsidiary awareness*. 意识，参看“焦点意识的与附属意识”。
knowledge 知识 88，92，115
superior knowledge 高级知识 124，374—9，393

supernatural, authority 超自然的，权威 265
beliefs 信念 274
In Christianity 在基督教中 283
vs. natural 自然的 284—94
doubt of 怀疑 298
suppressed nucleation 被抑制的成核现象 291
Surrealism 超现实主义 164, 200
symbolic:符号的:
forms 形式 265
innovations 革新 85
operations 操作 78, 82—6, 93—4, 130, 145, 176, 191, 193, 257—61, 334, 337
representation 表现 204—5
symbols 符号 61, 78, 81—3
mathematical 数学的 85, 184—6
logical 逻辑的 117—8
in problem-solving 在问题解决中 128
See also *meaning*. 另请参阅“意义”。
symmetry 对称 16, 43—8
Synge, J. L. J. L. 辛格 13n
synthetic vs. analytic 综合与分析 48, 115
Systematic Association 系统的联合 350n
systematic:系统的:
relevance 相关性 136—9, 141
technology 科技 179
systematics, see *classification*, *taxonomy*. 系统学，参看“分类，分类学”。
tacit:隐默的:
acceptance: of new meaning 接受：新意义 111
of premisses of science & factuality 科学的前提与真实性 161
act of comprehension, in faith 理解行为，在信仰中 282
assent 同意，赞同
forms of ~的形式 95—100
in perception & assertion 在感知和断言中 314
coefficient, sec tacit *component*. 因素，参看隐含的“成分”。
component:成分:
of knowledge, sensory aspect of 知识，感官方面的 98
of theory 理论 133
of speech 讲话 86—95, 100—2, 205—7, 250, 254
of formalized reasoning 形式化的推理 118, 257
in mathematics 在数学上 130—1, 188—9
& pseudosubstitution 伪替代 169
of articulate systems 言语系统 195
of cultural life 文化生活 203—11
of communication of feeling 感觉的沟通 204—5
of meaning & definition 含义与定义 250
of articulate intelligence 言语性智力 336
of knowledge 知识 371

of articulate thought, evolution of 言语性思想，演变 389, 397
& field concept 场的概念 398
doubt 怀疑 272
in religion 在宗教中 280, 285
endorsement, of scientific consensus 赞同，支持，科学共识 219
interpretation of undecidable sentences 不可判定的句子的解释 260
knowing, a-critical 认知，不可批评的 264
performance, test of precision 性能，精度测试 251
powers:能力:
& language 语言 82—4, 91—3, 400
common to men & animals 人与动物共同的（共有的） 132
peculiar to man 人所特有的 133
in speech & worship 在说话和崇拜中 280
sharing of knowledge 知识共享 203—7
See also *inarticulate*, *ineffable*, *unspecifiability*. 参见“非言语的，不可言传的，不可明确说明性”。
targets, commitment 目标，寄托 303, 395
Tarski, A. 阿尔弗雷德·塔斯基 119n, 189, 255, 260
taste, education of 体验，教育 319—20
tautology in mathematics 数学中的重言式 9, 187, 192
taxonomy 分类学，分类 81, 88, 348, 354
See also *classification*. 另请参阅“分类”。
technical:技术的:
achievement, life as 成就，生活 403
conceptions (materials, tools, processes) 概念（材料，工具，过程） 175
justified science 合理的科学 179
technology 科技 52, 76, 138, 174—84, 187, 191n, 204, 238, 328—34, 342, 345, 359, 403
empirical 经验的 365n, chemical 化学的 370n
Teilhard de Chardin, P. 彼埃尔 德日进 388
teleological:目的论的:
character of learning 学习的特征 371—2
definition in psychology 心理学中的定义 369
systems 系统 191n
See also *purpose*. 另请参阅“目的”。
Tertullian 德尔图良 282
Thales (Ionian school) 泰利斯（爱奥尼亚学派） 6
theology 神学 147, 281—6
theories, theory:学说，理论:
see *articulate*, *discovery*, *heuristic*, *heuristics*, *intellectual passions*, *objectivity*, *reality*, *scientific*; *also atomic theory*, *chemistry*, *deductive sc*., *exact sc*., *mathematical*, *mathematics*, *Newtonian*, *quantum mechanics*, *relativity*. 参看“言语表达的，发现，探索式的，探索法，理智的激情，客观性，实在性，科学的”；另见“原子理论，化学，演绎科学，精确的科学，数学的，数学，牛顿，量子力学，相对论”。
thermodynamics 热力学 40, 145, 273
Thomas Aquinas 托马斯·阿奎那 146n

Thomas, D.　爱德华·唐纳尔·托马斯　107
Thomson, G. P.　乔治·佩吉特·汤姆孙　149n
Thorndike, E. L.　爱德华·李·桑代克　369
Thorpe, W. H.　W. H. 索普　70n
Thorpe's *Dict. of Applied Chem*.　索普的“应用化学词典”　294n
thought: 思想:
&speech　说话　87—92, 100—2
&power, see *power & thought*　力量，参看“权力与思想”
emergence of　突生　384
See also *comprehension*, *conception*, *consciousness*, *insight*, *intuition*, *mind*, *tacit*, *understanding*.
另请参阅“理解，概念，意识，洞察力，直觉，思维，隐默的，理解”。
Thucydides　修昔底德斯　234
Tillich, P.　保罗·约翰尼斯·蒂利希　280, 283n
time: 时代:
Newtonian vs. relativity　牛顿与相对论　10, 144
-sequence in learning　学习中的—序列　73
awareness of　意识　80
vs. timelessness　无时间性　405
Titius　提多书（《圣经·新约》中的一篇　153
Tolman, E. C.　爱德华·托尔曼　58, 71, 74n, 372
&Honzik, C. H.　C. H. 杭齐克　74n
tools　工具　55, 63, 72, 116, 174—6, 249, 296
See also *skills*. 参见“技巧”。
Topitsch, E.　E. 托琶西　87n
topographic knowledge　结构知识　88—9, 103
of machines　机器　330
&biology　生物　342
Toscanelli, P.　保罗·托斯卡内利　310
totalitarianism　极权主义　213—4, 225—6, 231, 239, 241—4, 376
Toy, F. C.　F. C. 托伊　52
tradition　传统，惯例　53—4, 160, 164, 211
in learning language　在语言的学习中　112
in science　在科学中　170, 181—2
in mathematics　在数学中　192—3
of free society　自由社会　244—5, 298, 380
&critical philosophy　批判哲学　269
&superior knowledge　更高级别的知识　374—9, 380
Tramm, Coehn　&特拉姆，科恩　293n
trick learning, see *learning*. 技巧的学习，参看“学习”。
Trier, J.　J. 特利尔　112n
Troll, W.　353n
trueness to type　类型的真实性　348—54, 379
truth: 真理:
redefinition of　重新定义　71, 104, 112, 254—5, 333n
in context of commitment　在寄托的语境中　299—324
dependent on personal criteria　依赖于个人的标准　71, 95

& language 语言 80
& self-set standards 自我设定的标准 104
sought in modification of frameworks 在框架的修改中寻求 106
& changing meaning 变化着的意义 110—1，114—6
conviction of，in discovery 确信，在发现中 130
& intellectual beauty 智性美 133，149，189
factual，enquiry into 事实的，调查 134
& error in heuristic passion 探索式的激情中的错误 144—5
= achievement of contact with reality =与现实联系的成就 147
& fruitfulness 富有成果性 147
scientific，vs. error 科学的，与谬误 160
in scientific tradition 在科学传统中 165
pseudo-substitutes for 伪替代物 166—7
routine conviction of 常规的信念 172
& beliefs & value 信念与价值 173
in mathematics 在数学上 184，187—9，191—2
vicissitudes of ～的变迁 201
& society 社会 203，213
in Soviet science 在苏联科学领域 238
in totalitarianism 在极权主义中 242—3
& metalanguage 元语言 260
in free society 在自由社会 264
& doubt 怀疑 269—70
& Christian faith 基督教信仰 279—86
& objectivism 客观主义 286
= external pole of belief =信仰的外部一极 286
& interpretative framework 解释框架 288
impersonal definition of 客观的定义 303—6
correspondence theory of 符合论 304
& belief 信念 305
unity of 统一体 315
& rightness 正确性 320，333n
goal of animal behaviour 动物行为的目标 363
critical appraisal of 批判性评价 374
& authority 权威 376—7
submission to 服从于 396
& biological striving 生物的努力 403—4
& freedom 自由 404
Truth，Revolution of 真理，革命 244
tunes：曲调：
awareness of ～的意识 57，344
as non-linguistic utterances 作为非语言的话语 79
Turgenev，I. 伊凡·谢尔盖耶维奇·屠格涅夫 236
Turing，A. M. 阿兰·麦席森·图灵 20n，126n，261，263n
Turner，H. H. H. H. 特纳 154n
Turpin，P. J. F. P. J. F. 特平 156

type, trueness to, see *trueness to type*. 类型，真实性，参看“类型的真实性”。
U. S. S. R., see *Soviet*. 苏维埃社会主义共和国联盟，参看“苏联”。
Ullmann, S. 塞缪尔·厄尔曼 79n, 80n, 91n, 112n
ultra-biology 超生物学 363, 377, 387, 404
uncritical: 非批判的:
aspect of tradition 传统的方面 53
acceptance of scientific beliefs 科学的信仰接受 60
distinct from a-critical 不同于“不可批判的” 264
undecidable sentences 不可判定的句子 259, 260, 273
understanding: 理解:
deepened by discovery 通过发现而加深 143
experiment clue to 实验的线索 150
in mathematics 在数学上 184—6, 189—90
in music 在音乐上 193
in abstract painting 在抽象画中 195
& contemplation 沉思 195—6
& meaning 意义 250
of faith, through theology 信仰，通过神学 286
of machines 机器 331
of animal behaviour 动物行为 364
evolution of ～的进化 388
See also *appraisal comprehension*, *conception*, *insight*, *intuition*. 另请参阅“评价的理解（内涵），概念，洞察力，直觉”。
Uniformity of Nature 自然的统一性 161—2
uniqueness of man 人的独特性 152, 285, 404—5
universal: 普遍的:
doubt 怀疑 294—8
intent: 意图:
in appraisal of order 在秩序的评价中 37, 48
in commitment 在寄托中 17, 32, 64—5, 301—3, 308—9, 316, 324, 327, 343, 346, 396
in speech 在言语中 106, 265
of intellectual passions 理智激情 145, 150, 174
of parochial beliefs 狭隘的信念 183, 203—4
in art appreciation 在艺术欣赏中 201
of moral standards 道德标准 214—5
of morality, & Marxism 道德性，与马克思主义 231
degrees of ～的程度（度） 366
of induction 归纳（法） 370
of responsible commitments 负责任的承诺 377
& superior knowledge 高级知识 379
in evolution 在进化过程中 389
development of, in child 发展，在儿童中 395
knowledge, Laplacean 知识，拉普拉斯 139—42
mathematics (Descartes) 数学（笛卡尔）
pole of commitment 寄托的极点 313, 379, 396, 404

validity:有效性:
of probability statements　概率陈述　22
in mathematics　在数学上　189
of science, in Soviet theory　科学，在苏联理论中　238—9
logic　逻辑，逻辑学　333
claim to, in discovery　宣称，在发现中　396
universe, language = theory of　宇宙，语言 = ……理论　80—1, 94—5, 97, 112
See also *language*. 另请参阅“语言”。
unknown:未知的:
focus in problem-solving　专注于问题解决　127—8
search for　寻求　199, 395
unmasking (Marxism)　揭露（马克思主义）　229, 235, 238
unspecifiability:不可明确说明性:
of skill in science　科学中的技巧　53, 55
of personal knowledge　个人知识　53, 62—3, 264, 343
of political maxims　政治准则　54
logical　逻辑的　56, 63 (参看 89—90)
& heuristics　探索(法)　77, 106
of consistency　一致性　79
in denotation　在外延层面　81
& ineffability　不可言说性　88
of subsidiary knowledge　附属知识　88
of connotation　内涵　112
of inventions　发明　337
in technology　在技术中　176
in learning language　在语言学习过程中　206
in confident use of language　在语言的自信使用中　251
of mental control of machine　机器的精神控制　262
of mind　心灵　312
originality &　独创性　336
in psychology & embryology　在心理学与胚胎学中　342
of living shapes　生活形态　348—9
in taxonomy　在分类学中　350—2
double, of embryological knowledge　双倍，胚胎学知识　357
in physiology vs. engineering　在生理学与工程学中　359—60
in knowledge of animal behaviour　在了解动物的行为过程中　364
of animal learning　动物的学习　365
of biological achievements　生物的成就　379, 399, 404
of randomness　随机性　390
of emergent existence　突生的存在　392
vs. ignorance　无知　392
of knowledge of emergence　突生的知识　393—4
of patterns　模式　394
of entities in terms of particulars　就特殊情况而言的实体　396
& comprehension　理解、领会　398
See also *appraisal*, *inarticulate*, *indeterminacy*, *indeterminate*, *tacit*. 另请参阅“评价，非

言语式的，不确定性，不确定的，隐默的”。
Urey, H. C. 哈罗德 · 克莱顿 · 尤里 111
utilitarianism 功利主义 180, 182, 192, 211, 232, 234, 239
validation vs. verification 确认与验证 121n, 201—2, 284, 321；参看 15, 22, 42, 46—8, 170
value, see *cultural value*, *scientific value*. 价值，参看“文化价值，科学价值”。
van der Waerden, B. L. 范德瓦尔登 119n, 131n, 192n, 294n
Vandel, A. A. 万德尔 159
Vavilov, N. I. 尼古拉 · 伊万诺维奇 · 瓦维洛夫 180
vegetative commitments 植物性的寄托 363, 377
verbal：口头表达的：
  confusion 混乱 108
  error 错误 107
verbalism, childish, see *childish*. 咬文嚼字，孩子的，参见“孩子的”。
verification 证明 13, 20, 30, 64, 165, 167, 171—3, 202, 254, 284, 320—1
  in problem-solving 在问题解决中 121, 126
Vesalius 维萨里 277
visual perception, see *perception*. 视觉感知，参见“感知”。
vitalism 活力论 358, 390
  vocabularies 词汇 78—81, & appetite 欲望 99
  assured vs. marginal 确定的与边际的 107
  differences in 差异 112
  rational 理性的 114
  See also *articulate*, *language*, *speech*. 另请参阅“言语，语言，言语”。
Voltaire 伏尔泰 247
Vossler, K. 卡尔 · 沃斯勒 102
Waddington, C. H. C. H. 沃丁顿 356n
Wagner, R. 威廉 · 理查德 · 瓦格纳 200
Waismann, F. F. 魏斯曼 95n, 113n, 307n
Wakley, T. T. 瓦克利 52n
Wald, A. A. 沃尔德 314n
Wallas, G. G. 沃拉斯 121
Wallon. H. H. 瓦隆 56n
Warburg, E. E. 沃伯格 136n
Ward, S. W. S. W. 沃德 275n
Wardlaw, C. C. 沃德洛 353n
Wazyk, A. A. 瓦兹克 244
Weisgerber, J. L. J. L. 韦斯伯格 112n
Weismann, A. 奥古斯特 · 魏斯曼 355
Weiss, P. P. 韦斯 338n, 340n, 355n, 356—7
Weissberg, A. A. 韦斯伯格 290n
Weizsacker, C. F. v. C. F. v. 魏茨泽克 154n
Wertheimer, M. 马克斯 · 韦特海默 125n
Weyl, H. H. 韦尔 7n, 16, 110n, 261n
Wheeler, R. H. R. H. 惠勒 314n
White, E. W. E. W. 怀特 200n
Whitehead, A. N. 阿弗烈 · 诺夫 · 怀海德 28, 88n, 141

Whittaker, E. E. 惠特克 43n, 147n
wholes:整体:
and meanings 和意义 57—8, 63, 64
clues to (perception) 线索（感知） 97—8
understanding of ～的理解 327, 344
& achievements 成就 381
See also *gestalt*, *molar*, *order*. 另请参阅“格式塔，摩尔的，秩序”。
Wiame, Prigogine & 外尔摩，普里高津 384n
Wigglesworth, V. B. V. B. 维格氏维尔 178n, 179n
Williams, H. H. 威廉姆斯 52n, 275n
Wilmott, A. J. A. J. 维尔莫特 350n, 351
Wislicenus, J. A. J. A. 维斯利策努斯 155—6
witchcraft 巫术 93—4, 112—3, 168, 183, 287—94
Wittgenstein, L. 路德维希·维特根斯坦 87n, 113—4
Wohler, F. F. 韦勒 137, 156—7, 275, 358
Wolfe, B. D. B. D. 沃尔夫 242n
Wolynski 华林斯基 147n
Wood, A. A. 伍德 50
Woodworth, R. S. R. S. 伍德沃思 361n
Worcester, Marquis of 伍斯特，侯爵 332
words:词语、话语:
meaning of ～的意义 58, 92, 94—5, 110, 249—53
& thought 思想 92—3
denotative, & perception 外延，与感知 97
as clues for educated mind 作为受过教育的心灵的线索 104
& conceptual decisions 概念的决定 112
power of ～的力量 112—3
of “open texture” 开放结构 113
& communication 沟通，交流 105, 206—7
in worship 在崇拜中 281
See also *articulation*, *denotation*, *language*, *speech*, *vocabularies*. 另请参阅“言语表达，外延，语言，言说，词汇”。
World War, First 第一次世界大战 227
worship 尊敬，崇拜 198—9, 202, 279—81, 405
Yerkes, R. M. 罗伯特·默恩斯·耶基斯 122n, 316, 335
Zande, see Azande. 赞德，参看“阿赞德人”。
Zeigarnik, B. 布鲁玛·蔡加尼克 129
Zeno 芝诺 308
“Zinoviev Letter” “季诺维也夫的信” 241
zoology 动物学 47, 84, 139, 361
See also biology 另请参阅“生物学”
Zsdanov, assassination of 日丹诺夫，暗杀事件 243

图书在版编目(CIP)数据

个人知识:朝向后批判哲学:重译本/(英)迈克尔·波兰尼(Michael Polanyi)著;徐陶,许泽民译;陈维政校.—上海:上海人民出版社,2021
ISBN 978-7-208-17274-6

Ⅰ.①个… Ⅱ.①迈… ②徐… ③许… ④陈… Ⅲ.①科学哲学-研究 ②人生哲学-研究 Ⅳ.①N02 ②B821

中国版本图书馆 CIP 数据核字(2021)第 162328 号

责任编辑 王 吟
封面设计 零创意文化

个人知识:朝向后批判哲学(重译本)
[英]迈克尔·波兰尼 著
徐 陶 许泽民 译
陈维政 校

出 版 上海人民出版社
(201101 上海市闵行区号景路 159 弄 C 座)
发 行 上海人民出版社发行中心
印 刷 江阴市机关印刷服务有限公司
开 本 635×965 1/16
印 张 38
插 页 4
字 数 518,000
版 次 2021 年 11 月第 1 版
印 次 2024 年 9 月第 5 次印刷
ISBN 978-7-208-17274-6/B·1574
定 价 128.00 元